涵盖PL/SQL的各种技术细节，提供系统化的学习方案
对PL/SQL开发用到的各种技术做了原理分析和实战演练

Oracle PL/SQL 从入门到精通

丁士锋 等编著

U0413259

清华大学出版社
北京

内容简介

本书以面向应用为原则，深入浅出地介绍了 Oracle 平台上使用 PL/SQL 语言进行数据库开发的技术。通过大量的示例，详细介绍了 PL/SQL 的语言特性、使用技巧，同时配以两个在实际工作中的案例深入地剖析了使用 PL/SQL 进行 Oracle 开发的方方面面。

本书附带 1 张 DVD 光盘，内容为作者为本书录制的全程语音教学视频及本书所涉及的源代码。

本书分为 5 大篇共 20 章。涵盖的内容主要有 PL/SQL 语言基础、开发环境、变量与类型、控制语句、数据表的管理和查询、数据表的操纵、使用 PL/SQL 的记录与集合、各种内置函数、游标、事务处理、异常处理、子程序、包、面向对象的开发等技术点。通过示例性的代码，由浅入深，详细介绍了每一个技术要点在实际工作中的应用，对各种技术要点的应用场合进行了细致的分析。

本书适合于使用 PL/SQL 进行应用程序开发的人员、对软件开发有兴趣的学生及爱好者阅读和参考；对数据库管理员、企业 IT 运维人员也具有很强的指导作用。

本书封面贴有清华大学出版社防伪标签，无标签者不得销售。
版权所有，侵权必究。举报：010-62782989，beiqinquan@tup.tsinghua.edu.cn。

图书在版编目（CIP）数据

Oracle PL/SQL 从入门到精通 / 丁士锋等编著. —北京：清华大学出版社，2012.6（2022.7重印）
ISBN 978-7-302-28103-0

Ⅰ. ①O… Ⅱ. ①丁… Ⅲ. ①关系数据库-数据库管理系统，Oracle Ⅳ. ①TP311.138

中国版本图书馆 CIP 数据核字（2012）第 030492 号

责任编辑：夏兆彦
封面设计：欧振旭
责任校对：徐俊伟
责任印制：宋　林

出版发行：清华大学出版社
　　　　网　　址：http://www.tup.com.cn, http://www.wqbook.com
　　　　地　　址：北京清华大学学研大厦 A 座　　邮　　编：100084
　　　　社 总 机：010-83470000　　邮　　购：010-62786544
　　　　投稿与读者服务：010-62776969, c-service@tup.tsinghua.edu.cn
　　　　质量反馈：010-62772015, zhiliang@tup.tsinghua.edu.cn
印　刷　者：天津鑫丰华印务有限公司
经　　　销：全国新华书店
开　　　本：185mm×260mm　　印　张：42.25　　字　数：1055 千字
　　　　　　（附 DVD 1 张）
版　　　次：2012 年 6 月第 1 版　　印　次：2022 年 7 月第 15 次印刷
定　　　价：89.00元

产品编号：045147-01

前　言

为什么要写这本书

随着计算机信息技术的飞速发展，数据存储已经成为很多公司越来越重视的问题。Oracle 公司的数据库管理软件以其稳定、高效和灵活性，一直是各大企事业单位后台存储的首选。Oracle 系统本身的复杂性，使得很多刚入门的开发人员不知从何入手，尽管 Oracle 公司提供了大量的文档，但是这些文档大多为英文版本，每个文档都偏重于某一技术细节，没有提供系统的、适合我国程序员思维的学习材料。

目前在市面上关于 PL/SQL 的图书并不是很多，特别是由国内程序员经验总结的图书更是寥寥无几。本书作者站在一线开发人员的视角，通过简洁轻松的文字，简短精练的示例代码，以力求让不同层次的开发人员尽快掌握 Oracle 数据库开发为主旨编写了本书，同时在本书最后还提供了两个实战项目，让开发人员能够通过项目学习 PL/SQL 开发，提高实际开发水平和项目实战能力。

本书有何特色

1．附带多媒体语音教学视频，提高学习效率

为了便于读者理解本书内容，提高学习效率，作者专门为每一章内容都录制了大量的多媒体语音教学视频。这些视频和本书涉及的源代码一起收录于配书光盘中。

2．涵盖PL/SQL语言的各种技术细节，提供系统化的学习思路

本书涵盖了 PL/SQL 语言在实际项目中需要重点掌握的所有方面，包含语言基础、开发环境、常量和变量的定义、基本的控制结构、基本的 SQL 操作知识（比如查询、插入、修改和删除）、记录和集合、游标、SQL 的内置函数、事务处理、异常处理机制、子程序、包、触发器、面向对象的开发及动态 SQL 语句等知识点。

3．对PL/SQL开发的各种技术做了原理分析和实战体验

全书使用简洁质朴的文字，配以大量的插图，将一些难以理解的原理部分进行了重点剖析，让读者不仅知晓实现的原理，通过图形化的展现方式，更能加强对原理的理解，同时配以大量的示例对技术要点在实际工作中的应用进行了详解，让读者能尽快上手。

4．应用驱动，实用性强

对于每段示例代码，都进行了仔细的锤炼，提供了各种实际应用的场景，力求让应用开发人员将这些知识点尽快应用到实际的开发过程中。

5．项目案例典型，实战性强，有较高的应用价值

本书最后一篇提供了两个项目实战案例。这些案例来源于作者所开发的实际项目，具有很高的应用价值和参考性。而且这些案例分别使用不同的 PL/SQL 技术实现，便于读者融会贯通地理解本书中所介绍的技术。这些案例稍加修改，便可用于实际项目开发中。

6．提供完善的技术支持和售后服务

本书提供了专门的技术支持邮箱：bookservice2008@163.com。读者在阅读本书过程中有任何疑问都可以通过该邮箱获得帮助。

本书内容及知识体系

第1篇　PL/SQL开发入门（第1~4章）

本篇介绍了 Oracle 的组成架构和 PL/SQL 开发的基础知识。主要包括 Oracle 体系结构、PL/SQL 开发环境、PL/SQL 的总体概览、常量和变量的定义，以及基本的 PL/SQL 控制结构。

第2篇　PL/SQL开发基础（第5~12章）

本篇是 PL/SQL 进行实际开发时必备的基础知识，包含使用 Oracle SQL 语句对数据表的查询、操纵；各种 Oracle 数据库对象的管理，比如同义词和序列等；同时对 PL/SQL 的记录与集合、各种 SQL 内置函数、游标、事务处理、锁定以及 PL/SQL 异常处理机制进行了详细的介绍。

第3篇　PL/SQL进阶编程（第13~16章）

本篇讨论了 PL/SQL 模块化编程相关的子程序、包、触发器的使用，这部分是实际工作中需要努力巩固的知识点，同时介绍了本地动态 SQL 技术的使用。这一篇的知识点是每个 PL/SQL 程序员必备的技能，在介绍形式上通过辅以大量与实际场景相结合的代码，提升开发人员的实战经验。

第4篇　PL/SQL高级编程（第17~18章）

本篇的内容针对已经熟练掌握了前面几篇的内容的开发人员，在具有了一定的 PL/SQL 开发经验后，可以通过本篇的内容学习使用面向对象的思维来开发 PL/SQL 应用程序，同时对于 PL/SQL 开发过程中的一些性能优化的注意事项进行了示例详解（提升开发人员的实战经验）。

第5篇　PL/SQL案例实战（第19～20章）

本篇通过两个实际的项目案例，从需求分析、数据库表的设计、系统的总体规划开始，到包规范的定义、包体的具体实现，详细剖析一个 PL/SQL 的实现生命周期，通过对这两个案例的一步一步深入体验，能让开发人员立即上手开始进行 PL/SQL 项目的开发。同时对这两个案例稍加修改，就能应用到实际的项目开发中。

配书光盘内容介绍

为了方便读者阅读本书，本书附带 1 张 DVD 光盘，内容如下。
- 本书所有实例的源代码；
- 本书每章内容的多媒体语音教学视频；
- 免费赠送的 Oracle 入门教学视频。

适合阅读本书的读者

- 需要全面学习 Oracle PL/SQL 开发技术的人员；
- 数据库开发程序员；
- 应用程序开发人员；
- Oracle 数据库管理人员；
- 希望提高项目开发水平的人员；
- 专业培训机构的学员；
- 软件开发项目经理；
- 需要一本 PL/SQL 案头必备查询手册的人员。

阅读本书的建议

- 没有 Oracle PL/SQL 基础的读者，建议从第 1 章顺次阅读并演练每一个示例。
- 有一定 Oracle PL/SQL 基础的读者，可以根据实际情况有重点地选择阅读各个技术要点。
- 对于每一个知识点和项目案例，先通读一遍有个大概印象，然后对于每个知识点的示例代码都在开发环境中操作一遍，加深对知识点的印象。
- 结合光盘中提供的多媒体教学视频再理解一遍，这样理解起来就更加容易，也会更加深刻。

本书作者

本书由丁士锋主笔编写。其他参与编写、资料整理和程序调试的人员有陈世琼、陈欣、陈智敏、董加强、范礼、郭秋艳、郝红英、蒋春蕾、黎华、刘建准、刘霄、刘亚军、刘仲义、柳刚、罗永峰、马奎林、马咪、欧阳昉、蒲军、齐凤莲、王海涛、魏来科、伍生全、谢平、徐学英、杨艳、余月、岳富军、张健和张娜。在此一并表示感谢！

笔者写作本书虽然耗费了大量精力，力争消灭错误，但恐百密难免一疏。若您在阅读本书的过程中发现任何问题，或者有任何疑问，都可以随时提出，笔者将尽最大努力解决。联系邮箱：bookservice2008@163.com。

编著者

目　　录

第 1 篇　PL/SQL 开发入门

第 1 章　Oracle 11g 数据库系统（教学视频：40 分钟） 2
- 1.1　关系型数据库系统介绍 2
  - 1.1.1　什么是关系型数据模型 3
  - 1.1.2　数据库系统范式 3
  - 1.1.3　关系型数据库管理系统 4
  - 1.1.4　使用 SQL 语句与数据库管理系统通信 5
- 1.2　初识 Oracle 11g 7
  - 1.2.1　Oracle 11g 简介 8
  - 1.2.2　Oracle 11g 体系结构 9
  - 1.2.3　如何创建数据库 10
  - 1.2.4　比较 Oracle 数据库与 SQL Server 数据库 15
- 1.3　什么是 PL/SQL 16
  - 1.3.1　PL/SQL 是一种语言 16
  - 1.3.2　PL/SQL 的执行环境 17
- 1.4　搭建 PL/SQL 开发环境 18
  - 1.4.1　使用 SQL*Plus 18
  - 1.4.2　使用 Oracle SQL Developer 22
  - 1.4.3　PL/SQL Developer 开发 PL/SQL 27
  - 1.4.4　Quest Toad 开发 PL/SQL 31
  - 1.4.5　使用 Oracle 文档库 37
- 1.5　小结 38

第 2 章　PL/SQL 基本概念（教学视频：30 分钟） 39
- 2.1　功能特点 39
  - 2.1.1　结构化程序设计 39
  - 2.1.2　与 SQL 语言整合 43
  - 2.1.3　面向对象开发 44
  - 2.1.4　模块化应用程序开发 45
  - 2.1.5　提高应用程序性能 46

2.2 语言特性 47
2.2.1 PL/SQL 块结构 47
2.2.2 变量和类型 52
2.2.3 程序控制语句 53
2.2.4 过程、函数与包 55
2.2.5 触发器 57
2.2.6 结构化异常处理 60
2.2.7 集合与记录 61
2.2.8 游标 63
2.2.9 动态 SQL 64
2.3 编码风格 65
2.3.1 PL/SQL 词法单位 65
2.3.2 缩进 70
2.3.3 标识符命名规则 71
2.3.4 大小写风格 71
2.3.5 使用工具格式化代码 72
2.4 小结 73

第3章 变量和类型（教学视频：14分钟） 74
3.1 变量 74
3.1.1 变量的声明 74
3.1.2 变量的赋值 75
3.1.3 使用%TYPE 77
3.1.4 使用%ROWTYPE 77
3.1.5 变量的作用域和可见性 79
3.1.6 常量的定义 81
3.2 数据类型 82
3.2.1 字符类型 82
3.2.2 数字类型 88
3.2.3 日期和时间类型 91
3.2.4 布尔类型 95
3.2.5 LOB 对象类型 95
3.2.6 引用类型 96
3.2.7 复合类型 98
3.2.8 用户自定义子类型 98
3.2.9 数据类型转换 100
3.3 运算符和表达式 102
3.3.1 运算符类型 102
3.3.2 运算符的优先级 106
3.3.3 表达式类型 107

3.4 小结 ……………………………………………………………………………… 108

第 4 章 PL/SQL 控制语句（教学视频：13 分钟）………………………………… 109
4.1 分支控制语句 ……………………………………………………………………… 109
4.1.1 IF-THEN-ELSE 语句 ………………………………………………………… 109
4.1.2 IF-THEN-ELSIF 语句 ………………………………………………………… 113
4.1.3 CASE 语句 …………………………………………………………………… 114
4.1.4 搜索 CASE 语句 ……………………………………………………………… 116
4.2 循环控制语句 ……………………………………………………………………… 117
4.2.1 LOOP 循环 …………………………………………………………………… 118
4.2.2 使用 EXIT 退出循环 ………………………………………………………… 118
4.2.3 使用 EXIT-WHEN 退出循环 ………………………………………………… 119
4.2.4 使用 CONTINUE 继续执行循环 …………………………………………… 120
4.2.5 WHILE-LOOP 循环 ………………………………………………………… 121
4.2.6 FOR-LOOP 循环 …………………………………………………………… 122
4.2.7 循环语句使用建议 …………………………………………………………… 124
4.3 顺序控制语句 ……………………………………………………………………… 125
4.3.1 GOTO 语句和标签 …………………………………………………………… 125
4.3.2 NULL 语句 …………………………………………………………………… 127
4.4 小结 ………………………………………………………………………………… 128

第 2 篇　PL/SQL 开发基础

第 5 章 管理数据表（教学视频：33 分钟）………………………………………… 132
5.1 创建表 ……………………………………………………………………………… 132
5.1.1 数据定义语言 DDL …………………………………………………………… 132
5.1.2 CREATE TABLE 语句 ………………………………………………………… 134
5.1.3 在设计器中创建表 …………………………………………………………… 136
5.1.4 创建表副本 …………………………………………………………………… 138
5.2 创建约束 …………………………………………………………………………… 138
5.2.1 创建主键约束 ………………………………………………………………… 139
5.2.2 创建外键约束 ………………………………………………………………… 140
5.2.3 创建检查约束 ………………………………………………………………… 144
5.2.4 查看表约束 …………………………………………………………………… 146
5.3 修改表 ……………………………………………………………………………… 148
5.3.1 修改表列 ……………………………………………………………………… 149
5.3.2 修改约束 ……………………………………………………………………… 151
5.3.3 移除数据表 …………………………………………………………………… 154
5.3.4 在设计器中修改表 …………………………………………………………… 154

- 5.4 索引 ·· 156
  - 5.4.1 索引简介 ·· 156
  - 5.4.2 索引原理 ·· 157
  - 5.4.3 创建索引 ·· 158
  - 5.4.4 修改索引 ·· 160
  - 5.4.5 删除索引 ·· 162
- 5.5 使用视图 ·· 163
  - 5.5.1 视图简介 ·· 163
  - 5.5.2 创建视图 ·· 164
  - 5.5.3 修改视图 ·· 168
  - 5.5.4 删除视图 ·· 169
- 5.6 小结 ·· 170

第 6 章 查询数据表（教学视频：33 分钟）······························· 171

- 6.1 简单查询 ·· 171
  - 6.1.1 查询表数据 ··· 171
  - 6.1.2 指定查询条件 ··· 175
  - 6.1.3 排序 ·· 182
  - 6.1.4 使用函数 ·· 184
  - 6.1.5 统计函数 ·· 186
  - 6.1.6 分组统计 ·· 188
  - 6.1.7 HAVING 子句 ··· 190
  - 6.1.8 使用 DUAL 表 ··· 191
  - 6.1.9 ROWNUM 伪列 ··· 192
  - 6.1.10 ROWID 伪列 ··· 193
- 6.2 复杂查询 ·· 195
  - 6.2.1 多表连接查询 ··· 195
  - 6.2.2 使用子查询 ··· 200
  - 6.2.3 表集合操作 ··· 203
  - 6.2.4 层次化查询 ··· 207
- 6.3 小结 ·· 210

第 7 章 操纵数据表（教学视频：27 分钟）······························· 211

- 7.1 插入记录 ·· 211
  - 7.1.1 数据操纵语言 DML ·· 211
  - 7.1.2 插入单行记录 ··· 212
  - 7.1.3 插入默认值和 NULL 值 ·· 213
  - 7.1.4 使用子查询插入多行数据 ·· 214
  - 7.1.5 使用 INSERT 插入多表数据 ······································ 215
- 7.2 更新记录 ·· 217
  - 7.2.1 更新单行记录 ··· 217

目 录

- 7.2.2 使用子查询更新记录 218
- 7.2.3 使用 MERGE 合并表行 220
- 7.3 删除记录 221
  - 7.3.1 删除单行记录 221
  - 7.3.2 使用子查询删除记录 222
  - 7.3.3 使用 TRUNCATE 清除表数据 223
- 7.4 提交和回滚记录 224
  - 7.4.1 提交更改 224
  - 7.4.2 回滚更改 225
- 7.5 使用序列 226
  - 7.5.1 序列简介 226
  - 7.5.2 创建数据序列 227
  - 7.5.3 NEXTVAL 和 CURRVAL 伪列 230
  - 7.5.4 使用数据序列 231
  - 7.5.5 修改序列 232
  - 7.5.6 删除序列 233
- 7.6 同义词 233
  - 7.6.1 同义词简介 234
  - 7.6.2 创建和使用同义词 234
- 7.7 小结 235

第 8 章 记录与集合（教学视频：32 分钟） 236

- 8.1 记录类型 236
  - 8.1.1 记录类型简介 236
  - 8.1.2 定义记录类型 238
  - 8.1.3 记录类型赋值 239
  - 8.1.4 操纵记录类型 243
  - 8.1.5 使用嵌套记录 246
- 8.2 理解集合类型 247
  - 8.2.1 集合简介 247
  - 8.2.2 定义索引表 248
  - 8.2.3 操纵索引表 249
  - 8.2.4 定义嵌套表 252
  - 8.2.5 操纵嵌套表 253
  - 8.2.6 数据库中的嵌套表 254
  - 8.2.7 定义变长数组 257
  - 8.2.8 操纵变长数组 258
  - 8.2.9 数据库中的变长数组 259
  - 8.2.10 选择集合类型 260
- 8.3 使用集合方法 261

- 8.3.1 使用 EXISTS 方法 262
- 8.3.2 使用 COUNT 方法 262
- 8.3.3 使用 LIMIT 方法 263
- 8.3.4 FIRST 和 LAST 方法 264
- 8.3.5 PRIOR 和 NEXT 方法 264
- 8.3.6 EXTEND 方法 265
- 8.3.7 TRIM 方法 267
- 8.3.8 DELETE 方法 268
- 8.3.9 集合的异常处理 269
- 8.3.10 使用批量绑定 270
- 8.3.11 使用 BULK COLLECT 272
- 8.4 小结 273

第 9 章 SQL 内置函数（教学视频：26 分钟） 274

- 9.1 基本函数 274
  - 9.1.1 字符型函数 274
  - 9.1.2 数字型函数 278
  - 9.1.3 日期时间函数 279
  - 9.1.4 类型转换函数 281
  - 9.1.5 分组函数 286
  - 9.1.6 其他函数 286
- 9.2 Oracle 分析函数 290
  - 9.2.1 什么是分析函数 290
  - 9.2.2 基本语法 292
  - 9.2.3 分析函数结构 293
  - 9.2.4 分析函数列表 297
- 9.3 分析函数使用示例 301
  - 9.3.1 记录排名 301
  - 9.3.2 首尾记录查询 303
  - 9.3.3 前后排名查询 303
  - 9.3.4 层次查询 304
  - 9.3.5 范围统计查询 305
  - 9.3.6 相邻记录比较 306
  - 9.3.7 抑制重复 306
  - 9.3.8 行列转换查询 307
  - 9.3.9 在 PL/SQL 中使用分析函数 309
- 9.4 小结 309

第 10 章 使用游标（教学视频：20 分钟） 310

- 10.1 游标基本结构 310
  - 10.1.1 游标简介 310

　　　　　　　　　　　　　　目　　录

  10.1.2　游标分类 ···································· 312
  10.1.3　定义游标类型 ································ 313
  10.1.4　打开游标 ···································· 315
  10.1.5　使用游标属性 ································ 316
  10.1.6　提取游标数据 ································ 319
  10.1.7　批量提取游标数据 ···························· 320
  10.1.8　关闭游标 ···································· 322
 10.2　操纵游标数据 ·· 322
  10.2.1　LOOP 循环 ·································· 322
  10.2.2　WHILE 循环 ································· 323
  10.2.3　游标 FOR 循环 ······························· 324
  10.2.4　修改游标数据 ································ 325
 10.3　游标变量 ·· 327
  10.3.1　游标变量简介 ································ 327
  10.3.2　声明游标变量类型 ···························· 328
  10.3.3　定义游标变量 ································ 328
  10.3.4　打开游标变量 ································ 329
  10.3.5　控制游标变量 ································ 330
  10.3.6　处理游标变量异常 ···························· 332
  10.3.7　在包中使用游标变量 ·························· 334
  10.3.8　游标变量的限制 ······························ 335
 10.4　小结 ·· 336

第 11 章　事务处理和锁定（教学视频：14 分钟） ················ 338

 11.1　事务处理简介 ·· 338
  11.1.1　什么是事务处理 ······························ 338
  11.1.2　使用 COMMIT 提交事务 ······················ 340
  11.1.3　使用 ROLLBACK 回滚事务 ···················· 341
  11.1.4　使用 SAVEPOINT 保存点 ····················· 342
  11.1.5　使用 SET TRANSACTION 设置事务属性 ······· 343
 11.2　使用锁定 ·· 345
  11.2.1　理解锁定 ···································· 345
  11.2.2　记录锁定 ···································· 347
  11.2.3　表锁定 ······································ 347
  11.2.4　使用 LOCK TABLE ···························· 348
 11.3　小结 ·· 349

第 12 章　异常处理机制（教学视频：19 分钟） ·················· 350

 12.1　理解异常处理 ·· 350
  12.1.1　异常处理简介 ································ 350
  12.1.2　异常处理语法 ································ 353

12.1.3 预定义异常 ·· 355
12.2 自定义异常 ·· 357
  12.2.1 声明异常 ·· 358
  12.2.2 作用域范围 ·· 358
  12.2.3 使用 EXCEPTION_INIT ································ 360
  12.2.4 使用 RAISE_APPLICATION_ERROR ···················· 361
  12.2.5 抛出异常 ·· 364
  12.2.6 处理异常 ·· 364
  12.2.7 使用 SQLCODE 和 SQLERRM ··························· 366
12.3 异常的传递 ·· 367
  12.3.1 执行时异常传递 ·· 367
  12.3.2 声明时异常传递 ·· 368
  12.3.3 异常处理器中的异常 ···································· 369
  12.3.4 重新抛出异常 ·· 370
  12.3.5 异常处理准则 ·· 371
12.4 小结 ·· 376

第 3 篇　PL/SQL 进阶编程

第 13 章　PL/SQL 子程序（教学视频：18 分钟）·················· 378
13.1 子程序结构 ·· 378
  13.1.1 子程序简介 ·· 378
  13.1.2 子程序的优点 ·· 379
  13.1.3 创建过程 ·· 380
  13.1.4 创建函数 ·· 382
  13.1.5 RETURN 语句 ··· 384
  13.1.6 查看和删除子程序 ······································ 385
13.2 子程序参数 ·· 387
  13.2.1 形参与实参 ·· 388
  13.2.2 参数模式 ·· 389
  13.2.3 形式参数的约束 ·· 391
  13.2.4 参数传递方式 ·· 393
  13.2.5 参数默认值 ·· 394
  13.2.6 使用 NOCOPY 编译提示 ······························· 395
13.3 子程序进阶技术 ·· 397
  13.3.1 在 SQL 中调用子程序 ·································· 397
  13.3.2 嵌套子程序 ·· 398
  13.3.3 子程序的前向声明 ······································ 401
  13.3.4 重载子程序 ·· 402

		13.3.5	子程序自治事务	403
		13.3.6	递归调用子程序	405
		13.3.7	理解子程序依赖性	407
		13.3.8	子程序权限管理	410
	13.4	小结		412

第 14 章 包（教学视频：10 分钟） ··········· 413

- 14.1 理解 PL/SQL 包 ··········· 413
  - 14.1.1 什么是包 ··········· 413
  - 14.1.2 包的优点 ··········· 415
  - 14.1.3 定义包规范 ··········· 415
  - 14.1.4 定义包体 ··········· 417
  - 14.1.5 调用包组件 ··········· 419
  - 14.1.6 编译和调试包 ··········· 421
  - 14.1.7 查看包的源代码 ··········· 423
- 14.2 包的进阶技术 ··········· 424
  - 14.2.1 包重载 ··········· 425
  - 14.2.2 包初始化 ··········· 428
  - 14.2.3 包的纯度级别 ··········· 430
  - 14.2.4 包权限设置 ··········· 432
  - 14.2.5 在包中使用游标 ··········· 433
- 14.3 管理数据库中的包 ··········· 435
  - 14.3.1 查看和删除包 ··········· 435
  - 14.3.2 检查包的依赖性 ··········· 437
- 14.4 使用系统包 ··········· 440
  - 14.4.1 使用 DBMS_OUTPUT 包 ··········· 440
  - 14.4.2 使用 DBMS_PIPE 包 ··········· 444
  - 14.4.3 使用 DBMS_ALTER 包 ··········· 450
  - 14.4.4 使用 DBMS_JOB 包 ··········· 453
- 14.5 小结 ··········· 458

第 15 章 触发器（教学视频：23 分钟） ··········· 459

- 15.1 理解触发器 ··········· 459
  - 15.1.1 触发器简介 ··········· 459
  - 15.1.2 定义触发器 ··········· 461
  - 15.1.3 触发器的分类 ··········· 462
- 15.2 DML 触发器 ··········· 463
  - 15.2.1 触发器的执行顺序 ··········· 463
  - 15.2.2 定义 DML 触发器 ··········· 464
  - 15.2.3 调试触发器 ··········· 467
  - 15.2.4 使用语句触发器 ··········· 468
  - 15.2.5 使用 OLD 和 NEW 谓词 ··········· 471

    15.2.6 使用 REFERENCING 子句 ··· 473
    15.2.7 使用 WHEN 子句 ··· 473
    15.2.8 使用条件谓词 ··· 474
    15.2.9 控制触发顺序 ··· 476
    15.2.10 触发器限制 ·· 477
    15.2.11 使用自治事务 ·· 478
  15.3 替代触发器 ·· 480
    15.3.1 替代触发器的作用 ··· 480
    15.3.2 定义替代触发器 ·· 481
    15.3.3 UPDATE 与 DELETE 替代触发器 ································· 483
    15.3.4 嵌套表替代触发器 ··· 486
  15.4 系统事件触发器 ··· 488
    15.4.1 定义系统触发器 ·· 488
    15.4.2 触发器事件列表 ·· 490
    15.4.3 触发器属性列表 ·· 492
    15.4.4 属性函数使用示例 ··· 494
    15.4.5 定义 SERVERERROR 触发器 ······································· 495
    15.4.6 触发器的事务与约束 ·· 498
  15.5 触发器的管理 ·· 498
    15.5.1 查看触发器源代码 ··· 498
    15.5.2 删除和禁用触发器 ··· 499
    15.5.3 名称与权限的管理 ··· 500
  15.6 小结 ·· 502
第 16 章 动态 SQL 语句（教学视频：17 分钟）·· 503
  16.1 理解动态 SQL 语句 ··· 503
    16.1.1 动态 SQL 语句基础 ··· 503
    16.1.2 动态 SQL 语句使用时机 ··· 504
    16.1.3 本地动态 SQL ·· 506
  16.2 使用 EXECUTE IMMEDIATE ··· 507
    16.2.1 EXECUTE IMMEDIATE 语法 ······································ 507
    16.2.2 执行 SQL 语句和 PL/SQL 语句块 ································· 508
    16.2.3 使用绑定变量 ··· 510
    16.2.4 使用 RETURNING INTO 子句 ····································· 512
    16.2.5 执行单行查询 ··· 513
    16.2.6 指定参数模式 ··· 513
  16.3 多行查询语句 ·· 514
    16.3.1 使用 OPEN-FOR 语句 ·· 515
    16.3.2 使用 FETCH 语句 ··· 516
    16.3.3 关闭游标变量 ··· 517

目 录

16.4	使用批量绑定	518
	16.4.1 批量 EXECUTE IMMEDIATE 语法	518
	16.4.2 使用批量 FETCH 语句	520
	16.4.3 使用批量 FORALL 语句	521
16.5	动态 SQL 的使用建议	522
	16.5.1 用绑定变量改善性能	522
	16.5.2 使用重复占位符	523
	16.5.3 使用调用者权限	524
	16.5.4 传递 NULL 参数	525
	16.5.5 动态 SQL 异常处理	526
16.6	小结	527

第 4 篇 PL/SQL 高级编程

第 17 章 面向对象编程（教学视频：24 分钟） 530

17.1	对象基础	530
	17.1.1 面向对象简介	530
	17.1.2 什么是对象类型	531
	17.1.3 PL/SQL 中对象的组成结构	532
17.2	定义对象类型	533
	17.2.1 定义对象类型	534
	17.2.2 定义对象体	535
	17.2.3 定义属性	536
	17.2.4 定义方法	538
	17.2.5 使用 SELF 关键字	539
	17.2.6 定义构造函数	541
	17.2.7 定义 MAP 和 ORDER 方法	542
	17.2.8 使用对象类型	545
	17.2.9 使用嵌套对象类型	547
	17.2.10 对象继承	550
	17.2.11 方法重载	552
17.3	管理对象表	553
	17.3.1 定义对象表	553
	17.3.2 插入对象表	554
	17.3.3 检索对象表	556
	17.3.4 更新对象表	560
	17.3.5 删除对象表	561
	17.3.6 创建对象列	562
	17.3.7 使用对象视图	563

17.4	管理对象类型	565
	17.4.1 查看对象类型	565
	17.4.2 修改对象类型	567
17.5	小结	569

第 18 章 PL/SQL 性能优化建议（教学视频：14 分钟） 570

18.1	了解 PL/SQL 程序性能	570
	18.1.1 影响性能常见原因	570
	18.1.2 使用 DBMS_PROFILER 包	573
	18.1.3 使用 DBMS_TRACE 包	578
18.2	PL/SQL 性能优化技巧	583
	18.2.1 理解查询执行计划	583
	18.2.2 连接查询的表顺序	586
	18.2.3 指定 WHERE 条件顺序	586
	18.2.4 避免使用*符号	587
	18.2.5 使用 DECODE 函数	587
	18.2.6 使用 WHERE 而非 HAVING	588
	18.2.7 使用 UNION 而非 OR	589
	18.2.8 使用 EXISTS 而非 IN	590
	18.2.9 避免低效的 PL/SQL 流程控制语句	591
	18.2.10 避免隐式类型的转换	592
18.3	小结	593

第 5 篇　PL/SQL 案例实战

第 19 章　企业 IC 芯片欠料计算程序（教学视频：28 分钟） 596

19.1	系统设计	596
	19.1.1 程序需求简介	596
	19.1.2 数据表 ER 关系图	597
	19.1.3 系统总体流程	599
	19.1.4 示例环境的搭建	600
19.2	系统编码实现	601
	19.2.1 创建包规范	601
	19.2.2 初始化数据	603
	19.2.3 获取 IC 芯片需求量	605
	19.2.4 IC 物料检查函数	606
	19.2.5 获取已走货 IC 芯片数量	607
	19.2.6 获取销售订单数量	608
	19.2.7 计算企业 IC 芯片需求量	608

	19.2.8	预备下次计算数据	611
	19.2.9	定义调用主程序	614
19.3	调试和部署应用程序		614
	19.3.1	编译应用程序	614
	19.3.2	调试应用程序	615
	19.3.3	查看程序结果	617
	19.3.4	部署到生产服务器	618
19.4	小结		619

第 20 章 PL/SQL 邮件发送程序（教学视频：33 分钟） 620

20.1	系统设计		620
	20.1.1	程序需求简介	620
	20.1.2	使用 UTL_SMTP 发送电子邮件	621
	20.1.3	系统总体流程	624
	20.1.4	示例环境的搭建	625
20.2	系统编码实现		627
	20.2.1	认识 MIME 类型	627
	20.2.2	实现 MIME 类型邮件发送	628
	20.2.3	定义包规范	631
	20.2.4	邮件初始化函数 xm_init	634
	20.2.5	发送并关闭连接 xm_close	639
	20.2.6	发送 HTML 邮件	639
	20.2.7	发送邮件附件	641
	20.2.8	发送 Excel 附件内容	643
	20.2.9	写入工作簿 wb_header	645
	20.2.10	写入工作表 xm_worksheet	646
	20.2.11	写入表格行 xm_ws_row	647
	20.2.12	写入工作表尾信息	648
	20.2.13	执行 SQL 语句写入工作表	650
20.3	编译和部署应用程序		652
	20.3.1	编译与调试应用程序	652
	20.3.2	验证测试结果	653
	20.3.3	部署到生产服务器	655
20.4	小结		655

第1篇 PL/SQL 开发入门

▶▶ 第1章 Oracle 11g 数据库系统

▶▶ 第2章 PL/SQL 基本概念

▶▶ 第3章 变量和类型

▶▶ 第4章 PL/SQL 控制语句

第 1 章　Oracle 11g 数据库系统

Oracle 数据库系统是世界领先的数据库管理系统，Oracle 数据库以其功能强大和配置灵活而著称，同时也因有一定的操作难度，让很多初学者望而却步。本书将由浅入深，以简单易懂的示例带领读者拨开 Oracle 的神秘面纱。

目前在 Oracle 世界主要有两类人员：一类是 Oracle 数据库管理人员，简称 DBA；一类是 Oracle 开发人员。Oracle DBA 主要的工作是负责日常的数据库维护和性能优化管理。由于 Oracle 系统较庞大、复杂，要成为一名合格的 DBA，需要掌握的知识较多，比如要掌握 Oracle 体系结构和性能优化等方面的知识，相对其他数据库而言入门门槛较高，但是薪酬一般也较丰厚。Oracle 开发人员的主要工作是使用 Oracle 提供的 SQL 语言和 PL/SQL 结构化程序设计语言操作数据库，主要职责是操纵 Oracle 数据库对象，不需要对 Oracle 系统结构有深入了解，入门较容易。当 Oracle 开发人员积累了一定的开发知识后，可以通过学习 Oracle DBA 方面的知识向数据库管理员转型。

1.1　关系型数据库系统介绍

1970 年 6 月，IBM 公司的研究员 E.F.Codd 博士（中文名：埃德加·弗兰克·科德），发表了名为"大型共享数据库的关系模型"的论文，受到了学术界和产业界的高度重视和广泛响应，使得关系型数据库系统很快成为数据库市场的主流。E.F.Codd 博士被誉为"关系数据库之父"，其照片如图 1.1 所示。

图 1.1　关系数据库之父埃德加·弗兰克·科德

1.1.1　什么是关系型数据模型

关系型数据库简而言之就是使用关系或二维表存储信息。以公司的人员信息管理为例，为了存储公司内部的员工信息，人事部门一般会建一份列表，在公司未引入信息化管理系统时，大多数人事职员会使用 Excel 来保存员工信息，例如图 1.2 是一份简单的人员信息列表的 Excel 文件。

这种 Excel 存储数据的方式，将人员的所有信息都包含在一张表中，随着 Excel 中的栏位和记录数越来越多，这份人员信息表会变得越来越繁杂，这种存储数据的方式称为**平面文件数据模型**。

为了简化修改与维护的复杂性，关系型数据库设计人员通过使用实体关系模型进行数据库建模，例如人员信息表可以分为员工表和部门表，通过部门编号进行关联，ER 模型如图 1.3 所示。

图 1.2　Excel 人员信息列表

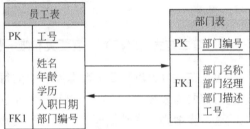

图 1.3　人员信息表 ER 关系模型

由图 1.3 中可以看到，通过将员工和部门分别存储在不同的二维表格中，使用主键（PK）和外键（FK）进行关联，使得获取和维护数据变得更容易，这就是**关系型数据模型**。上述 ER 图的 3 个关键组件分别如下所示。

- 实体：需要了解的信息，比如部门和员工信息。
- 属性：一般也称为列或字段，描述实体必须或可选的信息，比如员工表中的工号和姓名等。
- 关系：实体之间指定的关联，比如员工的部门编号关联到了部门表的编号属性。

关系型数据模型还涉及一些较复杂的组成元素，涉及较多的数学知识，有兴趣的读者可以参考一些理论性的读物。

1.1.2　数据库系统范式

为了规范化关系型数据模型，关系型数据库系统在设计时必须遵循一定的规则，这种规则称为**关系型数据库系统范式**。了解范式是每个数据库设计或开发人员必须具备的基本功，范式的主要目的是降低数据冗余，设计结构合理的数据库。目前较常用的范式有如下 3 种。

1. 第一范式（1NF）：字段必须具有单一属性特性，不可再拆分

如果字段中的值已经是无法再分割的值，则符合第一范式，即 1NF。例如，在员工表中，姓名字段一般仅包含员工的正式姓名，这是符合第一范式的，但是如果要在姓名字段中包含中文名、英文名、昵称、别名等信息，就意味着姓名字段是可再拆分的。因此员工名的设计可以如图 1.4 所示。

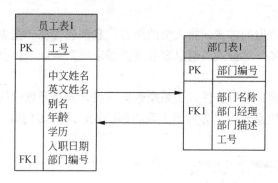

图 1.4　修改后的员工表以匹配 1NF 范式

2. 第二范式（2NF）：表要具有唯一性的主键列

第二范式（2NF）要求数据库表中的每个实例或行必须可以被唯一地区分，为实现区分通常需要为表加上一个列，以存储各个实例的唯一标识。第二范式是在第一范式的基础上的进一步增强，在数据库设计时一般使用唯一性主键来唯一地标识行。比如在员工表中定义了以工号作为主键，因为公司员工的工号通常用来识别某个员工个体，不能进行重复；在部门表中通过部门编号作为主键，来唯一地区分一个部门。

3. 第三范式（3NF）：表中的字段不能包含在其他表中已出现的非主键字段

第三范式（3NF）是在前两个范式的基础上的进一步增强，主要用来降低数据的冗余。比如，员工表中包含了部门编号，它引用到部门表中的部门编号这个主键，符合第三范式。如果在员工表中又包含一个部门名称，那么表中的字段就包含了其他表中已出现的非主键字段，造成了数据的冗余，不符合第三范式。

范式主要用来规范数据库的设计，使得设计出来的数据库结构清晰，简洁易懂，避免了数据冗余和操作的异常。在设计数据库模型时，灵活地应用范式是创建一个优秀的数据库系统的基石。

1.1.3　关系型数据库管理系统

关系型数据库管理系统，简称 DBMS，是基于关系型数据库理论而开发的软件系统。目前比较热门的关系型数据管理系统有：Oracle、Microsoft SQL Server、Access、MySQL 及 PostgreSQL 等。数据库管理系统是用于建立、使用和维护数据库，对数据库进行统一的管理和控制，保证数据库的安全性和完整性的一套大型的电脑程序。数据库管理系统功能

结构示意图如图 1.5 所示。

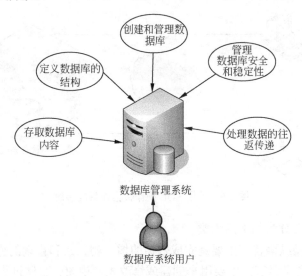

图 1.5 数据库管理系统功能结构示意图

如图 1.5 所示，一个数据库管理系统通常要提供如下所示的几项功能。

- 定义数据库结构：DBMS 提供数据定义语言来定义（DDL）数据库结构，用来搭建数据库框架，并被保存在数据字典中。
- 存取数据库内容：DBMS 提供数据操纵语言（DML），实现对数据库数据的基本存取操作，即检索、插入、修改和删除等。
- 数据库的运行管理：DBMS 提供数据控制功能，即数据的安全性、完整性和并发控制等，对数据库运行进行有效的控制和管理，以确保数据正确有效。
- 数据库的建立和维护：包括数据库初始数据的装入，数据库的转储、恢复、重组织，系统性能监视、分析等功能。
- 数据库的传输：DBMS 提供处理数据的传输，实现用户程序与 DBMS 之间的通信，通常与操作系统协调完成。

有了关系型数据库管理系统，开发人员就可以在数据库中创建数据库、创建表、存取数据库内容、对数据库进行备份和管理，只需要理解常用的系统相关的操作，而不用去研究关系型数据库系统内部深奥难懂的数据方面的理论知识。

1.1.4 使用 SQL 语句与数据库管理系统通信

关系型数据库管理系统提供了 SQL 语言，允许用户操纵数据库。SQL 语言的全称是**结构化查询语言**（Structured Query Language），它是高级的非过程化编程语言，允许用户在高层数据结构上工作。它不要求用户指定对数据的存放方法，也不需要用户了解其具体的数据存放方式，其操作示意图如图 1.6 所示。

尽管 SQL 语言已经被 ISO 组织定义了具有国际标准的 SQL 规范，但是各种数据库系统厂商在其数据库管理系统中都对 SQL 规范做了某些编改和扩充。所以，实际上不同数据库系统之间的 SQL 不能完全相互通用，目前比较流行的两大类 SQL 语言分别是微软的

T-SQL 和 Oracle 的 PL/SQL，这两类 SQL 既有相似之处又有不同之处。

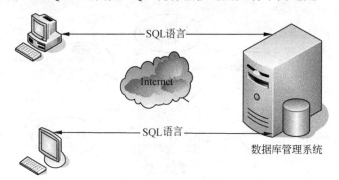

图 1.6　使用 SQL 操作数据库管理系统

SQL 语言主要又分为如下两大类。

❑ DML 数据操纵语言，主要是完成数据的增、删、改和查询的操作。

❑ DDL 数据定义语言，主要用来创建或修改表、视图、存储过程及用户等。

除此之外，还包含称为 DCL 的数据控制语言。数据库管理员，即 DBA，通常使用 DDL 来管理数据库的对象，而数据操纵语言 DML 则主要由数据库开发人员使用来操纵数据。

举个例子，如果想要在数据库中创建如图 1.4 所示的关系模型，可以使用代码 1.1 的 DDL 语句来实现。

代码 1.1　使用 DDL 语句创建列和键

```
--创建员工表
CREATE TABLE 员工表
(
  --定义员工表列
  工号 INT NOT NULL,
  中文姓名 NVARCHAR2(20) NOT NULL,
  英文姓名 VARCHAR2(20) NULL,
  别名 VARCHAR2(20) NULL,
  年龄 INT DEFAULT 18,
  入职日期 DATE NULL,
  部门编号 INT NULL,
  --定义员工表主键
  CONSTRAINT PK_员工表 PRIMARY KEY(工号)
);
--创建部门表
CREATE TABLE 部门表
(
  --定义部门表列
  部门编号 INT NOT NULL,
  部门名称 NVARCHAR2(50) NULL,
  部门经理 INT NOT NULL,
  部门描述 NVARCHAR2(200) NULL,
  工号 INT NOT NULL,
  --定义部门表主键
  CONSTRAINT PK_部门表 PRIMARY KEY(部门编号)
);
```

```sql
--为员工表添加外键引用
ALTER TABLE 员工表 ADD (
 CONSTRAINT FK_部门编号
 FOREIGN KEY (部门编号)
 REFERENCES 部门表 (部门编号));
 --为部门表添加外键引用
ALTER TABLE 部门表 ADD (
 CONSTRAINT FK_部门经理
 FOREIGN KEY (部门经理)
 REFERENCES 员工表 (工号));
```

代码使用 DDL 语句 CREATE TABLE，创建了员工表和部门表，并指定了表列及列的数据类型，同时为每个表都创建了主键。在创建了表之后，使用 ALTER TABLE 语句为表指定了表间的主外键关系。

说明：--表示 SQL 中的注释语句。

一旦创建好了表结构，数据库开发人员就可以使用 DML 语句来操纵这些表数据，比如下面的代码分别向部门表和员工表插入了一些数据：

```sql
--张三是理财部的经理，他不属于任何部门
INSERT INTO 员工表 VALUES(100,'张三','San Zhang','老三',20,date'2011-01-01',null);
--李四是财务部职员
INSERT INTO 员工表 VALUES(101,'李四','Li Si','老四',20,date'2011-01-01',100);
--部门表
INSERT INTO 部门表 VALUES(100,'财务部',100,'理财部',0);
--让张三属于财务部
UPDATE 员工表 SET 部门编号=100 WHERE 工号=100;
```

上面的代码使用 DML 语句 INSERT 向表中插入了 3 条记录，最后使用了 UPDATE 语句对员工表中的记录进行了更新。

如果要查询部门为财务部的所有的员工信息，可以使用如下所示的 SELECT 语句来进行查询：

```sql
SELECT * FROM 员工表 WHERE 部门编号=100;
```

数据库开发人员通过灵活使用这些 DML 语句，就可以非常方便地对数据库数据进行操作，以满足自己的应用程序逻辑需求。

1.2 初识 Oracle 11g

Oracle 公司是目前全球第一大数据库厂商，该公司成立于 1977 年，最初专门开发数据库。Oracle 以其灵活的架构、强大的可配置性使得该数据库在数据库规模、稳定性与工作效率方面位居数据库管理系统首位。目前我国大多数的大中型企业都不约而同地选择使用 Oracle 作为后台管理系统，世界上很多知名的企业也使用 Oracle 来处理海量的数据存储。

1.2.1　Oracle 11g 简介

Oracle 11g 是目前 Oracle 公司数据库管理系统的最新版本，11g 后面的 g 表示的是网格 Grid，因为 Oracle 数据库系统是一个网格的数据库管理系统。**网格**是指通过众多独立的、可以模块化的软硬件进行连接及重组，提供网状的企业信息系统，它是一种具有弹性的体系结构，可以满足复杂的、多元化的计算需求。

Oracle 数据库系统有两种主要的使用形式：**客户端/服务器端体系结构和多层结构**。目前国内使用得较为广泛的通常是客户端/服务器端结构，整个数据库系统分为两个部分：客户端和服务器端。

- 客户端：一个数据库应用程序，比如使用 Oracle 数据库的 ERP 系统，或者是用来开发 PL/SQL 的开发工具。客户端负责请求、处理、展现由数据库服务器管理的数据。运行客户端的计算机可以针对它自身的工作进行优化。例如，客户端计算机不需要大容量的磁盘，但应该适当提高显示性能。
- 服务器端：服务器运行 Oracle 数据库管理软件，处理并发、共享的数据访问。数据库服务器接收、处理由客户端应用程序提交的 SQL 或 PL/SQL 语句。运行数据库的计算机也可以根据它的职责进行优化，应具备大容量存储和较快的处理能力。

目前大多数公司会在 UNIX 或 Linux 上安装部署 Oracle 服务器端，然后在客户端的 Windows 电脑上安装 Oracle 客户端进行数据库的开发和管理，因此在安装 Oracle 数据库系统时会发现 Oracle 客户端和 Oracle 服务器端的安装选项。

在 Oracle 公司的网站上提供了 Oracle 各种版本的数据库的安装程序下载，可以看到在网站上即可下载整套的 Oracle 数据库系统，还可以单独下载客户端，如图 1.7 所示。

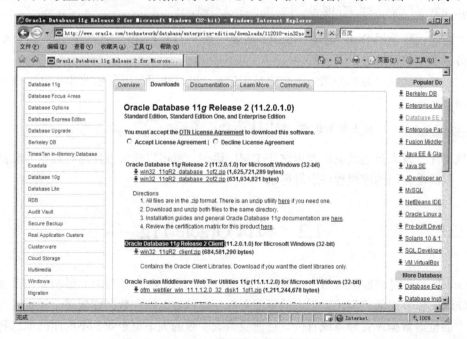

图 1.7　Oracle 11g 数据库安装程序下载网页

1.2.2　Oracle 11g 体系结构

一个 Oracle 数据库服务器包括如下两个方面。
- 存储 Oracle 数据的物理数据库，即保存 Oracle 数据库数据的一系列物理文件，包含控制文件、数据文件、日志文件和其他文件。
- Oracle 实例：这是物理数据库和用户之间的一个中间层，用来分配内存，运行各种后台进程，这些分配的内存区和后台进程统称为 Oracle 实例。

当用户在客户端连接并使用数据库时，实际上是连接到该数据库的实例，由实例来连接、使用数据库，示意图如图 1.8 所示。

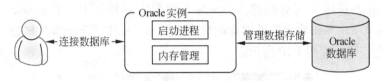

图 1.8　Oracle 数据库访问示意图

注意：实例不是数据库，数据库主要是指用于存储数据的物理结构，总是实际存在的。而实例是由操作系统的内存结构和一系列进程组成的，可以对实例进行启动和关闭。

当然一台计算机上总是可以创建多个 Oracle 数据库，要同时使用这些数据库，就需要创建多个实例，因此 Oracle 系统要求每个实例要使用 SID 进行划分，即在创建数据库时要指定数据库的 SID。整个 Oracle 数据库系统的体系结构如图 1.9 所示。

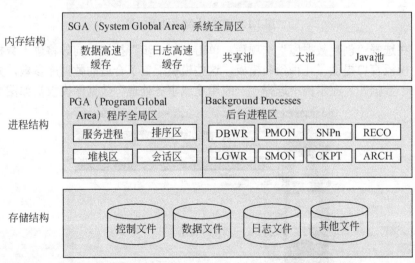

图 1.9　Oracle 数据库体系结构

Oracle 的体系结构提供了较多的配置项允许 DBA 通过灵活的配置来提升整个系统的性能，这也是相对较复杂的一部分，有志于从事 DBA 的读者可以通过相关资料详细地理解 Oracle 的体系结构。

1.2.3 如何创建数据库

由于 Oracle 系统体系结构的复杂性，数据库的创建工作要求用户熟悉较多的配置参数，不像在 SQL Server 中创建数据库那样简单。幸好 Oracle 提供了数据库配置助手 DBCA 这个工具，允许用户以图形化的方式创建和配置数据库。

如果读者还没有安装 Oracle 数据库系统，请从 Oracle 网站下载 Oracle 11g for Windows 32 位安装包，约 2GB 大小，然后按照安装向导的提示进行一步一步的安装。安装完成后，可以在程序面板上看到 Oracle 系统菜单栏。下面通过示例演示如何创建一个示例数据库，本书后面的内容都会对这个数据库进行操作。创建步骤如下所示。

（1）单击"开始｜所有程序｜Oracle｜配置和移植工具｜Database Configuration Assistant"菜单项，系统将弹出数据库配置助手向导，单击"下一步"按钮，选择"创建数据库"单选按钮，如图 1.10 所示。

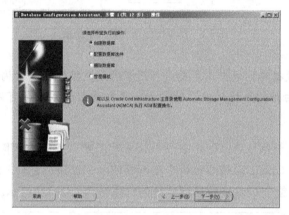

图 1.10　数据库配置助手向导

（2）在选择"创建数据库"选项后，单击"下一步"按钮，向导将进入数据库模板选择窗口，模板窗口提供了几种预装模板，这些模板配置了合适的数据库参数，允许用户快速创建一个数据库。在示例中选择"一般用途或事务处理"数据库模板，如图 1.11 所示。

图 1.11　选择数据库模板

（3）在选择了数据库模板之后，接下来进入指定数据库标识窗口，如图 1.12 所示。

第 1 章　Oracle 11g 数据库系统

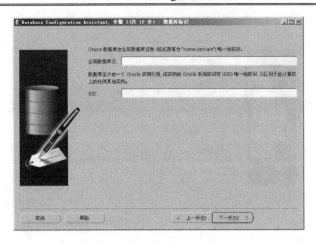

图 1.12　数据库标识窗口

全局数据库名是将数据库与任何其他数据库唯一标识出来的数据库全称，通常的名称格式为：数据库名称.数据库域名。比如 Demos.Ms.com，数据库名称为 Demos，数据库域名通常用来指定数据库所在的域。SID 是 Oracle 数据库实例的名称，因为在 Oracle 中每一个数据库都有一个对象的数据库实例。在示例中将实例名称与 SID 名分别命名为 BookDemo 和 BookDemoSID。

（4）在配置了数据库名称后，单击"下一步"按钮，将进入管理选项窗口，保留该窗口的默认值。"配置 Enterprise Manager"选项是指可以通过 Oracle 11g 的数据库配置管理工具 OEM 来配置该数据库。

（5）接下来向导要求为系统重要的数据库管理账户设置密码来保证数据的安全，在示例中为所有的账户使用同一口令，口令统一为 password，如图 1.13 所示。

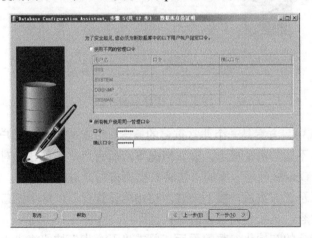

图 1.13　设置系统管理员口令

注意：用户必须妥善保管好管理员密码，以备在将来对数据库进行维护时输入正确的密码。

（6）在设置了口令并单击"下一步"按钮后，向导进入数据库存储机制窗口，普通应用只需要选择文件系统即可，如图 1.14 所示。

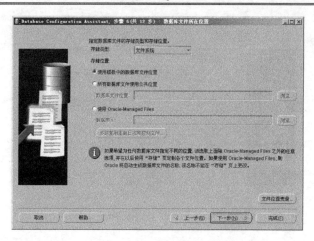

图 1.14　设置系统管理员口令

（7）在指定存储位置后，接下来进入恢复配置窗口，启用默认值即可。恢复配置之后的窗口是示例方案窗口，选中"示例方案"复选框，在本书后面的内容中将使用示例方案中的样例数据来介绍 PL/SQL 编程，如图 1.15 所示。

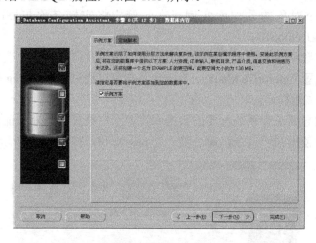

图 1.15　选择示例方案

在 Oracle 系统中，方案是一个非常重要的概念，方案的名称与用户的名称相同，但是方案与用户是完全不同的两个概念，默认情况下，所有用户所创建的对象都位于自己的方案中，也就是说，Oracle 使用方案的方法将数据库按用户进行了划分。

（8）在配置了示例方案后，接下来进入初始化设置窗口，这个窗口涉及较多的数据库初始参数设置的内容，直接使用系统的默认值即可，如图 1.16 所示。

（9）使用了默认的初始化参数配置后，单击"下一步"按钮将进入数据库存储配置窗口，该窗口允许用户查看和更改数据库的控制文件、数据文件和重做日志组对象，样例数据库使用默认设置即可，如图 1.17 所示。

（10）在确定了存储配置窗口后，单击"下一步"按钮，将进入数据库创建选项窗口，此处可以选择直接创建数据库，也可以将前面几步的创建设置保存为一个新的数据库模板，如图 1.18 所示。

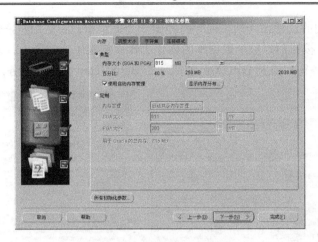

图 1.16　初始参数配置窗口

图 1.17　存储配置窗口

在此直接使用默认选择创建一个新的数据库，单击"完成"按钮后，系统会弹出一个确认窗口，显示了所要创建的数据库的概要信息，如图 1.19 所示，确定了数据库的创建后，系统将开始分 3 步创建数据库，如图 1.20 所示。

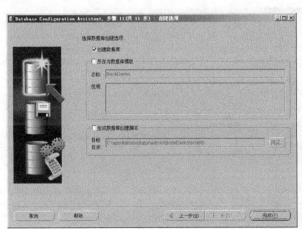

图 1.18　创建选项窗口

图 1.19　数据库概要窗口

经过一段时间的创建工作后,向导将弹出一个提示窗口告之用户,数据库已经创建完成,单击"确定"按钮后,整个数据库的创建工作就结束了,如图 1.21 所示。此时可以通过 Windows 的服务窗口看到 DBCA 已经启动了 BookDemo 相关的服务,如图 1.22 所示。

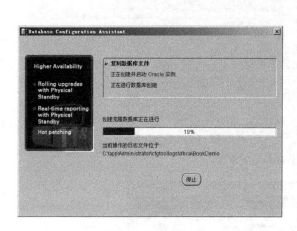

图 1.20　创建数据库　　　　　　　　图 1.21　数据库创建完成确认窗口

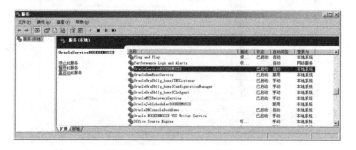

图 1.22　BookDemo 数据库实例服务

可以看到服务已经启动,接下来客户端就可以使用 Oracle 客户端连接 BookDemo 来使用这个新创建的数据库了,比如图 1.23 所示是使用 Oracle SQL Developer 客户端工具连接到 BookDemo 并查询 emp 数据表的效果。

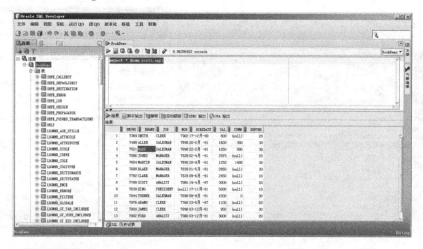

图 1.23　使用 Oracle SQL Developer 客户端工具连接 BookDemo 数据库

1.2.4 比较 Oracle 数据库与 SQL Server 数据库

如果读者曾经有过在 SQL Server 数据库上开发应用程序的经验，在转入到 Oracle 数据库系统后，需要转变观念，因为 Oracle 的体系结构与 SQL Server 有着本质上的不同，而不只是不同厂商类似的数据库产品。

与 **SQL Server** 的一个明显的区别是：Oracle 数据库系统是一个跨平台的数据库管理系统，可以运行在 Windows、UNIX、Linux 等操作系统上，而 SQL Server 只能运行于微软的操作系统平台。

在使用 SQL Server 时，当用户使用企业管理器连接到某个 SQL Server 实例后，可以同时管理多个数据库，这是因为 SQL Server 中，实例就是 SQL Server 服务器引擎，每个引擎都有一套不为其他实例共享的系统及数据库，因此一个实例可以建多个数据库。

在 Oracle 中，**实例**是由一系列的进程和服务组成的，与数据库可以是一对一的关系，也就是说一个实例可以管理一个数据库；也可以是多对一的关系，也就是说多个实例可以管理一个数据库，其中多个实例组成一个数据库的架构称为集群，简称为 RAC，英文全称是 Oracle Real Application Clusters。

注意：在 Oracle 中一个实例不能管理多个数据库，这是与 SQL Server 的一个明显的区别。

大多数情况下，Oracle 的实例与数据库都是一对一的关系，比如在笔者的公司，Dev 数据库对应了一个 Dev 的实例，Prod 数据库对应了 Prod 实例。不同的实例对不同的数据库进行管理，实例与数据库的一对一关系如图 1.24 所示。

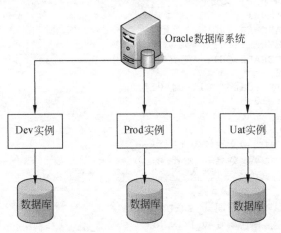

图 1.24　实例与数据库的关系

最后在文件存储、日志管理、方案管理、事务处理、安全性管理等方面，两者都存在非常大的区别，本小节并不是要详细对两个数据库进行比较，那将需要较大的篇幅，本小节主要的目的是建议由 SQL Server 转入 Oracle 开发的用户转变观念，从头开始认真学习 Oracle 系统，不要用 SQL Server 的思维去审识 Oracle 系统，以免在学习的过程中走弯路。

1.3 什么是 PL/SQL

标准的 SQL 语言提供了定义和操纵数据库对象的能力，但是并没有提供程序设计语言所具有的诸多特性，比如不支持过程和函数的定义，不能处理运行错误。Oracle 公司的 PL/SQL 是在标准 SQL 语言的基础上进行过程性扩展后形成的一门程序设计语言，具有第三代编程语言的特性，可以定义变量、常量，具有过程控制、子程序、错误处理等功能。

1.3.1 PL/SQL 是一种语言

PL/SQL，简言之就是为标准 SQL 语言添加了过程化功能的一门程序设计语言，PL/SQL 是 Procedural Language/SQL 的缩写，如其名所示，该语言通过增加了过程性语言中的结构对 SQL 进行了扩展。在 PL/SQL 程序语言中，最基本的单元是语句块，所有的 PL/SQL 程序都是由语句块构成的，块与块之间可嵌套，在块中可以定义变量、常量，可以使用 IF-THEN-ELSE 或循环结构，可以定义函数、过程。

举个例子，要向在 1.1.4 小节中创建的员工表中添加一个新的员工，首先判断要添加的员工工号是否存在，如果存在，则更新该工号对应的员工的信息，否则添加一个新的员工。PL/SQL 语句如代码 1.2 所示。

代码 1.2　PL/SQL 代码块示例

```
DECLARE
  --在 PL/SQL 匿名块中定义变量
  v_EmpNo INT:=102;
  v_ChsName NVARCHAR2(20):='王五';
  v_EngName VARCHAR2(20):='Wang wu';
  v_AlsName VARCHAR2(20):='老五';
  v_Age INT:=28;
  v_EnrDate DATE:=date'2011-04-01';
  v_DeptNo INT:=100;
BEGIN
  --先更新已存在的记录
  UPDATE 员工表 SET 中文姓名=v_ChsName,
              英文姓名=v_EngName,
              别名=v_AlsName,
              年龄=v_Age,
              入职日期=v_EnrDate,
              部门编号=v_DeptNo
          WHERE 工号=v_EmpNo;
  DBMS_OUTPUT.PUT_LINE('员工更新成功');
  --判断，如果未更新数据
  IF SQL%NOTFOUND THEN
  --则向员工表中插入员工记录
    INSERT INTO 员工表
    VALUES(v_EmpNo,v_ChsName,v_EngName,v_AlsName,
        v_Age,v_EnrDate,v_DeptNo);
  DBMS_OUTPUT.PUT_LINE('员工插入成功');
```

```
    END IF;
    --异常处理
EXCEPTION
WHEN OTHERS THEN
    DBMS_OUTPUT.PUT_LINE('插入员工表错误');
END;
```

在这个示例中，包含了两条 SQL 语句，分别是 UPDATE 和 INSERT，同时还包含了变量的声明和 IF 条件语句，代码最后使用了 EXCEPTION 来进行异常的处理。

注意：PL/SQL 语句是不区分大小写的，每一条 PL/SQL 语句以分号进行结尾。

PL/SQL 通过使用块结构，可以在一个块中包含多条 SQL 语句及 PL/SQL 语句，可以将 PL/SQL 块直接嵌入应用程序中。使用了 PL/SQL 块后，网络上只需要发送一次 PL/SQL 块，就可以完成所有的 SQL 语句的数据处理工作，大大减小了网络的开销。

1.3.2　PL/SQL 的执行环境

当 PL/SQL 内嵌了 SQL 语句被执行时，PL/SQL 块将被数据库内部的 PL/SQL 引擎提取，PL/SQL 引擎将块内部的 SQL 语句交给 Oracle 的 SQL 引擎来处理，由 SQL 引擎负责解析并处理 SQL 语句的执行。因此在 Oracle 中对于 PL/SQL 和 SQL 语句，分别使用了两种不同的引擎，这两种引擎在数据库内部完成数据交互和处理过程。

PL/SQL 引擎与 Java 虚拟机有些相似，包括编译器和运行系统，PL/SQL 引擎不止可以紧密整合在 Oracle 服务器端，在客户端中也可以包含 PL/SQL 引擎，下面分别对这两种不同位置的 PL/SQL 引擎进行简要的介绍。

1. 服务器端的PL/SQL引擎

目前市面上多数使用 PL/SQL 的数据库应用程序，基本上都使用了服务器端的 PL/SQL 引擎。这种执行方式要求客户端将 PL/SQL 语句块发送到数据库服务器，由服务器端的 PL/SQL 引擎进行处理，服务器端接收到 PL/SQL 的语句块后，交给 PL/SQL 引擎进行处理，PL/SQL 引擎将对语句块进行解析，执行其中的过程性语句，对于语句中包含的 SQL 语句，将交给 SQL 语句执行器来执行，服务器端 PL/SQL 的执行结构如图 1.25 所示。

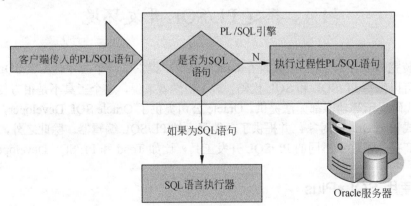

图 1.25　PL/SQL 引擎执行逻辑

从图 1.25 中可以看到，当客户端的 PL/SQL 块传到服务器端的 PL/SQL 引擎后，PL/SQL 引擎提取出其中包含的 SQL 语句，比如 SELECT 或 UPDATE 之类的语句，发送给 SQL 语言执行器执行；而对于诸如变量定义、过程控制等过程性语句，将由 PL/SQL 的过程性语句执行器执行。

2. 客户端的PL/SQL引擎

尽管客户端 PL/SQL 引擎的使用比较少见，但是对于使用 Oracle Forms 和 Oracle Reports 进行 Oracle 表单和报表开发的开发人员来说，应该非常了解客户端的 PL/SQL 执行引擎。对于客户端的 PL/SQL 引擎，PL/SQL 语句块中包含的过程性语句就在客户端直接被执行，而不用发送给服务器了。但是如果 PL/SQL 语句块中包含 SQL 语句，或者包含对服务器端存储过程的调用，那么这些调用将被发送给服务器端的 PL/SQL 引擎或 SQL 语言执行器。客户端的 PL/SQL 引擎执行结构如图 1.26 所示。

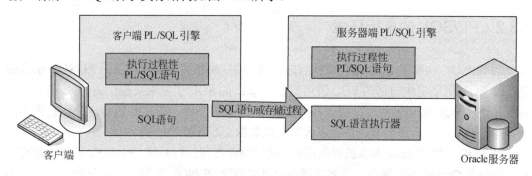

图 1.26　客户端的 PL/SQL 执行结构

从图 1.26 中可以看到，除了 SQL 语句之外，客户端 PL/SQL 引擎在本地处理了 PL/SQL 语句块，使得过程性语句不用通过网络传输就得以处理，这使得在客户端可以对一些事件进行响应，比如 Oracle Forms 应用程序中包含的触发器或过程，都在客户端运行。

> 注意：Oracle Forms 应用程序中的触发器与 Oracle 数据库触发器是两个不同的概念：一个是对客户端事件的触发；一个是对数据库服务器中的数据变更或系统变更的触发。

1.4　搭建 PL/SQL 开发环境

在安装完 Oracle 11g 后，会发现在 Oracle 菜单中提供了一个命令行工具 SQL*Plus，使用该工具可以编写 PL/SQL 和 SQL 代码。对于初学者来说，这个工具不是很方便，比如语法高亮、代码提示等功能都无法提供。Oracle 公司提供了 Oracle SQL Developer，可以以图形化的方式管理 Oracle 对象，并提供了功能强大的 PL/SQL 编辑器。除此之外，很多第三方的供应商提供了许多不同的 PL/SQL 开发工具，比如 Toad 和 PL/SQL Developer。

1.4.1　使用 SQL*Plus

SQL*Plus 是随 Oracle 数据库服务器一同安装的一个非常重要的执行 SQL 和 PL/SQL

的工具，该工具具有自己的命令行环境，允许用户执行 3 种类型的命令，如下所示。
- SQL 命令：用来查询和操作数据库。
- PL/SQL 块：用来编写和执行 PL/SQL 语句块。
- SQL*Plus 本身的命令：用来编辑、保存、运行和格式化 SQL 命令、PL/SQL 块，以及自定义 SQL*Plus 环境等。

1. 连接数据库

可以通过"开始｜程序｜Oracle - OraDb11g_home1｜应用程序开发｜SQL Plus"菜单项打开 SQL*Plus，SQL*Plus 将显示如图 1.27 所示的登录窗口。

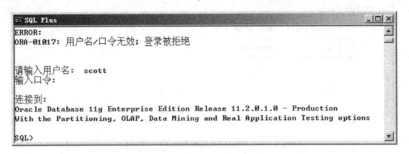

图 1.27　SQL*Plus 登录窗口

在用户名区域输入 scott，在输入口令部分输入默认的口令 tiger，口令将不会显示在屏幕上，按 Enter 键后，将出现 SQL*Plus 的命令提示符 SQL>，表明 SQL*Plus 已经准备接受命令了。

如果用 scott/tiger 无法登录，可能是该用户已被锁定，此时可以先用用户名 System，密码 password 登录，这个密码是在 1.2.3 小节创建数据库时指定的默认密码。在登录后使用如下 SQL 命令：

```
ALTER USER scott ACCOUNT UNLOCK;
```

执行后，便可以使用 scott 用户进行登录了。在更改了用户锁定后，要切换为 scott 登录，可以使用如下命令：

```
CONNECT scott/tiger;
```

默认情况下，SQL*Plus 会使用变量 ORACLE_SID 中定义的本地数据库，对于 Windows 系统来说，这个环境变量可以在注册表的如下位置找到：

```
HKEY_LOCAL_MACHINE\SOFTWARE\ORACLE\HKEY_LOCAL_MACHINE\SOFTWARE\ORACLE\
KEY_OraDb11g_home1\ORACLE_SID
```

如果要连接到远程数据库服务器，可以在用户名和密码后面添加连接标识符，例如如果要连接到 BookDemoSID，则可以使用如下的代码：

```
CONNECT scott/tiger@BookDemo
```

连接标识符可以使用 Oracle Net Manager 或 Oracle 网络配置助手进行创建，工具将会在 tnsnames.ora 中加入配置信息，该文件位于如下文件夹中：

```
C:\app\Administrator\product\11.2.0\dbhome_1\NETWORK\ADMIN
```

2. 执行SQL命令

此时 SQL*Plus 会提示用户已连接，表明可以使用各种 SQL 命令或编写 PL/SQL 语句块操作数据了。例如在 SQL>后面输入查询 dept 数据库的语句：

```
SELECT * FROM dept;
```

按 Enter 键后，将会显示如图 1.28 所示的查询结果。

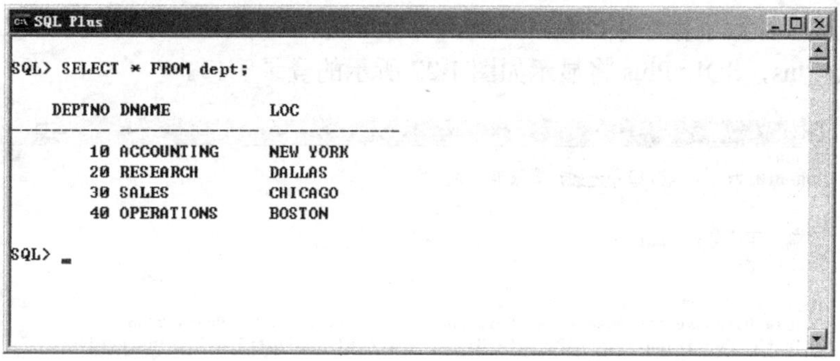

图 1.28　使用 SQL*Plus 查询数据库

在 SQL*Plus 中，执行一条 SQL 语句时，使用分号作为结尾，或者按 Enter 键换行后，使用一个正向倾斜符/，SQL*Plus 读取到这个符号时，会将 SQL 语句发送到服务器端执行。

3. 执行PL/SQL语句块

对于 PL/SQL 语句块，当用户输入 DECLARE 或 BEGIN 关键字时，SQL*Plus 会检测到用户正在开始一个 PL/SQL 语句块而不是一条 SQL 语句，在语句块结束后，通过一个正向的倾斜符/来指明语句结束。实际上对于 PL/SQL 语句块来说，/符号不只是一个语句终结符，它是 SQL*Plus 中的 RUN 命令的一个简记符号，用来运行 PL/SQL 语句块。例如在图 1.28 中，输入了一个显示当前时间的 PL/SQL 匿名块，以/结尾后，该语句块立即执行并在屏幕上显示了当前的时间，如图 1.29 所示。

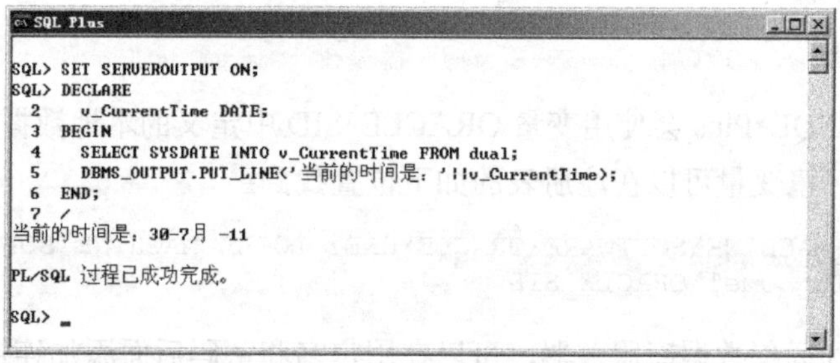

图 1.29　执行 PL/SQL 语句块

4. 使用替换变量

SQL*Plus 中可以在 PL/SQL 块或 SQL 语句块中使用替换变量，以便在语句执行时可以通过为变量提供不同的值来提升交互性。替换变量的格式是在变量名称前加一个&或&&

符号,比如要查询员工表中的特定部门的员工信息,可以编写并执行如下所示的 SQL 语句:

```
SQL> SELECT empno,ename,job,mgr,sal FROM emp WHERE deptno=&部门编号;
输入 部门编号 的值: 20
原值   1: SELECT empno,ename,job,mgr,sal FROM emp WHERE deptno=&部门编号
新值   1: SELECT empno,ename,job,mgr,sal FROM emp WHERE deptno=20
    EMPNO ENAME      JOB            MGR        SAL
    ----- -----      ---------      --------   ----------
     7369 SMITH      CLERK          7902        800
     7566 JONES      MANAGER        7839       2975
     7788 SCOTT      ANALYST        7566       3000
     7876 ADAMS      CLERK          7788       1100
     7902 FORD       ANALYST        7566       3000
```

从上述代码中可以看到,SQL*Plus 会显示语句的原值和被替换后的值,然后再显示执行的结果。如果替换变量为数值列提供数据,则可以直接引用;如果替换变量为字符类型或日期类型列提供数据,则需要在 SQL 语句中将替换变量用单引号引起来。因此如果要查询员工姓名,则替换变量的用法如下所示。

```
SQL> SELECT &empno,ename,job,mgr FROM emp WHERE ENAME='&ENAME';
输入 empno 的值: EMPNO
输入 ename 的值: SMITH
原值   1: SELECT & empno,ename,job,mgr FROM emp WHERE ename='&ENAME'
新值   1: SELECT empno,ename,job,mgr FROM emp WHERE ename='SMITH'
    EMPNO ENAME      JOB            MGR
    ----- -----      ---------      --------
     7369 SMITH      CLERK          7902
```

在上面的查询例子中,替换变量&empno 要获取列数字值,而 ename 因为是字符串类型,因此使用了单引号引起来。

上述替换变量的定义方式称为**临时替换变量**,因为每一次都要为替换变量赋值,如果使用两个&符号,则称为**全局替换变量**,只需给替换变量赋值一次,就可以在当前 SQL*Plus 环境中一直使用。还可以使用 DEFINE 来定义替换变量,关于替换变量更多的信息,可以参考 Oracle 文档库中的"SQL*Plus®User's Guide and Reference"。

5. 使用DBMS_OUTPUT包显示信息

在 PL/SQL 代码中,当想在屏幕上输出信息时,可以使用 DBMS_OUTPUT 包的相关子程序来实现,该包通常用来调试或显示信息及输出报表。首先要使用 SET SERVEROUTPUT 命令来实现输出功能,该命令的格式如下:

```
SET SERVEROUT[PUT] {ON | OFF}
```

ON 和 OFF 参数用于打开或关闭缓冲区输出功能。在开启了输出功能后,就可以使用 DBMS_OUTPUT.PUT 或 DBMS_OUTPUT.PUT_LINE 向输出缓冲区添加参数,SQL*Plus 将检索缓冲区中的内容,然后打印到屏幕上。例如为了在屏幕上显示当前的日期,编写了如代码 1.3 所示的 PL/SQL 语句块。

代码 1.3 使用 DBMS_OUTPUT 包输出屏幕消息

```
--显示当前日期与时间
BEGIN
```

```
    DBMS_OUTPUT.PUT_LINE('现在的日期时间：');
    --显示信息不换行
    DBMS_OUTPUT.PUT('今天是：');
    --显示信息并换行
    DBMS_OUTPUT.PUT_LINE(TO_CHAR(SYSDATE,'DAY'));
    DBMS_OUTPUT.PUT('现在时间是：  ');
    DBMS_OUTPUT.PUT_LINE(TO_CHAR(SYSDATE,'YYYY-MM-DD MM:HH:SS'));
END;
```

从代码中可以看出，PUT_LINE 将会产生一个换行符，而 PUT 则不会进行换行，在 SQL*Plus 中的执行效果如图 1.30 所示。

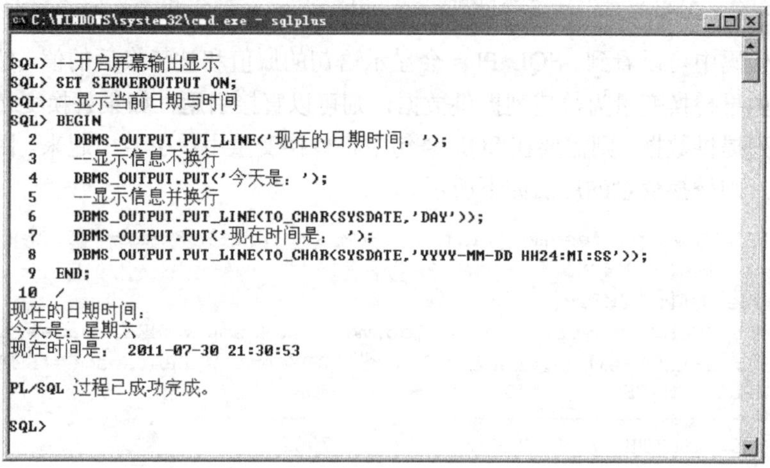

图 1.30 屏幕信息输出效果

1.4.2 使用 Oracle SQL Developer

用过 SQL Server 的用户都比较喜欢 SQL Server 强大的企业管理器的功能，Oracle 同样也提供了具有类似功能的强大的图形化开发环境。Oracle SQL Developer 是一个图形版的 SQL*Plus，该工具提供了便利的方法来实现数据库对象的浏览、编辑和删除操作，提供了代码高亮的编辑器来开发 PL/SQL 代码，可以操作和导出数据、查看和创建报表等。

由于 Oracle SQL Developer 并没有随 Oracle 数据库系统一同安装，因此用户必须从 Oracle 网站免费下载适合操作系统平台的安装程序，下载地址如以下网址所示。

```
http://www.oracle.com/technetwork/developer-tools/sql-developer/downloads/index.html
```

从该下载网址中，可以看到 Oracle 公司提供了 Windows、Linux、Mac OS X 等平台的安装程序，下载页面如图 1.31 所示。

一旦安装完了 Oracle SQL Developer 后，就可以从"开始｜程序｜Oracle - OraDb11g_home1｜应用程序开发｜SQL Developer"菜单项启动 Oracle SQL Developer，Oracle SQL Developer 的主界面如图 1.32 所示。

位于左侧的面板是具有树状层次结构的数据库连接窗口，这个树状的层次列表列出了当前数据库中的所有对象，用户可以在该窗口中使用图形化的方式来直观地操作 Oracle 中的数据库对象，极大地简化了对 Oracle 数据库的管理工作。

图 1.31　Oracle SQL Developer 下载页面

图 1.32　Oracle SQL Developer 主界面

1. 连接数据库

为了能操纵数据库对象，首先右击连接面板中的"连接"节点，然后从弹出的快捷菜单中选择"新建连接"菜单项，将弹出如图 1.33 所示的创建连接窗口，通过输入连接信息，示例创建了与 BOOKDEMO 数据库的连接。

由图 1.33 中可以看到，连接名是用户为连接取的一个有意义的名称，在用户名和口令文本框中，输入要连接到数据库的用户名和口令。如果选中了保存密码，那么密码将和连接信息一同被保存，在以后使用这个连接时将不会弹出用户名和密码输入框。

注意：Oracle SQL Developer 不仅可以连接 Oracle 数据库，还可以连接 Access、MySQL 及 SQL Server 等数据库。

在 Oracle 标签页的"角色"下拉列表框中，提供了连接权限的选择，具有 default 和 SYSDBA 两种选择。如果用户被授予了 SYSDBA 系统权限，那么在创建连接时可以选择 SYSDBA 这个角色，否则将以 default 角色进入连接。

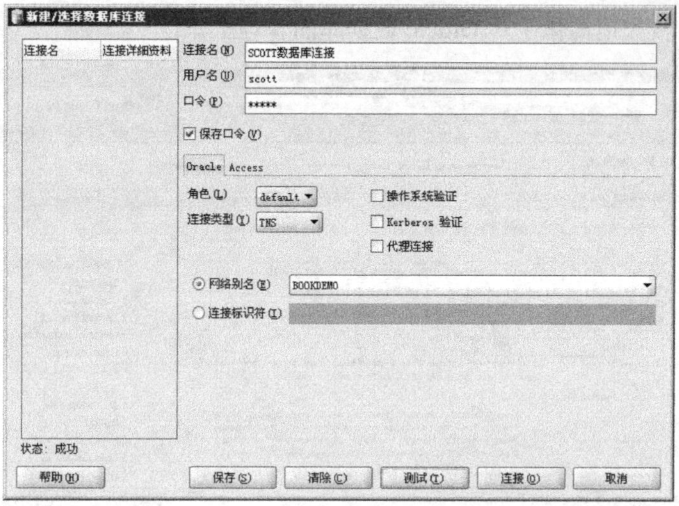

图 1.33　创建到 BookDemo 数据库的连接

在"连接类型"下拉列表框中，系统提供了 4 种连接的类型，选择不同的连接类型，会改变连接类型设置的控件，比如选择 TNS 后，将显示"网络别名"和"连接标识符"这两个输入控件，允许用户选择 Oracle 网络别名，这些别名来自于 tnsnames.ora 文件中的定义。而 Basic 基本连接类型则要求用户指定要连接的主机名称、端口、SID 和服务名等具体连接信息。

在连接信息设置完毕后，用户可以单击"测试"按钮测试数据库连接信息，如果测试通过，可以单击"保存"按钮保存连接，连接被保存后，就会出现在图 1.33 左侧的连接列表中，然后单击"连接"按钮，SQL Developer 将连接到数据库，显示数据库对象树状视图，并在右侧显示 SQL 工作表窗口。

2. 使用SQL工作表执行SQL与PL/SQL语句

在 SQL 工作表窗口中，可以执行 SQL、PL/SQL 及 SQL*Plus 命令，开发人员可以指定能与 SQL 工作表相关联的数据库可以处理的任何行为，比如创建数据表、插入数据、创建和编辑触发器、查询数据及保存数据到文件等功能，SQL 工作表窗口如图 1.34 所示。

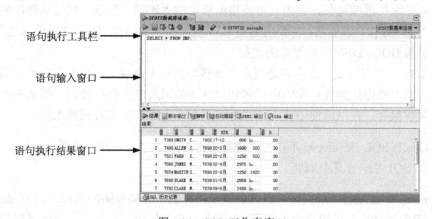

图 1.34　SQL 工作表窗口

语句执行工具栏包含了常见的几个执行 SQL 的工具按钮。

▶ 执行语句按钮（F9）：用于执行鼠标所在位置的语句，允许在语句中出现 SQL 绑定变量和替换变量。

📄 运行脚本按钮（F5）：使用脚本运行器执行在语句输入框中输入的 PL/SQL 脚本，允许在语句中出现 SQL 绑定变量和替换变量。

📋 提交按钮（F11）：将任何更改写入数据库中，并终止事务，同时在结果和脚本输出面板中清除任何输出。

📋 回退按钮（F12）：放弃对数据库所做的任何更改，终止事务同时清除结果和脚本输出窗口。

⊘ 取消按钮（Ctrl+Q）：停止当前正在执行的任何语句。

📋 执行解释计划（F6）：为 SQL 语句产生执行计划（内部执行了 EXPLAIN PLAN 语句），可以通过结果区域的解释 Tab 页查看 SQL 执行计划。

📋 自动跟踪（F10）：为 SQL 语句产生跟踪信息，可单击结果区域的自动跟踪标签页查看跟踪计划。

✏ 清除（Ctrl+D）：清除 SQL 语句输入框中的 SQL 语句。

3. 调试PL/SQL子程序

对于 PL/SQL 的开发人员来说，调试代码是非常重要的工作，一个好的代码编辑器和调试器往往能事半功倍。Oracle SQL Developer 提供了非常方便的调试功能，假定在 BookDemo 数据库中包含如代码 1.4 所示的一个名为 CallFunc 的函数。

代码 1.4　CallFunc 函数定义代码

```
CREATE OR REPLACE FUNCTION CallFunc(p1 IN VARCHAR2)
  RETURN VARCHAR2 as
    p2 VARCHAR2(200); --定义局部变量
BEGIN
  --输出传入参数
  DBMS_OUTPUT.PUT_LINE('传入函数的参数为：'||p1);
  --为局部变量赋值
  p2:='这里是函数内部的局部变量';
  --返回传入参数和变量值的合并字符串
  return p1||p2;
END CallFunc;
```

假定想在调试时通过单步执行的方式一步一步查看变量内部的变化，可以首先进入函数编辑模式。在连接面板的树状对象列表中找到"函数"节点下的 CallFunc 函数，右击该函数，从弹出的快捷菜单中选择"编辑"菜单项，Oracle SQL Developer 将打开如图 1.35 所示的子程序编辑窗口。

在代码编辑窗口中，可以单击左侧边栏区域为 PL/SQL 代码添加断点，如果更改了代码，可以先进行编译，然后单击 🐞 Debug 按钮，将打开如图 1.36 所示的调试窗口。

在窗口的 PL/SQL 语句区，可以编辑函数的调用代码，比如为传入参数指定新的值，或者是加入自己的应用程序逻辑。在编辑好了调试的 PL/SQL 语句块后，单击"确定"按钮，可以看到子程序编辑窗口进入断点执行环境，如图 1.37 所示。

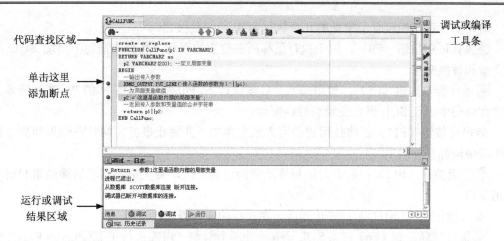

图 1.35　编辑与调试子程序

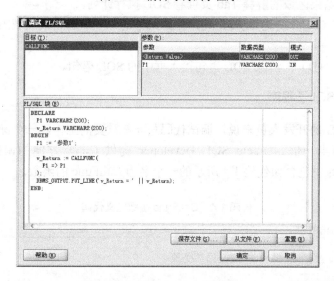

图 1.36　调试 PL/SQL 代码窗口

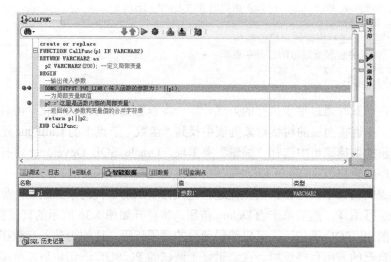

图 1.37　断点执行窗口

用户可以按 F8 键或选择主菜单中的运行菜单子项来进行单步执行代码，并可以在底部的智能数据标签页中查看当前位置的变量数据，这对于调试应用程序是非常有用处的。

Oracle SQL Developer 提供的功能非常多，更详细的信息可以参考 Oracle 文档库中的 SQL Developer User's Guide，这份手册提供详细的使用 Oracle SQL Developer 的方方面面。

1.4.3 PL/SQL Developer 开发 PL/SQL

尽管 Oracle SQL Developer 越来越受到广大开发人员的欢迎，但是很多 Oracle 程序人员开发的首选工具依然是 PL/SQL Developer。PL/SQL Developer 是一个专门用于 PL/SQL 程序单元开发的集成开发环境，该工具的主要优点在于 PL/SQL 开发的易用性、产品代码的质量测试和开发效率强劲性这几个方面。

PL/SQL Developer 是由第三方公司 Allround Automations 开发的一款商业的开发环境，要使用其正式版本，需要支付一笔授权费用，该公司提供了 30 天评估版本下载，下载网址为：

```
http://www.allroundautomations.com/plsqldev.html
```

下载窗口如图 1.38 所示。

PL/SQL 的安装比较简单，只需要按照提示连续单击"下一步"按钮即可。如果需要简体中文版来加快学习的进度，在安装程序完成之后，可以从网上下载网友制作的汉化包进行安装，有的汉化包还包含了全中文的使用手册，非常利于初学者学习。

注意：如果计算机上没有安装 Oracle 客户端运行库，则需要单独下载 Oracle 客户端进行安装。

1. 连接数据库

每次启动 PL/SQL Developer 时，默认设置下会弹出提示进行登录的窗口，如图 1.39 所示。PL/SQL Developer 使用存储在 tnsnames.ora 参数中定义的数据库标识符作为数据库下拉列表框中的值，当输入了用户名和口令后，根据指定的连接角色进行登录，验证成功后将进入应用程序主窗口，在主窗口中可以通过菜单或工具栏按钮来创建各种不同的窗口以便编辑 SQL 或 PL/SQL 代码，如图 1.40 所示。

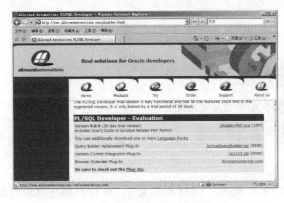

图 1.38　PL/SQL 下载网站

图 1.39　PL/SQL 登录窗口

第 1 篇　PL/SQL 开发入门

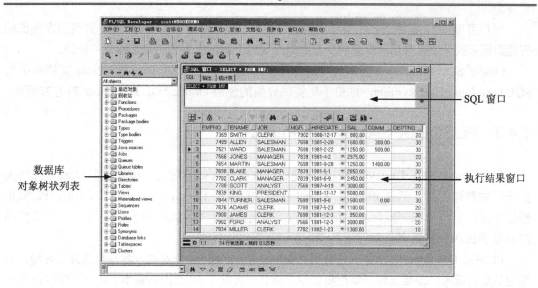

图 1.40　PL/SQL Developer 用户主界面

2．执行SQL语句与PL/SQL块

PL/SQL Developer 的新建菜单或新建工具栏包含了可供使用的多个窗口，比如 SQL 窗口专门用来执行 SQL 语句或匿名 PL/SQL 语句块，程序菜单下的子菜单提供了一系列的模板，允许用户创建 Oracle 存储过程、函数、类型等 Oracle 程序对象。

一般新建一个 SQL 窗口来执行 SQL 或 PL/SQL 语句，可以在该窗口中执行任何 SQL 语句，并且可以使用替换变量等，例如如图 1.41 所示在 SQL 窗口执行了一个带替换变量的 SQL 查询语句，PL/SQL Developer 将弹出一个输入变量窗口。

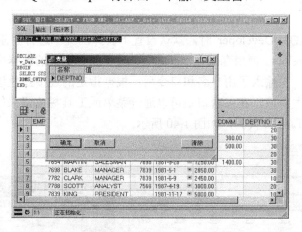

图 1.41　在 PL/SQL 中使用替换变量

在 DEPTNO 值中输入 20，然后单击"确定"按钮，即可以结果窗口中看到符合条件的查询结果。

注意：当 SQL 语句运行后，默认提取 10 行数据，若结果集大于 10 行，则可以通过结果集工具栏中的下一页和最后页两个按钮来显示结果集。

图 1.40 中，还包含了一个匿名的 PL/SQL 语句块，选中该语句块，然后按下 F8 键，选中的语句块会被单独执行，在执行完成之后，可以切换到输出标签页，查看由 DBMS_OUTPUT.PUT_LINE 产生的输出结果。

PL/SQL 同时提供了一个命令窗口，该窗口与 Oracle 的 SQL*Plus 很相似，在打开该窗口后，就可以输入熟悉的 SQL*Plus 命令，如图 1.42 所示。

3．编写和调试 PL/SQL 子程序

PL/SQL Developer 调试是基于测试窗口来进行的，下面以代码 1.4 中的 CallFunc 函数为例来说明如何调试 PL/SQL 代码。如果该函数没有创建，则新建一个 SQL 窗口，或者是单击菜单"新建|程序窗口|函数"菜单项，将弹出创建函数模板窗口，如图 1.43 所示。

图 1.42　使用与 SQL*Plus 相似的命令窗口

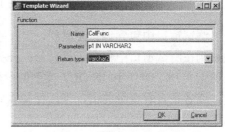

图 1.43　创建函数模板窗口

该窗口要求输入函数名称、参数及返回类型，输入完成后单击 OK 按钮后，系统将打开程序代码窗口，并添加了函数定义的框架代码，开发人员只要填入函数逻辑代码便能快速完成函数的创建，当按下执行键（F8）后，程序代码窗口创建的程序会被编译，同时在程序窗口会显示是否保存与编译的提示，如图 1.44 所示。

图 1.44　编写 PL/SQL 子程序

在编写好 PL/SQL 函数后，按 F8 键进行编译，然后会在 PL/SQL Developer 主界面左

侧的对象导航树状视图面板的 Functions 节点下看到 CallFunc 这个函数。右击函数名称，从弹出的快捷菜单中选择"测试"菜单项，将弹出如图 1.45 所示的测试窗口。

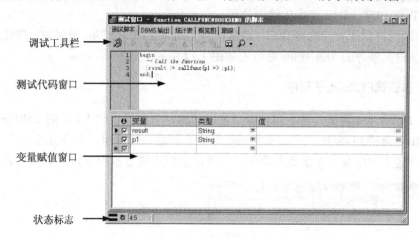

图 1.45 测试窗口

测试窗口中包含调试工具栏，要开始调试，必须首先单击"开始调试器（F9）"按钮。注意到在测试窗口中包含了以冒号:开头的变量，PL/SQL Developer 的测试脚本允许开发人员定义 IN、OUT 和 IN OUT 类型的参数，开发人员可以在变量赋值窗口中为输入变量赋值，或者是查看变量的值，当运行脚本后，任何改变了值的变量都会以黄色的背景被显示出来。

注意：如果在测试代码窗口使用冒号+变量名定义了新的变量，可以单击变量赋值区域的 图标来刷新变量，新的变量会自动添加到变量区域，比如添加一个变量 p2 后，变量窗口如图 1.46 所示。

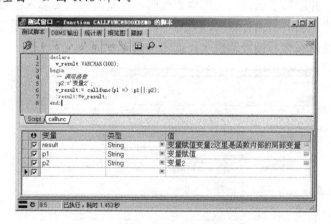

图 1.46 添加新变量

在变量赋值窗口中，为 p1 这个变量赋值为"内部变量值"，然后按 F9 键，此时启动调试器，可以看见原本不可用的调试菜单现在变得可用，还可以通过主菜单中的调试菜单来控制调试选项，调试工具栏的作用如下所示。

 直接运行按钮（Ctrl+R）：直接运行脚本直到运行完成，类似于执行按钮。

 单击进入按钮（Ctrl+N）：允许单步进入过程、函数或调用下一行，如果下一行触发了某个触发器，则单步操作会进入这个触发器。

单步跳过按钮（Ctrl+O）：与单步进入类似，但不会进入过程、函数或触发器，而是直接执行下一行。

单步退出按钮（Ctrl+T）：单步退出当前的程序单元。

运行到异常按钮：当运行时出现了下一个异常时，运行将被暂停在引起异常的行，在单击下一步之后，异常将被跳过。

当使用单步进入按钮单步执行遇到某个函数或过程时，会加载过程、函数或触发器的源代码，可以看到测试代码编辑窗口底部会加入一个标签，开发人员可以很容易地在源代码与测试代码之间进行切换。在源代码中可以设置或移除断点。

PL/SQL Developer 不允许在测试窗口设置断点，但是可以在程序窗口或测试窗口的源代码标签页中添加断点。只需要简单地单击编辑器左边的空白处便可添加断点，如果在运行时遇到断点，则会停止当前的执行。

在调试过程中，当鼠标悬停在某个变量上时，可以查看变量的当前值，或者在变量上右击，在弹出的快捷菜单中选择"设置变量"菜单项，可以更改变量的当前值，断点与变量设置效果如图 1.47 所示。

图 1.47　断点与变量设置效果

PL/SQL Developer 还提供了高级断点设置功能，允许按条件设置断点，同时还提供了很多操纵代码的高级设置，请读者参考 PL/SQL Developer 程序提供的操作手册。

1.4.4　Quest Toad 开发 PL/SQL

如果说 PL/SQL Developer 是大多数开发人员的首选，那么 Toad 则是集管理与开发于一身的功能强大的集成化管理与开发的环境，很多 DBA 会选择 Toad 管理工具对 Oracle 数据库进行管理。在笔者的工作经历中，一些开发人员会同时安装 Toad 与 PL/SQL Developer，在开发与测试时会选择 PL/SQL Developer，在管理 Oracle 时会优先使用 Toad。

Toad 是 Tools of Oracle Application Developers 的简称，国内的开发者称为"青蛙"，Toad 是由 Quest Software 公司开发的一款工业级的数据库管理软件，可以从 http://www.quest.com/Toad-for-oracle/网址下载 Toad 的试用版本进行学习，下载页面如图 1.48 所示。

图 1.48　Toad for Oracle 下载页面

下面从连接数据库、执行 SQL 与 PL/SQL 代码及调试 PL/SQL 子程序这三个与开发人员密切相关的功能来介绍 Toad 的使用。

1．连接数据库

首次启动 Toad 时，会弹出 Toad 连接列表窗口，该窗口中分门别类地列出了上次登录到服务器的服务名、用户和最后访问的时间。如果用户要登录之前登录过的数据库，可以在网格中选中登录记录，输入密码后单击 Connect 按钮，Toad 将登录并进入主窗口，如图 1.49 所示。

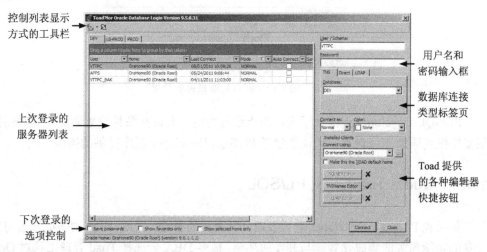

图 1.49　Toad 登录窗口

在用户名和密码输入框的下面是 Toad 提供的连接数据库的方式，默认情况下使用 TNS 连接，在 TNS 中列出的数据库是 Toad 从 tnsnames.ora 文件中读入的数据库连接标识符名称。Installed Clients 中列出了在计算机上所安装的 Oracle 客户端列表。值得注意的是登录窗口还包含了一个 TNSNames Editor 的编译器按钮，单击该按钮后，将进入 Toad 所提供的 TNSNames 编辑窗口，如图 1.50 所示。

第 1 章 Oracle 11g 数据库系统

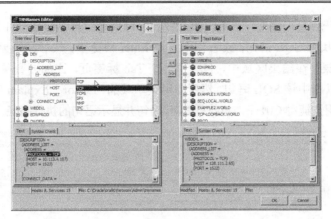

图 1.50 TNSNames 编辑窗口

该窗口提供了树状视图和文本视图，允许用户可视化地编辑 tnsnames.ora 文件，该窗口的工具栏提供了添加新的对象、进行语法检查等非常贴心的功能。

注意：在登录进入 Toad 后，还可以使用 Toad 主菜单的 "Utilites | TNSNames Editor..." 菜单来启动 TNSNames Editor。

当成功登录 Toad 后，可以随时通过 Toad 主界面的 Session 菜单下的子菜单创建新的连接，或终止现有的连接。

2. 执行 SQL 语句与 PL/SQL 块

当用户登录成功后，将进入 Toad 的主窗口，同时 Toad 会开启一个新的 SQL 编辑器窗口。Toad 中包含了多种风格的编辑器，对于开发人员来说，较常用的是 SQL 编辑器和 PL/SQL 编辑器，在进入 Toad 主界面后，可以通过主菜单的 Editor 菜单项来开启其他风格的编辑器。

SQL 编辑器的主要功能是创建、编辑、运行和优化 SQL 语句，一个 SQL 编辑器一般包含一个编辑窗口和一个运行窗口，开发人员可以在 SQL 编辑窗口中输入 SQL 语句，在结果窗口中看到执行的结果，可以通过 F2 键来切换 SQL 编辑器为全屏窗口，或通过再次按 F2 键恢复编辑器样式。SQL 编辑器窗口如图 1.51 所示。

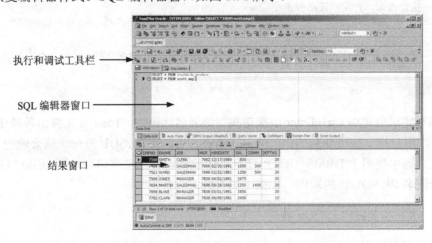

图 1.51 SQL 编辑器窗口

在 SQL 编辑器中,当编写了一行 SQL 语句后,可以通过单击"Editor | Execute Statement (F9)"菜单项来执行 SQL 语句,或者使用 Ctrl+Enter 快捷键,然后在结果窗口的 Data Grid 中查看运行的结果。在结果区域中,包含了多个 Tab 标签页,比如要查看某一条 SQL 语句的解释计划,可以选中该 SQL 语句,然后使用菜单项的"Editor | Explain Plan Current SQL"菜单项,或者使用快捷键 Ctrl+E,将执行 SQL 语句并显示语句的执行路径,如图 1.52 所示。

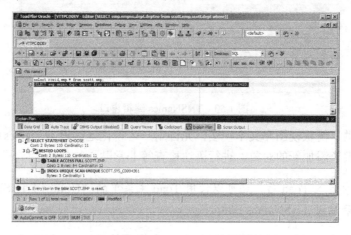

图 1.52　查看 SQL 语句解释计划

解释计划是调校 SQL 语言非常重要的工具之一,Toad 提供了多种视图让开发者查看解释计划,对于 SQL 优化非常有帮助。

在 SQL 窗口中,也可以编写 PL/SQL 语句块,开发人员一般会使用 Toad 提供的创建子程序的模板来创建包、函数、过程或触发器,使用 SQL 编辑器来执行匿名的 PL/SQL 语句块。例如如果要根据用户输入的员工编号打印出员工的姓名,编写了如代码 1.5 所示的匿名 PL/SQL 代码块。

代码 1.5　显示员工名称的匿名 PL/SQL 块

```
DECLARE
 v_EmpName VARCHAR2(50);  --定义局部变量
BEGIN
 --执行查询,查询中使用替换变量
 SELECT EName Into v_EmpName FROM Scott.EMP WHERE empNo=&EmpNo;
 --使用 DBMS_OUTPUT 包输出结果
 DBMS_OUTPUT.PUT_LINE('当前查询的员工编号为: '||&EmpNo||'员工名称为: '||v_EmpName);
END;
/
```

编写完成后使用 Ctrl+Enter 快捷键执行该匿名代码块,Toad 首先弹出替换变量指定窗口,要求用户指定替换变量的值,指定了该值之后,该 PL/SQL 语句块就会输出员工名称。由于在代码中使用了 DBMS_OUTPUT 包,因此可以将结果窗口切换到 DBMS Output 标签页查看匿名 PL/SQL 块的输出,如图 1.53 所示。

3. 编写和调试 PL/SQL 子程序

尽管可以打开一个空白的 PL/SQL 编辑器来直接编写代码,但是在多数情况下,开发人员可能需要先了解已经创建过的函数、过程或包的列表，Toad 提供了功能强大的 Schema Browser，中文称为方案浏览器。它类似于 PL/SQL Developer 中的树状对象视图，包含了表、索引、序列、过程、函数、包等所有的 Oracle 对象的分类组织，并且提供了图形化向导的形式操作各种对象，比如图形化的表创建向导，PL/SQL 包、函数和子程序模板等。

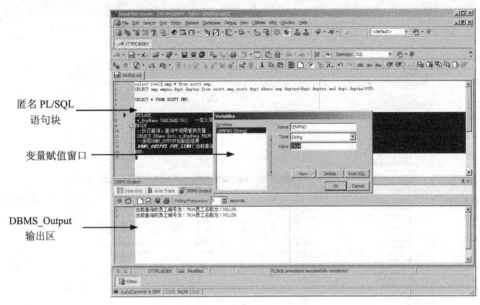

图 1.53　执行匿名 PL/SQL 语句块

Toad 默认会使用标签页方式显示当前登录用户的方案，可以在 Toad 的选项中更改默认的显示样式。单击主菜单的"View | Toad Options..."菜单项，将弹出 Toad 选项窗口，选中左侧的"Schema Browser | Visual"设置项，在右侧的设置窗口中找到 Browser style 下拉列表框，选中 Treeview 列表项，然后重新打开方案浏览器，方案浏览器的树状视图如图 1.54 所示。

开发人员可以单击方案浏览器中的节点，在右侧的窗口中会显示该节点下的对象的列表。如果要创建对象，可以右击树状视图节点，从弹出的快捷菜单中选择相应的创建项。例如要创建一个 PL/SQL 过程，可以右击 Procedures 节点，从弹出的快捷菜单中选择 Create Procedure 菜单项，Toad 将弹出如图 1.55 所示的窗口。

在输入了过程名称并单击 OK 按钮后，Toad 开启了 PL/SQL 编辑器并创建了过程基本的代码骨架，同时，在 SQL 编辑器中不可用的 Debug 菜单和工具栏都变得可用了。此时如果不做任何代码改变，按 F9 键编译程序，或者可以按 F11 键直接执行代码。

为了便于介绍调试过程，笔者编写了如代码 1.6 所示的过程代码来根据特定的员工编号显示员工的姓名。

代码 1.6　显示员工名称的匿名 PL/SQL 块

```
CREATE OR REPLACE PROCEDURE VTTPC.VCINV_DEMO_01(pEmpNo IN NUMBER) IS
tmpVar VARCHAR2(100);
BEGIN
  tmpVar := 0;
  DBMS_OUTPUT.PUT_LINE('将开始查询数据库:');
  SELECT EName INTO tmpVar FROM Scott.Emp WHERE EmpNo=pEmpNo;
```

```
    DBMS_OUTPUT.PUT_LINE('员工名称为：'||tmpVar);
  EXCEPTION
    WHEN NO_DATA_FOUND THEN
      DBMS_OUTPUT.PUT_LINE('没有找到该员工记录!');
    WHEN OTHERS THEN
      -- Consider logging the error and then re-raise
      RAISE;
END VCINV_DEMO_01;
/
```

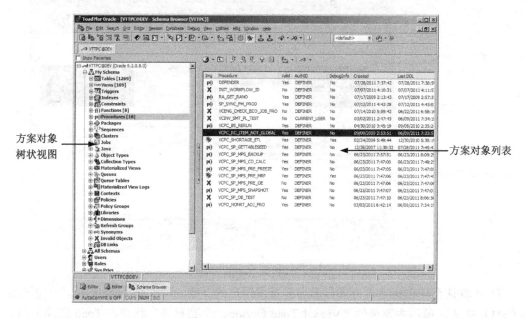

图 1.54　方案浏览器的树状视图

编写了上述语句后，按 F11 键，Toad 将会编译该过程，然后弹出如图 1.56 所示的设置变量窗口，在该窗口中可以为过程中的输入变量指定变量值。

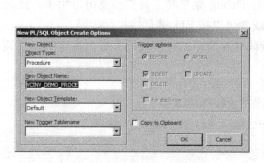

图 1.55　创建 PL/SQL 对象窗口　　　　　图 1.56　过程参数设置窗口

在参数设置窗口的 Code 区域，可以编写调试用的 PL/SQL 测试代码，由于 F11 键会直接执行子程序，因此在执行完成后，可以在 DBMS Output 结果区域中看到子程序的输出结果。如果想要在代码中设置断点，可以直接在代码块的左侧空白区域单击鼠标添加断点，添加了断点之后，当程序执行到断点位置时，会停止执行，此时开发人员可以通过 Debug 菜单中的单步（Shift+F8 键）或执行进入（Shift+F7 键）等菜单项来单步调试代码，断点设置及变量查看窗口如图 1.57 所示。

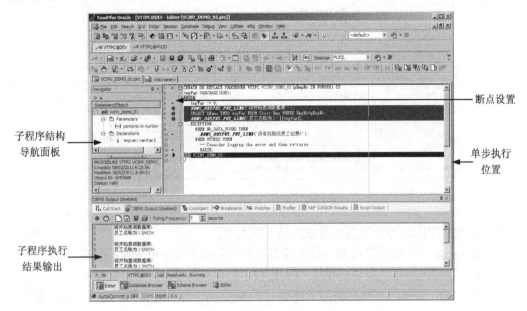

图 1.57　单步执行与断点设置

Toad 除了具有强大的程序代码编写功能外，还具有较丰富的 DBA 数据库管理功能，比如对于表、表空间、序列、视图等数据库对象的管理，请有兴趣的读者参考 Toad 的帮助手册。

注意：如果在 Toad 中无法设置断点，或者是 Debug 菜单没有启用，可能是当前登录用户的权限不够，可以使用 DBA 登录，为用户赋予 DEBUG CONNECT SESSION 权限，下面的语句将对 scott 用户赋予调试的权限：

```
GRANT DEBUG CONNECT SESSION TO scott;
```

1.4.5　使用 Oracle 文档库

Oracle 提供了大量的文档以备开发人员和 DBA 进行参考，这些文档可以从 Oracle 网站下载，下载网址为：

```
http://www.oracle.com/technetwork/indexes/documentation/index.html
```

在该页面中提供了多种 Oracle 产品文档可供下载，由于本书关注于 Oracle 数据库，因此选择了 Oracle Database 11g Release 2 (11.2) Documentation 文档，Oracle Database 11g Release 2 共有 408MB 大小，下载完成后，就可以在本地浏览和检索 Oracle 资料了，图 1.58

是 Oracle 文档库的首页，可以看到该文档库对 Oracle 数据库开发、管理等分门别类地进行了整理，每个技术文档又分 HTML 版和 PDF 版。

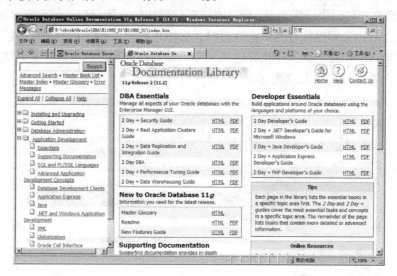

图 1.58　查看 Oracle 文档库

Oracle 文档库的这些电子书主要分为如下两大类。

❑ 用户指南类：提供了对某一技术浅显易懂的介绍，适合用来入门学习。
❑ 参考手册类：这类文档提供了 Oracle 技术的详细的参考，适合进阶使用。

对于 PL/SQL 来说，"PL/SQL Language Reference"是不错的 PL/SQL 语言的参考，目前互联网上有这本书的中文电子版，有兴趣的读者可以下载学习。

1.5　小　　结

本章从关系型数据库系统的理解开始，介绍了关系型数据模型的作用，以及如何通过使用数据库范式来规范化数据库建模。关系型数据库管理系统是关系型数据库理论的实现，本章介绍了关系型数据库管理系统所实现的功能，并简要讨论了如何使用 SQL 语句进行数据库的管理。

本章对于 Oracle 11g 的体系结构进行了简单而明了的介绍，虽然本书重点在于 PL/SQL 程序设计，但是对于 Oracle 的架构进行初步的了解是非常有必要的。在介绍了体系结构以后，本章以步骤的方式创建了一个名为 BOOKDEMO 的 Oracle 数据库，同时简单比较了 Oracle 数据库与 SQL Server 数据库的不同之处。

在 PL/SQL 部分，简要介绍了 PL/SQL 语言的组成结构，对于 PL/SQL 的客户端与服务器端的执行环境进行了图解。在 PL/SQL 开发环境部分，本章介绍了目前市面上较流行的 4 类 PL/SQL 开发环境，对每种工具连接数据库、执行 SQL 和 PL/SQL 及调试 PL/SQL 代码进行了详细的介绍，有助于初学者尽快上手工具的使用，从而更快地步入 PL/SQL 的大门。

第 2 章 PL/SQL 基本概念

PL/SQL 是在 SQL 语言的基础上添加了过程性特性的一门语言，PL/SQL 具有第三代语言（3GL）的特性，第三代程序设计语言是诸如 C、COBOL、Java、C++这类程序设计语言。当 SQL 具有了过程性的特性后，更加如虎添翼，能实现更多复杂的业务逻辑处理。

2.1 功能特点

在开发企业级应用程序的过程中，不少开发人员会面对一些困惑：不知该将企业业务逻辑放.NET、VB、DELPHI 这类程序设计语言中，通过一次一行向数据库服务器发送 SQL 语句来处理，还是直接使用数据库管理系统的存储过程在服务器端直接进行处理。无疑在服务器端处理复杂业务逻辑性能高效，但是 SQL 语言却无法提供类似 C#、Java 之类的语言所具有的高级语言特性。PL/SQL 是在 SQL 语言上的过程性增强，这让 SQL 语句拥有了结构化程序设计的特性，使得开发人员可以直接使用 PL/SQL 进行复杂业务逻辑的编写。

2.1.1 结构化程序设计

结构化程序设计是按照一定的原则与原理，组织和编写正确且易读的程序的软件技术，它使得编写的代码易懂、易测试、易维护和易修改。通过将程序组织为一系列的过程将程序进行模块化，过程关注于整个程序中的某个特定的部分，这让整个程序更容易理解和管理。

结构化程序设计由 3 种基本控制结构组成，了解这 3 种结构的概念有助于后续的 PL/SQL 的学习。

1. 顺序结构

顺序结构也可称为线性代码执行，控制从一个语句从上到下依序进行执行。顺序结构流程如图 2.1 所示。

例如，要计算两个员工的薪资总数，就可以用一个简单的顺序结构来实现。请读者打开第 1 章所介绍的开发工具，输入如代码 2.1 所示的程序代码。

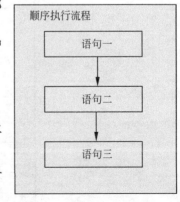

图 2.1 顺序结构执行流程

代码 2.1 使用顺序结构计算员工薪资

```
DECLARE
 --定义变量
```

```
    v_sal1      NUMBER;
    v_sal2      NUMBER;
    v_sumsal    NUMBER;
BEGIN
    --1,查询编号为 1 的员工薪资
    SELECT sal
      INTO v_sal1
      FROM emp
     WHERE empno = &empno1;
    --2,查询编号为 2 的员工薪资
    SELECT sal
      INTO v_sal2
      FROM emp
     WHERE empno = &empno2;
    --3,对薪资进行汇总
    v_sumsal := v_sal1 + v_sal2;
    --4,输出结果
    DBMS_OUTPUT.put_line (    '员工编号为'
                          || &empno1
                          || '的薪资和员工编号为'
                          || &empno2
                          || '的薪资合计为'
                          || v_sumsal
                         );
END;
```

计算薪资使用了 4 个步骤，后一个步骤紧随前一个步骤，从上到下依次执行，最终在输出区域中显示出了两个员工薪资的总和。

2. 分支结构

分支结构是依据一定的条件选择执行路径，而不是线性地执行。分支的出现使得程序具有了一定的智能特性。分支结构适合于带有逻辑关系比较等条件判断的计算，分支结构的执行流程如图 2.2 所示。

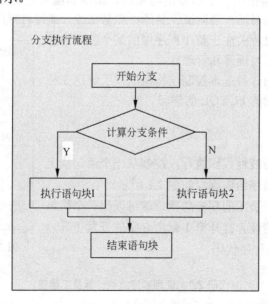

图 2.2　分支执行流程图

PL/SQL 提供了 IF-ELSE-END IF 语句块来处理分支，比如要为 scott 方案中的员工加薪，普通职员在原薪水的基础上加薪 10%，经理加薪 15%，销售人员加薪 12%，这里有 3 个条件需要进行判断，分支结构的 PL/SQL 代码实现如代码 2.2 所示。

代码 2.2 使用分支结构为员工加薪

```
DECLARE
  --定义加薪比例常量
  c_manager      CONSTANT NUMBER     := 0.15;
  c_salesman     CONSTANT NUMBER     := 0.12;
  c_clerk        CONSTANT NUMBER     := 0.10;
  --定义职位变量
  v_job                   VARCHAR (100);
BEGIN
  --查询指定员工编码的员工信息
  SELECT job
    INTO v_job
    FROM scott.emp
   WHERE empno = &empno1;
  --执行分支判断
  IF v_job = 'CLERK'                        --如果是职员,则加薪 10%
  THEN
     UPDATE scott.emp
        SET sal = sal * (1 + c_clerk)
      WHERE empno = &empno1;
  ELSIF v_job = 'SALESMAN'                  --如果是销售人员,则加薪 12%
  THEN
     UPDATE scott.emp
        SET sal = sal * (1 + c_salesman)
      WHERE empno = &empno1;
  ELSIF v_job = 'MANAGER'                   --如果是经理,则加薪 15%
  THEN
     UPDATE scott.emp
        SET sal = sal * (1 + c_manager)
      WHERE empno = &empno1;
  END IF;
  --显示完成信息
  DBMS_OUTPUT.put_line ('已经为员工' || &empno1 || '成功加薪!');
EXCEPTION
  --处理 PL/SQL 预定义异常
  WHEN NO_DATA_FOUND
  THEN
     DBMS_OUTPUT.put_line ('没有找到员工数据');
END;
```

上述代码中，首先查询指定员工编号的员工职位信息，将职位信息保存到变量 v_job 中。由于 v_job 的不可确定性，需要根据不同的职位取用不同的加薪比例，因此使用了 PL/SQL 的 IF-ELSIF-END IF 分支条件语句，根据员工不同的职位，更新员工的薪资，最后在屏幕上输出执行结果。

3．循环结构

循环结构允许根据某个指定的条件重复执行某段程序代码，循环结构是结构化程序设计非常重要的组成部分，可以看成是条件判断语句和回转向语句的组合，循环结构流程如

图2.3所示。

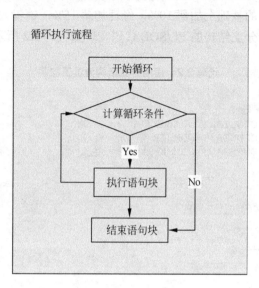

图2.3 循环执行流程图

PL/SQL 提供了 LOOP、WHILE-LOOP 和 FOR-LOOP 语句来执行循环。继续以为员工加薪为例，分支结构的加薪只处理了一条记录，如果要为所有的员工都加一次薪，则需要使用 PL/SQL 的游标，使用循环语句对游标进行循环处理。关于游标的介绍请参考本书后面的内容，循环示例如代码2.3所示。

代码2.3 使用循环结构为所有员工加薪

```
DECLARE
  --定义加薪比例常量
  c_manager    CONSTANT NUMBER        := 0.15;
  c_salesman   CONSTANT NUMBER        := 0.12;
  c_clerk      CONSTANT NUMBER        := 0.10;
  v_job                VARCHAR (100);        --定义职位变量
  v_empno              VARCHAR (20);         --定义员工编号变量
  v_ename              VARCHAR (60);         --定义员工名称变量
  CURSOR c_emp
  IS
    SELECT    job, empno, ename
        FROM scott.emp
    FOR UPDATE;
BEGIN
  OPEN c_emp;                                --打开游标
  LOOP                                       --循环游标
    FETCH c_emp
     INTO v_job, v_empno, v_ename;           --提取游标数据
    EXIT WHEN c_emp%NOTFOUND;                --如果无数据可提取则退出游标
    IF v_job = 'CLERK'
    THEN                                     --如果为职员,加薪10%
      UPDATE scott.emp
        SET sal = sal * (1 + c_clerk)
       WHERE CURRENT OF c_emp;
    ELSIF v_job = 'SALESMAN'
    THEN                                     --如果为销售职员,加薪12%
```

```
      UPDATE scott.emp
        SET sal = sal * (1 + c_salesman)
      WHERE CURRENT OF c_emp;
    ELSIF v_job = 'MANAGER'
    THEN                                          --如果为经理,加薪15%
      UPDATE scott.emp
        SET sal = sal * (1 + c_manager)
      WHERE CURRENT OF c_emp;
    END IF;
    --显示完成信息
    DBMS_OUTPUT.put_line (    '已经为员工'
                           || v_empno
                           || ':'
                           || v_ename
                           || '成功加薪!'
                         );
  END LOOP;
  CLOSE c_emp;                                    --关闭游标
EXCEPTION
  WHEN NO_DATA_FOUND
  THEN                                            --处理PL/SQL预定义异常
    DBMS_OUTPUT.put_line ('没有找到员工数据');
END;
```

代码的执行流程如以下步骤所示。

（1）定义了一个名为 c_emp 的游标，PL/SQL 中的游标通常用来处理 SELECT 语句返回的多行数据。

（2）为了提取游标指向的多行数据，在代码中使用了 LOOP-END LOOP 语法，循环调用 FETCH 语句提取数据，EXIT WHEN 语句在无数据提取后，将退出循环。

（3）在提取到了数据后，通过分支结构根据员工的职级为员工进行了加薪的工作，执行这个语句块后，可以看到在 DBMS_OUTPUT 输出区中显示了多行加薪成功的消息，表示循环已经成功执行。

2.1.2 与 SQL 语言整合

在 PL/SQL 中不仅可以执行 SQL 语句，还支持很多增强性的特性，比如在 SQL 语句中使用变量、使用 PL/SQL 定义的函数等。在 PL/SQL 语句块中，可以使用 SQL 语句操作数据库，PL/SQL 支持所有的 SQL 数据操作、游标和事务处理命令，支持所有的 SQL 函数、操作符和伪列，完全支持 SQL 数据类型。

初学者要注意的一个地方是在 PL/SQL 代码中只能直接使用 DML 语句，如果在 PL/SQL 代码中直接使用 SQL 的 DDL 语句，Oracle 将会提示绑定错误，例如在 PL/SQL 块中执行一个创建表的语法，如以下代码所示。

```
BEGIN
  CREATE TABLE BOOKS(ID int NOT NULL,BOOKNAME varchar2(100) NULL);
END;
```

在 SQL*Plus 中执行时，SQL*Plus 会提示错误，如图 2.4 所示。

这是由 PL/SQL 的早期绑定特性所决定的，在编译时 PL/SQL 引擎发现 BOOKS 表不存在，会引起编译时错误。在本书介绍 PL/SQL 中执行 SQL 语句时会介绍 PL/SQL 使用的早期绑定特性，在 PL/SQL 中，处理 DDL 语句的方式是使用动态 SQL，如果将上面的代码修改为如下代码，则执行通过。

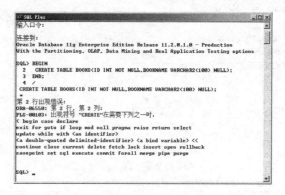

图 2.4　执行 DDL 语句错误提示

```
--定义 SQL DDL 语句
v_sqlstr    VARCHAR (200)
        := ' CREATE TABLE BOOKS(ID int NOT NULL,BOOKNAME varchar2(100) NULL) ';
BEGIN
  EXECUTE IMMEDIATE v_sqlstr;                           --执行 DDL 语句
END;
```

在代码中首先定义了一个 v_SQLStr 的变量，赋予了创建表的 DDL 语句，然后使用 PL/SQL 的 EXECUTE IMMEDIATE 来执行这个 DDL 语句，在 SQL*Plus 中会发现使用了动态执行后，表创建成功。

2.1.3　面向对象开发

面向对象的程序（OOP）设计是近几年来软件开发世界非常流行的一种发展趋势，使用面向对象的思想开发应用程序，可以大大缩短建立复杂应用的时间。PL/SQL 通过提供对象类型来支持面向对象的设计，对象类型是用户自定义的一种复合类型，它封装了对象属性及操作这些属性数据的过程和函数。

与 C++或 Java 中的类相似，对象类型具有类的特征，如封装、抽象、继承及多态的特性。在定义好对象类型后，可以基于对象类型来定义对象表，或者将对象类型作为 Oracle 表列进行保存。

举个例子，公司里的每个职员都可以看作是一个对象，他们有姓名、工号、薪水等属性，同时还可以包含加薪的方法，要定义这个对象，可以使用如代码 2.4 所示的 PL/SQL 创建方法。

代码 2.4　创建员工对象

```
CREATE OR REPLACE TYPE emp_obj AS OBJECT (
  empno    NUMBER (4),                                  --员工编号属性
  ename    VARCHAR2 (10),                               --员工名称属性
  job      VARCHAR (9),                                 --员工职位属性
  sal      NUMBER (7, 2),                               --员工薪水属性
  deptno   NUMBER (2),                                  --部门编号属性
```

```
  --加薪方法
  MEMBER PROCEDURE addsalary (ratio NUMBER)
);
--定义对象类型体,实现对象方法
CREATE OR REPLACE TYPE BODY emp_obj
AS
  --实现对象方法
  MEMBER PROCEDURE addsalary (ratio NUMBER)
  IS
  BEGIN
    sal := sal * (1 + ratio);                          --加上特定比例的薪水
  END;
END;
```

PL/SQL 的对象定义中包含了成员方法时,需要在类型体中定义成员方法的代码,因此代码中出现了两个 CREATE 方法。当这个对象被创建后,就可以根据这个对象创建一个对象表,代码如下所示。

```
CREATE TABLE emp_obj_tab OF emp_obj;
```

emp_obj_tab 表中的每一行都是一个对象的实例,这允许开发人员使用面向对象的方式对这个表进行操作。本书会有专门的一章内容介绍 PL/SQL 面向对象的编程,具体应用请参考后面的内容。

2.1.4 模块化应用程序开发

当业务逻辑日益复杂时,应该避免编写冗长的 PL/SQL 代码,通过使用 PL/SQL 提供的块、子程序和包 3 个程序单元,可以将程序分成多个部分,将复杂的问题划分开来,这样可以更好地解决蜘蛛网式的代码问题。

举个例子,在介绍循环结构时,编写了一段相对有些冗长的代码,因为代码将循环与分支判断写在了循环执行体中,使得阅读起来不够清晰,其实可以利用 PL/SQL 提供的函数功能将对职别的判断写入函数中,因此为了模块化的程序结构,编写了如代码 2.5 所示的函数。

代码 2.5　创建函数封装业务逻辑

```
CREATE OR REPLACE FUNCTION getaddsalaryratio (p_job VARCHAR2)
  RETURN NUMBER
AS
  v_result   NUMBER (7, 2);
BEGIN
  IF p_job = 'CLERK'
  THEN                                                 --如果为职员,加薪10%
    v_result := 0.10;
  ELSIF p_job = 'SALESMAN'
  THEN                                                 --如果为销售职员,加薪12%
    v_result := 0.12;
  ELSIF p_job = 'MANAGER'
  THEN                                                 --如果为经理,加薪15%
    v_result := 0.15;
```

```
    END IF;
    RETURN v_result;
END;
```

在将加薪的比例提取到函数中之后,在循环处理代码中就可以通过调用函数而不是直接写入分支判断语句,减少了代码量并且使得程序更容易读懂和维护,函数调用如代码 2.6 所示。

代码 2.6　调用函数简化程序代码

```
DECLARE
  v_job      VARCHAR (100);                    --定义员工职位变量
  v_empno    VARCHAR (20);                     --定义员工编号变量
  v_ename    VARCHAR (60);                     --定义员工名称变量
  v_ratio    NUMBER (7, 2);
  CURSOR c_emp
  IS
    SELECT    job, empno, ename
        FROM scott.emp
    FOR UPDATE;
BEGIN
  OPEN c_emp;                                  --打开游标
  LOOP                                         --循环游标
    FETCH c_emp
     INTO v_job, v_empno, v_ename;             --提取游标数据
    EXIT WHEN c_emp%NOTFOUND;                  --如果无数据可提取则退出游标
    v_ratio := getaddsalaryratio (v_job);      --调用函数,得到加薪率
    UPDATE scott.emp
       SET sal = sal * (1 + v_ratio)
     WHERE CURRENT OF c_emp;
    --显示完成信息
    DBMS_OUTPUT.put_line (    '已经为员工'
                          || v_empno
                          || ':'
                          || v_ename
                          || '成功加薪!'
                         );
  END LOOP;
  CLOSE c_emp;                                 --关闭游标
EXCEPTION
  WHEN OTHERS
  THEN                                         --处理 PL/SQL 预定义异常
    DBMS_OUTPUT.put_line ('没有找到员工数据');
END;
```

在使用了函数后,可以看到整个循环的代码变得更加清晰,在将来需要更改调薪比例的时候,只需要更改函数而不用对整个循环处理代码进行更改,减少了维护出错的可能。

PL/SQL 提供了包功能,允许将多个子程序封装在一个包中,在介绍子程序与包功能时,会详细地介绍如何实现应用程序的模块化功能。

2.1.5　提高应用程序性能

PL/SQL 的块结构允许一次性向数据库发送多条 SQL 语句,可以显著地提升应用程序

的性能。在使用.NET、Java 或者是 DELPHI 之类语言开发客户端程序时，如果是一次一条 SQL 语句的方式操作数据库，将会产生多次网络传输交互，使得服务器需要使用较多的资源来处理 SQL 语句，同时产生了一定的网络流量，整个过程如图 2.5 所示。

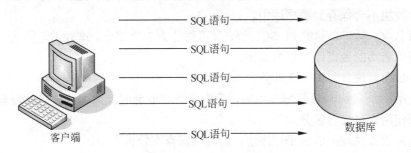

图 2.5　执行单条 SQL 语句示意图

在图 2.5 中可以看到，如果每执行一条 SQL 都要发送到服务器端，需要连续不断地向服务器发送执行 SQL 请求，这会影响数据库的性能。而通过 PL/SQL 块，可以将多条 SQL 语句组织到一个 PL/SQL 语句块中统一进行发送，减小了网络的开销，同时减小了对服务器性能的影响，并提升了应用程序的性能，如图 2.6 所示。

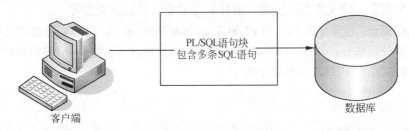

图 2.6　使用 PL/SQL 一次性执行多条 SQL 语句

通过在应用程序中嵌入 PL/SQL 块，在网络上只需要发送一次 PL/SQL 块，就可以同时执行多条 SQL 语句，这大大提升了程序的性能。

2.2　语　言　特　性

本节来概览一遍 PL/SQL 的语言特性，通过一些短小的示例对 PL/SQL 的语言特性进行简要的介绍，目的是让读者对 PL/SQL 有一个全局的认识。对于本节介绍的细节知识如果无法理解可以先行跳过，但是笔者建议读者打开 PL/SQL 的开发工具，输入或调试一遍本节中实现的代码。

> 注意：PL/SQL 语言仿效了 ADA 程序设计语言，因此在 ADA 语言中的很多程序结构都适用于 PL/SQL 语言，而 ADA 语言仿效了 Pascal 程序语言，因此 PL/SQL 的基本特性与 Pascal 相似，比如赋值、比较运算符及单引号字符串等。

2.2.1　PL/SQL 块结构

块（**Block**）是进行 PL/SQL 程序开发时最基本的单位，所有的 PL/SQL 程序都是由块组成的块又可分为如下两类。
- 匿名块：没有名称的 PL/SQL 块，可以内嵌到应用程序中或者在 Toad 或 SQL*Plus 中直接运行的块。这种块通常由客户端程序产生，用来调用服务器上的子程序，这种块不会保存到数据库中。
- 命名块：具有名称的 PL/SQL 块，又可细分为 3 个部分，这种类型的块一般保存在服务器端的数据库中以备调用。

PL/SQL 命名块分为如下 3 部分。
- 使用<<块名称>>进行标识的块，通常是在块嵌套时，为了区分多级嵌套层次关系而使用命名加以区分。
- 由函数或过程组成的子程序块，这种块保存在数据库中。
- 数据库触发器块，触发器块是指当数据库中的某个事件触发后要执行的 PL/SQL 语句块。

1. PL/SQL 块的组成

无论是命名块还是匿名块都由 3 个部分组成，如下所示。
- 定义部分：定义常量、变量、游标、异常及复杂数据类型等。
- 执行部分：包含了要执行的 PL/SQL 语句和 SQL 语句，用于实现应用模块的功能。
- 异常处理部分：用于捕捉执行部分可能出现的运行错误，并编写出错后的代码。

一个 PL/SQL 块的基本结构如下所示。

```
DECLARE    --可选
 --定义部分
BEGIN      --必须
 --执行部分
EXCEPTION  --可选
 --异常处理部分
END;       --必须
```

定义部分以 DECLARE 开始，这是可选的，一个 PL/SQL 块可以有定义区也可以没有，同样 EXCEPTION 也是可选的,一个最小的 PL/SQL 语句块必须至少具有一个 BEGIN-END 以及一条可执行的命令。一个最简单的 PL/SQL 块如代码 2.7 所示。

代码 2.7　最简单的 PL/SQL 块

```
BEGIN
   DBMS_OUTPUT.PUT_LINE('这是最简单的PL/SQL语句块');
END;
```

这段代码仅向屏幕上打印了一行信息，如果省略了 DBMS_OUTPUT，PL/SQL 将提示编译失败，SQL*Plus 的错误提示如图 2.7 所示。

如果要编写什么也不做的 PL/SQL 块,可以简单地在 BEGIN 和 END 中间放一个 NULL，如下面的代码所示。

```
BEGIN
    NULL;
END;
```

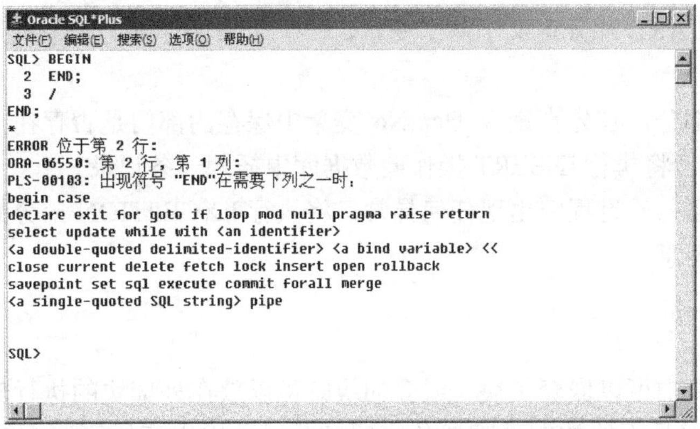

图 2.7 PL/SQL 语句块错误

NULL 语句是一个可执行语句，表示的意思是"什么也不做"，相当于一个不执行任何操作的占位符。NULL 语句通常用来使某些语句有意义，提高程序的可读性。

2．匿名PL/SQL块示例

下面来看一个完整的包含定义部分、执行部分及异常处理部分的匿名 PL/SQL 语句块，这个示例将向 dept 表中插入一条部门记录，首先判断指定编号的记录是否存在，如果不存在则添加，定义如代码 2.8 所示。

代码 2.8　完整的 PL/SQL 语句块

```
--循环结构示例，演示循环为所有员工加薪
DECLARE
  v_deptcount    NUMBER (2);                --定义记录数变量
  v_deptno       NUMBER (2) := 60;          --定义并为变量赋初值
BEGIN
  --查询 SQL 语句，将字段值写入变量
  SELECT COUNT (1)
    INTO v_deptcount
    FROM dept
   WHERE deptno = v_deptno;
  --如果记录数等于 0，表示无此编号的部门
  IF v_deptcount = 0
  THEN
     --执行插入操作
     INSERT INTO dept
         VALUES (v_deptno, '财务部', '深圳');
     --写入屏幕信息
     DBMS_OUTPUT.put_line ('成功插入部门资料!');
  END IF;
EXCEPTION                                   --异常处理块
  WHEN OTHERS
  THEN                                      --如果出现任何异常
     --弹出异常信息
     DBMS_OUTPUT.put_line ('部门资料插入失败');
END;
```

代码实现步骤如下所示。

（1）在 DECLARE 部分定义了两个变量，一个用来保存部门记录数，一个保存了默认值为 60 的部门编号。

（2）在执行部分，首先查询 v_DeptNo 变量中保存的部门是否存在，如果不存在，即 v_DeptCount 为 0，将执行 INSERT 操作向数据库中插入一条记录。

（3）如果在插入的过程中出现任何异常，将执行 EXCEPTION 部分的代码，在屏幕上输出插入失败的消息。

3. 使用嵌套块

在 PL/SQL 块中可以嵌套子块，嵌套的块既可以放在外部块的执行部分，也可以放在异常处理部分，但是不能放在外部块的声明部分。使用嵌套块可以使得程序代码可读性更强。

> **注意**：内部嵌套块可以访问外部块中定义的变量，但是外部块不能访问嵌套块中定义的变量。

代码 2.9 使用嵌套块进一步增强了代码 2.8 中的逻辑，实现如下所示。

代码 2.9 使用嵌套块更新和插入部门表

```
DECLARE
  v_deptcount    NUMBER (2);                          --定义记录数变量
  v_deptno       NUMBER (2)    := 60;                 --定义并为变量赋初值
  v_deptname     VARCHAR2 (12);
BEGIN
  --内部嵌套块
  BEGIN
    SELECT dname
      INTO v_deptname
      FROM dept
     WHERE deptno = v_deptno;
    DBMS_OUTPUT.put_line ('您查询的部门名称为：' || v_deptname);
  END;
  --内部嵌套块
  DECLARE
    v_loc   VARCHAR2 (10) := '深圳罗湖';
  BEGIN
    --执行插入操作
    UPDATE dept
      SET loc = v_loc
    WHERE deptno = v_deptno;
    --写入屏幕信息
    DBMS_OUTPUT.put_line ('在内部嵌套块中成功更新部门资料！');
  END;
EXCEPTION                                             --异常处理块
  WHEN NO_DATA_FOUND
  THEN                                                --如果出现任何异常
    BEGIN                                             --在异常处理块内部嵌套块
      INSERT INTO dept
        VALUES (v_deptno, '财务部', '深圳');
      DBMS_OUTPUT.put_line ('在异常处理嵌套块成功插入部门资料！');
    EXCEPTION
      WHEN OTHERS
```

```
            THEN
                DBMS_OUTPUT.put_line (SQLERRM);
        END;
END;
```

可以看到整个代码由 4 个块组成，一个外部块内嵌了 3 个嵌套块，嵌套如图 2.8 所示。

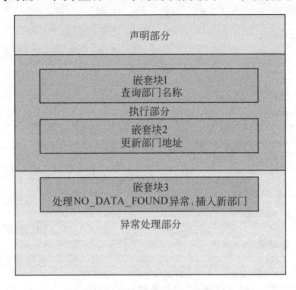

图 2.8 嵌套块示意结构

这 3 个块的作用如下。

（1）第 1 个块比较简单，仅包含 BEGIN-END 部分，用于查询部门表中特定部门编号的部门名称。在 PL/SQL 中，如果 SELECT-INTO 语句没有检索到数据，会触发 NO_DATA_FOUND 异常，因此程序执行逻辑会跳到异常处理部分。

（2）第 2 个嵌套块在第 1 个成功执行后得到执行。这个嵌套块中包含了变量的定义和执行部分，如果可以，还可以加入异常处理部分，这个块主要用来更新部门表。

（3）第 3 个嵌套块定义在异常部分，这个块首先插入一行部门数据，如果插入的过程中触发异常，则会执行嵌套块中的异常处理代码。

4．使用命名嵌套块

如果匿名的嵌套块嵌套的层次过深，就很容易出现混乱，幸好 PL/SQL 还提供了命名块，可以为嵌套的块进行命名。嵌套块的命名规则是使用<<嵌套块名>>进行命名，如代码 2.10 所示。

代码 2.10 命名嵌套块

```
<<外部块>>
DECLARE
    v_deptcount    NUMBER (2);              --定义记录数变量
    v_deptno       NUMBER (2)    := 60;     --定义并为变量赋初值
    v_deptname     VARCHAR2 (12);
BEGIN
    --内部嵌套块
    <<查询员工名称块>>
```

```
      BEGIN
        SELECT dname
          INTO v_deptname
          FROM dept
         WHERE deptno = v_deptno;
        DBMS_OUTPUT.put_line ('您查询的部门名称为：' || v_deptname);
      END;
      --内部嵌套块
      <<更新员工记录块>>
      DECLARE
         v_loc    VARCHAR2 (10) := '深圳罗湖';
      BEGIN
         --执行插入操作
         UPDATE dept
            SET loc = v_loc
          WHERE deptno = v_deptno;
         --写入屏幕信息
         DBMS_OUTPUT.put_line ('在内部嵌套块中成功更新部门资料!');
      END;
EXCEPTION                                           --异常处理块
   WHEN NO_DATA_FOUND
   THEN                                             --如果出现任何异常
      <<插入员工记录块>>
      BEGIN                                         --在异常处理块内部嵌入块
         INSERT INTO dept
              VALUES (v_deptno, '财务部', '深圳');
         DBMS_OUTPUT.put_line ('在异常处理嵌套块成功插入部门资料!');
      EXCEPTION
         WHEN OTHERS
         THEN
            DBMS_OUTPUT.put_line (SQLERRM);
      END;
END;
```

从代码中可以看到，使用了命名嵌套块后，代码的可读性变得更加清晰，而代码的执行效果与代码 2.9 完全一致。

命名块与匿名块最大的不同，在于命名块具有了一个语句块名称的声明，关于命名块的其他几种类型，比如函数、过程或触发器，在本书后面的内容中会详细地进行介绍。

2.2.2 变量和类型

变量是一块用来存储数据的内存区域，定义在 PL/SQL 块的 DECLARE 区域，在定义变量时通常需要为变量指定一个数据类型，也可以在定义变量时为变量指定一个初始值。

变量的类型可以是任何 SQL 数据类型或者是 PL/SQL 本身特定的数据类型，在 PL/SQL 中，可以定义 4 种类型的变量，如下所示。

- 标量变量：指能存放单个数值的变量，这是 PL/SQL 最常用的变量。标量变量的数据类型包含数字、字符、日期和布尔类型，比如 VARCHAR2、CHAR、NUMBER、DATE 等类型。
- 复合变量：指用于存放多个值的变量，必须要使用 PL/SQL 复合数据类型来定义变量，比如 PL/SQL 记录、PL/SQL 表、嵌套表及 VARRAY 等类型。

- 参照变量：指用于存放数值指针的变量，比如 PL/SQL 游标变量和对象变量。
- LOB 变量：指用于存放大批量数据的变量。

下面的代码块分别演示了如何定义 PL/SQL 中的这几种类型的变量，如代码 2.11 所示。

代码 2.11　PL/SQL 变量定义示例

```
DECLARE
  v_deptname      VARCHAR2 (10);              --定义标量变量
  v_loopcounter   BINARY_INTEGER;             --使用 PL/SQL 类型定义标量变量
  --定义记录类型
  TYPE t_employee IS RECORD (
     empname    VARCHAR2 (20),
     empno      NUMBER (7),
     job        VARCHAR2 (20)
  );
  v_employee      t_employee;                 --定义记录类型变量
  TYPE csor IS REF CURSOR;                    --定义游标变量
  v_date          DATE    NOT NULL DEFAULT SYSDATE; --定义变量并指定默认值
BEGIN
  NULL;
END;/
```

从代码中可以看到，在定义变量时，可以指定变量的初始值，代码中为了定义记录类型的变量，首先定义了一个名为 t_employee 的记录类型，然后将 v_employee 变量的类型指定为 t_employee 类型，这也是 PL/SQL 中多数复合类型的定义方式，变量与类型的定义请参考本书第 3 章的内容。

2.2.3　程序控制语句

在本章的开头，介绍了结构化程序设计语言的 3 种结构，PL/SQL 提供了一系列的控制和跳转语句来支持这 3 种结构。下面来看一看这 3 种结构的语法概述。

1. 条件控制语句

最常用的是 IF-THEN-ELSE 语句，IF 用于检查指定表达式的条件；THEN 在条件的值为 True 时执行代码；ELSE 在条件值为 False 或 NULL 时执行代码。在 IF 条件中可以使用布尔表达式包含多个条件，也可以使用 IF-THEN-ELSIF 语句来进行多条件判断。

如果要判断的条件过多，可以使用 CASE 语句，CASE 语句可以仅检查一次条件判断的值，然后判断这个值在多种条件下的实现。

举个例子，在代码 2.5 中，创建了 getaddsalaryratio 这个函数用来根据不同的职位返回所要加薪的比例，这个函数可以使用 CASE 结构进行进一步的优化，代码 2.12 创建了 CASE 版的 getaddsalaryratio 函数 getaddsalaryratiocase，如下所示。

代码 2.12　使用 CASE 进行条件判断

```
CREATE OR REPLACE FUNCTION getaddsalaryratiocase (p_job VARCHAR2)
    RETURN NUMBER
AS
    v_result   NUMBER (7, 2);
```

```
BEGIN
    CASE p_job                              --使用CASE WHEN 语句进行条件判断
        WHEN 'CLERK'
        THEN                                --职员加薪比例是 10%
            v_result := 0.10;
        WHEN 'SALESMAN'
        THEN                                --销售人员加薪比例是 12%
            v_result := 0.12;
        WHEN 'MANAGER'
        THEN                                --经理加薪比例是 15%
            v_result := 0.15;
    END CASE;
    RETURN v_result;                        --返回值加薪比例
END;
```

代码使用了 CASE-WHEN 语句后, 在调用时与 IF-THEN-ELSIF 产生了相同的效果, 但是两者有一个区别: 当 CASE 发现一个 WHEN 子句不存在的判断条件时, 会触发异常, SQL*Plus 输出的异常信息如图 2.9 所示。

图 2.9 CASE 异常消息

2. 循环控制语句

PL/SQL 提供了 3 种类型的循环, 如下所示。

- 简单循环: 这是最基础的循环类型, 包含 LOOP-END LOOP 和用来退出循环的 EXIT 方法。
- 数字式 FOR 循环: 将循环指定次数退出循环。
- WHILE 循环: 仅当条件成立时才执行循环。

在本章开头介绍循环结构时曾经使用过 LOOP 循环, 下面演示一下如何使用数字式 FOR 循环打印九九乘法口诀表, 定义如代码 2.13 所示。

代码 2.13 使用 FOR 循环打印九九乘法口诀表

```
--输出屏幕消息
SET SERVEROUTPUT ON;
--打印九九乘法口诀表
DECLARE
    v_number1    NUMBER (3);                          --外层循环变量
```

```
      v_number2    NUMBER (3);                          --内存循环变量
BEGIN
  FOR v_number1 IN 1 .. 9                               --开始外层循环
  LOOP
    --进行内存循环
    FOR v_number2 IN 1 .. v_number1
    LOOP
      --打印口诀内容
      DBMS_OUTPUT.put (   v_number1
                       || '*'
                       || v_number2
                       || '='
                       || v_number1 * v_number2
                       || '  '
                      );
    END LOOP;
    DBMS_OUTPUT.put_line ('');                          --输出换行
  END LOOP;
END;
/
```

为了打印九九乘法口诀表，使用了两个 FOR 循环，内存的 FOR 循环将根据外层循环的当前已循环次数来决定最大循环计数，最终的输出如图 2.10 所示。

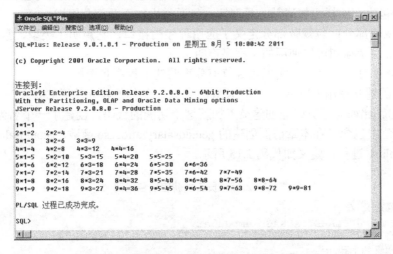

图 2.10 使用 FOR 循环打印九九乘法口诀表

2.2.4 过程、函数与包

过程、函数与包都属于 PL/SQL 语句块中的命名块，过程和函数统称为**子程序**。过程和函数非常相似，具有如下特点。

- 都具有名称，可以接收传入或传出参数。
- 都具有声明部分、执行部分和异常处理部分。
- 在使用前会被编译并存储到数据库中，可以使用 Toad 或 Oracle SQL Developer 来查看数据库中已经存在的过程和函数。

注意：函数和过程最大的不同在于函数具有返回值，而过程没有。

在本章前面的例子中，已经演示了如何创建函数来返回加薪比例（参考代码2.12），下面的代码2.14来演示如何创建一个处理加薪的过程。

代码2.14　创建为员工加薪的过程

```
CREATE OR REPLACE PROCEDURE addempsalary (p_ratio NUMBER, p_empno NUMBER)
AS
BEGIN
   IF p_ratio > 0
   THEN                                        --判断传入的参数是否大于0
     --如果大于0，则更新emp表中的数据
     UPDATE scott.emp
        SET sal = sal * (1 + p_ratio)
      WHERE empno = p_empno;
   END IF;
   --提示加薪成功
   DBMS_OUTPUT.put_line ('加薪成功!');
END;
```

这个过程对传入的 p_ratio 进行了检测，防止用户传入小于 0 的比例，然后调用 SQL 的 UPDATE 语句来更新员工表中的薪资数，在更新成功后提示用户加薪成功。

包是一个逻辑单位，PL/SQL 可以让开发人员把逻辑相关的类型、变量、游标和子程序放在一个包内，这样更加清楚、易理解。包通常由如下两部分组成。

- 包规范部分：包规范部分定义了应用程序的接口，它声明了类型、常量、变量、异常、游标和可以使用的子程序声明。
- 包体部分：包体用于实现包规范部分声明的子程序和游标。

包规范的建立使用 CREATE PACKAGE 语句，包体的建立使用 CREATE PACKAGE BODY 语句。比如为了更好地创建员工加薪这个功能的代码，创建了一个名为 empsalary 的包，包规范中包含了在本章前面创建的 getaddsalaryratiocase 函数、getaddsalaryratio 函数和 addempsalary 过程，定义如代码2.15 所示。

代码2.15　员工加薪管理包代码

```
/*包规范定义*/
CREATE OR REPLACE PACKAGE empsalary
AS
--执行实际的加薪动作
   PROCEDURE addempsalary (p_ratio NUMBER, p_empno NUMBER);
--使用IF-ELSIF语句得到加薪比例
   FUNCTION getaddsalaryratio (p_job VARCHAR2)
      RETURN NUMBER;
--使用CASE语句得到加薪比例
   FUNCTION getaddsalaryratiocase (p_job VARCHAR2)
      RETURN NUMBER;
END empsalary;
/
/*包体定义*/
CREATE OR REPLACE PACKAGE BODY empsalary
AS
   PROCEDURE addempsalary (p_ratio NUMBER, p_empno NUMBER)
   AS
   BEGIN
      IF p_ratio > 0
      THEN                                        --判断传入的参数是否大于0
```

```
      --如果大于 0，则更新 emp 表中的数据
      UPDATE scott.emp
         SET sal = sal * (1 + p_ratio)
         WHERE empno = p_empno;
      END IF;
      --提示加薪成功
      DBMS_OUTPUT.put_line ('加薪成功!');
   END;
   /*获取加薪比例的函数*/
   FUNCTION getaddsalaryratio (p_job VARCHAR2)
      RETURN NUMBER
   AS
      v_result   NUMBER (7, 2);
   BEGIN
      IF p_job = 'CLERK'
      THEN                              --如果为职员，加薪 10%
         v_result := 0.10;
      ELSIF p_job = 'SALESMAN'
      THEN                              --如果为销售职员，加薪 12%
         v_result := 0.12;
      ELSIF p_job = 'MANAGER'
      THEN                              --如果为经理，加薪 15%
         v_result := 0.15;
      END IF;
      RETURN v_result;
   END;
   /*使用 CASE 语句获取调薪比例的函数*/
   FUNCTION getaddsalaryratiocase (p_job VARCHAR2)
      RETURN NUMBER
   AS
      v_result   NUMBER (7, 2);
   BEGIN
      CASE p_job                        --使用 CASE WHEN 语句进行条件判断
         WHEN 'CLERK'
         THEN                           --职员
            v_result := 0.10;
         WHEN 'SALESMAN'
         THEN                           --销售
            v_result := 0.12;
         WHEN 'MANAGER'
         THEN                           --经理
            v_result := 0.15;
      END CASE;
      RETURN v_result;                  --返回值
   END;
END empsalary;/
```

从代码中可以看到，在包规范中，只是对子程序进行了声明，并没有包含任何实现代码。包规范中除了包含子程序外，还可以包含变量、常量及游标的定义等，在包体中包含了过程和函数的实际代码，编译并执行包创建动作后，包被保存到了 Oracle 数据字典中，图 2.11 是使用 Toad 的 Schema Browser 的 Packages 节点下看到的 empsalary 包。

2.2.5 触发器

与包或其他子程序不同的是，触发器不能被显式地调用，而是在数据库事件发生时隐

式地运行的,并且触发器不能接收参数。**触发器**是在某些特定的事件发生时被隐式执行的,比如在修改表、建立对象、登录数据库、操纵表数据时被执行。

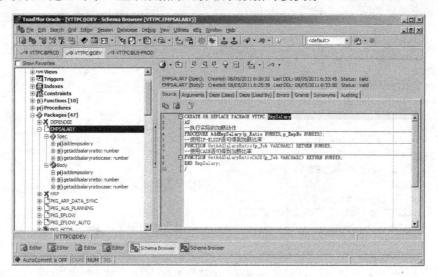

图 2.11　在 Toad 中查看已创建的包规范和包体代码

触发器语句块被执行称为事件触发,而触发的事件可以是对数据库表的 DML 操作,比如 INSERT、UPDATE 或 DELETE 操作,或者是对视图的操作。Oracle 还支持系统事件的触发,比如在启动或关闭例程时、用户登录或断开会话时等。

举个例子,当为 emp 表中的每个员工加薪时,假定人事部希望保留一份加薪记录,为了保存加薪记录,创建了一个名为 raisesalarylog 的表,创建脚本如下代码所示。

```
--创建表
CREATE TABLE Scott.raisesalarylog
(
    empno NUMBER(10) NOT NULL PRIMARY KEY,    --员工编号
    raiseddate DATE,                           --加薪日期
    originalSal NUMBER(10,2),                  --加薪前薪资
    raisedSal NUMBER(10,2)                     --加薪后薪资
);
```

接下来为 scott.emp 表创建了一个触发器,该触发器将监测 emp 表的 sal 字段的更新,如果更新了就查询 raisesalarylog 表是否已存在加薪记录,如果存在则更新该表,否则向该表插入一条新的记录,创建的触发器如代码 2.16 所示。

代码 2.16　为 emp 表定义触发器代码

```
--定义触发器
CREATE OR REPLACE TRIGGER scott.raisesalarychange
--定义 AFTER 触发器,监测 emp 表的 SAL 列的更新
AFTER UPDATE OF sal
    ON scott.emp
--定义的是行级别触发器
FOR EACH ROW
--声明区
DECLARE
```

· 58 ·

```
   v_reccount    INT;                                --定义记录个数变量
BEGIN
  --查询更新 emp 表的当前已被更新的员工是否在 RaiseSalaryLog 表中存在
  SELECT COUNT (*)
    INTO v_reccount
    FROM scott.raisesalarylog
   WHERE empno = :OLD.empno;
  IF v_reccount = 0
  THEN
    --如果不存在,则插入新的记录
    INSERT INTO scott.raisesalarylog
       VALUES (:OLD.empno, SYSDATE, :OLD.sal, :NEW.sal);
  ELSE
    --如果存在,则更新记录
    UPDATE scott.raisesalarylog
      SET raiseddate = SYSDATE,
          originalsal = :OLD.sal,
          raisedsal = :NEW.sal
    WHERE empno = :OLD.empno;
  END IF;
--如果出现错误,则显示错误消息
EXCEPTION
  WHEN OTHERS
  THEN
    DBMS_OUTPUT.put_line (SQLERRM);
END;
/
```

上述代码定义了一个 DML 触发器,该触发器是一个 AFTER 行级触发器,可以对每一行进行监测,一旦 scott.emp 表中任意一行的 sal 列被更新,会向表 raisesalarylog 插入或更新一条记录。例如如果执行如下的 UPDATE 语句更新薪资记录:

```
UPDATE Scott.emp SET sal=sal*1.2 WHERE empno=7369;
```

当执行了对 Sal 字段的更新后,使用如下的 SQL 语句查询 raisesalarylog 表,可以看到触发器已经将一行记录插到了该表中:

```
SELECT * FROM scott. raisesalarylog;
```

该语句的执行结果在 PL/SQL Developer 中的命令窗口如图 2.12 所示。

图 2.12 触发器执行结果

从图 2.12 中可以发现,触发器果然向 raisesalarylog 表中插入所期待的数据。Oracle 触发器种类比较丰富，本书后面的内容中会有专门的章节详细介绍触发器的各种类型和具体实现，请参考具体章节。

2.2.6 结构化异常处理

PL/SQL 块的组成部分包含了一个异常处理块，该块以 EXCEPTION 开始，通过在 PL/SQL 代码中包含了异常处理块，让程序的主体与异常部分的处理相隔离，使得程序的结构更加清晰易读。

PL/SQL 通过使用异常和异常处理器来进行错误的处理，**异常**就是一些 Oracle 预定义的错误或用户自定义的错误。在错误发生时，Oracle 预定义的异常会被系统隐式抛出，对于用户自定义的异常，开发人员可以使用 RAISE 语句手动抛出。当异常被抛出后，异常处理器将捕捉到这些异常，然后执行异常处理代码。

为了更好地了解异常的执行流程，绘制了如图 2.13 所示的异常执行流程图。

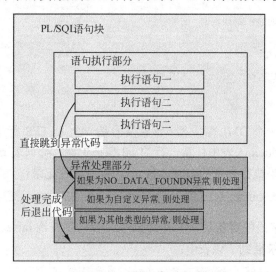

图 2.13 异常执行流程

图 2.13 的执行顺序如以下步骤所示。

（1）在语句块执行部分执行到语句二时，产生了一个异常，程序流马上跳转到异常处理块。

（2）异常处理块中包含了异常筛选器，筛选到匹配的异常处理代码进行执行并退出。

（3）如果没有发现匹配的异常，将进入最后的所有未处理异常的处理代码块进行执行并退出。

对于 Oracle 的预定义异常，以最常见的 NO_DATA_DOUND 异常为例，出现该异常的最常见的情形是当 SELECT-INTO 语句没有查询到任何行时。下面的代码演示了查询 emp 表中一个不存在的员工时，如何捕捉该异常，异常定义如代码 2.17 所示。

代码 2.17 触发 PL/SQL 预定义异常

```
DECLARE
  v_ename   VARCHAR2 (30);                      --定义员工名称保存变量
```

```
BEGIN
  --查询表中的员工名称
  SELECT ename
    INTO v_ename
    FROM emp
   WHERE empno = &empno;

  DBMS_OUTPUT.put_line ('员工名称为：' || v_ename);
--异常处理块
EXCEPTION
  --异常筛选器
  WHEN NO_DATA_FOUND
  THEN
     DBMS_OUTPUT.put_line ('没有找到记录!');
  WHEN OTHERS
  THEN
     DBMS_OUTPUT.put_line ('其他未处理异常!');
END;
```

上面的代码使用 SELECT-INTO 查询 emp 表中的特定员工编号的员工名称。SQL 语句中使用了替换变量，当输入一个不存在的员工编号时，将触发 NO_DATA_FOUND 异常，此时程序执行代码立刻跳转到 EXCEPTION 区块，而不会执行接下来的 DBMS_OUTPUT 语句。

在 EXCEPTION 部分使用了 WHEN-THEN 语句对捕获的异常进行筛选，当找到匹配的 NO_DATA_FOUND 异常后，将执行其中包含的代码块，如果所有的异常都不匹配，最后的 WHEN OTHERS THEN 表示所有未处理的异常都在此处进行处理。

2.2.7 集合与记录

集合与记录都属于 PL/SQL 的复合类型，**集合**允许将类型相同的多个变量当作一个整体进行处理，类似于 Java 或 C 语言中的数组，**记录**允许将多个不同类型的变量当作一个整体进行处理。通过使用记录与集合类型，可以一次性处理多个数据，而不用一个数据一个数据地进行处理，提升了程序的性能，减轻了开发人员的工作量。

1．记录类型

记录类型的变量类似于数据库中的一条记录，一个记录类型可以包含多个简单类型的值或复杂类型的值。例如要获取员工表中员工的姓名、职位及薪资信息，如果不使用记录类型，需要定义 3 个变量来分别保存这些信息，如果使用了记录类型，则可以简化对多列数据的处理。代码 2.18 演示了如何使用记录类型来获取 emp 表中员工的信息。

代码 2.18　使用记录类型获取员工信息

```
DECLARE
  --定义记录类型
  TYPE emp_info_type IS RECORD (
    empname    VARCHAR2 (10),
    job        VARCHAR (9),
    sal        NUMBER (7, 2)
  );
```

```
    --声明记录类型的变量
    empinfo    emp_info_type;
BEGIN
    --查询数据并保存到记录类型中
    SELECT ename,
           job,
           sal
      INTO empinfo
      FROM emp
     WHERE empno = &empno;
    --输出记录类型变量中保存的员工消息
    DBMS_OUTPUT.put_line (    '员工信息为：员工姓名：'
                           || empinfo.empname
                           || ' 职位：'
                           || empinfo.job
                           || ' 薪资：'
                           || empinfo.sal
                         );
END;
```

因为记录类型属于自定义的复合类型，因此需要首先使用 TYPE 语法定义记录类型 emp_info_type，然后声明一个记录类型的变量 empinfo，代码使用 SELECT-INTO 语句直接将员工姓名、职位和薪资情况写入记录类型的变量，然后使用 DBMS_OUTPUT 向屏幕上输出记录类型变量的成员值。可以看到使用了记录类型后，在程序代码中对于多列数据的管理变得清爽易懂。

2. 集合类型

记录类型允许同时处理单行多列的数据，PL/SQL 的集合允许同时处理多行单列的数据。集合类似于数组，PL/SQL 提供了如下 3 种集合类型。

- 关联表：又称索引表，类似于高级语言中的数组，但是数组下标可以为负值，元素个数无限制，并且下标可以为字符类型。
- 嵌套表：嵌套表也是一种类似数组的数据类型，嵌套表下标从 1 开始，对元素个数没有限制。嵌套表与索引表的一个最大的区别是嵌套表的类型可以作为表列的数据类型使用，而索引表不可以，而且嵌套表在使用前必须要使用构造函数进行初始化。
- 变长数组：与嵌套表一样，也可以作为表列的数据类型使用，下标从 1 开始，变长数组的元素个数是有最大值限制的，在使用前必须先使用构造方法进行初始化。

每种类型的表都有自己处理数据的优势，在介绍集合和记录时，将详细讨论每种类型的区别与使用时机。下面的示例使用索引表和游标一次性地从 emp 表中取出所有的员工名称，然后显示到屏幕上，实现如代码 2.19 所示。

代码 2.19 使用游标和索引表显示员工名称

```
DECLARE
    --定义员工名称索引表
    TYPE emp_table IS TABLE OF VARCHAR2 (10)
        INDEX BY BINARY_INTEGER;
    emplist    emp_table;                        --定义表类型的变量
    --定义游标类型
```

```
  CURSOR empcursor
  IS
    SELECT ename
      FROM emp;
BEGIN
  --如果游标没有打开，则打开游标
  IF NOT empcursor%ISOPEN
  THEN
    OPEN empcursor;
  END IF;
  --从游标结果中提取所有的员工名称
  FETCH empcursor
  BULK COLLECT INTO emplist;
  --使用 FOR 循环显示所有的员工名称
  FOR i IN 1 .. emplist.COUNT
  LOOP
    DBMS_OUTPUT.put_line ('员工名称：' || emplist (i));
  END LOOP;
  CLOSE empcursor;                          --关闭游标
END;
/
```

这段代码的执行逻辑如下所示。

（1）与记录的定义相似，首先使用 TYPE 语句定义了一个索引表，该索引表将保存 VARCHAR2(10)类型的员工名称。

（2）在定义了表类型后，定义了这种索引表类型的一个变量 emplist 用来保存员工的名称列表。

（3）接下来定义了一个游标查询 emp 表中的员工名称。在执行部分，使用了 BULK COLLECT INTO 一次性将游标中的所有员工名称列表保存到了索引表中。

（4）最后通过一个 FOR 循环，在屏幕上打印出所有的员工名称。

从这段代码中不难看到，使用了集合类型后，操作批量数据变得轻松，使得 PL/SQL 这门语言的功能更加强大了。

2.2.8 游标

Oracle 的**游标**是一个指向上下文区域的指针，这个上下文区域是 PL/SQL 语句块中在执行 SELECT 语句或 DML 数据操纵语句时分配的。比如当使用 SELECT 语句查询返回多行的数据时，可以通过游标来指向结果集中的每一行，使用循环语句依次对每一行进行处理，游标与 SELECT 查询结果集示意如图 2.14 所示。

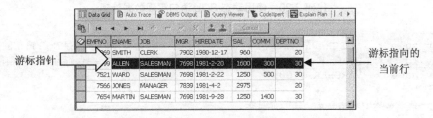

图 2.14　游标示意图

游标又可分为如下两种。

❑ 隐式游标：由 PL/SQL 自动为 DML 语句或 SELECT-INTO 语句分配的游标，包括只返回一条记录的查询操作。
❑ 显式游标：在 PL/SQL 块的声明区域中显式定义的，用来处理返回多行记录查询的游标。

可以使用 OPEN、FETCH 和 CLOSE 语句来控制游标，OPEN 语句用来打开游标并使得游标指向结果集的第 1 行，FETCH 会检索当前行的信息并把游标指向下一行。CLOSE 语句用来在游标移到最后一行后关闭游标，游标的示例可以参见代码 2.19 中使用游标和索引表显示员工名称这个示例，定义了一个名为 empcursor 的游标，通过 OPEN、FETCH、CLOSE 来提取游标数据并显示到屏幕上。

掌握游标是每一个 PL/SQL 程序员必须具备的基本功，在本书中会有专门的章节对游标的每个知识点进行详细的介绍。

2.2.9 动态 SQL

PL/SQL 是使用早期绑定来执行 SQL 语句的，**早期绑定**要求所要处理的数据库对象必须存在并且是已知的。比如要查询员工表中的员工名称，必须存在员工表、必须知道员工名的字段名称，同时具有相关的执行权限，并且使用这种 SQL 可以进行性能的调优，这种 SQL 称为**静态 SQL**。静态 SQL 示例如以下代码所示。

```
--查询员工信息
SELECT empno,ename,job,mgr,hiredate,sal,comm,deptno FROM emp WHERE empno=&EmpNo;
--更新薪水
UPDATE emp SET sal=sal*(1+1.2) WHERE empno=&EmpNo;
--删除员工
DELETE FROM emp WHERE empno=&EmpNo;
```

动态 SQL 是指在运行时由字符串拼合而成的 SQL，比如在 PL/SQL 块中不能执行 DDL 语句和 DCL 语句，那么可以使用 EXECUTE IMMEDIATE 来执行动态拼合而成的 SQL 语句。更常见的情形是在执行时才知道要查询哪个表中的数据，或者执行时才知道要查询哪些列，则可以使用动态 SQL 语句。

举个例子，如果要在运行时动态地创建一个表，并且向这个表中插入数据，然后查询这个表中的数据并在屏幕上输出返回的查询值，那么可以使用动态 SQL 来完成这个功能，示例实现如代码 2.20 所示。

代码 2.20 使用动态 SQL 语句实现数据处理

```
DECLARE
  v_sqlstr   VARCHAR2 (200);              --保存 SQL 语句的变量
  v_id       INT;                         --保存临时字段值的变量
  v_name     VARCHAR (100);
BEGIN
  --在嵌套块中先删除要创建的临时表
  BEGIN
    v_sqlstr := 'DROP TABLE temptable';
    EXECUTE IMMEDIATE v_sqlstr;
  --如果产生异常，则不进行处理
```

```
    EXCEPTION
      WHEN OTHERS
      THEN
        NULL;
  END;
  --定义 DDL 语句来创建 SQL
  v_sqlstr :=
    'CREATE TABLE temptable (id INT NOT NULL PRIMARY KEY,tmpname
VARCHAR2(100))';
  EXECUTE IMMEDIATE v_sqlstr;                           --执行动态语句
  --向新创建的临时表中插入数据
  v_sqlstr := 'INSERT INTO temptable VALUES(10,''临时名称1'')';
  EXECUTE IMMEDIATE v_sqlstr;                           --执行动态语句
  --检索临时表数据，这里使用了动态 SQL 语句变量
  v_sqlstr := 'SELECT * FROM temptable WHERE id=:tempId';
  --执行并获取动态语句查询结果
  EXECUTE IMMEDIATE v_sqlstr
             INTO v_id, v_name
             USING &1;
  --输出表中的信息
  DBMS_OUTPUT.put_line (v_id || ' ' || v_name);
END;
/
```

在上面的代码块中，没有使用一行静态 SQL 语句，所有的查询都是先通过动态构建 SQL 字符串，然后使用 EXECUTE IMMEDIATE 来执行这些 SQL 语句。在上面代码的 SELECT 查询中，使用了参数化的查询方式，为了向动态 SQL 中传递参数，在 EXECUTE IMMEDIATE 中使用了 USING 语句传递一个替换变量的值作为参数，为了获取单行查询的结果，使用了 EXECUTE IMMEDIATE 的 INTO 子句将查询结果赋给变量。

PL/SQL 为动态 SQL 功能提供了很多有用的特性，比如多行查询结果遍历，批量处理等，本书会在专门的动态 SQL 章节中进行详细的介绍。

2.3　编码风格

在了解了 PL/SQL 的基本语言特性后，有必要认真了解 PL/SQL 进行编码时的编码风格。本节将会介绍 PL/SQL 的语句块格式化、常量和变量的命名规则、如何使用注释等。这些风格并不是绝对的原则，也不会影响到程序的执行结果，但是良好的编码风格会使得程序代码易懂、易维护，同时也是一个认真的程序员的良好工作风格的体现。

2.3.1　PL/SQL 词法单位

PL/SQL 语句块中的每一行代码是由一系列字符集组成的。
- 大写和小写字母，即 A～Z 和 a～z。
- 数字 0～9。
- 空白：制表符、空格和 Enter 键。
- 数字符号：+、-、*、/、<、>、=。
- 标点符号。

> **注意**：PL/SQL 与 SQL 语言类似，不区分大小写。

这些字符集又分为如下 4 类。
- 分界符：对 PL/SQL 有特殊意义的简单的或复杂的符号。
- 标识符：用来为 PL/SQL 程序中的常量、变量、异常、游标、游标变量、子程序和包命名。
- 文字：本身就是数据而不是对数据的引用，比如一个数字、字符、字符串或一个布尔值。
- 注释：用来为代码添加描述性的信息。

1. 分界符

在编写 PL/SQL 代码时，应该了解良好的分隔是改善程序可读性非常重要的一部分。比如，使用空格或标点把邻近的标识符分开，使用回车符划分行。下面的代码演示了一个不合格的 PL/SQL 代码片断：

```
DECLARE
  --定义变量
  v_Max INT;
  v_X INT;
  v_Y INT;
BEGIN
  v_Max : =0;      --不允许用空格将:=分开
  --ENDIF 需要使用空格进行分开，另外要使用回车符进行换行显示
  IF v_X>v_Y THEN v_Max:=v_X;ELSE v_Max:=v_Y;ENDIF;
END;
```

上述代码的正确的表示方式应该如下所示。

```
DECLARE
  --定义变量
  v_Max INT;
  v_X INT;
  v_Y INT;
BEGIN
  v_Max:=0;      --不允许用空格将:=分开
  --ENDIF 需要使用空格进行分开，另外要使用回车符进行换行显示
  IF v_X>v_Y THEN
     v_Max:=v_X;
  ELSE
     v_Max:=v_Y;
  END IF;
END;
```

可以看到通过良好的缩进和合理的分界，使得代码的可能性更强，更容易维护和理解。

所谓的分界符，就是加、减、乘、除、赋值等操作符，分界符又可分为简单分界符和复杂分界符，简单分界符是只包含一个字符的分界符，例如+、-、*、/、（、）等。复合分界符是由两个字符组成的，例如:=、=>、||等符号。

2. 标识符

标识符一般用来命名 PL/SQL 对象，标识符由字母开头，可以跟随任何字符序列，比

如字母数字、下划线和"#"字符号。

> **注意**:标识符的长度不超过30个字符。

下面是一些合格的标识符的定义:

```
X
t2
phone#
credit_limit
LastName
oracle$number
money$$$tree
SN##
try_again_
```

标识符不能包含-、/或&等符号,不能在标识符中使用空格,必须使用字母开头,不能超过30个字符,例如下面的标识符定义是非法的:

```
mine&yours                           --不允许使用连字符
debit-amount                         --不允许使用连字符
on/off                               --不允许使用斜线
user id                              --不允许使用空格
1_variable                           --不能由数字开头
_vari_able                           --必须要由字母开头
this_is_a_very_long_identifiers      --超过了30个字符
```

由于 PL/SQL 不区分大小写,因此对于同一个标识符的定义,使用不同的大小写是合法的,例如下面的标识符都是表示同一个标识符,是合法的:

```
VARIABLE_NUMBER;
Variable_Number;
VARIABLE_number;
variable_NUMBER;
```

当使用标识符定义 PL/SQL 程序项或单元时,可以遵循下面一些规则。

(1)当使用标识符定义常量、变量时,每行只定义一个标识符,例如下面的定义是合法的:

```
DECLARE
  v_Variable_1 VARCHAR(10);           --符合要求对于变量定义,每一行只定义一个变量
  v_Variable_2 VARCHAR(2);
BEGIN
  NULL;
END;
/
```

下面的变量定义虽然也可编译通过,但是是不符合要求的:

```
DECLARE
  v_Variable_1 VARCHAR(10);v_Variable_2 VARCHAR(2);
                                      --不符合要求,每行定义了多个变量
BEGIN
  NULL;
END;
/
```

（2）标识符名称必须以字母开头，最大长度为 30 个字符，如果以其他字符开始，那么必须要使用双引号引住，例如下面的变量定义是合法的：

```
DECLARE
  v_Variable_1 VARCHAR2(10);
  v$Variable_2 NUMBER(6,2);
  v#Variable_3 NUMBER(6,2);
  "1234Variable" VARCHAR2(10);      --以数字开始，但是用了双引号
  "变量Variable"  VARCHAR(10);       --以汉字开始，但是用了双引号
BEGIN
 NULL;
END;
/
```

（3）标识符不能使用 Oracle 的关键字，比如 DECLARE、BEGIN、END、IF、LOOP 等不能作为变量名，如果要使用 Oracle 关键字定义变量、常量，那么必须要使用双引号引住，下面的变量定义使用了 Oracle 的保留字，但是使用了双引号，所以是合法的。

```
DECLARE
  "EXCEPTION" VARCHAR2(10);
  "BEGIN" NUMBER(6,2);
  "ORACLE" NUMBER(6,2);
  "UPDATE" VARCHAR2(10);
  "INSERT"  VARCHAR(10);
BEGIN
 NULL;
END;
/
```

尽管使用双引号的保留字是合法的，但是应该尽量避免造成混淆，可以使用合成了保留字的标识符，比如下面的代码：

```
DECLARE
  EXCEPTION_Var1 VARCHAR2(10);
  BEGIN_Var2 NUMBER(6,2);
  ORACLE_Var3 NUMBER(6,2);
  UPDATE_Var4 VARCHAR2(10);
  INSERT_Var5  VARCHAR(10);
BEGIN
 NULL;
END;
/
```

3．文字

文字是指数字、字符、字符串、日期或布尔值的静态的文字，而不是标识符，文字可包含如下 5 类。

（1）数字文字：是指整数或浮点数，可以直接在算术表达式中引用，比如 100、2.45、3e5、5E8、6*10**3 等。

（2）字符文字：是指用单引号引起的单个字符，可以是 PL/SQL 支持的所有可打印字符，可包含 A～Z，a～z 以及数字 0～9 和其他符号，比如'A'、'b'、'3'、'<'、'&'等。

（3）字符串文字：是指由两个或两个以上字符组成的字符值，必须要用单引号将字符串文本引住，例如'Hello World'、'10-NOV-01'、'早上好'等。

> **注意**：如果字符串中包含单引号，可以使用两个单引号表示，例如："I'm a string" 中包含单引号，那么在赋值时可以用下面的语法：

```
DECLARE
  --带引号的字符串
  v_str_var VARCHAR(50):='I''m a string';
BEGIN
  DBMS_OUTPUT.PUT_LINE(v_str_var);
END;
/
```

还可以使用 q 前缀加上其他分隔符[]、{}、<>等进行分隔，例如上面的代码也可以更换为：

```
DECLARE
  --带引号的字符串
   v_str_var VARCHAR(50):=q'[I'm a string]';
BEGIN
  DBMS_OUTPUT.PUT_LINE(v_str_var);
END;
/
```

> **注意**：一些第三方工具比如 Toad 代码编辑器的高亮功能可能对这种分隔符的支持不友好，因此建议尽量使用两个单引号的表示方式。

（4）布尔文本：是指 BOOLEAN 类型的值，一般有 3 种：True、False 和 NULL。

（5）日期时间文字：是指日期时间值，与字符串类似，也必须要用单引号引住，并且日期值必须要与日期格式和语言匹配，例如'10-NOV-11'、'2011-10-22 12:01:01'、'11-10 月-21'等格式。

4. 注释

注释用来为代码添加描述性的信息，提高 PL/SQL 程序的可读性，但是 PL/SQL 编译器在编译代码时会忽略注释。尽管不影响程序的执行，但是为程序添加注释是一个程序员的良好习惯，同时能提升代码的可读性和可维护性。注释分为单行注释和多行注释。

（1）单行注释

是指放在一行上的注释文本。单行注释主要用于说明当前注释所在位置的代码行的作用，使用--符号来添加单行注释，如下面的代码：

```
DECLARE
    v_Str_Var VARCHAR(50);           --定义一个变量
BEGIN
  v_Str_Var:='这是一个文本值';        --为变量赋值
  DBMS_OUTPUT.PUT_LINE(v_str_var);   --输出变量的值
END;
/
```

（2）多行注释

多行注释是指注释的内容将分布到多行，主要用来说明一段语句块的作用，比如在 PL/SQL 子程序的声明开头定义该子程序的创建人、创建日期、子程序的功能等。在 PL/SQL 中多行注释使用/*..*/来进行编写，多行注释如以下示例所示。

```
/*
  子程序名：OutPutString
  功能    ：输出字符串到屏幕
  参数    ：StrVar--用来保存要输出的字符串的变量
  创建人  ：xxx
  创建日期：2011-x-0x
  修订历史：
*/
CREATE OR REPLACE PROCEDURE OutPutString(StrVar VARCHAR(50)
AS
BEGIN
   DBMS_OUTPUT.PUT_LINE(StrVar);                    --输出变量的值
END;
/
```

一些代码编辑器会使用绿色来显示代码中的注释，这使得开发人员可以很容易地查看并更改注释。

2.3.2 缩进

在编写 PL/SQL 代码时，良好的缩进风格不仅能充分地展现代码的逻辑结构，而且使得代码阅读起来清晰易懂。在进行 PL/SQL 缩进时，使用 3 空格缩进是非常通用且有效的一种方式，所谓的 3 空格缩进法则是指下一行代码在上一行代码的基础之上缩进 3 个空格。

代码清单 2.21 演示了使用 3 空格缩进的方式创建了一个过程，可以看到整个代码清晰易懂。

代码 2.21 使用 3 空格缩进进行代码格式化

```
--3空格缩进法则
CREATE OR REPLACE PROCEDURE set_salary(in_empno IN emp.empno%TYPE)
IS
   CURSOR c_emp(cp_empno emp.empno%TYPE)    --声明游标
   IS
      SELECT ename
            ,sal
        FROM emp
       WHERE empno = cp_empno
    ORDER BY ename;
   --
   r_emp          c_emp%ROWTYPE;             --定义员工记录变量
   l_new_sal      emp.sal%TYPE;              --定义员工薪资记录
BEGIN
   OPEN c_emp(in_empno);                     --打开游标
   FETCH c_emp INTO r_emp;                   --提取游标记录
   l_new_sal:=get_add_salary_ratio(c_emp.job);
   CLOSE c_emp;                              --关闭游标
   IF r_emp.sal <> l_new_sal                 --如果新工资与现有工资不等
   THEN
      UPDATE emp                             --更新员工现有工资
         SET sal = l_new_sal
       WHERE empno = in_empno;
   END IF;
END set_salary;                              --过程终止
```

3 空格缩进法是目前 PL/SQL 开发人员比较通用的一种代码缩进方式，过少的缩进会使代码显得紧凑，而过多的缩进又会嵌入太深，因此建议初学者使用 3 空格缩进法作为缩进的标准。

2.3.3 标识符命名规则

由于 PL/SQL 标识符不区分大小写的特性，因此在为标识符命名时，除了考虑为标识符取一个有意义的名称外，还需要考虑到标识符的可读性。目前使用较为广泛的标识符命名规则是如下的模式：

前缀_标识符内容_后缀

表 2.1 列出了在进行标识符命名时的一些常见的前后缀命法。

表 2.1 标识符命名建议

标识符	前缀/后缀	举例
变量	v_	v_sal, v_empno
常量	c_	c_rate
游标	_cursor	emp_cursor, dept_cursor
异常	e_	e_InvalidParameter
PL/SQL 表类型	_table_type	emp_table_type
表变量	_table	emp_table
记录类型	_record_type	emp_record_type
记录变量	_record	emp_record

当然根据不同的环境，这样的命名规则可能会发生变化，而且一些软件公司会制定自己公司内部的命名标准，初学者在不了解任何编码规则的前提下可以遵循表 2.1 中的规则对标识符进行统一的命名。

2.3.4 大小写风格

由于 SQL 与 PL/SQL 都具有不区分大小写的特性，如果不怎么注意区分大小写，写出来的代码会变得较混乱，不够清晰易读。为了提高程序的可读性和性能，Oracle 建议用户按照以下大小写规则编写代码。

- ❏ PL/SQL 保留字使用大写字母：例如 BEGIN、DECLARE、LOOP、ELSIF 等。
- ❏ 内置函数使用大写字母：例如 SUBSTR、COUNT、TO_CHAR 等。
- ❏ 预定义类型使用大写字母：例如 NUMBER、VARCHAR2、BOOLEAN、DATE 等。
- ❏ SQL 关键字使用大写字母：例如 SELECT、INTO、UPDATE、WHERE 等。
- ❏ 数据库对象使用小写字母：例如数据库表名、列名、视图名等。
- ❏ 变量名使用大小写字母混合拼写，名字中的每个单词都使用大写字母开头，例如 v_EmpName、v_DeptNo 等。

比较符合大小写规范的代码如下所示。

```
DECLARE
  v_ename VARCHAR2(10);
```

```
BEGIN
  SELECT e.ename
    INTO l_ename
    FROM emp e
   WHERE empno=&EmpNo;
  DBMS_OUTPUT.PUT_LINE(l_ename);
END;
```

上面的代码对于 PL/SQL 的保留字全部使用大写字母，而对于数据库表名 emp 和相关的列都使用了小写字母，对于 SQL 保留字如 SELECT、INTO 都使用大写字母。

2.3.5 使用工具格式化代码

Toad 和 PL/SQL Developer 都提供了代码格式化的功能，可以非常轻松地让代码符合标准化。在 Toad 中，可以使用工具栏中的"Format Code"工具按钮（或按 Ctrl+Shift+E 快捷键）格式化 PL/SQL 代码，如图 2.15 所示。

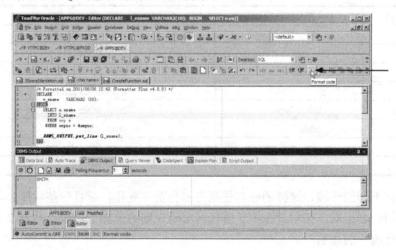

图 2.15　Toad 代码格式化工具

PL/SQL Developer 同样提供了代码美化工具来格式化代码。可以通过工具栏的"PL/SQL 美化器"来格式化 PL/SQL 代码，如图 2.16 所示。

图 2.16　使用 PL/SQL 的美化工具格式化代码

有了这些代码编辑器工具的辅助，可以大大提高程序开发人员的工作效率，提升代码的质量。

2.4 小　　结

本章概览了 PL/SQL 的组成，首先讨论了 PL/SQL 的一些语言特性。PL/SQL 是一门过程化的程序设计语言，整合了 SQL 语言，集成了第三代程序设计语言的很多特性，包含模块化应用程序的开发、面向对象的特性及提高应用程序的性能等方面。在语言特性小节，介绍了 PL/SQL 基本的语法特性，包含块、变量和类型、控制语句、子程序和包、触发器、异常处理、集合与记录、游标与动态 SQL 等知识。最后在编码风格一节，介绍了 PL/SQL 的编码风格，讨论了如何格式化代码以使代码更清晰易懂、易维护。

第 3 章 变量和类型

变量是一些内存单元，用来存储不同类型的数据，顾名思义，变量的内容在运行期间可以发生变化，为一个变量指定不同值的过程叫做**赋值**。PL/SQL 语句块通过使用变量来与数据库进行通信，比如从数据库中获取数据的结果，或者将变量的内容插入数据库中。变量在 PL/SQL 语句块的声明区中定义，每个变量都有一个特定的类型，描述了可以在变量中存储的信息类别。

3.1 变　　量

在定义变量时，一定要为其指定一个类型，类型可以是 PL/SQL 类型或 SQL 语言的类型，一旦变量的类型确定，那么变量中所能存储的值也就确定了，因此尽管变量的值会经常改变，但是值的类型是不可以变化的。

3.1.1 变量的声明

变量通常在 PL/SQL 块、子程序和包的声明部分进行定义，需要为变量指定一个数据类型或初始值，语法如下所示。

```
variable_name [CONSTANT] type [NOT NULL] [:= value];
```

在声明中的 variable_name 用于指定变量名，变量名的命名要符合在第 2 章中介绍的标识符命名规范；type 类型是变量需要使用的数据类型，可以使用所有 SQL 类型或 PL/SQL 类型。稍后将会详细介绍可用的类型。用方括号[]括起来的是可选的部分，变量定义中的 3 个可选部分的含义如下所示。

- ❑ CONSTANT 表示声明为一个常量，常量在定义时需要指定初始值，一旦定义其值，不能再被改变。
- ❑ NOT NULL 用于约束变量的值不能为空。
- ❑ :=value 用于为变量赋初始值。

代码 3.1 在声明部分定义了 4 个变量。

代码 3.1　变量定义示例

```
DECLARE
    v_empname     VARCHAR2 (20);                          --定义员工名称变量
    v_deptname    VARCHAR2 (20);                          --定义部门名称变量
    v_hiredate    DATE           NOT NULL := SYSDATE;     --定义入职日期变量
```

```
    v_empno      INT        NOT NULL DEFAULT 7369;    --变量员工编码变量
BEGIN
    NULL;                                             --不执行任何代码
END;
/
```

v_empname 用于保存员工名称，是 VARCHAR2 类型的变量，v_deptname 用于定义部门名称，也是 VARCHAR2 类型的变量，v_hiredate 用于保存员工入职日期，代码中使用了 NOT NULL 用于指定变量不能为空值，然后使用:=为变量赋值，v_empno 则使用了 DEFAULT 为员工编号指定初始值。:=和 DEFAULT 是可以互换使用的，都用来为变量赋初始值。

注意：一旦出现了 NOT NULL 关键字，后面必须具有赋初值的语句。

3.1.2 变量的赋值

如果变量在声明时没有指定初始值，默认情况下，变量被初始化为 NULL 值。变量和常量都是在程序进入语句块或进入子程序的时候被初始化的，如果未给变量指定值，就直接使用变量，将会产生意想不到的结果。举个例子，下面的代码定义一个名为 v_counter 的变量，在没有为变量赋初值的情况下，直接对变量进行运算，示例代码如下所示。

```
DECLARE
    v_counter INTEGER;          --定义一个变量
BEGIN
    v_counter:=v_counter+1;     --没有为变量赋初始值，直接计算
    DBMS_OUTPUT.put_line('未赋值的变量示例结果：'||v_counter);
END;
```

对变量的赋值可以在语句块中使用:=运算符，这个运算符与 Pascal 语言中的赋值运算符一样，在示例代码中，变量 v_counter 的值为 NULL 值，当将一个 NULL 值+1 后，结果仍然为 NULL 值，因此不会得到任何值。

下面的代码通过为 v_counter 赋初值，使得加法计算得以正常执行，返回结果为 1：

```
DECLARE
    v_counter INTEGER;          --定义一个变量
BEGIN
    v_counter:=0;               --为变量赋初值
    v_counter:=v_counter+1;     --没有为变量赋初始值，直接计算
    DBMS_OUTPUT.put_line('未赋值的变量示例结果：'||v_counter);
END;
```

因此，在没有为变量赋值之前，不要直接使用变量进行运算操作。

根据变量的不同类型，可以为变量直接赋常量值，也可以使用表达式来计算变量的值，例如下面的代码根据薪资和加薪比例来计算员工的结果薪资值：

```
DECLARE
    v_salary NUMBER(7,2);
    v_rate NUMBER(7,2):=0.12;
    v_base_salary NUMBER(7,2):=1200;
BEGIN
    v_salary:=v_base_salary*(1+v_rate);     --使用表达式为变量赋值
```

```
    DBMS_OUTPUT.put_line('员工的薪资值为: '||v_salary);
END;
```

通过使用表达式的计算结果来为变量赋值,可以看到在屏幕上输出了计算后的结果,如下所示。

```
员工的薪资值为: 1344
```

在为 PL/SQL 变量赋值时,需要注意变量的类型。下面列出了常用的变量类型的赋值方式。

```
DECLARE
  v_string VARCHAR2(200);
  v_hire_date DATE;
  v_bool BOOLEAN;                                    --PL/SQL 布尔类型
BEGIN
  v_bool:=True;                                      --布尔类型赋值
  v_hire_date:=to_date('2011-12-13','yyyy-mm-dd');   --使用函数为日期赋值
  v_hire_date:=SYSDATE;                              --使用日期函数赋值
  v_hire_date:=date'2011-12-14';                     --直接赋静态日期值
  v_string:='This is a string';                      --赋静态字符串
END;
/
```

在上面的代码中,演示了字符串、布尔类型及日期类型的基本赋值方式,关于这些变量的类型将在本章后面的内容中详细介绍。

最后要介绍的赋值方式是通过数据库查询为变量赋数据库中的值,这是进行 PL/SQL 编程非常常见的赋值方式,例如要从 emp 表中查询员工的姓名、员工编号和雇佣日期,可以使用如代码 3.2 所示的 PL/SQL 代码。

代码 3.2 使用数据库数据为变量赋值

```
DECLARE
  v_empno      emp.empno%TYPE;                --定义变量
  v_ename      emp.ename%TYPE;
  v_hiredate   emp.hiredate%TYPE;
BEGIN
  SELECT empno, ename, hiredate               --查询数据库并为变量赋值
    INTO v_empno, v_ename, v_hiredate
    FROM emp
   WHERE empno = &empno;
  --输出变量的内容
  DBMS_OUTPUT.put_line ('员工编号:' || v_empno);
  DBMS_OUTPUT.put_line ('员工名称:' || v_ename);
  DBMS_OUTPUT.put_line ('雇佣日期:' || v_hiredate);
END;
```

在定义变量类型时,使用了 **%TYPE** 来声明与数据库列相同的类型,然后通过 SELECT-INTO 语句查询数据库并将结果写入变量中,可以看到 INTO 子句中的变量的顺序要与列的顺序一致。

注意:如果 SELECT-INTO 查询返回多行数据会触发 TOO_MANY_ROWS 异常,如果未找到任何行数据,会触发 NO_DATA_FOUND 异常。

3.1.3 使用%TYPE

使用 PL/SQL 的%TYPE，使得开发人员可以基于已有的变量类型，或者是数据库列的类型来指定变量的类型，示例如以下代码所示。

```
DECLARE
   v_empno emp.empno%TYPE;            --使用%TYPE 定义 emp 表 empno 列类型的变量
   v_empno2 v_empno%TYPE;             --定义与 v_empno 相同的变量
   v_salary NUMBER(7,3) NOT NULL:=1350.5;   --定义薪水变量
   v_othersalary v_salary%TYPE:=1500;       --定义与 v_salary 相同类型的变量
BEGIN
   NULL;
END;
/
```

代码中的 v_empno 使用%TYPE 定义了与 emp 表中 empno 列相同的类型，而 v_empno2 定义了与 v_empno 相同的类型，因此当 emp 表中的 empno 列的类型发生改变后，变量的类型会自动发生变化，并不需要手动地进行维护。

v_salary 是一个具有 NOT NULL 约束的变量声明，在声明时为这个变量指定了初始值，v_othersalary 使用%TYPE 定义了与 v_salary 相同的类型，因此也具有 NOT NULL 约束。在声明时同样为 v_othersalary 指定了变量的初始值，如果不指定这个初始值，PL/SQL 引擎将触发如下所示的异常：

```
DECLARE
   v_empno emp.empno%TYPE;            --使用%TYPE 定义 emp 表 empno 列类型的变量
   v_empno2 v_empno%TYPE;             --定义与 v_empno 相同的变量
   v_salary NUMBER(7,3) NOT NULL:=1350.5;   --定义薪水变量
   v_othersalary v_salary%TYPE;
BEGIN
   NULL;
END;
ORA-06550: 第 6 行, 第 18 列:
PLS-00218: 声明为 NOT NULL 的变量必须有初始化赋值
```

注意：尽管 v_othersalary 会因为 NOT NULL 而触发异常，但是 emp 表的 empno 列是不允许为空的，对于数据库列类型，%TYPE 只提供类型信息，并不提供 NOT NULL 约束信息，因此即便没有为 v_empno 或 v_empno2 指定初始值，也能够正常运行。

通过%TYPE 的类型映射功能，使得在类型发生改变时非常容易对代码进行维护，这是一种非常好的编码风格，特别是在操作数据库时，使用%TYPE 会使得 PL/SQL 更加灵活。

3.1.4 使用%ROWTYPE

%ROWTYPE 是与%TYPE 相似的用于绑定到数据库表列的类型，%TYPE 仅绑定到单个数据库列的类型，而%ROWTYPE 则绑定到一整行的所有列类型，可以将使用%ROWTYPE 定义的变量看作是一条记录类型，使用%ROWTYPE 的示例如代码 3.3 所示。

代码 3.3 使用 %ROWTYPE 获取数据库列数据

```
DECLARE
  v_emp    emp%ROWTYPE;         --定义 emp 表的所有列类型
BEGIN
  SELECT *                      --查询 emp 表并将结果写入 v_emp 记录中
    INTO v_emp
    FROM emp
   WHERE empno = &empno;
  --输出结果信息
  DBMS_OUTPUT.put_line (v_emp.empno || CHR (10) || v_emp.ename);
END;
```

代码使用 SELECT-INTO 直接将一整列的数据插入使用 %ROWTYPE 定义的记录类型，然后使用 DBMS_OUTPUT.put_line 输出了最终的结果。

> **注意**：在 PL/SQL 中，chr(13) 表示回车，chr(10) 表示换行，通常使用 chr(13)||chr(10) 来进行回车换行。

使用 %ROWTYPE 定义了整行的记录类型后，可以直接使用赋值语法为变量赋值，下面的示例代码演示了通过为记录类型的变量赋值，然后直接使用记录类型将字段值插入数据库表，如代码 3.4 所示。

代码 3.4 将 %ROWTYPE 定义的变量插入表

```
DECLARE
  v_emp emp%ROWTYPE;                --定义 emp 表列类型的记录
BEGIN
  v_emp.empno:=8000;                --为记录类型赋值
  v_emp.ename:='张三丰';
  v_emp.job:='掌门';
  v_emp.mgr:=7902;
  v_emp.hiredate:=date'2010-12-13';
  v_emp.sal:=8000;
  v_emp.deptno:=20;
  INSERT INTO emp VALUES v_emp;     --将记录类型插入数据表
END;
/
```

上面的代码在使用 %ROWTYPE 定义了变量之后，使用赋值语法为记录中的每个列进行了赋值，最后使用 INSERT-INTO 语句直接将记录类型插入 emp 数据表中。

> **注意**：%ROWTYPE 同 %TYPE 一样，只提供类型信息，并不能保证 NOT NULL 约束。

除了使用 %ROWTYPE 定义表列类型的变量外，还可以用来定义游标类型的变量，使用 %ROWTYPE 指定游标类型的变量，变量的值将是游标的 SELECT 语句查询出来的值，例如代码 3.5 定义了游标 emp_cursor，使用 %ROWTYPE 指定 emp_cursor 类型的变量。

代码 3.5 使用 %ROWTYPE 定义游标类型的变量

```
DECLARE
  CURSOR emp_cursor                 --定义游标类型
  IS
    SELECT empno, ename, job, sal, hiredate
```

```
        FROM emp;
   --使用%ROWTYPE 定义游标类型的变量
   v_emp    emp_cursor%ROWTYPE;
BEGIN
   OPEN emp_cursor;                          --打开游标
   --循环并提取游标数据
   LOOP
      FETCH emp_cursor
       INTO v_emp;
      --要注意游标移动到最尾部退出游标
      EXIT WHEN emp_cursor%NOTFOUND;
      --输出游标数据
      DBMS_OUTPUT.put_line (   v_emp.empno
                           || ' '
                           || v_emp.ename
                           || ' '
                           || v_emp.job
                           || ' '
                           || v_emp.sal
                           || ' '
                           || TO_CHAR (v_emp.hiredate, 'YYYY-MM-DD')
                          );
   END LOOP;
   --关闭游标
   CLOSE emp_cursor;
END;
/
```

可以看到代码定义了游标 emp_cursor，然后定义了该游标类型的 v_emp 变量，使用 %ROWTYPE 指定类型为游标返回类型，通过提取游标的 FETCH-INTO 语句，一次将一行数据写入 v_emp 变量中，然后使用 DBMS_OUTPUT.put_line 来输出结果值。

3.1.5 变量的作用域和可见性

变量的作用域和可见性涉及变量在块中的位置，不同的位置使得变量具有不同的有效性与可访问性。**变量的作用域**是指可以使用变量的程序单元部分，可以是包和子程序包等。当一个变量在它的作用域中可以用一个不限定的名字来引用时，就称之为**可见性**。一般标识符在它的作用域内部是可见的。

在 PL/SQL 块或子程序中定义的变量仅在本地可用，如果在块之外访问变量是非法的，这种变量称为**本地变量**。当变量超出其作用域时，变量使用的内存将会被释放，直到变量被重新定义并初始化。

PL/SQL 变量的作用域和可见性在嵌套块中时，需要特别注意变量的作用域与可见性问题，如果 PL/SQL 块中包含嵌套的子块，那么在外部块中定义的变量对于子块来说是全局的，如果全局变量在子块中又被重新声明，那么全局变量和本地声明的变量在子块的作用域都是存在的，要想访问外部的全局变量，需要使用限定修饰符。

例如下面的语句块在外部和内部各声明了一个 v_empname 的变量，通过为这两个块中的变量赋值和输出，可以看出变量的作用域和可见性规则，如代码 3.6 所示。

代码 3.6　变量的作用域和可见性示例

```
<<outer>>
DECLARE
  v_empname VARCHAR2(20);                    --定义外层块变量
BEGIN
  v_empname:='张三';                          --为外层外的变量赋初值
  <<inner>>
  DECLARE
    v_empname VARCHAR2(20);                  --定义与外层块同名的内层块的变量
  BEGIN
    v_empname:='李四';                        --为内层块变量赋值
    --输出内层块的变量
    DBMS_OUTPUT.put_line('内层块的员工名称：'||v_empname);
    --在内层块中访问外层块的变量
    DBMS_OUTPUT.put_line('外层块的员工名称：'||outer.v_empname);
  END;
  DBMS_OUTPUT.put_line('outer 员工名称：'||v_empname);   --在外层块中访问变量
END;
```

代码中定义了一个命名的块 outer，在 outer 内部又嵌套了一个 inner 块，这两个块都定义了 v_empname 变量。在 outer 块中为 v_empname 赋值"张三"，在 inner 块中为 v_empname 赋值为"李四"，为了在嵌套的块中访问在 outer 中定义的同名的变量，使用了 outer.v_empname。如果省略掉这个 outer 限定名，将访问本地的变量。

注意：如果子块中重新声明了变量，本地变量优先权将高于全局变量。

代码的输出结果如下所示。

```
内层块的员工名称：李四
外层块的员工名称：张三
outer 员工名称：张三
```

图 3.1 显示了外层 v_empname 的可见性与作用域范围。

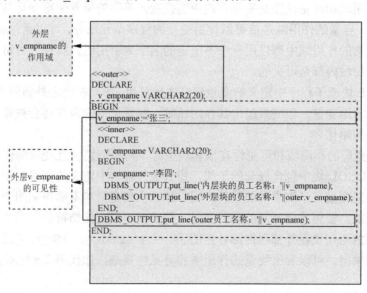

图 3.1　外层块变量的作用域与可见性

由图 3.1 中可以看到，外层的 v_empname 变量对于整个块都是可用的，也就是说嵌套的块都是可以访问外部块的。但是外层块的 v_empname 对于嵌套的块又是不可见的。因为嵌套块也声明了 v_empname 变量，以本地优先原则，当使用 v_empname 变量时，总是访问本地的变量。为了使用外层的 v_empname 变量，必须要使用"外层外名称.变量"这样的限定名称。

图 3.2 显示了嵌套块的 v_empname 变量的可见性与作用域范围。

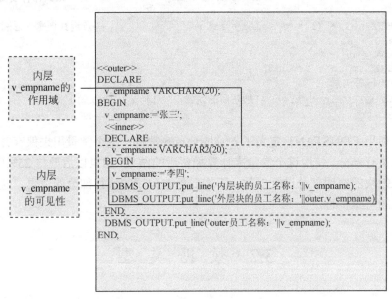

图 3.2　嵌套块中定义的变量的可见性和作用域范围

内层的嵌套块遵循变量的可见性与作用域规则，仅在块内部可见，当离开嵌套的块时，变量占用的内存会被释放，因此外层的块无法对内层的变量进行访问。

3.1.6　常量的定义

常量的定义类似于变量，但是常量的一个明显的特征是需要在声明常量时指定初始值，其值一旦指定，在整个程序运行期间不能发生改变。常量通常用来定义静态的值，使得开发人员可以使用常量来替代代码中硬编码的值，增强代码的可维护性。

常量的定义语法如下所示。

```
constant_name CONSTANT datatype := VALUE;
```

定义元素含义如下所示。

- constant_name 用于指定常量的名称，命名格式与变量相似。
- CONSTANT 是一个保留字，用来确保值不会被改变。
- VALUE 用来为常量指定一个值，在常量声明时必须具有一个初始值。

注意：常量在定义时必须指定一个初始值，否则会触发异常。

举个例子，如果想为员工加薪 25%，这个比例比较固定，因此可以定义为一个常量，在程序代码中使用常量而非实际的 25%，将来如果要变更这个加薪的比例，则可以只变更常量的定义，而不用对整个代码进行更改。常量示例如代码 3.7 所示。

代码 3.7 常量定义示例

```
DECLARE
  c_salary_rate    CONSTANT NUMBER (7, 2) := 0.25;  --定义加薪常量值
  v_salary                  NUMBER (7, 2);          --定义保存薪资结果的变量
BEGIN
  SELECT sal * (1 + c_salary_rate)                  --查询数据库，返回加薪后的结果
    INTO v_salary
    FROM emp
   WHERE empno = &empno;
  --输出屏幕消息
  DBMS_OUTPUT.put_line ('加薪后的薪资：' || v_salary);
END;
```

代码中使用 CONSTANT 定义了 c_salary_rate 常量，这个常量用来保存升薪的比例，在语句块的执行部分，使用这个常量来计算加薪后的结果，如果以后要将 25%更改为 30%，只需要在语句块的声明部分进行更改，不需要更改程序的执行部分的逻辑，这种编程风格提升了程序的可维护性。

3.2 数 据 类 型

在定义变量或常量时，必须要指定一个类型，PL/SQL 是一种静态类型化的程序设计语言，静态类型化又称为**强类型化**，也就是说类型会在编译时而不是在运行时被检查，这样在编译时便能发现类型错误，以便增强程序的稳定性。PL/SQL 提供多种数据类型，这些类型可以分为如下 4 大类。

- 标量类型：用来保存单个值的数据类型，包含字符型、数字型、布尔型和日期型。
- 复合类型：复合类型是具有内部子组件的类型，可以包含多个标量类型作为其属性。复合类型包含记录、嵌套表、索引表和变长数组。
- 引用类型：引用类型是一个指向不同存储位置的指针，引用类型包含 REF CURSOR 和 REF 这两种。
- LOB 类型：LOB 类型又称大对象类型，用来处理二进制和大于 4GB 的字符串。

PL/SQL 使用了所有 Oracle SQL 数据类型，同时包含布尔类型和其他几个从 Oracle SQL 类型派生的子类型，除此之外，开发人员还可以自定义数据类型，PL/SQL 包含的 4 种数据类型如图 3.3 所示。

3.2.1 字符类型

字符类型允许存储字符或字符串，常见的类型有 VARCHAR2、CHAR、LONG、NCHAR 和 NVARCHAR2 等，对于大字符串（通常是指大于 32KB 的字符中或二进制数据），PL/SQL 提供了 CLOB 和 NCLOB 数据类型。出于向后兼容性的考虑，PL/SQL 也提供了 LONG 数

据类型，这些类型允许用户存储和操作非常大数量的对象。在 Oracle 11g 中，LOB 对象可以存储 128TB 的信息量。

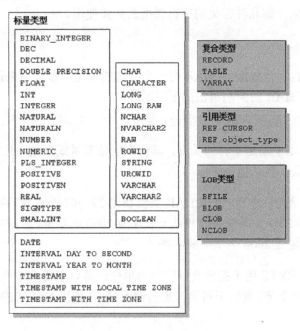

图 3.3 PL/SQL 数据类型图

PL/SQL 可以使用的字符类型如表 3.1 所示。

表 3.1 字符类型描述

类 型	描 述
CHAR	定长字符类型，使用整型指定精度，默认使用字节作为其存储数量，也可以使用 CHAR 存储数量
LONG	保存变长的字符串数据，PL/SQL 的 LONG 类型与数据库的 LONG 类型不同，LONG 是具有 32KB 限制的变长类型字符串类型
LONG RAW	LONG RAW 保存 32KB 以内的二进制数据，与 LONG 类型相似的是，LONG RAW 的尺寸限制与数据库中的 LONG RAW 的大小不同
NCHAR	保存定长的 Unicode 数据，与 CHAR 类型相同，但是其存储的字符是 Unicode 字符集，比如双字节的汉字等
NVARCHAR2	用于保存变长的 Unicode 数据，与 VARCHAR2 类型相同，但是其存储的字符是 Unicode 字符集，比如双字节的汉字等
RAW	RAW 用于保存固定长度的二进制数据，可以保存 32 767 个字节的二进制数据，约 32KB 大小，但是数据库的 RAW 类型仅能保存 2KB 大小
ROWID	数据表中的每条记录都包含一个唯一的称为 ROWID 的二进制数据列，仅支持物理行 ID，不支持逻辑行 ID
UROWID	UROWID 不仅支持逻辑而且支持物理的行 ID，Oracle 建议尽可能在 PL/SQL 中使用 UROWID
VARCHAR	ANSI 标准的 SQL 类型，是 VARCHAR2 的同义词，Oracle 建议使用 VARCHAR2 类型而不是 VARCHAR
VARCHAR2	用于存储变量的基于 ANSI 字符集的字符，最大可存储 32767 字节的字符，即 32KB 大小，但是 Oracle 数据库中仅能存储 4KB，因此在 PL/SQL 代码中向数据库列赋值时要注意大小问题

Oracle 中对字符串的支持共有两种，分为定长字符串类型和变长字符串类型，其中又可分为包含数据库字符集的 CHAR、VARCHAR2 及 Unicode 字符集的 NCHAR 和 NVARCHAR2。下面介绍几种常见的字符类型的具体使用。

1. CHAR

存储固定长度的字符数据，CHAR 有一个可选的整型值参数用来指定字符的长度，最大 32767 个字节，CHAR 的声明语法如下所示。

```
CHAR[(maximum_size [CHAR | BYTE] )]
```

maximum_size 用于指定字符的长度，其值不能是常量或变量，只能是 1～32 767 之间的整型数字，该参数的默认值为 1。

> 注意：尽管在 PL/SQL 中可以向 CHAR 类型指定 32 767 个长度的字符，但是在 Oracle 数据库中，CHAR 类型字段的最大长度为 2000 个字节，所以不能往数据库 CHAR 类型插入超过 2000 个字节的字符。

参数 CHAR 或 BYTE 用于指定是以字节为单位还是以字符为单位，二者的区别是字符可以包括一个或多个字节，取决于对字符集的设置。默认使用 NLS_LENGTH_SEMANTICS 来初始化参数。

CHAR 类型的定义示例如代码 3.8 所示。

代码 3.8　CHAR 类型定义示例

```
DECLARE
  v_name CHAR(2 BYTE);
  v_name2 CHAR(2 CHAR);
  v_name3 CHAR;
  v_name4 CHAR(20);
BEGIN
  v_name:='ab';                              --正确，2 个字节的字符串
  --v_name:='中国';                          --错误，大于 2 个字节
  v_name2:='中国';                           --正确，2 个字符
  v_name3:=1;                                --正确，单个字节
  v_name4:='This is string';                 --为 CHAR 赋字符串值
  DBMS_OUTPUT.put_line(LENGTH(v_name4));     --输出字符串长度
END;
```

第 1 个和第 2 个变量使用了可选的参数 BYTE 和 CHAR，如果将"中国"这个字符串赋给 BYTE 参数指定的 CHAR 类型的变量，Oracle 将抛出如下所示的错误：

```
ORA-06502: PL/SQL: 数字或值错误 ： 字符串缓冲区太小
ORA-06512: 在 line 8
```

相反 CHAR 参数根据字符集的设置来决定其长度，而 BYTE 仅以字节数为单位进行计算。v_name4 指定的长度为 20 个字节，但是赋的字符串长度为 14 个字节，因为 CHAR 的定长特性，PL/SQL 会在不足的位置补上空白字符。

CHAR 有一个子类型为 CHARATER，它的意义和 CHAR 完全一样，如果要使用更具说明性的类型名称，可以使用 CHARATER。

2. VARCHAR2

VARCHAR2 变量存储变长字符串，当定义一个变长字符串时，必须要指定字符串的最大长度，其值范围为 1～32 767 个字节，在指定长度时也可以选择性地指定 CHAR 或 BYTE 参数，定义语法如下所示。

```
VARCHAR2(maximum_size [CHAR | BYTE])
```

maximum_size 用于指定最大的长度值，不能使用常量或变量来指定这个值，必须使用整型数值。与定长的 CHAR 类型最大的不同在于实际的基于字节的长度依据实际赋给变量的具体长度而定，这依赖于数据库的字符集设置，例如 Unicode UTF-8 字符集使用 3 个字节表示一个字符。

> **注意**：尽管 PL/SQL 的 VARCHAR2 的最大长度为 32 767 字节，但是在数据库中 VARCHAR2 数据类型最大为 4000 字节，因此在 PL/SQL 块中为数据库中的列赋值时要注意大小的限制。

VARCHAR2 类型的定义示例如代码 3.9 所示。

代码 3.9　VARCHAR2 类型定义示例

```
DECLARE
  v_name VARCHAR2(25);
  v_name1 VARCHAR2(25 BYTE);
  v_name2 VARCHAR2(25 CHAR);
  --v_name3 VARCHAR2;              --错误，必须要为 VARCHAR2 指定长度值
BEGIN
  v_name:='中华人民共和国';          --为变量赋值，并输出变量的长度
  DBMS_OUTPUT.put_line('v_name 变量的长度为：'||LENGTH(v_name)||'字节');
  v_name1:='中华人民共和国';
  DBMS_OUTPUT.put_line('v_name1 变量的长度为：'||LENGTH(v_name1)||'字节');
  v_name2:='中华人民共和国';
  DBMS_OUTPUT.put_line('v_name1 变量的长度为：'||LENGTH(v_name2)||'字节');
END;
```

代码定义了 3 个 VARCHAR2 类型的变量，然后分别为这 3 个变量赋值并使用 LENGTH 函数输出字符串长度，可以看到最终长度都输出为 7，这是因为字符的尺寸依赖于 NLS_LENGTH_SEMANTICS 初始化参数来确定，可以通过查询 NLS_SESSION_PARAMETERS 确定当前的设置。

VARCHAR2 有两个子类型：STRING 和 VARCHAR，它们的功能与 VARCHAR2 完全相同，完全可以看作是 VARCHAR2 的一个别名。使用这些子类型来与 ANSI/ISO 和 IBM 类型兼容。

> **注意**：目前，VARCHAR 和 VARCHAR2 有着相同意义，但是在以后的 PL/SQL 版本中，为了符合 SQL 标准，VARCHAR 有可能会作为一个单独的类型出现。所以最好使用 VARCHAR2，而不是 VARCHAR。

3. LONG 和 LONG RAW

在 Oracle 11g 中，LONG 和 LONG RAW 数据类型仅是为了保持向后兼容性。对于 LONG

类型，可以使用 VARCHAR(32760)、BLOB、CLOB 或 NCLOB 来代替。对于 LONG RAW，可以使用 BLOB 来代替，LONG 和 LONG RAW 的说明如下。

- LONG 类型和 VARCHAR2 非常相似，但是 LONG 类型的最大长度是 32 760 字节，比 VARCHAR2 少了 7 个字节。
- LONG RAW 类型用来存储二进制数据和字节字符串，LONG RAW 数据和 LONG 数据相似，最大字节数也为 32 760。

Oracle 数据库同样提供了 LONG 和 LONG RAW 列类型，与 PL/SQL 不同的是，这两个类型的最大存储数量是 2GB，因此可以在 PL/SQL 中将任何值插入 LONG 或 LONG RAW 类型的数据库列中。

> 注意：在 SQL 语句中，PL/SQL 将 LONG 类型的值当作 VARCHAR2 进行处理而不是 LONG 类型，如果长度超过 VARCHAR2 允许的最大长度即 4000 字节时，Oracle 会自动转换成 LONG 类型。

由于 LONG 和 LONG RAW 是 Oracle 为了向后兼容性的考虑，因此应该尽量避免在新的开发中使用这两个数据类型。

4. ROWID和UROWID

每个 Oracle 数据表都有一个名为 ROWID 的伪列，这个伪列用来存放每一行数据的存储地址的二进制值，例如下面的查询使用 ROWIDTOCHAR 函数将 ROWID 值转换为字符串进行显示：

```
SELECT ROWIDTOCHAR(ROWID),ename,empno from emp;
```

查询后的 ROWID 值如下所示。

```
ROWIDTOCHAR(ROWID)           ENAME         EMPNO
------------------           ---------     --------------------
AAAR3sAAEAAAACXAAA           SMITH         7369
AAAR3sAAEAAAACXAAB           ALLEN         7499
AAAR3sAAEAAAACXAAC           WARD          7521
AAAR3sAAEAAAACXAAD           JONES         7566
AAAR3sAAEAAAACXAAE           MARTIN        7654
AAAR3sAAEAAAACXAAF           BLAKE         7698
AAAR3sAAEAAAACXAAG           CLARK         7782
AAAR3sAAEAAAACXAAH           SCOTT         7788
AAAR3sAAEAAAACXAAI           KING          7839
AAAR3sAAEAAAACXAAJ           TURNER        7844
AAAR3sAAEAAAACXAAK           ADAMS         7876
AAAR3sAAEAAAACXAAL           JAMES         7900
AAAR3sAAEAAAACXAAM           FORD          7902
AAAR3sAAEAAAACXAAN           MILLER        7934
14 rows selected.
```

每个 ROWID 值是由 18 个字符组合进行表示的，ROWID 又有物理 ROWID 和逻辑 ROWID 之分。**物理 ROWID** 用来标识普通数据表中的一行信息，而**逻辑 ROWID** 能够标识索引组织表中的一行信息。ROWID 只能存储物理内容，UROWID 或称通用 ROWID 类型可以存储物理、逻辑或非 Oracle 的 ROWID。物理的 ROWID 可以显著地加速数据检索的性能，因为只要行存在，物理 ROWID 值就不会改变。PL/SQL 的 ROWID 可以借助于

ROWIDTOCHAR 函数或 CHARTOROWID 函数来获取或转换 ROWID 信息，例如下面的示例演示了如何在 PL/SQL 语句块中使用 ROWID，如代码 3.10 所示。

代码 3.10　ROWID 使用示例

```
DECLARE
  v_empname       ROWID;                              --定义 ROWID 类型的变量
  v_othersname    VARCHAR (18);                       --定义用来保存 ROWID 的字符串变量
BEGIN
  SELECT ROWID                                        --查询并获取 ROWID 的值
    INTO v_empname
    FROM emp
   WHERE empno = &empno;
  --输出 ROWID 值
  DBMS_OUTPUT.put_line (v_empname);
  v_othersname := ROWIDTOCHAR (v_empname);            --转换 ROWID 为字符串值
  DBMS_OUTPUT.put_line (v_othersname);
END;
/
```

上述代码首先从数据表 emp 中直接查询伪列 ROWID 的值，保存到 v_empname 这个 ROWID 类型的 PL/SQL 变量中，然后使用 DBMS_OUTPUT 直接输出了 ROWID 的值。v_othersname 使用 ROWIDTOCHAR 将 v_empname 这个 ROWID 值转换为字符串类型再输出，可以看到输出了相同的 ROWID 结果。

5. NCHAR和NVARCHAR2

这两个类型是 CHAR 和 VARCHAR2 的 Unicode 版本，通常在开发多语言程序时非常有用。CHAR 和 VARCHAR 使用单字节的 ASCII 来表示一个字符，但是对于一些亚洲语言如汉语，每一个字符都用双字节表示。

NCHAR 可以存储定长的 Unicode 字符，对于不满足长度的部分，NCHAR 使用空格来填补，使用 NCHAR，可以用来存储任何 Unicode 字符数据，NCHAR 的声明如下所示。

```
NCHAR[(maximum_size)]
```

CHAR 的最大限制是 32 767 个字节，当使用 UTF16 编码格式时，最大长度只是 32 767/2，而使用 UTF8 格式时为 32 767/3。

注意：NCHAR 类型默认总是以字符代表个数，不像 CHAR 类型，既可以使用字符形式，又可以使用字节形式。

在 Oracle 数据库中，NCHAR 的最大宽度是 2000 字节，因此在为数据库列赋值时，不能超过 2000 字节的内容，比如如果列中要保存中文字符，那么最多指定 1000 个字符，因为两个字节代表一个字符。

在 PL/SQL 语句和表达式中，可以交互使用 CHAR 和 NCHAR 的值，CHAR 到 NCHAR 的转换总是安全的，但是相反，从 NCHAR 到 CHAR 转换的过程中，如果 CHAR 类型的长度不够 NCHAR 类型的值，则会引起数据丢失，导致结果字符看起来像一些问号。

NVARCHAR2 是 VARCHAR2 的 Unicode 版本，用来存储变长的双字节字符。NVARCHAR2 的声明语法如下所示。

NVARCHAR2(maximum_size)

maximum_size 使用整型数字来指定其最大长度，与 VARCHAR2 相似，其最大长度限制为 32 767 字节，但是使用 UTF8 格式时是 32 767/3，使用 AL16UTF16 编码格式时为 32 767/2。与 NCHAR 相似，最大值代表的总是字符个数，不能在字符与字节形式间选择。

Oracle 数据库中，NVARCHAR2 的最大宽度是 4000 字节，如果列中要保存中文字符，那么最多指定 2000 个字符，因为两个字节代表一个字符。

3.2.2 数字类型

数字类型用来保存整型、浮点型和实数类型。PL/SQL 可以使用的数字类型如表 3.2 所示。

表 3.2 数字类型描述

类 型	描 述
BINARY_DOUBLE	Oracle 10gR1 新增，是一个 IEEE-754 标准的双精度浮点数类型，这个类型主要用于需要高性能的科学计算
BINARY_FLOAT	Oracle 10gR1 新增，是一个单精度浮点数类型，与 BINARY_DOUBLE 相似，主要用于科学计算
BINARY_INTEGER	用来存储有符号整型值，范围在-2147483647 到+2147483637 之间。速度比 PLS_INTEGER 和 NUMBER 要慢
NUMBER	PL/SQL 的 NUMBER 数据类型与数据库中的 NUMBER 类型相同，用来存储浮点数或整数，最大精度是 38。默认情况下，并没有精度定义。因为 NUMBER 同时也可以保存浮点数，因此具有刻度值，刻度值在-84～127 之间
PLS_INTEGER	用来存储有符号整型值，PLS_INTEGER 支持的值从-2147783647 到+2147483647 之间，它包含了 NATURAL、NATURALN、POSITIVE、POSITIVEN 和 SIGNTYPE 子类型。对于初学者来说，Oracle 建议使用 PLS_INTEGER 而不是 BINARY_INTEGER。与 BINARY_INTEGER 相似，PLS_INTEGER 的数据仅存储在块上下文中，而非数据库中

下面对其中较常用的 NUMBER、PLS_INTEGER 和 BINARY_INTEGER 进行详细的介绍。

1. NUMBER

NUMBER 类型既可以表示整数，也可以表示浮点数，其声明语法如下所示。

NUMBER [(precision,scale)]

NUMBER 中的两个参数用于声明精度和刻度，含义如下。
- 精度：所允许的值的总长度，也就是数值中所有数字位的个数，最大值为 38。
- 刻度：刻度范围是小数点右边的数字位的个数，可以是负数，表示由小数点开始向左进行计算数字的个数。

注意：精度和刻度范围是可选的，但是如果指定了刻度范围，那么也必须指定精度。

如果不指定精度和刻度值，则使用最大的精度来声明 NUMBER 类型，即默认精度为 38。刻度用来确定小数位数，同时确定在什么地方进行舍入，范围在-84～127 之间，如果被指派的值超过了指定的刻度范围，则存储值会按照刻度指定的位数进行四舍五入。

代码 3.11 演示了如何定义 NUMBER 类型，并为这些类型赋初值。通过运行的结果可以很容易地了解精度与刻度的实际用法。

代码 3.11　NUMBER 类型声明示例

```
DECLARE
  v_num1 NUMBER:=3.1415926;              --结果：3.1415926
  v_num2 NUMBER(3):=3.1415926;           --四舍五入等于 3
--v_num2_1 NUMBER(3):=3145.1415926;
              --错误，精度太高：ORA-06502:数字或值错误:数值精度太高
  v_num3 NUMBER(4,3):=3.1415926;    --结果：3.142
--v_num3_1 NUMBER(4,3):=314.123;
              --错误，精度太高：ORA-06502:数字或值错误:数值精度太高
  v_num4 NUMBER(8,3):=31415.9267;   --四舍五入 2 位小数，结果为：31415.927
  v_num5 NUMBER(4,-3):=3145611.789;
              --由于为负 3，要从小数点左侧开始舍入，清除向左的位数，结果为 3146000
  v_num5_1 NUMBER(4,-3):=314.567895    --舍入后的结果为 0
  v_num6 NUMBER(4,-1):=31451;          --舍入后结果 31450
--v_num6_1 NUMBER(4,-1):=3145123;
              --错误，精度太高：ORA-06502:数字或值错误:数值精度太高
BEGIN
  DBMS_OUTPUT.put_line('v_num1:='||v_num1);
  DBMS_OUTPUT.put_line('v_num2:='||v_num2);
  DBMS_OUTPUT.put_line('v_num3:='||v_num3);
  DBMS_OUTPUT.put_line('v_num4:='||v_num4);
  DBMS_OUTPUT.put_line('v_num5:='||v_num5);
  DBMS_OUTPUT.put_line('v_num5_1:='||v_num5_1);
  DBMS_OUTPUT.put_line('v_num6:='||v_num6);
END;
/
```

通过上面的例子可以发现：
- 如果所赋值超过刻度，存储值按刻度范围指定的数字位的位数进行舍入；
- 如果刻度值为负值，那么按刻度范围指定的数字向左进行舍入。

NUMBER 类型还具有几个子类型，用来与 ANSI/ISO 或 IBM 类型相兼容，子类型是可选的类型候选名，可以用来限制子类型变量的合法取值。NUMBER 类型有好几种等价的子类型，可以看作是重命名的 NUMBER 数据类型，这些类型分别是：
- DEC
- DECIMAL
- DOUBLE PRECISION
- FLOAT
- INTEGER
- INT
- NUMERIC
- REAL
- SMALLINT

例如可以使用 DEC、DECIMAL 和 NUMBERIC 来声明具有 38 位最大精度的固定刻度的数值，使用 DOUBLE PERCISION 和 FLOAT 来声明最大精度有 126 位二进制（相当于

38 位）精度的浮点型数值，或者使用子类型 REAL 来声明最大精度为 63 位二进制（相当于 18 位）精度的浮点数。对于整型数值的声明，可以使用 INTEGER、INT 和 SMALLINT 来声明最大精度为 38 位的整数型数值。

2. PLS_INTEGER 和 BINARY_INTEGER

PLS_INTEGER 和 BINARY_INTEGER 具有相同的取值范围，都是从-2147483647 到 +2147483647，PLS_INTEGER 相对于 NUMBER 来说需要更少的内存空间来存储数据，而且在计算方面也比 NUMBER 更有效率。

⚠️注意：PLS_INTEGER 和 BINARY_INTEGER 在数学运算操作产生溢出时会抛出 ORA-01426 溢出异常。

NUMBER 数据类型是以十进制格式进行存储的，为了进行算术运算，NUMBER 必须要转换为二进制类型，因此效率相对来说会较慢。BINARY_INTEGER 以 2 的补码二进制形式进行存储，可以直接进行计算而无须转换，因此在 PL/SQL 块中而非数据库中的变量用于计算时，使用 BINARY_INTEGER 可以提供较好的性能。

PLS_INTEGER 与 BINARY_INTEGER 类似，也是使用 2 的补码格式进行计算，并且在数字溢出时会产生异常。这两种类型的典型区别是：如果在为 PLS_INTEGER 类型的变量赋的值溢出时，会触发异常；而当为 BINARY_INTEGER 类型的变量赋的值溢出时，会将结果指派为 NUMBER 类型的拥有最大精度的类型，不会触发异常。

代码 3.12 演示了这两种类型在实际使用时的区别。

代码 3.12　PLS_INTEGER 与 BINARY_INTEGER 的使用示例

```
--PLS_INTEGER 使用示例
DECLARE
  v_num1 PLS_INTEGER:=2147483647;
BEGIN
  --当为 v_num1+1 时，产生了溢出，会触发异常
  v_num1:=v_num1+1-1;
  EXCEPTION
    WHEN OTHERS THEN
  --输出：ORA-01426：数字溢出
      DBMS_OUTPUT.put_line(SQLERRM);
END;
--BINARY_INTEGER 使用示例
DECLARE
  v_num1 BINARY_INTEGER:=2147483647;
BEGIN
  /*当为 v_num1+1 时，产生了溢出，
    此时 v_num1 会被当作 NUMBER 进行处理，不会触发异常
  */
  v_num1:=v_num1+1-1;
END;
```

在第 1 个匿名块中，v_num1 被定义为 PLS_INTEGER 类型，并赋了初始值为 PLS_INTEGER 的最大正整数值，在执行部分的表达式中，v_num1+1 时，会导致数字溢出，PL/SQL 引擎马上触发了 ORA-01426 异常。第 2 个匿名块使用了 BINARY_INTEGER 类型，

并且使用了同样的表达式,结果并不会产生异常。

3.2.3 日期和时间类型

日期时间的 PL/SQL 类型包含 DATE、TIMESTAMP 和 INTERVAL 类型,这几个类型与 Oracle 数据库中包含的类型具有相同的名字,允许用户操纵日期、时间和时间间隔(时间区间)。

1. DATE

DATE 类型用来存储时间和日期信息,包含世纪、年、月、日、小时、分钟和秒,但是不包含秒的小数部分。DATE 类型从世纪到秒每一部分是一个字节,即占用 7 个字节。可以使用 TO_DATE 和 TO_CHAR 这两个内置的函数在日期和字符串之间转换,代码 3.13 演示了如何使用 DATE 类型来显示日期和时间。

代码 3.13 DATE 类型使用示例

```
DECLARE
   --输出当前周的第1天,即星期日的日期
   v_weekday   DATE := TRUNC (SYSDATE) - TO_CHAR (SYSDATE, 'D') + 1;
   --输出现在的时间
   v_now       DATE := SYSDATE;
BEGIN
   DBMS_OUTPUT.put_line (TO_CHAR (v_weekday, 'yyyy-MM-dd'));
   DBMS_OUTPUT.put_line (TO_CHAR (v_now, 'yyyy-MM-dd hh24:mi:ss'));
END;
```

代码中定义了两个变量,v_weekday 用来获取每周的星期天的日期,使用了 TRUNC 截取 SYSDATE 这个返回当前日期时间函数的时间部分,TO_CHAR 部分用来获取当前的一周的天数,一般为 7 天。v_now 赋值为 SYSDATE,表示当前的日期。在使用 DBMS_OUTPUT 进行输出时,使用 TO_CHAR 内置函数将日期型转换为字符串,并且指定将要输出的日期格式。最终输出结果如下:

```
2011-08-07
2011-08-13 06:08:05
```

> 注意:DATE 类型的有效日期范围是从公元前 4712 年 1 月 1 号到公元 9999 年 12 月 31 号,默认的日期格式是由 Oracle 的初始化参数 NLS_DATA_FORMAT 来设置的。

可以直接对日期运算进行加减运算,这样返回的是两个日期之间相关的天数,PL/SQL 会将进行运算的整数看作是天数,例如要将当前的日期减 5 天,那么可以使用如下的查询代码:

```
SELECT SYSDATE-5 FROM dual;
```

这个查询将返回 5 天前的日期。

2. TIMESTAMP

TIMESTAMP 与 DATE 数据类型相同,存储了年、月、日、小时分和秒,TIMESTAMP

与DATE不同的是它还可以存储秒字段的小数部分。声明一个TIMESTAMP变量的语法是：

```
TIMESTAMP[(P)];
```

P是秒字段的小数部分的精度，默认为6。

代码3.14分别使用DATE和TIMESTAMP类型定义了两个变量，可以看到输出的结果大不相同。

代码3.14　TIMESTAMP类型使用示例

```
DECLARE
  v_now TIMESTAMP(8):=SYSDATE; --定义变量
  v_nowdate DATE:=SYSDATE;
BEGIN
  --输出变量结果值
  DBMS_OUTPUT.put_line(v_now);
  DBMS_OUTPUT.put_line(v_nowdate);
END;
```

代码执行时的输出结果如下所示。

```
TIMESTAMP:13-8月 -11 07.25.46.00000000 上午
DATE:13-8月 -11
```

由输出可以看到，TIMESTAMP包含了时间中秒的小数部分。

3. TIMESTAMP WITH TIME ZONE

TIMESTAMP WITH TIME ZONE是TIMESTAMP的扩展，这个类型包含了时区偏移信息，时区偏移部分就是指当前时间和格林威治时间的差异部分，声明语法如下所示。

```
TIMESTAMP [(precision)] WITH TIME ZONE
```

precision的用法与TIMESTAMP中的precision相似，用于指定秒小数部分的小数位数，默认的格式由Oracle初始化参数NLS——TIMESTAMP_TZ_FORMAT决定。

为了更好地理解TIMESTAMP WITH TIME ZONE类型，代码3.15分别定义了TIMESTAMP和TIMESTAMP WITH TIME ZONE类型的变量，可以通过输出来比较二者之间的区别。

代码3.15　TIMESTAMP WITH TIME ZONE类型使用示例

```
DECLARE
  v_timestamp            TIMESTAMP;                --定义日期类型的变量
  v_timestampwithzone    TIMESTAMP WITH TIME ZONE;
BEGIN
  v_timestamp := SYSDATE;                          --为日期类型的变量赋初值
  v_timestampwithzone := SYSDATE;
  DBMS_OUTPUT.put_line (v_timestamp);              --输出信息
  DBMS_OUTPUT.put_line (v_timestampwithzone);
END;
```

上面的代码定义了两个变量，分别指定为TIMESTAMP和TIMESTAMP WITH TIME ZONE类型，然后为这两个变量赋了SYSDATE函数值，最后输出当前的日期，如下所示。

```
13-8月 -11 01.24.24.000000 下午
13-8月 -11 01.24.24.000000 下午 +08:00
```

可以看到，TIMESTAMP WITH TIME ZONE 类型的输出多了+08:00，这个+08:00 表示当前的时区，可以通过查询 V$TIMEZONE_NAMES 系统视图来获取更多的时区的字符串表示形式，或者查询 SESSIONTIMEZONE 来获取当前会话的时区：

```
SELECT SESSIONTIMEZONE FROM DUAL;
```

这个查询将返回当前的会话时区信息+08:00。

> **注意**：对于时区的概念可以这样理解，地球被划分为 24 个时区，亚洲的时刻是早于格林威治时间的，美洲的时刻是晚于格林威治时间的。而格林威治时间是时间标准，世界上所有其他的时区都要参照它。

4. TIMESTAMP WITH LOCAL TIME ZONE

该类型存储的是数据库的时区，不管在 PL/SQL 代码中用的时区是什么，它总是使用数据库的时区，其定义如下所示。

```
TIMESTAMP [(precision)] WITH LOCAL TIME ZONE
```

precision 用于指定秒的小数部分的精度，该类型与 TIMESTAMP WITH TIME ZONE 的不同之处在于向数据中插入 TIMESTAMP WITH LOCAL TIME ZONE 类型的数据时，数据会被转换为数据库的时区，并且时区位移并不会存放在数据库中，在检索这种类型的数据时，Oracle 会按本地会话的时区设置来返回数据值。

5. INTERVAL类型

前面讨论的几种类型都用于记录在某个指定时间点的日期和时间，Interval 类型用于存储两个时间戳之间的时间间隔，Interval 分为如下两种。
- INTERVAL YEAR TO MONTH：用来存储和操纵年和月之间的时间间隔。
- INTERVAL DAY TO SECOND：用来存储和操纵天数、小时、分钟和秒之间的时间间隔。

INTERVAL YEAR TO MONTH 的声明如下所示。

```
INTERVAL YEAR[(precision)] TO MONTH
```

参数 precision 用于指定间隔的年数，其范围是 1~4 之间的整数，默认值为 2，INTERVAL YEAR TO MONTH 的示例如代码 3.16 所示。

代码 3.16　INTERVAL YEAR TO MONTH 类型使用示例

```
DECLARE
  v_start      TIMESTAMP;                              --定义起始与结束时间戳类型
  v_end        TIMESTAMP;
  v_interval   INTERVAL YEAR TO MONTH;
  v_year       NUMBER;
  v_month      NUMBER;
BEGIN
  v_start := TO_TIMESTAMP ('2010-05-12', 'yyyy-MM-dd');--赋指定的时间戳值
```

```
    v_end := CURRENT_TIMESTAMP;                         --赋当前的时间戳值
    v_interval := (v_end - v_start) YEAR TO MONTH;
                                        --YEAR TO MONTH 是 INTERVAL 表达式语法。
    v_year := EXTRACT (YEAR FROM v_interval);      --提取年份和月份值
    v_month := EXTRACT (MONTH FROM v_interval);
    --输出当前的 INTERVAL 类型的值
    DBMS_OUTPUT.put_line ('当前的 INTERVAL 值为：' || v_interval);
    --输出年份与月份值
    DBMS_OUTPUT.put_line (   'INTERVAL 年份为：'
                    || v_year
                    || CHR (13)
                    || CHR (10)
                    || 'INTERVAL 月份为：'
                    || v_month
                   );
    v_interval := INTERVAL '01-03' YEAR TO MONTH;   --直接为 INTERVAL 赋值
    --输出 INTERVAL 的值
    DBMS_OUTPUT.put_line ('当前的 INTERVAL 值为：' || v_interval);
    v_interval := INTERVAL '01' YEAR;               --直接为 INTERVAL 赋年份值
    DBMS_OUTPUT.put_line ('当前的 INTERVAL 值为：' || v_interval);
    --提取年份和月份值
    v_year := EXTRACT (YEAR FROM v_interval);
    v_month := EXTRACT (MONTH FROM v_interval);
    --输出值
    DBMS_OUTPUT.put_line (   'INTERVAL 年份为：'
                    || v_year
                    || CHR (13)
                    || CHR (10)
                    || 'INTERVAL 月份为：'
                    || v_month
                   );
    v_interval := INTERVAL '03' MONTH;              --直接为 INTERVAL 赋月份值
    --输出月份值
    DBMS_OUTPUT.put_line ('当前的 INTERVAL 值为：' || v_interval);
END;
/
```

代码的描述如下所示。

（1）在定义部分声明了 v_start 和 v_end 的 TIMESTAMP 类型的变量，首先为 v_interval 赋 v_start-v_end 的结果值变量，然后使用 EXTRACT 函数提取年份和月份信息，接下来输出 INTERVAL 信息。

（2）在输出了初赋的值后，接下来仅为 INTERVAL 变量赋了年份值然后输出结果。

（3）最后仅为 INTERVAL 变量赋月份值再输出结果。

程序代码的输出结果如下所示。

```
当前的 INTERVAL 值为：+01-03
INTERVAL 年份为：1
INTERVAL 月份为：3
当前的 INTERVAL 值为：+01-03
当前的 INTERVAL 值为：+01-00
INTERVAL 年份为：1
INTERVAL 月份为：0
当前的 INTERVAL 值为：+00-03
```

INTERVAL DAY TO SECOND 的声明与 INTERVAL YEAR TO MONTH 类似，但有些不同之处，声明如下所示。

```
INTERVAL DAY [(leading_precision)] TO SECOND [(fractional_seconds_precision)]
```

leading_precision 和 fractional_seconds_precision 分别指定了天数和秒数，只能取 0～9 之间的整数数字，默认值分别为 2 和 6。

3.2.4 布尔类型

Oracle 数据库并不包含布尔类型，多数情况下使用 CHAR(1)来代替布尔值，PL/SQL 为了结构化程序的需要包含了布尔值，不能往数据库中插入或者从数据库中检索出布尔类型的值。

可以使用 BOOLEAN 类型来存储逻辑值 True、False 和 NULL 值，布尔值仅用在逻辑操作中，而不能用 PL/SQL 的布尔值与数据库交互。

💡注意：在为布尔值赋 True 或 False 时，不需要使用引号，使用引号将会触发异常。

布尔类型的使用如代码 3.17 所示。

代码 3.17　布尔类型使用示例

```
DECLARE
   v_condition    BOOLEAN;                --定义布尔类型变量
BEGIN
   v_condition := True;                   --为变量赋布尔值 True
--v_condtion:='False';                    --错误，布尔值不能带引号
   IF v_condition THEN                    --如果布尔值条件为 True，则输出
   DBMS_OUTPUT.put_line ('值为True');
   END IF;
END;
```

3.2.5 LOB 对象类型

LOB 类型又称为大型对象类型，包含了 BFILE、BLOB、CLOB 和 NCLOB 等类型，LOB 类型最大可存储 4GB 的非结构数据，其访问比对 LONG 和 LONG RAW 数据的访问更有效，它们允许高效地、随机地分段访问数据，而且限制要更少。LOB 类型通常用来存储文本、图像、声音和视频等大型数据。

LOB 类型和 LONG、LONG RAW 类型相比，不同之处如下。

- ❏ LOB 类型可以作为对象类型的属性，但 LONG 类型不可以，关于对象类型，在本书后面的内容中会详细介绍。
- ❏ LOB 类型的最大值是 4GB，而 LONG 只有 2GB。
- ❏ LOB 支持随机访问数据，但 LONG 只支持顺序访问。

LOB 对象通过定位器来操作数据，因此在 LOB 类型中一般会包含一个定位器，定位器用来指向 LOB 数据。比如当使用查询语句选择一个 BLOB 类型的列时，将只有定位器被返回。通过定位器来完成对大型数据对象的操作，如图 3.4 所示。

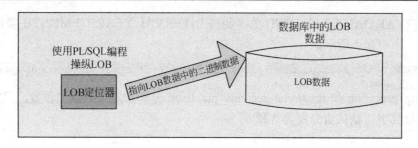

图 3.4　LOB 定位器示意图

LOB 包含的几种数据类型及其含义如下所示。

- ❏ BFILE：BFILE 用来在数据库外的操作系统文件中存储大型的二进制文件，在数据库中每一个 BFILE 存储着一个文件定位器，用来指向服务器上的大型二进制文件。
- ❏ BLOB：BLOB 类型用来在数据库内部存储大型的二制对象，每一个 BLOB 变量存储一个定位器指向一个大型二进制对象，其大小不能超过 4GB 字节。BLOB 可以参与整个事务处理，可以被复制和恢复。一般使用 DBMS_LOB 来提交和回滚事务。
- ❏ CLOB：用来在数据库中存储大型的字符型数据，支持定长和变长字符集。每一个 CLOB 变量存储一个定位器来指向大型的字符型数据，其大小也不可超过 4GB。
- ❏ NCLOB：用来在数据库中存储大型的 NCHAR 类型数据，NCLOB 可以支持定长字符集和变长字符集，可以参与事务的处理，可以被恢复和复制。

注意：从 Oracle 9i 开始，可以将 CLOB 转换成 CHAR 和 VARCHAR2 类型。可以将 BLOB 转换成 RAW 类型，可以使用 DBMS_LOB 包来读取和写入 LOB 数据。

3.2.6　引用类型

在 Oracle 的引用类型分类中具有两种引用类型，分别是 REF CURSOR 和 REF 类型。引用类型与其他类型的主要不同之处在于内存和存储的处理。引用类型与 C 语言中的指针的概念是相同的。在 PL/SQL 中，对于普通的类型，不管声明的是标量类型还是复合类型，都会为其分配内存，在变量的生命周期结束后，会释放这个内存。但是引用类型的变量在声明的过程中并没有分配内存，只在指向某一个变量时，才指向该变量的内存区，在程序的生命周期中可以指向不同的存储位置。

1．REF CURSOR

REF CURSOR 类型的变量通常称为游标变量，开发人员可以通过定义一个 SYS_REFCURSOR 类型的变量，从过程或函数中获取一个记录集。SYS_REFCURSOR 是一个弱类型的 REF CURSOR 类型的引用类型，示例如代码 3.18 所示。

代码 3.18　弱类型 REF CURSOR 使用示例

```
CREATE OR REPLACE FUNCTION selectallemployments
   RETURN sys_refcursor           --定义一个返回 sys_refcursor 的函数
AS
  st_cursor   sys_refcursor;
BEGIN
```

```
    OPEN st_cursor FOR                  --使用该函数查询所有的员工记录
      SELECT *
        FROM emp;
    --返回指向游标的指针
    RETURN st_cursor;
END;
/
```

在上面的代码中定义了一个返回 SYS_REFCURSOR 的函数，该函数体内定义了一个查询 scott 中所有 emp 表的所有员工的记录的游标，最后返回引用游标。

为了查看函数的使用效果，下面定义了如代码 3.19 所示的匿名块，该块将调用 selectallemployments 函数获取引用游标，然后像使用游标一样进行循环提取。

代码 3.19　使用引用游标示例

```
DECLARE
    x        sys_refcursor;           --定义引用游标变量
    v_emp    emp%ROWTYPE;             --定义获取游标结果的记录类型
BEGIN
    x := selectallemployments;        --调用函数获取游标指针
    --循环遍历游标指针
    LOOP
      FETCH x                         --提取游标数据
       INTO v_emp;
      --当没有找到游标记录时则退出
      EXIT WHEN x%NOTFOUND;
      --输出记录信息
      DBMS_OUTPUT.put_line (    '员工编号：'
                            || v_emp.empno
                            || '   员工名称：'
                            || v_emp.ename
                            );
    END LOOP;
END;
```

代码声明了 SYS_CURSOR 类型的引用游标，在执行部分通过调用 selectallemployments 获取游标数据，然后像普通的游标操作一样，循环提取游标数据，最后输出到屏幕，输出如图 3.5 所示。

图 3.5　引用游标示例输出结果

关于游标与引用游标的更多介绍，参考本书第 10 章。

2. REF

REF 用在对象类型中，REF 类型就是一个指向对象类型实例的指针，在本书的第 17 章中介绍面向对象的编程时将会详细讨论 REF 的作用。

3.2.7 复合类型

复合类型是具有内部组件的类型，与标量类型的单一表现特征不一样，复合类型中可以包含多个标量类型作为其属性，复合类型包含了记录、嵌套表、索引表和变长数组，本书第 8 章将详解复合类型的具体使用。

3.2.8 用户自定义子类型

自定义子类型，就是在标准类型的基础上进行进一步约束而创建的新类型，在本章前面介绍过多种标量类型的子类型，如 INTEGER 和 CHARACTER 等。子类型总是有一个其派生的基类型的名称，自定义子类型和基类有着相同的操作条款，属于基类型指定的值的子集。也就是说，子类型只是基类的候选名称，不是一个新的类型。

子类型的定义语法如下所示。

```
SUBTYPE subtype_name IS base_type[(constraint)] [ NOT NULL ];
```

子类型的声明语法含义如下。

- SUBTYPE：用来指定当前声明一个子类型。
- subtype_name：用来指定子类型的名称。
- IS：指定子类型将要使用的基类型。
- base_type：指定子类型的基类，可以是任何标量类型或用户定义的类型。
- constraint：约束只是用于限定基类型的精度和数值范围，或者是最大长度。
- NOT NULL：限制子类型的值是否为空。

例如下面的示例代码从 INTEGER 基类型定义了 empcounttype 子类型，如代码 3.20 所示。

代码 3.20 引用游标使用示例

```
DECLARE
  SUBTYPE empcounttype IS INTEGER ;      --定义子类型
  empcount   empcounttype;               --声明子类型变量
BEGIN
  SELECT COUNT (*)                       --查询 emp 表为子类型变量赋值
    INTO empcount
    FROM emp;
  --输出员工人数
  DBMS_OUTPUT.put_line ('员工人数为：' || empcount);
END;
```

代码在声明区定义了一个基于 INTEGER 类型的子类型 empcounttype，在定义了子类型之后，就可以在声明区像使用标准的标量变量一样使用其他类型了。代码通过查询 emp

表中的员工记录数，赋给 empcount 变量，然后输出员工结果，运行结果如下所示。

```
员工人数为：14
```

除了使用标量类型作为基类型之外，还可以使用记录类型%TYPE 或%ROWTYPE 来指定基类型，当%TYPE 提供数据库字段中的数据类型时，子类型继承字段的大小约束，但是不能继承其他的如 NOT NULL 约束。

子类型的定义示例如代码 3.21 所示。

代码 3.21　子类型定义使用示例

```
DECLARE
   TYPE empnamelist IS TABLE OF VARCHAR2 (20);  --定义表类型
   --定义表类型的子类型
   SUBTYPE namelist IS empnamelist;
   --定义员工记录
   TYPE emprec IS RECORD (
      empno    NUMBER (4),
      ename    VARCHAR2 (20)
   );
   --定义员工记录子类型
   SUBTYPE emprecord IS emprec;
   --定义数据库表 emp 中的 empno 列类型
   SUBTYPE empno IS emp.empno%TYPE;
   --定义数据库表 emp 中的行记录子类型
   SUBTYPE emprow IS emp%ROWTYPE;
BEGIN
   NULL;
END;
```

上面的示例中，定义了嵌套表类型（在本书后面会详细介绍）的子类型、记录类型的子类型、%TYPE 和%ROWTYPE 子类型。

子类型还具有如下几个优势。

（1）子类型可以检查数值是否越界，这样可以提高应用程序的可靠性。例如，如果想要让某个数字类型在 0～9 这个范围之间，可以基于 NUMBER 类型定义一个子类型，这样在赋值时，如果数据溢出，编译器会弹出错误提示，如代码 3.22 所示。

代码 3.22　子类型数值检查示例

```
DECLARE
   SUBTYPE numtype IS NUMBER (1, 0);         --定义子类型
   --定义子类型变量
   x_value    numtype;
   y_value    numtype;
BEGIN
   x_value := 3;                             --正常
   y_value := 10;                            --弹出异常提示
END;
```

numtype 的基类型 NUMBER 使用了精度和刻度限制，子类型会继承这个限制，因此 x_value 赋值符合要求，而因为 y_value 数字溢出，PL/SQL 引擎将会触发异常。

（2）未约束的子类型可以和它的基类型交互使用，通过代码 3.23 所示的示例可以看出。

代码 3.23　未约束类型示例

```
DECLARE
   SUBTYPE numtype IS NUMBER;    --定义类型和变量
   x_value NUMBER;
   y_value numtype;
BEGIN
   x_value:=10;                  --赋初值
   y_value:=x_value;             --类型交换
END;
/
```

可以看到 NUMBER 基类型并未做任何约束,那么在执行部分通过将 x_value 的值赋给 y_value 的值是可行的。

(3) 如果基类型相同,那么子类型可以交互使用,即便是不同的子类型也有可能交互使用,只要其基类型属于同一个数据类型种类,示例如代码 3.24 所示。

代码 3.24　基类型相同使用示例

```
DECLARE
   SUBTYPE numtype IS VARCHAR2(200);    --定义类型和变量
   x_value VARCHAR2(20);
   y_value numtype;
BEGIN
   x_value:='This is a word';           --赋初值
   y_value:=x_value;                    --类型交换
END;
/
```

numtype 是 VARCHAR2 类型,x_value 的值直接使用基类型 VARCHAR2,这两个类型是可以互换的,因此执行上面的代码不会产生任何异常信息。

3.2.9　数据类型转换

在开发 PL/SQL 应用程序时,经常需要将一种数据类型的值转换成另外一种数据类型的值,比如要将一个 NUMBER 类型转换为字符串类型,或者是将一个字符串类型转换为日期类型。PL/SQL 支持如下两种类型的类型转换。

- ❑ 显式转换:使用内置函数显式地在两种类型之间进行转换。
- ❑ 隐式转换:如果可能,PL/SQL 自动在数据类型之间进行隐式的转换。

对于显式转换,可以使用 PL/SQL 提供的各种内置函数,例如要将一个日期类型或数字类型的值转换成字符串,可以使用 TO_CHAR 函数。要将字符串类型的函数转换为日期类型或数字类型,可以使用 TO_DATE 和 TO_NUMBER 函数。显式转换示例如代码 3.25 所示。

代码 3.25　显式转换示例

```
DECLARE
   v_startdate    DATE;                 --起始日期
   v_enddate      DATE;                 --结束日期
   v_resultdate   NUMBER;               --返回结果
```

```
BEGIN
   --起始日期,将字符串转换为日期
   v_startdate := TO_DATE ('2007-10-11', 'yyyy-MM-dd');
   v_enddate := TRUNC (SYSDATE);                          --赋日期值
   v_resultdate := v_enddate - v_startdate;               --进行日期转换
   --输出二者相差天数
   DBMS_OUTPUT.put_line (   '起始日期:'
                         || TO_CHAR (v_startdate, 'yyyy-MM-dd')
                         || CHR (13)
                         || CHR (10)
                         || ' 结束日期:'
                         || TO_CHAR (v_enddate, 'yyyy-MM-dd')
                         || CHR (13)
                         || CHR (10)
                         || ' 相差天数:'
                         || TO_CHAR (v_resultdate)
                        );
END;
```

代码中,通过 TO_DATE 将字符串使用指定的日期格式转换为日期类型,然后在 DBMS_OUTPUT 代码块中使用 TO_CHAR 将日期型转换为字符串类型。

隐式转换是由 PL/SQL 自动进行的,比如在算术运算表达式中,PL/SQL 会自动把 CHAR 类型转换成 NUMBER 类型进行运算,另外在把查询的结果赋给变量之前,如果有必要,PL/SQL 也会把原值类型转换成对应的变量类型。

> 注意:如果 PL/SQL 无法确定采用哪种转换形式,就会发生转换错误,此时就要使用相应的类型转换函数。

隐式转换示例如代码 3.26 所示。

代码 3.26 隐式转换示例

```
DECLARE
   v_startdate       CHAR(10);                            --起始日期
   v_enddate         CHAR(10);                            --结束日期
   v_result          NUMBER(5);
BEGIN
   SELECT MIN(hiredate) INTO v_startdate FROM emp;        --自动转换为字符型
   SELECT TRUNC(SYSDATE) INTO v_enddate FROM dual;
   --输出 2 者相差天数
   DBMS_OUTPUT.put_line (   '起始日期:'
                         || v_startdate
                         || CHR (13)
                         || CHR (10)
                         || ' 结束日期:'
                         || v_enddate
                        );
   v_startdate:='200';                                    --为字符串赋值
   v_enddate:='400';
   v_result:=v_enddate-v_startdate;                       --对字符串进行运算
END;
```

在代码中,使用 SELECT 语句查询日期型字段,并隐式转换为 CHAR 类型的字段值,赋给 CHAR 类型的变量。之后为两个 CHAR 类型变量赋了两个字符型的数字,然后直接对字符型的数字进行减法运算，PL/SQL 会自动将字符型数据转换为数字型进行运算并返回结果。

尽管 PL/SQL 提供了隐式转换的能力，但是在一般情况下应该尽量避免使用隐式类型转换，因为隐式转换可能会影响到执行的效率，并且有可能会发生变化而徒增维护的困难，因此不建议使用隐式的数据类型转换。

3.3 运算符和表达式

在 PL/SQL 代码中，当定义了常量、变量或描述符后，通常需要根据实际的业务逻辑执行一系列运算，这些运算由操作数和运算符构成的表达式来实现。操作数可以是变量、常数、描述或一个函数的调用，运算符定义了如何对操作符进行操作，比如赋值或比较等。表达式和运算符将 PL/SQL 变量结合起来，使得整个程序代码有机结合起来。

在 PL/SQL 中，一个赋值运算符的右侧可以是一个表达式的计算结果，表达式的使用示例如代码 3.27 所示。

代码 3.27　表达式赋值使用示例

```
DECLARE
  v_sal      NUMBER;                              --定义变量
  v_result   NUMBER;
BEGIN
  SELECT sal                                      --为变量赋值
    INTO v_sal
    FROM emp
   WHERE empno = &empno;
  v_result := v_sal * (1 + 0.15);                 --使用表达式赋值
END;
```

v_result 变量赋的值是 v_sal*(1+0.15)这个表达式，这个表达式中操作数是 v_sal 和 1 和 0.15，运算符为*、+号，并且使用了括号来使得加法具有最高优先级。

3.3.1 运算符类型

在 PL/SQL 中，运算符可以分为如下 4 类。
- 赋值运算符：用来为变量或常量赋值。
- 连接运算符：用来追加一个字符串操作数到另一个字符串操作数。
- 逻辑运算符：包含 AND、OR 和 NOT，允许进行逻辑操作处理。
- 比较运算符：用于比较两个表达式或操作数的异同，返回值为 True、False 或 NULL，如果一个表达式的值为 NULL，那么整个结果都为 NULL。

下面分别对这几种类型进行详细介绍。

1．赋值运算符

赋值运算符是最基本的运算符，其语法为：

```
variable:=expression;
```

第3章 变量和类型

可以看到赋值运算符是使用:=符号，variable 是一个 PL/SQL 变量，expression 是一个表达式，赋值运算可以在如下 3 个部分进行。

（1）在语句块的执行部分赋值，这是最常见的赋值方法。
（2）在语句块的声明部分为变量或常量赋初值，常量一旦赋值，就不可改变。
（3）在语句块的异常处理部分赋值。

常见的赋值示例如代码 3.28 所示。

代码 3.28　赋值运算符示例

```
DECLARE
  v_variable1          VARCHAR2 (200) := 'This is a ';   --定义变量变赋初值
  v_variable2          VARCHAR2 (100);                   --定义变量
  v_result             VARCHAR2 (500);
  v_constant   CONSTANT VARCHAR2 (10) := 'CONSTANT';     --定义常量赋常量值
BEGIN
  v_variable2 := 'VARIABLE';                             --使用操作数为变量赋值
  v_result := v_variable1 || v_constant;                 --使用表达式为变量赋值
  DBMS_OUTPUT.put_line (v_result);                       --输出变量结果值
END;
```

代码中分别在语句块的声明部分和执行部分为变量赋了值，在执行块部分为 v_variable2 直接赋了一个字符串常量，为 v_result 赋了一个字符串连接的表达式。

操作符左侧的称为左值，左值必须指向实际的存储单元，右侧的称为右值，右值将被入该位置。因此上面的例子中左值都为变量，PL/SQL 将为其分配存储空间，右值可以是任何简单或复杂的表达式。

> 🔔 **注意**：在 PL/SQL 中一个左值仅能有一个右值，因此像 val1:=val2:=val3:=0 这样的多左值或多右值都是非法的。

2. 连接运算符

连接运算符使用"||"符号，通常用于连接两个字符串，示例如代码 3.29 所示。

代码 3.29　连接运算符示例

```
DECLARE
   x   VARCHAR2 (8) := '你好,';          --定义字符串变量并赋初值
   y   VARCHAR2 (8) := '中国';
BEGIN
   DBMS_OUTPUT.put_line (x || y);        --输出字符串变量值
END;
/
```

最后输出结果为：你好,中国。

连接字符串会忽略 NULL 值，因此代码 3.30 将忽略掉连接中包含的 NULL 值。

代码 3.30　连接运算符与 NULL 值示例

```
DECLARE
   x   VARCHAR2 (8) := '你好,';                                  --定义字符串变量并赋初值
```

```
  y   VARCHAR2 (8)  := '中国';
  z   VARCHAR2 (10);                                    --未赋值则为 NULL
BEGIN
  DBMS_OUTPUT.put_line (x || z || NULL || y);           --输出字符串变量值
END;
/
```

变量 z 并没有赋任何值,因此是一个 NULL 值,同时在代码的执行部分,使用了 NULL 关键字来显式地连接一个 NULL 值,连接运算符会忽略掉 NULL 值,因此结果仍然为:你好,中国。

3. 逻辑运算符

逻辑运算符 AND、OR 和 NOT按照三态逻辑结构,即与、或和非,AND 和 OR 是二元运算符,NOT 是一元运算符。三态运算符的真值表如表 3.3 所示。

表 3.3　逻辑运算符真值表

x	y	x AND y	x OR y	NOT x
True	True	True	True	False
True	False	False	True	False
True	NULL	NULL	True	False
False	True	False	True	True
False	False	False	False	True
False	NULL	False	NULL	True
NULL	True	NULL	True	NULL
NULL	False	False	NULL	NULL
NULL	NULL	NULL	NULL	NULL

可以看到:AND 运算符仅当所有的条件都为 True 时,结果为 True;OR 仅在一个条件为 True 时其结果为 True;NOT 是与当前的布尔值相反的值,如果任何一个值为 NULL,则结果为 NULL,逻辑运算符的简单示例如代码 3.31 所示。

代码 3.31　逻辑运算符示例

```
--定义一个输出布尔值的过程
CREATE OR REPLACE PROCEDURE print_boolean (NAME VARCHAR2, VALUE BOOLEAN)
IS
BEGIN
  IF VALUE IS NULL
  THEN
    DBMS_OUTPUT.put_line (NAME || ' = NULL');
                                             --如果布尔值为 NULL,结果为 NULL
  ELSIF VALUE = True
  THEN
    DBMS_OUTPUT.put_line (NAME || ' = True');
                                             --如果布尔值为 True,结果为 True
  ELSE
    DBMS_OUTPUT.put_line (NAME || ' = False');
                                             --如果布尔值为 False,结果为 False
  END IF;
END;
/
```

```
DECLARE
  x   BOOLEAN := True;                       --定义布尔变量并赋初值
  y   BOOLEAN := False;
BEGIN
  print_boolean ('x', x);                    --输出布尔变量的值
  print_boolean ('y', y);
  print_boolean ('x AND y', x AND y);        --AND 运算
  print_boolean ('NOT y', NOT y);            --NOT 运算
  print_boolean ('x OR y', x OR y);          --OR 运算
END;
```

代码首先定义了 print_boolean 过程用来输出布尔值信息，然后分别演示了 AND、OR 和 NOT 的运算，输出结果如下所示。

```
x = True
y = False
x AND y = False
NOT y = True
x OR y = True
```

逻辑运算符通常用在多条件操作时。在本书介绍条件语句时，可以看到大量运用逻辑运算符来判断操作条件。

4．比较运算符

比较运算符用于比较两个表达式，结果总是 True、False 或 NULL，如果表达式中任意一个值为 NULL，则整个比较结果也为 NULL。PL/SQL 提供的比较运算符如表 3.4 所示。

表 3.4　比较运算符

比较运算符	描述
=	等于
<>, !=, ~=, ^=	不等于
<	小于
>	大于
<=	小于等于
>=	大于等于
IS [NOT] NULL	是否为空
LIKE	通配符比较
BETWEEN	范围比较
IN	判断值是否在某个指定的结果集中

常见的算术运算比较示例如代码 3.32 所示。

代码 3.32　比较运算符示例

```
DECLARE
  v_value   VARCHAR2 (200) := 'Johnson';    --定义并初始化变量
  letter    VARCHAR2 (1)   := 'm';
BEGIN
  --输出算术运算符结果
  print_boolean ('(2 + 2 = 4)', 2 + 2 = 4);
  print_boolean ('(2 + 2 <> 4)', 2 + 2 <> 4);
  print_boolean ('(1 < 2)', 1 < 2);
```

```
    print_boolean ('(1 > 2)', 1 > 2);
    print_boolean ('(1 <= 2)', 1 <= 2);
    print_boolean ('(1 >= 1)', 1 >= 1);
    --输出 LIKE 运算符结果
    IF v_value LIKE 'J%s_n'
    THEN
        DBMS_OUTPUT.put_line ('True');
    ELSE
        DBMS_OUTPUT.put_line ('False');
    END IF;
    --输出 BETWEEN 运算符结果
    print_boolean ('2 BETWEEN 1 AND 3', 2 BETWEEN 1 AND 3);
    print_boolean ('2 BETWEEN 2 AND 3', 2 BETWEEN 2 AND 3);
    --输出 IN 运算符结果
    print_boolean ('letter IN (''a'', ''b'', ''c'')',
                    letter IN ('a', 'b', 'c'));
    print_boolean ('letter IN (''z'', ''m'', ''y'', ''p'')',
                    letter IN ('z', 'm', 'y', 'p')
                  );
END;
```

代码使用了各种运算进行算术、字符串等运算，输出结果如下所示。

```
(2 + 2 = 4) = True
(2 + 2 <> 4) = False
(1 < 2) = True
(1 > 2) = False
(1 <= 2) = True
(1 >= 1) = True
True
2 BETWEEN 1 AND 3 = True
2 BETWEEN 2 AND 3 = True
letter IN ('a', 'b', 'c') = False
letter IN ('z', 'm', 'y', 'p') = True
```

通过输出结果可以很清晰地看到各种比较运算符的实际使用效果。

> **注意**：如果比较运算符任何一方包含空格，则结果也为空格。

3.3.2 运算符的优先级

无论是单元运算符还是多元运算符，当在一个表达式中进行运算处理时，总是遵循一定的优先级进行处理，优先级高的运算符先进行计算，优先级相同的运算符按照从左到右的顺序进行计算。PL/SQL 的运算符优先级顺序如表 3.5 所示。

表 3.5 PL/SQL 运算符优先级顺序

优先级顺序	运 算 符	描 述
1	**	乘方
2	+, -	一元操作符正、负
3	*, /	乘、除
4	+, -, ||	加减和字符串连接
5	=, <, >, <=, >=, <>, !=, ~=, ^=, IS NULL, LIKE, BETWEEN, IN	比较

优先级顺序	运算符	描述
6	NOT	逻辑否
7	AND	逻辑与
8	OR	逻辑或

下面看一个运算符的例子，如代码 3.33 所示。

代码 3.33　运算符优先级示例

```
DECLARE
  v_result   NUMBER;                             --定义保存结果值的变量
BEGIN
  v_result := 10 + 5 * 6 - 9 / 3;                --计算数学运算结果
  DBMS_OUTPUT.put_line (TRUNC (v_result));       --输出结果
END;
```

由于乘和除的优先级高于加和减，当一个表达式中出现相同优先级的运算符时，将从左到右进行计算，因此运算符的优先级为：

（1）5*6 最先计算，结果为 30。

（2）然后计算 9/3，结果为 3。

（3）接下来计算 10+30，结果为 40。

（4）最后计算 40-3，结果为 37，因此最终结果为 37。

可以通过括号"()"来改变优先级顺序，在一个有括号的表达式中，括号中的表达式总是最先被计算，因此如果上述计算表达式更改为：

```
v_result:=(10+5)*6-9/3;
```

由于(10+5)使用了括号，所以最先进行计算，最终结果为 87。

注意：如果包含多层嵌套的括号，那么最里层的括号总是最先被计算。

3.3.3　表达式类型

表达式是由操作数和运算符构成的，最简单的表达式是由单个变量组成的，直接产生一个值，PL/SQL 通过使用运算符对操作数进行计算来组建一个表达式。

注意：PL/SQL 表达式是右值，因此不要将表达式单独作为一个语句，它必须是一条语句的一个部分。

表达式按照计算的结果值的数据类型划分，可以分为如下 4 种类型。
- 数值型表达式：用来返回数值型结果的表达式，比如 5+6 或 4*7/2 等。
- 字符型表达式：用来返回字符型的表达式，比如连接表达式"This is a" || "expression"。
- 日期型表达式：用来返回日期类型的表达式，比如日期运算 SYSDATE-10。
- 布尔型表达式：用来返回布尔类型的表达式，比如使用布尔操作符 x>0 AND y<0。

关于表达式计算的更多内容，将在本书第 4 章控制语句部分再次进行介绍。

3.4 小　　结

本章介绍了 PL/SQL 中的基础部分变量和类型，PL/SQL 的变量类似于其他的 3GL 程序设计语言，可以声明和初始化一个或多个变量，具有作用域和可见性，在 PL/SQL 中，也可以定义常量。

在数据类型部分，本章详细介绍了 PL/SQL 包含的多种数据类型，一些数据类型的详细介绍在本书后面会使用专门的章节进行讲解，同时本章对于数据类型的隐式与显式的转换也进行了讨论。关于显式转换的函数部分，在本书介绍内置函数时，会专门介绍转换函数的具体使用。

最后，对于 PL/SQL 中的运算符和表达式，本章介绍了 PL/SQL 中包含的各种类型的运算符、运算符的优先级及表达式的类型，在下一章介绍控制语句时，可以看到这些表达式的具体应用。

第 4 章 PL/SQL 控制语句

在本书第 2 章介绍 PL/SQL 的结构化特性时,讨论了结构化程序设计语言的顺序、分支和循环 3 种程序设计结构,本章将详细介绍 PL/SQL 提供的各种用于结构化程序设计的程序控制语句,灵活运用这些控制语句可以解决各种各样复杂的业务逻辑问题。

4.1 分支控制语句

在日常生活中,分支控制无时不在,比如早上起床时,如果外面正在下雨,那么可能会需要一把雨伞;如果艳阳高照,那么需要一把遮阳伞;否则就不用带任何工具。PL/SQL 提供了多种条件控制语句,允许开发人员进行灵活的分支结构控制,在 PL/SQL 中,分支控制分为如下两大类。

- IF 语句块:使用 IF-ELSE 等语句块处理分支控制。
- CASE 语句块:使用 CASE 语句块处理分支控制。

这两种分支控制由多个分支控制子句组成,本节将对这些分支语句的使用进行详细的介绍。

4.1.1 IF-THEN-ELSE 语句

IF 语句共提供了如下 3 种类型的条件控制。

- IF 语句:包含 IF-THEN 语句和 IF-THEN-ELSE 语句,仅允许单组选择,即如果条件成立,则执行语句块 1,或者如果条件不成立,则执行语句块 2。
- ELSIF 语句:如果 IF 条件不成立时,允许包含多组选择,比如说如果条件 1 不成立,则判断 ELSIF 中的条件并执行代码,由于是多组选择,因此可以包含多个 ELSIF 语句。
- 嵌套的 IF 语句:允许包含多组选择,与 ELSIF 非常相似。

注意:ELSIF 语句不同于 ELSEIF,它少了一个字符 E,不要与其他语句中的 ELSEIF 混淆。

最简单的 IF 语句的语法如下所示。

```
IF condition
THEN
    ... 顺序执行语句 ...
END IF;
```

condition 返回逻辑运算符的常量、变量或表达式，如果 condition 条件返回值 True，将执行 THEN 后面的顺序执行语句；END IF 用来结束分支控制，如果不满足 IF 语句的条件，则不执行任何代码。

💡注意：必须使用 END IF 作为 IF 语句块的终结语句。

举个例子，在开发人事管理系统时，当向员工表中插入数据时，通常会先查询一下员工的编号是否存在，如果不存在，则插入一条新的记录。IF 语句使用示例如代码 4.1 所示。

代码 4.1　最简单的 IF 语句使用示例

```
DECLARE
  v_count    NUMBER (10) := 0;           --定义计数器变量
  v_empno    NUMBER (4)  := 7888;        --定义员工编号
BEGIN
  SELECT COUNT (1)                       --首先查询指定的员工编号是否存在
    INTO v_count
    FROM emp
   WHERE empno = v_empno;
  --使用 IF 语句判断，如果员工编号不存在，结果为 0
  IF v_count = 0
  THEN
     --则执行 INSERT 语句，插入新的员工记录
     INSERT INTO emp
              (empno, ename, job, hiredate, sal, deptno
              )
        VALUES (v_empno, '张三', '经理', TRUNC (SYSDATE), 1000, 20
              );
  END IF;
  --向数据库提交更改
  COMMIT;
EXCEPTION
  WHEN OTHERS
  THEN
    DBMS_OUTPUT.put_line (SQLERRM);    --输出异常信息
END;
/
```

代码块首先使用 SELECT-INTO 语句检查 emp 表中是否存在声明区域中初始化的员工工号，将查询结果赋给 v_count，在 IF 语句中，判断 v_count=0 这个表达式，如果条件为 True，则执行 INSERT 语句插入员工记录。

💡注意：COMMIT 语句用于向数据库提交更改，如果不使用这个语句，则插入的数据并没有真正保存到数据库中，仅在用户会话期间存在。

上述代码的 IF 语句执行流程如图 4.1 所示。

当 v_count 不等于 0 时，程序将不执行任何代码。如果人事管理系统希望当 v_count 不为 0 时，更新该编号的数据，则需要使用 IF-THEN-ELSE 语句，其声明语法如下所示。

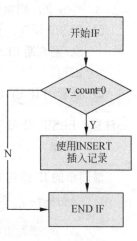

图 4.1　IF 语句执行流程

```
IF condition
THEN
   ... 条件为 True 时的顺序执行语句 ...
ELSE
   ... 条件为 False/NULL 的顺序执行语句...
END IF;
```

> **注意**：IF-THEN-ELSE 中两个顺序执行语句都会被执行。

下面重新修改了人事管理系统中的员工记录插入，使用 IF-THEN-ELSE 更新或插入员工记录，如代码 4.2 所示。

代码 4.2　IF-THEN-ELSE

```
DECLARE
  v_count   NUMBER (10) := 0;              --定义计数器变量
  v_empno   NUMBER (4)  := 7888;           --定义员工编号
BEGIN
  SELECT COUNT (1)                          --首先查询指定的员工编号是否存在
    INTO v_count
    FROM emp
   WHERE empno = v_empno;
  --使用 IF 语句判断，如果员工编号不存在，结果为 0
  IF v_count = 0
  THEN
      --则执行 INSERT 语句，插入新的员工记录
      INSERT INTO emp
              (empno, ename, job, hiredate, sal, deptno
              )
          VALUES (v_empno, '张三', '经理', TRUNC (SYSDATE), 1000, 20
              );
  ELSE    --否则，执行 UPDATE 语句更新员工记录
     UPDATE emp
        SET ename = '张三',
            job = '经理',
            hiredate = TRUNC (SYSDATE),
            sal = 1000,
            deptno = 20
      WHERE empno = v_empno;
  END IF;
  --向数据库提交更改
  COMMIT;
EXCEPTION
  WHEN OTHERS
  THEN
     DBMS_OUTPUT.put_line (SQLERRM);        --输出异常信息
END;
/
```

如果 v_count=0 返回 False 或返回 NULL 值，会执行 ELSE 部分的代码块，程序的执行流程如图 4.2 所示。

当然示例中的 v_count=0 的返回值要么是 True，要么是 False，但是在一些场合，表达式运算的结果可能返回 NULL 值，NULL 值被当作 False 条件结果，因此 ELSE 语句依然得以执行。

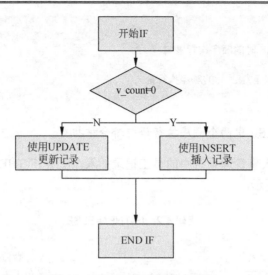

图 4.2　IF-THEN-ELSE 执行流程

在 IF 语句中还可以嵌套 IF 语句，在 IF 或 ELSE 区块中均可以嵌套子 IF 语句块，以员工薪资管理为例，如果公司决定为部门编号为 20 的所有员工加薪，但是部门编号为 20 的员工中又根据员工的职位（job）来加不同比例的薪资，这里可以使用嵌套的 IF 来实现，如代码 4.3 所示。

代码 4.3　嵌套的 IF 语句结构

```
DECLARE
  v_sal      NUMBER (7, 2);           --薪资变量
  v_deptno   NUMBER (2);              --部门变量
  v_job      VARCHAR2 (9);            --职位变量
BEGIN
  --从数据库中查询指定员工编号的信息
  SELECT deptno, v_job, sal
    INTO v_deptno, v_job, v_sal
    FROM emp
   WHERE empno = :empno;
  --如果部门编号为 20 的员工
  IF v_deptno = 20
  THEN
     --如果职别为 CLERK
     IF v_job = 'CLERK'
     THEN
        --加薪 0.12
        v_sal := v_sal * (1 + 0.12);
     --如果职别为 ANALYST
     ELSIF v_job = 'ANALYST'
     THEN
        --加薪 0.19
        v_sal := v_sal * (1 + 0.19);
     END IF;
  --否则，不为 20 的员工将不允许加薪
  ELSE
     DBMS_OUTPUT.put_line ('仅部门编号为 20 的员工才能加薪');
  END IF;
END;
```

可以看到，外层的 IF 语句进行了大范围的过滤，嵌套的 IF 语句进一步根据过滤后的条件来进行分支，这在分支结构比较复杂时比较有用。

4.1.2 IF-THEN-ELSIF 语句

在代码 4.3 中出现了另外一种 IF 结构，即 IF-THEN-ELSIF，这种语句允许进行多路分支选择。IF-THEN-ELSIF 中可以包含多个 ELSIF 条件，声明语法如下所示。

```
IF condition-1
THEN
   statements-1
ELSIF condition-N
THEN
   statements-N
[ELSE
   else_statements]
END IF;
```

当开始的 IF 条件 condition1 为 False 或 NULL 时，则 ELSIF 将测试另一个条件，在一个 IF 中可以包含多条 ELSIF 语句，每一条都判断一个条件。只有当条件为 True 时，在 ELSIF 中包含的语句才会执行，同时会忽略掉所有其他的 ELSIF 语句，进入 END IF。如果所有的条件都是 False 或 NULL，执行控制将跳转到 ELSE 语句部分。

举个最简单的例子，如果应用程序需要根据用户的输入进行一系列的分支选择，比如根据用户输入 A～D 之间的字符，进行控制处理，可以使用 IF-THEN-ELSIF 结构，代码 4.4 出于简化的目的将 ELSIF 的执行部分简单地输出到屏幕，其实现代码如下所示。

代码 4.4　IF-THEN-ELSIF 分支示例

```
DECLARE
   v_character   CHAR(1) :=&tmpVar;   --定义替换变量
BEGIN
   IF v_character = 'A'          --判断字符是否为'A'，如果不是，则跳到下一个 ELSIF
   THEN
      DBMS_OUTPUT.put_line ('当前输出字符串：' || v_character);
   ELSIF v_character = 'B'       --判断字符是否为'B'，如果不是，则跳到下一个 ELSIF
   THEN
      DBMS_OUTPUT.put_line ('当前输出字符串：' || v_character);
   ELSIF v_character = 'C'       --判断字符是否为'C'，如果不是，则跳到下一个 ELSIF
   THEN
      DBMS_OUTPUT.put_line ('当前输出字符串：' || v_character);
   ELSIF v_character = 'D'       --判断字符是否为'D'，如果不是，则跳到 ELSE 语句
   THEN
      DBMS_OUTPUT.put_line ('当前输出字符串：' || v_character);
   ELSE
      DBMS_OUTPUT.put_line ('不是 A-D 之间的字符');
   END IF;
END;
```

当第一个 IF 语句条件不满足时，代码将执行 ELSIF 语句，依次从上到下执行，如果所有的条件都不满足，将进入 ELSE 部分，输出字符不在 A～D 之间，ELSIF 分支流程如图 4.3 所示。

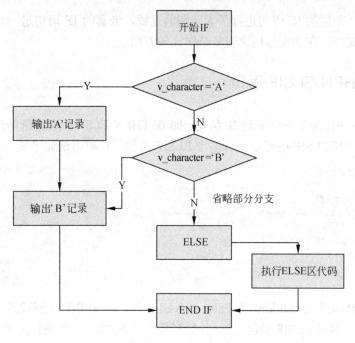

图 4.3 ELSIF 分支流程图

> 注意：在 IF 后面总是具有 END IF，END IF 之间具有一个空格，ELSIF 中间没有空格，写成 ELSEIF 是非法的，所有的 ELSIF 语句之间是互相排斥的，条件从第一个到最后一个依序进行计算。

4.1.3 CASE 语句

在 ELSIF 语句示例中，使用了多个 ELSIF 不断地检查变量 v_character 的值，Oracle 9i 开始提供了 CASE 语句来简化这一语法。CASE 语句与 C 语言中的 SWITCH 相似，用来一次性检查多个条件的值。

CASE 语句由一个选择器和一系列的 WHEN 语句块组成，选择器紧随在 CASE 语句的后面，如果没有提供选择器，PL/SQL 将添加一个布尔值 True 作为选择器，选择器可以是任何的 PL/SQL 数据类型，但不可以是 BLOB 或 BFILE 及复合类型，比如记录、集合和用户自定义类型等。

PL/SQL 提供了如下两种类型的 CASE 语句。

- 简单 CASE 语句：简单 CASE 语句的选择器是一个变量或一个返回有效数据类型的函数，选择器不可以是布尔类型。
- 搜索 CASE 语句：搜索 CASE 语句的选择器是布尔类型的变量或返回布尔类型的函数，默认的选择器为 True，当搜索一个 True 表达式时，可以省略掉选择器的定义。

与 IF 语句类似，CASE 语句也有 ELSE 语句，ELSE 语句的作用类似于在 IF 语句中的应用。ELSE 语句是可选的，如果省略了 ELSE 语句，PL/SQL 会隐含增加一个 ELSE 语句：

```
ELSE RAISE CASE_NOT_FOUND;
```

注意：即使省略了 ELSE 语句，PL/SQL 也会执行 ELSE 语句，程序执行时会收到一个异常。

简单 CASE 语句的声明语法如下所示。

```
CASE selector_variable
  WHEN criterion1 THEN
criterion1_statements;
  WHEN criterion2 THEN
criterion2_statements;
  WHEN criterion(n+1) THEN
criterion(n+1)_statements;
  ELSE
block_statements;
END CASE;
```

紧随在 CASE 关键字后面的是选择器变量或函数，可以返回任何 PL/SQL 数据类型，但不能是布尔类型。

举个例子，根据员工的职位来调整员工的工资，使用简单 CASE 语句的实现如代码 4.5 所示。

代码 4.5　简单 CASE 语句使用示例

```
DECLARE
  v_job    VARCHAR2 (30);                --定义保存CASE选择器的字符型变量
  v_empno  NUMBER (4)   := &empno;       --定义用来查询员工的员工编号
BEGIN
  SELECT job                             --获取选择器v_job的值
   INTO v_job
   FROM emp
  WHERE empno = v_empno;
  --当指定了CASE的选择器为v_job后，所有的WHEN子句的类型必须匹配为VARCHAR2类型
  CASE v_job
    WHEN 'CLERK'
    THEN
      UPDATE emp
        SET sal = sal * (1 + 0.15)
       WHERE empno = v_empno;
      DBMS_OUTPUT.put_line ('为普通职员加薪15%');
    WHEN 'ANALYST'
    THEN
      UPDATE emp
        SET sal = sal * (1 + 0.18)
       WHERE empno = v_empno;
      DBMS_OUTPUT.put_line ('为分析人员加薪18%');
    WHEN 'MANAGER'
    THEN
      UPDATE emp
        SET sal = sal * (1 + 0.20)
       WHERE empno = v_empno;
      DBMS_OUTPUT.put_line ('为管理人员加薪20%');
    WHEN 'SALESMAN'
    THEN
      UPDATE emp
```

```
            SET sal = sal * (1 + 0.22)
          WHERE empno = v_empno;
        DBMS_OUTPUT.put_line ('为销售人员加薪22%');
    ELSE                         --使用ELSE语句显示信息
        DBMS_OUTPUT.put_line ('员工职级不在加薪的行列！');
  END CASE;                      --终止CASE语句块
END;
```

代码的执行如下步骤所示。

（1）定义一个 v_job 的变量，该变量将保存从 emp 表中查出来的员工职位字符串，作为简单 CASE 语句的选择器。

（2）在 CASE 语句后指定了 v_job 选择器后，CASE 语句后的所有 WHEN 子句中的条件类型都要与 v_job 匹配。

（3）指定了 ELSE 子句，提示不在选择范围内的职级不能进行加薪。

使用了 CASE 语句后，程序的可读性和效率性都很高，因此只要有可能，都应该把长的 IF-THEN-ELSIF 语句重写为 CASE 语句。

注意：CASE 语句仅在开始执行时计算选择器中的变量、函数或任意复杂的表达式。如果在 CASE 语句中不指定 ELSE 语句，会触发 ORA-6592 异常。

4.1.4 搜索 CASE 语句

简单的 CASE 语句又称检测式 CASE 语句，每一个 WHEN 子句都将一个值和 CASE 语句中要检测的值，即选择器进行比较。搜索 CASE 语句仅能用于布尔型，在搜索 CASE 语句中，选择器被隐含设置为 True，当然也可以显式地使用 False 条件。在搜索 CASE 语句中，每一个 WHEN 子句都包含一个布尔表达式，如果检测表达式的值为 True，那么相应的子句将会被执行。

注意：使用搜索类型的 CASE 表达式只能使用布尔类型的表达式。

搜索 CASE 语句的声明语法如下所示。

```
CASE [{True | False}]
  WHEN [criterion1 | expression1] THEN
criterion1_statements;
  WHEN [criterion1 | expression1] THEN
criterion2_statements;
  WHEN [criterion(n+1) | expression(n+1)] THEN
criterion(n+1)_statements;
  ELSE
block_statements;
END CASE;
```

CASE 后面的 True 和 False 是可选的，默认值为 True；WHEN 子句中包含条件或表达式，同样包含了 ELSE 子句。

举个例子，公司决定根据员工的薪水确定员工所属的群体，将工资在 1000～1500 元的定为初级职员，将 1500～3000 元的定为中级管理层，将 3000～5000 元的定为高级经理级，为了实现这个分等级的功能，可以使用搜索 CASE 语句，如代码 4.6 所示。

代码 4.6　搜索 CASE 语句使用示例

```
DECLARE
  v_sal      NUMBER (10, 2);              --定义保存薪水的变量
  v_empno    NUMBER (10)    := &empno;    --用来查询的员工编号
BEGIN
  SELECT sal                              --获取员工薪资信息
    INTO v_sal
    FROM emp
   WHERE empno = v_empno;
  --使用搜索 CASE 语句，判断员工薪资级别
  CASE
    WHEN v_sal BETWEEN 1000 AND 1500
    THEN
       DBMS_OUTPUT.put_line ('员工级别：初级职员');
    WHEN v_sal BETWEEN 1500 AND 3000
    THEN
       DBMS_OUTPUT.put_line ('员工级别：中级管理');
    WHEN v_sal BETWEEN 3000 AND 5000
    THEN
       DBMS_OUTPUT.put_line ('员工级别：高级经理');
    ELSE
       DBMS_OUTPUT.put_line ('不在级别范围之内');
  END CASE;
END;
```

由以上代码可以看到，在 CASE 语句中没有指定选择器，WHEN 子句中包含了 BETWEEN 比较运算符允许检查变量是否在两个数据值之间，代码通过判断 v_sal 所在的固定薪资范围来确定员工属于哪种群体。

4.2　循环控制语句

循环允许重复执行代码直到循环条件匹配，PL/SQL 中循环主要有 LOOP 语句和 EXIT 语句两种，这两种语句相辅相成，一起组成了 PL/SQL 的循环结构。在 PL/SQL 中，循环分为 4 大类，本章将介绍其中的 3 类，最后一类的游标 FOR 循环将在讨论游标时进行详细介绍，PL/SQL 中常见的 3 类循环分别如下。

- 简单的 LOOP 循环：这是最基本的循环种类，包含 LOOP-END LOOP 语句和一些 EXIT 退出语句。
- 数字式 FOR 循环：这种循环结构允许指定循环要执行的次数，当指定的次数满足时才退出循环。
- WHILE 循环：仅当特定的循环满足时才执行循环，当条件不再满足时循环终止。

EXIT 语句也分为如下两种类型。

- EXIT 语句：直接退出循环。
- EXIT WHEN 语句：当 WHEN 指定的条件满足时退出循环。

如果一个循环没有退出机制，那么循环将无穷地运行下去，通常称为死循环，死循环会导致很多严重的后果，因此在编写循环时对于循环何时退出应该了然于胸。

4.2.1 LOOP 循环

可以使用 LOOP-END LOOP 构造最简单的循环,声明语法如下所示。

```
LOOP
  executable statement(s)
END LOOP;
```

executeable statement 位置放置的是要进行循环的语句块,循环从 LOOP 语句进入,如果没有显式地退出循环,程序的执行流程将反复地执行 executeable statement 语句块,执行流程如图 4.4 所示。

由于没有控制循环的退出,因此上述循环将成为一个死循环,为了处理循环的退出,PL/SQL 提供了 EXIT 和 EXIT WHEN 两种子句。

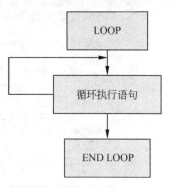

图 4.4 简单循环执行流程

4.2.2 使用 EXIT 退出循环

EXIT 语句会强迫循环无条件终止,因此当遇到 EXIT 语句时,循环会立即终止,并将控制权交给循环下面的语句,EXIT 语句的使用语法如下所示。

```
LOOP
   statement 1;
   statement 2;
   IF condition THEN
      EXIT;
   END IF;
END LOOP;
statement 3;
```

在 LOOP 语句内部,使用 IF-THEN 语法判断 condition 条件是否成立,如果成立,则执行 EXIT 退出循环,此时程序执行流程会跳转到 statement 3 中。

举个例子,为了向屏幕上打印 10 次 Hello PL/SQL,可以使用如下的 LOOP 循环和 EXIT 语句,如代码 4.7 所示。

代码 4.7 LOOP 和 EXIT 使用示例

```
DECLARE
   v_count   NUMBER (2) := 0;         --定义循环计数变量
BEGIN
   LOOP                                --开始执行循环
      v_count := v_count + 1;         --循环计数器加 1
      --打印字符信息
      DBMS_OUTPUT.put_line ('行' || v_count || ': Hello PL/SQL!');
      --如果计数条件为 10,则退出循环
      IF v_count = 10
      THEN
         EXIT;                         --使用 EXIT 退出循环
      END IF;
```

```
   END LOOP;
   --循环退出后，将执行这条语句
   DBMS_OUTPUT.put_line ('循环已经退出了！');
END;
```

在代码的声明区，定义了一个名为 v_count 的变量，用来保存循环计数信息，该变量在循环体内会不断增长，直到 v_count 值为 10。在循环体中通过 IF-THEN 语句判断 v_count 的值是否为 10，如果条件满足，则 EXIT 语句会将程序的执行逻辑跳转到循环体外的下一个代码行，也就是 END LOOP 下面的代码，程序的执行流程如图 4.5 所示。

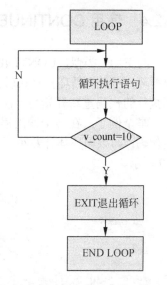

图 4.5　LOOP-EXIT 示例执行流程图

4.2.3　使用 EXIT-WHEN 退出循环

PL/SQL 提供了 EXIT WHEN 语句来终止一个循环，该语句与 EXIT 的不同在于可以在 WHEN 关键字的后面指定一个循环执行的条件，通常是一个比较表达式或者是一个函数或变量，当返回值为 True 时，循环立即终止并跳转到循环体外的下一个语句块，其声明语法如下所示。

```
LOOP
   statement 1;
   statement 2;
   EXIT WHEN condition;
END LOOP;
statement 3;
```

EXIT WHEN 的使用效果与上一小节中介绍的 EXIT 的使用效果完全相同，只是使用 WHEN 子句可以不用再写 IF-THEN 这样的语法，使得代码更加简洁易懂，例如代码 4.8 是使用 EXIT WHEN 语句重新实现的代码 4.7 中的功能。

代码 4.8　LOOP 和 EXIT WHEN 使用示例

```
DECLARE
   v_count   NUMBER (2) := 0;              --定义循环计数变量
BEGIN
   LOOP                                     --开始执行循环
      v_count := v_count + 1;              --循环计数器加 1
      --打印字符信息
      DBMS_OUTPUT.put_line ('行' || v_count || ': Hello PL/SQL!');
      --如果计数条件为 10，则退出循环
      EXIT WHEN v_count=10;
   END LOOP;
   --循环退出后，将执行这条语句
   DBMS_OUTPUT.put_line ('循环已经退出了！');
END;
```

可以看到代码中使用 EXIT WHEN 取代了在代码 4.7 中使用的 IF-THEN EXIT 条件，两种使用方法具有相同的效果，但是 EXIT WHEN 具有更好的可读性。

⚠注意：在循环体中必须不断地改变循环变量的值，以便满足循环退出的条件，比如示例中对 v_count 的加法操作。

4.2.4 使用 CONTINUE 继续执行循环

与 EXIT 类似，CONTINUE 也会中断当前循环的执行，但是 CONTINUE 不会马上退出循环，而是将循环执行跳转到语句的开头开始下一次循环，CONTINUE 允许跳过部分循环执行的代码重新开始另一次循环。

举个例子，在一个输出累加循环的代码中，如果循环体计数大于 3，则执行额外的输出代码；如果循环体计数小于 3，将跳过部分代码的执行，使用 CONTINUE 的实现如代码 4.9 所示。

代码 4.9 使用 CONTINUE 重新开始循环

```
DECLARE
  x    NUMBER := 0;        --定义循环计数器变量
BEGIN
  LOOP                     --开始循环，当遇到 CONTINUE 语句时，将重新开始 LOOP 的执行
    DBMS_OUTPUT.put_line ('内部循环值: x = ' || TO_CHAR (x));
    x := x + 1;
    IF x < 3
    THEN                   --如果计数器小于 3，则重新开始执行循环
      CONTINUE;            --使用 CONTINUE 跳过后面的代码执行，重新开始循环
    END IF;
    --当循环计数大于 3 时执行的代码
    DBMS_OUTPUT.put_line ('CONTINUE 之后的值: x = ' || TO_CHAR (x));
    EXIT WHEN x = 5;       --当循环计数为 5 时，退出循环
  END LOOP;
  --输出循环的结束值
  DBMS_OUTPUT.put_line (' 循环体结束后的值: x = ' || TO_CHAR (x));
END;
/
```

在代码中，当循环的计数器变量小于 3 时，使用 CONTINUE 跳过循环后面的代码，直接跳转到循环体的开头部分重新开始循环，当循环计数大于 3 时，会执行后面的代码直到循环计数器的值等于 5，程序代码的输出结果如下：

```
内部循环值: x = 0
内部循环值: x = 1
内部循环值: x = 2
CONTINUE 之后的值: x = 3
内部循环值: x = 3
CONTINUE 之后的值: x = 4
内部循环值: x = 4
CONTINUE 之后的值: x = 5
循环体结束后的值: x = 5
```

与 EXIT 相似，CONTINUE 也具有一个相似的 CONTINUE WHEN 子句，使用 CONTINUE WHEN 子句可以在 WHEN 关键字后面指定要进行跳转的条件，可以使用 CONTINUE WHEN 子句简化 CONTINUE 语句的实现，例如将代码 4.9 中的示例更改为

CONTINUE WHEN 子句后,如代码 4.10 所示。

代码 4.10 使用 CONTINUE WHEN 重新开始循环

```
DECLARE
   x    NUMBER := 0;
BEGIN
   LOOP                -- 开始循环,当遇到 CONTINUE 语句时,将重新开始 LOOP 的执行
      DBMS_OUTPUT.put_line ('内部循环值: x = ' || TO_CHAR (x));
      x := x + 1;
      CONTINUE WHEN x<3;
      --当循环计数大于 3 时执行的代码
      DBMS_OUTPUT.put_line ('CONTINUE 之后的值: x = ' || TO_CHAR (x));
      EXIT WHEN x = 5;       --当循环计数为 5 时,退出循环
   END LOOP;
   --输出循环的结束值
   DBMS_OUTPUT.put_line (' 循环体结束后的值: x = ' || TO_CHAR (x));
END;
/
```

每当程序执行到 CONTINUE WHEN 语句时,WHEN 中的条件将被重新计数,如果结果不为 True,CONTINUE WHEN 将不做任何事,程序的执行继续进行,否则循环中断,跳转到循环体开头重新执行。

4.2.5 WHILE-LOOP 循环

简单的 LOOP-END LOOP 循环有一个特色,即无论循环退出条件是否满足,总是先进入 LOOP 循环体,执行代码,直到遇上 EXIT 或 EXIT WHEN 子句才判断并退出循环,这使得循环体中的代码至少有机会被执行 1 次,这种类型的循环也称为**出口值守循环**。

而 WHILE-LOOP 循环在执行循环体中的代码之前先判断一个条件,如果条件一开始就为假,那么一次也不执行代码,这种类型的循环称为**入口值守循环**,两种类型的循环示意图如图 4.6 所示。

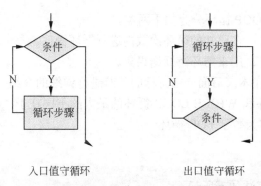

图 4.6 LOOP-END LOOP 与 WHILE-LOOP 循环示意图

WHILE-LOOP 循环的声明语法如下所示。

```
WHILE entry_condition LOOP
[counter_management_statements;]
repeating_statements;
END LOOP;
```

可以看到 WHILE 循环内部包含了一个 LOOP-END LOOP 循环，但是在 WHILE 关键字后面需要先指定循环得以进入的条件。

WHILE 循环中的条件会在每一次循环时被重新计算，如果条件为 True，则继续执行循环体代码，如果条件为 False 或 NULL，则退出循环，使用 WHILE 循环在屏幕上输出 5 个计数器的值的示例如代码 4.11 所示。

代码 4.11　使用 WHILE-LOOP 输出计数器值

```
DECLARE
   v_count   PLS_INTEGER := 1;    --循环计数器值
BEGIN
   WHILE v_count <= 5              --循环计数器小于等于 5
   LOOP
      --循环计数索引的输出
      DBMS_OUTPUT.put_line ('While 循环索引值: ' || v_count);
      v_count := v_count + 1;      --变更索引值以免死循环
   END LOOP;
END;
```

代码中定义了一个用来作为计数器的变量 v_count，该变量初始值为 1，在 WHILE 循环中，首先判断 v_count 的值是否小于 5，如果小于 5，将进入循环体，输出计数器值，并且在循环体中通过递增计数器的值来改变循环下次判断的条件，以免出现死循环，因此最终在屏幕上输出了如下所示的 5 条信息。

```
While 循环索引值: 1
While 循环索引值: 2
While 循环索引值: 3
While 循环索引值: 4
While 循环索引值: 5
```

4.2.6　FOR-LOOP 循环

PL/SQL 的 FOR-LOOP 循环分为如下两类。
- 数字 FOR 循环：在已知的循环次数内进行循环操作。
- 游标 FOR 循环：用来循环游标结果集。

游标 FOR 循环将在本书后面介绍游标的章节进行详细的介绍，数字 FOR 循环与前面介绍的简单 LOOP 循环和 WHILE-LOOP 循环的最大的不同在于，在循环开始前已经知道了循环的次数，因此称为数字 FOR 循环。

1．基本循环结构

FOR 循环的声明语法如下所示。

```
FOR loop index IN [REVERSE] lowest number .. highest number
LOOP
   executable statement(s)
END LOOP;
```

循环以 FOR 开头，loop index 是循环计数器，IN 表示循环将在数字范围内进行循环，

第 4 章 PL/SQL 控制语句

可选择 REVERSE 表示反向由高到低循环，lower number..highest number 表示数字的低位和数字的高位，例如使用 FOR-LOOP 在屏幕上输出 3 行文字，可以使用如代码 4.12 所示的示例代码。

代码 4.12　简单的 FOR-LOOP 示例

```
DECLARE
  v_total    INTEGER := 0;      --循环累计汇总数字
BEGIN
  FOR i IN 1 .. 3               --使用 FOR 循环开始循环计数
  LOOP
    v_total := v_total + 1;     --汇总累加
    DBMS_OUTPUT.put_line ('循环计数器值：' || i);
  END LOOP;
  --输出循环结果值
  DBMS_OUTPUT.put_line ('循环总计：' || v_total);
END;
```

在 FOR 循环中，不用显式声明循环计数器 i，循环计数器像一个常数一样，可以被引用，但是不能对其进行赋值。当循环开始时，循环的范围就确定在 1 到 3 之间，循环每执行一次，循环计数器就递增一次，循环的输出结果如下所示。

```
循环计数器值：1
循环计数器值：2
循环计数器值：3
循环总计：3
```

> 注意：如果循环的上界和下界一致，循环将仅执行一次，例如 FOR i IN 3 .. 3，仅执行一次。

2. 使用REVERSE关键字

默认情况下，循环计数是从低到高进行的，当使用了 REVERSE 后，循环过程将按由高向低的顺序进行，在每个循环后，循环计数器递减，例如将代码 4.12 使用了 REVERSE 关键字实现后，如代码 4.13 所示。

代码 4.13　使用 REVERSE 的 FOR-LOOP 示例

```
DECLARE
  v_total    INTEGER := 0;      --循环累计汇总数字
BEGIN
  FOR i IN REVERSE 1 .. 3       --使用 REVERSE 从高到低进行循环
  LOOP
    v_total := v_total + 1;     --汇总累加
    DBMS_OUTPUT.put_line ('循环计数器值：' || i);
  END LOOP;
  --输出循环结果值
  DBMS_OUTPUT.put_line ('循环总计：' || v_total);
END;
```

在 FOR 中使用了 REVERSE 关键字后，可以看到现在循环计数器的输出是从高到低依次进行的，执行结果如下所示。

```
循环计数器值：3
```

```
循环计数器值: 2
循环计数器值: 1
循环总计: 3
```

3. 使用上下边界值

在代码中，1..3 是循环的边界值，这个边界值除可以为数字之外，还可以是任意的变量、表达式，只要它们是可以赋值的数字，否则 PL/SQL 会引起预定义的 VALUE_ERROR 异常。例如下面的语句：

```
FOR i IN 0..TRUNC(high/low)*2
```

在内部，PL/SQL 将上下限的值赋给一个临时的 PLS_INTEGER 类型的变量，并且在需要的时候会舍入到最近的整数值，如果数值溢出了 PLS_INTEGER 的范围，将触发数字溢出的异常。

下面的代码在运行时获取应用程序的边界值，这里使用了 PL/SQL 的替换变量，如代码 4.14 所示。

代码 4.14　动态指定循环边界值

```
DECLARE
  v_counter    INTEGER := &counter;     --动态指定上限边界值变量
BEGIN
  FOR i IN 1 .. v_counter               --在循环中使用变量定义边界
  LOOP
     DBMS_OUTPUT.put_line ('循环计数: ' || i);
  END LOOP;
END;
```

v_counter 是一个替换变量，在代码中将循环的上限值指定为一个变量来实现动态循环计数，使得在运行时可以设置循环的次数。

在 FOR-LOOP 循环中，依然可以使用 EXIT、EXIT WHEN 和 CONTINUE、CONTINUE WHEN 语句来即时中断或跳转循环，用法与简单 LOOP 循环的使用相似，请参考本章前面对于这些语句的详细介绍。

4.2.7　循环语句使用建议

选择使用哪一种循环，没有固定的原则，当对 PL/SQL 比较熟练以后，可以很灵活地在多种循环之间做出选择。表 4.1 列出了这 3 种循环的建议使用时机。

表 4.1　循环的功能特性与使用时机

循 环 语 句	建议的使用时机
简单 LOOP 循环	当需要确保循环体至少被执行一次时，可以使用 LOOP-END LOOP 循环，在循环体中必须使用 EXIT WHEN 或 EXIT 语句结束循环，以避免出现死循环
WHILE-LOOP 循环	当需要在循环开始之前判断循环条件时，可以使用 WHILE-LOOP 循环，这种类型的循环可能使得循环体一次也不能执行。在循环体内必须更改 WHILE 循环的判断条件值，防止陷入死循环
FOR 循环	如果循环开始前就知道循环的次数，可以选择 FOR 循环，在 FOR 循环中尽量避免出现 EXIT 或 EXIT WHEN 子句，如果出现了这样的语句，那么可能 FOR 循环并不适用于当前的循环

下面是使用循环语句的几点建议。
- 不要在 FOR 和 WHILE 循环中使用 EXIT 或 EXIT WHEN 子句，如果想在一个特定范围内循环所有的值，应该总是使用 FOR 循环，而 FOR 循环内的 EXIT 语句会打断循环的执行。
- 可以在循环中使用标签语句，确保程序更容易理解，同时能增强程序的灵活性。
- 一定要注意不要创建死循环，在编写循环代码时，要总是确保循环具有退出的条件。
- 在循环内部尽量避免使用 RETURN 或 GOTO 语句。

4.3 顺序控制语句

顺序控制结构是最基本的编程结构，程序语言一行一行由前至后依次进行，在顺序结构中也可以实现简单的跳转，PL/SQL 提供了 GOTO 和 NULL 语句。

很多编程指导性的读物都建议不要在程序代码中使用 GOTO 这样的语句来破坏代码的结构，这个条款同样适用于 PL/SQL，但是在程序处理的特定场合，使用 GOTO 或 NULL 语句能提升代码的可读性，解决某些特定的问题。

4.3.1 GOTO 语句和标签

GOTO 语句是一个无条件跳转语句，它可以将程序的执行流程跳转到某个标签，这个标签在其执行范围内必须是唯一的，且必须在一条可执行语句或一个 PL/SQL 块之间，当运行到 GOTO 语句位置时，程序的执行将跳转到标签所在的语句或块处。

注意：滥用 GOTO 语句会导致程序的结构混乱，不易理解和维护，整段代码变得支零破碎，因此应尽量避免在程序中使用 GOTO 语句。

GOTO 语句的声明语法为：

```
GOTO label_name;
```

label_name 是标签的名称，标签一般定义在可执行的语句或 PL/SQL 块的前面，创建要使用<<label_name>>这样的语法，<<>>括起来的是标签名称，GOTO 语句及标签的定义使用示例如代码 4.15 所示。

代码 4.15　GOTO 语句使用示例

```
DECLARE
  p  VARCHAR2(30);                    --定义输出字符串变量
  n  PLS_INTEGER := 37;               --定义要判断的数字
BEGIN
  FOR j in 2..ROUND(SQRT(n)) LOOP     --外层循环
    IF n MOD j = 0 THEN               --判断是否为一个素数
      p := ' 不是素数';                --初始化 P 的值
      GOTO print_now;                 --跳转到 print_now 标签位置
    END IF;
  END LOOP;
```

```
    p := ' 是一个素数';
    --跳转到标签位置
    <<print_now>>
    DBMS_OUTPUT.PUT_LINE(TO_CHAR(n) || p);
END;
/
```

在代码的执行部分，包含一个 FOR 循环，该循环中的 IF 语句块用来判断参数是否为素数，只要条件成立，将立即通过 GOTO 语句跳转到 print_now 标签处，在该标签下面是一行 DBMS_OUTPUT 语句输出素数信息。

由代码中可以看到，标签必须用<<和>>符号包含起来，标签后面不需要分号，标签必须声明在语句块或一条语句的开头，不能在语句的中央，因此下面的代码将标签放在循环语句块的中间是违法的，因为标签下面的 END LOOP 不是一条可执行的语句。

```
DECLARE
  done  BOOLEAN;
BEGIN
  FOR i IN 1..50 LOOP
    IF done THEN
       GOTO end_loop;
    END IF;
    <<end_loop>>
  END LOOP;
END;
```

执行这个匿名块将触发执行时的异常。

GOTO 语句可以向上或向下跳转，前面的例子是从一个循环语句块中跳转到下面的代码块，使用 GOTO 语句还可以模拟循环向上跳转，示例如代码 4.16 所示。

代码 4.16　GOTO 语句模拟循环语句

```
DECLARE
  v_counter   INT := 0;           --定义循环计数器变量
BEGIN
  <<outer>>                        --定义标签
  v_counter := v_counter + 1;
  DBMS_OUTPUT.put_line ('循环计数器：' || v_counter);
  --判断计数器条件
  IF v_counter < 5
  THEN
     GOTO OUTER;                   --向上跳转到标签位置
  END IF;
END;
```

在代码执行部分定义了一个名为 outer 的标签，代码内部通过 IF 条件判断计数器是否小于 5，如果条件成立，则跳转到执行块开头的 outer 标签的位置重复执行代码块，实现类似循环的效果。

除了上面举例介绍的部分功能之外，GOTO 语句还具有如下的特性。

- ❏ 可以从当前块跳到一个封闭的块中。
- ❏ 可以从当前块跳到上层的块中。
- ❏ 可以从异常语句中跳转到另一个其他的块中。
- ❏ 可以从一个 PL/SQL 块跳到一个顺序语句中。

但是 GOTO 语句也有一些约束，如下所示。
- 不能从外部块跳转到嵌套的子块中。
- 不能从外部位置跳转到循环中。
- 不能跳转到 IF 语句中。
- 不能跳转到 CASE 语句中。
- 不能从 IF 语句的一部分跳转到另一部分。
- 不能从异常处理程序中跳回到当前的 PL/SQL 代码块中。

关于这些跳转的详细使用示例，请大家参考 Oracle 提供的 PL/SQL 语言参考电子教程。

4.3.2 NULL 语句

NULL 表示不执行任何操作，使用 NULL 语句允许显式地指明此处的代码不执行任何操作，NULL 只是为了提高程序可读性而使用的一个占位符。

注意：使用 NULL 的原因是提高程序的可读性，NULL 语句本身并不做任何事情。

NULL 语句在 IF 语句中的使用示例如代码 4.17 所示。

代码 4.17　NULL 语句使用示例

```
DECLARE
  v_counter   INT := &counter;            --允许用户输入变量值
BEGIN
  IF v_counter > 5                        --如果变量值大于 5
  THEN
    DBMS_OUTPUT.put_line ('v_counter>5'); --输出信息
  ELSE                                    --否则
    NULL;                                 --仅是占位符，不做任何事情
  END IF;
END;
```

上述代码允许用户输入一个计数器，然后使用一个 IF 语句进行判断，如果计数器 v_counter 的值大于 5，则输出屏幕消息，否则使用 NULL 占位符什么也不做。因此当用户输入小于 5 的数时，整个代码段将什么也不做。

注意：由于 IF 语句中的每一个子句都要求是可执行的语句，因此使用 NULL 可以提供良好的代码美观性。

NULL 语句也可以和标签一起使用，允许 GOTO 语句跳转到一个什么也不做的程序位置，例如 4.18 所示的程序代码。

代码 4.18　NULL 与标签使用示例

```
DECLARE
   done    BOOLEAN;
BEGIN
   FOR i IN 1 .. 50
   LOOP
     IF done
```

```
    THEN
       GOTO end_loop;
    END IF;
     --标签定义
    <<end_loop>>
       NULL;          --使用 NULL 什么也不做
  END LOOP;
END;
```

这段代码如果不添加 NULL 语句,将会触发异常,但是添加了 NULL 语句之后,程序执行一切正常,标签所在的位置表示一个什么也不做的位置。

NULL 在开发异常处理代码时也非常有用,比如有时候希望代码在遇到异常时继续执行,并不处理任何异常,此时可以使用 NULL 语句,示例如代码 4.19 所示。

代码 4.19　在异常语句块中使用 NULL

```
DECLARE
  v_result    INT := 0;                    --保存结果值的变量
BEGIN
  v_result := 16 / 0;                      --故意被 0 除
  DBMS_OUTPUT.put_line (    '现在时间是:'
                    || TO_CHAR (SYSDATE, 'yyyy-MM-dd HH24:MI:SS')
                    );
EXCEPTION                                  --异常处理语句块
  WHEN OTHERS
  THEN
     NULL;                                 --当触发任何异常时,什么也不做
END;
```

代码故意制造了被 0 除的错误,程序会触发异常,因此代码执行会跳转到 EXCEPTION 语句块,WHEN OTHERS THEN 用来捕捉所有可能的异常,NULL 语句表示出现异常不进行任何的处理。

在开发应用程序时,还可以使用 NULL 来创建存根代码,或者在创建匿名块时,可以使用 NULL 语句调试代码执行区不包含任何代码的部分,下面的示例代码创建了一个存根过程,并不包含任何程序代码,以便处理程序的调试:

```
CREATE OR REPLACE PROCEDURE getleveledbom (bomlevel INT)
AS
BEGIN
  NULL;
END;
```

4.4　小　结

本章介绍了 PL/SQL 提供的用于结构化控制的 3 类控制语句。首先介绍了分支控制中的 IF-THEN-ELSE 语句,这是分支结构中最简单的条件控制语句;接下来介绍了多组条件分支的 IF-THEN-ELSIF 语句,可以实现同时处理多个条件分支;CASE 语句是另一种多条件分支的实现方式,它提供了更易懂的代码书写方式。

在循环控制部分,讨论了 PL/SQL 提供的 LOOP、WHILE-LOOP 和 FOR 循环,这 3

种循环各有其特色，LOOP-END 循环称为出口值守循环，循环总是有机会执行 1 次；WHILE-LOOP 循环称为入口值守循环，总是先对循环的条件进行判断后再执行循环，循环有可能一次也不执行；数字式 FOR 循环对于知道循环次数的情形非常有用。

顺序控制语句是最基本的程序设计结构，代码总是逐行执行，但是使用 GOTO 语句可以无条件地在执行语句或语句块之间跳转，NULL 语句是一个占位符语句，使用该语句一般用来提供良好的程序代码结构，本身并不做任何事情。

了解了 PL/SQL 的基本结构后，下一章将开始介绍使用 Oracle 数据库系统的一些基本的知识点。

第 2 篇　PL/SQL 开发基础

▶▶ 第 5 章　管理数据表

▶▶ 第 6 章　查询数据表

▶▶ 第 7 章　操纵数据表

▶▶ 第 8 章　记录与集合

▶▶ 第 9 章　SQL 内置函数

▶▶ 第 10 章　使用游标

▶▶ 第 11 章　事务处理和锁定

▶▶ 第 12 章　异常处理机制

第 5 章 管理数据表

数据库表是 Oracle 数据库存储中基本但重要的部分，许多其他的数据库对象，例如索引、视图都以表为基础。在开发人员使用关系型数据库管理数据时，实际上就是通过创建一个或多个表来实现存储、约束等功能。

5.1 创 建 表

表是 Oracle 存储数据的基本单元，表与现实世界中的对象具有对应关系，在设计数据表时，一般使用 ER 图来构造实体关系模型，ER 图通常是对现实世界中的业务进行的建模。这些 ER 图在变成数据库对象时，最终要转换成表。

数据库表又可称为二维数据集合，表的结构由列（或字段）进行定义，列包含类型和一些约束信息，表行是这些列的数据，表中的行又称为记录，由一条记录来描述一个实例。

5.1.1 数据定义语言 DDL

用来创建表的 SQL 语言称为数据定义语言 **DDL**，DDL 的英文全称是 Data Definition Language，主要用来操纵 Oracle 数据库的结构。可以使用 DDL 语句定义、修改和删除在 Oracle 中存在的每种类型的对象。

数据定义语言主要由 CREATE、ALTER 与 DROP 3 个语句组成。

1．CREATE语句

CREATE 语句用来创建数据库对象，比如要创建数据库、数据表、索引或子程序、触发器等，根据创建的数据库对象的类型的不同，具有多种不同的参数。

例如可以使用 CREATE TABLE 创建一个数据库表，在下一小节会详细介绍创建的语法，或者可以使用 CREATE DATABASE 创建数据库，一些常见的使用 CREATE 语句的创建语法如下所示。

```
CREATE INDEX：创建数据表索引。
CREATE PROCEDURE：创建存储过程。
CREATE FUNCTION：创建用户函数。
CREATE VIEW：创建视图。
CREATE TRIGGER：创建触发器。
```

例如要创建一个公司的员工记录表，可以使用 CREATE TABLE，建表示例如代码 5.1

所示。

代码 5.1　使用 DDL 语句创建数据表

```
CREATE TABLE company_emp
(
  empno     NUMBER(4) PRIMARY KEY NOT NULL,    --员工工号
  ename     VARCHAR2(10 BYTE),                 --员工名称
  job       VARCHAR2(9 BYTE),                  --员工职位
  mgr       NUMBER(4),                         --所属经理
  hiredate  DATE,                              --雇佣日期
  sal       NUMBER(7,2),                       --员工工资
  comm      NUMBER(7,2),                       --员工描述
  deptno    NUMBER(2)                          --部门编码
)
```

从代码中可以看到，在 CREATE TABLE 语句中，定义了数据表的表列及 Oracle 数据表字段类型，该语句执行后，就可以在当前用户方案下面看到 company_emp 表。

2. ALTER语句

ALTER 语句用来修改数据库对象，比如可以修改表、视图、索引、触发器的定义等，由于 ALTER 只需要修改数据库对象的局部，因此不需要定义完整的数据库对象参数，可以根据要修改的幅度来决定使用的参数，例如要向前面创建的表 company_emp 中添加一个名为 description 的列，可以使用如下的代码：

```
ALTER TABLE company_emp ADD description VARCHAR2(200) NULL;
--向 company_emp 添加表列
```

上述代码中使用 ALTER TABLE 语句，向 company_emp 表添加了一个名为 description 的字段，该字段的类型为 VARCHAR2(200)，允许 NULL 值。

下面的代码同样使用 ALTER TABLE 语句来移除 description 字段：

```
ALTER TABLE company_emp DROP COLUMN description;
```

上述代码中，使用了 ALTER TABLE 中的 DROP COLUMN 来移除 description 字段。

3. DROP语句

DROP 语句主要用来移除数据库对象，比如可以移除表、视图、索引等数据库对象，只需要在 DROP 语句后面输入要移除的对象名称即可，是 DDL 语法中最简单的语句。

例如要移除 company_emp 这个数据表，可以使用如下的 DROP 语法：

```
DROP TABLE company_emp;    --移除 company_emp 表
```

所有的 DDL 语句的一个必须牢记的特色就是每一条 DDL 语句都包含了一个隐式提交的事务语句，因此只要这些命令执行，系统就会向数据库提交更改，所有具有访问数据库对象权限的用户马上就可以看到 DDL 语句的执行效果。

注意：在 PL/SQL 语句块中，不能直接使用 DDL 语句，可以通过动态 SQL 语句的形式来执行 SQL 命令。

5.1.2 CREATE TABLE 语句

CREATE TABLE 语句用来创建 Oracle 数据库表，创建数据库表最简单的形式是为 CREATE TABLE 语句指定一个表名称，然后是括号包含起来的字段名称和字段类型。例如要创建一个简单的名为 workcenter 的表，可以使用如下的语法，如代码 5.2 所示。

代码 5.2　简单的 CREATE TABLE 用法

```
--创建表 workcenter
CREATE TABLE workcenter            --指定表名称
(
   id int,                         --添加编号字段
   name varchar2(200)              --添加名称字段
)
```

默认情况下，CREATE TABLE 会将表创建在当前的方案下，如果想在其他方案中创建数据表，那么可以使用"方案名.表名称"这样的语法。例如如果想在 HR 方案中创建 workcenter 数据表，可以使用如下的语法：

```
--创建表 workcenter
CREATE TABLE hr.workcenter         --指定表名称
(
   id int,                         --添加编号字段
   name varchar2(200)              --添加名称字段
)
```

如果是使用 scott 用户登录，默认情况下是不能在 hr 方案之下创建表的，因此上述语句在执行时 Oracle 会触发 ORA-01031 异常。提示权限不足。Toad 中的提示如图 5.1 所示。

图 5.1　Toad 错误提示窗口

通过使用如下所示的 GRANT 语句来为 scott 授予创建任何方案下的表、视图和过程。

```
GRANT  CREATE ANY TABLE,
       CREATE ANY VIEW,
       CREATE ANY PROCEDURE
       TO scott;
```

> 💡 **注意**：在 Oracle 中，DDL 语句具有多种权限限制，一般只有具有管理员权限（DBA）才能建立数据库对象，不过通过 GRANT 和 REVOKE 语句，可以显式地为任何用户分配权限。

在为数据库表命名时，应该遵循 Oracle 数据库对象的标准命名规则，如下所示。

第 5 章 管理数据表

- 表名和列名必须是具有描述性名称的字符串，以字母开头，且长度必须在 1~30 个字符以内。
- 表名中只能包含字符 A~Z、a~z、0~9、_（下划线）、$和#（这两个字符虽然合法，但并不建议使用）。
- 表名和列名不能与同一 Oracle 服务器用户拥有的其他对象重名。
- 表名和列名不能是 Oracle 服务器的保留字。

注意：表名和列表都是不区分大小写的。

在 CREATE TABLE 语句的括号中，定义了列名，并使用 Oracle 内置的数据类型指定了列的类型，关于 Oracle 内置的数据类型，请参考本书第 3 章的内容。

除了指定列的类型之外，还可以使用列类型属性来指定列的基本约束，常用的列特性有如下 3 个。

- NOT NULL：指定列不接受 NULL 值，如果省略该值，列将允许接受 NULL 值。
- UNIQUE：指定存储在列中的每一个值都必须唯一。
- DEFAULT default_value：指定列的默认值。

例如下面的代码 5.3 使用 CREATE TABLE 语句创建了一个发票表 invoices，使用了列类型属性来对列进行基本的约束。

代码 5.3　使用列约束创建表

```
CREATE TABLE invoice
(
   invoice_id NUMBER NOT NULL UNIQUE,          --自动编号，唯一，不为空
   vendor_id NUMBER NOT NULL,                  --供应商 ID
   invoice_number VARCHAR2(50)  NOT NULL,      --发票编号
   invoice_date DATE DEFAULT SYSDATE,          --发票日期
   invoice_total  NUMBER(9,2) NOT NULL,        --发票总数
   payment_total NUMBER(9,2)   DEFAULT 0       --付款总数
)
```

上述代码通过对列属性的使用，使得一些列的值不能为 NULL；一些列具有 DEFALUT 指定的默认值；而一些列的值必须在整个表的相同的列中唯一。

下面的语法是创建一个表的最基本的语法：

```
CREATE TABLE [schema_name.]table_name
(
  column_name_1 data_type [column_attributes]
  [,column_name_2 data_type [column_attributes]]...
  [,table_level_constraints]
)
```

Oracle 为表的创建提供了大量的参数，一些参数可能需要 DBA 来参与辅助设置，对于 PL/SQL 的开发人员来说，只需要了解这些基本的语法就可以完成很多的工作了。

为了创建表，必须深入理解业务实体的数据类别及数据存储的容量，Oracle 内置了一系列的数据类型允许用户使用来创建一个表。在本书介绍 PL/SQL 数据类型时曾经介绍过，PL/SQL 支持访问所有的 Oracle 数据类型，Oracle 数据类型可分为标量、复合、引用和 LOB4 种类型，要了解数据类型的详细信息，可以参考本书 3.2 节对数据类型的介绍。

5.1.3 在设计器中创建表

如果是使用 Toad、PL/SQL Developer 或者是 Oracle SQL Developer 等工具，可以直接使用工具提供的设计器来创建表。

1. 在Toad中建表

要使用 Toad 创建表，可以通过单击主菜单的 "Database | Create | Table" 菜单项，或者是进入 Schema Browser 数据库模式窗口后，选择表节点（Treeview 模式）或者是表标签（Tab 模式），从下拉菜单栏或工具栏中选择创建表向导，如图 5.2 所示。

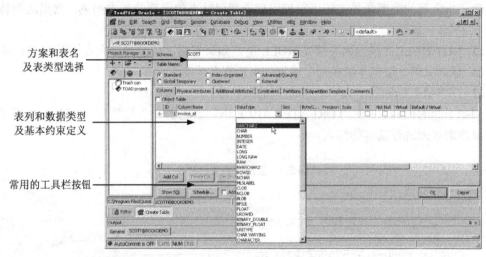

图 5.2 使用 Toad 的表创建向导

Toad 提供了多种数据表类型可供选择，这些数据表类型具有各自不同的用处，本书主要介绍标准表的创建，有兴趣的读者可以参考 Oracle 文档获取其他类型的表的使用信息。

对于已创建的表，Toad 提供了功能强大的表查看窗口，可以在查询语句或 PL/SQL 代码编辑器中将鼠标指针放在名称字符串中，使用 F4 键打开表查看窗口，或者在 Toad 的 SQL 编辑器中输入 DESC 表名，将显示如图 5.3 所示的表查看窗口。

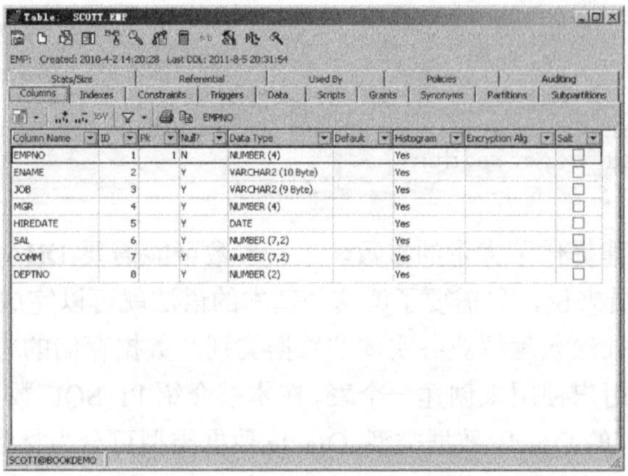

图 5.3 表信息查看与修改窗口

第 5 章 管理数据表

使用这个功能强大的窗口，允许 DBA 或系统管理员随时查看与表相关的所有的信息，比如权限、触发器、约束及表数据等。

2．在PL/SQL Developer中创建表

与 Toad 类似，PL/SQL 提供了表创建向导，可以通过单击"文件｜新建｜表"菜单项来打开如图 5.4 所示的表创建窗口。

图 5.4　PL/SQL Developer 表创建向导窗口

PL/SQL Developer 的表创建向导使用 Tab 页的形式提供了创建表的多个选项，比如指定表的存储选项，表的类型，表的列、键、约束、索引等信息。

3．在Oracle SQL Developer中创建表

Oracle SQL Developer 同样提供了所见即所得的数据表设计器窗口，可以通过导航面板的树状视图，展开数据库连接节点，右击数据表节点，选择"新建表..."菜单项，将显示如图 5.5 所示的表设计器窗口。

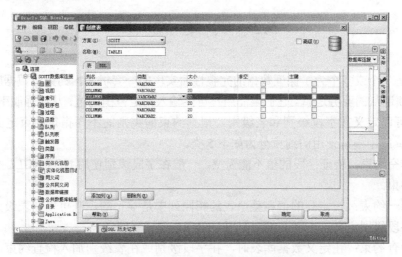

图 5.5　Oracle SQL Developer 创建表窗口

• 137 •

在创建表窗口中,可以通过"添加列"按钮添加新的列,从下拉列表框中选择列数据类型及约束,并可单击"DDL"标签页来查看创建表的数据定义语言。

5.1.4 创建表副本

CRETAE TABLE 提供的 AS SELECT 语句,允许从一个现有的表中创建一个新的表,创建的表可以包含原表的所有架构、字段属性、约束和数据记录;也可以仅架构完全相同,而不包含数据,其使用语法如下所示。

```
CREATE TABLE <newtable> AS SELECT {* | column(s)} FROM <oldtable> [WHERE <condition>];
```

例如要创建 scott 方案下的 emp 表的副本并包含所有的数据,则可以使用如下的语句:

```
CREATE TABLE emp_copy AS SELECT * from scott.emp
```

可以使用下面的语法仅创建一个架构而不包含任何表数据:

```
CREATE TABLE emp_copy AS SELECT * from scott.emp WHERE 1=2;
```

上述代码中,复制的新表将与原来的表列具有完全相同的定义,但是可以通过改变查询 SELECT 语句,例如使用函数进行类型的转换等来创建不完全相同的类型,如以下代码所示。

```
CREATE TABLE emp_copy_others AS SELECT empno,ename,TO_CHAR(hiredate,'yyyy-MM-dd') AS hiredate FROM scott.emp;
```

使用 CREATE TABLE..AS SELECT 方式有如下几个限制需要注意。
- 不能够复制约束条件与列的默认值,这需要手工重新建立。
- 不能够为新表指定表空间,默认情况下采用的是当前用户的默认表空间。
- 一些大对象数据类型(比如 Blob 类型)或者是 Long 数据类型的数据,如果包含这种类型的查询是不能创建成功的。

5.2 创建约束

约束是一个或多个为了保证数据的完整性而实现的一套机制,约束是数据库服务器强制用户必须遵从的业务逻辑。它们限制用户可能输入指定范围的值,从而强制引用完整性。

约束可以定义在字段级别和表级别,根据约束的类别的不同指定约束定义的不同位置,在 Oracle 中最常使用的约束分为如下 5 类。
- 非空约束:验证字段的值不能为空,一般在字段级别使用 NOT NULL 列属性进行约束。
- 唯一约束:指定列的值在整个表的相同列中是唯一的,既可以在表级别也可以在字段级别定义,在字段级别使用 UNIQUE 进行声明。
- 检查约束:在定义数据库表时,在字段级别或在表级别加入检查约束,使其满足特定的要求,允许指定字段的检查条件,比如值大于 0 或小于 0 等。

- 主键约束：SQL 92 建议在建立一个表时定义一个主键，它其实就是：唯一约束+非空约束。
- 外键约束：用于定义表间关联的约束，实现数据完整性，这是关系型数据库的精髓。

约束可以在创建表的时候定义，也可以在建表之后使用 ALTER 语句添加和修改约束。

5.2.1 创建主键约束

当使用 CREATE TABLE 语句创建表时，列的 NOT NULL 和 UNIQUE 关键字都是表列的约束，这些约束限制了在列中可以存储的数据的类型，除此之外，还可以在列类型的后面使用 PRIMARY KEY 关键字指定列的类型为主键。当为列指定了主键后，列被强制为 NOT NULL，并且列中的每行都被强制为一个唯一值，此外，会根据这个列自动地创建一个索引。

例如对于 invoice 这个表，可以使用如下的语法来创建并指定主键，如代码 5.4 所示。

代码 5.4　创建 invoice 表并指定主键

```
CREATE TABLE invoice
(
  invoice_id NUMBER PRIMARY KEY,              --自动编号，唯一，不为空
  vendor_id NUMBER NOT NULL,                  --供应商 ID
  invoice_number VARCHAR2(50)  NOT NULL,      --发票编号
  invoice_date DATE DEFAULT SYSDATE,          --发票日期
  invoice_total  NUMBER(9,2) NOT NULL,        --发票总数
  payment_total NUMBER(9,2)   DEFAULT 0       --付款总数
)
```

注意：如果 invoice 表已经存在，则使用 DROP TABLE invoice 语句将其删除重建。

代码中使用 PRIMARY KEY 关键字对 invoice_id 列进行修饰，表示将以 invoice_id 作为表的主键，这是最简单的指定表的主键的方式，但不是最好的编程习惯。

注意：如果没有为约束指定名称，Oracle 将使用 SYS_Cn 格式自动生成一个名称，其中 n 表示一个唯一性的整数，可以通过 USER_CONSTRAINTS 数据字典表来了解特定的表定义的约束。

建议的方法是在列或表级别使用 CONSTRAINT 关键字，为约束指定一个约束名，因而对于创建表的代码也可以使用如下的语法，如代码 5.5 使用了列级别的 CONSTRAINT 关键字来创建表。

代码 5.5　在列属性中使用 CONSTRAINT 关键字

```
CREATE TABLE invoice
(
  invoice_id NUMBER CONSTRAINT invoice_pk PRIMARY KEY,
                                              --自动编号，唯一，不为空
  vendor_id NUMBER CONSTRAINT vendor_id_nn NOT NULL,  --供应商 ID
```

```
    invoice_number VARCHAR2(50) CONSTRAINT vendor_number_nn   NOT NULL,
                                                        --发票编号
    invoice_date DATE DEFAULT SYSDATE,                  --发票日期
    invoice_total  NUMBER(9,2)  CONSTRAINT invoice_total_nn  NOT NULL,
                                                        --发票总数
    payment_total NUMBER(9,2)    DEFAULT 0              --付款总数
)
```

通过将 CONSTRAINT 定义在列类型后面，可以显式地创建约束，并能为约束指定约束名称。对于 UNIQUE 与 PRIMARY KEY，还可以在表级别使用 CONSTRAINT 指定约束，比如在为一个表设置多个主键时，可以在表级别使用 CONSTRAINT 设置约束。在表级别与在列级别的效果是相同的，但是能提供更清晰的代码，将代码 5.5 的 CONSTRAINT 声明更改为表级别，实现如代码 5.6 所示。

代码 5.6　在表级别使用 CONSTRAINT 关键字

```
CREATE TABLE invoice
(
    invoice_id NUMBER ,                             --自动编号，唯一，不为空
    vendor_id NUMBER,                               --供应商 ID
    invoice_number VARCHAR2(50),                    --发票编号
    invoice_date DATE DEFAULT SYSDATE,              --发票日期
    invoice_total  NUMBER(9,2) ,                    --发票总数
    payment_total NUMBER(9,2)    DEFAULT 0,         --付款总数
    CONSTRAINT invoice_pk PRIMARY KEY (invoice_id),
    CONSTRAINT vendor_id_un UNIQUE (vendor_id)
);
```

上述代码相对于列类型来说最大的好处在于可以使用多列，比如通过在括号内输入以逗号分隔的多个列名，可以同时指定多列主键，例如如果要使用 invoide_id 和 vendor_id 作为主键，可以使用如下所示的代码：

```
CONSTRAINT invoiceid_vendorid_pk PRIMARY KEY (invoice_id,vendor_id),
```

在为表设计主键时，下面是一些常用的设置规则。

- ❑ 主键应该是对用户没有意义的，在一些数据表的设计中，不建议以材料编码或身份证号码及员工工号作为主键，主键应该只是一些具有唯一性标识的标识符，比如自增长的数字等。
- ❑ 主键应该是单列的，以便提高连接和筛选操作的性能，复合主键通常导致不良的外键，因此要尽量避免。
- ❑ 主键应该是不能被更新的，主键的主要作用是唯一标识一行，更新则违反了主键无意义的原则。
- ❑ 主键不应该包含动态更新的数据，比如时间戳、创建时间或修改时间等这些动态变化的数据。
- ❑ 主键最好由计算机自动生成，在 Oracle 中可以使用序列来为主键列生成值。

5.2.2　创建外键约束

外键约束又称为引用约束，这种类型的约束主要用来在多个表之间定义关系，并强制

第 5 章　管理数据表

引用完整性，与主键约束一样，外键约束也可以在列级别和表级别创建，使用关键字 REFERENCES 语句来定义，列级别的外键约束语法如下所示。

```
[CONSTRAINT constraint_name]
  REFERENCES table_name (column_name)
[ON DELETE {CASCADE|SET NULL}]
```

位于[]的可选部分指定 CONSTRAINT 和约束名称，ON DELETE {CASCADE|SET NULL}这行代码用来指示是否级联删除，当两个表中的两个字段建立了外键关联后，如果主键所在表中的值被删除，使用 ON DELETE 指定是否级联删除，CASCADE 表示关联表中的内容一并删除，而 SET NULL 表示子表中的值设置为 NULL。

注意：如果没有指定 ON DELETE，默认情况下将使用 CASCADE 进行级联删除。

假定有一个表 vendor，可以将 invoice 表的 vendor_id 与 vendor 表的 vendor_id 字段进行外键约束，也就是说，invoice 表中的字段取值必须是 vendor 表中已经存在的供应商字段，vendor 表的创建如代码 5.7 所示。

代码 5.7　vendor 表的定义代码

```
CREATE TABLE vendors
(
  vendor_id NUMBER,                                    --供应商 id
  vendor_name VARCHAR2(50) NOT NULL,                   --供应商名称
  CONSTRAINT vendors_pk PRIMARY KEY (vendor_id),       --主键
  CONSTRAINT vendor_name_uq UNIQUE (vendor_name)       --唯一性约束
)
```

下面的代码创建 invoice 表，在列级别为 invoice 表的 vendor_id 字段与 vendor 表的 vendor_id 字段进行了关联，如代码 5.8 所示。

代码 5.8　在 invoice 表中为 vendor_id 列创建外键关联

```
CREATE TABLE invoice
(
  invoice_id NUMBER ,                                        --自动编号，唯一，不为空
  vendor_id NUMBER    REFERENCES vendors (vendor_id),        --供应商 ID
  invoice_number VARCHAR2(50),                               --发票编号
  invoice_date DATE DEFAULT SYSDATE,                         --发票日期
  invoice_total  NUMBER(9,2) ,                               --发票总数
  payment_total NUMBER(9,2)    DEFAULT 0,                    --付款总数
  CONSTRAINT invoiceid_vendorid_pk PRIMARY KEY (invoice_id,vendor_id),
  CONSTRAINT vendor_id_un UNIQUE (vendor_id)
);
```

通过使用 REFERENCES 语法，指定要关联的目标表名与字段，示例中指定 vendors 表的主键 vendor_id 列作为关联字段。

注意：在定义外键时，引用的表键必须是唯一性键值，一般建议使用关联表的主键作为关联字段。

同样可以在表级别使用 CONSTRAINT 关键字来创建外键约束，例如下面的代码在表

级别使用 CONSTRAINT 定义了外键关联并指定了 ON DELETE 级联删除设置，如代码 5.9 所示。

代码 5.9　在 invoice 表级别创建外键关联

```
CREATE TABLE invoice
(
  invoice_id NUMBER ,                                    --自动编号，唯一，不为空
  vendor_id NUMBER,                                      --供应商 ID
  invoice_number VARCHAR2(50),                           --发票编号
  invoice_date DATE DEFAULT SYSDATE,                     --发票日期
  invoice_total  NUMBER(9,2) ,                           --发票总数
  payment_total NUMBER(9,2)   DEFAULT 0,                 --付款总数
  CONSTRAINT invoiceid_vendorid_pk PRIMARY KEY (invoice_id,vendor_id),
  CONSTRAINT vendor_id_un UNIQUE (vendor_id),
  CONSTRAINT invoice_fk_vendors FOREIGN KEY (vendor_id) REFERENCES vendors
  (vendor_id)
  ON DELETE CASCADE
);
```

使用 CONSTRAINT 语法的不同之处在于需要为外键指定一个名称；使用 FOREIGN KEY 指定外键字段；REFERENCES 指定关联表和关联字段；上述代码使用 ON DELETE 显式指定了级联删除特性。

一旦创建了主外键关联，可以使用 Toad 提供的 Query Builder 或 ER Diagram 工具来查看外键关联信息，Query Builder 允许可视化的创建查询，而 ER Diagram 则主要用来显示表间关系。要打开 Query Builder，可以使用 Toad 主菜单的 "Database|Report|Query Builder" 菜单项，如图 5.6 所示。

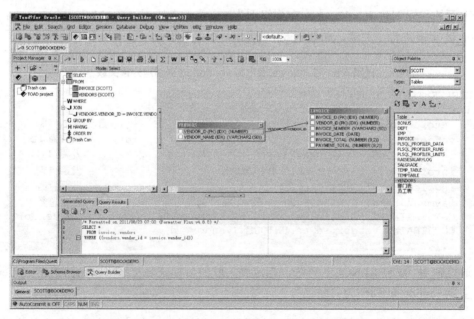

图 5.6　Toad 的 Query Builder 工具可视化定义查询

PL/SQL Developer 也提供了查询设计器，可以自动显示出表间的主外键关联，要打开查询设计器，可以将鼠标停留在 SQL 编辑器窗口，然后按工具栏的 按钮打开查询设计

器，如图 5.7 所示。

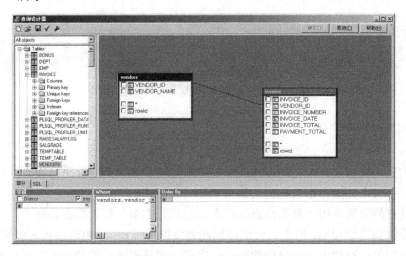

图 5.7　PL/SQL Developer 的查询设计器窗口

为了演示外键约束的实际效果，下面向 vendors 表中插入两条记录，插入语句如下所示。

```
INSERT INTO vendors VALUES(1,'纵横国际');
INSERT INTO vendors VALUES(2,'宇河国际');
```

接下来向 invoice 表中使用 INSERT 语句插入两条记录：

```
INSERT INTO invoice(invoice_id,vendor_id,invoice_number) VALUES(1,1,
'0001');                                        --插入成功
INSERT INTO invoice(invoice_id,vendor_id,invoice_number) VALUES(1,3,
'0001');                                        --插入失败
```

因为 invoice 表中的 vendor_id 字段具有一个外键约束，关联到 vendors 表的主键 vendor_id 列，因此第 2 条语句向 invoice 表中插入一条在 vendors 表中不存在的 vendor_id 字段值时，Oracle 提示插入失败，在 Toad 中将弹出如图 5.8 所示的错误提示。

图 5.8　违反外键约束的错误提示

再来看看级联删除。在代码 5.8 中，已经为 vendor_id 外键设置了级联删除特性，因此当从 vendors 表中删除记录时，与该 vendor_id 相关的 invoice 表中的相关记录也会被删除，例如执行如下的代码删除 vendors 表中 vendor_id 为 1 的供应商 id 号：

```
DELETE FROM vendors WHERE vendor_id = 1;
```

现在来查询 invoice 表，看看相关的记录是否发生了变化，执行如下的查询代码：

```
SELECT * FROM invoice;
```

执行结果如下所示。

```
SQL> SELECT invoice_id,vendor_id,invoice_number FROM invoice;
   INVOICE_ID         VENDOR_ID        INVOICE_NUMBER
------------------  -------------  -----------------------
            1              2                  0001
```

可以看到，vendor_id 为 1 的记录果然已经被级联删除。

5.2.3 创建检查约束

检查约束允许指定一个布尔表达式，在记录值被存储到列中前进行检查以便仅存储满足条件的记录值，如果布尔表达式结果为 False 或 NULL，那么相关的 SQL 语句将产生一个异常，检查约束通常用于单列校验，或者是同一行的多个列的数据验证。

与其他的列类型相似，检查约束既可以在列级别进行定义，也可以在表级别进行定义。应用在列级别的检查约束一次只能约束一个字段，但是表级别的检查约束可以根据需要同时应用一个或多个字段。

检查约束的声明语法如下所示。

```
[CONSTRAINT constraint_name] CHECK (condition)
```

方括号中的为可选项，如果在列级别中定义检查约束，可以省略 CONSTRAINT 关键字，例如下面的示例代码创建了一个名为 invoices_check 的表，在列级别使用 CHECK 关键字分别定义了两个约束，如代码 5.10 所示。

代码 5.10 列级别的检查约束

```
CREATE TABLE invoice_check
(
  invoice_id NUMBER ,
  invoice_total  NUMBER(9,2)  CHECK (invoice_total>0 AND invoice_
    total<=5000) ,
  payment_total NUMBER(9,2)  DEFAULT 0 CHECK(payment_total>0 AND payment_
    total<=10000)
);
```

上述代码在列级别指定 invoice_total 的值大于 0 且小于等于 5000，payment_total 的值大于 0 小于等于 10000，因此向 invoice_check 表中插入不符合条件的值时，将会触发异常。例如下面的代码向 invoice_check 表中插入不符合检查约束的值：

```
INSERT INTO invoice_check VALUES(1,-100,20000);
```

当执行该语句时，Oracle 会提示如下所示的异常：

```
SQL> INSERT INTO invoice_check VALUES(1,-100,20000);
INSERT INTO invoice_check VALUES(1,-100,20000)
            *
第 1 行出现错误:
ORA-02290: 违反检查约束条件 (SCOTT.SYS_C0011726)
```

在列级别只能对单个字段定义检查约束，而在表级别，可以同时对多个字段进行约束。例如下面的代码使用 CONSTRAINT 关键字同时对 invoice_total 和 payment_total 进行了约束，如代码 5.11 所示。

代码 5.11　表级别的检查约束

```
CREATE TABLE invoice_check
(
  invoice_id NUMBER ,
  invoice_total  NUMBER(9,2) DEFAULT 0 ,
  payment_total NUMBER(9,2)   DEFAULT 0,
  CONSTRAINT invoice_ck CHECK(invoice_total<=5000 AND payment_total<=
  10000)
);
```

在表级别使用 CONSTRAINT 关键字，可以为约束定义一个具有良好意义的名称。在示例中同时指定了 invoice_total 和 payment_total 约束，使用这种方式，可以实现在多个列值都满足条件的情况下，才能存储列值。例如如果执行下面的代码，将触发异常：

```
SQL> INSERT INTO invoice_check VALUES(1,6000,100);
INSERT INTO invoice_check VALUES(1,6000,100)
            *
第 1 行出现错误:
ORA-02290: 违反检查约束条件 (SCOTT.INVOICE_CK)
```

在约束中，可以使用各种逻辑运算符及标准的 SQL 函数来计算布尔值结果，例如可以使用 BETWEEN、IN、IS NULL 等布尔运算符。例如下面的代码创建了一个名为 invoice_check_others 的表，使用了各种运算符创建检查约束，如代码 5.12 所示。

代码 5.12　在约束中使用函数和布尔运算符

```
CREATE TABLE invoice_check_others
(
  invoice_id NUMBER ,
  invoice_name VARCHAR2(20),
  invoice_type INT,
  invoice_clerk VARCHAR2(20),
  invoice_total  NUMBER(9,2) DEFAULT 0 ,
  payment_total NUMBER(9,2)   DEFAULT 0,
  --发票总数必须在1~1000 之间
  CONSTRAINT invoice_ck CHECK(invoice_total BETWEEN 1 AND 1000) ,
  --发票名称必须为大写字母
  CONSTRAINT check_invoice_name CHECK (invoice_name = UPPER(invoice_name)),
  --发票类别必须在1,2,3,4,5,6,7 之间
  CONSTRAINT check_invoice_type CHECK (invoice_type IN (1,2,3,4,5,6,7)),
  --发票处理员工编号不能为 NULL 值
  CONSTRAINT check_invoice_clerk CHECK (invoice_clerk IS NOT NULL)
);
```

在代码中，使用了 BETWEEN、IS NOT NULL、UPPER 等函数来创建检查约束。在创建了上述的表之后，下面的语句向表中插入一条记录：

```
INSERT INTO invoice_check_others VALUES(1,'INVOICE_NAME1',1,'b02393',
1000,1000);
```

上述 INSERT 语句的所有条件都匹配表中创建的约束，如果将 invoice_name 改为小写字母，将引发约束违反异常，如下代码所示。

```
INSERT INTO invoice_check_others VALUES(1,'invoice_name1',1,'b02393',
1000,1000);
```

上述代码将触发 check_invoice_name 的约束违反异常,如下所示。

```
INSERT                    INTO                     invoice_check_others
VALUES(1,'invoice_name1',1,'b02393',1000,1000)
        *
ERROR 位于第 1 行:
ORA-02290: 违反检查约束条件 (APPS.CHECK_INVOICE_NAME)
```

使用检查约束具有如下限制。
- 不能为视图指定检查约束,但是可以在视图上使用 WITH CHECK OPTION 子句,该子句与使用检查约束等同。
- 检查约束不能包含子查询和标量子查询表达式,不能包含 CURRENT_DATE、CURRENT_TIMESTAMP、DBTIMEZONE、LOCALTIMESTAMP、SESSIONTIMEZONE、SYSDATE、SYSTIMESTAMP、UID、USER 和 USERENV 等函数。
- 检查约束中不能包含自定义的函数。
- 不能包含伪列,比如 CURRVAL、NEXTVAL、LEVEL 或 ROWNUM。

5.2.4 查看表约束

Oracle 将用户创建的表、约束等信息都放在数据字典表中,允许开发人员查询数据字典表或视图来获取数据库对象的信息,比如一个表的创建者信息、创建时间信息、所属表空间信息、用户访问权限信息等。如果用户在对数据库中的数据进行操作时遇到困难,就可以访问数据字典来查看数据库对象的详细信息,数据字典中包含的主要内容如下所示。
- 各种方案对象的定义信息,如表、视图、索引、同义词、存储过程、函数、包、触发器和各种对象。
- 存储空间的分配信息,如为某个对象分配了多少存储空间,该对象使用了多少存储空间。
- 安全信息,如账户、权限、角色、完整性约束信息。
- 数据库实例运行时的性能和统计信息。
- 其他数据库运行过程中的基本信息。

> **注意**:数字字典表本身不能被直接访问,必须通过数据字典视图来访问数据字典中的信息,系统的数据字典视图以 V$开头。

数据字典表根据其前缀又可分为如下 4 类。
- user:用户所创建对象对应的数据字典表,例如 user_objects、user_tables 等。
- all:用户所能访问对象(包括用户创建的对象)对应的数据字典表,例如 all_objects、all_tables 等。
- dba:所有对象对应的数据字典表,例如 all_objects、all_tables 等。
- v$:描述系统性能相关的数据字典表。如通过 v$version 表可获得数据库版本信息。

有两个数据字典视图提供了约束的详细信息。

- user_constraints：对于表中的每一个约束，在该表中都有一条记录描述这个约束，该表包含约束应用到的表，如果知道约束名，想知道约束类型，可以查询 user_constraints，这个视图描述了约束的定义，但是它不提供约束定义在哪些字段名称上。
- user_cons_columns：视图中显示约束的字段名称。如果主键是一个联合（多字段）主键，这个视图中将有这个约束的两条记录，联合主键的每一个字段对应一条记录，每一条记录通过 position（在联合主键中的位置）来区别。

例如要查询 invoice_check_others 表中的所有约束信息，可以使用如下的 SQL 语句：

```
SELECT constraint_name, search_condition, status
  FROM user_constraints
 WHERE table_name = UPPER ('invoice_check_others');
```

在 Toad 中，该语句的执行结果如图 5.9 所示。

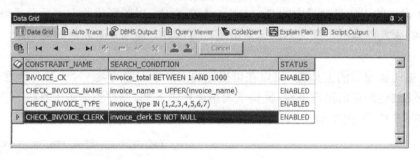

图 5.9　invoice_check_others 约束列表

在 user_constraints 视图中并没有包含约束应用到的列信息，为了获取 invoice_check_others 表的列约束信息，可以使用如下的代码查询 user_cons_columns 视图，如以下代码所示。

```
--查询约束应用的列信息
SELECT constraint_name, column_name
  FROM user_cons_columns
 WHERE table_name = UPPER ('invoice_check_others');
```

上述代码在 Toad 中的执行结果如代码 5.10 所示。

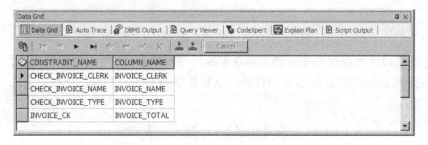

图 5.10　invoice_check_others 约束列信息列表

作为 DBA，可以使用 all_constraints 和 all_cons_columns 来获取约束的详细信息。下面的查询使用 Oracle 连接查询这两个表来获取约束的详细信息，如代码 5.13 所示。

代码 5.13　使用连接查询获取约束详细信息

```
SELECT a.table_name, a.constraint_name, a.search_condition, b.column_name,
       a.constraint_type
  FROM all_constraints a, all_cons_columns b
 WHERE a.table_name = UPPER ('invoice_check_others')
   AND a.table_name = b.table_name
   AND a.owner = b.owner
   AND a.constraint_name = b.constraint_name;
```

上述语句的输出结果如图 5.11 所示。

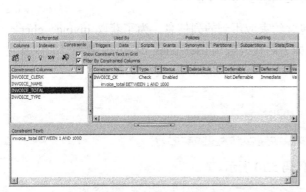

图 5.11　连接查询获取视图信息

Toad 提供的表信息向导中的 Constraints 标签页中，以图形化的方式显示了当前表中所有创建的约束及约束的定义文本，这使得用户可以更方便地查看表的约束信息，如图 5.12 所示。

通过使用该窗口的工具栏，可以在可视化的工具中创建约束。对于不太熟悉 SQL 语句或希望快速创建约束的用户来说，提供了简单易用的方式。例如当单击工具栏的 ![btn] 按钮后，将显示如图 5.13 所示的创建约束窗口。

图 5.12　Toad 提供的约束查看窗口　　　　图 5.13　Toad 提供的创建约束窗口

通过该窗口可以看到 Oracle 约束的众多选项与设置方式，在设置了约束后，可以通过 SQL 标签页来查看产生的 SQL 语句代码，这也是学习 Oracle 语法的一种好方法。

5.3　修　改　表

当表成功创建后，在程序的开发过程中可能需要对表的结构进行更改，比如添加、修改或删除列、约束等，更改列字段类型、字段大小等操作，可以使用 ALTER TABLE 语句来完成。

5.3.1 修改表列

使用 ALTER TABLE 语句修改表列可以做如下 4 件事情。
- 向表中添加新的列。
- 修改已经存在的列的类型或数据范围。
- 删除已经存在的列。
- 重命名表列。

ALTER TABLE 语句用来修改表列的语法如下所示。

```
ALTER TABLE [schema_name.]table_name
{
 ADD column_name data_type [column_attributes] |
 DROP COLUMN column_name |
 MODIFY column_name data_type [column_attributes]
}
```

下面分别介绍如何进行表列的新增、修改与删除。

1. 新增表列

在代码 5.11 中创建了 invoice_check 表，这个表包含 invoice_id、invoice_total、payment_total 这 3 个字段。现在需要向该表中插入一个 invoice_name 字段，用来描述发票名称，具有 20 个字符宽度，可以使用如下的 ALTER TABLE 语句：

```
ALTER TABLE invoice_check ADD invoice_name VARCHAR2(20);
```

这条语句会将 invoice_name 添加到 invoice_check 的最右边。由声明语法可知，在添加列时还可以定义列属性，比如指定 NOT NULL、UNIQUE 或 CHECK 约束。例如下面的代码在添加了 invoice_name 列时同时指定了约束信息。

```
ALTER TABLE invoice_check ADD invoice_name VARCHAR2(20) CHECK
(LENGTH(invoice_name)<=8);
```

上述代码指定 invoice_name 的长度不能大于 8 个字符，现在可以查询 invoice_check 表，可以看到新创建的 invoice_name 位于最右边，初始值为 NULL，如下所示。

```
INVOICE_ID    INVOICE_TOTAL    PAYMENT_TOTAL     INVOICE_NAME
-----------   --------------   ---------------   ---------------
         1              200              200
        21              300              400
```

2. 修改表列

使用 ALTER TABLE 可以对现有表已经存在的列进行修改，但是这个功能应该小心使用，Oracle 并不允许可能会导致数据丢失的任何更改。

> ⚠ 注意：更改数据表列是一件具有危险性的行为，应该在 DBA 的许可之下，在测试环境中测试好后才能在生产环境中更改。

下面更改 invoice_check 表中的 invoice_name 列,设置其宽度为 100 个字符,ALTER TABLE 语句如下所示。

```
--移除现有的约束
ALTER TABLE invoice_check DROP CONSTRAINT SYS_C001118879;
--修改列字段的长度,并重新创建约束
ALTER TABLE invoice_check MODIFY invoice_name VARCHAR2(100) CHECK(LENGTH
(invoice_name)<=50);
```

上面的代码首先清除了 invoice_name 原有的约束 SYS_C001118879,当然这个编号在读者的系统上可能不同,在不指定约束名时由 Oracle 根据序列号机制创建约束名称。在 MODIFY 语句中指定 invoice_name 的长度为 100 个字符,语句后面的 CHECK 将会创建一条新的约束,使得字符串长度可以小于 50 个字符。

下面向 invoice_check 表插入一条新的记录,该记录中指定了 invoice_name 字段的值,如以下代码所示。

```
INSERT INTO invoice_check
    VALUES (3, 300, 400, 'This is a invoice_name field');
```

现在查询 invoice_check 表,可以看到如下所示的结果:

```
SQL> set linesize 300
SQL> select * from invoice_check;
INVOICE_ID INVOICE_TOTAL  PAYMENT_TOTAL   INVOICE_NAME
---------- -------------- --------------- ----------------------------
         1            200             200
        21            300             400
         3            300             400   This is a invoice_name field
```

Oracle 数据库不允许会引起数据库数据丢失的列更改,因此现在如果将 invoice_name 的长度变回为 20,将会引起异常,如下所示。

```
SQL> ALTER TABLE invoice_check MODIFY invoice_name VARCHAR2(20);
ALTER TABLE invoice_check MODIFY invoice_name VARCHAR2(20)
                                 *
ERROR 位于第 1 行:
ORA-01441:无法减小列长度,因为一些值过大
```

3. 删除表列

使用 ALTER TABLE 的 DROP COLUMN 语法可以将一个已存在的列删除。下面的代码将删除 invoice_check 表的 invoice_name 列:

```
ALTER TABLE invoice_check DROP COLUMN invoice_name;
```

上面的代码将删除 invoice_check 表中的 invoice_name 字段,无论字段中是否有值。

4. 重命名表列

使用 ALTER TABLE 语句,可以对现有的数据表的表列重新命名,例如要重命名 invoice_check 表的 invoice_name 字段名为 invoice_name_short,可以使用如下的语法:

```
ALTER TABLE invoice_check RENAME COLUMN invoice_name TO invoice_name_short;
```

通过 RENAME COLUMN 关键字,可以将一个表字段名称重命名为指定的目标字段名

称。现在查询 invoice_check 表，可以看到字段名称果然已经被更改，如下所示。

```
SQL> col INVOICE_NAME_SHORT FORMAT A30;
SQL> select * from invoice_check;
INVOICE_ID   INVOICE_TOTAL   PAYMENT_TOTAL   INVOICE_NAME_SHORT
----------   -------------   -------------   ------------------
         1             200             200   Demo1
         2             300             400   Demo2
         3             300             400   This is a invoice_name field
         3             300             400   This is a invoice_name field
         4             300             400   Demo2
```

代码中使用 col 指定了 invoice_name_short 列的字段宽度，然后查询 invoice_check 表，通过显示出来的结果可以看到现在已经没有 invoice_name 列了，变成了 invoice_name_short 列。

5.3.2 修改约束

使用 ALTER TABLE 语句可以完成如下 3 类修改约束的操作。
- 向表中添加一个新的约束。
- 移除表中现有的约束。
- 启用或禁用约束。

ALTER TABLE 用来处理约束的语法如下所示。

```
ALTER TABLE table_name
{
  ADD CONSTRAINT constraint_name constraint_definition [DISABLE] |
  DROP CONSTRAINT constraint_name |
  ENABLE [NOVALIDATE] constraint_name |
  DISABLE constraint_name
}
```

下面分别介绍这 3 种功能的实现。

1．添加约束

invoice_check 这个表在创建的时候并没有指定主键，可以参考代码 5.11 所示的创建代码。下面的代码将使用 ADD CONSTRAINT 为 invoice_check 添加一个主键约束：

```
ALTER TABLE invoice_check ADD CONSTRAINT invoice_check_pk PRIMARY KEY
(invoice_id);
```

上述代码会成功地向 invoice_check 添加主键约束，因为主键列是非空+唯一约束的实现，而在 invoice_check 表中 invoice_id 符合这个条件。假定 invoice_id 中包含两条相同的记录，执行上述的代码，将出现如下所示的异常：

```
ALTER TABLE invoice_check ADD CONSTRAINT invoice_check_pk PRIMARY KEY
(invoice_id)
                      *
ERROR 位于第 1 行:
ORA-02437: 无法验证 (APPS.INVOICE_CHECK_PK) - 违反主键
```

ADD CONSTRAINT 有一个 DISABLE 关键字，如果不指定该关键字，那么在创建约束后将启用约束，可以通过使用该关键字来创建一个未被启用的约束。

当一个约束被禁用以后，Oracle 将不对已经存在的数据值检查是否符合约束条件，因此使用 ALTER TABLE 语句时，即便不符合约束条件也能正确地添加约束。例如 invoice_check 表的 invoice_name 列包含两条重复的数据，如下所示。

```
SQL> set linesize 300;
SQL> select * from invoice_check;
INVOICE_ID   INVOICE_TOTAL   PAYMENT_TOTAL   INVOICE_NAME
----------   -------------   -------------   --------------------------
         1             200             200   Demo1
         2             300             400   Demo2
         3             300             400   This is a invoice_name field
         4             300             400   Demo2
```

当向 invoice_check 表中添加约束而不指定 DISABLE 时，Oracle 会提示异常。如果指定了 DISABLE，可以看到约束已经被成功添加，如下所示。

```
ALTER TABLE invoice_check ADD CONSTRAINT invoice_check_nn UNIQUE
(invoice_name) DISABLE;
```

由于该约束被禁用，其效果就好像该约束并不存在一样，因此仍然可以向该约束插入重复的值。

下面的代码列出了一些常见的使用 ALTER 语句添加约束的语法：

```
--添加检查约束
ALTER TABLE invoice_check_others
ADD CONSTRAINT invoice_total_ck CHECK(invoice_total>=1) DISABLE
--添加外键约束
ALTER TABLE invoice_check_others
ADD CONSTRAINT invoice_fk_vendors FOREIGN KEY (vendor_id) REFERENCES
vendors(vendor_id)
--添加 NOT NULL 约束
ALTER TABLE vendors
ADD CONSTRAINT vendor_vendor_name_nn NOT NULL;
```

2．删除约束

要删除一个约束，必须得知道约束的名称。如果表使用了未指定约束名的列级别的约束定义方式，那么 Oracle 将会使用 SYS_Cn 这样的形式自动为约束指定名称，例如约束名 SYS_C001118879。开发人员可以通过 Toad、Oracle SQL Developer 或 PL/SQL Developer 这样的工具来查询特定名的约束名称。

例如要删除 invoice_check_nn 这个约束，可以使用如下所示的语句：

```
ALTER TABLE invoice_check DROP CONSTRAINT invoice_check_nn;
```

3．启用和禁用约束

尽管可以在创建约束时使用 DISABLE 关键字禁用这个约束，但对于任何已经创建好的约束，都可以使用 ENABLE 或 DISABLE 关键字来进启用或者是禁用。

假定已为 invoice_check 表创建了 invoice_check_nn 这个 UNIQUE 约束，该约束在创建时使用 DISABLE 关键字进行了禁用，可以使用下面的语法启用这个约束：

```
ALTER TABLE invoice_check ENABLE CONSTRAINT invoice_check_nn;
```

当执行这行语句时，Oracle 提示一个异常，如下所示。

```
SQL> ALTER TABLE invoice_check ENABLE CONSTRAINT invoice_check_nn;
ALTER TABLE invoice_check ENABLE CONSTRAINT invoice_check_nn
*
第 1 行出现错误：
ORA-02299: 无法验证 (SCOTT.INVOICE_CHECK_NN) - 找到重复关键字
```

之所以出现这个异常，是因为当启用一个约束时，默认情况下会对已经存在的记录进行检查，因为默认情况下 ENABLE 关键字会使用 VALIDATE 作为约束检查条件，所以如果不匹配约束的条件，将抛出异常。

Oracle 提供了 NOVALIDATE 关键字，允许仅对新的记录应用约束，而不对原有的记录进行检查。但是对于 UNIQUE 和 PRIMARY KEY 约束，要使用 NOVALIDATE 关键字，必须对约束使用 DEFERRABLE 关键字，如以下代码所示。

```
--移除 UNIQUE 约束
ALTER TABLE invoice_check DROP CONSTRAINT invoice_check_nn;
--使用 DEFERRABLE 关键字增强一个被禁用的约束
ALTER TABLE invoice_check ADD CONSTRAINT invoice_check_nn UNIQUE
(invoice_name) DEFERRABLE DISABLE;
--启用约束，对于已存在的记录不进行验证
ALTER TABLE invoice_check ENABLE NOVALIDATE CONSTRAINT invoice_check_nn;
```

当使用了 NOVALIDATE 关键字后，可以看到现在已经成功启用约束，如果向 invoice_check 表的 invoice_name 列插入已存在的记录，例如下面的代码：

```
SQL> INSERT INTO invoice_check VALUES(5,300,400,'Demo2');
INSERT INTO invoice_check VALUES(5,300,400,'Demo2')
*
第 1 行出现错误：
ORA-00001: 违反唯一约束条件 (SCOTT.INVOICE_CHECK_NN)
```

如果要禁用一个现有的约束，可以使用 DISABLE 关键字，也可以在 DISABLE 关键字后面使用 VALIDATE 和 NOVALIDATE 关键字，其作用分别如下。

❑ DISABLE VALIDATE：禁用约束，对已存在的记录进行验证。
❑ DISABLE NOVALIDATE：禁用约束，不验证已存在的记录。

当直接使用 DISABLE 不指定验证关键字时，与使用 NOVALIDATE 一样，例如下面的代码将禁用 invoice_check_nn 约束。

```
ALTER TABLE invoice_check DISABLE CONSTRAINT invoice_check_nn;
```

如果在 DISABLE 关键字后面添加 VALIDATE 关键字，Oracle 将抛出异常，提示存在重复记录，如以下代码所示。

```
SQL> ALTER TABLE invoice_check DISABLE VALIDATE CONSTRAINT invoice_check_nn;
ALTER TABLE invoice_check DISABLE VALIDATE CONSTRAINT invoice_check_nn
*
第 1 行出现错误：
ORA-02299: 无法验证 (SCOTT.INVOICE_CHECK_NN) - 找到重复关键字
```

5.3.3 移除数据表

使用 DROP TABLE 语句，可以移除数据表中所有的数据和数据表结构及约束，例如要删除 invoice_check 表，可以使用如下所示的语句：

```
DROP TABLE invoice_check;
```

在使用 DROP TABLE 语句时，Oracle 会检查要移除的表是否存在与其他表的依赖关系，如果存在，Oracle 将不允许删除，例如在 vendors 表中包含了两条数据，如下所示。

```
SQL> set linesize 300;
SQL> SELECT * FROM vendors;
 VENDOR_ID  VENDOR_NAME
----------- ---------------
         1  路人甲供应商
         2  路人乙供应商
```

invoice 表中的 vendor_id 与 vendors 表中的 vendor_id 具有主外键关系，同时在 invoice 表中存在一条记录引用到了 vendors 表，如下所示。

```
SQL> SELECT * FROM invoice;
INVOICE_ID   VENDOR_ID   INVOICE_NUMBER
-----------  ----------  ------------------
         1           1   0001
```

此时如果移除 vendors 表，将会弹出异常，如下所示。

```
SQL> DROP TABLE vendors;
DROP TABLE vendors
          *
ERROR 位于第 1 行:
ORA-02449: 表中的唯一/主键被外部关键字引用
```

如果要让 Oracle 能成功移除 vendors 表，必须首先移除 invoice 表，然后再移除 vendors。Oracle 提供了在 DROP TABLE 中可以使用的 CASCADE CONSTRAINTS 语句来级联移除关联关系，如果使用如下的语法：

```
DROP TABLE vendors CASCADE CONSTRAINTS;
```

则 vendors 表被成功移除，同时移除了 vendors 表和 invoice 表之间的主外键约束，但是存储在 invoice 表中的 vendor_id 资料并没有被删除，依然存在。

5.3.4 在设计器中修改表

大多数 Oracle 管理工具都提供了可视化的表的创建与管理工具，例如 Toad 功能强大的表信息窗口提供了各种各样的可视化窗体，允许用户轻松地管理 Oracle 数据库的方方面面。

举个例子，如果要向现有的表中添加一行，可以使用如下两种方法打开表信息窗口。

❑ 在 Schema Browser 中的 Tables 节点(或标签页)下面的列表中选中某个表，在 Toad 右侧会显示表信息窗口，由多个 Tab 页组成。

❑ 在 SQL 或 PL/SQL 编辑器中，选中某个表名按 F4 键，将弹出表信息窗口。

在打开了表信息窗口后,选中 Columns 标签页,通过单击工具栏的 图标,将弹出向表中添加新列的窗口,如图 5.14 所示。

可以看到添加列窗口还包含了 Foreign Key 标签页,允许为所创建的新列指定外键,如图 5.15 所示。SQL 标签页会帮助用户生成 ALTER TABLE 语句代码,例如图 5.14 中创建的列,在 SQL 标签页中会产生如下的代码:

```
ALTER TABLE APPS.INVOICE
ADD (invoice_name VARCHAR2(50 BYTE) CONSTRAINT invoice_name_ck
CHECK (invoice_name=UPPER(invoice_name)))
COMMENT ON COLUMN
APPS.INVOICE.invoice_name IS
'发票名称检查约束';
```

表信息的 Constraints 页提供了所有的约束信息列表,可以通过工具栏的 5 个按钮完成添加新约束、启用或禁用约束、重命名约束及删除约束等工作,对于每个约束,可以在约束详细信息的 Grid 中按 F4 键查看约束的详细信息,Constraints 约束列表如图 5.16 所示。

约束详细信息窗口如图 5.17 所示,Script 标签页会产生约束的 SQL 代码,以便于开发人员使用。关于 Oracle SQL Developer 及 PL/SQL Developer 表修改的用法,请参考相关的产品文档。

图 5.14　添加新列窗口

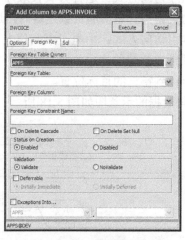

图 5.15　指定外键关联窗口

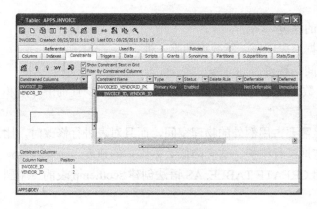

图 5.16　表信息约束窗口

图 5.17　约束详细信息窗口

5.4 索　引

索引是数据管理系统提供的一种用来快速访问表中数据的机制。在数据库管理系统中，索引的意义非常重大，使用索引可以显著提高对数据库数据的查询效率，减少磁盘的 IO 操作，提升整个数据库系统的性能。在本书前面的内容中实际上已经自动创建过索引，当定义主键或唯一性约束时，Oracle 会自动在相应的字段上创建唯一性索引，用户也可以使用 SQL 语句在其他的列上手动地创建非唯一性索引。

5.4.1 索引简介

索引是建立在数据库表中的一列或多列用来加速访问表中数据的辅助对象。通俗地说，索引类似于一本书的目录，或者是电子书的书签，例如"Oracle SQL Reference"这本书，如果要查找 Oracle SQL 的操作符部分，那么有如下两种方式。

- 顺序访问方式：这种方式按顺序依次定位每一页，判断要翻到的页面是否为需要的页。当一本书的页数过多时，这种方式无疑既花费时间又耗费资源。
- 索引访问方式：由电子书制作人员提前将图书的每章每节制作成书签，每个书签都指向章节的特定位置，当要查找某个内容时，只需要在书签中查看，通过书签定位到特定的目标位置。

索引与数据的示意图如图 5.18 所示。

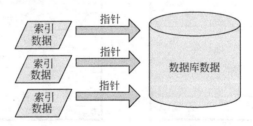

图 5.18　索引示意图

使用索引具有如下优点。
- 索引可以大大加快检索数据的速度。
- 使用唯一性索引可以保证数据库表中每一行数据的唯一性。
- 通过索引可以加快表与表之间的连接。
- 在使用分组和排序子句进行数据检索时，使用索引可以显著地减少查询中分组和排序的时间。

但是索引需要在表基础上创建，需要占用额外的物理空间，而且对表进行修改时，比如增、删、改数据的时候，需要动态地进行维护，这会降低数据维护的速度。

为了演示索引的作用，下面使用 CREATE TABLE..AS 语法创建 scott.emp 表的一个副本，如以下代码所示。

```
CREATE TABLE emp_index AS SELECT * from emp;
```

可以通过查询 all_indexes 表来获知索引的基本信息，使用如下的 SELECT 语句：

```
SQL> SELECT * FROM all_indexes WHERE TABLE_NAME='EMP_INDEX';
未选定行
```

可以看到执行结果不包含任何索引。

现在 scott.emp 和 emp_index 两张表具有完全相同的结构，但是 emp 包含一个唯一性的索引，而 emp_index 不包含任何索引。如果查询 emp_index 表中员工工号为 7369 的信息，使用如下的 SQL：

```
SELECT * FROM emp_index WHERE empno=7369;
```

Oracle 将会使用顺序访问方式逐个比较员工的编号，直到找到工号为 7369 的员工信息，这种方式称为全表扫描。当数据量成千上万甚至上百万条记录时，使用这种方式由于需要遍历整个列，效率会极其低下。

emp 表中基于 empno 存在一个唯一性的索引，当使用下面的代码查询 all_indexes 表时，可以看到存在一个 UNIQUE 索引。

```
SQL> SELECT owner, index_name, table_name, uniqueness
    FROM all_indexes
    WHERE table_name = 'EMP' AND table_owner = 'SCOTT'
OWNER      INDEX_NAME        TABLE_NAME      UNIQUENESS
-------    --------------    ------------    ----------
SCOTT      SYS_C0094364      EMP             UNIQUE
```

在 Toad 中，可以选中要执行的语句按下快捷键 Ctrl+E 来查看 SQL 语句的执行路径。对于 emp 表，其执行使用了唯一性索引扫描，如下所示。

```
Plan
SELECT STATEMENT  CHOOSE
    2 TABLE ACCESS BY INDEX ROWID APPS.EMP
        1 INDEX UNIQUE SCAN UNIQUE APPS.EMP_PK
```

对于 emp_index，没有使用任可索引机制，可以看到使用的是全表扫描。

```
Plan
SELECT STATEMENT  CHOOSE
    1 TABLE ACCESS FULL APPS.EMP_INDEX
```

5.4.2 索引原理

在 Oracle 数据表中，每一张表都有一个 ROWID 伪列，这个 ROWID 是用来唯一标志一条记录所在物理位置的一个 id 号，每一行对应的 ROWID 值是固定而且唯一的。一旦数据存入数据库就确定，不会在对数据库表操作的过程中发生改变，只有在表发生移动或表空间变化等操作产生物理位置变化时，才会发生改变。

下面的代码使用 ROWIDTOCHAR 内置函数将查询到的 ROWID 值输出为字符串，代码及输出如下所示。

```
SQL> set linesize 300;
SQL> SELECT ROWIDTOCHAR(rowid) rowid_char,x.* from emp x;
ROWID_CHAR                EMPNO ENAME      JOB              MGR HIREDATE
------------------        ----- ------     ------           --- --------
```

```
AAAR3sAAEAAAACUAAB        7888 张三          经理           15-8月 -11
AAAR3sAAEAAAACXAAA        7369 SMITH         CLERK         7902 17-12月-80
AAAR3sAAEAAAACXAAB        7499 ALLEN         SALESMAN      7698 20-2月 -81
……
已选择 15 行。
```

当为 ename 这个列建立了一个索引后，例如使用如下的语句：

```
CREATE INDEX idx_emp_ename ON emp_index(ename);
```

Oracle 在创建 idx_emp_ename 索引时，会对 emp_index 进行一次全表扫描，获取每条记录 ename 列的数据，并进行升序排列。同时会获取每条记录的 ROWID 值，连同排序后的 ename 列一起存储到索引段中，其格式是（索引列值，ROWID），这种组合也称为**索引条目**。

注意：在索引段中保存排序后的索引列的值及代表着物理地址的 ROWID 值。

当检索数据时，比如使用 WHERE 子句按指定条件检索数据时，Oracle 将首先对索引中的列进行快速搜索，由于索引列已经过排序，因此可以使用各种快速的搜索算法，这样就可以避免对全表进行扫描。在找到所要检索的数据后，通过 ROWID 在 emp_index 中读取具体的记录值。

5.4.3 创建索引

索引的创建方式分为如下两种。
- 自动创建：在定义主键约束或唯一约束时，Oracle 自动在相应的约束列上建立唯一索引，Oracle 不推荐人为地创建唯一索引。
- 手动创建：用户可以在其他列上创建非唯一索引。

在 Oracle 中，索引根据其组织形式又可以分为多种类型，分别如下所示。
- 单列索引：索引基于单个列所创建。
- 复合索引：索引基于多个列所创建。
- B 树索引：这是 Oracle 默认使用的索引，B 树索引可以是单列索引或复合索引、唯一索引或非唯一索引，索引按 B 树结构组织并存放索引数据。
- 位图索引：为索引列的每个取值创建一个位图，对表中的每行使用 1 位（bit，取值为 0 或 1）来表示该行是否包含该位图的索引列的取值。
- 函数索引：索引的取值不直接来自列，而是来自包含有列的函数或表达式，这就是函数索引。

索引的创建语法如下所示。

```
CREATE [UNIQUE] | [BITMAP] INDEX index_name
ON table_name([column1 [ASC|DESC],column2
[ASC|DESC],…] | [express])
[TABLESPACE tablespace_name]
[PCTFREE n1]
[STORAGE (INITIAL n2)]
[NOLOGGING]
[NOLINE]
[NOSORT];
```

第 5 章 管理数据表

这些参数的含义如下所示。
- UNIQUE：表示唯一索引，默认情况下，不使用该选项。
- BITMAP：表示创建位图索引，默认情况下，不使用该选项。
- PCTFREE：指定索引在数据块中的空闲空间。对于经常插入数据的表，应该为表中索引指定一个较大的空闲空间。
- NOLOGGING：表示在创建索引的过程中不产生任何重做日志信息。默认情况下，不使用该选项。
- ONLINE：表示在创建或重建索引时，允许对表进行 DML 操作。默认情况下，不使用该选项。
- NOSORT：默认情况下，不使用该选项。Oracle 在创建索引时对表中记录进行排序。如果表中数据已经是按该索引顺序排列的，则可以使用该选项。

要使用 CREATE INDEX 语句创建索引，需要具有如下两种权限。
- CREATE INDEX：当在用户所在的方案中创建索引时需要具备的权限。
- CREATE ANY INDEX：要在其他用户方案中创建索引时需要具备的权限。

在创建索引时，会对全表进行扫描，对索引列的数据进行排序，为索引分配存储空间，将索引的定义信息保存到数据字典中。

如果在使用 CREATE INDEX 时，不指定任何索引类型参数，默认创建的就是标准的 B 树索引，例如下面的语句在 emp_index 表中创建了两个不同的 B 树索引：

```
CREATE INDEX idx_emp_empnoname ON emp_index(ename,empno);   --B 树索引
CREATE INDEX idx_emp_job ON emp_index(job);                  --B 树索引
CREATE BITMAP INDEX idx_emp_job_bitmap ON emp_index(job);    --位图索引
CREATE INDEX idx_emp_name ON emp(UPPER(ename));              --函数索引
```

> 注意：当创建复合索引时，索引列的顺序决定了索引的性能，通常要将最常查询的列放在前面，不常查询的列放在后面。两个具有不同名称的复合索引列，使用了相同的字段但是顺序不同是合法的。

Toad 提供了具有非常多的选项的可视化索引创建窗口，可以在表信息窗口的"indexes"标签页查看索引的详细信息，如图 5.19 所示。可以通过图中工具栏上的 ■ 按钮来创建索引，Toad 将弹出如图 5.20 所示的新建索引窗口，可以看到 Toad 提供了非常详细的索引创建选项。

在设置了索引的创建选项后，可以通过单击底部的 Show SQL 按钮查看向导生成的创建索引的 SQL 语句。

由于索引的创建会带来一定的性能开销，因此必须要注意创建索引的一些基本原则。下面是创建索引常见的 10 条原则。
- 小表不需要建立索引，比如 emp 表只有数十行记录，可以不建立索引。
- 对于大表而言，如果经常查询的记录数目少于表中总记录数目的 15%，可以创建索引。这个比例并不绝对，它与全表扫描速度成反比。
- 对于大部分列值不重复的列可建立索引。
- 对于基数大的列，适合建立 B 树索引，而对于基数小的列适合建立位图索引。
- 对于列中有许多空值，但经常查询所有的非空值记录的列，应该建立索引。
- LONG 和 LONG RAW 列不能创建索引。

- 经常进行连接查询的列上应该创建索引。
- 在使用 CREATE INDEX 语句创建查询时，将最常查询的列放在其他列前面。
- 维护索引需要开销，特别是对表进行插入和删除操作时，因此要限制表中索引的数量。对于主要用于读的表，索引多就有好处，但是，如果一个表经常被更改，则索引应少点。
- 在表中插入数据后创建索引。如果在装载数据之前创建了索引，那么当插入每行时，Oracle 都必须更改每个索引。

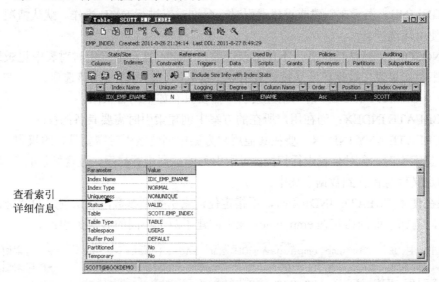

图 5.19 Toad 提供的索引信息窗口

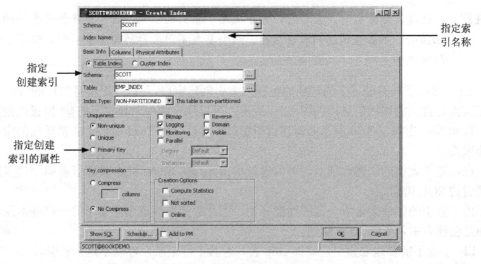

图 5.20 创建新索引

5.4.4 修改索引

如果在创建好索引之后，发现索引的命名不符合命名规范，需要重命名，或者是索引在使用一段时间后，需要重建索引，可以使用 ALTER INDEX 语句。下面分别对几种常见的索引修改方式进行介绍。

1. 重命名索引

当对已经创建的索引的名称不满意时，可以通过 ALTER INDEX..RENAME TO 语句更改索引的名称，使用示例如下所示。

```
SQL> ALTER INDEX idx_emp_empnoname RENAME TO idx_ename_empno;
索引已更改。
```

在 ALTER INDEX 语句的后面，跟上索引的名称（可以使用方案名.索引名称），在 RENAME TO 语句后面，跟上要进行重命名的最终名称。

2. 合并和重建索引

表在使用一段时间后，由于频繁地对表进行操作，而每次对表的更新必然伴随着索引的改变，因此，在索引中会产生大量的碎片，从而降低索引的使用效率。可以使用如下两种方式来清理碎片。

- 合并索引：合并索引不改变索引的物理组织结构，只是简单地将 B 树叶子节点中的存储碎片合并在一起。
- 重建索引：重新创建一个新的索引，删除原来的索引。

合并索引使用 ALTER INDEX COALESCE 语法，例如下面的语法对 idx_ename_empno 索引进行了合并操作：

```
SQL> ALTER INDEX idx_ename_empno COALESCE;
索引已更改。
```

合并只是简单地将 B 树中的叶子节点中的碎片合在一起，其实并没有改变索引的物理组织结构，例如并不会对叶子节点的存储参数和表空间进行更改，合并执行前与合并执行后的示意图如图 5.21 所示。

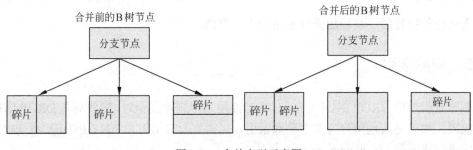

图 5.21　合并索引示意图

从图 5.21 中可以看到，合并前放在两个节点中的碎片被合并到了 1 个节点，而另一个叶子节点就被释放了。

重建索引实际上就是对原有的索引的删除，再重新建一个新的索引，因为这个原因，所以在使用 ALTER INDEX 时，可以使用各种存储参数，比如使用 STORAGE 指定存储参数，使用 TABLE SPACE 指定表空间或利用 NOLOGGING 选项避免产生重做日志信息。

例如要重建 idx_ename_empno 索引，可以使用如下的语句：

```
SQL> ALTER INDEX idx_ename_empno REBUILD;
索引已更改。
```

也可以使用存储语句更改索引所在的表空间，例如如下语句：

```
ALTER INDEX idx_ename_empno REBUILD TABLESPACE users;
```

上面的语句在重建索引的时候，使用 TABLESPACE 选项将索引移到了 users 表空间中。
合并索引和重建索引都能消除索引碎片，但二者在使用上有明显的区别。
- 合并索引不能将索引移动到其他表空间，但重建索引可以；
- 合并索引代价较低，无须额外存储空间，但重建索引恰恰相反；
- 合并索引只能在 B 树的同一子树中合并，不改变树的高度，但重建索引重建整个 B 树，可能会降低树的高度。

3．分配和释放索引空间

在插入或者加载数据时，如果表中具有索引，会同时在索引中添加数据，如果索引段空间不足，为了能够向索引段添加数据将导致动态地扩展索引段，从而降低了数据的装载速度。为了避免这个问题，可以在执行装载或大批量插入之前为索引段分配足够的空间，如以下语法所示。

```
SQL> ALTER INDEX idx_ename_empno ALLOCATE EXTENT(SIZE 200K);
索引已更改。
```

上述语法首先将 idx_ename_empno 索引段的索引扩容 200KB，以便能容纳所插入的索引数据。

当索引段占用了过多的空间，而实际上用不了这样多的空间时，可以通过 DEALLOCATE UNUSED 来释放多余的空间，如以下语句所示。

```
SQL> ALTER INDEX idx_ename_empno DEALLOCATE UNUSED;
索引已更改。
```

上述语句执行后，将释放未曾使用的索引空间。

5.4.5 删除索引

删除索引使用 DROP INDEX 语句。在当前用户中删除索引时，需要具备 DROP INDEX 系统权限；如果是其他用户方案中删除索引，则需要具有 DROP ANY INDEX 系统权限。下面的语句将删除 idx_ename_empno 索引：

```
SQL> DROP INDEX idx_ename_empno;
索引已删除。
```

对于唯一性索引，如果是在定义约束时由 Oracle 自动建立的，则可以通过使用 DISABLE 禁用约束或删除约束的方法来删除对应的索引。

注意：在删除表时，所有基于该表的索引也会被自动删除。

当以下情况发生时,需要从数据库中移除索引。

- ❏ 索引不再需要时,应该删除以释放所占用的空间。
- ❏ 索引没有经常使用,只是极少数查询会使用到该索引时。
- ❏ 如果索引中包含损坏的数据块,或者是索引碎片过多时,应删除该索引,然后重建索引。
- ❏ 如果表数据被移动后导致索引无效,此时应删除该索引,然后重建。
- ❏ 当使用 SQL*Loader 给表中装载大量数据时,系统也会给表的索引增加数据,为了加快装载速度,可以在装载之前删除索引,在装载之后重新创建索引。

5.5 使用视图

视图是表的另外一种表示形式,它通过使用 SELECT 语句定义一个视图所需显示数据的虚表,这个虚表只有对视图的定义,并不包含实际的数据。可以说,视图是在表的基础上用来展现数据的一种方式。

5.5.1 视图简介

视图与表一样,同属于 Oracle 中的方案对象,因此视图会出现在数据字典中。视图如其名所示,是数据的一种展现方式,视图本身不包含任何数据,它通过 SELECT 语句使用来自一个或多个表中的数据创建逻辑表,因此可以将视图看成是一个"虚表",或者只是一个"存储的查询"。在创建视图时,只是将视图的定义信息保存到数据字典中,并不将实际的数据复制到任何地方。

举个例子,emp 表和 dept 表保存了员工和部门的详细信息,emp 表中有一个指向 dept 表的 deptno 的外键,为了向用户提供 emp 表和 dept 表中的详细信息,可以创建一个名为 view_dept_emp 的视图,这个视图的数据来源于 emp 表和 dept 表,如图 5.22 所示。

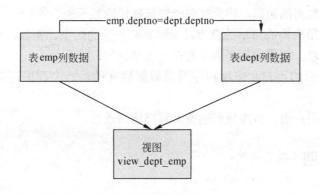

图 5.22 视图示意图

下面的代码 5.14 创建了 view_dept_emp 视图。

代码 5.14　创建视图语句

```
CREATE OR REPLACE VIEW view_dept_emp
AS
  SELECT emp.empno, emp.ename, emp.job, emp.mgr, emp.hiredate, dept.dname,
      dept.loc
    FROM emp, dept
   WHERE emp.deptno = dept.deptno;
```

有了这个视图后,可以像查询普通的表一样查询视图,如以下查询语句所示。

```
SQL> SELECT * FROM view_dept_emp;
     EMPNO ENAME      JOB          MGR       HIREDATE       DNAME
     ----- -----      ---------    --------  ----------     --------
      7369 史密斯     职员         7902      17-12月-80     研究部
      7499 艾伦       销售人员     7698      20-2月 -81     销售部
      7521 沃德       销售人员     7698      22-2月 -81     销售部
      7566 约翰       经理         7839      02-4月 -81     研究部
      7654 马丁       销售人员     7698      28-2月 -81     销售部
      7698 布莱克     经理         7839      01-3月 -81     销售部
      7782 克拉克     经理         7839      09-5月 -81     财务部
      7788 斯科特     职员         7566      09-12月-82     研究部
      7839 金         老板                   17-11月-81     财务部
      7844 特纳       销售人员     7698      08-8月 -81     销售部
      7876 亚当斯     职员         7788      12-1月 -83     研究部
      7900 吉姆       职员         7698      03-12月-81     销售部
      7902 福特       分析人员     7566      03-12月-81     研究部
      7892 张八       IT                                    研究部
      7893 霍九                                             研究部
      7894 霍十                                             研究部
已选择16行。
```

视图所查询的表叫做基础表,视图是包含了一个或多个基础表(或者是其他视图)中部分数据的一个表。图5.22中emp和dept表是视图view_dept_emp的基础表,view_dept_emp视图并不占用任何实际的存储空间,当emp或dept表的数据发生改变时,视图中的数据也会发生改变。

视图具有如下几个优点。
- 视图限制数据的访问,因为视图能够选择性地显示表中的列。
- 视图可以用来构成简单的查询以取回复杂查询的结果。例如,视图能用于从多表中查询信息,而用户不必知道怎样写连接语句。
- 视图对特别的用户和应用程序提供数据独立性,一个视图可以从几个表中取回数据。
- 视图提供用户组,按照他们的特殊标准访问数据。

5.5.2　创建视图

视图按照其是否涉及DML操作,又可分为如下两类。
- 简单视图:视图的数据仅来自一个表,在视图的SELECT语句中不包含函数或数据分组,总是可以通过视图来执行DML操作。

- 复杂视图：视图的数据来自多个表，可以包含函数或数据分组，并不总是可以通过视图进行 DML 操作。

视图的创建语法如下所示。

```
CREATE [OR REPLACE] [FORCE|NOFORCE] VIEW view
[(alias[, alias]...)]
AS subquery
[WITH CHECK OPTION [CONSTRAINT constraint]]
[WITH READ ONLY [CONSTRAINT constraint]];
```

语法中的关键字的含义如下所示。
- OR REPLACE：如果视图已经存在，重新创建它。
- FORCE：创建视图，而不管基表是否存在。
- NOFORCE：只在基表存在的情况下创建视图（这是默认值）。
- view：视图的名字。
- alias：为由视图查询选择的表达式指定名字（别名的个数必须与由视图选择的表达式的个数匹配）。
- subquery：是一个完整的 SELECT 语句（对于在 SELECT 列表中的字段，可以用别名）。
- WITH CHECK OPTION：指定在视图中只有可访问的行才能被插入或修改。
- constraint：为 CHECK OPTION 约束指定的名字。
- WITH READ ONLY：确保在该视图中没有 DML 操作被执行。

一般的创建视图的方式是先测试 SELECT 语句的正确性，然后将 SELECT 语句作为视图的 subquery 进行查询。

1. 简单视图

简单视图是指基于单个表建立的，不包含任何函数、表达式和分组数据的视图。例如可以根据 emp 表中部门编号为 20 的员工创建一个视图，如以下语句所示。

```
SQL> CREATE OR REPLACE VIEW v_deptemp
   AS
     SELECT empno, ename, job, mgr, hiredate, sal, comm
       FROM emp
      WHERE deptno = 20;
视图已创建。
```

上述语法是创建视图的最简单的语法形式，可以像使用表一样来使用这个视图，例如可以查看视图结果，对视图应用 DML 语句。下面的语句查询视图数据：

```
SQL> SELECT * FROM v_deptemp;
    EMPNO ENAME       JOB        MGR   HIREDATE        SAL       COMM
    ----- ---------- ---------- ----- ----------- ---------- ----------
     7369 史密斯      职员        7902  17-12月-80    2425.08       300
     7566 约翰        经理        7839  02-4 月-81      3570       297.5
     7788 斯科特      职员        7566  09-12月-82    1760.2      129.6
     7876 亚当斯      职员        7788  12-1 月-83      1440         120
     7902 福特        分析人员    7566  03-12月-81      3600         300
     7892 张八        IT
     7893 霍九
```

```
            7894 霍十
已选择 8 行。
```

下面的语句向视图 v_deptemp 中插入了一条新的记录：

```
SQL> INSERT INTO v_deptemp VALUES(7999,'李思','经理',
7369,SYSDATE,8000,NULL);
已创建 1 行。
```

如果需要限制向视图插入数据，只插入满足视图中约束条件的数据，例如向 v_deptemp 视图中插入的数据要符合 deptno 为 20 这个约束，可以使用 WITH CHECK OPTION 选项定义 CHECK 约束。如果在视图上执行 INSERT、UPDATE 和 DELETE 语句，就要求所操作的数据必须是 SELECT 查询所能选择出来的数据，示例如代码 5.15 所示。

代码 5.15　创建并操纵视图

```
SQL> CREATE OR REPLACE VIEW v_deptemp_check
   AS
     SELECT empno, ename, job, mgr, hiredate, sal, comm, deptno
      FROM emp
     WHERE deptno = 20
         WITH CHECK OPTION CONSTRAINT v_empdept_chk;
视图已创建。
SQL> INSERT INTO v_deptemp_check
        VALUES (7992, '赵六', '职员', 7369, SYSDATE, 8000, NULL, 30);
INSERT INTO v_deptemp_check
            *
第 1 行出现错误:
ORA-01402: 视图 WITH CHECK OPTION where 子句违规
```

代码中使用了 WITH CHECK OPTION 语句，通过 CONSTRAINT 关键字指定了约束的名称，当执行 DML 语句时，如果操作的数据不在 SELECT 查询所能选择的数据范围内，那么将触发 ORA-01402 异常。

如果想要禁止在视图上执行 INSERT、UPDATE 或 DELETE 操作，可以使用 WITH READ ONLY 选项。例如下面的语句创建了 v_deptemp_readonly 视图，尽管 SELECT 语句与 v_deptemp 完全相同，但是如果在视图上执行 DML 语句，将提示异常，如以下代码所示。

```
SQL> CREATE OR REPLACE VIEW v_deptemp_readonly
   AS
     SELECT empno, ename, job, mgr, hiredate, sal, comm
      FROM emp
     WHERE deptno = 20
     WITH READ ONLY;
视图已创建。
SQL> INSERT INTO v_deptemp_readonly VALUES(7999,'李思','经理',
7369,SYSDATE,800
0,NULL);
 INSERT INTO v_deptemp_readonly VALUES(7999,'李思','经理',
7369,SYSDATE,8000,NUL
L)
*
第 1 行出现错误:
ORA-42399: 无法对只读视图执行 DML 操作
```

上述的代码中在创建视图后,试图向视图中插入一条新的记录时将产生 ORA-42399 异常。

可以通过为视图指定别名来提供更加友好的视图名称,例如下面的代码指定了视图的中文字段名,以便提供用户友好的视图查询,创建及查询视图的语句如下所示。

```
SQL> CREATE OR REPLACE VIEW v_deptemp_alias (员工编号,
                                             员工名称,
                                             职位,
                                             经理,
                                             雇佣日期,
                                             薪水,
                                             备注
                                             )
    AS
     SELECT empno, ename, job, mgr, hiredate, sal, comm
       FROM emp
      WHERE deptno = 20;
视图已创建。
SQL> SELECT * FROM v_deptemp_alias;
    员工编号  员工名称           职位
    -------  -------  --------------------------
     7369    史密斯            职员
     7566    约翰              经理
     7788    斯科特            职员
     7876    亚当斯            职员
     7902    福特              分析人员
     7892    张八              IT
     7893    霍九
     7894    霍十
已选择 8 行。
```

可以看到,指定了视图别名后,现在查询视图时,将显示中文的名称。

注意:被列出的别名的个数必须与在子查询中被选择的表达式相匹配。

2. 复杂视图

复杂视图中可以包含来自多个表的数据,可以包含函数或分组等。例如要创建一个统计各部门的薪资数的视图,可以创建如下的复杂视图:

```
CREATE OR REPLACE VIEW v_sumdept(部门名称,部门薪资)
AS
SELECT   dept.dname, SUM (emp.sal) sumsal
   FROM emp, dept
  WHERE emp.deptno = dept.deptno(+)
GROUP BY dept.dname;
```

这个复杂视图中既包含了表间的连接,也包含了聚合函数来进行聚合操作,普通用户可以通过该视图很轻松地获取部门的薪资总数,而不用编写一些麻烦的查询语句。查询结果如下所示。

```
SQL> SELECT * FROM v_sumdept;
部门名称              部门薪资
```

```
------------   ----------------------
研究部                     12795.28
财务部                     12117.55
销售部                     9900
                          6500
```

5.5.3 修改视图

修改视图并不会对视图的基础表进行修改，所做的更改只是改变数据字典中对该视图的定义信息，视图的所有基础对象都不会受到任何影响。有如下 4 点需要注意。

- 由于视图只是虚表，因此对视图的更改不会影响到底层的基础表。
- 如果视图中具有 WITH CHECK OPTION 选项，但是重定义时没有使用 WITH CHECK OPTION 选项，则以前的此选项将自动删除。
- 更改视图后，依赖于该视图的所有视图和 PL/SQL 程序将都会变成 INVALID 状态。
- 更新基础表后，视图会失效，可以对视图进行重编译使视图有效。

实际上当在 CREATE 语句中使用了 OR REPLACE 关键字后，就可以随时对视图进行更改。这种方法先删除原来的视图，然后创建一个新的视图取代原有的视图，同时会保留在该视图上授予的各种权限，但是与该视图相关的存储过程和视图会失效。

下面的语句对视图 v_deptemp_check 进行了更改，使其过滤部门编号为 30 的记录，并且去掉了 WITH CHECK OPTION 选项。

```sql
SQL> CREATE OR REPLACE VIEW v_deptemp_check
   AS
      SELECT empno, ename, job, mgr, hiredate, sal, comm, deptno
        FROM emp
       WHERE deptno = 30;
视图已创建。
```

因为去掉了 WITH CHECK OPTION 约束，所以可以向 v_deptemp_check 视图中插入不在 SELECT 列表中的信息，比如可以插入员工编号为 20 的员工，如以下语句所示。

```sql
SQL> INSERT INTO v_deptemp_check
        VALUES (7992, '赵六', '职员', 7369, SYSDATE, 8000, NULL, 20);
已创建 1 行。
```

当视图的基础表发生改变后，视图会变成失效状态，Oracle 会在视图被访问时自动重新编译这些视图，也可以通过使用 ALTER 语句显式地重新编译视图。当视图重新被编译后，依赖该视图的对象会失效。

注意：ALTER VIEW 语句仅能重新编译视图，要修改视图的定义，需要使用 CREATE OR REPLACE VIEW 语句。

要查询一个视图的有效性状态，可以通过 Toad 或 PL/SQL Developer 等可视化工具，在 Toad 的 Schema Browser 的 Views 节点中可以看到每一个视图的详细信息和有效状态，如图 5.23 所示。

也可以通过查询数据字典视图 user_objects 来获取视图的详细信息，例如下面的语句将查询 v_deptemp 视图的有效性状态：

第 5 章 管理数据表

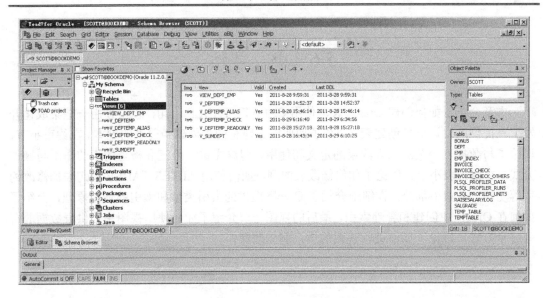

图 5.23　Toad 的视图窗口

```
SQL> COL OBJECT_NAME FORMAT A20;
SQL> SELECT last_ddl_time, object_name, status
    FROM user_objects
    WHERE object_name = 'V_DEPTEMP';
LAST_DDL_TIME      OBJECT_NAME            STATUS
-------------      ----------------       ---------------
28-8月 -11         V_DEPTEMP              VALID
```

下面对 v_deptemp 视图的基础表 emp 进行修改，使之影响到视图的有效性，修改语句如下：

```
ALTER TABLE emp MODIFY ename VARCHAR2(20);
```

再次查询 user_objects 视图，会看到 v_deptemp 视图变为 INVALID 状态，为了使视图立即有效，可以执行如下的 ALTER VIEW 语句：

```
ALTER VIEW v_deptemp COMPILE;
```

执行完成后，可以看到 v_deptemp 视图现在又变为 VALID 状态。

5.5.4　删除视图

当视图不再需要时，可以使用 DROP VIEW 语句对视图进行删除，如果要删除的视图在其他的方案中，则需要具备 DROP ANY VIEW 系统权限。

例如要删除 v_deptemp 视图，可以使用如下语句：

```
SQL> DROP VIEW v_deptemp;
视图已删除。
```

当视图被删除之后，视图的定义会从数据字典中删除，在视图上授予的权限也被删除，同时其他引用该视图的视图及存储过程等都会失效。

5.6 小　　结

本章介绍了如何创建 Oracle 表，使用 CREATE TABLE 语句，以及使用一些集成化开发工具提供的设计器来创建表，介绍了如何根据现有的表创建当前表的副本。在约束小节，讨论了与数据表相关的三大约束的定义和使用，包含主键、外键和检查约束的作用与操作方式。在修改表小节，讨论了如何修改表的列，如何使用 ALTER TABLE 语句添加修改约束等功能。在索引部分，详细地介绍了 Oracle 提供的索引类型和索引的使用原理，介绍了如何在 Oracle 中创建和管理索引。最后的视图一节介绍了如何使用视图来提供表数据的有效显示方式，讨论了如何进行视图的增、删与改操作。

第 6 章　查询数据表

在操纵 Oracle 数据库的过程中，使用 SELECT 的各种组合查询数据库表数据是 DBA 和 PL/SQL 开发人员非常频繁的工作之一，查询数据库主要是通过操作 SELECT 语句来完成的本章将介绍如何使用 SELECT 语句实现各种各样的数据查询、统计、分组及汇总等操作。

6.1　简　单　查　询

在关系型数据库系统中，SELECT 语句是 SQL 语言中的核心语句，它是从数据库中检索数据的基础，也是 SQL 语言中最强大和复杂的语句。通过在 SELECT 语句中组合其他的关键字和子句，可以实现无数种查找和查看信息的方法。本节将介绍使用 SELECT 的基本的查询语法，在下一节将讨论使用 SELECT 的较高级的使用方法。

> 注意：本章的内容主要基于 scott 方案下的 emp 表和 dept 表，为了实现简体中文记录的显示，请在运行本章的示例代码前，先使用配套源代码中的 initial.sql 文件包含的 SQL 语句将 emp 和 dept 表的记录更新为中文内容。

6.1.1　查询表数据

SQL SELECT 语句可以从数据库中返回下列信息。
- 列选择：使用 SELECT 语句的列选择功能可以选择表中特定的列，这些列是需要作为结果集返回的，或者可以使用通配符*选择所有的列。
- 行选择：SELECT 语句可以选择表中特定条件的行，可以使用不同的标准限制所能返回的行。
- 连接：使用 SELECT 语句的连接功能可以集合选择多个表的数据。

最基本的 SELECT 语法如下所示。

```
SELECT { [alias.]column | expression | [alias.]* [ , … ] }
FROM [schema.]table [alias];
```

花括号中的内容表示从"|"符号中包含的子句中选择其中一项，而方括号中的内容表示可选择内容。可以看到，一个最基本的 SQL 语句由如下两部分组成。
- SELECT 子句：指定要被显示的列或表达式，可以使用*选择所有的列。
- FROM 子句：指定所要查询的表，该表包含 SELECT 子句中的字段的列表。

下面分别就语法中出现的关键字进行介绍。

1. 查询特定的列数据

要选择表中特定的列,可以在 SELECT 语句后面加上以逗号分隔的列名称。例如要查询数据字典中所有视图的列表,可以使用如下 SELECT 语句:

```
SELECT view_name, text FROM user_views;
```

在语句中,view_name 和 text 是列名,多个列名之间用逗号进行分隔。FROM 后面的子句指定表名 user_views,本语句不包含任何方案名称,因为这个视图属于当前用户的方案。如果要查询属于其他方案的表或视图,则需要使用"方案名.表名"这种格式进行查询。例如下面的语法查询 scott 方案中的 emp 表。

```
SELECT ename, empno, job, hiredate FROM scott.emp;
```

SELECT 中基本的语法元素的含义如下所示。
- SELECT:一个或多个字段的列表。
- *:选择所有的列。
- DISTINCT:禁止重复。
- column|expression:选择指定的字段或表达式。
- alias:给所选择的列不同的标题。
- FROM table:指定包含列的表。

在本章中,关键字、子句和语句的概念分别如下所示。
- 关键字引用一个或单个 SQL 元素,比如 SELECT 和 FROM 是关键字。
- 子句是 SQL 语句的一个部分,比如 SELECT ename,empno,...是一个子句。
- 语句是两个或多个子句的组合,比如 SELECT * FROM scott.emp 是一个 SQL 语句。

2. 查询所有列数据

要查询一个表中所有的列,可以使用*通配符,例如要查询 emp 表中的所有列的数据,可以使用如下的语法:

```
SELECT * FROM emp;
```

> 注意:出于查询性能考虑,Oracle 并不建议在获取所有列值时使用*关键字,建议列出所有的列名进行查询。

3. 使用DISTINCT查询唯一列数据

可以使用 DISTINCT 关键字获取列中的唯一值。例如要查询 emp 表中唯一职位列表,可以使用 DISTINCT 关键字,如以下代码所示。

```
SQL> SELECT DISTINCT job FROM emp;
JOB
----------
IT
分析人员
```

经理
老板
职员
销售人员
已选择 7 行。

可以看到 DISTINCT 关键字取出了 job 字段中职别唯一的字段列表。

> 注意：DISTINCT 关键字会导致索引失效，在大型数据集查询中应该尽量避免 DISTINCT 查询。

4．在查询中使用表达式

在查询中可以使用复杂的表达式，比如执行计算或者做假定推测。算术表达式中的运算符优先级可参考本书第 3 章中介绍的运算符优先级部分的介绍。

例如下面的查询语句将 emp 表中的员工薪资增加 12%，使用了带括号的算术运算符：

```
SQL> col ename format a15;
SQL> SELECT empno,ename,sal*(1+0.12)
     EMPNO ENAME          SAL*(1+0.12)
     ----- ---------      ------------
      7369 史密斯            1965.824
      7499 艾伦              1904
      7521 沃德              1512
      7566 约翰              3998.4
      7654 马丁              1512
      7698 布莱克            3192
      7782 克拉克            4017.496
      7788 斯科特            1971.424
      7839 金                9554.16
      7844 特纳              1792
      7876 亚当斯            1612.8
      7900 吉姆              1176
      7902 福特              4032
      7892 张八
      7893 霍九
      7894 霍十
      7895 APPS             3360
      7903 通利              2240
      7904 罗威              2240
      7898 O'Malley
已选择 20 行。
```

因为在算术运算符中，括号的优先级高于加、减、乘、除，因此上面的语句中先计算括号中的值，然后与薪资字段 sal 的值相乘，得到最终的运算结果。

> 注意：在进行算术运算时，如果列包含 NULL 值，那么结果也为 NULL。

5．使用列别名

在使用 SELECT 语句时，可以为列指定别名。比如在上面的示例语句中，算术运算符的列名为 sal*(1+0.12)，此时可以通过为列取一个列别名来提供语义友好的查询，如以下语句所示。

```
SQL> SELECT empno,ename,sal*(1+0.12) raised_sal FROM emp;
     EMPNO ENAME           RAISED_SAL
     ----- ------------    ------------
      7369 史密斯           1965.824
      7499 艾伦             1904
      7521 沃德             1512
      7566 约翰             3998.4
      7654 马丁             1512
      7698 布莱克           3192
      7782 克拉克           4017.496
      7788 斯科特           1971.424
      7839 金                9554.16
      7844 特纳             1792
      7876 亚当斯           1612.8
      7900 吉姆             1176
      7902 福特             4032
      7892 张八
      7893 霍九
      7894 霍十
      7895 APPS             3360
      7903 通利             2240
      7904 罗威             2240
      7898 O'Malley
已选择 20 行。
```

可以在列名后面加一个空格，再指定友好的列名称，或者是使用可选的关键字 AS。

注意：如果列别名中包含有空格、特殊字符或者大小写敏感字符，则要求用双引号。

下面的语句通过为 emp 表提供别名的查询，显示了中文化的字段名称。

```
SQL> SELECT empno 员工名称,ename "员工姓名_NAME",job 职级,sal AS 薪水 from emp;
     员工名称  员工姓名_N  职级            薪水
     --------  ----------  ------------  ------------
      7369 史密斯    职员          1755.2
      7499 艾伦      销售人员      1700
      7521 沃德      销售人员      1350
      7566 约翰      经理          3570
      7654 马丁      销售人员      1350
      7698 布莱克    经理          2850
      7782 克拉克    经理          3587.05
      7788 斯科特    职员          1760.2
      7839 金        老板          8530.5
      7844 特纳      销售人员      1600
      7876 亚当斯    职员          1440
      7900 吉姆      职员          1050
      7902 福特      分析人员      3600
      7892 张八      IT
      7893 霍九
      7894 霍十
      7895 APPS                    3000
```

```
    7903 通利       职员              2000
    7904 罗威       职员              2000
    7898 O'Malley
已选择 20 行。
```

6．字符串连接

可以通过||符号连接一个或多个字段的值，使之成为单个字段，如以下示例所示。

```
SQL> SELECT ename || '的薪资为：' || sal 员工薪水 FROM emp;
员工薪水
-----------------------------------------------------------------
史密斯的薪资为：1755.2
艾伦的薪资为：1700
沃德的薪资为：1350
约翰的薪资为：3570
马丁的薪资为：1350
布莱克的薪资为：2850
克拉克的薪资为：3587.05
斯科特的薪资为：1760.2
金的薪资为：8530.5
特纳的薪资为：1600
亚当斯的薪资为：1440
吉姆的薪资为：1050
福特的薪资为：3600
张八的薪资为：
霍九的薪资为：
霍十的薪资为：
APPS 的薪资为：3000
通利的薪资为：2000
罗威的薪资为：2000
O'Malley 的薪资为：
已选择 20 行。
```

使用||连字符，能够通过列与列之间、列与算术表达式之间或者列与常数值之间的连接，来创建一个字符表达式。连字运算符两边的列被合并成一个单个的输出列。

6.1.2 指定查询条件

上一节介绍的 SQL 语句总是一次性取出所有的表行数据，如果要按条件进行查询，可以使用 WHERE 子句来过滤所返回的行数据，其语法如下所示。

```
SELECT *|{[DISTINCT] column|expression [alias],...}
FROM table
[WHERE condition(s)];
```

WHERE 子句紧跟在 FROM 子句的后面，其语法含义如下所示。
- ❑ WHERE 关键字：限制满足查询条件的行。
- ❑ condition：由列名、表达式、常数和比较操作组成，用来指定查询的条件。

condition 通常返回一个布尔值，如果该条件为 True，则提取满足条件的记录；如果条件为 False 或 NULL，则跳过不满足条件的行。

WHERE 子句中的条件子句由如下的形式组成：

列名+比较条件+列名、常量或值列表。

可以在条件子句中比较列值、文字值、算式表达式或函数。下面将分别对各种条件子句进行介绍。

1. 简单WHERE子句

要查询 emp 表中部门编号为 20 的员工记录，可以使用简单的 WHERE 子句，如以下语句所示。

```
SQL> SELECT empno, ename, job, deptno
     FROM emp
     WHERE deptno = 20;
  EMPNO ENAME     JOB          DEPTNO
  ----- ------    -------      -----------
   7369 史密斯    职员              20
   7566 约翰      经理              20
   7788 斯科特    职员              20
   7876 亚当斯    职员              20
   7902 福特      分析人员           20
   7892 张八      IT                20
   7893 霍九                        20
   7894 霍十                        20
   7895 APPS                       20
   7898 O'Malley                   20
已选择 10 行。
```

在 WHERE 子句中使用了 deptno 列名等于 20 这样一个布尔表达式，在 WHERE 子句中可以使用多种比较操作符，例如可以使用大于（>）、大于等于（>=）、小于（<）、小于等于（<=）、等于（=）或不等于（<>）等符号。例如要查询薪水大于等于 3000 的员工列表，可以使用如下 SQL 语句：

```
SQL> SELECT empno,ename,job,sal FROM emp WHERE sal>=3000;
  EMPNO ENAME     JOB          SAL
  ----- ------    ---------    -----------
   7566 约翰      经理          3570
   7782 克拉克    经理          3587.05
   7839 金        老板          8530.5
   7902 福特      分析人员       3600
   7895 APPS                   3000
```

2. 日期和字符串比较

在 WHERE 条件子句中，对于数字类型，可以直接输入条件值，但是对于日期和字符串类型，则需要使用单引号括住条件值。

注意：单引号中的字符串是区分大写小的。

例如要查询 emp 表中 job 为职员的员工列表，可以使用如下的语法：

```
SQL> SELECT empno,ename,job,sal FROM emp WHERE job='职员';
    EMPNO ENAME      JOB           SAL
    ----- ------     -----------   ------------
     7369 史密斯     职员          1755.2
     7788 斯科特     职员          1760.2
     7876 亚当斯     职员          1440
     7900 吉姆       职员          1050
     7903 通利       职员          2000
     7904 罗威       职员          2000
已选择 6 行。
```

如果将 CLERK 的大小写进行更改，查找到的结果则完全不同。例如下面的语句根本查不到任何数据：

```
SELECT * FROM emp WHERE JOB='clerk';
SELECT * FROM emp WHERE JOB='Clerk';
SELECT * FROM emp WHERE JOB='cLerk';
```

在查询日期类型的条件时，必须要进行数据类型匹配，例如为 hiredate 提供一个字符串是非法的，必须使用内置的 TO_DATE 函数转换字符串为日期值。例如要查询雇佣期等于 1981-12-3 的员工，可以使用如下的语法：

```
SQL> SELECT empno,ename,job,sal,hiredate FROM emp WHERE hiredate = TO_DATE
('1981-12-3', 'YYYY-MM-DD');
    EMPNO ENAME    JOB           SAL   HIREDATE
    ----- -----    -----------   ----- --------------
     7900 吉姆     职员          1050  03-12月-81
     7902 福特     分析人员      3600  03-12月-81
```

> **注意**：Oracle 数据库以内部数字格式存储日期，表示为：世纪、年、月、日、小时、分和秒。默认的日期显示是 DD-MON-RR。

可以通过使用 TO_CHAR 函数将日期型转换为格式化的字符串来提供友好的查询结果显示，例如将上述查询更改为如下的语句：

```
SQL> SELECT empno, ename, job, sal, TO_CHAR (hiredate, 'YYYY-MM-DD') hiredate
    FROM emp
    WHERE hiredate = TO_DATE ('1981-12-3', 'YYYY-MM-DD');
    EMPNO ENAME    JOB           SAL   HIREDATE
    ----- -----    -----------   ----- --------------
     7900 吉姆     职员          1050  1981-12-03
     7902 福特     分析人员      3600  1981-12-03
```

使用 TO_CHAR 可以指定日期的显示格式，使得日期的显示符合常见的日期显示格式。

3．使用范围操作符

前面介绍的 WHERE 子句都用于比较单个值。使用范围操作符，可以比较一定范围的数据，比如比较两个数字值之间的值，或者是使用 LIKE 操作符进行模糊查询。在 Oracle SQL 中可以使用的范围操作符如下：

- ❏ BETWEEN-AND 操作符：要比较的值是否在两个值之间。
- ❏ IN 操作符：要比较的值是否在任意的值列表中间。

❑ LIKE：通过使用通配符来匹配一个字符模板。

要查询员工薪资在 1500 到 2500 之间的员工信息，可以使用 BETWEEN-AND 语句，如以下语句所示。

```
SQL> SELECT empno, ename, job, mgr, hiredate, sal
       FROM emp
       WHERE sal BETWEEN 1500 AND 2500;
    EMPNO ENAME      JOB            MGR   HIREDATE         SAL
    ----- ----       ---            ---   --------         ---
     7369 史密斯     职员           7902  17-12月-80       1755.2
     7499 艾伦       销售人员       7698  20-2 月-81       1700
     7788 斯科特     职员           7566  09-12月-82       1760.2
     7844 特纳       销售人员       7698  08-8 月-81       1600
     7903 通利       职员                 04-12月-81       2000
     7904 罗威       职员                 08-12月-81       2000
已选择 6 行。
```

实际上在使用 BETWEEN 和 AND 操作符时，Oracle 会将该语句转换为一对 AND 条件，因此上面的语句被 Oracle 翻译成如下的语句：

```
SELECT empno, ename, job, mgr, hiredate, sal
  FROM emp
 WHERE sal >= 1500 AND sal <= 2500;
```

因此使用 BETWEEN-AND 并没有显著地提高性能，但是逻辑上给了用户一种更接近自然语言的表示方式。

例如要查询 1981 年 1 月 1 日到 1981 年 12 月 31 日之间入职的员工信息，可以使用 BETWEEN-AND 语句完成这个范围的选择，示例语句如下所示。

```
SELECT empno, ename, job, mgr, hiredate, sal
  FROM emp
 WHERE hiredate BETWEEN TO_DATE ('1981-01-01', 'YYYY-MM-DD')
                AND TO_DATE ('1981-12-31', 'YYYY-MM-DD');
```

在语句中为了匹配 hiredate 这个日期类型，使用了 TO_DATE 将字符串类型的日期转换成了日期类型。

IN 操作符允许在一组值中进行选择，例如要查询 emp 表中职别信息属于销售人员、职员、分析人员的员工，则可以使用 IN 关键字，如下面的语句所示。

```
SQL> SELECT empno,ename,job,mgr,hiredate,sal
       FROM emp
       WHERE job IN ('销售人员','职员','分析人员');
    EMPNO ENAME      JOB            MGR   HIREDATE         SAL
    ----- ----       ---            ---   --------         ---
     7369 史密斯     职员           7902  17-12月-80       1755.2
     7499 艾伦       销售人员       7698  20-2 月-81       1700
     7521 沃德       销售人员       7698  22-2 月-81       1350
     7654 马丁       销售人员       7698  28-2 月-81       1350
     7788 斯科特     职员           7566  09-12月-82       1760.2
     7844 特纳       销售人员       7698  08-8 月-81       1600
     7876 亚当斯     职员           7788  12-1 月-83       1440
     7900 吉姆       职员           7698  03-12月-81       1050
     7902 福特       分析人员       7566  03-12月-81       3600
     7903 通利       职员                 04-12月-81       2000
```

第 6 章 查询数据表

```
    7904 罗威        职员                  08-12月-81           2000
已选择 11 行。
```

> **注意**：IN 条件中可以使用任何数据类型，对于字符或日期，必须将其放在单引号中。

例如要查询员工的经理为 7698 和 7839 的员工列表，emp 表中的 mgr 是数字类型，因此使用了如下的语句：

```
SELECT empno, ename, job, mgr, hiredate, sal
  FROM emp
 WHERE mgr IN (7698, 7839);
```

对于 IN 查询条件，Oracle 服务器会将其转换为一组 OR 条件，因此对于上面的语句，Oracle 会将其转换为如下的 OR 查询语句：

```
SELECT empno, ename, job, mgr, hiredate, sal
  FROM emp
 WHERE mgr = 7698 OR mgr = 7839;
```

LIKE 条件将对字符串值进行通配符搜索。使用 LIKE 查询通常也称为模糊字符串搜索，搜索条件既可以包含文字，也可以包含数字，通常使用如下两个通配符。

- %通配符：表示零个或多个字符。
- _通配符：表示一个字符。

使用 LIKE，在不知道要搜索的确切的值的时候，能够通过使用通配符组合要查询的值。

例如要查询员工名称以大写字母 J 开头的员工列表，可以使用如下的 SQL 语句：

```
SQL> SELECT empno, ename, job, mgr, hiredate, sal
    FROM emp
   WHERE ename LIKE 'J%';
   EMPNO ENAME        JOB          MGR    HIREDATE       SAL
   ----- ----------- ------------ ------ -------------- ---------
    7566 JONES       MANAGER      7839   02-4月 -81     3570
    7900 JAMES       CLERK        7698   03-12月-81     1050
    1587 JOHN                            05-3月 -87     1000
```

使用 LIKE 可以进行日期类型的比较，例如要列出入职日期在 1981 年的员工，可以使用如下 SELECT 语句：

```
SQL> SELECT empno, ename, job, mgr, hiredate, sal
       FROM emp
      WHERE hiredate LIKE '%81';
   EMPNO ENAME        JOB          MGR    HIREDATE       SAL
   ----- ----------- ------------ ------ -------------- ---------
    7499 艾伦        销售人员      7698   20-2月 -81     1700
    7521 沃德        销售人员      7698   22-2月 -81     1350
    7566 约翰        经理          7839   02-4月 -81     3570
    7654 马丁        销售人员      7698   28-2月 -81     1350
    7698 布莱克      经理          7839   01-3月 -81     2850
    7782 克拉克      经理          7839   09-5月 -81     3587.05
    7839 金          老板                 17-11月-81     8530.5
    7844 特纳        销售人员      7698   08-8月 -81     1600
    7900 吉姆        职员          7698   03-12月-81     1050
```

```
    7902 福特         分析人员            7566  03-12月-81    3600
    7903 通利         职员                      04-12月-81    2000
    7904 罗威         职员                      08-12月-81    2000
已选择 12 行。
```

上面的语句演示了%通配符的用法，它代表一个或多个字符，而_通配符表示单一的字符，例如如果要查询员工名称第 3 个字符为 A 的员工列表，则可以使用如下 SQL 语句：

```
SQL> SELECT empno, ename, job, mgr, hiredate, sal
    FROM emp
    WHERE ename LIKE '__A%';
    EMPNO ENAME     JOB         MGR   HIREDATE        SAL
    ----- -----     ---------   ----  -----------     ------
     7698 BLAKE     MANAGER     7839  01-3月 -81      2850
     7782 CLARK     MANAGER     7839  09-5月 -81      3260.95
     7876 ADAMS     CLERK       7788  12-1月 -83      1440
```

4．判断NULL值

当要检查列中是否包含空值的时候，需要使用 IS NULL 或 IS NOT NULL 语句。NULL 通常称为空值，空值的意思是未指定的，不存在的值，不能与空白值（比如一个空白字符串）相混淆，空白值是一个存在的，只是值为空白的值；而空值是难以获得的，未指定的值，因此不能对空值使用=运算符，因为其不能等于或不等于任何值。

在 emp 表中，当所属经理 mgr 列值为 NULL 时，表示员工属于最高管理层级别，可以使用如下的语句进行查询：

```
SQL> SELECT empno, ename, job, mgr, hiredate
       FROM emp
         WHERE mgr IS NULL;
    EMPNO ENAME    JOB            MGR        HIREDATE
    ----- -----    -----------   -------    -------------
     7839 金       老板                      17-11月-81
     7892 张八     IT
     7893 霍九
     7894 霍十
     7895 APPS                               05-9月 -11
     7903 通利     职员                      04-12月-81
     7904 罗威     职员                      08-12月-81
     7898 O'Malley
已选择 8 行。
```

要查询非空值，则需要使用 IS NOT NULL。例如要查询 emp 表中 mgr 列非空的员工列表，可以使用相似的语法，如下所示。

```
SELECT empno,ename,job,mgr,hiredate
  FROM emp
 WHERE mgr IS NOT NULL;
```

5．使用逻辑组合

在 WHERE 子句中除了使用单个布尔表达式外，还可以通过使用逻辑条件组合两个或多个比较条件来产生单一的结果，或者是反转单个条件的结果，当所有条件的结果为 True

时，返回记录行。可供使用的 3 个逻辑运算符如下。

- AND：如果两个组成部分的条件都为真，则返回 True。
- OR：如果两个组成部分中的任何一个条件为真，则返回 True。
- NOT：如果跟随的条件为假，则返回 True。

例如要查询部门编号为 20 并且员工入职日期为 1982 年的员工列表，可以使用 AND 操作符来连接两个逻辑表达式，如以下 SELECT 语句所示。

```
SQL> SELECT empno,ename,job,mgr,hiredate,sal,deptno
       FROM emp
       WHERE deptno=20 AND hiredate like '%82';
    EMPNO ENAME        JOB         MGR   HIREDATE      SAL          DEPTNO
    ----- ----         ---         ---   --------      ---          ------
     7788 斯科特       职员        7566  09-12月-82    1760.2         20
```

AND 表达式要求两个条件都为真，则结果为真，如果返回结果为 False 或 NULL，则不会返回结果行。

如果要求两者中只要其中一个结果为真，则返回行结果为真，可以将上面的查询改为 OR 关键字，可以看到结果变为只要是部门为 20 的员工，不管是否是 1982 年入职的，或者只要雇佣日期是 1982 年的，不管是否是部门 20 的员工，都被查询了出来，如下所示。

```
SQL> SELECT empno,ename,job,mgr,hiredate,sal,deptno
       FROM emp
       WHERE deptno=20 OR hiredate like '%82';
    EMPNO ENAME        JOB         MGR   HIREDATE      SAL          DEPTNO
    ----- ----         ---         ---   --------      ---          ------
     7369 史密斯       职员        7902  17-12月-80    1755.2         20
     7566 约翰         经理        7839  02-4月 -81    3570           20
     7788 斯科特       职员        7566  09-12月-82    1760.2         20
     7876 亚当斯       职员        7788  12-1月 -83    1440           20
     7902 福特         分析人员    7566  03-12月-81    3600           20
     7892 张八         IT                                             20
     7893 霍九                                                        20
     7894 霍十                                                        20
     7895 APPS                           05-9月 -11    3000           20
     7898 O'Malley                                                   20
已选择 10 行。
```

NOT 运算符又称为反转运算符，任何布尔运算的前面加上了 NOT 关键字后，都会变为相反的值。例如要查询部门编号不为 20 且雇佣日期不为 1982 年的员工，则可以在布尔运算的前面加上 NOT。

```
SELECT empno,ename,job,mgr,hiredate,sal,deptno
  FROM emp
 WHERE NOT (deptno=20 AND hiredate like '%82');
```

上述的语句中使用括号改变了运算的优先级，使得 AND 两边的表达式先进行计算，根据计算的结果再计算 NOT 表达式，NOT 运算符可以与 IN、LIKE、BETWEEN-AND 和 NULL 关键字配合使用来反转表达式结果。例如要查询 emp 表中职级不为职员、经理和销售人员的员工列表，可以使用如下语句：

```
SQL> SELECT empno,ename,job,mgr,hiredate,sal,deptno
        FROM emp
```

```
            WHERE job NOT IN ('职员','经理','销售人员');
     EMPNO ENAME       JOB          MGR       HIREDATE         SAL        DEPTNO
     ----- -----       ---          ---       --------         ---        ------
      7839 金          老板                    17-11月-81       8530.5       10
      7902 福特        分析人员     7566      03-12月-81       3600         20
      7892 张八        IT                                                   20
```

如果要查询薪资范围不在 1000 到 2500 之间的员工，可以使用如下语句：

```
SELECT empno,ename,job,mgr,hiredate,sal,deptno
  FROM emp
 WHERE sal NOT BETWEEN 1000 AND 2500;
```

要查询员工名称中不包含字母 A 的员工列表，可以使用如下语句：

```
SELECT empno,ename,job,mgr,hiredate,sal,deptno
  FROM emp
 WHERE ename NOT LIKE '%A%';
```

6. 优先规则

当 WHERE 子句中包含的表达式变得较复杂时，有必要了解其查询时的优先级顺序。标准的优先顺序如表 6.1 所示。

表 6.1　WHERE 子句中的运算符优先级

计 算 顺 序	运　算　符
1	算术运算符，例如+、-、*、/运算符
2	连接运算符，例如||运算符
3	比较运算符，例如>、<、>=、<=、<>运算符
4	IS [NOT] NULL、LIKE、[NOT] IN
5	[NOT] BETWEEN
6	NOT 逻辑条件
7	AND 逻辑条件
8	OR 逻辑条件

注意：在编写 SQL 语句时，可以随时通过使用括号来改变运算的优先级。

6.1.3　排序

通过在查询结果中应用排序，可以使得查询的结果按指定的顺序进行排列。在 SELECT 子句中可以使用 ORDER BY 子句排序，可以为 ORDER BY 子句指定一个表达式或一个列名作为排序的条件。

注意：ORDER BY 子句必须是 SELECT 语句的最后一个子句，否则 SELECT 语句将会执行失败。

包含 ORDER BY 子句的 SELECT 语法如下所示。

```
SELECT     expr
FROM       table
[WHERE     condition(s)]
[ORDER BY  {column, expr} [ASC|DESC]];
```

语法中的 ORDER BY 关键字指定要对结果集进行排序，可选择的 ASC 和 DESC 表示排序的方向。默认值为 ASC，表示按升序排序，如果未指定任何排序方向，则使用 ASC，否则使用 DESC 指定降序排序。

例如假定要查询 emp 表中部门编号为 20 的员工列表，且要求按 empno 进行排序，则可以使用如下语句：

```
SQL> SELECT empno,ename,job,mgr,hiredate,sal,deptno
       FROM emp
      WHERE deptno=20 ORDER BY empno;
   EMPNO ENAME      JOB          MGR  HIREDATE         SAL     DEPTNO
   ----- -----      ---------    ---- ---------        ----    ------
    7369 史密斯     职员         7902 17-12月-80      1755.2     20
    7566 约翰       经理         7839 02-4月 -81      3570       20
    7788 斯科特     职员         7566 09-12月-82      1760.2     20
    7876 亚当斯     职员         7788 12-1月 -83      1440       20
    7892 张八       IT                                           20
    7893 霍九                                                    20
    7894 霍十                                                    20
    7895 APPS                         05-9月 -11      3000       20
    7898 O'Malley                                                20
    7902 福特       分析人员     7566 03-12月-81      3600       20
已选择10行。
```

由于 empno 是数字类型，因此查询的结果是按数字值从小到大进行排列的。下面是其他数据类型的排序规则。

- 日期类型：较早的日期在前面显示，例如，01-JAN-92 在 01-JAN-95 前面显示。
- 字符类型：依字母顺序显示，例如，A 在最前，Z 在最后。
- 空值：升序排序时显示在最后，降序排序时显示在最前面。

例如下面的 SELECT 语句将按 ename 进行降序处理，在 ORDER BY 子句中使用了 DESC 关键字。

```
SQL> SELECT    empno, ename, job, mgr, hiredate, sal, deptno
       FROM emp
      WHERE deptno = 20
   ORDER BY ename DESC;
   EMPNO ENAME      JOB          MGR  HIREDATE         SAL     DEPTNO
   ----- ----       ---------    ---- ---------        ----    ------
    7894 霍十                                                    20
    7893 霍九                                                    20
    7566 约翰       经理         7839 02-4月 -81      3570       20
    7902 福特       分析人员     7566 03-12月-81      3600       20
    7788 斯科特     职员         7566 09-12月-82      1760.2     20
    7892 张八       IT                                           20
    7369 史密斯     职员         7902 17-12月-80      1755.2     20
    7876 亚当斯     职员         7788 12-1月 -83      1440       20
    7898 O'Malley                                                20
    7895 APPS                         05-9月 -11      3000       20
已选择10行。
```

可以看到降序排序后,员工名称果然是按首字母从 26 个字母表中的最后排列到最前。

除了对单个列进行排序外,还可以同时对多个列的数据进行排序,并且可以对一个不在 SELECT 字段列表中的列进行排序。

下面的语句获取了部门编号为 20 的员工列表,先用员工编号进行排序,然后按员工名称进行倒序排序:

```
SQL> SELECT   empno, ename, job, mgr, hiredate, sal, deptno
       FROM emp
     WHERE deptno = 20
  ORDER BY empno, ename DESC;
     EMPNO ENAME      JOB          MGR   HIREDATE         SAL        DEPTNO
     ----- ---------- ---------    ----- -------------- ---------- ----------
      7369 SMITH      CLERK        7902  17-12月-80      1755.2        20
      7566 JONES      MANAGER      7839  02-4月 -81      3570          20
      7788 SCOTT      CLERK        7566  09-12月-82      1760.2        20
      7876 ADAMS      CLERK        7788  12-1月 -83      1440          20
      7902 FORD       ANALYST      7566  03-12月-81      3600          20
```

除了直接指定列名之外,还可以根据 SELECT 语句的字段列表的索引顺序指定排序。例如下面的语句将根据 SELECT 语句中第 4 个字段 mgr 列值进行排序:

```
SELECT   empno, ename, job, mgr, hiredate, sal, deptno
   FROM emp
  WHERE deptno = 20
ORDER BY 4 DESC;
```

如果指定一个不在 SELECT 语句中的索引号,Oracle 将提示异常。例如下面的语句按一个并不存在的索引号进行排序:

```
SQL> SELECT   empno, ename, job, mgr, hiredate, sal, deptno
       FROM emp
     WHERE deptno = 20
  ORDER BY 8 DESC;
ORDER BY 8 DESC
         *
ERROR 位于第 4 行:
ORA-01785: ORDER BY 项必须是 SELECT-list 表达式的数目
```

6.1.4 使用函数

在进行 SELECT 语句查询时,可以为列指定函数。本小节简单地介绍一下在 SELECT 语句中使用函数的基本语法,关于函数的更多讨论将在本书第 9 章进行详细介绍。

函数是 SQL 语句中的一个非常有用的特性,Oracle 内置了用于处理字符、数字、日期及转换的多种函数。使用函数能够执行数据计算、修改列数据的显示、进行分组统计及数据类型的转换等。

SQL 的函数可以分为如下两类。

- ❏ 单行函数:仅对单个行进行计算,并且每行返回一个结果。单行函数包含字符、数字、日期及转换这几种类型。
- ❏ 多行函数:用来成组操纵数据,每个行组给出一个结果,在下一小节介绍分组统

第 6 章　查询数据表

计时，会介绍多行函数的使用。

本小节仅介绍单行函数的基本用法。单行函数接收一个或多个参数，然后返回一个结果，基本语法格式为：

```
function_name [(arg1, arg2,...)]
```

在编写 SELECT 语句时，可以在 SELECT、WHERE 和 ORDER BY 子句中使用函数，也可以在函数中嵌套函数。

例如在 emp 表中，查询出来的 ename 都为大写字符，为了具有更友好的显示方式，可以使用 Oracle 提供的 INITCAP 函数转换显示方式为首字母大写，如以下语句所示。

```
SQL> SELECT empno, INITCAP (ename) ename, hiredate
       FROM emp
     WHERE deptno = 20;
    EMPNO ENAME        HIREDATE
    ----- --------     ------------
     7369 史密斯        17-12月-80
     7566 约翰          02-4月 -81
     7788 斯科特        09-12月-82
     7876 亚当斯        12-1月 -83
     7902 福特          03-12月-81
     7892 张八
     7893 霍九
     7894 霍十
     7895 Apps          05-9月 -11
     7898 O'Malley
已选择10行。
```

函数之间还可以嵌套，例如下面的语句使用 CONCAT 函数连接 empno 和 ename 这两列的内容，并且对 ename 使用了 INITCAP 函数进行大小写的转换：

```
SQL> SELECT CONCAT (empno, INITCAP (ename)) ename, hiredate
       FROM emp
     WHERE deptno = 20;
ENAME           HIREDATE
----------      ---------------
7369Smith       17-12月-80
7566Jones       02-4月 -81
7788Scott       09-12月-82
7876Adams       12-1月 -83
7902Ford        03-12月-81
```

对于数字型的值，可以使用四舍五入函数来获取整型结果值。例如对于 emp 表中的 comm 列，表示员工的提成数，可以在查询时使用 ROUND 进行四舍五入得到提成的整数。

```
SQL> SELECT empno, ename, hiredate,ROUND(comm) comm
       FROM emp
     WHERE deptno = 20;
    EMPNO ENAME    HIREDATE      COMM
    ----- ------   ----------    --------------------------
     7369 史密斯    17-12月-80    130
     7566 约翰      02-4月 -81    298
     7788 斯科特    09-12月-82    130
     7876 亚当斯    12-1月 -83    120
```

```
7902 福特      03-12月-81    300
7892 张八
7893 霍九
7894 霍十
7895 APPS      05-9月-11     200
7898 O'Malley
```
已选择 10 行。

前面简要介绍了单行函数在查询语句中的使用方法。关于 Oracle 函数功能的详细的介绍，请参考本书第 9 章的内容。

6.1.5 统计函数

使用 SELECT 语句不仅可以查询数据，而且可以对数据进行统计和分组，例如可以统计记录个数、汇总字段记录、计算平均值等。为了能够实现分组操作，必须在 SQL 语句中使用分组函数。与单行函数不同的是，分组函数对行的集合进行操作，对每组给出一个结果。这些集合可能是整个表或表分成的组。Oracle 提供的常用的分组函数有如下 6 个。

- SUM 函数：计算特定字段的总和。
- AVG 函数：计算特定字段的平均值。
- MIN 函数：查找字段中的最小值。
- MAX 函数：查找字段中的最大值。
- COUNT 函数：计算字段中的值的数目。
- COUNT(*)函数：计算查询结果的记录数。

除了 COUNT(*)之外，每个函数都接受 DISTINCT 或者是默认值 ALL 再加字段名称来获取要统计的列。DISTINCT 表示忽略行中的重复值，ALL 是默认值，表示统计所有行数据，字段名称表示要进行统计的列。

> 注意：所有组函数忽略空值，为了用一个值代替空值，请使用 NVL、NVL2 或 COALESCE 函数替换空值为一个具体的值。

下面分别介绍常用的几种查询统计的方法。

1. 记录统计

要统计表的记录条数或特定 WHERE 条件下的记录条数，可以使用 COUNT(*)函数。例如要统计 emp 表的记录数，可以使用如下语句。

```
SQL> SELECT COUNT (*) 记录条数 FROM emp;
   记录条数
   ----------
       14
```

如果要统计 emp 表中部门编号为 20 的员工个数，可以使用 WHERE 子句：

```
SQL> SELECT COUNT (*) 记录条数 FROM emp WHERE deptno=20;
   记录条数
   ----------
        5
```

COUNT(*)返回表中满足 SELECT 语句标准的行数,包括重复行和有空值列的行。如果 WHERE 子句包含在 SELECT 语句中,COUNT(*)返回满足 WHERE 子句条件的行数。

COUNT(*)仅统计记录的条数,至于是哪个字段则并不重要,如果要统计某个字段的值的个数,可以使用 COUNT()函数,该函数仅返回记录中非空个数。

例如要统计 emp 表中有提成的员工个数,可以使用如下语句:

```
SQL> SELECT COUNT(comm) 提成员工数 FROM emp;
   提成员工数
   ----------
           12
```

该语句过滤掉了 comm 字段中的 NULL 值数据,结果显示 12 行。

默认情况下,COUNT 使用 ALL 参数,表示提取所有重复的记录的值,因此上面的语句和下面的语句是等价的。

```
SELECT COUNT(ALL comm) 提成员工数 FROM emp;
```

如果要获取唯一记录数,则可以使用 DISTINCT 关键字。例如要获取 emp 表中 job 列的职位个数,则可以使用如下 SELECT 语句:

```
SQL> SELECT COUNT(DISTINCT job) 职位个数 FROM emp;
   职位个数
   ----------
            5
```

2. 汇总和平均值计算

SUM 函数可以用来汇总列数量,比如可以用 SUM 来计算薪资总数。SUM 函数接受数字类型的列,如整数、小数、浮点数或货币类型的列。函数的结果与字段中的数据具有相同的基本数据类型,但结果可能具有更大的精度范围。

例如要计算 emp 表中员工的薪资和提成总数,可以使用 SUM 函数,SELECT 语句如下所示。

```
SQL> SELECT SUM(sal) 薪水总计,SUM(comm) 提成总计 FROM emp;
   薪水总计      提成总计
   ----------  ------------------------
   35041.35    3576.7
```

与 SUM 函数类似的是 AVG 函数,该函数接受数字类型的列,用来计算集合的平均值。例如要计算 emp 表中所有员工的平均薪资和平均提成,可以使用如下 SQL 语句。

```
SQL> SELECT AVG(sal) 平均薪资,AVG(comm) 平均提成 FROM emp;
   平均薪资      平均提成
   ----------  ------------------------
   2386.5625   550
```

3. 最小值和最大值

可以使用 MAX 函数获取任意数据类型的最大值,使用 MIN 函数获取任意类型的最小值。这两个函数可以用于任意的类型,比如对于字符型将按字母进行排序;对于日期型将根据日期大小进行排序；对于数字型将按数字大小进行排序，例如要获取 emp 表中薪资中的最高值和最低值，可以使用如下语句：

```
SQL> SELECT MIN(sal) 最低薪资,MAX(sal) 最高薪资 FROM emp;
最低薪资            最高薪资
---------------   -------------------
     950              8000
```

还可以使用 MIN 和 MAX 计算日期类型的最早雇佣日期与最晚雇佣日期，如以下语句所示。

```
SQL> SELECT MIN(hiredate) 最早雇佣日期,MAX(hiredate) 最晚雇佣日期 FROM emp;
最早雇佣日期              最晚雇佣日期
------------------    ---------------------------------
17-12月-80             28-8月-11
```

也可以使 MIN 和 MAX 来处理字符串。例如要查询员工名称中的最大值和最小值，可以使用如下语句：

```
SQL> SELECT MIN (ename), MAX (ename) FROM emp;
MIN(ENAME)                      MAX(ENAME)
------------------------        ------------------------------------
    ADAMS                           张三
```

当 MIN 和 MAX 比较字符串时，两个字符串的比较除了取决于所使用的字符集外，数字排在字母的前面；大写字母排在小写字母的前面；中文字排在最后面，因此可以看到如上面所示的结果。

4．统计函数的NULL值处理

所有的统计函数都会忽略列中的空值，因此在进行统计操作时，对于 NULL 值也许需要进行转换，可以使用 NVL 函数将列中包含 NULL 值的列转换成具体的值。例如在计算 emp 提成时，一些员工没有提成，因此其 comm 栏为 NULL 值，但是在使用 MIN 和 MAX 计算时，对于 NULL 值会跳过，因而得不到想要的值，为此可以使用 NVL 函数将 NULL 值替换为 0，查询语句如下所示。

```
SQL> SELECT MIN(NVL(comm,0)) 最低提成,MAX(NVL(comm,0)) 最高提成 FROM emp;
最低提成         最高提成
-------------  -------------------------------
     0            1400
```

可以看到使用 NVL 函数将 NULL 值替换为 0，之后就可以看到现在最低的提成为 0。

6.1.6 分组统计

上一小节介绍统计函数时，都是对一个表进行统计，因此返回的结果也就是 1 行统计后的数据。SELECT 语句具有一个可选的 GROUP BY 子句，配合统计函数，可以实现分组统计查询，使用 GROUP BY 的 SELECT 语法如下所示。

```
SELECT column, group_function(column)
FROM table
```

```
[WHERE condition]
[GROUP BY group_by_expression]
[ORDER BY column];
```

在可选的方括号内的 GROUP BY 后面，需要定义 group_by_expression 列表，表示要进行分组的列。例如要对 emp 表中的部门薪资组数进行分组统计，则需要在 GROUP BY 后面指定部门编号，如以下语句所示。

```
SQL> SELECT   deptno, SUM (sal) 部门薪资小计
     FROM emp
  GROUP BY deptno;
  DEPTNO    部门薪资小计
  -------  ---------------------
      30        9400
      20       12035
      10        8750
```

在语句中，以 sal 作为统计汇总列，以 deptno 作为分组列，因此返回结果是按照 deptno 进行分组后的汇总小计值。

在使用 GROUP BY 子句时，除了作为分组函数参数的列不用包含在 GROUP BY 子句中之外，任何在 SELECT 列表中的其他列都必须包括在组函数中。因此在示例中可以看到，在 SELECT 的选择列表中，deptno 需要出现在 GROUP BY 子句中。

分组结果通过分组列隐式排序，也可以用 ORDER BY 指定不同的排序顺序，但只能用分组函数或分组列进行排序。例如下面的语句使用分组函数作为 ORDER BY 的排序参数，让部门薪资分组查询按薪资结果列进行排序：

```
SQL> SELECT   deptno, SUM (sal) 部门薪资小计
     FROM emp
  GROUP BY deptno
  ORDER BY SUM (sal);
  DEPTNO    部门薪资小计
  -------  -------------
      30        9900
      20       12125.4
      10       13015.95
```

可以看到在 ORDER BY 子句中使用了分组函数 SUM 来进行排序，最后的结果是根据薪资分组后的结果。

在进行分组时，也可以让出现在 GROUP BY 中的列不一定出现在 SELECT 选择列中，例如下面的语句去掉了对于 deptno 的选择：

```
SQL> SELECT    SUM (sal) 部门薪资小计,AVG(sal) 部门薪资平均值
     FROM emp
  GROUP BY deptno
  ORDER BY SUM (sal);
 部门薪资小计    部门薪资平均值
 ---------   ---------------
     9900         1650
   12125.4       2425.08
   13015.95      4338.65
```

对单一字段进行分组通常不能完全满足分组需求，可以通过在 GROUP BY 子句中使用多个分组字段进行多层分组。比如，对于薪资小计，首先按照部门进行分组，然后按照

不同的职别进行进一步的分组，示例代码如下所示。

```
SQL> SELECT    deptno, job, SUM (sal) 薪资小计
       FROM emp
    GROUP BY deptno, job;
  DEPTNO   JOB               薪资小计
---------- ----------------- ------------------------
           职员              4000
      10   经理              3587.05
      10   老板              8530.5
      20                     3000
      20   IT
      20   经理              3570
      20   职员              4955.4
      20   分析人员          3600
      30   经理              2850
      30   职员              1050
      30   销售人员          6000
已选择 11 行。
```

> 注意：层次分组按照在 GROUP BY 子句中列出的列的顺序确定结果的默认排序顺序。

在使用分组函数查询时，如果在一个 SELECT 语句中使用了单独的列和分组函数，比如 SUM 或 COUNT，必须要指定一个 GROUP BY 子句来指定要分组的列，否则 Oracle 会跳出错误提示，如以下示例所示。

```
SQL> SELECT deptno,SUM(sal) 薪资小计 FROM emp;
SELECT deptno,SUM(sal) 薪资小计 FROM emp
       *
ERROR 位于第 1 行:
ORA-00937: 非单组分组函数
```

因为没有为 SELECT 语句使用 GROUP BY，数据库会认为这不是一个单组的分组，需要进行进一步的分组。在编写分组语句时，需要特别注意如下事项。

❑ 在 SELECT 列表中的任何列或表达式（非统计函数计算列）必须在 GROUP BY 子句中。

❑ 在 GROUP BY 子句中的列或表达式不必一定出现在 SELECT 列表中。

6.1.7　HAVING 子句

如果要约束分组所返回的结果，可以使用 WHERE 子句。例如如果只想对部门编号为 20 和 30 的员工进行分组统计，可以在 SELECT 语句中使用 WHERE 子句，如以下代码所示。

```
SQL> SELECT    deptno, job, SUM (sal) 薪资小计
      FROM emp
    WHERE deptno IN (20, 30)
  GROUP BY deptno, job;
  DEPTNO   JOB               薪资小计
---------- ----------------- ------------------------
      20                     3000
```

```
    20        IT
    20        经理                    3570
    20        职员                    4955.4
    20        分析人员                 3600
    30        经理                    2850
    30        职员                    1050
    30        销售人员                 6000
已选择 8 行。
```

可以看到现在 GROUP BY 仅对部门编号为 20 和 30 的员工进行了分组。

如果要对分组的结果进行进一步的过滤,可以使用 HAVING 子句。例如如果只想显示分组后薪资小计大于 2000 的分组结果,那么可以使用如下语句:

```
SQL> SELECT   deptno, job, SUM (sal) 薪资小计
       FROM emp
      WHERE deptno IN (20, 30)
   GROUP BY deptno, job
     HAVING SUM (sal) > 2000;
     DEPTNO    JOB                      薪资小计
    ---------- ---------------------- ------------------
        20                                3000
        20        经理                    3570
        20        职员                    4955.4
        20        分析人员                 3600
        30        经理                    2850
        30        销售人员                 6000
已选择 6 行。
```

> 注意:HAVING 子句只能应用在 GROUP BY 子句的后面,不能使用 WHERE 子句来取代 HAVING 子句,否则将会产生异常。

6.1.8 使用 DUAL 表

DUAL 表是 Oracle 系统中对所有用户可用的一个实际存在的表,这个表不能用来存储信息,在实际应用中仅用来执行 SELECT 语句。可以使用 DUAL 表来查询系统的信息,比如获取当前的日期时间或获取当前用户等信息。

> 注意:DUAL 表是一个 1 行 1 列的表,不用向 DUAL 表中执行 INSERT、DELETE 和 TRUNCATE 语句。

下面列出了使用 DUAL 表的一些常见的示例。

```
--查询当前系统日期时间
SQL> SELECT SYSDATE FROM DUAL;
SYSDATE
----------
01-9月 -11
--查询当前系统日期时间,并格式化为特定的日期显示格式
SQL> SELECT TO_CHAR (SYSDATE, 'yyyy-mm-dd hh24:mi:ss') FROM DUAL;
TO_CHAR(SYSDATE,'YYYY-MM-DDHH24:MI:SS'
--------------------------------------
```

```
2011-09-01 04:14:31
--查询当前系统用户
SQL> SELECT USER FROM DUAL;
USER
------------------------------------------------------------
APPS
```

使用 DUAL 表,还可以用来计算表达式、输出静态文本、计算函数结果等。在 PL/SQL 的程序设计中,经常使用 DUAL 表来计算公式结果,获取表达式计算结果等,这个表是 Oracle 特别创建的一个表,它本身不具有任何其他的意义,仅用来计算并返回结果。

6.1.9 ROWNUM 伪列

在 Oracle 中,没有类似 SQL Server 中的 TOP 关键字来获取表中的前几条记录,Oracle 中提供了一个更加方便的方法:使用 ROWNUM 伪列。ROWNUM 伪列是 Oracle 先查到结果集之后再加上去的一个伪列,这个伪列对符合条件的结果添加一个从 1 开始的序列号。

例如可以使用如下的查询语句来查看 SELECT 语句中的 ROWNUM 值。

```
SQL> SELECT ROWNUM, empno, ename, job, mgr, hiredate
       FROM emp
       WHERE deptno = 20;
   ROWNUM EMPNO     ENAME        JOB         MGR   HIREDATE
   ------ --------- ------------ ----------- ----- ----------
        1 7369      史密斯       职员        7902  17-12月-80
        2 7566      约翰         经理        7839  02-4 月 -81
        3 7788      斯科特       职员        7566  09-12月-82
        4 7876      亚当斯       职员        7788  12-1 月 -83
        5 7902      福特         分析人员    7566  03-12月-81
        6 7892      张八         IT
        7 7893      霍九
        8 7894      霍十
        9 7895      APPS                            05-9月 -11
       10 7898      O'Malley
已选择 10 行。
```

该 SELECT 语句直接在查询中添加了一个 ROWNUM 列,可以看到每个查询的结果都从 1 开始向下排。有了这个 ROWNUM,就可以完成很多提取记录的工作,比如要提取员工表中前 10 条的记录,可以在 WHERE 子句中使用 ROWNUM,如以下语句所示。

```
SQL> SELECT ROWNUM, empno, ename, job, mgr, hiredate
       FROM emp
       WHERE ROWNUM <= 10;
   ROWNUM EMPNO     ENAME  JOB         MGR   HIREDATE
   ------ --------- ------ ----------- ----- ----------
        1 7369      史密斯 职员        7902  17-12月-80
        2 7499      艾伦   销售人员    7698  20-2 月 -81
        3 7521      沃德   销售人员    7698  22-2 月 -81
        4 7566      约翰   经理        7839  02-4 月 -81
        5 7654      马丁   销售人员    7698  28-2 月 -81
        6 7698      布莱克 经理        7839  01-3 月 -81
        7 7782      克拉克 经理        7839  09-5 月 -81
        8 7788      斯科特 职员        7566  09-12月-82
```

```
      9    7839 金       老板              17-11月-81
     10    7844 特纳     销售人员    7698  08-8月 -81
已选择10 行。
```

ROWNUM 与 ROWID 最大的不同在于，ROWID 是物理存在的，而 ROWNUM 是动态的，先查到结果集后再加上去的一个列，因此先必须有结果集。如果编写条件查询 ROWNUM>10，当生成结果集时，Oracle 首先产生 1 条 ROWNUM 为 1 的记录，显然不匹配 ROWNUM>10 这个条件，该条记录被过滤掉后，后生成的 ROWNUM 依然会为 1，因此如果 ROWNUM>10，将不会得到任何结果。因此要提取记录中间的记录，必须使用子查询。例如下面的语句将获取第 5 条到第 10 条的员工记录。

```
SQL> SELECT recno, empno, ename, job, mgr, hiredate
       FROM (SELECT ROWNUM recno, empno, ename, job, mgr, hiredate
             FROM emp)
       WHERE recno >= 5 AND recno <= 10;
     RECNO  EMPNO  ENAME      JOB            MGR   HIREDATE
     -----  -----  ---------  ------------   ----- --------
         5   7654  马丁       销售人员       7698  28-2月 -81
         6   7698  布莱克     经理           7839  01-3月 -81
         7   7782  克拉克     经理           7839  09-5月 -81
         8   7788  斯科特     职员           7566  09-12月-82
         9   7839  金         老板                 17-11月-81
        10   7844  特纳       销售人员       7698  08-8月 -81
已选择6 行。
```

上面的语句先使用 ROWNUM 得到具体的记录编号，在外层的查询中过滤具体的记录编号，得到结果集。在本章后面的复杂查询中，将详细介绍 Oracle 子查询的相关知识。

6.1.10 ROWID 伪列

ROWID 是一种数据类型，它使用基于 64 位编码的 18 个字符来唯一标识一条记录的物理位置的一个 ID，有点类似于主键，不过与主键的本质区别是 ROWID 一般情况下是按照递增的顺序排列的。

> **注意**：默认情况下，索引会按照 ROWID 的顺序显示，因此当对两条完全相同的记录进行排序时，结果会按照 ROWID 的顺序来进行排序。

ROWID 虽然可以从表中进行查询，但是其值并未存储在表中，因此不支持插入、更新和删除它们的值。

下面的语句查询 emp 表中前 5 条记录的 ROWID，通过 ROWIDTOCHAR 转换为字符串进行显示：

```
SQL> SELECT ROWIDTOCHAR (ROWID), x.ename, x.empno, x.job, x.hiredate
       FROM emp x
       WHERE ROWNUM <= 5;
ROWIDTOCHAR(ROWID)          ENAME    EMPNO    JOB        HIREDATE
--------------------        ------   ------   --------   ----------
AAWUruAAfAAA/6iAAA          史密斯    7369    职员       17-12月-80
AAWUruAAfAAA/6iAAB          艾伦      7499    销售人员   20-2月 -81
AAWUruAAfAAA/6iAAC          沃德      7521    销售人员   22-2月 -81
```

| AAWUruAAfAAA/6iAAD | 约翰 | 7566 | 经理 | 02-4月-81 |
| AAWUruAAfAAA/6iAAE | 马丁 | 7654 | 销售人员 | 28-2月-81 |

ROWID 由 18 个基于 BASE64 编码的字符串组成，其格式如表 6.2 所示。

表 6.2 ROWID 组成

数据对象编号	文件编号	块编号	行编号
OOOOOO	FFF	BBBBBB	RRR

在编写查询语句时，使用 ROWID 可以帮助完成很多工作，特别是在数据更新方面。以 Toad 为例，如果直接写一行单表查询的语句，在 Grid 中是不允许对查询结果进行编辑的，如果在查询中包含 ROWID，则可以在 Grid 中编辑数据。在 Toad 的 SQL 编辑器中编写如下的查询 emp 表的查询：

```
SELECT ROWID,x.* FROM emp x;
```

按下 Ctrl+Enter 快捷键后，可以看到现在 Grid 中出现的数据是可以编辑的，如图 6.1 所示。

图 6.1 可编辑的 Toad 视图

ROWID 的另一个重要的作用是删除完全重复的两条记录，为了演示其作用，下面首先根据 emp 表创建一个名为 emp_rowid 的新表，如以下语句所示。

```
CREATE TABLE emp_rowid AS SELECT * FROM emp;
```

使用 CREATE TABLE-AS 创建的表具有与 emp 完全相同的结构，但是不包含主键约束等信息，因此可以向该表插入重复的列，如以下代码所示。

```
INSERT INTO emp_rowid SELECT * FROM emp;
```

在 emp_rowid 表中，现在具有了重复的行值，但是每行记录的 ROWID 值是不相同的，例如要查询表中的重复值，可以根据 empno 是否重复来判断，如果 empno 是重复的，那么可以通过 MIN 或 MAX 来获取记录中 ROWID 较大的或较小的值来作为非重复的记录输出，如以下语句所示。

```
SELECT *
  FROM emp_rowid
 WHERE ROWID NOT IN (SELECT  MIN (ROWID)
                    FROM emp_rowid
               GROUP BY empno);
```

这条语句用了一个分组子查询，先取出以 empno 分组的所有 ROWID 中的较低的值，然后查询 emp_rowid 去除掉这些值，即可得到非重复值。

同样，通过使用 DELETE 语句可以删除重复行，使用完全相同的 WHERE 子句，如以下语句所示。

```
SQL> DELETE FROM emp_rowid
       WHERE ROWID NOT IN (SELECT  MIN (ROWID)
                           FROM emp_rowid
                           GROUP BY empno);
已删除 15 行。
```

通过使用 ROWID，可以很轻松地对表中出现的重复行进行删除。ROWID 作为一个唯一标识行，还有很多其他的作用，大家可以参考 Oracle 的相关资料。

6.2 复杂查询

复杂查询部分包含多个数据表的查询、使用子查询提取数据，以及多个集合的集合操作符的使用。本节会介绍如何实现 Oracle 的树状层次查询。

6.2.1 多表连接查询

到目前为止，本章所学习过的查询语句均为单表查询。可以使用 SELECT 语句提供多表查询的功能，即查询可以从两个或多个表中获取数据，比如通过多表查询从 emp 表和 dept 表中获取相关的数据。本节将介绍如何使用单个查询合并多个表的数据。在 SQL 中，操作多个表的数据称为连接，在 Oracle 中，有两种类型的连接格式。分别是 ANSI SQL 连接格式和 Oracle 特有的连接格式。Oracle 建议使用符合 ANSI 标准的连接格式，但是作为一个 DBA 或 PL/SQL 的开发人员，理解两种连接类型都是非常有必要的。

Oracle 数据库特有的连接语法如下所示。

```
SELECT table1.column, table2.column
FROM table1, table2
WHERE table1.column1 = table2.column2;
```

在 FROM 子句中，写入要查询的多表表名，在 WHERE 子句中写连接条件，当多个表中有相同的列名时，将表名作为列名的前缀。WHERE 子句中的连接条件是数据表中指定用于连接的字段。在一个表中指定外键，在另一个表中指定与其关联的主键。

1. 内连接

举个例子，scott 方案的 emp 表中，仅包含了部门编号 deptno 这个字段，为了显示友好的部门名称，可以使用连接查询从 emp 表和 dept 表中获取字段值，如以下语句所示。

```
SQL>    SELECT emp.empno, emp.ename, emp.job, emp.hiredate, emp.sal,
dept.dname
        FROM emp, dept
      WHERE emp.deptno = dept.deptno;
   EMPNO ENAME    JOB        HIREDATE      SAL DNAME
```

```
     7369 史密斯       职员        17-12月-80      1755.2    研究部
     7499 艾伦         销售人员    20-2 月 -81     1700      销售部
     7521 沃德         销售人员    22-2 月 -81     1350      销售部
     7566 约翰         经理        02-4 月 -81     3570      研究部
     7654 马丁         销售人员    28-2 月 -81     1350      销售部
     7698 布莱克       经理        01-3 月 -81     2850      销售部
     7782 克拉克       经理        09-5 月 -81     3587.05   财务部
     7788 斯科特       职员        09-12月-82      1760.2    研究部
     7839 金           老板        17-11月-81      8530.5    财务部
     7844 特纳         销售人员    08-8 月 -81     1600      销售部
     7876 亚当斯       职员        12-1 月 -83     1440      研究部
     7900 吉姆         职员        03-12月-81      1050      销售部
     7902 福特         分析人员    03-12月-81      3600      研究部
     7892 张八         IT                                    研究部
     7893 霍九                                                研究部
     7894 霍十                                                研究部
     7895 APPS                     05-9月 -11     3000      研究部
     7898 O'Malley                                           研究部
已选择 18 行。
```

在 dept 表中，deptno 是主键列，emp 表中的 deptno 是外键，两者建立了主外键的关联。关联两个表中相等的列，这种连接称为等值连接，也称为简单连接或内连接。

如果要在连接中使用查询条件，可以在 WHERE 子句中，连接条件的后面使用 AND 操作符，例如要查询部门 20 的人员列表，可以使用如下语句：

```
SELECT emp.empno, emp.ename, emp.job, emp.hiredate, emp.sal, dept.dname
  FROM emp, dept
 WHERE emp.deptno = dept.deptno AND emp.deptno = 20;
```

如果表名称很长，在每个列前使用表名限制会使 SQL 代码变得有些冗长，可以为每个表使用表别名，例如上面的语句可以使用如下的表别名形式：

```
SELECT x.empno, x.ename, x.job, x.hiredate, x.sal, y.dname
  FROM emp x, dept y
 WHERE x.deptno = y.deptno AND x.deptno = 20;
```

使用内连接的 ANSI SQL 表示方式如以下代码所示。

```
SELECT x.empno, x.ename, x.job, x.hiredate, x.sal, y.dname
  FROM emp x INNER JOIN dept y ON x.deptno = y.deptno
 WHERE x.deptno = 20;
```

ANSI SQL 的标准内连接语法是使用 INNER JOIN 连接左右的两个表，通过 ON 子句指定两个表的连接条件，WHERE 子句来指定条件子句。

2．外连接

上述的语句有一个问题，如果在 emp 表中存在 deptno 为 NULL 的记录，那么在使用内连接查询时，这些记录将不会出现在内连接列表中，作为演示，在示例中使用如下的 INSERT 语句插入了 3 条 deptno 为 NULL 的记录。

```
INSERT INTO emp
    VALUES (7903, '通利', '职员', NULL,
```

```
            TO_DATE ('1981-12-04', 'YYYY-MM-DD'), 2000, 200, NULL);
INSERT INTO emp
    VALUES (7904, '罗威', '职员', NULL,
            TO_DATE ('1981-12-08', 'YYYY-MM-DD'), 2000, 200, NULL);
INSERT INTO emp
    VALUES (7905, '莲花', '职员', NULL,
            TO_DATE ('1981-12-09', 'YYYY-MM-DD'), 2500, 250, NULL);
```

可以使用外连接语法来保留连接左边或右边的数据，例如如果 emp 表的部门编号不存在，依然要出现在查询结果列表中，保持 dname 列值为空，SQL 提供了外连接来实现这种功能。外连接又分为两类，分别是用于保存左侧表内容的左外连接和保存右侧表内容的右外连接，语法如下所示。

```
--右外连接
SELECT table1.column, table2.column
FROM table1, table2
WHERE table1.column(+) = table2.column;
--左外连接
SELECT table1.column, table2.column
FROM table1, table2
WHERE table1.column = table2.column(+);
```

通过在连接条件中使用（+）表示外连接查询，根据（+）所在字段位置的不同分为如下两类。

- 右外连接：当（+）符号出现在等号的左边时，将返回 table2 表中所有的数据。
- 左外连接：当（+）符号出现在等号的右边时，将返回 table1 表中所有的数据。

注意：不能在左右两侧都放置（+）符号。

为了返回 emp 表中所有的数据，将使用左外连接来实现，如以下语句所示。

```
SQL> SELECT x.empno, x.ename, x.job, x.hiredate, x.sal, y.dname
       FROM emp x, dept y
       WHERE x.deptno = y.deptno(+);
  EMPNO ENAME      JOB        HIREDATE         SAL      DNAME
  ----- ------     ------     --------------   ------   ------
   7369 史密斯     职员       17-12月-80       1755.2   研究部
   7499 艾伦       销售人员   20-2月 -81       1700     销售部
   7521 沃德       销售人员   22-2月 -81       1350     销售部
   7566 约翰       经理       02-4月 -81       3570     研究部
   7654 马丁       销售人员   28-2月 -81       1350     销售部
   7698 布莱克     经理       01-3月 -81       2850     销售部
   7782 克拉克     经理       09-5月 -81       3587.05  财务部
   7788 斯科特     职员       09-12月-82       1760.2   研究部
   7839 金         老板       17-11月-81       8530.5   财务部
   7844 特纳       销售人员   08-8月 -81       1600     销售部
   7876 亚当斯     职员       12-1月 -83       1440     研究部
   7900 吉姆       职员       03-12月-81       1050     销售部
   7902 福特       分析人员   03-12月-81       3600     研究部
   7892 张八       IT                                   研究部
   7893 霍九                                            研究部
   7894 霍十                                            研究部
   7903 通利       职员       04-12月-81       2000
   7904 罗威       职员       08-12月-81       2000
```

```
    7905 莲花         职员        09-12月-81            2500
已选择19行。
```

可以看到使用了左外连接后，emp 表中所有的数据都显示在了列表中。

为了演示右外连接，使用与左连接同样的 SQL 语句，将（+）号移动到左侧，使之显示所有 dept 表中的所有数据，如以下语句所示。

```
SQL>SELECT x.empno, x.ename, x.job, x.hiredate, x.sal, y.dname
      FROM emp x, dept y
      WHERE x.deptno(+) = y.deptno;
    EMPNO ENAME     JOB         HIREDATE         SAL     DNAME
    ----- ------    --------    ---------------  ------  ----------
     7782 克拉克     经理        09-5月 -81       3587.05 财务部
     7839 金         老板        17-11月-81       8530.5  财务部
     7369 史密斯     职员        17-12月-80       1755.2  研究部
     7876 亚当斯     职员        12-1月 -83       1440    研究部
     7902 福特       分析人员    03-12月-81       3600    研究部
     7788 斯科特     职员        09-12月-82       1760.2  研究部
     7566 约翰       经理        02-4月 -81       3570    研究部
     7892 张八       IT                                   研究部
     7894 霍十                                            研究部
     7893 霍九                                            研究部
     7499 艾伦       销售人员    20-2月 -81       1700    销售部
     7698 布莱克     经理        01-3月 -81       2850    销售部
     7654 马丁       销售人员    28-2月 -81       1350    销售部
     7900 吉姆       职员        03-12月-81       1050    销售部
     7844 特纳       销售人员    08-8月 -81       1600    销售部
     7521 沃德       销售人员    22-2月 -81       1350    销售部
                                                         营运部
                                                         行政部
                                                         行政部
已选择19行。
```

可以看到，尽管有些部门没有被 emp 表引用，但是依然出现在了列表中。

如果是使用 ANSI SQL，则连接、右连接及全连接语法如下所示。

```
SELECT table1.column, table2.column
FROM table1
[LEFT|RIGHT|FULL OUTER JOIN table2
ON (table1.column_name = table2.column_name)];
```

左连接可以改写为如下代码：

```
SELECT x.empno, x.ename, x.job, x.hiredate, x.sal, y.dname
  FROM emp x LEFT OUTER JOIN dept y ON x.deptno = y.deptno
```

右连接可以改写为如下代码：

```
SELECT x.empno, x.ename, x.job, x.hiredate, x.sal, y.dname
  FROM emp x RIGHT OUTER JOIN dept y ON x.deptno = y.deptno
```

在 ANSI SQL 中，FULL OUTER JOIN 表示全连接，除了包含连接的数据之外，还包含连接的表中不符合连接条件的数据，例如，如果对 emp 和 dept 表进行全连接，返回的语句和结果如下所示。

```
SQL>    SELECT x.empno, x.ename, x.job, x.hiredate, x.sal, y.dname
```

```
        FROM emp x FULL OUTER JOIN dept y ON x.deptno = y.deptno;
 EMPNO ENAME      JOB         HIREDATE          SAL  DNAME
 ----- ---------- ----------- ----------------- ---- --------------------
  7839 金          老板         17-11月-81        8530.5 财务部
  7782 克拉克       经理         09-5 月-81        3587.05 财务部
  7894 霍十                                            研究部
  7893 霍九                                            研究部
  7892 张八         IT                                  研究部
  7902 福特        分析人员      03-12月-81        3600  研究部
  7876 亚当斯       职员         12-1 月-83        1440  研究部
  7788 斯科特       职员         09-12月-82        1760.2 研究部
  7566 约翰        经理         02-4 月-81        3570  研究部
  7369 史密斯       职员         17-12月-80        1755.2 研究部
  7900 吉姆        职员         03-12月-81        1050  销售部
  7844 特纳        销售人员      08-8 月-81        1600  销售部
  7698 布莱克       经理         01-3 月-81        2850  销售部
  7654 马丁        销售人员      28-2 月-81        1350  销售部
  7521 沃德        销售人员      22-2 月-81        1350  销售部
  7499 艾伦        销售人员      20-2 月-81        1700  销售部
  7905 莲花        职员         09-12月-81        2500
  7904 罗威        职员         08-12月-81        2000
  7903 通利        职员         04-12月-81        2000
                                                     营运部
                                                     行政部
                                                     行政部

已选择 22 行。
```

可以看到在结果中，既包含了内连接的数据，也包含了 emp 表和 dept 表所不符合连接条件的记录。

3．交叉连接

交叉连接是指用 A 表中的记录行与 B 表中的记录行数相乘得到的笛卡尔积，如果在进行连接查询时不指定任何连接条件，将产生交叉查询。例如，emp 表有 15 条记录，dept 表有 6 条记录，结果是 15×6=90 条记录，交叉查询语法如下所示。

```
SELECT x.empno, x.ename, x.job, x.hiredate, x.sal, y.dname
  FROM emp x,dept y;
```

对于 ANSI SQL 标准来说，可以使用 CROSS JOIN 来实现交叉查询，如以下语句所示。

```
SELECT x.empno, x.ename, x.job, x.hiredate, x.sal, y.dname
  FROM emp x CROSS JOIN dept y;
```

4．自然连接

如果两个表中有相同名字和数据类型的列，那么可以使用自然连接来自动匹配数据类型和列名。自然连接使用 NATURAL JOIN 关键字。

注意：自然连接只能发生在两个表中有相同名字和数据类型的列上。如果列有相同的名字，但数据类型不同，NATURAL JOIN 语法会引起错误。

对于 emp 表和 dept 表来说，deptno 在两个表中都存在，且具有相同的数据类型，因此在进行自然连接时，会使用 deptno 作为连接条件，如以下语句所示。

```
SELECT x.empno, x.ename, x.job, x.hiredate, x.sal, y.dname
FROM emp x NATURAL JOIN dept y;
```

6.2.2 使用子查询

在编写 SQL 语句时，一些查询必须要基于另一个查询的结果才能完成数据的提取，这种查询的构造方式称为子查询。举个例子来说，要获取 emp 表中比 SMITH 薪资高的人员的列表，必须要构造两个查询，一个查询用来查 SMITH 的薪资，另一个查询用来比较 SMITH 的薪资记录，获取比 SMITH 薪资高的人员列表，主子查询的关系如图 6.2 所示。

图 6.2 主子查询的关系

因此，为了查询大于 SMITH 薪资列表的员工记录，可以使用如下的语句：

```
SELECT *
  FROM emp
 WHERE sal > (SELECT sal
                FROM emp
               WHERE ename = 'SMITH');
```

该 SQL 语句执行时，首先执行内查询，获取 SMITH 的薪资数量，然后用内查询返回的结果执行外查询，最后，执行整个查询（包括子查询），显示相同的结果，这种子查询方式称为非相关子查询。

子查询又分为如下两类。

❑ 相关子查询：相关子查询的执行依赖于外部查询的数据，外部查询执行一行，子查询就执行一次。
❑ 非相关子查询：非相关子查询是独立于外部查询的子查询，子查询总共执行一次，执行完毕后将值传递给外部查询。

由于相关子查询在外查询执行一次时，同时也要执行内部查询，因此非相关子查询的效率比相关子查询高。使用子查询时，需要遵循如下的基本原则。

❑ 子查询放在圆括号中。
❑ 子查询放在比较条件的右边。
❑ 在单行子查询中用单行运算符，在多行子查询中用多行运算符。

1. 非相关子查询

非相关子查询只会执行一次，使得外部的查询可以根据子查询的单一结果或结果集来进行比较。非相关子查询根据返回的结果又可以细分为如下 3 类。

- 单行单列子查询：又称为标量子查询，通常与比较运算符比如=、>、<、!=、<=、>=联合使用。例如示例中获取 SMITH 薪资的子查询就是典型的单行单列子查询。
- 多行单列子查询：返回单列多行数据时，不允许与比较运算符进行组合运算符，必须使用特定的关键字如 ANY 和 ALL 来将外层查询的单个值与子查询的多行进行比较运算。
- 多列子查询：返回多列数据的子查询，这种类型的子查询通常用在 UPDATE 语句中。

对于单行单列子查询，通常用于与外查询中的某个结果进行比较的场合，可以使用多种单行比较运算符，例如想查询与史密斯具有相同职位的人员列表，可以使用=运算符：

```
SQL> SELECT empno, ename, job, mgr, hiredate, sal
      FROM emp
      WHERE job = (SELECT job
                   FROM emp
                   WHERE ename = '史密斯');
   EMPNO ENAME      JOB          MGR HIREDATE        SAL
   ----- ----       ---------    ---- ----------    --------- -
    7369 史密斯     职员         7902 17-12 月-80   1755.2
    7788 斯科特     职员         7566 09-12 月-82   1760.2
    7876 亚当斯     职员         7788 12-1 月 -83   1440
    7900 吉姆       职员         7698 03-12 月-81   1050
    7903 通利       职员              04-12 月-81   2000
    7904 罗威       职员              08-12 月-81   2000
    7905 莲花       职员              09-12 月-81   2500
已选择 7 行。
```

上述语句使用了等于符号，在子查询中还可以使用分组函数对结果集进行分组，例如可以查询 emp 表中薪资最低的员工信息，可以使用 MIN 函数计算 emp 表中的最低薪资，外查询以该最低薪资作为查询条件，如以下语句所示。

```
SQL> SELECT empno, ename, job, mgr, hiredate, sal
      FROM emp
      WHERE sal = (SELECT MIN (sal)
                   FROM emp);
   EMPNO ENAME     JOB          MGR  HIREDATE         SAL
   ----- -------   ----------   ----  ------------    ----------------
    7900 吉姆      职员         7698  03-12 月-81     1050
```

在子查询中使用了 MIN(sal)计算最低薪资值，然后外层查询与此最低薪资值进行比较，得到 JAMES 为最低薪资值。

如果子查询返回多行，则不能使用大于、等于之类的单行比较符，需要使用多行比较符。多行比较符如下所示。

- IN：等于列表中的任何成员。
- ANY：比较子查询返回的每个值。
- ALL：比较子查询返回的全部值。

例如，要查找 emp 表中，收入为各部门最低的员工列表，则可以使用 IN 操作符，如以下语句所示。

```
SQL> SELECT empno, ename, job, mgr, hiredate, sal, deptno
       FROM emp
       WHERE sal IN (SELECT  MIN (sal)
                     FROM emp
                     GROUP BY deptno);
    EMPNO ENAME      JOB             MGR   HIREDATE         SAL     DEPTNO
    ----- ----       -----------     ----  ----------      ------   ------
     7900 吉姆        职员             7698  03-12月-81       1050      30
     7876 亚当斯      职员             7788  12-1月 -83       1440      20
     7903 通利        职员                   04-12月-81       2000
     7904 罗威        职员                   08-12月-81       2000
     7782 克拉克      经理             7839  09-5月 -81       3587.05   10
```

查询语句被执行时，先执行 IN 子句，产生一个查询结果，然后主查询块处理和使用由内查询返回的值完成其搜索条件，IN 关键字表示主查询中的薪资列只要在子查询的多行列表中存在，则返回该行数据。

举个例子，指出 emp 表中，非职员（CLERK）的人员中比所有职员薪资高的人员列表，可以使用如下所示的语句：

```
SQL> SELECT empno, ename, job, mgr, hiredate, sal
       FROM emp
       WHERE sal >ANY(SELECT sal FROM emp WHERE job='职员')
       AND job<>'职员';
    EMPNO ENAME       JOB          MGR    HIREDATE        SAL
    ----- ----        -----------  ----   ----------     ------
     7499 艾伦        销售人员      7698   20-2月 -81     1700
     7521 沃德        销售人员      7698   22-2月 -81     1350
     7566 约翰        经理          7839   02-4月 -81     3570
     7654 马丁        销售人员      7698   28-2月 -81     1350
     7698 布莱克      经理          7839   01-3月 -81     2850
     7782 克拉克      经理          7839   09-5月 -81     3587.05
     7839 金          老板                 17-11月-81     8530.5
     7844 特纳        销售人员      7698   08-8月 -81     1600
     7902 福特        分析人员      7566   03-12月-81     3600
已选择 9 行。
```

比较操作符加 ANY 的含义如下所示。

- <ANY 意思是小于最大值。
- >ANY 意思是大于最小值。
- =ANY 等同于 IN。
- <ALL 意思是小于最小值。
- >ALL 意思是大于最大值。

> 注意：ANY 具有一个同义词 SOME，具有与 ANY 一样的功能，在使用 SOME 或 ANY 时，通常用 DISTINCT 关键字来防止返回被多次选择的行，以提升查询的性能。

ALL 运算符比较一个值与子查询返回的每个值，它与 ANY 都用于比较子查询中的每一个值，只是其比较有所区别，例如>ALL 表示外查询的值比子查询中返回的每个值都大条件才成立，而>ANY 表示只要外部值比子查询中返回的任意一个大即满足，因此将上面的 ANY 语法更改为 ALL，可以看到结果会与 ANY 返回的结果有区别，如下所示。

```
SQL> SELECT empno, ename, job, mgr, hiredate, sal
       FROM emp
      WHERE sal > ALL (SELECT sal
                         FROM emp
                        WHERE job = '职员') AND job <> '职员';
     EMPNO ENAME   JOB            MGR    HIREDATE        SAL
     ----- ----    ------------   ----   ----------      --------
      7566 约翰    经理           7839   02-4月 -81      3570
      7698 布莱克  经理           7839   01-3月 -81      2850
      7782 克拉克  经理           7839   09-5月 -81      3587.05
      7839 金      老板                  17-11月-81      8530.5
      7902 福特    分析人员       7566   03-12月-81      3600
SQL>
```

可以看到，使用了>ALL 关键字后，检索出来的结果比使用 ANY 少了几行，请读者仔细查看其中的区别，有助于了解 ANY 和 ALL 之间的不同之处。

2．相关子查询

相关子查询不像非相关子查询那样只执行一次，每当主查询或外查询执行一次时，会执行一次相关子查询。相关子查询中的内层查询需要引用到一个或多个包含它的外层查询的列值，它在外部查询执行之后每次都需要执行。举个例子，如果想知道 emp 表中，薪资超过该员工所在部门的平均薪资的人员信息，则需要在内部查询中获取外部查询的部门编号，在子查询中计算部门平均值，再由外部查询进行比较，如以下语句所示。

```
SQL> SELECT   e1.empno, e1.ename, e1.deptno
       FROM emp e1
      WHERE e1.sal > (SELECT AVG (sal)
                        FROM emp e2
                       WHERE e2.deptno = e1.deptno)
   ORDER BY e1.deptno
/
     EMPNO ENAME       DEPTNO
     ----- ----        ------------------
      7839 金          10
      7566 约翰        20
      7902 福特        20
      7499 艾伦        30
      7698 布莱克      30
```

可以看到，子查询通过外部查询的表别名获取外查询的 deptno 列，然后计算外部列的部门平均值，最后将其作为外部 WHERE 子句的条件值返回。

6.2.3 表集合操作

使用 SELECT 语句进行查询时，查询的结果为一个结果集，通过使用集合运算，可以将查询的结果的层个或多个部分结合到一个结果中，包含集合运算的查询称为复合查询。

在 Oracle SQL 中，可供使用的集合运算具有如下几种类型。

❑ 联合运算：从两个查询返回的结果集去掉重复值后合并后的结果，使用 UNION 操作符。
❑ 全联合运算：与联合运算相似，返回两个查询结果的并集，但是包括所有重复值。

使用 UNION ALL 操作符。
- 相交运算：返回多个查询结果中的相同的行，使用 INTERSECT 操作符。
- 相减运算：返回在第 1 个查询中存在而在第 2 个查询中不存在的行，使用 MINUS 操作符。

1．联合与全联合运算

联合与全联合用于合并两个表中的数据，二者的区别在于联合不包含重复值，而全联合包含重复值，其语法如下所示。

```
SELECT_statement_1
UNION [ALL]
SELECT_statement_2
[UNION [ALL]
SELECT_statement_3]...
[ORDER BY order_by_list]
```

为了演示联合查询，下面创建一个名为 emp_history 的表，包含与 emp 表相同的数据，创建语法如下所示。

```
CREATE TABLE emp_history AS SELECT * FROM emp;
```

使用联合运算具有如下一些原则。
- 被选择的列数和列的数据类型必须与所有用在查询中的 SELECT 语句一致。列的类型可以不相同。
- 联合运算在做重复检查的时候不忽略空值（NULL 值）。
- 默认情况下，输出以 SELECT 子句的第 1 列的升序排序。
- IN 运算有比 UNION 运算高的优先级。
- 联合运算在所有被选择的列上进行。

举个例子，可以使用 UNION 来取出 emp 表中部门为 20 的记录，与 emp_history 表中部门为 30 的记录进行合并，示例语句如下所示。

```
SQL> SELECT   empno, ename, sal, hiredate, deptno
       FROM emp
       WHERE deptno = 20
     UNION
     SELECT   empno, ename, sal, hiredate, deptno
       FROM emp_history
       WHERE deptno = 30
     ORDER BY deptno;
  EMPNO ENAME        SAL       HIREDATE            DEPTNO
------- ----------  ---------  -----------------   ----------
   7369 史密斯       1755.2     17-12月-80           20
   7566 约翰         3570       02-4月 -81           20
   7788 斯科特       1760.2     09-12月-82           20
   7876 亚当斯       1440       12-1月 -83           20
   7892 张八                                         20
   7893 霍九                                         20
   7894 霍十                                         20
   7902 福特         3600       03-12月-81           20
   7499 艾伦         1700       20-2月 -81           30
   7521 沃德         1350       22-2月 -81           30
```

7654	马丁	1350	28-2月-81	30
7698	布莱克	2850	01-3月-81	30
7844	特纳	1600	08-8月-81	30
7900	吉姆	1050	03-12月-81	30

已选择 14 行。

UNION 运算会消除重复的记录，如果有相同的记录出现在 emp 和 emp_history 表中，该记录将仅出现一次，在示例中特意选择部门 20 和部门 30 的员工列表去掉了重复的值。默认情况下，输出以第 1 列的升序排序，示例中默认情况下使用 empno 排序，但是可以使用 ORDER BY 子句改变查询的顺序。

注意：ORDER BY 子句只能放在最后一个 SELECT 语句中，放在任何其他的位置都会导致语句错误。

UNION ALL 与 UNION 类似，只是 UNION ALL 并不消除重复行，并且默认情况下并不输出排序，不能使用 DISTINCT 关键字，除此之外，其他的原则与 UNION 完全相同。

为了演示 UNION ALL 不消除重复行的特性，下面的语句分别从 emp 表和 emp_history 表中取出了部门编号为 20 的员工列表：

```
SQL> SELECT   empno, ename, sal, hiredate, deptno
       FROM emp
      WHERE deptno = 20
    UNION ALL
     SELECT   empno, ename, sal, hiredate, deptno
       FROM emp_history
      WHERE deptno = 20
      ORDER BY empno;
     EMPNO ENAME        SAL    HIREDATE         DEPTNO
     ----- ----    ----------  --------------  --------
      7369 史密斯    1755.2    17-12月-80          20
      7369 史密斯    1755.2    17-12月-80          20
      7566 约翰      3570      02-4月-81           20
      7566 约翰      3570      02-4月-81           20
      7788 斯科特    1760.2    09-12月-82          20
      7788 斯科特    1760.2    09-12月-82          20
      7876 亚当斯    1440      12-1月-83           20
      7876 亚当斯    1440      12-1月-83           20
      7892 张八                                    20
      7892 张八                                    20
      7893 霍九                                    20
      7893 霍九                                    20
      7894 霍十                                    20
      7894 霍十                                    20
      7902 福特      3600      03-12月-81          20
      7902 福特      3600      03-12月-81          20
```

已选择 16 行。

因为 UNION ALL 并不会按第 1 列进行升序排序，因此在语句的最后一个 SELECT 语句中添加了 ORDER BY 子句来进行排序，从最后的输出结果可以看到，UNION ALL 产生了重复行的记录。

2. 相交运算

相交运算 INTERSECT 返回多个查询中的相同的行，其使用原则如下。
- 在查询中被 SELECT 语句选择的列数和数据类型必须与在查询中使用的所有的 SELECT 语句中的一样，但列名可以不同。
- 相交的表的倒序排序不改变结果。
- 相交不忽略空值。

例如要查询 emp 表和 emp_history 表中的部门编号为 20 相同的员工记录，可以使用如下语句：

```
SQL>    SELECT    empno, ename, sal, hiredate, deptno
          FROM emp
         WHERE deptno = 20
      INTERSECT
        SELECT    empno, ename, sal, hiredate, deptno
          FROM emp_history
         WHERE deptno = 20;
     EMPNO ENAME       SAL    HIREDATE          DEPTNO
     ----- -------   -------  -----------------  -------
      7369 史密斯    1755.2   17-12月-80          20
      7566 约翰      3570     02-4月-81           20
      7788 斯科特    1760.2   09-12月-82          20
      7876 亚当斯    1440     12-1月-83           20
      7892 张八                                   20
      7893 霍九                                   20
      7894 霍十                                   20
      7902 福特      3600     03-12月-81          20
已选择 8 行。
```

可以看到最终的结果是两个表中去掉了重复值后的结果。

3. 相减运算

与相交运算相反，相减运算用于去除重复的结果值，即查询在第 1 个表中而不在第 2 个表中的行。其使用原则与 INTERSECT 完全相同，因此将相交运算的 INTERSECT 语句更改为 MINUS 语句后，可以看到结果不包含任何行。

```
SQL> SELECT    empno, ename, sal, hiredate, deptno
       FROM emp
      WHERE deptno = 20
    MINUS
     SELECT    empno, ename, sal, hiredate, deptno
       FROM emp_history
      WHERE deptno = 20;
未选定行
```

可以看到，对于两个相同的表记录，MINUS 不会返回任何结果行。

可以在一个查询中使用多个集合运算符，比如可以同时使用 UNION、UNION ALL 或 MINUS、INTERSECT 进行多个数据表的集合运算。当包含多个集合运算时，可以用圆括号改变执行的顺序，在使用 ORDER BY 子句时，ORDER BY 只能出现在语句的最后，并且排序的列名是从第 1 个 SELECT 语句接收列名、别名或位置记号。

6.2.4 层次化查询

尽管表默认呈现为行和列的二维表格,但是在很多时候,开发人员需要在二维表格中存储层次化的数据,比如一个组织架构图,需要保存组织的层次信息,制造业的物料清单需要具有产品的层次结构信息,家庭层次等,这些数据具有层次特性,Oracle 提供了层次化查询的特性,使得可以通过 SQL 语句表中存储的具有层次化特性的数据转换为树状的数据。

以组织架构图为例,一个公司的组织结构以树状结构表示如图 6.3 所示。

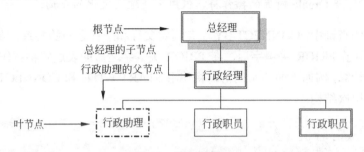

图 6.3 组织结构图

从这个树状结构中可以看到,树状层次中的每个元素都是树中的一个节点,因为节点具有层次关系,因此具有父节点与子节点,顶层的为根节点,没有子节点的节点为叶节点。

为了让一个或多个表具有层次关系,必须使用相关的字段将表关联起来。以 HR 方案中的 employees 表为例,该表中的员工包含一个名为 MANAGER_ID 的字段,该字段自引用到 EMPLOYEE_ID 字段,使得每一个员工可以具有一个指向组织架构中的父级。ER 图如图 6.4 所示。

图 6.4 具有层次关系的表结构

Oracle 提供了对于 ANSI SQL 的扩展来简化对树状层次结构的遍历。Oracle 提供了如下所示的 3 个构造来有效和有用地处理层次化查询问题。

- ❏ START WITH..CONNECT BY 子句。
- ❏ PRIOR 操作符。
- ❏ LEVEL 伪列。

通过在 SELECT 语句中包含 START WITH 和 CONENCT BY 子句,可以很容易地提取表中的层次结构的数据,其基本语法为:

`[[START WITH condition1] CONNECT BY condition2]`

- START WITH condition1：指定层次结构中的根节点，所有满足 condition1 条件的都可以被考虑为根节点。如果没有指定 START WITH 子句，那么会使得所有的行都被考虑为根节点，这显然不符合树状查询的规律，也可以在 condition1 中包含子查询。
- CONNECT BY condition2：指定层次结构中父行和子行之间的关系，这个关系是一个比较表达式，用来从当前的行开始比较其父行的列的相应值。condition2 必须包含 PRIOR 操作符，用于指定列是来自父行，condition 不能包含子查询。

注意：PRIOR 是 Oracle 内置的操作符，仅用来处理层次化的查询。

在层次化的查询中，CONNECT BY 子句指定父行和子行之间的关系，当在 CONNECT BY 条件中使用了 PRIOR 关键字后，在 PRIOR 关键字之后的表达式将被作为查询中当前列的父列进行计算，例如下面的示例语句将使用 START WITH 和 CONNECT BY 来查询员工表中的组织层次结构：

```
SQL> SELECT    employee_id, manager_id, first_name, last_name, hire_date,
       FROM employees
  --表示根节点为manager_id
  START WITH manager_id IS NULL
  --PRIOR 表示父行的 employee_id，等于当前行的 manager_id
  CONNECT BY PRIOR employee_id = manager_id;
EMPLOYEE_ID ID  FIRST_NAME    LAST_NAME    HIRE_DATE       SALARY
----------- --- ------------- ------------ --------------- ---------------
        100     Steven        King         17-6月 -03       24000
        101 100 Neena         Kochhar      21-9月 -05       17000
        108 101 Nancy         Greenberg    17-8月 -02       12008
        109 108 Daniel        Faviet       16-8月 -02       9000
        110 108 John          Chen         28-9月 -05       8200
        111 108 Ismael        Sciarra      30-9月 -05       7700
        112 108 Jose Manue    Urman        07-3月 -06       7800
```

在语句中，START WITH 以 manager_id IS NULL 作为根节点，从查询结果来看，King 满足这个条件，在 CONNECT BY 子句中，紧随其后的是 PRIOR 操作符，其后面的列名表示是父项列的列名，而 manager_id 表示子项的 manager_id 的值，从查询结果可以看到，从根节点开始，King 的 employee_id 值为 100，因此将查询子行中 manager_id 为 100 的值，在示例中找到了 Kochhar，它的 employee_id 为 101，根据 CONNECT BY PRIOR 规则，继续向下寻找，形成树状的层次结构查询。

通过上面的示例可以看到，PRIOR 后面的列代表父行的列，PRIOR 可以位于比较操作符的任何一方，而不在乎是否是在 CONNECT BY 后面。例如将上面的语句的 PRIOR 更改为如下所示的语句，具有同样的效果：

```
SQL> SELECT    employee_id, manager_id, first_name, last_name, hire_date,
        salary
       FROM employees
  --表示根节点为manger_id
  START WITH manager_id IS NULL
  --PRIOR 表示父行的 employee_id，等于当前行的 manager_id
  CONNECT BY manager_id = PRIOR employee_id;
```

如果在查询的过程中想知道当前查询树状结构所处的层次，可以使用 LEVEL 伪列，该列用来表示查询层次整型值，因此在上面的语句中加入了 LEVEL 列后，可以在结果视图中看到树状的层次。

```sql
SQL> SELECT      LEVEL, employee_id, manager_id, first_name, last_name,
hire_date,
            salary
        FROM employees
--表示根节点为 manager_id
START WITH manager_id IS NULL
--PRIOR 表示父行的 employee_id，等于当前行的 manager_id
CONNECT BY manager_id = PRIOR employee_id;
 LEVEL EMPLOYEE_ID MANAGER_ID FIRST_NAME LAST_NAME  HIRE_DATE   SALARY
 ----- ----------- ---------- ---------- ---------- ----------  ------
     1         100                       Steven     King        17-6月-03   24000
     2         101        100            Neena      Kochhar     21-9月-05   17000
     3         108        101            Nancy      Greenberg   17-8月-02   12008
     4         109        108            Daniel     Faviet      16-8月-02    9000
     4         110        108            John       Chen        28-9月-05    8200
     4         111        108            Ismael     Sciarra     30-9月-05    7700
     4         112        108            Jose       Manue Urman 07-3月-06    7800
```

使用 LEVEL 伪列，结合 LPAD 字符串函数，可以创建出具有层次效果的查询结果，示例如下所示。

```sql
SELECT     LEVEL, LPAD (' ', 2 * (LEVEL - 1)) || last_name "EmpName",
          hire_date, salary
      FROM employees
--表示根节点为 manager_id
START WITH manager_id IS NULL
--PRIOR 表示父行的 employee_id，等于当前行的 manager_id
CONNECT BY manager_id = PRIOR employee_id;
LEVEL    EmpName      HIRE_DATE            SALARY
------   --------     ----------------     --------
1        King         2003-6-17            24000
2        Kochhar      2005-9-21            17000
3        Greenberg    2002-8-17            12008
4        Faviet       2002-8-16             9000
4        Chen         2005-9-28             8200
4        Sciarra      2005-9-30             7700
4        Urman        2006-3-7              7800
4        Popp         2007-12-7             6900
3        Whalen       2003-9-17             4400
3        Mavris       2002-6-7              6500
3        Baer         2002-6-7             10000
3        Higgins      2002-6-7             12008
4        Gietz        2002-6-7              8300
2        De Haan      2001-1-13            17000
3        Hunold       2006-1-3              9000
4        Ernst        2007-5-21             6000
4        Austin       2005-6-25             4800
4        Pataballa    2006-2-5              4800
4        Lorentz      2007-2-7              4200
2        Raphaely     2002-12-7            11000
```

通过使用 Oracle 提供的扩展，使得遍历层次结构变得轻松多了，树状功能在制造企业的 BOM 展开功能上用得较多，灵活掌握 START WITH 与 CONNECT BY 对于开发层次结构的数据结构非常重要。

6.3 小 结

本章介绍了 SQL 查询中的复杂查询功能，深入讨论了多个表之间的查询，通过使用 Oracle 特有的连接语法和 ANSI SQL 语法来实现内连接、外连接和交叉连接等功能，实现在一条 SQL 语句中对多个表进行查询。在子查询小节，讨论了相关子查询和非相关子查询的使用，介绍了单行单列、多行单列子查询的具体使用方法。表集合部分讨论了多个查询之间的并集、差集和交集的操作，最后讨论了 Oracle 对层次化的扩展，允许轻松地遍历树状层次结构的数据。

第 7 章 操纵数据表

当表创建好后，可以通过编写 DML 数据操纵语言对数据表进行操作，DML 包含插入、更新、删除记录。对于多条 DML 语句，Oracle 将其看作是一个整体事务进行管理，因此必须手动处理提交与回滚操作。本章将详细讨论如何对数据表进行数据操纵，同时也会讨论 Oracle 序列的创建和作用，以及 Oracle 同义词的作用与管理。

7.1 插入记录

插入记录需要使用 DML 语句 INSERT，使用该语句既可以插入单行记录，也可以使用子查询插入多行记录，还可以使用语句 MERGE 从一个表中插入或更新所有记录到另一个表。

7.1.1 数据操纵语言 DML

当需要向数据库中添加、更新或删除数据时，需要执行数据操纵语言 DML。DML 是 SQL 的核心部分，它包含如下几种常见的操作语句。

- INSERT：向表中添加行。
- UPDATE：更新存储在表中的数据。
- DELETE：删除现有的行。
- MERGE：插入所有的行到另一个具有现存记录的表，如果要插入的行的键匹配已存在行，则更新已经存在的行而不是插入一个新行。

注意：MERGE 是 Oracle Database 9i 之后新增的一个特性，在 Oracle Database 10g 中得到了进一步的增强。

在操作 DML 语句时，一些常见的语法特性如下所示。

- 所有的 DML 语句通常一次只能操作一个表，使用 INSERT 或者是 MERGE 的变体也允许同时对多个表进行插入。
- 用户必须具有在要使用的 DML 语句的表上的权限，比如用户自己所在方案下的表。
- 如果列具有 NOT NULL 约束，在使用 DML 语句时，比如 INSERT 或 UPDATE 要为具有约束的列指定值。
- Oracle 在用户显式地使用 COMMIT 语句时，才会将用户所做的更改保存回数据库，否则用户可以使用 ROLLBACK 语句撤销所做的任何更改。

关于 COMMIT 与 ROLLBACK 语句，涉及对 Oracle 事务的处理，在本书后面介绍事务时，会详细介绍这些 Oracle 事务的具体应用。

7.1.2 插入单行记录

大多数信息管理系统都会使用 INSERT INTO-VALUES 语句将用户在用户界面中输入的信息插入目标表中，其语法声明格式如下所示。

```
INSERT INTO table [(column [, column...])]
VALUES (value [, value...]);
```

在语法中，table 表示表的名字，这是必须指定的目标表名称，可选的 column 指定要向 table 中插入数据的列名称，value 是与列名称对应的列值。

以 scott 方案下的 emp 表为例，为了向表中插入一条新的记录，可以使用如下所示的语法：

```
INSERT INTO emp
          (empno, ename, job, mgr,
           hiredate, sal, comm, deptno
          )
     VALUES (7890, '刘七', '副理', 7566,
           TO_DATE ('2001-08-15', 'YYYY-MM-DD'), 8000, 300, 20
          );
```

在向表中指定列名时，列名的顺序不用与表中的顺序完全匹配，但是在 VALUES 列表中的值列表必须与列名的顺序进行匹配。

> ⚠ 注意：在 VALUES 值列表中，对于字符与日期型要用单引号括起来。数字值不应放在单引号中，因为对于指定为 NUMBER 数据类型的字段，如果使用了单引号，可能会发生数字值的隐式转换。

也可以不指定列名，但是必须对表中的每个列值指定新的值，并且值的指定顺序要完全匹配列在表中的顺序，因此可以将上述语法更改为如下所示的语句：

```
INSERT INTO emp
    VALUES (7891,'刘七','副理',7566,TO_DATE ('2001-08-15', 'YYYY-MM-DD'),
         8000, 300, 20);
```

尽管不指定列字段是可行的，但是为了使语句更加清楚，建议在 INSERT 子句中使用字段列表。

如果要插入的字符串中本身也包含了单引号，那么需要使用两个单引号来匹配单引号，例如要在 emp 表的 ename 列中插入 O'Malley 这个员工的名字，可以使用如下语句：

```
INSERT INTO emp
          (empno, ename, deptno
          )
     VALUES (7898, 'O''Malley', 20
          );
```

可以看到通过在具有单引号的字符中插入两个单引号，具有单引号的名字被成功插入。

7.1.3 插入默认值和 NULL 值

默认值是在定义数据表时指定的值,如果未指定默认值 DEFAULT 选项,并且其 NOT NULL 没有被指定为 True,那么将默认为 NULL 值。可以通过 desc+表名的方式来查询表的架构定义,以便了解默认值的定义,例如要查看 emp 表的架构,语法及其结果如下所示。

```
SQL> desc emp;
名称                                        是否为空        类型
-------------------------------    ---------------  -----------------
EMPNO                                       NOT NULL  NUMBER(4)
ENAME                                                 VARCHAR2(20)
JOB                                                   VARCHAR2(9)
MGR                                                   NUMBER(4)
HIREDATE                                              DATE
SAL                                                   NUMBER(7,2)
COMM                                                  NUMBER(7,2)
DEPTNO                                                NUMBER(2)
```

可以看到在 emp 表中,除了 empno 不允许为 NULL 值之外,其他的值都默认为 NULL 值,因此可以使用隐式的默认值插入方法,即通过在 INSERT 语句中省略掉部分列值,自动使用默认值进行插入。例如下面的语句,仅指定了 empno 和 ename 以及 deptno。

```
INSERT INTO emp
       (empno, ename, deptno
       )
    VALUES (7892, '张八', 20
       );
```

在上面的语句中,仅指定了 empno、ename 和 deptno 列,在插入列值后,可以看到未指定的列值均为 NULL 值,如以下查询语句所示。

```
SQL> SELECT * FROM emp WHERE empno=7892;
    EMPNO ENAME  JOB    MGR   HIREDATE     SAL       COMM      DEPTNO
    ----- -----  -----  ----- ---------  ----------  --------  --------------
     7892 张八                                                          20
```

也可以显式地为列指定 NULL 关键字,对于 VALUES 中的字符串和日期型,也可以指定以引号包起来的空白符,因此如下的语句是合法的:

```
INSERT INTO emp
VALUES(7893,'霍九',NULL,NULL,NULL,NULL,NULL,20);
```

也可以使用如下的语句来代替 NULL 关键字:

```
INSERT INTO emp
VALUES(7894,'霍十','',NULL,'',NULL,NULL,20);
```

除了使用 NULL 关键字外,对于定义了默认值的列,可以使用 DEFAULT 关键字来表示使用列的默认值,如果列没有默认值,将使用 NULL 值代替。因此上面的语句也可以写为 DEFAULT 格式:

```
INSERT INTO emp
VALUES(7894,'霍十','',DEFAULT,'',NULL,NULL,20);
```

在使用 INSERT 语句插入数据时，需要注意避免一些常见的错误，如下所示。
- 对于 NOT NULL 列缺少强制的值：比如不允许 NOT NULL 的列中指定 NULL 值。
- 重复值违反了唯一性约束：列中已存在唯一值，又输入新的唯一值。
- 违反外键约束：输入的值不匹配主外键关联关系。
- 违反 CHECK 约束：输入不匹配 CHECK 约束表达式的值。
- 数据类型不匹配：比如数字类型的值赋予了字符串类型。
- 值的宽度超过了列的限制：比如仅接受 20 个字符的列，输入了 40 个字符的值。

如果要插入不匹配的类型，可以为列值应用转换函数来使得列值的类型匹配，或者使用系统函数来为列提供列值。例如可以使用 SYSDATE 插入当前的日期和时间值，或者使用 TRUNC(SYSDATE) 指定当前系统的日期值，使用 USER 函数向表中插入当前的用户，或者使用 TO_DATE 进行日期类型的转换。例如在下面的语句中使用 USER 函数向 emp 表的 ename 列中插入当前会话的用户名，使用 TRUNC(SYSDATE) 作为当前员工的雇佣日期。

```
INSERT INTO emp
VALUES(7895,USER,NULL,NULL,TRUNC(SYSDATE),3000,200,20);
```

可以通过查询 empno 为 7895 的员工编号来查看插入后的结果值，如下所示。

```
SQL> SELECT *
    FROM emp
    WHERE empno = 7895;
    EMPNO ENAME JOB    MGR HIREDATE     SAL     COMM   DEPTNO
    ----- ----- -----  --- ---------   -----   ------  ------
    7895  APPS          05-9月 -11     3000     200      20
```

可以看到，在 INSERT 语句中，这些函数被成功计算，并被插入到最终的行中。在 INSERT 中可以使用大多数的 SQL 内置函数，在本书第 9 章中可以看到可以在 Oracle 中使用的各种内置函数的列表。

7.1.4 使用子查询插入多行数据

通过 INSERT INTO-VALUES 一次只能向表中插入一行记录，如果要从一个已经存在的表中插入一行或多行记录，可以在 INSERT 语句中使用子查询从已存在的一个或多个表中复制数据，语法格式为：

```
INSERT INTO table [ column (, column) ] subquery;
```

可以看到插入多行记录不再使用 VALUES 子句，而是用一个子查询来获取要插入的多行数据。在 INSERT 语句的字段列表中列的数目和它们的数据类型必须与子查询中的值的数目及其数据类型相匹配。为了创建一个表行所有字段的复制，可以在子查询中用 SELECT *。

为了演示 INSERT 语句的作用，下面的语句使用 CREATE TABLE 创建了 emp 表的一个副本：

```
CREATE TABLE emp_copy AS SELECT * FROM emp WHERE 1=2;
```

可以在子查询中使用任何 SQL 标准的语法，比如连接、分组或过滤，例如要向 emp_copy

表中插入员工编号为 20 的员工信息，可以使用如下的 INSERT 语句：

```
SQL> INSERT INTO emp_copy
       SELECT *
         FROM emp
        WHERE deptno = 20;
已创建 10 行。
```

上述语句成功地向 emp_copy 表中插入了 10 行数据，因为 emp_copy 表的结构与 emp 完全一样，因此可以使用 SELECT *语句进行表数据的复制。也可以在表名后面指定列名，在子查询的 SELECT 语句中必须匹配列名的数据类型与约束规则。

由于 emp_copy 表的结构与 emp 完全一样，因此既可以使用 SELECT *语句进行表数据的复制，也可以在表名后面指定列名。在子查询的 SELECT 语句中必须匹配列名的数据类型与约束规则，例如下面的语句向 emp_copy 表中插入部分字段的内容：

```
SQL> INSERT INTO emp_copy
             (empno, ename, job, mgr, deptno)
      SELECT empno, ename, job, mgr, deptno
        FROM emp
       WHERE deptno = 30;
已创建 6 行。
```

可以看到，最终向表中插入了 6 行数据，子查询的 SELECT 列与 INSERT INTO 中指定的列相匹配。其他列的值将根据列的 NOT NULL 和 DEFAULT 约束规则，填入相应的默认值。

7.1.5 使用 INSERT 插入多表数据

使用 INSERT 语句可以同时向多个表中插入数据。例如想将 emp 表中部门编号为 10 的员工插入到 emp_dept_10 表中，将部门编号为 20 的员工插入到 emp_dept_20 表中，将部门编号为 30 的员工插入到 emp_dept_30 表中。

多表插入的 INSERT 语法如下所示。

```
INSERT {FIRST|ALL}
    [WHEN condition THEN ]INTO table [VALUES(...)]
    [WHEN condition THEN ]INTO table [VALUES(...)]
    ...
    ELSE INTO table [VALUES(...)]
    subquery;
```

语句关键字的含义如下。

- FIRST：如果第一个 WHEN 子句的值为 True，Oracle 服务器对于给定的行执行相应的 INTO 子句，并且跳过后面的 WHEN 子句。
- ALL：Oracle 服务器通过相应的 WHEN 条件过滤每一个插入子句，确定是否执行这个插入子句。
- ELSE：如果条件都不满足，则执行 ELSE 中的插入子句。
- subquery：要进行多表插入的子查询。

为了演示 INSERT 多表插入，下面的语句根据 emp 的表结构创建了 3 张表，分别用来存储部门编号为 10、20、30 的记录：

```
CREATE TABLE emp_dept_10 AS SELECT * FROM emp WHERE 1=2;
CREATE TABLE emp_dept_20 AS SELECT * FROM emp WHERE 1=2;
CREATE TABLE emp_dept_30 AS SELECT * FROM emp WHERE 1=2;
```

接下来可以使用如下的 INSERT 语句，根据 emp 表中的 deptno 的值分别插入到这 3 张表中去，如以下语句所示。

```
INSERT FIRST
  WHEN deptno = 10                --如果部门编号为 10
  THEN
      INTO emp_dept_10            --则插入到 emp_dept_10 表
  WHEN deptno = 20                --如果部门编号为 20
  THEN
      INTO emp_dept_20            --则插入到 emp_dept_20 表
  WHEN deptno = 30                --如果部门编号为 30
  THEN
      INTO emp_dept_30            --则插入到 emp_dept_30 表
  ELSE                            --如果 deptno 不为 10、20 或者是 30
      INTO emp_copy               --则插入到 emp_copy 表
  SELECT *
    FROM emp;                     --查询 emp 表中的所有数据，插入到目标表
```

该语句成功执行后，可以看到不同部门编号的数据插入到了不同的表中，例如查询 **emp_dept_10** 表，可以看到如下所示的结果：

```
SQL> SELECT * FROM emp_dept_10;
     EMPNO ENAME      JOB           MGR HIREDATE         SAL       COMM     DEPTNO
     ----- ------     ----------    --- ------------    -------   -------   ------
      7782 克拉克     经理         7839 09-5 月-81      3587.05      200       10
      7839 金         老板              17-11 月-81      8530.5                 10
```

也可以查询 deptno 为 30 的表，可以看到表中果然存放的是 deptno 为 30 的记录：

```
SQL> SELECT * FROM emp_dept_30;
     EMPNO ENAME      JOB           MGR HIREDATE         SAL       COMM     DEPTNO
     ----- ------     ----------    --- ------------    -------   -------   ------
      7499 艾伦       销售人员     7698 20-2 月-81       1700        400       30
      7521 沃德       销售人员     7698 22-2 月-81       1350        400       30
      7654 马丁       销售人员     7698 28-2 月-81       1350        400       30
      7698 布莱克     经理         7839 01-3 月-81       2850        400       30
      7844 特纳       销售人员     7698 08-8 月-81       1600        400       30
      7900 吉姆       职员         7698 03-12 月-81      1050        400       30
```

已选择 6 行。

默认情况下，如果不为目标表指定任何列名，会将子查询的所有列值插入到目标表中，可以为要插入的表指定要插入的列，这可以通过 VALUES 子句来实现。例如将上面的语句更改为如下所示的语法：

```
INSERT FIRST
```

```
        WHEN deptno = 10                  --如果部门编号为10
        THEN
            INTO emp_dept_10              --插入到emp_dept_10,使用VALUES指定字段
                (empno, ename, sal, deptno
                )
            VALUES (empno, ename, sal, deptno
                )
        WHEN deptno = 20                  --如果部门编号为20
        THEN
            INTO emp_dept_20              --插入到emp_dept_20,使用VALUES指定字段
                (empno, ename
                )
            VALUES (empno, ename
                )
        WHEN deptno = 30                  --如果部门编号为30
        THEN
            INTO emp_dept_30              --插入到emp_dept_30,使用VALUES指定字段
                (empno, ename, hiredate
                )
            VALUES (empno, ename, hiredate
                )
        ELSE                              --如果部门编号即不为10、20或30
            INTO emp_copy                 --插入到emp_copy,使用VALUES指定字段
                (empno, ename, deptno
                )
            VALUES (empno, ename, deptno
                )
        SELECT *
            FROM emp;                     --指定插入子查询
```

现在如果查询相关的表,可以看到 INSERT 仅插入了指定的字段,例如查询 emp_dept_10 这个表,如以下语句所示。

```
SQL> SELECT * FROM emp_dept_10;
    EMPNO ENAME      JOB      MGR   HIREDATE          SAL    COMM    DEPTNO
    ----- ------     ------   -----  ----------   --------  ------  --------
     7782 克拉克                                    3587.05              10
     7839 金                                        8530.5               10
```

可以看到,在 emp_dept_10 表中,仅包含 empno、ename、sal 和 deptno 这 4 个字段的值。

7.2 更新记录

更新数据是指对表中已存在的数据进行更改。要想对表中的每一行进行更新,前提条件是能准确地定位到要更新的目标行,因此通常为表定义主键列来定位行。

7.2.1 更新单行记录

使用 DML 语言中的 UPDATE 语句可以很容易地对单行数据进行更新。单行 UPDATE 更新语法如下所示。

```
UPDATE table
SET column = value [, column = value, ...]
[WHERE  condition];
```

语法中的 SET column=value 用来为表中的旧列值赋新的列值，value 可以是相应的值或对应列的子查询，WHERE 子句中的 condition 确定要被更新的行，由列名、表达式、常数和比较操作符组成。

比如史密斯的薪资最近有所调整，被加到了 3000 元一个月，为了将史密斯的新工资更新到数据库中，需要先了解在 emp 表中如何定位到史密斯这一行。在 emp 表中，empno 是表的主键，可以用来唯一地标识一行，因此可以在 WHERE 子句中通过 empno 来定位到要更新的行。

> 注意：表的伪列 rowid 可以唯一地标识一行，可以通过使用 rowid 伪列来定位一行。

为了更新史密斯的薪资，可以使用如下语句：

```
SQL> UPDATE emp SET sal=3000 WHERE empno=7369;
已更新 1 行。
```

如果要更新表中所有的薪资为 3000 块的行，可以省略 WHERE 子句，如下语句所示。

```
SQL> UPDATE emp SET sal=3000;
已更新 19 行。
```

由于 WHERE 子句的查询结果有可能返回多行，因此如果不能精确地定位到目标行，可能导致误更新其他的行，造成数据的错误，因此在进行更新操作时需要特别注意。

可以在 SET 子句中使用逗号分隔的方式同时更新多个列，例如下面的语句将更改史密斯的薪资为 3000，史密斯的提成为 200，同时史密斯现在有了一个新的上司叫约翰，工号为 7566，因此可以使用如下的语句进行更新：

```
SQL> UPDATE emp SET sal=3000,comm=200,mgr=7566 WHERE empno=7369;
已更新 1 行。
```

7.2.2 使用子查询更新记录

本书第 6 章介绍过子查询的基本知识，在 UPDATE 语句的 SET 子句中，既可以使用相关子查询，也可以使用非相关子查询更新一列或者是多个列。举例来说，可以让史密斯的工资是其所在部门的平均薪资标准，可以使用如下的相关子查询：

```
SQL> UPDATE emp x
     SET x.sal = (SELECT AVG (y.sal)
                  FROM emp y
                  WHERE y.deptno = x.deptno)
     WHERE x.empno = 7369;
已更新 1 行。
```

也可以使用非相关子查询，例如可以让史密斯的工资与员工编号为 7782 克拉克的工资相同，可以使用如下非相关子查询：

```
SQL> UPDATE emp
```

```
         SET sal = (SELECT sal
                    FROM emp
                   WHERE empno = 7782)
     WHERE empno = 7369;
已更新 1 行。
```

使用子查询可以同时更新多个列，只需要在 SET 子句中用括号括起需要更新的列，在子查询的 SELECT 语句中必须要匹配在 SET 子句中列出的列名，例如更新史密斯的工资和提成为其所在部门的平均工资值和最高的提成值，可以使用如下语句：

```
SQL> UPDATE emp x
     SET (x.sal, x.comm) = (SELECT AVG (y.sal), MAX (y.comm)
                            FROM emp y
                           WHERE y.deptno = x.deptno)
     WHERE x.empno = 7369;
已更新 1 行。
```

使用子查询更新技术，可以用其他表的列值来更新当前表的列，例如在用户更新了 emp 表之后，可能另外编写一个查询更新 emp_history 表中史密斯的相关记录，emp_history 表是 emp 表的一个副本，可以使用如下语法创建这个表：

```
CREATE TABLE emp_history AS SELECT * FROM emp;
```

要更新 emp_history 表中的史密斯的薪资和分红，可以使用如下所示的相关子查询语句：

```
UPDATE emp_history x
  SET (x.sal, x.comm) = (SELECT sal, comm
                         FROM emp y
                         WHERE y.empno =x.empno )
WHERE x.empno = 7369;
```

还可以使用如下多表关联的形式进行更新，取决于查询的具体需求，二者的结果是相同的：

```
UPDATE (SELECT x.sal sal, y.sal sal_history, x.comm comm, y.comm comm_history
        FROM emp x, emp_history y
        WHERE x.empno = y.empno AND x.empno = 7369)
   SET sal_history = sal,
       comm_history = comm;
```

第 2 种写法要求 emp_history 中具有主键列，也就是说不可以出现两个相同的 empno 编号，否则 Oracle 会提示错误。emp_history 极有可能出现两条相同的记录，因为该表不存在主键列，但是可以使用 Oracle 的 Hint。可以将上述语句更改为如下使用了 Hint 的语句来实现成功更新：

```
UPDATE /*+bypass_ujvc*/ (SELECT x.sal sal, y.sal sal_history, x.comm comm,
y.comm comm_history
        FROM emp x, emp_history y
        WHERE x.empno = y.empno AND x.empno = 7369)
   SET sal_history = sal,
       comm_history = comm;
```

注意：Hint 是 Oracle 提供的一种 SQL 语法，它允许用户在 SQL 语句中插入相关的语法，从而影响 SQL 的执行方式。

关于 Oracle Hint 的更详细信息，请大家参考"Oracle SQL References"参考手册。

7.2.3 使用 MERGE 合并表行

MERGE 如其名字所示，提供了在多个表之间合并数据的能力，使用该语句可以有条件地更新和插入数据到数据库表中，在对数据进行插入时，如果行存在，则执行 UPDATE 语句进行更新；如果是一个新的行，则执行 INSERT 语句进行插入。

由于 MERGE 命令组合了 INSERT 和 UPDATE 命令，因而需要有对目标表的 INSERT 和 UPDATE 权限，以及对源表的 SELECT 权限。MERGE 语句的语法如下所示。

```
MERGE INTO table_name table_alias
USING (table|view|sub_query) alias
ON (join condition)
WHEN MATCHED THEN
UPDATE SET
col1 = col_val1,
col2 = col2_val
WHEN NOT MATCHED THEN
INSERT (column_list)
VALUES (column_values);
```

语法中的关键字含义如下所示。
- MERGE INTO 子句：指定正在更新或插入的目标表。
- USING 子句：指定数据源要被更新或插入的数据的来源，数据的来源可以是表、视图或一个子查询。
- ON 子句：后跟条件语句，指定 MERGE 操作可以更新或插入。
- WHEN MATCHED|WHEN NOT MATCHED：指示当匹配时，应该执行 UPDATE 子句进行更新，当不匹配时，应该执行 INSERT 语句进行插入。

举例来说，在 emp_copy 中，仅包含 deptno 为 NULL 的行，查询结果如下所示。

```
SQL> SELECT * FROM emp_copy;
    EMPNO ENAME    JOB       MGR    HIREDATE      SAL      COMM    DEPTNO
    ----- -----    ------    ----   ---------     -----    ------  ------
     7903 通利     职员             04-12月-81    2000     200
     7904 罗威     职员             08-12月-81    2000     200
```

为了让 emp_copy 保持与 emp 表的一致性，对于存在的记录进行更新，对于不存在的记录进行删除，可以使用 MERGE 合并语法，如下所示。

```
MERGE INTO emp_copy c                    --目标表
  USING emp e                            --源表，可以是表、视图或子查询
  ON (c.empno = e.empno)
  WHEN MATCHED THEN                      --当匹配时，进行 UPDATE 操作
    UPDATE
      SET c.ename = e.ename, c.job = e.job, c.mgr = e.mgr,
          c.hiredate = e.hiredate, c.sal = e.sal, c.comm = e.comm,
          c.deptno = e.deptno
  WHEN NOT MATCHED THEN                  --当不匹配时，进行 INSERT 操作
    INSERT
      VALUES (e.empno, e.ename, e.job, e.mgr, e.hiredate, e.sal, e.comm,
          e.deptno);
```

在 ON 子句中，指定条件为 emp_copy 表中的 empno 与 emp 表中的 empno 相等，在进行行匹配时，当找到匹配的行时，将进行 UPDATE 操作，如果没有找到与 emp_copy 匹配的行，将进行 INSERT 插入操作，可以看到最后 emp_copy 具有了与 emp 表相同的行，查询语句结果如下所示。

```
SQL> SELECT * FROM emp_copy;
    EMPNO ENAME      JOB         MGR HIREDATE        SAL       COMM     DEPTNO
    ----- ----       ---         --- --------        ---       ----     ------
     7903 通利       职员            04-12月-81      2000       200
     7904 罗威       职员            08-12月-81      2000       200
     7844 特纳       销售人员   7698 08-8月-81       1600       400          30
     7839 金         老板            17-11月-81      8530.5                  10
     7782 克拉克     经理       7839 09-5月-81       3587.05    200          10
     7521 沃德       销售人员   7698 22-2月-81       1350       400          30
     7892 张八                                                               20
     7654 马丁       销售人员   7698 28-2月-81       1350       400          30
     7894 霍十                                                               20
     7788 斯科特     职员        566 09-12月-82      1760.2     129.6        20
     7698 布莱克     经理       7839 01-3月-81       2850       400          30
     7566 约翰       经理       7839 02-4月-81       3570       297.5        20
     7898 O'Malley                                                          20
     7499 艾伦       销售人员   7698 20-2月-81       1700       400          30
     7895 APPS                      05-9月-11       3000       200          20
     7893 霍九                                                               20
     7902 福特       分析人员   7566 03-12月-81      3600       300          20
     7369 史密斯     职员       7902 17-12月-80      1755.2     129.6        20
     7876 亚当斯     职员       7788 12-1月-83       1440       120          20
     7900 吉姆       职员       7698 03-12月-81      1050       400          30
已选择 20 行。
```

7.3　删除记录

要删除表中的 1 行或多行记录，可以使用 DELETE 语句。DELETE 语句与 UPDATE、INSERT 语句一样，只有显式地执行 COMMIT 语句之后才能将更改提交到数据库，因此也可以使用 ROLLBACK 语句撤销已经删除的数据。

7.3.1　删除单行记录

使用 DELETE 语句删除单行记录时，必须理解如下几个要点。
- DELETE 语句一次只能删除整行记录，不能删除某个字段。
- 与 INSERT 和 UPDATE 一样，删除一个表中的记录可能会导致与其他表的引用完整性问题，当对数据库进行修改时在头脑中一定要有这个概念。
- DELETE 语句只会删除记录，不会删除表。如果要删除整个表，需使用 DROP TABLE 命令。
- 如果要一次性清除表中的数据，并且不需要撤销删除，可以使用 TRUNCATE 一次性对表数据进行清除。

DELETE 删除记录的语法如下所示。

```
DELETE [FROM] table [WHERE condition];
```

table 指定要删除的表名称；WHERE 子句中的 condition 表示被删除的行，由字段名、表达式、常数和比较操作符组成。

> **注意**：如果在删除行之后要撤销删除，可以显式地执行 ROLLBACK 语句撤销所做的更改。

例如下面的语句使用 DELETE 删除了员工编号为 7903 的员工记录：

```
SQL> DELETE FROM emp WHERE empno=7903;
已删除 1 行。
```

如果不指定 WHERE 子句，将导致整个表的记录被删除，如以下语句所示。

```
SQL> DELETE FROM emp;
已删除 20 行。
```

如果要删除的行存在主外键约束，比如 dept 表的 deptno 被 emp 表的 deptno 所引用，要删除 dept 表中的某个 deptno 记录时，Oracle 会触发异常：

```
SQL> DELETE FROM dept WHERE deptno=20;
DELETE FROM dept WHERE deptno=20
*
第 1 行出现错误:
ORA-02292: 违反完整约束条件 (SCOTT.FK_DEPTNO) - 已找到子记录
```

为了能删除 deptno 为 20 的记录，必须先删除与其相关联的子记录。因此如果首先删除 emp 表中 deptno 为 20 的记录，再删除 dept 表中 deptno 为 20 的记录，则删除成功，如以下语句所示。

```
SQL> DELETE FROM emp WHERE deptno=20;
已删除 10 行。
SQL> DELETE FROM dept WHERE deptno=20;
已删除 1 行。
```

如果指定引用完整性约束包含了 ON DELETE CASCADE 选项，那么，可以删除行，并且所有相关的子表记录都被删除。

7.3.2 使用子查询删除记录

对于复杂的记录删除，可以使用子查询来删除基于另一个表中的行，比如要删除员工表中部门名称为销售部的员工记录，可以使用如下的子查询删除语句：

```
SQL> DELETE FROM emp
        WHERE deptno = (SELECT deptno
                        FROM dept
                        WHERE dname = '销售部');
已删除 6 行。
```

在子查询中,查询 dept 表中 dname 为销售部的员工记录,以返回的 deptno 作为 DELETE 语句的 WHERE 子句条件进行删除。

可以在 WHERE 条件中应用 IN 或 EXISTS 来删除在其他表中存在的记录。假定 emp_copy 仅存在 deptno 为 20 的员工,下面的代码首先删除 emp_copy 中的所有员工记录,然后使用 INSERT 语句向表中插入 emp 表中部门编号为 20 的记录:

```
SQL> DELETE FROM emp_copy;
已删除 20 行。
SQL> INSERT INTO emp_copy SELECT * FROM emp WHERE deptno=20;
已创建 10 行。
```

接下来可以使用如下的 EXISTS 关键字来删除 emp 表中与 emp_copy 表相同的记录:

```
SQL>DELETE FROM emp x
     WHERE EXISTS (SELECT 1
                   FROM emp_copy
                   WHERE empno = x.empno);
已删除 10 行。
```

可以看到代码中使用了相关子查询,SELECT 1 是一种简要的写法,只要存在记录,EXISTS 就会返回 True 而不用理会子查询的 SELECT 具体返回了什么样的数据,具有相同效果的 IN 语法的实现如下所示。

```
DELETE FROM emp x
     WHERE empno IN (SELECT empno
                     FROM emp_copy
                     WHERE empno = x.empno);
```

7.3.3 使用 TRUNCATE 清除表数据

除了可以使用 DELETE 删除表中的内容外,还可以使用 TRUNCATE 语句,该语句会删除表中所有的行,并且释放该表所使用的存储空间。

> 注意:TRUNCATE 实际上并不是 DML 数据操纵语言的一部分,它属于 DDL 数据定义语言,与 CREATE TABLE 等语句一样,它不具有撤销功能,一经调用,表中的数据便被彻底清除。

TRUNCATE 的语法如下所示。

```
TRUNCATE TABLE  table_name
```

与 DELETE 语句相比,使用 TRUNCATE 命令速度要快一些,这是由如下的 3 个原因决定的。
- ❏ TRUNCATE 语句不会激活表的删除触发器。
- ❏ TRUNCATE 语句属于数据定义语言 DDL 语句,不会产生撤销信息。
- ❏ 如果表是主外键关系的主表,则无法清除表的内容,必须在执行 TRUNCATE 语句之前禁用该约束。

> 注意：TRUNCATE 属于 DDL 语句，因此不能被 PL/SQL 语句块直接调用，必须要使用动态语句调用方式。

比如要清除 emp_copy 表中的内容，可以使用 TRUNCATE TABLE 语句，如下所示。

```
SQL> TRUNCATE TABLE emp_copy;
表被截断。
```

可以看到，表中的内容被成功清除。

如果清除 dept 表时，dept 表与 emp 表具有主外键关系，Oracle 会弹出错误提示，如下面的语句执行结果所示。

```
SQL> TRUNCATE TABLE dept;
TRUNCATE TABLE dept
               *
第 1 行出现错误：
ORA-02266: 表中的唯一/主键被启用的外键引用
```

为了能正确地清除表内容，必须首先禁用在 dept 上定义的约束，然后使用 TRUNCATE TABLE 进行表内容的清除，如以下语句所示。

```
SQL> ALTER TABLE dept DISABLE CONSTRAINT pk_dept CASCADE;
表已更改。
SQL> TRUNCATE TABLE dept;
表被截断。
```

可以看到现在表里的内容已经被正确地截断。

7.4 提交和回滚记录

提交和回滚属于 Oracle 事务处理的内容，在本书后面的内容中会详细地介绍 Oracle 事务的具体应用，本节将简要讨论一下 COMMIT 和 ROLLBACK 的使用。

7.4.1 提交更改

事务主要用来确保数据的一致性，比如银行转账，A 从银行转入 1000 块钱给 B，A 所在的账户要减少 1000 块钱，B 所在的账户要增加 1000 块钱，银行要有转账的记录，这三方缺一不可。任何三方失败都会导致数据的不一致。事务提供了一致性的机制，只要三方全部成功完成，操作便成功，所做的更改统一写回数据库，否则操作失败，用户所做的更改全部被撤销。

事务提供了更改数据时更灵活的控制能力，可以在任何情况下确保数据的一致性。Oracle 在遇到第一个 DML 语句时，事务被隐式地开始，一般情况下，只有显式调用 COMMIT 或 ROLLBACK 语句时，事务才能结束。当一个事务结束后，下一个可执行的 SQL 语句会自动启动下一个事务处理。

下面的语句对 emp_copy 表进行了删除，如果在 Toad 中删除了这个表，然后使用 SQL*Plus 进行登录，由于二者属于不同的会话级别，因此在 SQL*Plus 中仍然看得到已经在 Toad 中清除的记录，如图 7.1 所示。

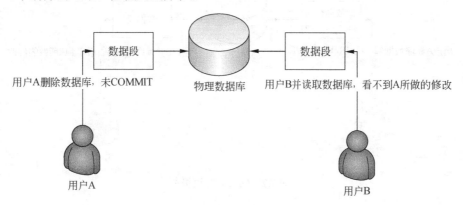

图 7.1 事务处理结构

用户 A 删除数据库，实际上并未直接对物理数据库进行操作，用户 A 所做的操作会被放在数据段中，因此此时用户 B 查询数据库中的数据时，并未看到操作的结果，除非显式地调用 COMMIT 语句，如以下代码所示。

```
SQL> SELECT * FROM emp_copy;
    EMPNO ENAME  JOB    MGR    HIREDATE     SAL      COMM    DEPTNO
    ----- -----  -----  -----  ----------  -------  -------  ------
     7903 通利
     7904 罗威
     7905 莲花
SQL> DELETE FROM emp_copy;              --删除 emp_copy 数据
已删除 3 行。
SQL> COMMIT;                            --提交数据的更改到物理数据库
提交完成。
SQL> SELECT * FROM emp_copy;            --重新查询数据，可以看到结果为空
未选定行
```

在上述语句块中完成了如下 4 个步骤。

（1）查询 emp_copy 中现有记录，可以看到有 3 条记录。
（2）删除 emp_copy 中的所有记录。
（3）调用 COMMIT 语句提交到数据库。
（4）退出 SQL*Plus，重新登录，可以看到现在 emp_copy 已经成功地被删除。

7.4.2 回滚更改

在执行 DML 语句开始一个事务时，Oracle 会将旧的数据保存到回退表空间（UNDO TABLESPACE）中，以便用户可以使用 ROLLBACK 语句进行撤销，如图 7.2 所示。

当用户调用 ROLLBACK 后，Oracle 会将回退表空间中的数据写到数据段中，以便取消 DML 语句的操作。假定用户 A 删除了 emp_copy 的数据，那么 emp_copy 旧的数据会被保存到回退表空间中。当用户想取消对 emp_copy 的删除时，执行 ROLLBACK 语句，Oracle 会从回退表空间中取出 emp_copy 的旧数据存放到数据段中，示例语句如下所示。

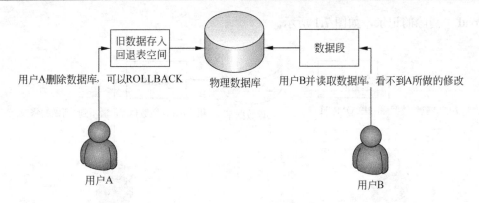

图 7.2　Oracle 回退机制

```
SQL> SELECT * FROM emp_copy;
    EMPNO ENAME    JOB        MGR  HIREDATE         SAL       COMM      DEPTNO
    ----- -----    ----       ---- ---------        ----      ----      ------
     7369 史密斯   职员       7902 17-12月-80      2425.08    300        20
     7566 约翰     经理       7839 02-4月 -81      3570       297.5      20
SQL> DELETE FROM emp_copy;
已删除 2 行。
SQL> ROLLBACK;
回退已完成。
SQL> SELECT * FROM emp_copy;
    EMPNO ENAME    JOB        MGR  HIREDATE         SAL       COMM      DEPTNO
    ----- -----    ----       ---- ---------        ----      ----      ------
     7369 史密斯   职员       7902 17-12月-80      2425.08    300        20
     7566 约翰     经理       7839 02-4月 -81      3570       297.5      20
```

在上述语句块中完成了如下 4 个步骤。

（1）查询 emp_copy 中现有记录，可以看到有两条记录。

（2）删除 emp_copy 中的所有记录。

（3）调用 ROLLBACK 语句回退表的删除。

（4）退出 SQL*Plus，重新登录，可以看到现在 emp_copy 并没有被删除，依然具有两条记录。

7.5　使用序列

在创建数据库表时，大多数数据库系统规划建议是使用一个无意义的、可自增长的字段作为主键的值，对于 SQL Server 或 Access 用户来说，这个工作非常轻松，因为 SQL Server 或 Access 本身提供了自增长的 AutoId 字段。但是对于 Oracle 来说，必须要理解序列，使用序列来产生唯一的数字。

7.5.1　序列简介

Oracle 的序列是一种数据库对象，其主要工作是用来为表产生唯一值。序列被创建后可以通过数据字典找到序列对象，因此序列可以被多个对象共享。

序列的一个典型的用途是创建一个主键的值，它对于每一行必须是唯一的。序列由一个 Oracle 内部程序产生并增加或减少，序列与表的关系如图 7.3 所示。

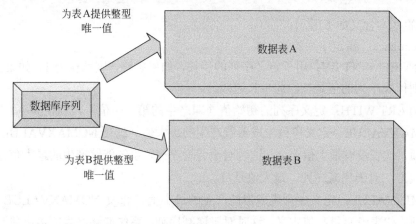

图 7.3　序列与表之间的关系

从图 7.3 中可以看到，序列号独立于表被存储和生成，因此，相同的序列可以被多个表使用。在 Toad 工具中，可以在方案下面看到 Sequences 节点，在该节点下面可以找到 Oracle 数据库中可供使用的多个序列，如图 7.4 所示。

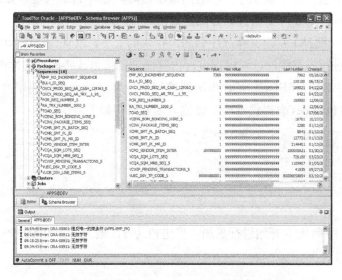

图 7.4　Toad 提供的 Sequences 节点可查看和编辑序列

7.5.2　创建数据序列

序列使用 CREATE SEQUENCE 语法进行创建，在创建语法中，可以指定序列的名称、序列的起始值与步进值等，其基本语法如下所示。

```
CREATE SEQUENCE sequence
[INCREMENT BY n]
```

```
[START WITH n]
[{MAXVALUE n | NOMAXVALUE}]
[{MINVALUE n | NOMINVALUE}]
[{CYCLE | NOCYCLE}]
[{CACHE n | NOCACHE}];
```

语法的基本含义如下所示。

- sequence：指定序列的名称。
- INCREMENT BY：用于定义序列的步长，如果省略，则默认为 1，如果出现负值，则代表序列的值是按照此步长递减的。
- START WITH：定义序列的初始值（即产生的第一个值），默认为 1。
- MAXVALUE：定义序列生成器能产生的最大值。选项 NOMAXVALUE 是默认选项，代表没有最大值定义，这时对于递增序列，系统能够产生的最大值是 10 的 27 次方；对于递减序列，最大值是–1。
- MINVALUE：定义序列生成器能产生的最小值。选项 NOMAXVALUE 是默认选项，代表没有最小值定义，这时对于递减序列，系统能够产生的最小值是 10 的 26 次方；对于递增序列，最小值是 1。
- CYCLE 和 NOCYCLE：表示当序列生成器的值达到限制值后是否循环。CYCLE 代表循环，NOCYCLE 代表不循环。如果循环，则当递增序列达到最大值时，循环到最小值；对于递减序列，达到最小值时，循环到最大值。如果不循环，达到限制值后，继续产生新值就会发生错误。
- CACHE（缓冲）：定义存放序列的内存块的大小，默认为 20。NOCACHE 表示不对序列进行内存缓冲。对序列进行内存缓冲，可以改善序列的性能。

下面使用 CREATE SEQUENCE 语法创建一个名为 invoice_seq 的序列，这个序列将用来为即将创建的 invoices 表提供唯一主键值，创建语句如下所示。

```
SQL> CREATE SEQUENCE invoice_seq
  2   INCREMENT BY 1
  3   START WITH 1
  4   MAXVALUE 9999999
  5   NOCYCLE NOCACHE;
序列已创建。
```

invoice_seq 序列从 1 开始进行累加，步进值为 1，最大值为 9999999，不循环生成也不进行缓存。

注意：如果序列用于产生主键值，不建议使用 CYCLE 选项。

尽管在示例中将序列命名为 invoice_seq，作为 invoices 表的主键序列，但是需要特别注意的是，序列并不依赖于某一个表，一个序列可以在多个数据库表之间进行共享。

Toad 提供了可视化的序列创建窗口，选择主菜单的"Database|Create|Sequence"菜单项，将弹出如图 7.5 所示的创建序列的窗口。

一旦序列被创建，序列的创建代码就被文本化在数据字典中，可以在 user_objects 数据字典中看到，如以下 SQL 语句所示。

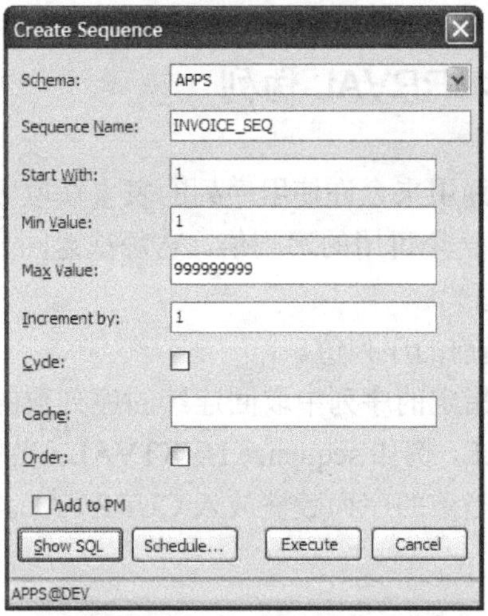

图 7.5 Toad 提供的创建序列窗口

```
SQL> SELECT object_name,object_id,object_type
    FROM user_objects
    WHERE object_name = 'INVOICE_SEQ';
 OBJECT_NAME      OBJECT_ID    OBJECT_TYP
 ---------------  -----------  --------------------
 INVOICE_SEQ       5858636     SEQUENCE
```

在 user_sequences 表中保存了序列明细信息，比如序列的最小值与最大值，最后一次的数字值等，查询示例语句如下所示。

```
SQL> SELECT sequence_name, min_value, max_value, increment_by, last_number
    FROM user_sequences;
SEQUENCE_NAME                MIN_VALUE    MAX_VALUE    INCREMENT_BY   LAST_NUMBER
---------------------------  -----------  -----------  ------------   ------------
RA_TRX_NUMBER_1000_S             1        999999999         1              2
POR_REQ_NUMBER_S                 1        1.0000E+27        1              100000
EUL4_ID_SEQ                      1        1.0000E+27        1              100100
Toad_SEQ                                  11.0000E+27       1              1
OVCX_PROD_SEQ_AR_CASH_129363_E   1        1.0000E+27        1              189021
OVCX_PROD_SEQ_AR_TRX__1_95_      1        1.0000E+27        1              6421
VCWIP_PENDING_TRANSACTIONS_S     1        1.0000E+27        1              41535
VCENG_BOM_BONDING_WIRE_S         1        1.0000E+27        1              18761
VCMR_SMT_PL_ID                   1        1.0000E+27        1              127721
VCMR_SMT_PL_MR_ID                1        1.0000E+27        1              2149401
VCMR_SMT_PL_BATCH_SEQ            1        1.0000E+27        1              5841
VCINV_PACKAGE_ITEMS_SEQ          1        1.0000E+27        1              2280
VUEC_DSV_TP_CODE_S           8.0000E+10   1.0000E+27        1              8.0000E+10
VUOE_DSV_LINE_ITEMS_S            1        1.0000E+27        1              104317
VCQA_SQM_LOTS_SEQ                1        1.0000E+27        1              726100
VCPO_VENDOR_ITEM_INTER       100000000    1.0000E+27        1              100000021
VCQA_SQM_MRB_SEQ_S               0        1.0000E+27        1              1100907
EMP_NO_INCREMENT_SEQUENCE     7369        1.0000E+22        1              7902
INVOICE_SEQ                      1        9999999           1              1
已选择 19 行。
```

可以看到 user_sequences 表中包含了当前用户方案下所创建的所有的序列信息，如果 NOCACHE 被指定，LAST_NUMBER 列显示下一个可用序列数。

7.5.3 NEXTVAL 和 CURRVAL 伪列

每个序列都具有两个伪列用来允许使用序列的表来获取序列的值。
- NEXTVAL：返回下一个可用的序列值，它每次返回一个唯一的被引用值，即使对于不同的用户也是如此。
- CURRVAL：获得当前的序列值。

NEXTVAL 伪列用于从指定的序列中取回连续的序列数的下一个值。在使用该伪列时，必须用序列名限定 NEXTVAL，例如 sequence.NEXTVAL，当使用 sequence.NEXTVAL 时，一个新的序列数被产生并且当前的序列数被放入 CURRVAL。而 CURRVAL 伪列用于查阅用户刚才产生的序列数。

> **注意**：必须在 CURRVAL 可以被引用之前在当前用户的会话使用 NEXTVAL 产生一个序列数，与 NEXTVAL 类同，必须用序列名限定 CURRVAL，当 sequence.CURRVAL 被引用时，最后返回给用户程序的值被显示。

因此对于 invoice_seq 序列来说，在使用 CURRVAL 之间，必须先使用 NEXTVAL 初始化一次，否则 Oracle 将弹出异常，如以下代码所示。

```
SQL> SELECT invoice_seq.CURRVAL FROM DUAL;
SELECT invoice_seq.CURRVAL FROM DUAL
       *
ERROR 位于第 1 行:
ORA-08002: 序列 INVOICE_SEQ.CURRVAL 尚未在此进程中定义
```

如果首先使用 NEXTVAL 对序列进行初始化，再调用 CURRVAL，则可以正常地显示当前的序列值，如以下语句所示。

```
SQL> SELECT invoice_seq.NEXTVAL FROM DUAL;
   NEXTVAL
----------
         1
SQL> SELECT invoice_seq.CURRVAL FROM DUAL;
   CURRVAL
----------
         1
```

每次使用 NEXTVAL 伪列时，Oracle 就会根据序列的创建参数产生一个新的伪列，新的值被赋给 CURRVAL 伪列。而查询 CURRVAL 时，并不会产生新的序列，这是二者之间最明显的区别。

```
SQL> SELECT invoice_seq.CURRVAL,invoice_seq.NEXTVAL FROM DUAL;
                                              --查询当前序列与下一序列
   CURRVAL    NEXTVAL
---------- ----------
         5          5
SQL> SELECT invoice_seq.CURRVAL FROM DUAL;    --获取当前序列值
   CURRVAL
----------
         5
SQL> SELECT invoice_seq.NEXTVAL FROM DUAL;    --获取下一序列值
```

```
NEXTVAL
----------
         6
```

7.5.4 使用数据序列

通常在表的主键列中使用一个整数类型，然后在对表插入数据时，使用序列产生新的记录唯一性编号。为了演示如何在表中使用序列号，下面创建了一个名为 invoice 的表，DDL 语句如下所示。

```
SQL> CREATE TABLE invoice
  (
    invoice_id NUMBER PRIMARY KEY,              --自动编号，唯一，不为空
    vendor_id NUMBER NOT NULL,                   --供应商 ID
    invoice_number VARCHAR2(50)  NOT NULL,       --发票编号
    invoice_date DATE DEFAULT SYSDATE,           --发票日期
    invoice_total  NUMBER(9,2) NOT NULL,         --发票总数
    payment_total NUMBER(9,2)    DEFAULT 0       --付款总数
  )
 10 /
表已创建。
```

该表中，invoice_id 将作为表的主键，用来获取唯一的序列值，而 invoice_number 是发票的编号，这个编号以 INV 作为前缀，后跟当前的序列号。为了向 invoice 表中插入一行记录，可以使用如下所示的语句：

```
SQL> INSERT INTO invoice
           (invoice_id, vendor_id, invoice_number, invoice_total
           )
     VALUES (invoice_seq.NEXTVAL, 10, 'INV' || invoice_seq.CURRVAL, 100
           );
已创建 1 行。
```

在这个 INSERT 语句中，使用 invoice_seq.NEXTVAL 作为 invoice_id 主键列的值，然后获取 invoice_seq.CURRVAL 值作为 invoice_number 的序号值，查询结果如下所示。

```
SQL> SELECT invoice_id, vendor_id, invoice_number, invoice_total
    FROM invoice;
 INVOICE_ID VENDOR_ID INVOICE_NUMBER       INVOICE_TOTAL
---------- ---------- -------------------- -------------------------
         7         10 INV7                          100
```

下面是使用 NEXTVAL 和 CURRVAL 的一些规则。
可以在下面的上下文中使用 NEXTVAL 和 CURRVAL。
- ❏ 不是子查询的一部分的 SELECT 语句的字段列表。
- ❏ INSERT 语句中子查询的 SELECT 列表。
- ❏ INSERT 语句中的 VALUES 子句。
- ❏ UPDATE 语句中的 SET 子句。

不能在下面的上下文中使用 NEXTVAL 和 CURRVAL。
- ❏ 视图的 SELECT 列表。

- 带 DISTINCT 关键字的 SELECT 语句。
- 带 GROUP BY、HAVING 或 ORDER BY 子句的 SELECT 语句。
- 在 SELECT、DELETE 或 UPDATE 语句中的子句。
- 在 CREATE TABLE 或 ALTER TABLE 语句中的 DEFAULT 表达式。

在使用序列值时，可能会产生间隙，有多种原因可能会产生间隙，比如插入了一些记录，但是 ROLLBACK 了，序列值并不会被回滚；查询了一个序列值，但是没有使用，这个序列号也就丢失了；另外如果系统崩溃，另外如果表使用相同的序列时，也容易产生序列间隙。

7.5.5 修改序列

序列在使用一段时间后，可能需要修改序列，比如重新指定循环选项和缓存选项，修改增量值、最大值和最小值等。例如，如果序列达到 MAXVALUE 限制，将再无来自序列的新值产生，用户将收到一个序列已经超过 MAXVALUE 的错误指示。要继续使用序列，可以用 ALTER SEQUENCE 语句修改该序列，语法如下所示。

```
ALTER SEQUENCE sequence
    [INCREMENT BY n]
    [{MAXVALUE n | NOMAXVALUE}]
    [{MINVALUE n | NOMINVALUE}]
    [{CYCLE | NOCYCLE}]
    [{CACHE n | NOCACHE}];
```

修改序列的大部分参数的含义与创建序列相似，在进行序列修改时，有如下几个限制需要了解。

- 不能改变序列的起始值，为了以不同的数字重新开始一个序列，必须先删除序列再重新创建。
- 序列的最小值不能大于序列的当前值。
- 序列的最大值不能小于序列的当前值。
- 修改后的序列规则不影响以前的序列值，只有未来的序列值会受到影响。
- 用户必须具有 ALTER SEQUENCE 的权限。

例如，如果要将序列 invoice_seq 的步进值改为 2，可以使用如下的语句：

```
SQL> ALTER SEQUENCE invoice_seq
  2  INCREMENT BY 2
  3  /
序列已更改。
```

通过查询 invoice_seq.NEXTVAL 可以看到，序列的步进果然是以 2 为单位，如下所示。

```
SQL> SELECT invoice_seq.NEXTVAL FROM DUAL;
   NEXTVAL
   ----------
         9
SQL> SELECT invoice_seq.NEXTVAL FROM DUAL;
   NEXTVAL
   ----------
        11
```

如果非要将序列的 MAXVALUE 修改为比当前还小的值，Oracle 将抛出异常，例如 invoice.CURRVAL 的值为 11，下面的语句将 MAXVLAUE 修改为 10，将触发 Oracle 异常：

```
SQL> ALTER SEQUENCE invoice_seq
            INCREMENT BY 2
            MAXVALUE 10
            NOCACHE
            NOCYCLE;
ALTER SEQUENCE invoice_seq
*
ERROR 位于第 1 行:
ORA-04009: MAXVALUE 不能小于当前值
```

7.5.6 删除序列

要删除一个序列，可以使用 DROP SEQUENCE 语句。该语句将序列从数据字典中删除，用户必须是要删除序列的所有者或具有 DROP ANY SEQUENCE 权限来删除这个序列。

例如要删除 invoice_seq 序列，可以使用如下语句：

```
SQL> DROP SEQUENCE invoice_seq;
序列已丢弃。
```

7.6 同 义 词

Oracle 数据库中对权限的管理是通过方案来进行的，一个方案通常就是一个用户名。当用户 A 进入 Oracle 后，其所创建的数据库对象可以称为 A 方案对象，为了让 B 方案的用户可以访问，除了为 B 用户分配权限外，B 用户访问 A 用户的对象必须使用"方案名.数据库对象名"这样的格式，比如要在 hr 方案中访问 scott 方案中的表 emp，则需要使用"scott.emp"这样的语法形式，为了提供友好的访问名称，Oracle 提供了同义词的功能。同义词的功能示意图如图 7.6 所示。

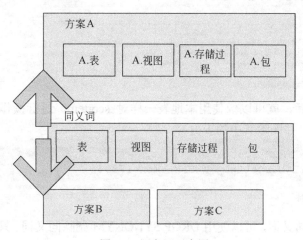

图 7.6 同义词示意图

7.6.1 同义词简介

创建同义词的目的是简化对目标对象的访问,使用户易于查阅表的所有者,并且使对象的名字变短。同义词并不占用实际存储空间,只在数据字典中保存了同义词的定义。Oracle 数据库中的大部分数据库对象,如表、视图、同义词、序列、存储过程、包等,数据库管理员都可以根据实际情况为它们定义同义词。

Oracle 中,同义词可以分为如下两种类型。
- 公用同义词:能被所有的数据库用户访问的同义词。
- 私有同义词:只能由创建的用户访问的同义词。

Oracle 同义词可以隐藏并简化对数据库对象的访问,特别是对于分布式数据库查询比如数据链接来说,可以简化对查询语句的编写。

7.6.2 创建和使用同义词

要创建同义词,可以使用 CREATE SYNONYM 语句,如下所示。

```
CREATE [PUBLIC] SYNONYM synonym
FOR    object;
```

语法中关键字的含义如下所示。
- PUBLIC:创建一个公共同义词,可以被所有的用户访问。
- synonym:要被创建的同义词的名字。
- object:指出要创建同义词的对象。

举个例子,笔者当前使用 apps 用户进行登录,可以通过查询 USER 全局变量获取当前登录的用户名,为了在 apps 方案下直接访问 scott 方案下的 emp 表,可以创建一个名为 scottemp 的同义词(因为笔者的 apps 下面存在一个同名的 emp 表,因此指定别名为 scottemp 同义词名称),查询当前用户名及创建同义词的语法如下所示。

```
SQL> SELECT USER FROM DUAL;
USER
--------------------------------------------
APPS
SQL> CREATE PUBLIC SYNONYM scottemp
        FOR    scott.emp;
同义词已创建。
```

同义词被创建后,就可以像使用本地表一样对 scottemp 进行操作。下面的代码查询 scottemp 表的内容,并删除其中的表内容。

```
SQL> SELECT * FROM scottemp;
SQL> DELETE FROM scottemp WHERE empno=7934
     /
已删除 1 行。
```

如果不再需要同义词,可以使用 DROP SYNONYM 删除同义词。只有数据库管理员可以删除一个公共同义词,下面的语句使用 DROP SYNONYM 删除了同义词 scottemp:

```
SQL> DROP PUBLIC SYNONYM scottemp;
同义词已丢弃。
```

7.7 小　　结

本章介绍了操作数据表的几个 DML 语句的使用方法，包括使用 INSERT 语句插入一行或多行数据、使用 UPDATE 语句删除一行或多行数据，以及使用 DELETE 删除一行或多行数据。同时介绍了基本的事务处理语句 COMMIT 和 ROLLBACK 的基本使用原理，最后介绍了常见的数据操作相关的序列和同义词的操作。

本章及第 6 章的内容主要涉及 Oracle SQL 相关的知识，在了解了这些基础之后，从下一章开始将介绍 PL/SQL 开发的一些较深入的内容。

第 8 章　记录与集合

记录和集合是 Oracle 提供的两种复合类型，复合类型是指包含其他类型的类型。PL/SQL 的标量类型是一种不包含其他类型的变量，比如字符串、数字类型都是标量类型。复合类型是相对于标量类型而言的，复合类型的内部包含其他的标量类型，因此称为复合类型。本章将首先讨论记录类型，然后介绍 Oracle 中集合的使用。

8.1　记录类型

记录类型最初从 Oracle 7 中被引入，这种类型有些类似于 C 语言或 PASCAL 语言中的结构，使用记录可以一次性处理多个类型的值。比如一个雇员，包含了姓名、工号、薪资等信息，在 PL/SQL 代码中为了处理一个雇员，需要定义多个变量来处理雇员相关的信息，而有了 PL/SQL 的记录，可以将与雇员相关的这些信息封装起来，统一进行处理，如图 8.1 所示。

图 8.1　记录类型结构示意图

8.1.1　记录类型简介

记录类型给了程序员自定义程序结构的能力，这种程序结构是指变量类型的集合，这些变量被组织在一起统一进行管理，使得记录类型有些类似于表的一行。比如 emp 表，它包含了多个与员工相关的信息，这些分门别类的信息通过字段进行收集，可以把记录类型想象成表的一行记录。

在未使用记录类型之前，可以先看一个操纵 soctt 方案中 emp 表的例子，这个例子将定义多个变量来保存 emp 表中字段的值，如代码 8.1 所示。

代码 8.1　不使用记录的 PL/SQL 语句块示例

```
DECLARE
```

```
    --定义保存字段值的变量
    v_empno        NUMBER;
    v_ename        VARCHAR2 (20);
    v_job          VARCHAR2 (9);
    v_mgr          NUMBER (4);
    v_hiredate     DATE;
    v_sal          NUMBER (7, 2);
    v_comm         NUMBER (7, 2);
    v_deptno       NUMBER (2);
BEGIN
    --从 emp 表中取出字段值
    SELECT empno, ename, job, mgr, hiredate, sal, comm, deptno
      INTO v_empno, v_ename, v_job, v_mgr, v_hiredate, v_sal, v_comm, v_deptno
      FROM emp
     WHERE empno = :empno;
    --向 emp_copy 表中插入变量的值
    INSERT INTO emp_copy
              (empno, ename, job, mgr, hiredate, sal, comm,
               deptno
              )
        VALUES (v_empno, v_ename, v_job, v_mgr, v_hiredate, v_sal, v_comm,
               v_deptno
              );
EXCEPTION   --异常处理块
  WHEN OTHERS
  THEN
      NULL;
END;
```

代码块从 emp 表中提取所有的字段记录，为了临时保存所有的字段记录，在语句块的声名区定义了多个变量来保存表中的各个字段值。在 SELECT 和 INSERT 语句中，通过将这些变量作为参数传递给 SQL 语句进行查询和插入操作，这样的操作需要定义多个变量，如果同时对两个以上的表进行操作，会使得变量的定义变得散乱。

如果将所有这些变量考虑为一个单元进行处理，可以将其声明为一个记录类型，这样可以使它们之间的关系更加明显，让代码更容易理解和维护。代码 8.2 是使用记录类型修改后的例子。

代码 8.2　使用记录的 PL/SQL 语句块示例

```
DECLARE
    --定义记录类型
    TYPE t_emp IS RECORD (
       v_empno       NUMBER,
       v_ename       VARCHAR2 (20),
       v_job         VARCHAR2 (9),
       v_mgr         NUMBER (4),
       v_hiredate    DATE,
       v_sal         NUMBER (7, 2),
       v_comm        NUMBER (7, 2),
       v_deptno      NUMBER (2)
    );
    --声明记录类型的变量
    emp_info   t_emp;
BEGIN
    --从 emp 表中取出字段值赋给记录类型
    SELECT *
```

```
      INTO emp_info
      FROM emp
    WHERE empno = :empno;

   --向 emp_copy 表中插入记录类型的值
   INSERT INTO emp_copy
        VALUES emp_info;
EXCEPTION                                                       --异常处理块
  WHEN OTHERS
  THEN
      NULL;
END;
```

由于记录是一种自定义的复合类型，因此在语句块的声明区，首先声明了一个记录类型 t_emp，然后声明了 t_emp 类型的变量 emp_info。在 SELECT 语句中，直接操纵记录类型的变量对记录进行赋值，然后 INSERT 语句也将记录类型的变量当作一个单元，直接进行操作，可以看到整个代码变得清晰易理解，也容易维护了。

8.1.2 定义记录类型

记录只是一个用来组织其他标量类型的容器，本身是没有值的，它里面的每一个变量拥有自己的值。为了定义记录类型，必须要先定义一个记录所包含的标量类型变量的类型，然后声明这种类型的变量，声明记录类型比标量类型多了一个步骤。

PL/SQL 的开发人员可以将记录看作是一种单行多列的数据类型，记录类型可以在 PL/SQL 块的声明区、子程序或包的声明部分进行定义，定义以 TYPE 关键字开头，语法如下所示。

```
TYPE type_name IS RECORD
(
  field_declaration
  [,field_declaration]
  ...
);
```

type_name 用于指定记录的名称，field_declaration 用来定义记录中的一个或多个子类型，其定义语法如下所示。

```
field_name field_type [[NOT NULL ] {:= | DEFAULT } expression]
```

field_name 用于指定记录成员的名称，比如 empno、ename 等符合 Oracle 命名规范的命名，field_type 是除 REF CURSOR 以外的任何数据类型，还可以是使用%TYPE 或%ROWTYPE 指定的数据库列类型。

> 注意：记录类型也可以嵌套，比如可以在记录类型的成员中指定记录类型，还可以指定集合类型和对象类型，关于集合类型和对象类型，将在本书后面的内容中进行详细的介绍。

代码 8.3 使用记录的声明语法声名了一个名为 emp_rec 的记录类型，在该记录类型的内部包含一个名为 dept_row 的嵌套的记录类型，使用%ROWTYPE 进行声明。

代码 8.3　声明记录类型

```
DECLARE
  --声明记录类型
  TYPE emp_rec IS RECORD (
    dept_row    dept%ROWTYPE,    --声明来自 dept 表行的嵌套记录
    empno       NUMBER,          --员工编号
    ename       VARCHAR (20),    --员工名称
    job         VARCHAR (10),    --职位
    sal         NUMBER (7, 2)    --薪资
  );
  --声明记录类型的变量
  emp_info    emp_rec;
BEGIN
  NULL;
END;
```

在使用 TYPE 语句声明记录类型时，可以对记录类型中的成员进行初始化，比如使用:= 或 DEFAULT 在字段被声明的时候赋一个初始值；或者指定 NOT NULL 约束，如果记录成员指定了 NOT NULL 约束，则必须为记录成员指定一个初始值。代码 8.4 定义了一个记录类型，并在定义时对记录类型进行了初始化操作。

代码 8.4　声明记录类型并赋初始值

```
DECLARE
  TYPE emp_rec IS RECORD (
    empname     VARCHAR (12)              := '李斯特',    --员工名称,初始值为李斯特
    empno       NUMBER        NOT NULL DEFAULT 7369,     --员工编号,默认值为 7369
    hiredate    DATE                      DEFAULT SYSDATE,--雇佣日期,默认值为当前日期
    sal         NUMBER (7, 2)                            --员工薪资
  );
  --声明 emp_rec 类型的变量
  empinfo    emp_rec;
BEGIN
  NULL;
END;
```

在代码定义中，empname 使用:=符号指定了员工名称初始值，empno 指定了 NOT NULL 约束，同时使用 DEFAULT 关键字为员工编号指定默认值为 7369，hiredate 使用 DEFAULT 关键字指定默认值为函数 SYSDATE。

8.1.3　记录类型赋值

在定义了记录类型后，必须声明一个该集合类型的变量，有了该集合类型的变量，就可以通过使用如下的语法来使用记录类型了：

记录类型.记录成员

例如通过 emp_rec.empname 这样的限定语法来使用 emp_rec 记录类型。

1. 简单赋值

在使用记录类型时,最常见的是为记录赋初值,与为普通变量赋初值的语法相似,如下所示。

```
record_name.field_name := expression;
```

record_name 是记录名,field_name 是记录成员字段,expression 可以是任何常量、变量、记录、集合类型、表达式、函数调用等。代码 8.5 演示了如何为记录类型的变量 empinfo 赋值,如何读取记录类型的值输出到屏幕上。

代码 8.5 为记录赋值并读取记录内容

```
DECLARE
  TYPE emp_rec IS RECORD (
    empname    VARCHAR (12)               := '李斯特',   --员工名称,初始值为李斯特
    empno      NUMBER           NOT NULL DEFAULT 7369,  --员工编号,默认值为 7369
    hiredate   DATE                      DEFAULT SYSDATE,--雇佣日期,默认值为当前日期
    sal        NUMBER (7, 2)                            --员工薪资
  );
  --声明 emp_rec 类型的变量
  empinfo   emp_rec;
BEGIN
  --下面的语句为 empinfo 记录赋值
  empinfo.empname:='史密斯';
  empinfo.empno:=7010;
  empinfo.hiredate:=TO_DATE('1982-01-01','YYYY-MM-DD');
  empinfo.sal:=5000;
  --下面的语句输出 empinfo 记录的值
  DBMS_OUTPUT.PUT_LINE('员工名称: '||empinfo.empname);
  DBMS_OUTPUT.PUT_LINE('员工编号: '||empinfo.empno);
  DBMS_OUTPUT.PUT_LINE('雇佣日期: '||TO_CHAR(empinfo.hiredate,
  'YYYY-MM-DD'));
  DBMS_OUTPUT.PUT_LINE('员工薪资: '||empinfo.sal);
END;
```

除了要使用记录类型的变量作为限定前缀之外,可以看到对记录类型的成员进行赋值或读取记录与普通的变量完全相同。

2. 记录类型赋值

除了通过为单个记录逐个地赋值之外,还可以为整个记录进行一次性赋值,最常见的方式是将一个记录类型赋予另一个记录类型的值,如代码 8.6 所示。

代码 8.6 为记录类型赋记录类型的值

```
DECLARE
  --定义记录类型
  TYPE emp_rec IS RECORD (
    empno   NUMBER,
    ename   VARCHAR2 (20)
  );
  --定义与 emp_rec 具有相同成员的记录类型
  TYPE emp_rec_dept IS RECORD (
```

```
      empno    NUMBER,
      ename    VARCHAR2 (20)
  );
  --声明记录类型的变量
  emp_info1    emp_rec;
  emp_info2    emp_rec;
  emp_info3    emp_rec_dept;
  --定义一个内嵌过程用来输出记录信息
  PROCEDURE printrec (empinfo emp_rec)
  AS
  BEGIN
     DBMS_OUTPUT.put_line ('员工编号：' || empinfo.empno);
     DBMS_OUTPUT.put_line ('员工名称：' || empinfo.ename);
  END;
BEGIN
  emp_info1.empno := 7890;      --为 emp_info1 记录赋值
  emp_info1.ename := '张大千';
  DBMS_OUTPUT.put_line ('emp_info1 的信息如下：');
  printrec (emp_info1);          --打印赋值后的 emp_info1 记录
  emp_info2 := emp_info1;        --将 emp_info1 记录变量直接赋给 emp_info2
  DBMS_OUTPUT.put_line ('emp_info2 的信息如下：');
  printrec (emp_info2);          --打印赋值后的 emp_info2 的记录
  --emp_info3:=emp_info1;        --此语句出现错误，不同记录类型的变量不能相互赋值
END;
```

上述代码定义了两个记录类型 emp_rec 和 emp_rec_dept，它们具有相同的记录成员。在语句分句块的声明区同时定义了 3 个记录变量，emp_info1 和 emp_info2 的类型为 emp_rec，而 emp_info3 的类型是 emp_rec_dept 类型；同时定义了一个局部过程用来输出记录的信息，关于子程序的实现内容，在本书第 13 章会详细介绍。

在程序的执行部分，首先为 emp_info1 赋值，然后在屏幕上输出 emp_info1 的内容，在 emp_info1 有值后，接下来将 emp_info1 赋给 emp_info2，这个赋值会成功，使得 emp_info2 具有和 emp_info1 相同的记录成员值。如果将 emp_info1 赋给 emp_info3，Oracle 会抛出异常，提示表达式的类型不匹配，Toad 弹出的错误提示如图 8.1 所示。

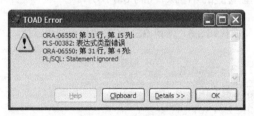

图 8.1　不同的记录类型赋值异常

注意：如果一个记录类型的变量赋给另一个记录类型，两个记录的类型必须完全一致。

在本书第 3 章介绍%ROWTYPE 时，曾经了解过，使用%ROWTYPE 可以根据数据表的行来定义一个记录类型的变量，记录的所有成员是表中的字段列表，可以将一个以%ROWTYPE 定义的记录类型的变量赋给一个与该记录具有完全相同的记录成员的记录变量，例如代码 8.7 的赋值是成功的。

代码 8.7 %ROWTYPE 定义的记录赋给标准记录类型

```
DECLARE
  --定义一个与 dept 表具有相同列的记录
  TYPE dept_rec IS RECORD (
    deptno   NUMBER (10),
    dname    VARCHAR2 (30),
    loc      VARCHAR2 (30)
  );
  --定义基于 dept 表的记录类型
  dept_rec_db    dept%ROWTYPE;
  dept_info      dept_rec;
BEGIN
  --使用 SELECT 语句为记录类型赋值
  SELECT *
    INTO dept_rec_db
    FROM dept
   WHERE deptno = 20;
  --将%ROWTYPE 定义的记录赋给标准记录变量
  dept_info := dept_rec_db;
END;
```

可以看到尽管 dept_info 与 dept_rec_db 并不是相同的 dept_rec 类型，但是因为%ROWTYPE 的运行机制及 dept_rec 中的记录成员与 dept 表相同，因此赋值是成功的。

> **注意**：如果要清空一个记录类型的变量，可以简单地为该变量赋一个空的或未初始化的记录类型，即可清空所有的记录成员值。

3. 使用SELECT或FETCH语句赋值

使用 SELECT 语句是最常见的为记录类型赋值的方式，FETCH 语句为记录类型赋值将在介绍游标的章节进行详细的介绍。要使用 SELECT 语句为游标赋值，SELECT 语句的选择列表必须要与记录类型的成员个数及类型相匹配，否则 Oracle 将抛出异常，使用SELECT 语句为记录类型赋值的示例如代码 8.8 所示。

代码 8.8 使用 SELECT 语句为记录赋值

```
DECLARE
  TYPE emp_rec IS RECORD (
    empno   NUMBER (10),
    ename   VARCHAR2 (30),
    job     VARCHAR2 (30)
  );
  --声明记录类型的变量
  emp_info   emp_rec;
BEGIN
  --为记录类型赋值
  SELECT empno,
         ename,
         job
    INTO emp_info
    FROM emp
   WHERE empno = 7369;
  --输出记录类型的值
  DBMS_OUTPUT.put_line ( '员工编号：'
```

```
                    || emp_info.empno
                    || CHR (13)
                    || '员工姓名:'
                    || emp_info.ename
                    || CHR (13)
                    || '员工职别:'
                    || emp_info.job
                   );
END;
```

通过代码可以看到，emp_info 是具有 3 个记录成员的 emp_rec 记录类型的变量，在向 emp_info 赋值时，SELECT 子句的字段数量与记录类型的记录成员个数、类型完全匹配，因此赋值成功，并且输出了如下所示的结果：

```
员工编号: 7369
员工姓名: 史密斯
员工职别: 职员
```

8.1.4 操纵记录类型

除了可以使用 SELECT INTO 语句从表中获取记录类型的值之外，还可以使用记录类型对数据表进行操作，比如可以在 INSERT 语句中使用记录类型直接插入一行数据；在 UPDATE 语句中使用记录更新数据。

在 Oracle 9i 之前的版本中，是不能使用记录进行插入或更新的，开发人员必须将记录中的每个成员的值分别赋给相应的列。现在，程序员可以在 INSERT 和 UPDATE 语句中直接使用记录类型，大大方便了复杂的 PL/SQL 应用程序的开发。

1. 在INSERT语句中使用记录类型

在 INSERT 语句中，既可以使用一个独立的用 TYPE 语句定义的记录类型变量，也可以使用由%ROWTYPE 定义的记录变量来插入数据。使用这种方式插入数据时，列的个数、顺序及类型必须要与表中的个数、顺序与类型完全匹配，比如代码 8.9 将使用普通记录变量和%ROWTYPE 定义的记录变量分别向 dept 表中插入一个新的部门。

代码 8.9 在 INSERT 语句中使用记录插入数据

```
DECLARE
  TYPE dept_rec IS RECORD (
    deptno   NUMBER (2),
    dname    VARCHAR2 (14),
    loc      VARCHAR2 (13)
  );
  --定义两个记录类型的变量
  dept_row       dept%ROWTYPE;
  dept_norow     dept_rec;
BEGIN
  --为记录类型赋值
  dept_row.deptno := 70;
  dept_row.dname := '工程部';
  dept_row.loc := '上海';
  dept_norow.deptno := 80;
```

```
    dept_norow.dname := '电脑部';
    dept_no row.loc := '北京';
    --插入%ROWTYPE 定义的记录变量到表中
    INSERT INTO dept
        VALUES dept_row;
    --插入普通记录变量的值到表中
    INSERT INTO dept
        VALUES dept_norow;
    --向数据库提交对表的更改
    COMMIT;
END;
```

在代码中定义了如下两个记录类型的变量。

- dept_row 变量使用%ROWTYPE 定义指向 dept 表中所有字段的记录变量。
- dept_norow 变量是使用 TYPE 语句定义的标准的记录类型变量,该记录类型的列与数据类型与 dept 表完全匹配。

在 PL/SQL 语句块的执行体中,使用标准的记录成员访问语法分别为这两个记录进行了赋值操作,赋值之后,使用 INSERT INTO 语句,在 VALUES 子句中分别传入两个记录类型进行插入。由于是传入一个记录类型,因此必须注意在 VALUES 子句后面不需要使用括号括起来。最后通过调用 COMMIT 语句提交对表的修改。

2. 在UPDATE语句中使用记录类型

与 INSERT 语句类似,也可以在 UPDATE 语句中直接应用记录类型的变量,记录中成员的个数必须要与 SET 子句后面列出的列的个数相等,数据类型必须相兼容。在 UPDATE 中使用记录类型时,使用关键字 ROW 来代表完整的一行数据,ROW 关键字只能出现在 SET 子句的左边,同时不能在 ROW 关键字的右边使用子查询。代码清单 8.10 演示了如何在 UPDATE 语句中使用记录类型来更新 dept 表的数据。

代码 8.10 在 UPDATE 语句中使用记录更新数据

```
DECLARE
  TYPE dept_rec IS RECORD (              --定义记录类型
    deptno    NUMBER (2),
    dname     VARCHAR2 (14),
    loc       VARCHAR2 (13)
  );
  dept_info   dept_rec;                  --定义记录类型的变量
BEGIN
  SELECT *
    INTO dept_info
    FROM dept
   WHERE deptno = 80;                    --使用 SELECT 语句初始化记录类型
  dept_info.dname := '信息管理部';        --更新记录类型的值
  UPDATE dept
     SET ROW = dept_info
   WHERE deptno = dept_info.deptno;      --在 UPDATE 中使用记录变量更新表
END;
```

在上述代码中,定义了与 dept 具有相同列数的记录类型 dept_rec,首先通过 SELECT INTO 语句将 dept 表中的部门编号为 80 的记录写入到 dept_info 中去,然后更改记录的

dname 成员的值，最后使用 UPDATE 语句更新记录到表中。可以看到 SET ROW 赋了一个记录类型。

在执行完上述的脚本后查询 dept 表，可以看到部门编号为 80 的记录果然已经成功被更新。在 SET ROW 的右边使用子查询，例如使用如下的语句，是不被允许的：

```
UPDATE emp SET ROW=(SELECT * FROM row_copy WHERE empno=7369); --错误的用法
```

3. 在RETURNING子句中使用记录

可以在 DML 语句中包含一个 RETURNING 子句，用来返回被 UPDATE、DELETE 或 INSERT 操作所影响到的行，通过 RETURNING 子句，可以将受影响的行保存到一个记录，或者是一个记录集合。在 DML 语句中使用 RETURNING 子句的示例如代码 8.11 所示。

代码8.11　在 DML 语句中使用 RETURNING 返回受影响的行

```
DECLARE
  TYPE dept_rec IS RECORD (              --定义记录类型
    deptno   NUMBER (2),
    dname    VARCHAR2 (14),
    loc      VARCHAR2 (13)
  );
  dept_info        dept_rec;             --定义记录类型的变量
  dept_returning   dept%ROWTYPE;         --定义用于返回结果的记录类型
BEGIN
  SELECT *
    INTO dept_info
    FROM dept
   WHERE deptno = 80;                    --使用 SELECT 语句初始化记录类型
  dept_info.dname := '信息管理部';
  UPDATE    dept                         --更新记录类型的值
      SET ROW = dept_info
    WHERE deptno = dept_info.deptno
                          --在 UPDATE 中使用记录变量更新表,返回受影响的行到记录
  RETURNING deptno,
            dname,
            loc
      INTO dept_returning;
  dept_info.deptno := 12;
  dept_info.dname := '维修部';
  INSERT INTO dept       --插入新的部门编号记录,返回受影响的行的记录
      VALUES dept_info
    RETURNING deptno,
              dname,
              loc
        INTO dept_returning;
  DELETE FROM dept       --删除现有的部门,返回受影响的行的记录
      WHERE deptno = dept_info.deptno
    RETURNING deptno,
              dname,
              loc
        INTO dept_returning;
END;
```

由于在 RETURNING 子句中不支持通配符，因此上述代码在将受影响的结果写入到记

录中时,使用了显式的字段列表,另外如果 RETURNING 语句的 INTO 子句中包含了记录变量,那么就不允许出现其他变量或值。

通过上面 3 点可以发现,记录变量只在下面的几种情况下才允许使用。

- ❑ 在 UPDATE 语句中 SET 子句的右边可以使用记录变量。
- ❑ 在 INSERT 语句中 VALUES 子句的后面,可以使用记录插入数据,VALUES 后面不需要使用括号。
- ❑ 在 RETURNING 语句中 INTO 子句的后面,可以将受影响的行插入到记录变量。
- ❑ 记录变量是不允许出现在 SELECT 列表、WHERE 子句、GROUP BY 子句或 ORDER BY 子句中的。

8.1.5 使用嵌套记录

嵌套记录是指记录成员也为记录类型的记录,例如员工记录中可以嵌套一个部门记录,使得通过员工记录可以获得其所属的部门的详细信息,示例如代码 8.12 所示。

代码 8.12 使用嵌套记录

```
DECLARE
  TYPE dept_rec IS RECORD (               --定义部门记录类型
    deptno    NUMBER (2),
    dname     VARCHAR2 (14),
    loc       VARCHAR2 (13)
  );
  TYPE emp_rec IS RECORD (                --定义员工记录类型
    v_empno       NUMBER,
    v_ename       VARCHAR2 (20),
    v_job         VARCHAR2 (9),
    v_mgr         NUMBER (4),
    v_hiredate    DATE,
    v_sal         NUMBER (7, 2),
    v_comm        NUMBER (7, 2),
    v_dept_rec    dept_rec                --定义嵌套的员工记录
  );
  emp_info    emp_rec;                    --员工记录
  dept_info   dept_rec;                   --临时部门记录
BEGIN
  SELECT *                                --从数据库中取出员工部门的记录
    INTO dept_info
    FROM dept
   WHERE deptno = (SELECT deptno
                     FROM emp
                    WHERE empno = 7369);
  emp_info.v_dept_rec:=dept_info;         --将部门信息记录赋给嵌套的部门记录
  SELECT empno, ename, job, mgr,          --为 emp 表赋值
         hiredate, sal, comm
    INTO emp_info.v_empno, emp_info.v_ename, emp_info.v_job, emp_info.
    v_mgr,
         emp_info.v_hiredate, emp_info.v_sal, emp_info.v_comm
    FROM emp
   WHERE empno = 7369;
```

```
   --输出嵌套记录的员工所在部门信息
   DBMS_OUTPUT.PUT_LINE('员工所属部门为：'||emp_info.v_dept_rec.dname);
END;
```

在语句块中定义了如下两个记录类型。

- dept_rec 用于保存特定员工的部门信息。
- emp_rec 用于保存员工的信息，该记录类型成员中包含一个嵌套的 dept_rec 类型的变量。

在代码的执行部分，完成了如下所示的几个步骤。

（1）查询数据库中员工编号为 7369 的部门信息，保存到 dept_info 记录中，该记录是 dept_rec 类型的记录变量。

（2）将 dept_info 的值赋给 emp_info.v_dept_rec 记录成员。

（3）查询 empno 为 7369 的员工记录，赋给 emp_rec 记录中的相关成员。由于使用了内嵌记录，因此不可以直接使用 SELECT INTO 语句来为记录赋值。

（4）使用记录名限定语法，显示在 emp_info.v_dept_rec 中保存的记录成员信息。

程序的最后输出结果如下所示。

```
员工所属部门为：研究部
```

8.2 理解集合类型

集合是 PL/SQL 提供的用来同时处理多个数据的一种数据结构，如果说记录是一种单行多列的数据结构，那么集合就是一种单列多行的数据结构，集合类型结构的示意图如图 8.2 所示。

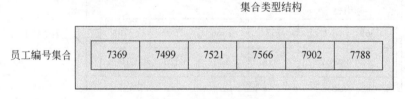

图 8.2 集合类型结构

8.2.1 集合简介

集合类似于高级语言中的列表或一维数组，主要用来存储具有相同类型的元素的有序集合，每一个元素都有唯一的下标来标识当前元素在集合中的位置。

集合是一个比较广义的概念，在 PL/SQL 中提供了如下 3 种类型的集合。

- 索引表：也称为关联数组，这种类型的集合可以通过数字或字符串作为下标来查找其中的元素，类似于其他语言中的哈希表，索引表是一种仅在 PL/SQL 中使用的数据结构。
- 嵌套表：使用有序数字作为嵌套表的下标，可以容纳任意个数的元素。嵌套表与索引表最大的区别在于可以定义嵌套表类型，把嵌套表存储到数据库中，并能通过 SQL 语句进行操作。
- 变长数组：在定义时保存固定数量的元素，但可以在运行时改变其容量。变长数组与嵌套表一样，使用有序数字作为下标，也可以保存到数据库中，但是不如嵌套表灵活。

可以看到这 3 种集合之间最大的区别在于，索引表只能在 PL/SQL 中使用，如果需要在内存中保存和维护列表，则优先选择索引表，索引表与高级语言中的数组非常相似，但是索引表提供了更加灵活的功能。

如果集合的内容还要存储到数据库中，那么可以在嵌套表和变长数组之间进行选择。嵌套表是对索引表的扩充，添加了额外的集合方法扩展了索引表的功能，并且嵌套表也可以存储在数据库表中，直接使用 SQL 进行操作。

注意：在 PL/SQL 中，嵌套表和索引表统称为 PL/SQL 表。

集合类型的定义与记录的定义非常相似，首先必须使用 TYPE 语句定义一个集合的类型，然后声明一个该类型的变量进行操作。尽管默认情况下，只能定义一维集合，但是可以通过在集合中包含集合来模拟多维集合的功能。

8.2.2 定义索引表

索引表在语法上接近于 Java 或 C 语言中的数组，它由键/值对组成。键是唯一用来识别索引表中元素的识别符，类似于数组中的下标，只不过索引表的下标既可以是整数又可以是字符串，索引表与高级语言数组的比较示意图如图 8.3 所示。

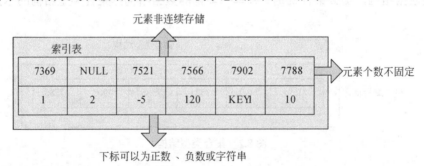

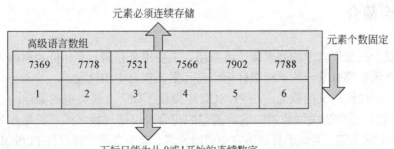

图 8.3　高级语言数组与索引表的比较

索引表不能被存储在 Oracle 数据表中,仅用来在 PL/SQL 中处理程序的结构,它既与高级语言中的数组类似,又有不同点,下面是一些使用索引表需要了解的关键点。

- ❑ 索引表不需要进行初始化,没有构造语法,在为其赋值之前不需要分配初始空间,因此不需要动态地扩展其容量。
- ❑ 索引表不仅可以使用数字作为索引下标,而且可以使用变长的字符串来索引其中的元素。
- ❑ 当使用数字类型作为索引下标时,索引键可以为正数、负数或 0,并且数字可以不连续。

索引表的定义语法如下所示。

```
TYPE type_name AS TABLE OF element_type [ NOT NULL ]
INDEX BY [ PLS_INTEGER |BINARY_INTEGER |VARCHAR2(size) ];
```

语法含义如下所示。

- ❑ type_name:索引表的名称,符合 PL/SQL 标识符命名规则,最大长度不超过 30 个字符。
- ❑ element_type:是一个 PL/SQL 预定义的类型,用来表示在索引表中包含的数据的类型,可以是任何标量类型或复合类型,也可以是通过%TYPE 或%ROWTYPE 对一个类型的引用,但不能是 REF CURSOR 类型。
- ❑ NOT NULL:这是可选的,默认值为允许 NULL,如果指定了该选项,则表示表中的每一行都必须具有一个值。
- ❑ INDEX BY:用来指定索引表要使用的索引的类型,在 Oracle 9i 之前仅能指定 PLS_INTEGER,Oracle9i 以后的版本中,INDEX BY 能指定 BINARY_INTEGER 及其任何子类型、变长的 VARCHAR(size)、或者使用%TYPE 指向一个基于 VARCHAR2 列的表类型。

下面是一些较常见的索引表定义语法:

```
-- 雇佣日期索引表集合
TYPE hiredate_idxt IS TABLE OF DATE INDEX BY PLS_INTEGER;
-- 部门编号集合
TYPE deptno_idxt IS TABLE OF dept.deptno%TYPE NOT NULL
   INDEX BY PLS_INTEGER;
--记录类型的索引表,这个结构允许在 PL/SQL 程序中创建一个本地副本
TYPE emp_idxt IS TABLE OF emp%ROWTYPE
   INDEX BY NATURAL;
-- 由部门名称标识的部门记录的集合
TYPE deptname_idxt IS TABLE OF dept%ROWTYPE
   INDEX BY dept.dname%TYPE;
-- 定义集合的集合
TYPE private_collection_tt IS TABLE OF deptname_idxt
   INDEX BY VARCHAR2(100);
```

在定义了索引表类型之后,需要声明一个索引表类型的变量才能开始操纵索引表。

8.2.3 操纵索引表

索引表类型和相应的变量都定义好了之后,就可以通过变量(下标)来操纵索引表。

由于索引表可以不连续，因此可以在索引表中任意地为某个索引位置进行赋值。代码 8.13 演示了如何定义一个字符串类型的索引表，并为索引表中的元素赋值。

代码 8.13　定义并操纵索引表

```
DECLARE
   TYPE idx_table IS TABLE OF VARCHAR (12)
      INDEX BY PLS_INTEGER;              --定义索引表类型
   v_emp   idx_table;                    --定义索引表变量
BEGIN
   v_emp (1) := '史密斯';                --随机地为索引表赋值
   v_emp (20) := '克拉克';
   v_emp (40) := '史瑞克';
   v_emp (-10) := '杰瑞';
END;
```

上面的代码中，索引表存储的类型为 VARCHAR2(12)字符串数据。语句中的 INDEX BY PLS_INTEGER，表示索引的下标类型为 PLS_INTEGER 整数类型，索引表的元素个数只受 PLS_INTEGER 取值范围的限制。在代码执行块中，可以看到为索引表的赋值不是连续进行的，只要在 PLS_INTEGER 许可的范围之内即可。

在向索引表插入数据时，表所需要的内存也就被分配了，如果没有赋值，Oracle 就不会为索引表中的元素分配内存。由于没有分配内存，如果试图去访问某个元素，Oracle 将会抛出异常。例如下面的语句去访问未被赋值的 v_emp(8)元素，则由于该元素并未赋值，因此将抛出异常。

```
DBMS_OUTPUT.PUT_LINE(v_emp(8));          --访问一个未分配内存的元素，将抛出异常
ORA-01403: 未找到任何数据
```

由于未分配的元素会触发异常，因此可以使用 EXISTS 语句检查索引表元素是否存在值。例如下面的代码将判断 v_emp(8)是否存在一个值，如果存在则输出结果：

```
IF v_emp.EXISTS(8) THEN
  DBMS_OUTPUT.PUT_LINE(v_emp(8));
 END IF;
```

> 注意：索引表只是一种 PL/SQL 编程结构，不需要使用构造函数进行构造，构造一个索引表会触发 Oracle 异常。而对于嵌套表和变长数组来说，由于这两类集合属于对象类型，因此需要先进行构造才能使用。

在下面的例子中，演示使用字符串作为索引表的下标类型，类似于高级语言中的哈希表，通过键来寻找值，示例如代码 8.14 所示。

代码 8.14　使用 VARCHAR2 类型的索引键

```
DECLARE
   --定义以 VARCHAR2 作为索引键的索引表
   TYPE idx_deptno_table IS TABLE OF NUMBER (2)
      INDEX BY VARCHAR2 (20);
   --声明记录类型的变量
   v_deptno   idx_deptno_table;
BEGIN
```

```
  --为索引表赋值
  v_deptno ('财务部') := 10;
  v_deptno ('研究部') := 20;
  v_deptno ('销售部') := 30;
  --引用索引表的内容
  DBMS_OUTPUT.put_line ('销售部编号为: ' || v_deptno ('销售部'));
END;
```

在使用 VARCHAR2 作为索引键时，必须为 VARCHAR2 指定一个大小，以便存放合适的索引键。由代码可以看到使用了字符串类型的索引表与高级语言中的哈希表非常相似。

也可以在索引表的定义中使用%TYPE 或%ROWTYPE。在为 INDEX BY 指定%TYPE时，所引用的类型必须匹配整型或变长的字符串，例如代码 8.15 使用%ROWTYPE 和 %TYPE 创建了 dept 表的一个本地副本，索引键为部门的编号。

代码 8.15　使用%TYPE 类型的索引键

```
DECLARE
  --定义记录类型的索引表，以 dname 作为索引键类型
  --dname 是 VARCHAR2(14)类型
  TYPE idx_dept_table IS TABLE OF dept%ROWTYPE
     INDEX BY dept.dname%TYPE;
  --声明记录类型的变量
  v_dept   idx_dept_table;
  --定义一个游标，用来查询 dept 表
  CURSOR dept_cur
  IS
     SELECT *
       FROM dept;
BEGIN
  --使用游标 FOR 循环打开游标，检索数据
  FOR deptrow IN dept_cur
  LOOP
     --为索引表中的元素赋值
     v_dept (deptrow.dname) := deptrow;
     --输出部门的 LOC 列信息
     DBMS_OUTPUT.put_line (v_dept (deptrow.dname).loc);
  END LOOP;
END;
```

上述代码中，尽管使用了%TYPE 引用类型，因为 dept.dname 是 VARCHAR2(14)类型，因此可以使用字符串来作为索引表的下标。在代码中使用了游标查询 dept 表中所有行，因为索引表将存储 dept 行记录类型的值，在游标 FOR 循环中，将游标行数据检索并赋给索引表，这相当于对 dept 表进行了一次复制，创建了 dept 表的一个副本。最后使用 DBMS_OUTPUT.PUT_LINE 输出 dept 表中的 loc 信息。可以看到对于复合类型的索引元素，可以直接通过如下的语法来访问：

索引列名（下标）.成员名称

还可以使用 Oracle 提供的一系列集合方法来操纵索引表中的元素，在下一节介绍集合的操作方法时，会介绍如何通过集合函数来删除、统计、遍历及批处理集合。

8.2.4 定义嵌套表

嵌套表是对索引表的扩展，与索引表最大的不同在于嵌套表可以存储到 Oracle 数据库表中，而索引表仅仅只是内存表。除此之外，使用嵌套表时必须使用其构造语法对嵌套表进行初始化。嵌套表没有 INDEX BY 子句，这是与索引表之间最明显的区别，因为嵌套表必须用有序的关键字创建，而且关键字不能为负数。嵌套表与高级语言数组之间的比较如图 8.4 所示。

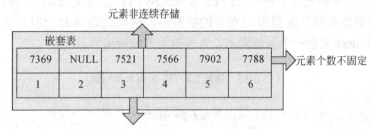

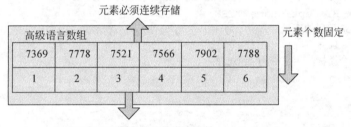

图 8.4　嵌套表与高级数组的区别

嵌套表的定义语法如下所示。

```
TYPE type_name AS TABLE OF element_type [ NOT NULL ]
```

语法中各部分的含义如下所示。
- element_name：指定嵌套表的表名，遵循 PL/SQL 标识符的命名规则，不能超过 30 个字符。
- element_type：用于指定嵌套表元素的数据类型，可以是用户定义的对象类型，也可以是使用%TYPE 的表达式，但是不可以是 BOOLEAN、NCHAR、NCLOB、NVARCHAR2 或 REF CURSOR。

注意：当使用嵌套表元素时，必须首先使用构造语法初始化嵌套表。

代码 8.16 列出了常见的嵌套表的定义和嵌套表变量的声明实现。

代码 8.16　嵌套表定义和表变量声明

```
DECLARE
  TYPE dept_table IS TABLE OF dept%ROWTYPE;              --部门信息嵌套表
  TYPE emp_name_table IS TABLE OF VARCHAR2 (20);         --员工名称嵌套表
```

```
    TYPE deptno_table IS TABLE OF NUMBER (2);         --部门编号嵌套表
    dept_info       dept_table;                       --声明嵌套表变量
    --声明并初始化嵌套表变量
    emp_name_info   emp_name_table := emp_name_table ('张小3', '李斯特');
    deptno_info     deptno_table   := deptno_table (20, 30, 40);
BEGIN
    NULL;
END;
```

当嵌套表未被初始化时,嵌套表本身就是一个 NULL,因此如果试图对嵌套表元素赋值,就会抛出异常。嵌套表的构造语法是通过一个与嵌套表类型同名的函数,在括号中包含嵌套表的初始元素进行构造,这个初始元素的参数个数并不确定,只要参数类型与嵌套表元素类型兼容即可,参数将成为从索引 1 开始有序的表元素。构造器的使用既可以在语句块的声明部分进行定义,也可以在语句的执行部分进行定义。

8.2.5 操纵嵌套表

由于在嵌套表使用之前必须进行构造,未构造的嵌套表被自动地赋初始值 NULL,这与索引表不同,索引表只是一种程序上的结构,而嵌套表是一种对象的类型,尽管它们都是 PL/SQL 表类型,但是在结构上有明显的区别。

> **注意**:可以通过 IS NULL 来判断嵌套表是否已经被构造来使用嵌套表。

代码 8.17 演示了多种用来构造并访问嵌套表内容的方法。

代码 8.17　嵌套表的初始化与访问

```
DECLARE
    TYPE emp_name_table IS TABLE OF VARCHAR2 (20);   --员工名称嵌套表
    TYPE deptno_table IS TABLE OF NUMBER (2);        --部门编号嵌套表
    deptno_info     deptno_table;
    emp_name_info   emp_name_table := emp_name_table ('张小3', '李斯特');
BEGIN
    DBMS_OUTPUT.put_line ('员工1: ' || emp_name_info (1));    --访问嵌套表元素
    DBMS_OUTPUT.put_line ('员工2: ' || emp_name_info (2));
    IF deptno_info IS NULL                             --判断嵌套表是否被初始化
    THEN
       deptno_info := deptno_table ();
    END IF;
    deptno_info.EXTEND(5);                             --扩充元素的个数
    FOR i IN 1 .. 5                                    --循环遍历嵌套表元数个数
    LOOP
       deptno_info (i) := i * 10;
    END LOOP;
    --显示部门个数
    DBMS_OUTPUT.put_line ('部门个数: ' || deptno_info.COUNT);
END;
```

在语句块中声明了两个嵌套表类型,然后定义了两个使用嵌套表类型的变量,如下所示。

❑ emp_name_info 表在定义时使用了构造函数进行初始化,因为在构造函数中指定了两个元素，根据嵌套表下标从 1 开始的原则，可以通过 emp_name_info(1)和 emp_name_info(2)访问这两个元素。

- deptno_info 首先通过 IS NULL 判断该嵌套表是否使用构造函数进行过初始化，然后调用构造函数初始化 deptno_info 嵌套表，在这里并没有在构造函数中添加任何元素，这表示嵌套表中没有任何元素，意思是指在嵌套表中没有预留任何内存空间来放置元素。如果为嵌套表中的元素赋初值，Oracle 会触发异常，Toad 错误提示如图 8.5 所示。

图 8.5　访问不存在的元素出现的 Oracle 异常

未分配元素并不表示元素已存在，为了向 deptno_info 嵌套表中插入元素，必须首先使用嵌套表的 EXTEND 方法扩充指定的元素个数，然后才能通过下标进行访问。关于 EXTEND 方法，在下一节讨论集合函数时将会详细介绍，为了在构造一个嵌套表时初始定义一系列的元素，可以在构造语法中使用 NULL 来代替元素值，因此下面的语法与 EXTEND 具有相同的效果：

```
IF deptno_info IS NULL                          --判断嵌套表是否被初始化
THEN
   deptno_info := deptno_table (NULL,NULL,NULL,NULL,NULL);
END IF;
```

> 注意：与索引表一样，嵌套表也可以是不连续的，可以通过 DELETE 来删除嵌套表中的元素。

8.2.6　数据库中的嵌套表

如果在 PL/SQL 中使用嵌套表，那么其功能与索引表比较相似，嵌套表的一个重要的特色是支持作为数据表列存储，因此可以将嵌套表存储在数据表中或者是从数据表中取出嵌套表，这是索引表不具有的功能。

为了让嵌套表类型能在数据表中使用，要求嵌套表类型必须保存到数据字典中，因此需要使用 CREATE TYPE 语句创建一个持久的嵌套表类型，其语法如下所示。

```
CREATE OR REPLACE TYPE type_name
AS TABLE OF element_type [ NOT NULL ];
```

除了使用 CREATE TYPE 语句之外，其他的语法基本上都与在 PL/SQL 中定义嵌套表类似，一旦定义了一个嵌套表类型，就可以在表的创建语句中使用嵌套表类型作为列的类型。下面的示例演示了如何在数据表中创建和使用嵌套表类型，如代码 8.18 所示。

代码8.18　在数据表中使用嵌套表示例

```
--1.创建嵌套表类型
CREATE TYPE empname_type IS TABLE OF VARCHAR2(20);
/
--2.创建数据表时指定嵌套表列,同时要使用STORE AS 指定嵌套表的存储表
CREATE TABLE dept_nested
(
  deptno NUMBER(2),                      --部门编号
  dname VARCHAR2(20),                    --部门名称
  emplist empname_type                   --部门员工列表
) NESTED TABLE emplist STORE AS empname_table;
```

上面的代码分为如下两个步骤。

（1）使用 CREATE TYPE 定义一个嵌套表类型，在定义了类型之后，类型被保存到 Oracle 数据字典中，以便像对待普通的列一样来使用表类型。

（2）在定义了嵌套表类型后，可以像使用普通的列一样使用嵌套表类型，但是在数据表定义的末尾要使用 NESTED TABLE 语句给嵌套表指明一个存储表的名字，用来存储嵌套表里的数据。

> 注意：表中嵌套表列的内容是单独进行存放的，Oracle将嵌套表列的内容存储到创建表时指定的存储表中。数据库表中的列实际上是指向对存储表的一个引用，类似于一个REF变量。存储表里的内容是不能直接进行访问的，必须通过SQL语句来操纵存储表中的数据。

在创建了包含嵌套表的数据库表之后，接下来就可以使用 INSERT、UPDATE 语句对嵌套表进行操作了，在代码8.19中将向包含嵌套表列的 dept_nested 插入和更新数据。

代码8.19　操纵嵌套表列数据

```
DECLARE
  emp_list   empname_type
     := empname_type ('史密斯','杰克','马丁','斯大林','布什','小平');
BEGIN
  --可以在INSERT语句中传入一个嵌套表实例
  INSERT INTO dept_nested
     VALUES (10, '国务院', emp_list);
  --也可以直接在INSERT语句中实例化嵌套表
  INSERT INTO dept_nested
     VALUES (20, '财务司', empname_type ('李林','张杰','马新','蔡文'));
  --从数据库表中查询出嵌套表实例
  SELECT emplist INTO emp_list FROM dept_nested WHERE deptno=10;
  --对嵌套表进行更新,然后使用UPDATE语句将嵌套表实例更新回数据库
  emp_list (1) := '少校';
  emp_list (2) := '大校';
  emp_list (3) := '中校';
  emp_list (4) := '学校';
  emp_list (5) := '无效';
  emp_list (6) := '药效';
  --使用更改过的emp_list更新嵌套表列
  UPDATE dept_nested
     SET emplist = emp_list
```

```
    WHERE deptno = 10;
END;
```

要向数据库表中插入嵌套表列数据,可以使用如下两种方式。

(1)定义一个嵌套表变量,为嵌套表变量赋值,然后在 INSERT 语句中使用嵌套表变量插入一条记录。

(2)直接在数据表中使用嵌套表构造语法构造一个嵌套表实例进行插入。

可以通过 SELECT 语法查询包含嵌套表列的数据,在上面的代码中通过将部门编号为 20 的嵌套表数据赋给嵌套表变量 emp_list,对该嵌套表变量进行修改,最后调用 UPDATE 语句,将更改过的嵌套表变量更新回数据库中。

> **注意**:不能在 WHERE 子句中使用嵌套表,以及其他一些隐含需要比较的地方,比如 ORDER BY、GROUP BY、DISTINCT 子句中都不能使用嵌套表。

当使用 SQL*Plus 查询包含嵌套表列的数据表时,SQL*Plus 将列出嵌套表列中的内容,如下所示。

```
SQL> SELECT * FROM dept_nested;
   DEPTNO DNAME    EMPLIST
   ------ ------   ------------------------------------------
       10 国务院   EMPNAME_TYPE('少校','大校','中校','学校','无效','药效')
       20 财务司   EMPNAME_TYPE('李林','张杰','马新','蔡文')
```

Toad 则提供了一个子窗口来显示嵌套表列中的内容,只需要双击包含嵌套表的列,将弹出一个显示嵌套表内容的窗口,如图 8.6 所示。

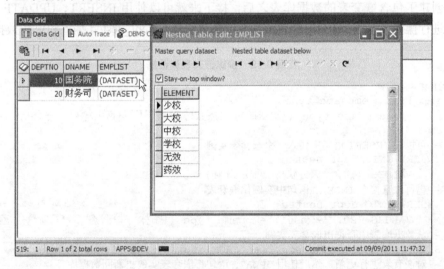

图 8.6 显示嵌套表列的内容

要删除数据字典中的嵌套表类型,可以使用 DROP TYPE 语句,例如下面的语句将删除数据字典中定义的 empname_type 类型:

```
DROP TYPE empname_type;
```

如果类型已经被数据表使用,那么 Oracle 将抛出异常,Toad 弹出的错误提示如图 8.7 所示。

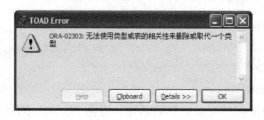

图 8.7 Oracle 异常信息

为了能正确删除类型 empname_type，必须使用 DROP TABLE 语句先把 dept_nested 删除，然后再调用 DROP TYPE 语句删除 empname_type 类型。

注意：当使用 DELETE 语句删除某一行数据时，嵌套表数据也相应地被删除。

8.2.7 定义变长数组

变长数组，顾名思义，是指数组长度可变化的数组，变长数组与 C 或 Java 数组的数据类型非常相似。在数组大小方面，变长数组在声明时会具有一个上界值，元素插入到变长数组中时，以索引 1 开始，直到在变长数组中声明的最大长度，而且变长数组的元素在内存中是连续存储的，变长数组中的元素顺序相对较固定。变长数组与高级语言数组的比较如图 8.8 所示。

注意：变长数组与嵌套表一样，也可以存储到数据库中。

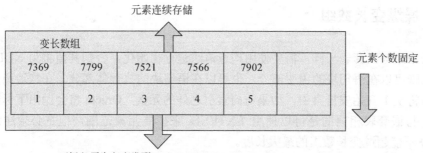

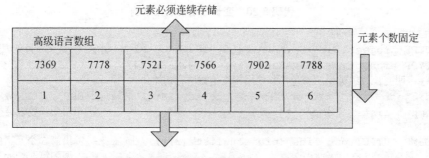

图 8.8 变长数组与高级语言的数组的比较

变长数组的声明语法如下所示。

```
TYPE type_name IS {VARRAY | VARYING ARRAY} (size_limit)
OF element_type [ NOT NULL ];
```

语法含义如下所示。
- type_name：指定新的变长数组的名称，遵循 PL/SQL 的标识符命名规范，最大不超过 30 个字符。
- size_limit：指定变长数组中元素最大数量的一个整数值。
- element_type：变长数组所存储的数据的类型，可以是一个 PL/SQL 标量变量、记录或对象类型，可以使用%TYPE 指定，但是不能是 BOOLEAN、NCHAR、NCLOB、NVARCHAR2 或 REF CURSOR。
- NOT NULL：可选项，禁止数组条目为空。

下面的代码定义了一个名为 projectlist 的变长数组，该数组具有 50 个元素，且每个元素的类型是 VARCHAR2(16)。

```
TYPE projectlist IS VARRAY(50) OF VARCHAR2 (16);
```

与嵌套表一样，变长数组在未初始化之前，其本身为 NULL，如果访问一个未被初始化的变长数组，将触发 ORA-06531 这样的异常。因此必须使用构造函数进行初始化，当初始化一个变长数组时，在构造函数中传入的参数个数是变长数组实际具有的元素个数，可以使用 COUNT 返回当前变长数组已分配空间的元素个数，或者是使用 EXTEND 扩展元素的个数。

8.2.8 操纵变长数组

变长数组与嵌套表一样，需要使用构造语法进行初始化，否则其值将为 NULL。定义构造函数既可以在语句块的声明部分，也可以在语句块的执行体部分。在构造函数中创建的初始值将从 1 开始安排索引，如果访问索引之外的元素，Oracle 将会抛出下标超出数量的错误。与嵌套表相同的是可以使用 EXTEND 来扩展元素范围，但是必须注意的是，EXTEND 不能超过变长数组的最大长度。

变长数组的初始化示例如代码 8.20 所示。

代码 8.20 变长数组初始化示例

```
DECLARE
  TYPE projectlist IS VARRAY (50) OF VARCHAR2 (16);   --定义项目列表变长数组
  TYPE empno_type IS VARRAY (10) OF NUMBER (4);       --定义员工编号变长数组
  --声明变长数组类型的变量，并使用构造函数进行初始化
  project_list   projectlist := projectlist ('网站', 'ERP', 'CRM', 'CMS');
  empno_list     empno_type;                          --声明变长数组类型的变量
BEGIN
  DBMS_OUTPUT.put_line (project_list (3));            --输出第 3 个元素的值
  project_list.EXTEND;                                --扩展到第 5 个元素
  project_list (5) := 'WORKFLOW';                     --为第 5 个元素赋值
  empno_list :=                                       --构造 empno_list
    empno_type (7011, 7012, 7013, 7014, NULL, NULL, NULL, NULL, NULL, NULL);
```

```
  empno_list (9) := 8011;                    --为第9个元素赋初值
  DBMS_OUTPUT.put_line (empno_list (9));     --输出第9个元素的值
END;
```

可以看到，在构造器中指定的参数的数目将成为变长数组的初始长度，它必须要小于或等于在变长数组的定义中指定的最大长度。在 project_list 变量中，要访问在构造器之外的索引位置，必须要使用 EXTEND 函数扩展相应数量的元素，否则 Oracle 将抛出超出下标值这样的异常。在示例中，empno_list 的构造器中使用 NULL 值填满了所有的元素位置，以后可以直接为元素赋值而不会遭遇异常。

8.2.9 数据库中的变长数组

和嵌套表一样，变长数组也可以作为数据库表的列数据被存储到数据库中，在使用前，必须先使用 CREATE TYPE 语句在数据字典中创建一个变长数组的类型，语法如下所示。

```
CREATE OR REPLACE TYPE type_name
AS {VARRAY | VARYING ARRAY} (size_limit)
OF element_type [ NOTNULL ];
```

除了使用 CREATE OR REPLACE TYPE 语句之外，其他的语句与在 PL/SQL 中定义变长数组基本相同，代码 8.21 演示了如何创建一个变长数组类型，并在 CREATE TABLE 语句中使用该变长数组类型作为数据库列。

代码 8.21　创建并使用变长数组类型

```
--创建一个变长数组的类型 empname_varray_type，用来存储员工信息
CREATE OR REPLACE TYPE empname_varray_type IS VARRAY (20) OF VARCHAR2 (20);
/
CREATE TABLE dept_varray                 --创建部门数据表
(
   deptno NUMBER(2),                     --部门编号
   dname VARCHAR2(20),                   --部门名称
   emplist empname_varray_type           --部门员工列表
);
```

在代码中，empname_varray_type 是一个具有 20 个元素的 VARCHAR2 类型的变长数组，在定义 CREATE TABLE 语句时，直接使用这个创建的 empname_varray_type 类型作为其列类型，可以看到，在使用变长数组的列中，并没有指定 STORE AS 来指定变长数组的存储表，这是因为变长数组的存储组织与数据库行是完全相同的，数据是作为数据库表数据进行存储的，因而不需要指定一个存储表的名字进行存储。

代码 8.22 演示了如何在表中操纵变长数组数据列。

代码 8.22　操纵变长数组列

```
DECLARE                                   --声明并初始化变长数组
   emp_list  empname_varray_type
             :=empname_varray_type ('史密斯','杰克','汤姆','丽沙','简',
             '史泰龙');
BEGIN
   INSERT INTO dept_varray
```

```
        VALUES (20, '维修组', emp_list); --向表中插入变长数组数据
    INSERT INTO dept_varray              --直接在 INSERT 语句中初始化变长数组数据
        VALUES (30, '机加工',
               empname_varray_type ('张 3', '刘七', '赵五', '阿 4', '阿五', '
               阿六'));
    SELECT emplist
      INTO emp_list
      FROM dept_varray
     WHERE deptno = 20;                  --使用 SELECT 语句从表中取出变长数组数据
    emp_list (1) := '杰克张';             --更新变长数组数据的内容
    UPDATE dept_varray
       SET emplist = emp_list
     WHERE deptno = 20;                  --使用 UPDATE 语句更新变长数组数据
    DELETE FROM dept_varray
         WHERE deptno = 30;              --删除记录同时删除变长数组数据
END;
```

代码实现的步骤如下所示。

(1) 在语句块的声明区,定义了一个名为 emp_list 的 empname_varray_type 变长数组类型,同时使用构造语法对该类型的变量进行了初始化。

(2) 在语句块的执行部分,使用 INSERT INTO 语句直接将该变长数组类型的变量插入到表 dept_varray 中。

(3) 第 2 条 INSERT 语句中没有直接使用数组类型的变量,而是通过在 INSERT 语句中构造 empname_varray_type 类型构建了变长数组,再插入到数据库。

(4) 第 4 条 SQL 语句通过 SELECT INTO 语句,从数据库中查询出部门编号为 20 的变长数组字段,写入到数组变量 emp_list 中,然后更新 emp_list 中的元素。

(5) 第 5 条 SQL 语句调用 UPDATE 语句更新部门编号为 20 的记录。

(6) 第 6 条 SQL 语句使用 DELETE 语句删除部门编号为 30 的记录,同时将部门编号为 30 的记录中包含的变长数组类型也一并删除。

语句块执行完成后,可以查询 dept_varray 表,结果如下所示。

```
SQL> SELECT * FROM dept_varray;
   DEPTNO DNAME       EMPLIST
   ------ -------     ----------------------------------------------------------
       20 维修组       EMPNAME_VARRAY_TYPE('杰克张', '杰克', '汤姆', '丽沙',
                      '简', '史泰龙')
```

8.2.10 选择集合类型

这 3 种集合类型各有其优点,应该如何选择集合类型要根据应用程序的需求和集合的特性来全面考虑。

首先看一下嵌套表与索引表,这两种类型统称为 PL/SQL 表,它们的相似之处如下所示。

- 嵌套表自索引表扩展而来,因此嵌套表包含索引表的所有表属性。
- 嵌套表与索引表都是使用下标对集合中的元素进行访问。
- 嵌套表与索引表的数据类型具有相同的结构。

这两种表的不同点如下所示。
- 嵌套表可以存储到数据库中，而索引表不能，因此如果表类型需要保存到数据库中，应该考虑使用嵌套表。
- 嵌套表合法的下标范围是 1~214748361，下标不能为负数；而索引表可以为负下标，范围为–2147483647~2147483647。因此如果考虑带负数的下标，应该使用索引表。
- 索引表在每次调用语句块或在包初始化时在内存中自动构建，能够保存容量不固定的信息，因为它的长度是大小可变的，其值不能为 NULL；而嵌套表是一种对象类型，如果不显式使用构造函数，则其值为 NULL，可以使用 IS NULL 进行检查。
- 嵌套表可以使用其他的方法，比如 EXTEND 和 TRIM 等方法进行操作，而索引表不需要。
- PL/SQL 会自动在主机数组和索引表之间进行转换，而嵌套表不能在主机数组之间进行转换。

如果需要将集合类型保存到数据库中，可以在变长数组与嵌套表之间进行选择，这两种类型的相同之处如下所示。
- 变长数组与嵌套表都使用下标符号对单个元素进行访问，在使用前都必须使用构造函数进行初始化。
- 都可以存储在数据库表中，都可以应用集合方法。

它们之间的区别决定了是否选择此种类型。
- 变长数组一旦声明，元素数目就被固定，而嵌套表没有一个明确的大小上限。
- 当存储到数据库中时，变长数组保持了元素的排序和下标的值，而嵌套表则不同。

因此基本的结论是：如果是只需要在 PL/SQL 中使用的集合，且元素个数较少，则优先考虑索引表。而如果要存储到数据库中，则需要选择嵌套表。如果数据元素可以固定，则优先考虑使用变长数组。

读者可以根据自己项目的需求做出选择，在笔者的工作经验中，使用索引表比较多，因为较少将集合结构存储到数据库中，所以对嵌套表和变长数组的需求较少。

8.3 使用集合方法

到目前为止，已经接触过 COUNT 和 EXTEND 这两个集合方法，集合方法就是内置于集合中并且能够操作集合的函数或过程，可以通过如下的语法来进行调用：

`集合变量名.集合方法名[(参数)];`

注意：集合方法只能在 PL/SQL 中使用，不能在 SQL 语句中使用。

在 PL/SQL 提供的集合方法中，EXISTS、COUNT、LIMIT、FIRST、LAST、PRIOR 和 NEXT 是函数；EXTEND、TRIM 和 DELETE 是过程。EXISTS、PRIOR、NEXT、TRIM、EXTEND 和 DELETE 对应的参数是集合的下标索引，通常是整数，但对于关联数组来说

也可能是字符串。

> **注意**：只有 EXISTS 能用于空集合，如果在空集合上调用其他方法，PL/SQL 就会抛出异常 COLLECTION_IS_NULL。

8.3.1 使用 EXISTS 方法

EXISTS 方法用于判断集合中指定的元素是否存在，如果指定的元素存在，则返回 True，否则返回 False。使用这个方法主要用于在访问一个未分配值的下标元素时，避免 Oracle 弹出 NO DATA FOUND 这样的错误。示例如代码 8.23 所示。

代码 8.23　EXISTS 方法使用示例

```
DECLARE
  TYPE projectlist IS VARRAY (50) OF VARCHAR2 (16);  --定义项目列表变长数组
  project_list   projectlist := projectlist ('网站', 'ERP', 'CRM', 'CMS');
BEGIN
  IF project_list.EXISTS (5)           --判断一个不存在的元素值
  THEN                                 --如果存在，则输出元素值
    DBMS_OUTPUT.put_line ('元素存在, 其值为: ' || project_list (5));
  ELSE
    DBMS_OUTPUT.put_line ('元素不存在');  --如果不存在，显示元素不存在
  END IF;
END;
```

代码定义了一个具有 50 个元素的变长数组，在构造函数中仅分配了 4 个元素值。在语句块的执行部分使用 EXISTS 判断第 5 个元素是否存在，如果存在则返回 True，将执行 THEN 语句块后面的代码，输出元素的值；否则将输出元素不存在信息。由于变长数组中并没有分配第 5 个元素的值，因此输出结果如下所示。

元素不存在

8.3.2 使用 COUNT 方法

COUNT 方法能够返回集合中包含的元素个数，该函数在判断集合的当前元素个数时非常有用，因为集合的当前大小并不总是能够确定，特别是对于嵌套表和索引表这类大小不固定的集合。

对于变长数组来说，COUNT 值与 LAST 方法值恒等，但对于嵌套表来说，正常情况下 COUNT 值会和 LAST 值相等。但是，当我们从嵌套表中间删除一个元素时，COUNT 值就会比 LAST 值小。

> **注意**：在计算元素的个数时，COUNT 方法会跳过已被删除的元素。

COUNT 方法的使用如代码 8.24 所示。

代码 8.24　COUNT 方法使用示例

```
DECLARE
  TYPE emp_name_table IS TABLE OF VARCHAR2 (20);   --员工名称嵌套表
  TYPE deptno_table IS TABLE OF NUMBER (2);        --部门编号嵌套表
  deptno_info       deptno_table;
  emp_name_info    emp_name_table := emp_name_table ('张小3', '李斯特');
BEGIN
  deptno_info:=deptno_table();              --构造一个不包含任何元素的嵌套表
  deptno_info.EXTEND(5);                    --扩展5个元素
  DBMS_OUTPUT.PUT_LINE('deptno_info 的元素个数为: '||deptno_info.COUNT);
  DBMS_OUTPUT.PUT_LINE('emp_name_info 的元素个数为: '||emp_name_info.
  COUNT);
END;
```

代码中构造了定义了两个嵌套表类型，emp_name_info 嵌套表变量在声明时初始化了两个元素值，在语句的执行部分，对 deptno_info 使用了 EXTEND 扩展了 5 个元素，因此最终的结果如下所示。

```
deptno_info 的元素个数为: 5
emp_name_info 的元素个数为: 2
```

注意：当传递的下标越界时，EXISTS 会返回 False，而不会引发下标超出界限的异常。

8.3.3　使用 LIMIT 方法

LIMIT 方法用于返回集合元素的最大个数，对于变长数组来说，因为其元素个数固定，可以返回变长数组所允许的最大元素个数。而对于嵌套表和索引表来说，由于其元素个数没有限制，因此调用该方法将总是返回 NULL。

在 PL/SQL 编程过程中，LIMIT 方法一般用在条件表达式中用来比较当前的最大值，LIMIT 方法使用示例如代码 8.25 所示。

代码 8.25　LIMIT 方法使用示例

```
DECLARE
  TYPE projectlist IS VARRAY (50) OF VARCHAR2 (16);   --定义项目列表变长数组
  project_list   projectlist := projectlist ('网站', 'ERP', 'CRM', 'CMS');
BEGIN
  DBMS_OUTPUT.put_line ('变长数组的上限值为: ' || project_list.LIMIT);
  project_list.EXTEND(8);
  DBMS_OUTPUT.put_line ('变长数组的当前个数为: ' || project_list.COUNT);
END;
```

因为 LIMIT 将返回变长数组的最大个数，上面的代码中定义的变长数组，其最大长度为 50 个元素，LIMIT 将输出 50。在声明变长数组变量时，构造函数中加入了 4 个元素，又使用 EXTEND 扩展了 8 个元素，因此在使用 COUNT 时，将显示当前变长数组中具有 12 个元素，输出如下所示。

```
变长数组的上限值为: 50
变长数组的当前个数为: 12
```

8.3.4　FIRST 和 LAST 方法

FIRST 和 LAST 方法分别返回集合中第 1 个和最后一个（即最小的和最大的）元素的索引数字，而不是该元素的值。如果集合为空，则 FIRST 和 LAST 将返回 NULL。如果集合仅包含 1 个元素，那么 FIRST 和 LAST 将返回相同的数字。

对于索引表来说，如果是以 VARCHAR2 类型作为索引表的键，那么将会基于字符串中字符的二进制值来返回最高和最低的键值，FIRST 和 LAST 的示例如代码 8.26 所示。

代码 8.26　FIRST 和 LAST 示例

```
DECLARE
  TYPE projectlist IS VARRAY (50) OF VARCHAR2 (16);    --定义项目列表变长数组
  project_list   projectlist := projectlist ('网站', 'ERP', 'CRM', 'CMS');
BEGIN
  DBMS_OUTPUT.put_line ('project_list 的第 1 个元素下标：' || project_list.
  FIRST
                  );                        --查看第 1 个元素的下标
  project_list.EXTEND (8);                  --扩展 8 个元素
  DBMS_OUTPUT.put_line (  'project_list 的最后一个元素的下标：'
                 || project_list.LAST
                 );                         --查看最后 1 个元素的下标
END;
```

代码中构造了名为 projectlist 的变长数组，在声明 project_list 时，使用构造函数分配了 4 个元素，因为变长数组是从 1 开始的有序序列，因此 FIRST 将返回 1。如果使用索引表，因为其下标并不确定，因此可能值不为 1。代码中使用 EXTEND 扩展了 8 个元素，因此调用 LAST 时，得到的结果是 4+8 个元素，最终显示 12 个元素，输出结果如下所示。

```
project_list 的第 1 个元素下标：1
project_list 的最后一个元素的下标：12
```

可以看到，对于变长数组来说，FIRST 恒等于 1，LAST 恒等于 COUNT；但对嵌套表来说，FIRST 正常情况返回 1，如果把第一个元素删除，那么 FIRST 的值就要大于 1，同样，如果从嵌套表的中间删除一个元素，LAST 就会比 COUNT 大。

8.3.5　PRIOR 和 NEXT 方法

PRIOR 会返回集合中特定索引值参数的元素的前一个索引值，NEXT 会返回集合中特定索引值参数所指向的元素的下一个索引值。如果特定的元素没有前一个或后一个值，那么 PRIOR 或 NEXT 就会返回 NULL 值。

PRIOR 和 NEXT 通常用来使用循环遍历所有的元素值，这种遍历方法比通过固定的下标索引更加可靠，因为在循环过程中，有些元素可能被插入或删除。特别是索引表，因为它的下标索引可能是不连续的，有可能是(1,2,4,8,16)或('A','E','I','O','U') 这样的形式。

代码 8.27 演示了如何使用 PRIOR 和 NEXT 方法来循环遍历索引表中的元素。

代码 8.27　PRIOR 和 NEXT 示例

```
DECLARE
  TYPE idx_table IS TABLE OF VARCHAR (12)
     INDEX BY PLS_INTEGER;                --定义索引表类型
  v_emp    idx_table;                     --定义索引表变量
  i        PLS_INTEGER;                   --定义循环控制变量
BEGIN
  v_emp (1) := '史密斯';                   --随机地为索引表赋值
  v_emp (20) := '克拉克';
  v_emp (40) := '史瑞克';
  v_emp (-10) := '杰瑞';
  --获取集合中第-10个元素的下一个值
  DBMS_OUTPUT.put_line ('第-10个元素的下一个值：' || v_emp (v_emp.NEXT
  (-10)));
  --获取集合中第40个元素的上一个值
  DBMS_OUTPUT.put_line ('第40个元素的上一个值:' || v_emp (v_emp.PRIOR (40)));
  i := v_emp.FIRST;                       --定位到第1个元素的下标
  WHILE i IS NOT NULL                     --开始循环直到下标为NULL
  LOOP                                    --输出元素的值
     DBMS_OUTPUT.put_line ('v_emp(' || i || ')=' || v_emp (i));
     i := v_emp.NEXT (i);                 --向下移动循环指针，指向下一个下标
  END LOOP;
END;
```

代码的实现过程如下所示。

（1）在代码中，定义了一个索引表，并且随机地为索引表中的元素进行了赋值。

（2）首先演示了使用 NEXT 来获取下标为–10 的元素的下一个值，因为–10 的下一个值是 1，因此结果将返回史密斯这个员工。

（3）在 PRIOR 的演示中，要求返回下标为 40 的元素的上一个值，因为 40 的上一个下标是 20，因此结果将返回克拉克。

（4）接下来用了一个 WHILE 循环，依次循环 v_emp 索引表中的所有元素，显示所有的元素值。

可以看到代码运行的最终结果如下所示。

```
第-10个元素的下一个值：史密斯
第40个元素的上一个值：克拉克
v_emp(-10)=杰瑞
v_emp(1)=史密斯
v_emp(20)=克拉克
v_emp(40)=史瑞克
```

8.3.6　EXTEND 方法

到目前为止，本章已经多次使用 EXTEND 方法来为嵌套表和变长数组扩展元素，该方法不能用于索引表，从使用上来说主要有如下 3 种形式。

- EXTEND：在集合末端添加一个空元素。
- EXTEND(n)：在集合末端添加 n 个空元素。
- EXTEND(n,i)：把第 i 个元素复制 n 份，并添加到集合的末端。

第 1 种和第 2 种形式用来为元素添加特定个数的空元素，第 3 种形式可以从指定的元素复制 *n* 份，然后添加到集合的尾端。

> **注意**：如果一个集合未使用构造语法进行初始化，是不能使用 EXTEND 进行扩展的。如果嵌套表或变长数组添加了 NOT NULL 约束，也不能使用 EXTEND 的前面两种形式。

EXTEND 的使用示例如代码 8.28 所示。

代码 8.28　EXTEND 使用示例

```
DECLARE
  TYPE courselist IS TABLE OF VARCHAR2 (10);            --定义嵌套表
  --定义课程嵌套表变量
  courses   courselist;
  i PLS_INTEGER;
BEGIN
  courses := courselist ('生物', '物理', '化学');        --初始化元素
  courses.DELETE (3);                                    --删除第 3 个元素
  courses.EXTEND;                                        --追加一个新的 NULL 元素
  courses (4) := '英语';
  courses.EXTEND(5,1);                                   --把第 1 个元素复制 5 份添加到末尾
  i:=courses.FIRST;
  WHILE i IS NOT NULL LOOP                               --循环显示结果值
     DBMS_OUTPUT.PUT_LINE('courses('||i||')='||courses(i));
     i:=courses.NEXT(i);
  END LOOP;
END;
```

代码的操作过程如下步骤所示。

（1）定义一个 VARCHAR2 类型的嵌套表，存放学生的课程列表，定义一个保存下标的变量 i，用于处理集合的循环操作。

（2）在语句块的执行部分，先初始化嵌套表的 3 个元素，然后调用 DELETE 方法删除第 3 个元素，再使用 EXTEND 扩展 1 个元素，可以看到尽管第 3 个元素已被删除，但是在内部，集合并不是真的删除，只是做了一个删除标记，因此 EXTEND 将扩展到第 4 个元素。

（3）接下来将第 1 个元素复制 5 次，使用了 EXTEND 的第 3 种语法。

（4）最后进行一个循环，将嵌套表中的所有内容输出到屏幕上。

可以看到语句块执行后，将产生如下所示的结果：

```
courses(1)=生物
courses(2)=物理
courses(4)=英语
courses(5)=生物
courses(6)=生物
courses(7)=生物
courses(8)=生物
courses(9)=生物
```

当包含被删除元素时，嵌套表的内部大小就不同于 COUNT 和 LAST 返回的值了。举一个例子，假如初始化一个长度为 5 的嵌套表，然后删除第 2 个和第 5 个元素，这时的内

部长度是 5，COUNT 返回值是 3，LAST 返回值是 4。EXTEND 方法会把所有被删除的元素都一样对待，无论它是第一个，最后一个还是中间的。

8.3.7 TRIM 方法

使用 EXTEND 方法可以向集合中追加元素，使用 TRIM 方法用来从嵌套表或变长数组的尾端删除元素。TRIM 有如下两种操作方式。

- ❏ TRIM：从集合末端删除一个元素。
- ❏ TRIM(n)：从集合末端删除 n 个元素。

🔔 注意：与 EXTEND 类似，TRIM 也不会忽略被删除的元素。

例如，下面的表达式从嵌套表 emplist 中删除最后 3 个元素：

```
emplist.TRIM(3);
```

如果 n 值过大，TRIM(n)就会抛出超出下标值的异常。

TRIM 的使用示例如代码 8.29 所示。

代码 8.29 TRIM 使用示例

```
DECLARE
   TYPE courselist IS TABLE OF VARCHAR2 (10);          --定义嵌套表
   --定义课程嵌套表变量
   courses    courselist;
   i PLS_INTEGER;
BEGIN
   courses := courselist ('生物', '物理', '化学','音乐','数学','地理');
                                                       --初始化元素
   courses.TRIM(2);                          --删除集合末尾的两个元素
   DBMS_OUTPUT.PUT_LINE('当前的元素个数：'||courses.COUNT);  --显示元素个数
   courses.EXTEND;                           --扩展1个元素
   courses(courses.COUNT):='语文';            --为最后1个元素赋值
   courses.TRIM;                             --删除集合末尾的最后1个元素
   i:=courses.FIRST;
   WHILE i IS NOT NULL LOOP                  --循环显示结果值
     DBMS_OUTPUT.PUT_LINE('courses('||i||')='||courses(i));
     i:=courses.NEXT(i);
   END LOOP;
END;
```

程序代码执行过程如下步骤所示。

（1）在声明区定义了一个名为 courselist 的嵌套表，以及一个 courses 的嵌套表变量和一个用来进行循环的整型值 i。

（2）在语句块的执行部分，使用构造函数在嵌套表中分配了 6 个元素。

（3）首先使用 TRIM(2)删除集合末尾的两个元素，然后显示当前的元素个数。

（4）然后扩展一个新元素，并为这个新扩展的元素赋值。

（5）使用 TRIM 语句将最新扩展的元素又移除掉。

（6）使用 WHILE 循环显示集合中现存的元素的值。

最终的输出结果如下所示。

```
当前的元素个数：4
courses(1)=生物
courses(2)=物理
courses(3)=化学
courses(4)=音乐
```

8.3.8 DELETE 方法

DELETE 方法用于从索引表和嵌套表中删除一个或多个元素，DELETE 方法有如下 3 种形式。

- DELETE：删除集合中所有元素。
- DELETE(n)：从以数字做主键的关联数组或者嵌套表中删除第 n 个元素。如果关联数组有一个字符串键，对应该键值的元素就会被删除。如果 n 为空，DELETE(n) 不会做任何事情。
- DELETE(m,n)：从关联数组或嵌套表中，把索引范围 m 到 n 的所有元素删除。如果 m 值大于 n 或 m 和 n 中有一个为空，那么 DELETE(m,n) 就不做任何事。

注意：由于变长数组的元素个数固定，因此在变长数组上使用 DELETE 是非法的。

在内部，如果 DELETE 方法发现被删除的元素不存在，将只是简单地忽略它，并不抛出异常。PL/SQL 会为被删除的元素保留一个占位符，以便可以重新为被删除的元素赋值，示意图如图 8.9 所示。

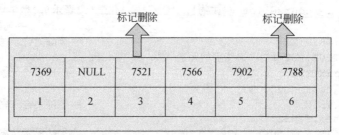

图 8.9　DELETE 示意图

但是 COUNT 方法会忽略掉已标记为删除的元素，可以通过 FIRST、LAST 或 NEXT、PRIOR 来获取被包含删除元素的详细信息，示例如代码 8.30 所示。

代码 8.30　DELETE 使用示例

```
DECLARE
  TYPE courselist IS TABLE OF VARCHAR2 (10);    --定义嵌套表
  --定义课程嵌套表变量
  courses    courselist;
  i PLS_INTEGER;
BEGIN
  courses := courselist ('生物', '物理', '化学','音乐','数学','地理');
                                                --初始化元素
```

```
    courses.DELETE(2);                                              --删除第 2 个元素
    DBMS_OUTPUT.PUT_LINE('当前的元素个数: '||courses.COUNT);    --显示元素个数
    courses.EXTEND;                                                 --扩展 1 个元素
    DBMS_OUTPUT.PUT_LINE('当前的元素个数: '||courses.COUNT);    --显示元素个数
    courses(courses.LAST):='语文';                  --为最后 1 个元素赋值
    courses.DELETE(4,courses.COUNT);                --删除集合末尾的最后 1 个元素
    i:=courses.FIRST;
    WHILE i IS NOT NULL LOOP                        --循环显示结果值
      DBMS_OUTPUT.PUT_LINE('courses('||i||')='||courses(i));
      i:=courses.NEXT(i);
    END LOOP;
END;
```

代码的执行过程如下所示。

（1）代码调用 DELETE 方法首先删除第 2 个元素。

（2）可以看到，第 2 个元素被删除后，那么当前 courses 集合中只有 5 个元素，为此又使用 EXTEND 扩充了一个元素，因此再次调用 COUNT 函数时，返回 6 个元素。

（3）由于 DELETE 实际上只是对某个元素加上删除标记，在内部，元素并没有真正移除，因此如果通过 courses(courses.COUNT)将会覆盖第 6 个元素的值，因此使用了 LAST 来显示标量元素下标。

（4）代码接下来使用 DELETE(4,courses.COUNT)删除集合中的第 4 个到最后一个元素，即 4~6 个元素，最后通过循环可以看到最终的运行结果，如下所示。

```
当前的元素个数: 5
当前的元素个数: 6
courses(1)=生物
courses(3)=化学
courses(7)=语文
```

可以看到，尽管使用了 DELETE（4,courses.COUNT）似乎是从第 4 个删除末尾，但实际上 COUNT 过滤掉了已标记为删除的元素，因此可以看到结果中包含 courses(7)这个元素的存在。

8.3.9 集合的异常处理

在使用集合进行数据处理时，需要了解这几种类型可能会产生的异常及如何对这些异常进行处理。例如，去访问一个未被初始化的嵌套表，或访问索引表中一个不存在的元素，下标超出变长数组的最大范围都会引发异常。下面是集合中的一些常见的异常情况。

- COLLECTION_IS_NULL：调用一个空集合的方法。
- NO_DATA_FOUND：下标索引指向一个被删除的元素或索引表中不存在的元素。
- SUBSCRIPT_BEYOND_COUNT：下标索引值超过集合中的元素个数。
- SUBSCRIPT_OUTSIDE_LIMIT：下标索引超过允许范围。
- VALUE_ERROR：下标索引值为空，或不能转换成正确的键类型。当键被定义在 PLS_INTEGER 的范围内，而下标索引值超过这个范围时，就可能抛出这个异常。

代码 8.31 演示了可能会产生异常的代码和将触发的相应的异常。

代码 8.31 集合异常示例

```
DECLARE
  TYPE numlist IS TABLE OF NUMBER;
  nums numlist;              --一个空的嵌套表
BEGIN
  nums(1):=1;                --未构造就使用表元素,将触发:ORA-06531:引用未初始化的收集
  nums:=numlist(1,2);        --初始化嵌套表
  nums(NULL):=3;
       --使用 NULL 索引键,将触发:ORA-06502:PL/SQL:数字或值错误:NULL 索引表键值
  nums(0):=3;                --访问不存在的下标,将触发:ORA-06532:下标超出限制
  nums(3):=3;                --下标超过最大元素个数,将触发:ORA-06532:下标超出限制
  nums.DELETE(1);            --删除第 1 个元素
  IF nums(1)=1 THEN
    NULL;
       --因为第 1 个元素已被删除,再访问将触发:ORA-01403:未找到任何数据
  END IF;
END;
```

在使用 PL/SQL 集合时,必须了解有可能导致集合异常的部分,在编写程序代码时,做到仔细检查。或者可以使用 PL/SQL 的异常处理机制来处理这些可能产生的异常。

8.3.10 使用批量绑定

在编写 PL/SQL 代码时,PL/SQL 引擎通常会与 SQL 引擎进行交互,比如将 SQL 语句送到 SQL 引擎,SQL 引擎在执行了 SQL 语句后,会返回一些数据给 PL/SQL 引擎,示意图如图 8.10 所示。

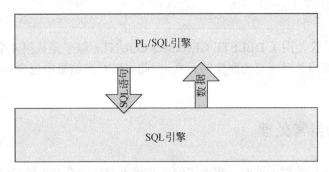

图 8.10 PL/SQL 引擎与 SQL 引擎交互

频繁的交互会大大降低效率,例如下面的示例将在一个循环中向 SQL 引擎发送多条 DELETE 指令,会导致效率非常低下。

```
DECLARE
  TYPE dept_type IS VARRAY (20) OF NUMBER;   --定义嵌套表变量
  depts dept_type:=dept_type (10, 30, 70);   --实例化嵌套表,分配 3 个元素
BEGIN
  FOR i IN depts.FIRST..depts.LAST           --循环嵌套表元素
  LOOP
    DELETE FROM emp
        WHERE deptno = depts (i);            --向 SQL 引擎发送 SQL 命令执行 SQL 操作
  END LOOP;
END;
```

可以看到要删除 emp 表中特定部门编号的记录，代码通过循环依次向 SQL 引擎发送 SQL 语句，这样的操作方式会降低执行的性能，特别是当元素个数比较多的时候。

如果使用 PL/SQL 的批量绑定特性，将一次性向 SQL 引擎发送所有的 SQL 语句，会显著地提高执行的性能。在示例中，执行 DELETE 语句时，一次一个 depts 集合元素的传递是造成性能降低的关键点，可以批量传递集合中的元素来执行，这个过程称为批量绑定。

要使用批量绑定，可以使用 FORALL 语句，该语句将输入的集合送到 SQL 引擎之前，通知 PL/SQL 引擎将集合中的所有元素进行批量的绑定。

> **注意**：FORALL 语句并不是一个 FOR 循环，它仅包含了一个重复的步骤，用来通知 PL/SQL 引擎在将 SQL 语句发送给 SQL 引擎之前，将集合中的所有元素批量地绑定，以便一次性将多个绑定到 SQL 语句的变量一次性发送给 SQL 引擎。

FORALL 的使用语法如下所示。

```
FORALL index IN lower_bound..upper_bound
sql_statement;
```

语法的含义如下所示。
- index：只能在 FORALL 语句块内作为集合下标使用。
- SQL 语句：必须是使用了集合元素的 INSERT、UPDATE 或 DELETE 语句。
- bound：有效范围是连续的索引号。在这个范围内，SQL 引擎为每个索引号执行一次 SQL 语句。

可以将上面的示例通过 FORALL 进行重新改写，如代码 8.32 所示。

代码 8.32　FORALL 语句示例

```
DECLARE
  TYPE dept_type IS VARRAY (20) OF NUMBER;      --定义嵌套表变量
  depts   dept_type := dept_type (10, 30, 70); --实例化嵌套表，分配 3 个元素
BEGIN
  FORALL i IN depts.FIRST .. depts.LAST         --循环嵌套表元素
     DELETE FROM emp
         WHERE deptno = depts (i);     --向 SQL 引擎发送 SQL 命令执行 SQL 操作
  FOR i IN 1..depts.COUNT LOOP
  DBMS_OUTPUT.put_line (   '部门编号'
                     || depts (i)
                     || '的删除操作受影响的行为：'
                     || SQL%BULK_ROWCOUNT (i)
                     );
  END LOOP;
END;
```

由于 FORALL 不是一个循环语句，因此不需要使用 LOOP 和 END LOOP 语句块。在代码中，还使用了 SQL 游标变量来获取当前批量绑定操作中，特定的集合元素所影响的行。

> 注意：在操纵 SQL 数据操纵语句时，SQL 引擎会隐式地打开一个名为 SQL 的游标。这个游标的标量属性%FOUND、%ISOPEN、%NOTFOUND 和%ROWCOUNT，能够提供最近一次执行的 SQL 数据操作语句信息。

由于批量绑定是一次性对多个 SQL 语句进行操作，因此要获取当前哪个 SQL 语句执行后受影响的行数信息，可以使用%BULK_ROWCOUNT，该变量接收一个集合元素的索引值，在示例中使用了循环语句依次获取受影响的行结果，屏幕输出如下所示。

```
部门编号 10 的删除操作受影响的行为：2
部门编号 30 的删除操作受影响的行为：6
部门编号 70 的删除操作受影响的行为：0
```

8.3.11 使用 BULK COLLECT

FORALL 关键字用来批量绑定多个集合的变量到 SQL 引擎，与之相反的是，BULK COLLECT 关键字则可以批量地从 SQL 引擎中批量接收数据到一个集合，可以在 SELECT-INTO、FETCH-INTO 和 RETURNING-INTO 子句中使用 BULK COLLECT。语法如下：

```
...BULK COLLECT INTO collection_name[,collection_name]...
```

SQL 引擎能批量绑定出现在 INTO 列表后的所有集合，对应的字段可以保存为标量类型或复合类型的值，其中也包括对象类型。SQL 引擎会初始化和扩展集合（但是，它不能把变长数组的长度扩大到超过变长数组的最大长度值），然后从索引 1 开始，连续地插入元素并覆盖先前已存在的元素。

BULK COLLECT 的使用示例如代码 8.33 所示。

代码 8.33 BULK COLLECT 语句示例

```
DECLARE
   TYPE numtab IS TABLE OF emp.empno%TYPE;    --员工编号嵌套表
   TYPE nametab IS TABLE OF emp.ename%TYPE;   --员工名称嵌套表
   nums    numtab;                            --定义嵌套表变量，不需要初始化
   names   nametab;
BEGIN
   SELECT empno, ename
   BULK COLLECT INTO nums, names
     FROM emp;                                --从 emp 表中查出员工编号和名称，批量插入到集合
   FOR i IN 1 .. nums.COUNT    --循环显示集合内容
   LOOP
      DBMS_OUTPUT.put ('num(' || i || ')=' || nums (i)||'    ');
      DBMS_OUTPUT.put_line ('names(' || i || ')=' || names (i));
   END LOOP;
END;
```

代码的执行过程如下所示。

（1）在声明区，定义了两个嵌套表类型，同时声明了两个嵌套表变量，这两个嵌套表变量并没有显式地使用构造语句进行初始化。

（2）在语句执行块，直接使用 SELECT BULK COLLECT INTO 语句从 emp 表中查出 empno 和 names 字段，批量插入到集合 nums 和 names 中去。

(3) 使用循环语句输出最终的结果,屏幕显示如下所示。

```
num(1)=7369      names(1)=史密斯
num(2)=7566      names(2)=约翰
num(3)=7788      names(3)=斯科特
num(4)=7876      names(4)=亚当斯
num(5)=7902      names(5)=福特
num(6)=7892      names(6)=张八
num(7)=7893      names(7)=霍九
num(8)=7894      names(8)=霍十
num(9)=7895      names(9)=APPS
num(10)=7903     names(10)=通利
num(11)=7904     names(11)=罗威
num(12)=7898     names(12)=O'Malley
```

下面是使用 BULK COLLECT 的一些限制。
- ❑ 不能对使用字符串类型作为键的索引表使用 BULK COLLECT 子句。
- ❑ 只能在服务器端的程序中使用 BULK COLLECT,如果在客户端使用,就会产生一个不支持这种特性的错误。
- ❑ BULK COLLECT INTO 的目标对象必须是集合类型。

本小节简要地讨论了批量绑定的应用,有兴趣的读者可以通过 Oracle 的 PL/SQL 参考手册文档获取关于 BULK COLLECT 及 FORALL 的更多信息。

8.4 小　　结

本章讨论了 PL/SQL 的记录类型和集合类型的使用。Oracle 的记录类型用来处理单行多列的数据结构,类似于一个表中的一行,使用记录能够对零散的数据定义进行良好的组织。在 8.1 节详细介绍了记录类型的作用和分类、如何使用记录类型及如何使用嵌套的记录类型;在集合类型一节,讨论了 PL/SQL 提供的 3 种集合类型,对于每种集合类型的利弊均进行了详细的讨论,并对于如何选择集合类型给出了良好的建议;8.3 节讨论了集合方法的使用,讨论了如何使用 PL/SQL 提供的集合方法来获取或操纵集合类型。

第 9 章　SQL 内置函数

函数是具有一定功能、被事先封装好的功能块，通过在 PL/SQL 或 SQL 语句中使用函数，可以完成如下一系列功能。
- 进行数据计算，比如使用 MOD 计算余数。
- 修改单个数据项，比如使用 ROUND 对数字进行四舍五入。
- 操纵输出进行数据行分组，比如使用 SUM、AVG 进行查询分组。
- 格式化显示日期和数字，比如使用 TO_CHAR 格式化显示日期。
- 转换列数据类型，比如使用 TO_DATE 将字符型的日期转换为日期型。

Oracle 提供了很多功能强大的内置函数，在进行 PL/SQL 编程时，可以很方便地使用这些函数来操纵数据。本章将详细介绍 Oracle 提供的内置函数的具体使用方法。

注意：除了分组与分析函数不能直接在 PL/SQL 语句块中使用之外，大多数函数都可以直接在 PL/SQL 语句块中使用。

9.1　基本函数

在 SQL 语句中，函数分为如下两种类型。
- 单行函数：仅对单个行值进行计算，并且对每行返回一个结果。单行函数包含字符、数字、日期、转换函数等。
- 多行函数：能够操纵成组的行，给每个组一个结果，比如聚合函数 SUM、AVG 等。

本章将所有这些函数都归入到基本函数部分进行讲解，下一节将对 Oracle 的分析函数进行详细的介绍。

9.1.1　字符型函数

字符型函数接受字符输入，可以返回字符或数字值。字符型函数分为如下两大类。
- 大小写处理函数：用于对字符值进行大写或小写的转换。
- 字符处理函数：用于对字符进行处理，比如连接两个字符串或截取字符串的子串。

所有的字符型函数列表如表 9.1 所示。

表 9.1　字符型函数列表

函 数 名 称	描　　述
LOWER	将特定的字符串转换为小写，只影响字母字符串
UPPER	将整个字符串转换成大写，只影响字母字符串

续表

函数名称	描述
INITCAP	将字符串中每一个单词的第一个字母转换为大写,其他的均为小写,只影响字母字符串
NLS_INITCAP	与 INITCAP 函数相同,它可以使用 NLSSORT 指定的分类方法
NLS_LOWER	与 LOWER 函数相同,它可以使用 NLSSORT 指定的分类方法
NLS_UPPER	与 UPPER 函数相同,它可以使用 NLSSORT 指定的分类方法
CONCAT	用来连接两个指定的字符,与 "||" 操作符的作用相同
INSTR(X,Y)	返回 Y 在 X 中的位置,如果 Y 不存在于 X 中,则返回 0
INSTRB(X,Y)	返回 Y 在 X 中的位置,如果 Y 不存在于 X 中则返回 0,对于单字节字符系统,返回的值以字节为单位
LENGTH(X)	返回以字节为单位的 X 的长度,包括填充的字符,如果值是未知的,则返回 NULL
LENGTHB(X)	与 LENGTH(X)相同,对于单字节字符系统,返回值以字节为单位
LPAD(X,I,Y)	用字符串 Y 按指定填充数 I 填充 X 字符串的左边
RPAD(X,I,Y)	用字符串 Y 按指定填充数 I 填充 X 字符串的右边
TRIM	裁减字符串两边的的字符,可以说是 LTRIM 和 RTRIM 的组合
LTRIM	裁减字符串左边的字符
RTRIM	裁减字符串右边的字符
REPLACE(X,Y,Z)	用 Z 字符串取代 X 字符串中的 Y 字符串
SUBSTR	返回字符串的一部分
SUBSTRB	同 SUBSTR,以字节数而非字符数返回字符串的一部分
TRANSLATE	同 REPLACE,作用于字符基础上而非字符串基础上
SOUNDEX	返回字符串的语言表示

下面分别对其中较常用的几个函数进行介绍。

1. 大小写转换函数

常见的与大小写转换相关的函数是 UPPER、LOWER 和 INITCAP,例如下面的 SELECT 语句分别使用这 3 个函数来查询:

```
SQL> SELECT INITCAP (first_name || ' ' || last_name) AS 姓名,
       LOWER (email) 电子邮件, UPPER (first_name) 姓
    FROM employees WHERE ROWNUM<=5;
姓名                电子邮件              姓
--------- --------- -------------------- ---------------------
Donald Oconnell     doconnel             DONALD
Douglas Grant       dgrant               DOUGLAS
Jennifer Whalen     jwhalen              JENNIFER
Michael Hartstein   mhartste             MICHAEL
Pat Fay             pfay                 PAT
```

可以看到,first_name 和 last_name 这两个字段使用 INITCAP 函数,通过这个函数,会将字符串中的每个单词的首字母转换为大写字母;电子邮件字段使用了 LOWER 这个函数,将该字段下的所有字母转换为小写字母;姓这一列将 first_name 字段转换为大写字母,因此所有的字母都为大写。

LOWER 和 UPPER 通常用在 WHERE 条件子句中,以便能获取特定条件的记录行而不用区分大小写。在 PL/SQL 语句块中可以直接使用这 3 个函数,示例如代码 9.1 所示。

代码 9.1　大小写转换函数 PL/SQL 使用示例

```
DECLARE
  v_namelower VARCHAR2(50):='this is lower character';
  v_nameupper VARCHAR2(50):='THIS IS UPPER CHARACTER';
BEGIN
  DBMS_OUTPUT.PUT_LINE(UPPER(v_namelower));
  DBMS_OUTPUT.PUT_LINE(LOWER(v_nameupper));
  DBMS_OUTPUT.PUT_LINE(INITCAP(v_nameupper));
END;
```

屏幕输出结果如下所示,可以看到果然对字符串变量进行了大小写转换:

```
THIS IS LOWER CHARACTER
this is upper character
This Is Upper Character
```

2. 字符串处理函数

字符串处理函数用来对传入的字符串进行操作,比如查找字符串中的子串,或者是填充、裁剪字符串等操作。常用的字符串处理函数如下所示。

- ❑ CONCAT:连接两个字符串为一个字符串(CONCAT 函数有两个输入参数)。
- ❑ SUBSTR:从一个字符串中截取给定位置和长度的子字符串。
- ❑ LENGTH:以数字值显示一个字符串的长度。
- ❑ INSTR:从一个字符串中查找一个给定字符的数字位置。
- ❑ LPAD:用给定的字符从左填充字符串到给定的长度。
- ❑ RPAD:用给定的字符从右填充字符串到给定的长度。
- ❑ TRIM:从一个字符串中去除头或尾的字符(或头和尾)。

在下面的 SQL 语句中,查询 job_id 中包含 CLERK 的职员的列表,使用 CONCAT 连接两个字符串,获取邮件长度以及 first_name 中 a 第 1 次出现的位置:

```
SQL> SELECT CONCAT (first_name, last_name) 姓名, LENGTH (email) 邮件长度,
       INSTR (first_name, 'a') "'a'第一次出现的位置"
    FROM employees WHERE SUBSTR(job_id, 4) = 'CLERK' AND ROWNUM<=5;
姓名                邮件长度         'a'第一次出现的位置
------------------  -------------  ----------------------------
DonaldOConnell          8                4
DouglasGrant            6                6
AlexanderKhoo           5                5
ShelliBaida             6                0
SigalTobias             7                4
```

在列中使用 CONCAT 将 first_name 和 last_name 进行合并,显示姓名列;通过 LENGTH 函数获取 email 字段的长度;通过 INSTR 查询 first_name 中 a 首次出现的位置。在 WHERE 子句中,使用 SUBSTR 查询 job_id 中第 4 个字符开始到末尾包含 CLERK 字符串的个数。

WHERE 子句中的 SUBSTR 的语法如下所示。

```
SUBSTR(string,x[,y])
```

可选的 y 表示 y 个字符长度,如果 x 为 0,则被认为是从字符串 string 开始的位置,如果 x 为正数,则返回的字符是从左边开始向右边计算;如果 x 为负数,则返回的字符是从字符串末尾的地方开始向左边开始计算。如果没有 y,则设置为整个字符串的长度,如果给定的 y 值小于 1,则 SUBSTR 返回 NULL,如果 x 或 y 是浮点数,则 SUBSTR 在处理前先将 x 和 y 截断为整数再进行计算。SUBSTR 的常见使用示例如代码 9.2 所示。

代码 9.2　SUBSTR 常见使用示例

```
DECLARE
  v_str VARCHAR2(20):='Thisisastring';
BEGIN
  DBMS_OUTPUT.PUT_LINE('SUBSTR(v_str,5,2): '||SUBSTR(v_str,5,2));
  DBMS_OUTPUT.PUT_LINE('SUBSTR(v_str,-5,2): '||SUBSTR(v_str,-5,2));
  DBMS_OUTPUT.PUT_LINE('SUBSTR(v_str,5,-2): '||SUBSTR(v_str,5,-2));
  DBMS_OUTPUT.PUT_LINE('SUBSTR(v_str,5.23,2.34)                                      :
'||SUBSTR(v_str,5.23,2.43));
END;
```

通过查看屏幕的输出结果,可以很容易地了解到这些不同类型的参数最终产生的结果:

```
SUBSTR(v_str,5,2): is
SUBSTR(v_str,-5,2): tr
SUBSTR(v_str,5,-2):
SUBSTR(v_str,5.23,2.34): is
```

3. 字符串替代函数

字符串替代函数用来截取字符串中特定位置的子串,用另一个新的字符串替换。有如下两个非常有用的字符串替代函数。

- REPLACE(string,searchstr,[replacestr]):该函数使用 replacestr 替换掉所有在 string 中出现的 searchstr 字符串,如果没有 replacestr,则所有出现在 string 中的 searchstr 都被删除。
- TRANSLATE(tring,fromstr,tostr):该函数使用 tostr 字符串替换掉在 string 中出现的所有的 fromstr 字符串,功能与 REPLACE 相似,只是 TRANSLATE 函数中的 tostr 参数不能缺少,更不能为空白字符串,因为 Oracle 会将空白字符串理解为 NULL,因此 TRANSLATE 的结果也将为 NULL。

这两个函数的使用示例如代码 9.3 所示。

代码 9.3　字符串替代函数示例

```
DECLARE
  v_str    VARCHAR (50) := 'This is oracle database';
BEGIN
  DBMS_OUTPUT.put_line (   'REPLACE(v_str,''oracle'',''sqlserver''): '
                       || REPLACE (v_str, 'oracle', 'sqlserver')
                      );
  DBMS_OUTPUT.put_line (   'REPLACE(v_str,''oracle''): '
                       || REPLACE (v_str, 'oracle')
                      );
```

```
    DBMS_OUTPUT.put_line (   'TRANSLATE(v_str,''is'',''*''): '
                          || TRANSLATE (v_str, 'is', '*')
                         );
END;
```

代码的输出结果如下所示。

```
REPLACE(v_str,'oracle','sqlserver'): This is sqlserver database
REPLACE(v_str,'oracle'): This is  database
TRANSLATE(v_str,'oracle','sqlserver'): Th* * oracle database
```

可以看到，当仅为 REPLACE 指定两个参数的时候，输出的结果会用空白字符串代替要替换的字符串，因此通常用来删除字符串中不需要的字符。

9.1.2 数字型函数

数字型的函数接受数字的输入，并且返回数字值。比较常见的数字函数如表 9.2 所示。

表 9.2 数字函数

函 数 名 称	描　　述
ROUND(x,y)	四舍五入 x 的值为 y 位小数位，如果 y 忽略，则无小数位，如果 y 为负数，则小数点左边的数被四舍五入
TRUNC(x,y)	截断 x 的值到 y 位小数，如是 y 被忽略，那么 y 的默认值为 0
MOD(x,y)	返回 x 除以 y 的余数

可以看到，TRUNC 函数类似于 ROUND 函数，该函数主要用于截断数字值，只取数字中的整数部分，而 ROUND 主要用来进行四舍五入操作。

△注意：ROUND 和 TRUNC 函数都可以用于日期函数。

数字型函数示例如下所示。

```
SQL> SELECT ROUND (45.927, 2), ROUND (45.923, 0), ROUND (45.923, -1),
        TRUNC (45.923), TRUNC (45.923, 2), MOD (45, 12)
    FROM DUAL;
ROUND(45.927,2) ROUND(45.923,0) ROUND(45.923,-1) TRUNC(45.923) TRUNC(45.923,2) MOD(45,12)
--------------- --------------- ---------------- ------------- --------------- ----------
         45.93              46               50            45           45.92          9
SQL> SELECT ROUND(SYSDATE),TRUNC(SYSDATE) FROM DUAL;
ROUND(SYSDATE)  TRUNC(SYSDATE)
--------------  --------------
13-9月 -11      12-9月 -11
```

可以看到，使用 ROUND 函数，会使用四舍五入算法，取大于等于 5 进 1；而 TRUNC 仅对小数部分进行截断。这两个函数都可以用于日期型数据，对这两个函数传递了日期类型的参数后，ROUND 会进行四舍五入，结果会被为 9 月 13 号，而 TRUNC 仅截断时间部分，结果为 9 月 12 号。

9.1.3 日期时间函数

Oracle 在内部用数字格式存储日期，表示世纪、年、月、日、小时、分和秒，对于任何日期默认显示和输入格式是 DD-MON-RR，有效的 Oracle 日期在公元前 4712 年 1 月 1 日和公元 9999 年 12 月 31 日之间。举个例子，2011 年 9 月 12 日 5:10:43 p.m 这个日期，在内部会拆分为如表 9.3 所示的内部表示方式。

表 9.3 日期的内部表示格式

世纪	年	月	日	小时	分	秒
20	11	9	12	5	10	43

本书到目前为止，已经不止一次接触过 SYSDATE 这个函数，该函数返回当前数据库服务器的日期和时间，可以像使用任何其他列名一样使用 SYSDATE 函数。

注意：在使用 SQL*Plus 时，默认情况下只显示日期，并不显示时间，可以通过修改会话级别的 nls_date_format 来更改日期显示格式，如以下代码所示。

```
ALTER SESSION SET nls_date_format='yyyy-mm-dd hh24:mi:ss';
```

使用 SYSDATE 的示例如下所示。

```
SQL> ALTER SESSION SET nls_date_format='yyyy-mm-dd hh24:mi:ss'
会话已更改。
SQL> SELECT SYSDATE FROM DUAL;
SYSDATE
-------------------
2011-09-12 16:25:03
```

可以看到，现在 SQL*Plus 果然按照指定的格式显示了 SYSDATE 返回的结果。

在日期函数中，比较常见的是对日期进行运算的函数，因此需要开发人员了解日期运算的基本规则。

- 从日期加或者减一个数，结果是一个日期值。
- 两个日期相减，得到两个日期之间的天数。
- 用小时数除以 24，可以加小时到日期上。

简单的日期型算术运算示例如以下 SELECT 语句所示。

```
SQL> SELECT SYSDATE - 1 当前日期减1, SYSDATE - (SYSDATE - 100) 两个日期相减,
            SYSDATE + 5 / 24 当前日期加5小时
        FROM DUAL;
当前日期减1            两个日期相减           当前日期加5小时
-------------------  ---------------------  -------------------
2011-09-11 16:44:34            100          2011-09-12 21:44:34
```

可以看到，当日期类型与一个整型值进行加减时，是对日期进行加或减指定的天数；两个日期相减将返回两个日期之间的天数；要向日期型中添加小时数，将数字除以 24 小时即可。

除了这样的运算规则之外，Oracle 提供了一系列的函数用来处理日期型的运算，如表 9.4 所示。

表 9.4 日期型的运算函数

函 数 名 称	描 述
MONTHS_BETWEEN(date1, date2)	计算 date1 和 date2 之间的月数，其结果可以是正的也可以是负的。如果 date1 大于 date2，则结果是正的，反之，结果是负的。结果的小数部分表示月的一部分
ADD_MONTHS(date, n)	添加 n 个日历月到 date。N 的值必须是整数，但可以是负的
NEXT_DAY(date,'char')	计算在 date 之后的下一个周('char')的指定天的日期。char 的值可能是一个表示一天的数或者是一个字符串
LAST_DAY(date)	计算包含 date 的月的最后一天的日期
ROUND(date[,'fmt'])	返回用格式化模式 fmt 四舍五入到指定单位的 date，如果格式模式 fmt 被忽略，date 被四舍五入到最近的天
TRUNC(date[,'fmt'])	返回用格式化模式 fmt 截断到指定单位的带天的时间部分的 date，如果格式模式 fmt 被忽略，date 被截断到最近的天

这些函数的常见使用示例如代码 9.4 所示。

代码 9.4 常用的日期运算函数使用示例

```
BEGIN
  DBMS_OUTPUT.put_line (    '两个日期之间的差异月份：'
                       || MONTHS_BETWEEN ('1995-01-01', '1994-11-01')
                      );
  DBMS_OUTPUT.put_line ('向指定日期添加月份：' || ADD_MONTHS (SYSDATE, 6));
  DBMS_OUTPUT.put_line ('下个星期五为：' || NEXT_DAY (SYSDATE, '星期五'));
  DBMS_OUTPUT.put_line ('显示当前月的最后 1 天：' || LAST_DAY (SYSDATE));
END;
```

语句块的返回结果如下所示。

```
两个日期之间的差异月份：2
向指定日期添加月份：2012-03-12 17:05:30
下个星期五为：2011-09-16 17:05:30
显示当前月的最后 1 天：2011-09-30 17:05:30
```

> **注意**：要使上述的结果能够正确运行，要确保使用 ALTER SESSION 语句修改了 nls_date_format 日期格式，否则输入将会引发异常。

ROUND 和 TRUNC 函数能够用于数字和日期值。在用于日期时，这些函数四舍五入或者以指定的格式化模板处理截断。因此，可以四舍五入日期到最近的年或月，这两个函数的使用示例如下所示。

```
SQL> SELECT TRUNC (SYSDATE, 'MONTH'), ROUND (SYSDATE, 'YEAR'),
        ROUND (SYSDATE, 'DAY'), TRUNC (SYSDATE, 'YEAR'),
        TRUNC (SYSDATE, 'DAY'), TRUNC (SYSDATE, 'HH24'), TRUNC (SYSDATE,
        'MI')
    FROM DUAL;
```

可以看到，可以在 TRUNC 或 ROUND 中使用格式化字符串，来指定要四舍五入或截断的位置。比如指定 MONTH，将截断到月份；比如指定为 YEAR，将截断到年份等。上述语句的执行结果如图 9.1 所示。

图 9.1　TRUNC 和 ROUND 示例的执行结果

9.1.4　类型转换函数

数据类型的转换是在进行 PL/SQL 程序设计时使用非常频繁的一个功能，比如在一个需要日期类型的代码块中，如果传入了一个字符串日期值，就需要使用 Oracle 提供的转换功能将一种类型转换为另一种类型。Oracle 服务器对于一些类型相容的类型，会自动进行隐式转换，而对于一些无法相容的类型，则需要使用转换函数进行显式的转换。

注意：即便隐式数据类型转换是可用的，为了良好的编程风格，也建议进行显式类型转换以确保程序代码的可靠性。

Oracle 内置的转换函数如表 9.5 所示。

表 9.5　Oracle 转换函数

函 数 名 称	描　　述
CHARTOROWID	将包含外部格式的 ROWID 的 CHAR 或 VARCHAR2 数值转换为 ROWID 格式
CONVERT	将一个字符集转换到另一个字符集
HEXTORAW	将十六进制字符串值转换为 RAW 类型的值
ROWIDTOCHAR	将 ROWID 转换为字符串表示形式
TO_BLOB	将指定的值转换成 BLOB 类型的值
TO_CHAR	将日期型或数字类型的值转换为 VARCHAR2 类型的值
TO_CLOB	将指定的值转换成 CLOB 类型的值
TO_DATE	将 CHAR 或 VARCHAR2 字符串强制转换为日期值
TO_LABEL	将 CHAR 或 VARCHAR2 字符串强制转换为 MLSLABEL
TO_MULTI_BYTE	将任何单字节字符串转换为多字节字符串
TO_NUMBER	将 CHAR 或 VARCHAR2 字符串强制转换为 NUMBER 值
TO_SINGLE_BYTE	将任何多字节字符串转换为单字节字符串

上述的函数中，只有如下几个函数是进行 PL/SQL 编程或使用 SQL 语句时，最常使用到的：转换为字符串的 TO_CHAR、转换为数字值的 TO_NUMBER，以及转换为日期值的 TO_DATE 这几个函数，其中 TO_CHAR 既可以转换数字为字符串，也可以转换日期为字符串，这些函数的语法格式如下所示。

```
TO_CHAR(number|date,[ fmt],[nlsparams])
```

转换一个数字或日期值为一个 VARCHAR2 类型的字符串，带格式化样式 fmt。在使用数字转换时，nlsparams 参数指定下面的字符，它由数字格式化元素返回：

❑ 小数字符

- 分组符
- 本地货币符号
- 国际货币符号

> **注意**：如果忽略 nlsparams 或其他参数，该函数在会话中使用默认参数值。

```
TO_CHAR(number|date,[ fmt],[nlsparams])
```

指定返回的月和日名称及缩写的语言。如果忽略语言参数，该函数在会话中使用默认日期语言。

```
TO_NUMBER(char,[fmt],[nlsparams])
```

用由可选的格式化样式 fmt 参数指定的格式，转换包含数字的字符串为一个数字。nlsparams 参数在该函数中的目的与 TO_CHAR 函数用于数字转换的目的相同。

```
TO_DATE(char,[fmt],[nlsparams])
```

按照 fmt 指定的格式转换表示日期的字符串为日期值。如果忽略 fmt，格式是 DD-MON-YY。nlsparams 参数的目的与 TO_CHAR 函数用于日期转换时的目的相同。

下面分别对这几种转换的方式及使用参数进行介绍。

1. 使用TO_CHAR将日期型转换为字符串

默认情况下，日期格式都是以 DD-MON-YY 来显示的，为了使用其他的显示格式显示日期值，可以使用 TO_CHAR 函数将日期从默认格式转换为指定的格式。例如下面的代码将当前的日期更改为"YYYY-MM-DD HH24:MI:SS AM"这样的格式。

```
SQL> SELECT TO_CHAR (SYSDATE, 'YYYY-MM-DD HH24:MI:SS AM')
    FROM DUAL;
TO_CHAR(SYSDATE,'YYYY-MM
-------------------------------------------------
2011-09-13 05:53:32 上午
```

可以看到，要显示为特定的日期格式，必须要指定特定的日期格式字符串，示例中的 YYYY、MM、和 DD 等是日期格式的字符串，可以使用的格式字符串如表 9.6 所示。

表 9.6　Oracle日期格式字符串

日期格式元素	描　　述
SCC 或 CC	世纪，带 - 服务器前缀 B.C. 日期
日期中的年 YYYY 或 SYYYY	年，带 - 服务器前缀 B.C. 日期
YYY 或 YY 或 Y	年的最后 3、2 或 1 个数字
Y,YYY	年，在这个位置带逗号
IYYY, IYY, IY, I	基于 ISO 标准的 4、3、2 或 1 位数字年
SYEAR 或 YEAR	拼写年；带 - 服务器前缀 B.C. 日期
BC 或 AD	B.C.A.D.指示器
B.C.或 A.D.	带周期的 B.C./A.D.指示器
Q	四分之一年
MM	月：2 位数字值

续表

日期格式元素	描述
MONTH	9位字符长度的带空格填充的月的名字
MON	3字母缩写的月的名字
RM	罗马数字月
WW 或 W	年或月的周
DDD 或 DD 或 D	年、月或周的天
DAY	9位字符长度的带空格填充的天的名字
DY	3字母缩写的天的名字
HH、HH12 或 HH24	天的小时,或小时(1~12),或小时(0~23)
AM 或 PM 和 A.M. 或 P.M.	午后指示符,可带句点也可以不带句点
间隔符	在结果字符串中所产生的所有必需的停顿间隔符
SS	秒(0~59)
SSSSS	午夜之后的秒(0~86399)
"of the"	在结果中使用引文串
/.,	在结果中使用标点符号
TH	序数(例如,DDTH 显示为 4TH)
SP	拼写出数字(例如,DDSP 显示为 FOUR)
SPTH 或 THSP	拼写出序数(例如,DDSPTH 显示为 FOURTH)

常见的使用示例如下代码所示。

```
SQL> SELECT TO_CHAR (SYSDATE, 'ddspth') FROM DUAL;
TO_CHAR(SYSDAT
------------------------------------
thirteenth
SQL> SELECT TO_CHAR(SYSDATE, 'HH24:MI:SS AM') FROM DUAL;
TO_CHAR(SYSDA
------------------------------------
06:26:34 上午
SQL> SELECT TO_CHAR (SYSDATE, 'DD "of" MONTH') FROM DUAL;
TO_CHAR(SYSD
------------------------------------
13 of 9月
SQL> SELECT TO_CHAR(SYSDATE,'A.D.YYYY"年"-MONTH-DD"日"-DAY') FROM DUAL;
TO_CHAR(SYSDATE,'A.D.YYYY"年"-MONT
------------------------------------
公元 2011 年-9月 -13 日-星期二
```

通过灵活地组织这些格式字符串,可以创建出很多想要的日期格式,并且还可以应用到 PL/SQL 程序运算中,比如要获取当前是月度的第几周,可以使用 W 格式符,如以下语句所示。

```
SQL> SELECT TO_CHAR(SYSDATE,'W') FROM DUAL;
T
-----------------
2
```

然后可以根据返回的 2 进行进一步的运算,这在制作统计报表时非常有用。

2. 使用TO_CHAR将数字型转换为字符串

TO_CHAR 的另一个强大的功能是将数字转换为字符串数据类型，该函数主要将 NUMBER 数据类型转换为 VARCHAR2 数据类型，在进行字符串串联时非常有用。下面的 SELECT 语句演示了如何使用 TO_CHAR 函数将一个浮点数转换为字符串，在语句中使用了特定的格式字符串：

```
SQL> SELECT TO_CHAR(123.45678,'$99999.999') FROM DUAL;
TO_CHAR(123
-------------------------------
   $123.457
```

在语句中，将 123.45678 转换为带货币符号的字符串，保留 3 位小数值，可以看到 TO_CHAR 在将数字转换为字符串时，可以使用格式符指定转换时使用的格式。常见的格式符元素如表 9.7 所示。

表 9.7 数字格式元素

数字格式元素	描 述	示 例	结 果
9	每个 9 表示一个有效位，转换值的有效位应和 9 的位数相同，如果要转换的是负数，则应有前导的负号，前导如为 0，则视为空格	999999	1234
0	显示前导的 0 或后继的 0	099999	001234
$	返回带有前导货币符号的数值	$999999	$1234
L	在指定的位置上返回本地货币号	L999999	￥1234
.	在指定的位置返回一个小数点，不管指定的小数点分隔符	999999.99	1234.00
,	在指定的位置上返回一个逗号，不管指定的千分位分隔符	999,999	1,234
MI	该值如为负数，则加后继负号，如非负数则加一个后继占位符	999999MI	1234-
PR	如为负值，用尖括号括起，如为正值，则前导后继各加一个空格	999999PR	<1234>
EEEE	科学计数法（格式化必须指定四个 E）	99.999EEEE	1.234E+03
V	返回与 10 的 n 次方相乘的值，n 是 v 后面 9 的个数	9999V99	123400
B	当整数为 0 时，将该小数的整数部分填充为空格	B9999.99	1234.00
D	返回小数点的位置，两边的 9 指定了最大位数	9999D	1234.
G	返回千分位分隔符，G 可以出现多次	99G99	12,34
C	在指定的位置上返回 ISO 货币号	C9999	CNY1234

TO_CHAR 中的 nlsparams 参数影响到最终结果的显示，一般有下面几种形式。

❑ NLS_NUMERIC_CHARACTERS：可简写为 NLS_NUMBER_CHARS，表示为指定分组分隔符或小数点使用的字符。

❑ NLS_CURRENCY：指定 Oracle 默认的货币。

❑ NLS_ISO_CURRENCY：指定 ISO 货币符号的字符。

使用示例如以下语句所示。

```
SQL> SELECT TO_CHAR (123456789, 'L999G999G999D99', 'NLS_CURRENCY=%')
    FROM DUAL;
TO_CHAR(123456789,'L999G9
-------------------------
        %123,456,789.00
```

代码中使用了 NLS_CURRENCY 为%号作为货币符号，使用了 L 来输出本地货币符号，结果以%作为前缀。

3．使用TO_DATE将字符串转换为日期

TO_DATE 函数可以将 CHAR 或 VARCHAR2 类型的值转换为 DATE 类型的值，声明语法如下所示。

```
TO_DATE(string[,format[,nlsparams]])
```

format 用于指定转换时的格式元素，可以使用表 9.6 列出的格式化元素对日期进行格式化。如果不指定任何格式元素，则使用 Oracle 默认的日期格式进行转换；nlsparams 指定返回日期所使用的语言，格式一般为："NLS_DATE_LANGUAGE=language"，如果不指定，则使用 Oracle 默认的语言模式。使用语法以下示例所示。

```
SQL> SELECT TO_DATE ('2010/09/13', 'YYYY-MM-DD', 'NLS_DATE_LANGUAGE=english')
    FROM DUAL;
TO_DATE('2010/
--------------------------------
13-9月 -10
SQL> SELECT TO_DATE ('20100913', 'YYYY-MM-DD')
    FROM DUAL;
TO_DATE('20100
--------------------------------
13-9月 -10
```

4．使用TO_NUMBER将字符串转换为数字

与 TO_DATE 类似， TO_NUMBER 函数可以将 CHAR 或 VARCHAR2 类型的字符串转换成 NUMBER 类型的值，其声明语法如下所示。

```
TO_NUMBER(string,[,format[,nlsparams]])
```

可选的 format 指定的数字格式，见表 9.7 所示；nlsparams 用来指定小数点和千分位分隔符及货币的符合，示例如以下语句所示。

```
SQL>SELECT TO_NUMBER('$1234.5678','$9999.9999') FROM DUAL;
TO_NUMBER('$1234.5678','$9999.9999')
------------------------------------------------------------
                          1234.5678
SQL> SELECT TO_NUMBER('$123,456,789.00','$999G999G999D99') FROM DUAL;
TO_NUMBER('$123,456,789.00','$999G999G999D99')
------------------------------------------------------------
                          123456789
```

可以看到，对字符串应用的日期格式与对数字应用格式是相反的，在使用函数时要注意根据字符串分析中使用的格式元素，反向转换为数字。

9.1.5 分组函数

分组函数属于多行函数的范畴，用来接收一组数据进行计算，根据需要返回一组或单个结果，分组函数在本书 6.16 节介绍分组查询时曾经进行了详细的介绍，请参考该节的内容。常见的分组函数如表 9.8 所示。

表 9.8　Oracle分组函数

函 数 名 称	描　　述
AVG	返回传入的列值的平均值
COUNT	返回查询的行的数目
SUM	返回传入的列的总和
MIN	返回查询中的列的最小值
MAX	返回查询中的列的最大值

9.1.6 其他函数

本节将介绍在 PL/SQL 编程中使用非常频繁的几个函数，灵活地使用这些函数可以解决很多看上去很复杂的问题，函数列表如表 9.9 所示。

表 9.9　Oracle其他函数

函 数 名 称	描　　述
NVL	转换 NULL 值为一个实际的值
NVL2	如果表达式 1 不为 NULL，则 NVL2 返回表达式 2 的值；如果表达式 1 为 NULL，则 NVL2 返回表达式 3。表达式 1 可以是任意数据类型
NULLIF	比较两个表达式，如果相等则返回 NULL，如果不等则返回第 1 个表达式
COALESCE	返回表达式列表中的第 1 个非 NULL 表达式
DECODE	根据特定的条件，实现 IF-THEN-ELSE 条件判断返回值

下面分别介绍这些函数的使用方法。

1. NVL和NVL2函数

NVL 函数将判断列值或表达式的值是否为 NULL，如果为 NULL，则转换为表达式 2 指定的值，其语法形式为：

```
NVL(exp1,exp2)
```

注意：NVL 函数可用的数据类型可以是日期、字符和数字，但是数据类型必须匹配。

举例来说，在 hr 方案下的 employees 表中，commission_pct 是员工的提成率，有的员工有提成而有的员工没有，为了核算薪资，必须要将有提成的员工与薪资总数进行计算，而如果没有提成，会导致结果返回 NULL，因为任何值与 NULL 进行运算结果都将返回 NULL。为此可以使用 NVL 将没有提成的员工的提成比率设为 0，查询语句如下所示。

```
SQL> SELECT last_name 英文名, salary 薪资, NVL (commission_pct, 0)
        (salary * 12) + (salary * 12 * NVL (commission_pct, 0)
     FROM employees;
英文名                    薪资       提成比率     年度薪水
----------------------- --------- ---------- -----------------------
Gee                      2400        0         28800
Philtanker               2200        0         26400
Ladwig                   3600        0         43200
Partners                13500        .3       210600
Errazuriz               12000        .3       187200
Cambrault               11000        .3       171600
Zlotkey                 10500        .2       151200
```

可以看到，通过 NVL 函数，可以很轻松地将 commission_pct 列为 NULL 的值转换为 0，这样的计算方式，能正确地计算出员工的年度薪水。

NVL2 函数是 NVL 函数的升级版，该函数将检查第 1 个表达式，在第 1 个表达式不为 NULL 时，将返回第 2 个表达式的值；如果第 1 个表达式为 NULL，那么将返回第 3 个表达式，语法如下所示。

```
NVL2(expr1, expr2, expr3)
```

参数 expr1 可以是任何数据类型，参数 expr2 和 expr3 可以是除 LONG 之外的任何数据类型。如果 expr2 和 expr3 的数据类型不同，则 Oracle 服务器在比较它们之前将转换 expr3 为 expr2 的数据类型，除非 expr3 是一个 NULL 常数，在这种情况下，不需要数据类型转换。

下面的语句更改了 NVL 示例中的语句，如果 commission_pct 不为 NULL，将执行 salary*12*commission_pct，如果 commission_pct 为 NULL，则执行 salary*12 这个表达式，语句如下所示。

```
SQL> SELECT last_name 英文名, salary 薪资, commission_pct 提成,
        NVL2 (commission_pct, salary * 12 * commission_pct,
          salary * 12) 收入
     FROM employees
     WHERE department_id IN (50, 80);
英文名                    薪资       提成      收入
----------------------- --------- ------- -----------------------
Matos                    2600                31200
Vargas                   2500                30000
Russell                 14000        .4      67200
```

从结果可以看到，代码果然已经根据 commission_pct 是否为 NULL 选择了不同的计算公式进行计算。

2. NULLIF 函数

NULLIF 函数比较两个表达式，如果相等，函数返回 NULL 值；如果不相等，函数返回第 1 个表达式。第 1 个表达式不能为 NULL，其语法形式如下所示。

```
NULLIF (expr1, expr2)
```

NULLIF 函数在逻辑上等同于下面的 CASE 表达式：

```
CASE WHEN expr1 = expr 2 THEN NULL ELSE expr1 END
```

下面的 SELECT 语句使用 NULLIF 函数判断 scott 方案下的 emp 表中部门编号为 20 的是否为销售人员，如果是销售人员则替换为业务人员，如以下语句所示。

```
SQL> SELECT empno, ename, NVL (NULLIF (job, '销售人员'), '业务人员') job
    FROM emp
    WHERE deptno = 20;
    EMPNO ENAME              JOB
    ----- --------------     --------------------------------------
     7369 史密斯              职员
     7566 约翰                经理
     7788 斯科特              职员
     7876 亚当斯              职员
     7902 福特                分析人员
     7892 张八                业务人员
     7893 霍九                业务人员
     7894 霍十                业务人员
     7895 APPS                业务人员
     7898 O'Malley            业务人员
已选择 10 行。
```

在语句中使用了嵌套的函数，即在 NVL 函数的内部又嵌套了一个 NULLIF 函数，NULLIF 函数让 job 与 "销售人员" 字符串进行比对，如果相等则返回 NULL，然后 NVL 将返回的 NULL 替换为业务人员。

3. COALESCE函数

COALESCE 函数可以从多个表达式中返回第一个非空表达式，笔者经常在一些标志性的字段判断中使用这个函数，其语法如下所示。

```
COALESCE (expr1, expr2, ... exprn)
```

语法含义如下所示。

如果 expr1 非空，将返回 expr1，如果第一个表达式为空并且 expr2 为非空，将返回该 expr2，如果前面的表达式都为空，则返回 exprn。

在下面的查询语句中，判断 scott 方案下的 emp 表中 mgr 是否为 NULL，如果为 NULL，则返回 deptno，如果 deptno 为 NULL，则返回 empno，查询语句如下所示。

```
SQL> SELECT empno, ename, COALESCE (mgr, deptno, empno) 员工
    FROM emp
    WHERE empno > 7700 AND ROWNUM < 10;
    EMPNO ENAME              员工
    ----- --------           --------------------------------------
     7782 克拉克              7839
     7788 斯科特              7566
     7839 金                  10
     7844 特纳                7698
     7876 亚当斯              7788
     7892 张八                20
     7893 霍九                20
```

```
    7894 霍十                              20
    7895 APPS                             20
已选择 9 行。
```

可以看到，返回的员工这一列，既包含了员工编号，又包含了部门编号及 mgr 编号，主要是根据多个表达式从左到右依次判断哪个不为 NULL 则返回哪一个。

4．DECODE函数

DECODE 函数是一种类似于 IF-THEN-ELSE 逻辑的一个函数，该函数比较表达式和每个查找值表达式，如果表达式与查找值相匹配，则返回结果值；如果省略默认值，当没有查找值与表达式相匹配时返回一个 NULL 值。DECODE 的语法如下所示。

```
DECODE(col|expression, search1, result1
[, search2, result2,...,]
[, default])
```

col 或 expression 是要进行匹配的表达式或列值，如果 col 或 expression 的值等于 search1，则返回 result1；如果 col 或 expression 的值等于 search2，则返回 result2；如果都不匹配，则返回 default 指定的默认值，这与 IF-THEN-ELSE 结构非常相似，其执行流程如图 9.1 所示。

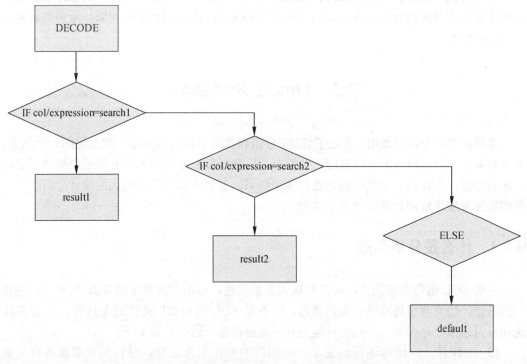

图 9.1　DECODE 执行逻辑

下面的查询语句演示了如何使用 DECODE 语句打印调薪表，根据不同的员工职位进行薪资的调整，如果不在 IF 判断之列，则默认不调薪。

```
SQL> SELECT empno, ename,
        DECODE (job,
            '职员', 1.15 * sal,
```

```
                         '销售人员', 1.20 * sal,
                         '经理', 2.0 * sal,
                         '分析人员', 1.12 * sal,
                         sal
                     ) 调薪表
    FROM emp
WHERE ROWNUM < 12;
  EMPNO ENAME                    调薪表
  ----- ----------------    --------------------
   7369 史密斯                   2018.48
   7499 艾伦                     2040
   7521 沃德                     1620
   7566 约翰                     7140
   7654 马丁                     1620
   7698 布莱克                   5700
   7782 克拉克                   7174.1
   7788 斯科特                   2024.23
   7839 金                       8530.5
   7844 特纳                     1920
   7876 亚当斯                   1656
已选择 11 行。
```

可以看到，使用了 DECODE 语句之后，不在 SQL 语句中使用 CASE WHEN 表达式就达到了多条件判断的效果，在实际的工作中 DECODE 的使用也非常频繁，希望读者重点掌握这个函数。

9.2　Oracle 分析函数

在前面学习分组函数时，曾经了解过，分组函数对于传入的分组一次仅返回一个结果，如果有多个子组，则每个子组返回一个结果。从 Oracle 8.16 后引入的分析函数提供了更进一步的功能，可以向一个组中同时返回多个结果。分析函数提供了强大的统计分析功能，是编制报表应用程序时最常使用的功能。

9.2.1　什么是分析函数

尽管 SQL 语句非常强大，可以解决大多数问题，写出非常复杂的 SQL 查询，但是在一些场合，仍然会出现难以处理的情形，并不是 SQL 语句难以达到这个目的，只是 SQL 语句编写起来非常困难，查询的性能也并不是很理想，这些场景如下。

- ❑ 运行总计：比如逐行地显示一个部门的累计汇总工资，每行包含前面各行工资之和。
- ❑ 查找一组内的百分数：比如显示在某些部门中付给个人的总工资的百分数，将他们的工资与该部门的工资总和扣除。
- ❑ 前 N 个查询：查找指定条件的前 N 个记录。
- ❑ 移动平均值计算：将当前行的值与前 N 行的值加在一起求平均值。
- ❑ 执行等级查询：比如显示一个部门内某个员工工资的相关等级。

为了解决这些问题，Oracle 提供了分析函数，通过对 SQL 语言进行扩展，使得上述类型的操作变得更容易。从性能上来说比使用 SQL 更快。

下面看一个使用分析函数的例子，该例子将计算 scott 方案中 emp 表的员工薪资的运行总计，分部门运行总计，可以使用如下的查询：

```
SQL> SELECT   ename, deptno, sal, SUM (sal) OVER (ORDER BY deptno, ename) 运行总计,
         SUM (sal) OVER (PARTITION BY deptno ORDER BY ename) 分部门运行总计,
         ROW_NUMBER () OVER (PARTITION BY deptno ORDER BY ename) 序列
    FROM emp
    WHERE deptno IN (10, 20)
  ORDER BY deptno, ename
  /
ENAME       DEPTNO     SAL      运行总计       分部门运行总计          序列
--------    --------   -------  ---------      -------------       ---------
克拉克       10         3587.05  3587.05        3587.05             1
金           10         8530.5   12117.55       12117.55            2
亚当斯       20         1440     13557.55       1440                1
史密斯       20         2425.08  15982.63       3865.08             2
张八         20                  15982.63       3865.08             3
斯科特       20         1760.2   17742.83       5625.28             4
福特         20         3600     21342.83       9225.28             5
约翰         20         3570     24912.83       12795.28            6
霍九         20                  24912.83       12795.28            7
霍十         20                  24912.83       12795.28            8
已选择 10 行。
```

在查询中，可以看到一些新的语法单元，这些语法单元是分析函数的典型特征，含义如下所示。

（1）SUM 和 OVER 是分析函数的语句，SUM 是一个分析函数，尽管这个函数与分组函数中的 SUM 同名，但是在与 OVER 关键字连用时，SUM 被标识为分析函数。

（2）ORDER BY 是可选的关键字，有些函数需要，有些不需要，依赖于函数是否需要已排序的结果，例如在计算运行总计时，可以不指定 ORDER BY 子句，因为运行总计总是对一行一行的值进行总计运算，如下所示。

```
SELECT   ename, deptno, sal, SUM (sal) OVER () 运行总计
    FROM emp
    WHERE deptno IN (10, 20)
ORDER BY deptno, ename
```

> 注意：SUM 要进行运行总计计算，如果不指定排序规则，在运行总计栏只能看到相同的结果。

（3）PARTITION BY 是可选的分区子句，如果不存在任何分区子句，则全部的结果集可看作是一个单一的大的分区。在进行分部门运算总计时，在 OVER 关键字后面是 PARTITION BY deptno 子句，因此在使用 SUM 进行运行总计计算时，每切换一个不同的部门时，将从 0 开始进行计算。

（4）ROW_NUMBER()函数根据排序标准，返回每个组的行编号，ROW_NUMBER()返回的行号根据分区与排序的不同而不同。

图 9.2 是对使用分析函数后的查询结果的图形化示意。

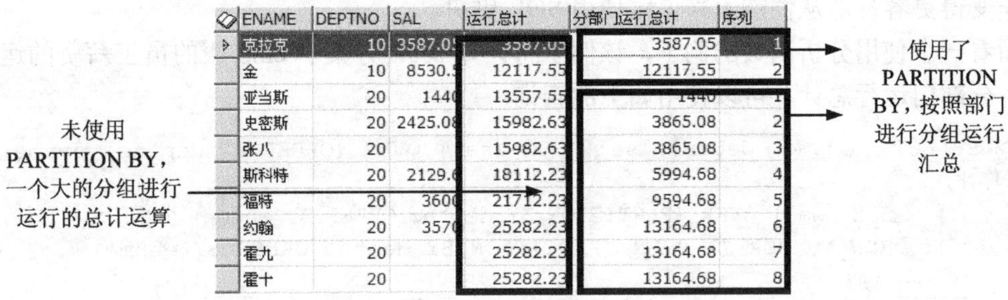

图 9.2 分析函数使用分析

可以看到分析函数提供了一种全新的查看和计算数据的方式,尽管使用标准的 SQL 语句也能实现上面的效果,但是分析函数提供了简洁的语法,较高的性能,而且比使用标准的 SQL 语句更容易编码,是 Oracle 程序设计中非常强大的利器。

9.2.2 基本语法

通过上一节内容,可以看到分析函数将集合进行分区(使用 PARTITION BY),再计算这些分区的值,与分组函数最大的不同在于能够为每一个分区返回多行的值。在分析函数中,每一个分区称为一个窗口,每一行都对应一个在行上滑动的窗口。该窗口确定当前行的计算范围。分析函数的语法如下所示。

```
FUNCTION_NAME(<argument>,<argument>...)
OVER
(<Partition-Clause><Order-by-Clause><Windowing Clause>)
```

可以看到分析函数的使用语法比较简洁,但是实际的使用过程是比较复杂的,这些语法元素的基本含义如下。

- FUNCTION_NAME:用于指定分析函数名,Oracle 提供了 26 个分析函数,比如 SUM、COUNT、AVG、MIN、MAX 及 ROW_NUMBER 等。
- <argument>:用于指定分析函数的参数,每个函数可以有 0~3 个参数,参数可以是列名或表达式,比如 SUM(sal+comm)这样的形式。
- OVER:是一个关键字,用于标识分析函数,否则查询分析器不能区别比如 SUM 是分组函数还是一个分析函数。
- <Partition-Clause>:分区子句,是可选的分区子句,如果不存在任何分区子句,则全部的结果集可看作一个单一的大区。
- <Order-by-Clause>:可选的排序子句,用来根据结果集进行排序。
- <Windowing Clause>:用于定义分析函数将在其上操作的行的集合,该子句给出了一个定义变化或固定的数据窗口的方法,分析函数将对这些数据进行操作。

下面看一个使用分析函数的例子,比如要统计部门中不同职位的薪资总计,同时显示不同职位的薪资的运行总计,可以使用如下的语句:

```
SQL> BREAK ON deptno;
```

```
SQL> SELECT    o.deptno, o.job, SUM (o.sal) 部门职级汇总,
          SUM (SUM (o.sal)) OVER (PARTITION BY o.deptno ORDER BY o.job) 部
          门薪资运行总计
    FROM emp o
    WHERE deptno IN (10, 20, 30) AND job IS NOT NULL
  GROUP BY o.deptno, o.job
  ORDER BY o.deptno;
  DEPTNO JOB           部门职级汇总      部门薪资运行总计
  -------- ---------- --------------- ----------------
     10    经理              3587.05           3587.05
           老板               8530.5          12117.55
     20    IT
           分析人员              3600              3600
           经理                 3570              7170
           职员              5994.68          13164.68
     30    经理                 2850              2850
           职员                 1050              3900
           销售人员              6000              9900
已选择 9 行。
```

在上面的语句中,既包含分析函数,同时又包含了 WHERE、GROUP BY 和 ORDER BY。通过结果可以看出,实际上分析函数是在 GROUP BY 分组之后进行计算的,这是分析函数中的 OVER 关键字的作用。

OVER 关键字指明分析函数操作的是一个查询结果集,也就是说分析函数是在 FROM、WHERE、GROUP BY 和 HAVING 子句之后才开始进行计算的,因此在选择列或 ORDER BY 子句中可以使用分析函数。为了过滤分析函数计算的查询结果,可以将分析函数查询作为子查询嵌套在外部查询中,然后在外部查询中过滤其查询的结果。

在简单地了解了分析函数的基本语法后,下一节将详细地对每一部分的语法结构进行介绍。

9.2.3 分析函数结构

本节实际上是对分析函数语法的进一步分析,从语法结构可以看到,一个分析函数查询语句包含函数名和参数、OVER 关键字、分区子句、排序子句和开窗子句,这些子句的具体使用方式将分为 4 个方面来介绍。

1. 分析函数名

Oracle 提供了 26 个分析函数,这些分析函数按照功能分为如下 5 大类。

(1)等级(Randking)函数:用于寻找前 N 种查询,比如 ROW_NUMBER 函数,RANK、DENSE_RANK 等,如下面的示例所示。

```
SQL> SELECT    o.deptno, o.job, SUM (o.sal) 部门职级汇总,
          RANK() OVER (ORDER BY SUM(o.sal) DESC) 薪资等级,
          DENSE_RANK() OVER (ORDER BY SUM(o.sal) DESC) DENSE_RANK 排名,
          ROW_NUMBER() OVER (PARTITION BY o.deptno ORDER BY SUM(o.sal) DESC )
          分组行号,
          SUM (SUM (o.sal)) OVER (PARTITION BY o.deptno ORDER BY o.job) 部
          门薪资运行总计
```

```
    FROM emp o
    WHERE deptno IN (10, 20, 30) AND job IS NOT NULL
GROUP BY o.deptno, o.job;
DEPTNO JOB    部门职级汇总   薪资等级   DENSE_RANK 排名   分组行号   部门薪资运行总计
------ ----   ----------   --------   ---------------   --------   --------------
  20   IT                     1            1               1
  10   老板       8530.5      2            2               1          12117.55
  30   销售人员    6000        3            3               1           9900
  20   职员       5994.68     4            4               2          13164.68
  20   分析人员    3600        5            5               3           3600
  10   经理       3587.05     6            6               2           3587.05
  20   经理       3570        7            7               4           7170
  30   经理       2850        8            8               2           2850
  30   职员       1050        9            9               3           3900
已选择 9 行。
```

可以看到 RANK 和 DENSE_RANK 对记录进行了排名，关于这两个函数的使用方法将在本章后面进行介绍。

（2）开窗（windowing）函数：用来计算行的累计值，这些函数与分组函数同名，比如 SUM、COUNT、AVG、MIN 和 MAX 等，这些函数可以用来计算运行总计、平均值等，示例语句如下所示。

```
sum(t.sal) over (order by t.deptno,t.ename) running_total,
sum(t.sal) over (partition by t.deptno order by t.ename) department_total
```

（3）制表（Reporting）函数：与开窗函数相似，制表函数也允许对一个结果集执行多种聚合运算，比如 MIN、MAX、SUM、COUNT、AVG 等，与窗口函数不同的是，制表函数不能指定一个本地窗口，因此总是在整个分区或整个组上产生相同的结果。

```
sum(t.sal) over () running_total2,
sum(t.sal) over (partition by t.deptno ) department_total2
```

可以看到，制表函数只是在开窗函数的基础上少了一个 ORDER BY 子句。

（4）LAG 和 LEAD 函数：允许在结果集中向前或向后检索值，如果要避免数据的自连接，它们是非常有用的。

（5）其他统计函数：例如 VAR_POP、VAR_SAMP 和 STDEV_POP 及线性的衰减函数等，这些函数计算任何未排序分区的统计值。

2．分区子句

分区子句使用 PARTITION BY 关键字，用来将一个简单的结果集分为 N 组，分区与组的概念比较相似，在语法上与 SQL 查询的 GROUP BY 子句很相似，如下所示。

```
PARTITION BY expression <, expression> <, expression>
```

当指定了分区之后，分析函数将分别用于每一组中，例如，在前面示范累计薪资总数时，按 deptno 进行分区，当 deptno 在结果集发生了改变时，则将累计的 sal 复位为 0，并且重新开始计算总和。下面的语句演示了使用 ROW_NUMBER 进行行号统计时使用分区后的效果：

```
SQL> SELECT deptno, empno, ename,
        ROW_NUMBER () OVER (PARTITION BY deptno ORDER BY empno) 分组行号
```

```
    FROM emp WHERE deptno IN (10,20,30);
 DEPTNO    EMPNO      ENAME             分组行号
 ------   -------   -----------       -----------
     10     7782    克拉克                  1
            7839    金                      2
     20     7369    史密斯                  1
            7566    约翰                    2
            7788    斯科特                  3
            7876    亚当斯                  4
            7892    张八                    5
            7893    霍九                    6
            7894    霍十                    7
            7902    福特                    8
     30     7499    艾伦                    1
            7521    沃德                    2
            7654    马丁                    3
            7698    布莱克                  4
            7844    特纳                    5
            7900    吉姆                    6
已选择 16 行。
```

可以看到当指定了 PARTITION BY 分区子句后，行号在切换到不同的 deptno 时，将自动从 1 开始重新分配。

注意：ROW_NUMBER 函数总是从 1 开始计数。

如果省略了 PARTITION BY 分区子句，那么整个结果集将被看作一个单一的组，因此 ROW_NUMBER 将会从 1 开始计算，一直计算到行尾，所以可以看到结果是从 1 到 16 的行号。

3. 排序子句

ORDER BY 子句用于指定分组中数据的排序方式，排序方式会明显地影响任何分析函数的结果。举例来说，在进行 AVG 运算时，如果不指定排序，将会看到所有的结果都相同，如以下示例语句所示。

```
SQL> SELECT ename, sal, AVG (sal) OVER ()
     FROM emp WHERE ROWNUM<=3;
ENAME          SAL      AVG(SAL)OVER()
---------   ---------   --------------
史密斯        2425.08      1825.02667
艾伦          1700         1825.02667
沃德          1350         1825.02667
```

如果指定了按 ename 排序，其结果又大不一样，如以下语句所示。

```
SQL> SELECT ename, sal, AVG (sal) OVER(ORDER BY ename)
     FROM emp WHERE ROWNUM<=3;
ENAME          SAL          AVG(SAL)OVER(ORDERBYENAME)
---------   ---------      ---------------------------
史密斯        2425.08              2425.08
沃德          1350                 1887.54
艾伦          1700                 1825.02667
```

当使用了 ORDER BY 子句后，Oracle 将添加一个默认的开窗子句，这意味着计算中所使用的行的集合是当前分区中当前行和前面的所有行。因此可以看到结果是按行进行滚动的。在没有 ORDER BY 时，默认的窗口是所有的分区，因此将在全部组上计算平均值，在使用了 ORDER BY 后，每一行的平均值都是该行与前面所有行的平均值。

ORDER BY 的基本语法如下所示。

```
ORDER BY expression <ASC|DESC> <NULLS FIRST|NULLS LAST>,
```

基本含义如下所示。

- asc|desc：指定排序顺序（升序或降序）。asc 是默认值。
- nulls first|nulls last：指定若返回行包含空值，该值应该出现在排序序列的开始还是末尾。

分析函数总是按 ORDER BY 对行排序。然而，分析函数中的 ORDER BY 子句只对各个分组进行排序，而不能保证查询结果有序。要保证最后的查询结果有序，可以使用查询的 ORDER BY 子句。

4．开窗子句

开窗子句必须定义在 ORDER BY 子句的后面，用来定义一个变化或固定的数据窗口方法，分析函数将对这些数据进行操作。在分区内部基于任何的变化或固定的窗口中，通过窗口让分析函数来计算其值。

开窗子句可以应用于多种场合，例如可以用于下面的这些无法用 SQL 直接完成的场景。

- 从当前记录开始直至某个部分的最后一条结束记录。
- 在统计时可以统计分组以外的记录。
- 在当前行的前几行或后几行进行滚动计算。

例如统计各部门的工资小计及所有部门的薪资总计，可以使用如下的开窗子句：

```
SQL> SELECT    deptno, SUM (sal) 部门薪资小计,
            SUM (SUM (sal)) OVER (ORDER BY deptno ROWS BETWEEN UNBOUNDED
                                    PRECEDING AND UNBOUNDED FOLLOWING) 部门总计
         FROM emp GROUP BY deptno;
   DEPTNO   部门薪资小计       部门总计
   ------   -----------     ------------
       10    12117.55        41142.95
       20    15125.4         41142.95
       30    9900            41142.95
             4000            41142.95
```

ROWS BETWEEN UNBOUNDED PRECEDING AND UNBOUNDED FOLLOWING 这个子句是 Oracle 提供的开窗子句，是指将计算第一条到最后一条的记录，也就是表中所有的记录。

> 注意：关于开窗子句的更多的关键字的详细信息，可以参考"Oracle SQL References"。

Oracle 开窗子句的语法看上去有些复杂，使用起来却比较简单，在本章后面的示例中会介绍如何使用开窗子句来完成一些非常实用的功能。

9.2.4 分析函数列表

要使用分析函数完成复杂的查询任务,必须理解 Oracle 提供的分析函数的作用及其使用方法。本节将列出比较常用的十几个分析函数的作用及功能,希望读者能够灵活掌握。

1. COUNT函数

COUNT 函数用来统计分区中各组的行数,语法如下所示。

```
COUNT({* | [DISTINCT | ALL] expr}) OVER (analytic_clause)
```

其中 DISTINCT 用来统计唯一值,仅在分区子句中使用,不能在 ORDER BY 和开窗子句中使用。使用示例如下所示。

```
SQL> SELECT empno, ename,
        COUNT (*) OVER (PARTITION BY deptno ORDER BY empno) 条数小计
   FROM emp;
  EMPNO ENAME            条数小计
  ----- ------------- -------------------
   7782 克拉克            1
   7839 金                2
   7369 史密斯            1
   7566 约翰              2
   7788 斯科特            3
   7876 亚当斯            4
   .....
```

通过使用分区子句进行分区,可以看到最后 COUNT 子句产生了运行统计效果。下面看一个使用窗口子句的较复杂的例子,使用窗口子句统计与当前员工工资的差异在 50~150 之间的其他员工的记录。也就是说当一行一行地进行窗口滑动时,移动到某一行时计算所有其他行的薪资与当前薪资相比差异在 50~150 之间的员工个数,如以下语句所示。

```
SQL> SELECT empno, ename, sal,
        COUNT (*) OVER (ORDER BY sal RANGE BETWEEN
                50 PRECEDING AND 150 FOLLOWING) 薪水差异个数
   FROM emp;
  EMPNO ENAME            SAL         薪水差异个数
  ----- ----------   -------------  ----------------------------------
   7900 吉姆            1050             1
   7521 沃德            1350             3
   7654 马丁            1350             3
   7876 亚当斯          1440             1
   7844 特纳            1600             2
```

通过使用 RANGE BETWEEN 来判断 sal 值是否在 50~150 之间。

2. SUM函数

该函数用来汇总分区中的记录,语法如下所示。

```
SUM ( [ DISTINCT | ALL ] expr ) OVER ( analytic_clause )
```

语法元素与 COUNT 基本类似，在本章前面也多次使用过 SUM 函数，请参考前面的内容，此处不再举例说明。

3. AVG函数

该函数用来计算分区中记录的平均值，语法如下所示。

```
AVG([DISTINCT|ALL] expr) OVER(analytic_clause)
```

例如要计算 emp 表中每个部门的平均薪资值，可以使用如下分析函数：

```
SQL> SELECT deptno, empno, ename, sal,
        AVG (sal) OVER (PARTITION BY deptno ORDER BY deptno) avg_sal
    FROM emp;
    DEPTNO     EMPNO ENAME              SAL         AVG_SAL
    ------ --------- ---------- ----------- ---------------
        10      7839 金              8530.5        6058.775
                7782 克拉克         3587.05        6058.775
        20      7893 霍九                            2520.9
                7892 张八                            2520.9
                7902 福特             3600           2520.9
                7898 O'Malley                        2520.9
                7788 斯科特         1760.2           2520.9
                7566 约翰             3570           2520.9
                7876 亚当斯           1440           2520.9
```

4. MIN和MAX函数

用来计算分区中的最小值或最大值，这两个函数的声明语法如下所示。

```
MAX (col) OVER (analytic_clause)
MIN (col) OVER (analytic_clause)
```

下面的语句使用 MIN 和 MAX 查询同一部门中雇佣日期比当前员工早的员工的最低薪水与最高薪水：

```
SQL> SELECT deptno,empno,ename,hiredate,sal,MIN(sal) OVER(PARTITION BY deptno
                                     ORDER BY hiredate
                                     RANGE UNBOUNDED PRECEDING) 最低薪水
                     MAX(sal) OVER(PARTITION BY deptno
                                     ORDER BY hiredate
                                     RANGE UNBOUNDED PRECEDING) 最高薪水
    FROM emp;
    DEPTNO   EMPNO ENAME      HIREDATE       SAL      最低薪水    最高薪水
    ------ ------- ---------- ----------- -------- ----------- -----------
        10    7782 克拉克     09-5月 -81   3587.05     3587.05     3587.05
              7839 金         17-11月-81    8530.5     3587.05      8530.5
        20    7369 史密斯     17-12月-80    1755.2      1755.2      1755.2
              7566 约翰       02-4月 -81      3570      1755.2        3570
              7902 福特       03-12月-81      3600      1755.2        3600
              7788 斯科特     9-12月 -82    1760.2      1755.2        3600
```

在 OVER 子句中，当 ORDER BY 按 hiredate 排序后，当前员工的 hiredate 前面的所有记录都要早过当前的记录，因为 RANGE UNBOUNDED PRECEDING 的作用是从第 1 行开始比较 hiredate 直到到达当前行为止。

5. RANK、DENSE_RANK和ROW_NUMBER函数

RANK 和 DENSE_RANK 都用来为记录编号，根据 ORDER BY 子句中表达式的值，计算它们与其他行的相对位置，每一行赋一个数字序号，形成一个从 1 开始的序列，将相同的值得到同样的数字序号。不同之处在于 RANK 将相同的行分配同样的序号之后，后面的行将跳跃，比如如果两行序数为 1，则没有序数 2，直接跳到序数 3，而 DENSE_RANK 则没有任何跳跃值，这两个函数的语法如下所示。

```
RANK() OVER([partition_clause] order_by_clause)
DENSE_RANK () OVER([partition_clause] order_by_clause)
```

ROW_NUMBER 也是从 1 开始用来为记录分配行号，与 RANK 和 DENSE_RANK 不同的是，不管是否存在重复行，分区类的序列值始终递增，语法如下所示。

```
ROW_NUMBER () OVER([partition_clause] order_by_clause)
```

下面的例子演示了如何使用 RANK、DENSE_RANK 和 ROW_NUMBER 函数，可以通过结果看到 3 者的不同之处：

```
SQL> SELECT deptno,ename,sal,mgr,
        RANK() OVER(ORDER BY deptno) RANK结果,
        DENSE_RANK() OVER(ORDER BY deptno) DENSE_RANK结果,
        ROW_NUMBER() OVER(ORDER BY deptno) ROW_NUMBER结果
  FROM emp
  WHERE deptno IN (10,20,30) AND mgr IS NOT NULL
  ORDER BY DEPTNO;
DEPTNO ENAME    SAL      MGR    RANK结果  DENSE_RANK结果  ROW_NUMBER结果
------ -------- -------- ------ --------- --------------- ---------------
    10 克拉克   3587.05  7839       1           1                1
    20 史密斯   1755.2   7902       2           2                2
       亚当斯   1440     7788       2           2                3
       约翰     3570     7839       2           2                4
       斯科特   1760.2   7566       2           2                5
       福特     3600     7566       2           2                6
    30 吉姆     1050     7698       7           3                7
       特纳     1600     7698       7           3                8
       马丁     1350     7698       7           3                9
       沃德     1350     7698       7           3               10
       艾伦     1700     7698       7           3               11
       布莱克   2850     7839       7           3               12
```

从结果中可以看到，RANK 的结果产生了跳跃，比如部门 20 有 5 个重复行，在 2 之后直接跳到了 7，而 DENSE_RANK 则没有产生跳行，在部门 20 之后，部门 30 将从 3 开始。ROW_NUMBER 根本不会跳行，因此结果为从 1 开始直到 12 为止。

6. FIRST和LAST函数

FIRST 函数从 DENSE_RANK 返回的集合中取出排在第一的行，LAST 与之相反，取出最后的行。如果分组中只有一行，那么无论是 FIRST 还是 LAST 都将仅返回这一行记录，使用语法如下所示。

```
分组函数
KEEP
(DENSE_RANK FIRST ORDER BY
  expr [DESC|ASC]
       [NULLS{FIRST|LAST}]
[,expr[DESC|ASC]
       [NULLS{FIRST|LAST}]
]...
)
[OVER query_partition_clause];
```

下面的语句使用 FIRST 和 LAST 返回 emp 表中具有最高提成的员工薪水和具有最低提成的员工薪水:

```
SQL> SELECT deptno,
        MIN(sal) KEEP(DENSE_RANK FIRST ORDER BY comm) 最低提成薪水,
        MAX(sal) KEEP(DENSE_RANK LAST ORDER BY comm) 最高提成薪水
    FROM emp WHERE deptno IN (10,20,30)
    GROUP BY deptno;
    DEPTNO 最低提成薪水 最高提成薪水
    ------ ----------- ------------
        10     3587.05       8530.5
        20        1440
        30        1050         2850
```

可以看到,结果果然返回了最高提成和最低提成的员工的薪资。

7. FIRST_VALUE和LAST_VALUE函数

FIRST_VALUE 和 LAST_VALUE 分别用于返回 OVER 子句中查询出来的第一条记录和最后一条记录,语法如下所示。

```
FIRST_VALUE (col) OVER ( analytic_clause )
LAST_VALUE (col) OVER ( analytic_clause )
```

下面的语句演示了如何使用 FIRST_VALUE 和 LAST_VALUE 获取部门中第一条薪资记录值和最后一条薪资记录值:

```
SQL> SELECT deptno,empno,sal,
        FIRST_VALUE(sal) OVER(PARTITION BY deptno order by empno) "第
            一个值",
        LAST_VALUE(sal) OVER(PARTITION BY deptno order by empno) "最后一
            个值"
    FROM emp WHERE deptno IN (10,20);
    DEPTNO   EMPNO     SAL      第一个值      最后一个值
    ------  -------  --------  ---------  -----------
        10     7782   3587.05    3587.05      3587.05
               7839    8530.5    3587.05       8530.5
        20     7369    1755.2     1755.2       1755.2
               7566      3570     1755.2         3570
               7788    1760.2     1755.2       1760.2
               7876      1440     1755.2         1440
               7892               1755.2
               7893               1755.2
               7894               1755.2
               7895      3000     1755.2         3000
               7898               1755.2
               7902      3600     1755.2         3600
```

可以看到部门编号 10 仅有两条记录，因此第 1 条的薪资值为 3587.05，而第 2 条是最后一条，因为其 sal 为 8530.5，因此使用 LAST_VALUE 返回的最后一个值为 8530.5。

8．LAG和LEAD函数

LAG 的功能是返回指定列 col 前 n1 行的值（如果前 n1 行已经超出比照范围，则返回 n2，如果不指定 n2 则默认返回 null），如果不指定 n1，其默认值为 1；LEAD 函数与此相反，返回指定列 col1 后面的 n1 行的值。这两个函数的语法如下所示。

```
LAG(col[,n][,n]) over([partition_clause] order_by_clause)
LEAD(col[,n][,n]) over([partition_clause] order_by_clause)
```

下面的示例语句使用 LAG 和 LEAD 函数查找当前雇员的前一个雇员的薪水后和后一个雇员的薪水：

```
SQL> SELECT ename,hiredate,sal,deptno,
            LAG(sal,1,0) OVER(ORDER BY hiredate) AS 前一个雇员薪水,
            LEAD(sal,1,0) OVER(ORDER BY hiredate) AS 后一个雇员薪水
       FROM emp WHERE  deptno=30;
ENAME      HIREDATE         SAL    DEPTNO    前一个雇员薪水    后一个雇员薪水
-------    -----------      ----   ------    ------------    -------------
艾伦       20-2月 -81       1700    30           0              1350
沃德       22-2月 -81       1350                1700            1350
马丁       28-2月 -81       1350                1350            2850
布莱克     01-3月 -81       2850                1350            1600
特纳       08-8月 -81       1600                2850            1050
吉姆       03-12月-81       1050                1600              0
```

可以看到由于第一条记录的前一条不存在，因此前一个雇员的薪水返回 0；最后一条记录由于不存在后一条记录，因此后一个雇员的薪水也为 0。

9.3 分析函数使用示例

上一节中介绍了分析函数的基础知识，本节将讨论现实生活中常遇到的一些示例，介绍如何使用分析函数解决这些问题，从而大大提升读者使用分析函数的水平。

9.3.1 记录排名

在上一节中介绍过，使用 RANK、DENSE_RANK 和 ROW_NUMBER 这 3 个都可以用来为记录进行编号，在处理一些记录排名时，可以使用这几个函数根据统计结果进行排名。

举个例子，人事部需要对 emp 表中各个不同部门的员工薪资总计进行排名，可以使用如下分析函数查询语句：

```
SQL> SELECT  deptno, empno, ename, SUM (sal) dept_sales,
         RANK () OVER (PARTITION BY deptno ORDER BY SUM (sal)
                                      DESC NULLS LAST) 薪资排名_跳号,
         DENSE_RANK () OVER (PARTITION BY deptno ORDER BY SUM (sal)
```

```
                                            DESC NULLS LAST) 薪资排名_同级同号,
        ROW_NUMBER () OVER (PARTITION BY deptno ORDER BY SUM (sal)
                                            DESC NULLS LAST) 薪资排名_不跳号
    FROM emp
GROUP BY deptno, empno, ename;
DEPTNO  EMPNO  ENAME   DEPT_SALES   薪资排名_跳号  薪资排名_同级同号  薪资排名_不跳号
------  -----  ------  -----------  -----------   -------------    -------------
    10   7839  金         8530.5         1              1                1
         7782  克拉克     3587.05        2              2                2
    20   7902  福特       3600           1              1                1
         7566  约翰       3570           2              2                2
         7369  史密斯     2425.08        3              3                3
         7788  斯科特     2129.6         4              4                4
         7876  亚当斯     1440           5              5                5
         7892  张八                      6              6                6
         7894  霍十                      6              6                7
         7893  霍九                      6              6                8
    30   7698  布莱克     2850           1              1                1
         7499  艾伦       1700           2              2                2
         7844  特纳       1600           3              3                3
         7521  沃德       1350           4              4                4
         7654  马丁       1350           4              4                5
         7900  吉姆       1050           6              5                6
         7905  莲花       2500           1              1                1
         7903  通利       2000           2              2                2
         7904  罗威       2000           2              2                3
             0  AMD                     4              3                4

已选择 20 行。
```

在查询语句中,通过使用 RANK、DENSE_RANK 和 ROW_NUMBER 分别对部门汇总薪资记录进行了排序,整个语句的执行按如下的步骤进行。

(1) 使用 GROUP BY 子句根据 deptno、empno 和 ename 进行分组统计,由于 empno 是唯一的,因此结果就是求每个员工的薪资总数。

(2) 使用 RANK 分析函数,按 deptno 为分区进行薪资的排列,薪资排序的方式是从高到低进行排列,由于 RANK 对于相同薪资会排相同的名称,但在下一条记录时,会进行跳号处理,因此可以看到部门 30 中,沃德和马丁的工资都为 1350 元,两个人的排名都为 2,但是当排到吉姆时,跳过了 5,直接到了排名 6。

(3) 使用 DENSE_RANK 分析函数,按 deptno 为分区进行薪资的排列,DENSE_RANK 的排序方式与 RANK 相似,对于薪资相同的会分配相同的名次,但是不会跳号,因此到沃德时,排号为 5。

(4) 使用 ROW_NUMBER 分析函数,按 deptno 为分区进行薪资的排列,ROW_NUMBER 不管记录值是否相同,总是会依序进行排列,因此沃德、马丁和吉姆具有不同的名次。

> **注意**:在默认情况下,NULL 值会排在其他值的前面,在语句中使用了 NULLS LAST,使得 NULL 值排在分区的最后。

9.3.2 首尾记录查询

在上一条语句中，找出了部门薪资总额的排名信息。如果人事部需要找出每个部门中工资最高和最低的记录，可以简单地使用分组查询。如果需要查询出员工薪资中最高和最低薪资的员工编号，听起来需要两个分组查询，实际上使用分组函数后，一行语句就可以得到想要的结果，如以下查询所示。

```
SQL> SELECT   MIN (empno)KEEP (DENSE_RANK FIRST
                ORDER BY SUM (sal) DESC NULLS LAST)  薪资排名首位,
         MIN (empno)KEEP (DENSE_RANK LAST
                ORDER BY SUM (sal) DESC NULLS LAST)  薪资排名尾位
      FROM emp
     WHERE sal IS NOT NULL AND deptno IS NOT NULL
     GROUP BY empno;
薪资排名首位        薪资排名尾位
------------       ------------
    7839              7900
```

上述查询的执行含义如下所示。

（1）MIN(empno)用来限制在 FIRST 或 LAST 出现多个值的情况下返回唯一记录，与 GROUP BY empno 对应。

（2）FIRST 和 LAST 与 DENSE_RANK 搭配使用，返回此排列规则下的首条和尾条记录。

（3）ORDER BY SUM(sal)是按薪资大小进行排序，NULLS LAST 指定 NULL 列排在最后。

（4）KEEP 用于告诉 Oracle 保存符合 KEEP 后面语句条件的记录。

通过执行可以看到得到了两个员工编号，可以将该语句作为内联视图与 emp 表进行关联获取更详细的员工信息。

9.3.3 前后排名查询

有了 RANK、DENSE_RANK 和 ROW_NUMBER 函数对记录的排名，可以很轻松地通过查询语句获取到前几位和后几位的记录。方法是将分析查询的结果作为内联视图，在外层查询中通过对排名数字进行过滤来实现。例如要查询部门的员工薪资排名在前 2 位的员工列表，可以使用如下所示的查询语句：

```
SQL> SELECT deptno,empno,ename,dept_sales,薪资排名 FROM
  (
   SELECT  deptno, empno, ename, SUM (sal) dept_sales,
          RANK () OVER (PARTITION BY deptno ORDER BY SUM (sal)
                                      DESC NULLS LAST) 薪资排名
     FROM emp WHERE deptno IS NOT NULL
   GROUP BY deptno, empno, ename
  ) WHERE 薪资排名<=2;
    DEPTNO   EMPNO   ENAME        DEPT_SALES   薪资排名
    ------   -----   ---------    ----------   --------
        10    7839   金              8530.5          1
```

```
                 7782     克拉克      3587.05           2
        20       7902     福特        3600              1
                 7566     约翰        3570              2
        30       7698     布莱克      2850              1
                 7499     艾伦        1700              2
已选择 6 行。
```

上述查询语句将分析语句的查询结果作为一个内联视图，通过对内联视图返回的排名进行排序，很轻松就得到了部门分组中的薪资的前 2 名。当然如果要获取排名在后 2 位的员工，只需要在 ORDER BY 子句中将排序进行反转，按正向进行排序即可，如下面的语句所示。

```
SQL> SELECT deptno,empno,ename,dept_sales,薪资排名 FROM
  (
  SELECT  deptno, empno, ename, SUM (sal) dept_sales,
          RANK () OVER (PARTITION BY deptno ORDER BY SUM (sal)
                                        NULLS LAST) 薪资排名
     FROM emp WHERE deptno IS NOT NULL
  GROUP BY deptno, empno, ename
  ) WHERE 薪资排名<=2;
  DEPTNO   EMPNO   ENAME      DEPT_SALES               薪资排名
  ------   -----   -------    ----------               --------
      10    7782   克拉克      3587.05                  1
            7839   金          8530.5                   2
      20    7876   亚当斯      1440                     1
            7369   史密斯      1755.2                   2
      30    7900   吉姆        1050                     1
            7654   马丁        1350                     2
            7521   沃德        1350                     2
已选择 7 行。
```

在查询语句中修改了 ORDER BY 子句，因此结果显示为每个部门中薪资最低的 2 位员工。

9.3.4　层次查询

所谓层次查询，是指按比率得出结果数，比如想查询薪资排名在前 1/3 的员工列表。前面在使用 RANK 或 DENSE_RANK 函数时都只能按单个记录进行排名，要按层次进行排名，可以使用 Oracle 提供的 NTILE 函数，因此要查询薪资在前 1/3 的员工列表，可以使用如下的查询语句：

```
SQL> SELECT * FROM
  (
  SELECT  deptno, empno, ename, SUM (sal) dept_sales,
          NTILE (3) OVER (PARTITION BY deptno
          ORDER BY SUM (sal) NULLS LAST) RANK_RATIO
     FROM emp
     WHERE deptno IS NOT NULL
  GROUP BY deptno, empno, ename
  )
  WHERE RANK_RATIO=1;
  DEPTNO  EMPNO  ENAME       DEPT_SALES    RANK_RATIO
  ------  -----  -------     ----------    ----------
```

```
          10    7782  克拉克     3587.05              1
          20    7876  亚当斯     1440                 1
                7369  史密斯     1755.2               1
                7788  斯科特     1760.2               1
                7895  APPS      3000                 1
          30    7900  吉姆      1050                 1
                7654  马丁      1350                 1
已选择 7 行。
```

在使用了 NTILE 函数之后，可以看到结果的排名是依据薪资所占的比率，查询出当前员工的薪资比率后，再取其中为 1 的值，即员工薪资在所有薪资中前 1/3 的员工列表。

9.3.5 范围统计查询

范围查询是分析函数发挥其功能的重点，范围查询是指查询当前记录的前面或后面的记录进行统计，比如想知道员工史密斯的雇佣日期前 10 天和后 10 天新进员工的最高薪资，可以使用分析函数来实现这个功能，查询语句示例如下所示。

```
SQL> SELECT empno, ename, hiredate, sal,
       MAX (sal) OVER (ORDER BY hiredate ROWS BETWEEN 10 PRECEDING AND
       CURRENT ROW)
                                          "前10天入职员工最高薪资",
       MAX (sal) OVER (ORDER BY hiredate ROWS BETWEEN CURRENT ROW AND 10
       FOLLOWING)
                                          "后10天入职员工最高薪资"
  FROM emp
  WHERE deptno IN (10,20,30) AND sal IS NOT NULL;
  EMPNO ENAME  HIREDATE      SAL    前10天入职员工最高薪资  后10天入职员工最高薪资
  ----- ----  ------------  ------ --------------------  --------------------
  7369  史密斯 17-12月-80    1755.2  1755.2                8530.5
  7499  艾伦   20-2月 -81    1700    1755.2                8530.5
  7521  沃德   22-2月 -81    1350    1755.2                8530.5
  7654  马丁   28-2月 -81    1350    1755.2                8530.5
  7698  布莱克 01-3月 -81    2850    2850                  8530.5
  7566  约翰   02-4月 -81    3570    3570                  8530.5
  7782  克拉克 09-5月 -81    3587.05 3587.05               8530.5
  7844  特纳   08-8月 -81    1600    3587.05               8530.5
  7839  金     17-11月-81    8530.5  8530.5                8530.5
  7900  吉姆   03-12月-81    1050    8530.5                3600
  7902  福特   03-12月-81    3600    8530.5                3600
  7788  斯科特 09-12月-82    1760.2  8530.5                3000
  7876  亚当斯 12-1月 -83    1440    8530.5                3000
  7895  APPS   05-9月 -11    3000    8530.5                3000
已选择 14 行。
```

在查询语句中，使用 ROWS BETWEEN 10 PRECEDING AND CURRENT ROW 这样的语句滚动到当前行的 hiredate 前 10 条到当前行的记录，使用 MAX(sal)统计这个时间段内最大薪资的员工；然后使用 ROWS BETWEEN CURRENT ROW AND 10 FOLLOWING 从当前行开始统计后 10 天的员工最大薪资。

9.3.6 相邻记录比较

分析函数中的 LAG 和 LEAD 函数使得可以对相邻的记录进行查询，因而可以统计相邻记录的差异，比如要查询当前员工前一个入职的员工和后一个入职的员工与当前员工的薪资差异，可以使用如下的查询语句：

```
SQL> SELECT ename, hiredate, deptno, sal, sal - prev_sal "与前面的差异",
            sal - next_sal "与后面的差异"
       FROM (SELECT ename, hiredate, sal, deptno,
                LAG (sal, 1, 0) OVER (ORDER BY hiredate) AS prev_sal,
                LEAD (sal, 1, 0) OVER (ORDER BY hiredate) AS next_sal
              FROM emp
             WHERE deptno IS NOT NULL AND SAL IS NOT NULL);
ENAME    HIREDATE      DEPTNO    SAL        与前面的差异     与后面的差异
------   -----------   -------   --------   -------------   -------------
史密斯    17-12月-80     20        2425.08     2425.08          725.08
艾伦      20-2月 -81     30        1700        -725.08          350
沃德      22-2月 -81     30        1350        -350             0
马丁      28-2月 -81     30        1350        0                -1500
布莱克    01-3月 -81     30        2850        1500             -720
约翰      02-4月 -81     20        3570        720              -17.05
克拉克    09-5月 -81     10        3587.05     17.05            1987.05
特纳      08-8月 -81     30        1600        -1987.05         -6930.5
金        17-11月-81     10        8530.5      6930.5           7480.5
吉姆      03-12月-81     30        1050        -7480.5          -2550
福特      03-12月-81     20        3600        2550             1470.4
斯科特    09-12月-82     20        2129.6      -1470.4          689.6
亚当斯    12-1月 -83     20        1440        -689.6           1440
已选择13行。
```

在查询语句中，将分析函数的查询写在一个内联视图中，内联视图使用 LAG 和 LEAD 函数取按 hiredate 排名的员工记录的前一个和后一个。可以看到在查询的滚动过程中，分析函数在不断地分析当前行的前一行的记录与后一行的记录。外层查询利用所取得的前一条与后一条记录的薪资值与当前记录薪资值进行比较，得到结果。

9.3.7 抑制重复

取不重复的记录值，在不使用分析函数时，可以使用 DISTINCT 或 GROUP BY 子句，但是如果从多条重复的结果中取一条数据，比如从销售部门取出每个部门薪资最高的员工来，这个需求在介绍 RANK、DENSE_RANK 或 ROW_NUMBER 时可以轻松地解决。这个需求的应用非常频繁，因此在本节将再次通过排序函数来解决这个问题。

人事部门需要随机地提取出各个部门在 1980、1981 和 1982 年入职的任意一个员工，由于在各个部门中这几个年份入职的员工较多，因此人事部门只是随意地提取一个员工即可，不要求统计提取，可以使用如下的分析查询语句：

```
SQL> SELECT *
       FROM (SELECT empno, ename, sal, hiredate,
                ROW_NUMBER () OVER (PARTITION BY EXTRACT
```

```
                                 (YEAR FROM hiredate) ORDER BY empno) rn
            FROM emp
        WHERE hiredate IS NOT NULL
          AND EXTRACT (YEAR FROM hiredate) IN (1981, 1982, 1983))
WHERE rn = 1;
EMPNO ENAME          SAL     HIREDATE         RN
----- --------    --------  -------------   -------------
 7499 艾伦          1700     20-2月 -81       1
 7788 斯科特        2129.6   09-12月-82       1
 7876 亚当斯        1440     12-1月 -83       1
```

查询语句将分析查询的结果作为一个内联查询,在使用了 ROW_NUMBER 函数后,按 hiredate 的年份进行分区,很明显第 1 条记录会返回 1,相同分区下的其他记录会依序递增。由于只需要任意地取第 1 条记录,因此在外层查询中,通过判断分析函数返回的 rn 结果等于 1 来只取第 1 条记录。

9.3.8 行列转换查询

在制作统计报表时,经常需要对行和列进行转换,这有些类似于 Excel 的数据透视表,比如下面的表集合:

```
EMPNO  ENAME     JOB
-----  -------  --------
 7369  史密斯    职员
 7499  艾伦      销售人员
 7521  沃德      销售人员
 7566  约翰      经理
 7654  马丁      销售人员
 7698  布莱克    经理
 7782  克拉克    经理
```

通过行列转换,想将 JOB 这一栏的职员信息转换为列,效果如下所示。

职员名称	分析人员名	经理名称	老板名称	销售人员名称
亚当斯	福特	克拉克	金	沃德
史密斯		布莱克		特纳
吉姆		约翰		艾伦
斯科特				马丁

可以看到,原先在 JOB 列中的行值现在变成的列名,原本在 ename 中显示的员工名称现在分散到了各个 job 列值下面。下面分析一下如何实现这个效果。

(1)可以看到,结果集中将 job 中的唯一值作为了 1 列,因此需要代码处理行列值的转换。

(2)因为每个 job 下面有多个员工,因此需要对每一层进行分组,依次插入。可以考虑使用 ROW_NUMBER 函数,按 job 进行分区,根据分区后的排序结果进行分组,就可以依序将员工信息添加到各个列中。

下面是解法的思路。

(1)首先使用分析函数按 job 分区进行编号,这样可以得到员工在 job 中的编号,如以下语句所示。

```
SQL> SELECT job, empno, ename,
            ROW_NUMBER () OVER (PARTITION BY job ORDER BY ename) rn
       FROM emp
      WHERE job IS NOT NULL;
JOB          EMPNO ENAME                    RN
---------- ------- ------------- -------------
IT            7892 张八                       1
分析人员      7902 福特                       1
经理          7782 克拉克                     1
经理          7698 布莱克                     2
经理          7566 约翰                       3
老板          7839 金                         1
职员          7876 亚当斯                     1
职员          7369 史密斯                     2
职员          7900 吉姆                       3
职员          7788 斯科特                     4
职员          7904 罗威                       5
职员          7905 莲花                       6
职员          7903 通利                       7
销售人员      7521 沃德                       1
销售人员      7844 特纳                       2
销售人员      7499 艾伦                       3
销售人员      7654 马丁                       4
已选择 17 行。
```

可以看到 RN，根据不同的 job 使用 ROW_NUMBER 对员工进行了编号，从结果中可以看到，RN 列中的每一个序号，比如数字 1 都指向唯一的 job 名，如上面结果中框起来的部分。如果通过 GROUP BY 按 RN 进行分组，就可以将 ename 或 empno 写入到相应的列中。

（2）在了解了 ROW_NUMBER 分析函数的作用后，下面将上一步的查询作为一个内联视图，在其上应用 GROUP BY RN。因为要将行转换为列，因此需要使用 DECODE 判断 job 值进行手动的转换，结果 SQL 语句如下所示。

```
SQL> SELECT MAX (DECODE (job, '职员', ename, NULL)) "职员名称",
            MAX (DECODE (job, '分析人员', ename, NULL)) "分析人员名称",
            MAX (DECODE (job, '经理', ename, NULL)) "经理名称",
            MAX (DECODE (job, '老板', ename, NULL)) "老板名称",
            MAX (DECODE (job, '销售人员', ename, NULL)) "销售人员名称"
       FROM (SELECT job,empno, ename,
                    ROW_NUMBER () OVER (PARTITION BY job ORDER BY ename) rn
               FROM emp
              WHERE job IS NOT NULL) x
    GROUP BY rn;
职员名称    分析人员名称    经理名称    老板名称    销售人员名称
--------    ------------    --------    --------    ------------
亚当斯      福特            克拉克      金          沃德
史密斯                      布莱克                  特纳
吉姆                        约翰                    艾伦
斯科特                                              马丁
罗威
莲花
通利
已选择 7 行。
```

在外层查询中，使用 MAX 分组函数，通过 DECODE 判断 job 的值，决定是返回 ename 还是返回 NULL 值，并使用 GROUP BY 进行分组，因此相应的 ename 会各自过滤到不同的列下，返回了上面所示的数据。

9.3.9 在 PL/SQL 中使用分析函数

在 PL/SQL 中，可以像使用普通的查询一样使用分析函数，例如代码 9.1 演示了如何通过一个引用游标来打开分析函数的查询结果集，并显示出运行的结果。

代码 9.1 在 PL/SQL 中使用分析函数

```
DECLARE
  TYPE refempcur IS REF CURSOR;
  empcur    refempcur;
  jobname   VARCHAR (20);        --职位名
  ename     VARCHAR2 (20);       --员工名
  empno     NUMBER;              --员工编号
  rn        INT;                 --排名
BEGIN
  --打开游标
  OPEN empcur FOR
    SELECT job, empno, ename,
           ROW_NUMBER () OVER (PARTITION BY job ORDER BY ename) rn
      FROM emp
     WHERE job IS NOT NULL;
  --循环提取游标内容
  LOOP
    EXIT WHEN empcur%NOTFOUND;
    FETCH empcur
     INTO jobname, empno, ename, rn;
    --输出游标内容
    DBMS_OUTPUT.put_line (jobname || ' ' || empno || ' ' || ename || ' ' || rn);
  END LOOP;
END;
```

可以看到，通过使用游标打开分析查询语句，可以提取、循环、关闭游标，就好像是一个普通的 SQL 语句一样。

注意：在本书第 10 章将讨论 PL/SQL 的游标的使用。

9.4 小 结

本章讨论了 Oracle SQL 的内置函数的作用与使用方法，对常用的大多数内置函数进行了详细的举例介绍。接下来介绍了强大的分析函数的使用方法，这些函数可以有效地解决一些基本的 SQL 命令很难解决的问题，最后通过几个示例介绍了分析函数常见的使用场合及具体的实现思路，下一章将开始讨论 PL/SQL 中的游标。

第 10 章 使 用 游 标

Oracle 在执行 SQL 语句时，总是需要创建一块内存区域，这块内存区域称为上下文区域。在上下文区域中包含了处理语句的信息，这些信息包含当前语句已经处理了多少行、指向被分析语句的指针和查询语句返回的数据行集。当在 PL/SQL 中执行 SELECT 和 DML 语句时，如果只查询单行数据，比如使用 SELECT INTO 语句或执行 DML 语句时，Oracle 会为它们分配隐含的游标。如果要处理 SELECT 语句返回的多行记录，必须要显式地定义游标。本章将介绍游标的作用和各种不同类型的游标，如何从游标获取多行数据，以及如何使用游标更新数据等知识。

10.1 游标基本结构

在显式使用游标时，总是要先在 DECLARE 区对游标进行定义，然后打开游标，从游标中提取数据，在所有的操作完成之后关闭游标。通过灵活地对游标进行控制，可以比隐式游标具有更多的编程能力，也可以具有更高的效率。

10.1.1 游标简介

游标只是一个指向查询语句返回的结果的指针，因此在游标定义时，将包含一个查询定义。当游标打开后，数据被接收到一块内存区域存储，直到游标关闭。PL/SQL 的游标结构示意图如图 10.1 所示。

游标实际上指向的是一块内存区域，这块内存区域位于进程全局区内部，称为上下文区域（Context Area），在上下文区域中保存了如下 3 类信息。
- 查询返回的数据行。
- 查询所处理的数据的行号。
- 指向共享池中的已分析的 SQL 语句。

在进行游标操作的过程中，也可以将游标看作是指向数据表中数据的指针，但是在后台，游标实际上指向的是一块内存区域。

游标定义时并不会获取游标数据，只有在游标被打开后，游标相关的查询语句被执行，然后将检索到的结果保存到内存中。一个使用游标提取 scott 方案中的 emp 表中员工数据的示例如代码 10.1 所示。

第 10 章 使用游标

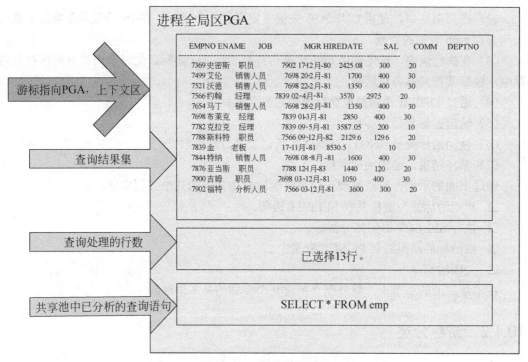

图 10.1 游标结构示意图

代码 10.1 在 PL/SQL 中使用游标

```
DECLARE
    emprow    emp%ROWTYPE;              --定义保存游标检索结果行的记录变量
    CURSOR emp_cur                      --定义游标
    IS
       SELECT *
         FROM emp
        WHERE deptno IS NOT NULL;
BEGIN
    OPEN emp_cur;                       --打开游标
    LOOP                                --循环检索游标
       FETCH emp_cur                    --提取游标内容
        INTO emprow;
       --输出检索到的游标行的信息
       DBMS_OUTPUT.put_line (   '员工编号:'
                             || emprow.empno
                             || ' '
                             || '员工名称:'
                             || emprow.ename
                            );
       EXIT WHEN emp_cur%NOTFOUND;      --当游标数据检索完成后退出循环
    END LOOP;
    CLOSE emp_cur;                      --关闭游标
END;
```

上述语句的执行过程如下所示。

（1）在语句的声明块中，声明了一个用来保存游标检索结果的记录类型，指向 emp 表的行记录。

（2）在声明块中，使用 CURSOR 关键字定义了一个游标，在 IS 子句后面指定了查询语句查询 emp 表中的数据。

（3）在执行块中，首先使用 OPEN 语句打开 emp_cur 游标，此时查询数据将保存到内存中，游标就指向该内存区域。

（4）通过 FETCH 语句提取游标中的数据到游标行中。

（5）输出游标数据到屏幕上。

（6）使用游标变量%NOTFOUND 判断记录是否已检索完。

（7）循环结束，必须关闭游标。

通过上面的示例，可以发现一个显式的游标由如下的几个过程实现。

- 声明游标并为游标关联 SELECT 语句。
- 执行 SELECT 语句打开游标。
- 将游标的结果放到 PL/SQL 变量中。
- 关闭游标。

在本章后面的小节中，将分别介绍这几个步骤的基本语法。

10.1.2 游标分类

上一小节中介绍的这种使用 CURSOR 显式定义的游标称为显式游标。在 PL/SQL 中，游标可分为如下两类。

- 显式游标：使用 CURSOR 语句显式定义的游标，游标被定义之后，需要打开并提取游标。
- 隐式游标：由 Oracle 为每一个不属于显式游标的 SQL DML 语句都创建一个隐式的游标，由于隐式游标没有名称，因此也可以叫做 SQL 游标。

注意：隐式游标由 Oracle 动态创建，因此不能显式地打开、关闭或提取一个隐式游标。Oracle 隐式地打开游标，处理游标，然后再关闭该游标。

事实上，执行每一个 DML 操纵语句时，Oracle 都会在 PGA 中的一个上下文区域中具有一个隐式的游标。举个例子，当对 emp 表中的提成栏进行更新的时候，在执行 UPDATE 语句时会自动具有一个隐式游标，可以通过隐含的游标变量来访问隐式游标的状态。代码 10.2 演示了如何使用隐式游标来处理数据的更新。

代码 10.2　在 PL/SQL 中使用隐式游标

```
BEGIN
  UPDATE emp
    SET comm = comm * 1.12
  WHERE empno = 7369;                    --更新员工编号为 7369 的员工信息
  --使用隐式游标属性判断已更新的行数
  DBMS_OUTPUT.put_line (SQL%ROWCOUNT || ' 行被更新');
  --如果没有任何更新
  IF SQL%NOTFOUND
  THEN
     --显示未更新的信息
     DBMS_OUTPUT.put_line ('不能更新员工号为 7369 的员工!');
```

```
      END IF;
      --向数据库提交更改
      COMMIT;
EXCEPTION
   WHEN OTHERS
   THEN
      DBMS_OUTPUT.put_line (SQLERRM);   --如果出现异常,显示异常信息
END;
```

在上面的代码中,并没有显式地进行游标的定义,Oracle 隐式地创建了游标,并且允许开发人员通过关键字 SQL 来访问游标属性,比如 SQL%ROWCOUNT 和 SQL%NOTFOUND 都是游标属性,稍后会对游标属性进行介绍。

> **注意**:由于隐式游标会自动关闭,因此如果访问游标的%ISOPEN 属性,得到的属性总是为 False。

在 Oracle 中,INSERT、UPDATE、DELETE 和 SELECT INTO 语句在被执行时,都会隐含地创建游标,通过访问游标的四大属性%FOUND、%ISOPEN、%NOTFOUND 和 %ROWCOUNT 来访问游标的相关属性。

10.1.3 定义游标类型

在使用游标前,需要了解显式游标提供了隐式游标所无法提供的控制功能,通常使用显式游标来处理通过 SELECT 语句返回的多行数据。在使用显式游标之前,必须先在 PL/SQL 语句块的定义区定义,在定义显式游标时,需要为游标命名,并指定游标所需要指定的 SELECT 语句。显式游标的定义语法如下所示。

```
CURSOR cursor_name [parameter_list]
[RETURN return_type]
IS query
[FOR UPDATE [OF (column_list)][NOWAIT]];
```

声明语句中关键部分的含义如下。

- cursor_name:用于指定一个有效的游标名称,这个名称遵循 PL/SQL 的标识符命名规范。
- parameter_list:用于指定一个或多个可选的游标参数,这些参数将用于查询执行。
- RETURN return_type:可选的 RETURN 子句指定游标将要返回的由 return_type 指定的数据类型,return_type 必须是记录或数据表的行类型。
- query:可以是任何 SELECT 语句。
- FOR UPDATE:指定该子句将在游标打开期间锁定游标记录,这些记录对其他用户来说为只读模式。

代码 10.3 是一个最简单的游标定义语句。

代码 10.3　简单的游标定义语句

```
DECLARE
   CURSOR emp_cursor      --定义一个查询 emp 表中部门编号为 20 的游标
   IS
```

```
       SELECT *
         FROM emp
         WHERE deptno = 20;
BEGIN
  NULL;
END;
```

emp_cursor 是游标名称，游标名是一个标识符而不是 PL/SQL 变量名，因此不能把值赋给游标名或者在表达式中使用它，但是游标和变量有着同样的作用域规则。

> **注意**：在 SELECT 子句中不包含 INTO 子句，在使用显式游标时，通过 FETCH 语句来提取游标的数据。

在 SELECT 语句中可以直接使用在 DECLARE 中声明的变量，由于 PL/SQL 不支持前向引用，因此确保在定义 PL/SQL 变量之后定义游标。例如，下面的示例将根据变量 v_deptno 的值来查询 emp 表，如代码 10.4 所示。

代码 10.4　根据变量查询 emp 表

```
DECLARE
  v_deptno NUMBER;
  CURSOR emp_cursor              --定义一个查询 emp 表中部门编号为 20 的游标
  IS
    SELECT *
      FROM emp
      WHERE deptno = v_deptno;
BEGIN
  v_deptno:=20;
  OPEN emp_cursor;               --打开游标
  IF emp_cursor%ISOPEN THEN
    DBMS_OUTPUT.PUT_LINE('游标已经被打开');
  END IF;
END;
```

v_deptno 是绑定变量，该变量必须在游标声明之前进行声明，否则 Oracle 会跳出错误提示。游标定义时也可以为游标指定参数，游标的形式参数都必须是 IN 模式，并且不能给游标的参数添加 NOT NULL 约束。

> **注意**：关于参数模式与约束，在本书第 13 章中会详细介绍。

代码 10.5 是一个使用游标参数查询 emp 表的例子。

代码 10.5　声明游标参数

```
DECLARE
  CURSOR emp_cursor (p_deptno IN NUMBER)          --定义游标并指定游标参数
  IS
    SELECT *
      FROM emp
      WHERE deptno = p_deptno;
BEGIN
  OPEN emp_cursor (20);
END;
```

在定义游标的时候，为游标指定了一个参数，那么在打开游标时，可以在游标名后面为游标参数指定具体的参数值。

可以使用 RETURN 子句定义游标返回值的类型，返回值的类型一定要和返回的结果集的数据类型一致，因此返回值一般为记录类型或%ROWTYPE 指定的表中的类型。代码 10.6 使用 RETURN 子句指定游标将返回 emp 表中的表行。

代码 10.6　指定游标的返回类型

```
DECLARE
    --声明游标并指定游标返回值类型
  CURSOR emp_cursor (p_deptno IN NUMBER) RETURN emp%ROWTYPE
  IS
     SELECT *
       FROM emp
      WHERE deptno = p_deptno;
BEGIN
  OPEN emp_cursor (20);    --打开游标
END;
```

由于游标的返回值类型一定要和查询返回的结果集的数据类型一致，因此如果随意地指定其他的类型，PL/SQL 引擎将会弹出错误提示。

10.1.4　打开游标

定义游标之后，在 PL/SQL 语句块的执行区首先要打开游标，才能进行游标操作。如果在定义游标时使用了 FOR UPDATE 子句，打开游标时会锁住游标记录，所有对数据的 INSERT、UPDATE 和 DELETE 等操作对游标提取出来的结果集都没有影响，直到游标关闭再打开以后，这些影响才在结果集中反映出来。打开游标的语法如下所示。

```
OPEN cursor_name [(parameter_values]
```

cursor_name 用于指定游标名称，parameter_values 用于指定游标的参数列表。在游标被打开时，将会发生如下所示的几个动作。

- 检验绑定变量的值。
- 基于查询的语句确定游标的活动集。
- 游标指针指向游标活动集的第 1 行。

下面的代码用来打开在 PL/SQL 语句块声明区中定义的游标：

```
OPEN emp_cursor;         --打开游标
```

如果游标定义时指定了游标参数，在打开游标时要为游标指定参数值，除非用默认值，否则在 OPEN 语句中游标里的每一个形式参数都要有一个相应的实际参数进行对应。例如下面的语句打开 emp_cursor 游标并为其赋一个参数值指定要查询部门编号为 20 的员工列表。

```
OPEN emp_cursor (20);
```

要理解游标打开过程中的处理过程，可以参考图 10.2。

可以看到，游标一旦被打开，就有了一个指向游标活动集第 1 行的指针，接下来就可以使用 FETCH 语句进行游标数据的提取了。

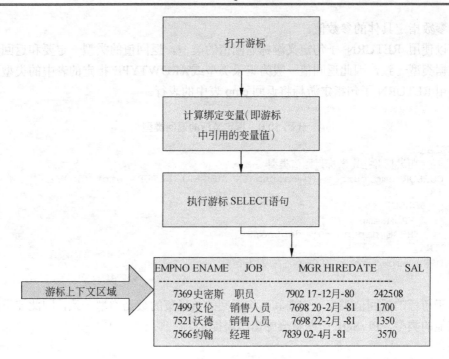

图 10.2　打开游标的执行流程

10.1.5　使用游标属性

游标属性用于返回游标的执行信息，不论是显式游标还是隐式游标，都包含了 %ISOPEN、%FOUND、%NOTFOUND 和%ROWCOUNT 属性。在使用显式游标属性时，必须要在显式游标属性之前带有显式游标名作为前缀，而使用隐式游标属性时使用 SQL 作为游标前缀。

1. %ISOPEN属性

%ISOPEN 属性判断对应的游标变量是否打开，如果游标变量打开，则返回 True；否则返回 False。该属性的使用示例如代码 10.7 所示。

代码 10.7　%ISOPEN 游标属性使用示例

```
DECLARE
  CURSOR emp_cursor (p_deptno IN NUMBER)    --定义游标并指定游标参数
  IS
    SELECT *
      FROM emp
     WHERE deptno = p_deptno;
BEGIN
  IF NOT emp_cursor%ISOPEN THEN             --如果游标还没有被打开
    OPEN emp_cursor (20);                   --打开游标
  END IF;
  IF emp_cursor%ISOPEN THEN                 --判断游标状态，显示状态信息
    DBMS_OUTPUT.PUT_LINE('游标已经被打开！');
  ELSE
```

```
      DBMS_OUTPUT.PUT_LINE('游标还没有被打开!');
   END IF;
   CLOSE emp_cursor;
END;
```

通过代码可以看到,在调用 OPEN 方法显式打开游标之前,游标的%ISOPEN 属性将一直保持为 False。当用户调用了 OPEN 方法显式地打开游标之后,%ISOPEN 属性为 True,因此可以看到屏幕最终输出了游标已经被打开的信息。

2. %FOUND属性

当游标被打开后,在调用 FETCH 语句获取数据之前,%FOUND 会产生 NULL 值,而此后每取得一行数据,其值会为 True,如果最后一次取得数据失败,其值会变为 False。因此%FOUND 的作用是检查是否从结果集中提取到了数据,使用示例如代码 10.8 所示。

代码 10.8　%FOUND 游标属性使用示例

```
DECLARE
   emp_row      emp%ROWTYPE;                    --定义游标值存储变量
   CURSOR emp_cursor (p_deptno IN NUMBER)       --定义游标并指定游标参数
   IS
      SELECT *
        FROM emp
       WHERE deptno = p_deptno;
BEGIN
   IF NOT emp_cursor%ISOPEN
   THEN                                         --如果游标还没有被打开
      OPEN emp_cursor (20);                     --打开游标
   END IF;
   IF emp_cursor%FOUND IS NULL     --在使用 FETCH 提取游标数据之前,值为 NULL
   THEN
      DBMS_OUTPUT.put_line ('%FOUND 属性为 NULL');   --输出提示信息
   END IF;
   LOOP                                         --循环提取游标数据
      FETCH emp_cursor
       INTO emp_row;                            --使用 FETCH 语句提取游标数据
      --每循环一次判断%FOUND 属性值,如果该值为 False,表示提取完成,将退出循环
      EXIT WHEN NOT emp_cursor%FOUND;
   END LOOP;
   CLOSE emp_cursor;
END;
```

代码中,游标打开后,在使用 FETCH 语句提取游标数据之前,可以看到%FOUND 属性的值为 NULL,因此屏幕上将输出"%FOUND 属性为 NULL"的提示信息。由于%FOUND 属性经常在 LOOP 循环中使用,因此在示例中使用了 LOOP 循环,循环体的第 1 行代码使用 FETCH 语句提取游标数据到 emp_row 记录中,EXIT WHEN 用于判断退出条件,仅在 %FOUND 属性为 False 时才退出循环,以避免死循环。

> 注意:如果游标没有打开就使用%FOUND,Oracle 将会提示错误信息。

3. %NOTFOUND属性

该属性与%FOUND 属性相反,当没有从游标中提取到数据时,该属性返回 True,否

则返回 False。与%FOUND 一样，当游标没有打开或者游标已经关闭时，使用该属性 Oracle 将提示异常。在使用 FETCH 语句提取数据之前，该属性的值为 NULL。使用%NOTFOUND 的示例如代码 10.9 所示。

代码 10.9 %NOTFOUND 游标属性使用示例

```
DECLARE
  emp_row    emp%ROWTYPE;                          --定义游标值存储变量
  CURSOR emp_cursor (p_deptno IN NUMBER)    --定义游标并指定游标参数
  IS
    SELECT *
      FROM emp
     WHERE deptno = p_deptno;
BEGIN
  OPEN emp_cursor (20);                            --打开游标
  IF emp_cursor%NOTFOUND IS NULL    --在使用 FETCH 提取游标数据之前，值为 NULL
  THEN
    DBMS_OUTPUT.put_line ('%NOTFOUND 属性为 NULL');   --输出提示信息
  END IF;
  LOOP                                             --循环提取游标数据
    FETCH emp_cursor
      INTO emp_row;                                --使用 FETCH 语句提取游标数据
    --每循环一次判断%FOUND 属性值，如果该值为 False，表示提取完成，将退出循环
    EXIT WHEN emp_cursor%NOTFOUND;
  END LOOP;
  CLOSE emp_cursor;
END;
```

示例代码 10.9 与代码 10.8 非常相似，只是使用%NOTFOUND 替换了%FOUND，可以看到在游标被打开之后未执行 FETCH 语句提取游标数据之前，%NOTFOUND 属性的值为 NULL。在 LOOP 循环内部，每 FETCH 一次游标数据后，都会使用 EXIT WHEN 判断 %NOTFOUND 属性的值是否为 True，如果为 True，则表示游标已无任何数据可以提取，EXIT WHEN 子句将退出循环体。

4. %ROWCOUNT属性

%ROWCOUNT 属性用来返回到目前为止已经从游标中取出的记录的行数，当游标被打开时，%ROWCOUNT 值为 0，每取得一条数据，%ROWCOUNT 的值就加 1。%ROWCOUNT 的使用示例如代码 10.10 所示。

代码 10.10 %ROWCOUNT 游标属性使用示例

```
DECLARE
  emp_row    emp%ROWTYPE;                          --定义游标值存储变量
  CURSOR emp_cursor (p_deptno IN NUMBER)    --定义游标并指定游标参数
  IS
    SELECT *
      FROM emp
     WHERE deptno = p_deptno;
BEGIN
  OPEN emp_cursor (20);                            --打开游标
  LOOP                                             --循环提取游标数据
    FETCH emp_cursor
```

```
      INTO emp_row;                    --使用 FETCH 语句提取游标数据
    --每循环一次判断%FOUND 属性值,如果该值为 False,表示提取完成,将退出循环
    EXIT WHEN emp_cursor%NOTFOUND;
    DBMS_OUTPUT.PUT_LINE('当前已提取的行数为:'||emp_cursor%ROWCOUNT||' 行!
');
  END LOOP;
  CLOSE emp_cursor;
END;
```

在提取游标数据的 LOOP 循环中,使用%ROWCOUNT 属性获取当前游标提取的行数据,可以看到结果显示的是查询返回的行数,如下所示。

```
当前已提取的行数为:1 行!
当前已提取的行数为:2 行!
当前已提取的行数为:3 行!
当前已提取的行数为:4 行!
当前已提取的行数为:5 行!
当前已提取的行数为:6 行!
当前已提取的行数为:7 行!
当前已提取的行数为:8 行!
当前已提取的行数为:9 行!
当前已提取的行数为:10 行!
```

可以看到,游标每提取一次,%ROWCOUNT 属性的值就加 1。与%FOUND 和%NOTFOUND 一样,如果对一个未打开或已关闭的游标获取%ROWCOUNT 属性的值,Oracle 将触发异常。

10.1.6 提取游标数据

在使用游标时,只有将游标数据提取出来,才能进行进一步的使用。提取游标数据使用 FETCH 语句,该语句可以一次一行地提取游标数据,也可以使用 BULK COLLECT 子句一次性接收所有的游标数据到一个数组或一个 PL/SQL 表中。FETCH 语句的使用语法如下所示。

```
FETCH cursor_name INTO variable_name(s) | PL/SQL_record;
```

在声明语法中,cursor_name 用于指定要打开的游标名称,variable_name(s)用来指定一个或多个以逗号分隔的变量,变量的类型匹配在游标定义中使用 SELECT 语句查询的字段的顺序。PL/SQL_record 用来指定一个记录类型来一次性接收所有的列数据。示例 10.11 分别演示了使用变量列表和记录类型来从游标中接收数据。

代码 10.11　使用 FETCH 语句提取游标数据

```
DECLARE
  deptno dept.deptno%TYPE;            --定义保存游标数据的变量
  dname dept.dname%TYPE;
  loc dept.loc%TYPE;
  dept_row dept%ROWTYPE;              --定义记录变量
  CURSOR dept_cur IS SELECT * FROM dept;  --定义游标
BEGIN
  OPEN dept_cur ;                     --打开游标
```

```
    LOOP
      IF dept_cur%ROWCOUNT<=4 THEN         --判断如果当前提取的游标小于等于 4 行
        FETCH dept_cur  INTO dept_row;     --提取游标数据到记录类型中
        IF dept_cur%FOUND THEN             --如果 FETCH 到数据,则进行显示
        DBMS_OUTPUT.PUT_LINE(dept_row.deptno||' '||dept_row.dname||'
        '||dept_row.loc);
        END IF;
      ELSE
        FETCH dept_cur INTO deptno,dname,loc;   --否则提取记录到变量列表中
        IF dept_cur%FOUND THEN                  --如果提取到数据则进行显示
        DBMS_OUTPUT.PUT_LINE(deptno||' '||dname||' '||loc);
        END IF;
      END IF;
      EXIT WHEN dept_cur%NOTFOUND;              --判断是否提取完成
    END LOOP;
    CLOSE dept_cur;
END;
```

代码的执行流程如下所示。

(1) 在声明区,定义了 3 个变量和 1 个记录类型的变量,分别用来保存使用 FETCH 语句提取的数据,并定义了从 dept 表中获取多行数据的游标 dept_cur。

(2) 在执行区,首先打开了游标,然后使用%ROWCOUNT 属性判断当前提取的行数是否小于或等于 4,如果条件成立,则使用 FETCH 语句将数据提取到记录类型中。

(3) 如果提取的行数大于 4,则 FETCH 语句会将数据提取到变量列表中。

在每次使用 FETCH 语句提取了数据之后,都会判断%FOUND 属性的值,以便于在 FETCH 提取到最后一行之后,依然输出最后一行的值,导致重复的输出,最终的输出结果如下所示。

```
10 财务部 纽约
20 研究部 达拉斯
30 销售部 芝加哥
40 营运部 波士顿
60 行政部 远洋
50 行政部 波士顿
70 工程部 上海
80 电脑部 北京
```

在将游标的值提取到变量列表中时,必须要注意的是变量的类型与 dept 表中字段的值的类型必须一致,否则 Oracle 将会抛出异常。

10.1.7 批量提取游标数据

由于 FETCH 语句一次只从结果集中提取一行,并且提取只能是向前的,因此如果要重新提取已经提取过的数据,只有重新打开游标。

使用 BULK COLLECT 批处理子句可以一次性将游标中的结果集保存到集合中,这样就可以在集合中进行前进和后退处理。下面的示例演示了如何使用 BULK COLLECT 语句一次性获取游标数据,如代码 10.12 所示。

代码 10.12　使用 BULK COLLECT 语句批量提取游标数据

```
DECLARE
  TYPE depttab_type IS TABLE OF dept%ROWTYPE;  --定义 dept 行类型的嵌套表类型
  depttab    depttab_type;                      --定义嵌套表变量
  CURSOR deptcur IS SELECT * FROM dept;         --定义游标
BEGIN
  OPEN deptcur;
  FETCH deptcur BULK COLLECT INTO depttab;
                                  --使用 BULK COLLECT INTO 子句批次插入
  --CLOSE deptcur;                --关闭游标
  FOR i IN 1 .. depttab.COUNT     --循环嵌套表变量中的数据
  LOOP
     DBMS_OUTPUT.put_line (  depttab (i).deptno
                          || ' '
                          || depttab (i).dname
                          || ' '
                          || depttab (i).loc
                          );
  END LOOP;
  CLOSE deptcur;                  --关闭游标
END;
```

代码的实现步骤如下所示。

（1）定义了一个嵌套表类型，用来保存 dept 行记录类型，使用了 dept%ROWTYPE 进行定义。

（2）在声明区定义了嵌套表类型的变量，同时声明了一个游标，用来查询 dept 表中的数据。

（3）在执行块部分，可以看到使用了 FETCH deptcur BULK COLLECT INTO 一次性将所有的记录行写到 depttab 嵌套表中，在获取完成后立即关闭了游标。

（4）通过遍历 deptab 中的数据来获取 dept 表中的数据并显示在屏幕上。

使用 BULK COLLECT INTO 使得对面向游标的操作变成了面向集合的操作，这在需要前后导航记录数据时非常有用。

BULK COLLECT INTO 语句会一次性将所有的数据都提取到集合中，如果数据量特别大，并且在使用 VARRAY 这样的具有固定元素个数的集合时，可能需要限制每次提取的行数，可以使用 FETCH BULK COLLECT INTO LIMIT 语句提取部分数据，使用示例如代码 10.13 所示。

代码 10.13　使用 BULK COLLECT LIMIT 语句批量提取游标数据

```
DECLARE
  TYPE dept_type IS VARRAY (4) OF dept%ROWTYPE;   --定义变长数组类型
  depttab    dept_type                             --定义变长数组变量
  CURSOR dept_cursor                               --定义打开 dept 的游标
  IS
     SELECT *
       FROM dept;
  v_rows    INT     := 4;                          --使用 LIMIT 限制的行数
  v_count   INT     := 0;                          --保存游标提取过的行数
BEGIN
  OPEN dept_cursor;                                --打开游标
```

```
    LOOP                                                          --循环提取游标
      --每次提取 4 行数据到变长数组中
      FETCH dept_cursor BULK COLLECT INTO depttab LIMIT v_rows;
      EXIT WHEN dept_cursor%NOTFOUND;                 --没有游标数据时退出
      DBMS_OUTPUT.put('部门名称: ');                   --输出部门名称
      --循环提取变长数组数据,因为变长数组只能存放 4 个元素,因此不能越界读取
      FOR i IN 1 .. (dept_cursor%ROWCOUNT - v_count)
      LOOP
         DBMS_OUTPUT.put (depttab (i).dname || ' ');    --输出部门名称
      END LOOP;
      DBMS_OUTPUT.new_line;                            --输出新行
      v_count := dept_cursor%ROWCOUNT;                 --为 v_count 赋新的值
    END LOOP;
    CLOSE dept_cursor;                                 --关闭游标
END;
```

在代码中,通过使用 BULK COLLECT INTO depttab LIMIT v_rows 一次性提取游标中的 4 条记录到变长数组中,然后开始循环变长数组。由于变长数组的元素个数相对固定,因此使用 v_count 来减少游标个数进行提取。在代码中使用 DBMS_PUT 和 DBMS_NEW_LINE 进行断行处理,所以结果如下所示。

```
部门名称:财务部 研究部 销售部 营运部
部门名称:行政部 行政部 工程部 电脑部
```

10.1.8 关闭游标

在将游标结果集中的所有数据都提取完了以后,应该立即关闭游标,以便释放所有与游标相关的资源。关闭游标的基本语法如下所示。

```
CLOSE cursor_name;
```

cursor_name 是所要关闭的游标的名称,如果使用 CLOSE 语句去关闭一个还未打开的游标,Oracle 将会触发异常。下面的语句将关闭 emp_cursor 游标:

```
CLOSE emp_cursor;
```

10.2 操纵游标数据

在声明并打开了游标后,检索游标数据既可以使用简单的 LOOP 循环,也可以使用 WHILE 循环,还可以通过游标 FOR 循环来检索游标数据。在检索的过程中可以更新或删除游标数据。

10.2.1 LOOP 循环

LOOP..END LOOP 是最基本的循环语句,该语句可以将游标结果集中的数据一行一行地提取出来。如果使用了 BULK COLLECT INTO 语句,则以一次一个记录集的形式进行

提取，本章到目前为止基本上都使用这种类型的循环。

在游标中使用 LOOP 循环的关键在于要具有 EXIT WHEN 子句在游标数据检索结束后退出循环，因此一个游标 LOOP 循环应该要包含 FETCH、EXIT WHEN 这两个子句。基本的 LOOP 示例如代码 10.14 所示。

代码 10.14　基本的 LOOP 循环结构

```
DECLARE
  dept_row dept%ROWTYPE;                        --定义游标结果记录变量
  CURSOR dept_cursor IS SELECT * FROM dept;     --定义游标变量
BEGIN
  OPEN dept_cursor;                             --打开游标
  LOOP                                          --简单循环
    FETCH dept_cursor INTO dept_row;            --提取游标数据
    EXIT WHEN dept_cursor%NOTFOUND;             --退出循环的控制语句
    DBMS_OUTPUT.PUT_LINE('部门名称：'||dept_row.dname);
  END LOOP;
  CLOSE dept_cursor;                            --关闭游标
END;
```

在 LOOP 循环语句中，FETCH 语句用来获取一行游标数据，赋给 dept_row 记录，EXIT WHEN 子句通过检查游标属性%NOTFOUND 判断结果集是否已经取完，如果游标指针已经到了记录集的结尾，则退出循环。

可以看到在 FETCH 语句之后，立即使用 EXIT WHEN 语句检查%NOTFOUND 属性的值，这样在 FETCH 语句检索到最后一行之后时，可以立即退出循环的执行，而不会重复地执行 DBMS_OUTPUT 输出相同的部门名称。

10.2.2　WHILE 循环

LOOP 循环中循环体总是有机会执行一次，因此必须注意及时使用 EXIT WHEN 子句进行退出处理，而 WHILE 循环在循环之前就判断是否可以执行循环体中的内容，因此可以通过游标属性控制循环的执行次数，使用 WHILE 语句检索游标数据如示例代码 10.15 所示。

代码 10.15　使用 WHILE 循环检索游标数据

```
DECLARE
  dept_row dept%ROWTYPE;                        --定义游标结果记录变量
  CURSOR dept_cursor IS SELECT * FROM dept;     --定义游标变量
BEGIN
  OPEN dept_cursor;                             --打开游标
  FETCH dept_cursor INTO dept_row;              --提取游标数据
  WHILE dept_cursor%FOUND LOOP
    DBMS_OUTPUT.PUT_LINE('部门名称：'||dept_row.dname);
    FETCH dept_cursor INTO dept_row;            --提取游标数据
  END LOOP;
  CLOSE dept_cursor;                            --关闭游标
END;
```

从代码中可以看到，为了实现 WHILE 游标循环，代码中调用了 2 次 FETCH 语句。在打开了 dept_cursor 游标后，首先调用 FETCH 语句提取游标第 1 行，然后进入 WHILE 循环，判断 dept_cursor 游标是否提取了游标数据，只有在%FOUND 属性值为 True 的情况下，才进入循环体。在循环体内部每输出一次部门名称，又会再次调用 FETCH 语句提取游标数据。

可以看到，2 次调用 FETCH 语句都是必需的，因为在进行 WHILE 条件判断之前，必须要先 FETCH 一次，以便能够获取%FOUND 属性的值，后面的 FETCH 语句则是在循环体内对每一次的循环进行求值。

10.2.3 游标 FOR 循环

游标 FOR 循环与 WHILE 和 LOOP 相比有一个显著的区别，使用游标 FOR 循环并不需要 OPEN、FETCH 或 CLOSE 语句来打开、提取或关闭游标。尽管游标被定义为一个显式游标，但是 PL/SQL 引擎进行了特别的处理，PL/SQL 使用了一个隐式的变量来处理游标 FOR 循环，而不需要显式地定义游标变量，例如要查询 dept 表中的多行数据，可以使用如代码 10.16 所示的游标 FOR 循环。

代码 10.16　使用游标 FOR 循环检索数据

```
DECLARE
   CURSOR dept_cursor IS SELECT * FROM dept;      --定义游标变量
BEGIN
   FOR dept_row IN dept_cursor LOOP               --在游标 FOR 循环中检索数据
     DBMS_OUTPUT.PUT_LINE('部门名称: '||dept_row.dname);
   END LOOP;
END;
```

可以看到，使用游标 FOR 循环省去了很多代码，整个检索结构变得非常简洁。事实上在游标 FOR 循环内部 PL/SQL 隐式地做了很多工作。

（1）dept_row 不需要显式地声明，PL/SQL 引擎隐式地声明 dept%ROWTYPE 类型的记录。

（2）FOR 循环开始的时候，游标 dept_cursor 会被隐式地打开，不需要显式地使用 OPEN 语句进行打开。

（3）游标 dept_cursor 的当前记录会被隐式地赋给变量 dept_row，不需要显式的 FETCH 语句。

（4）每一次循环完成后，会隐式地使用 dept_cursor%FOUND 进行求值，如果值为 False，则会退出当前的 FOR 循环。

（5）在 FOR 循环结束后，PL/SQL 引擎会隐式地调用 CLOSE 语句关闭游标。

因此如果不需要在循环体中进行过多的控制，可以直接使用游标 FOR 循环来简化游标数据的提取。

注意：如果游标需要传递参数，可以直接在游标名后面加入参数值，例如下面的代码：

```
FOR dept_row IN dept_cursor(20) LOOP
```

只要在定义游标时定义了参数，就可以用这种方式来为游标参数指定具体的值。

PL/SQL 还提供了一种更简洁的使用游标 FOR 循环的语法，可以直接在 FOR 语句的 IN 子句中使用子查询，而不用显式地声明一个游标，因此代码 10.16 的写法也可以简化为代码 10.17 所示的编写方式。

代码 10.17　游标 FOR 循环子查询语句

```
BEGIN
  FOR dept_row IN (SELECT * FROM dept) LOOP    --在游标 FOR 循环中检索数据
    DBMS_OUTPUT.PUT_LINE('部门名称：'||dept_row.dname);
  END LOOP;
END;
```

可以看到，在 FOR 语句中直接使用子查询，可以连声明游标的步骤都省了，这使得如果仅仅只是对多行结果集进行单向遍历，节省了编写循环语句的代码，提高了开发的效率。

10.2.4　修改游标数据

很多时候，从游标中检索出来的数据都要进行一些修改，比如更新游标数据或对游标数据进行删除。Oracle 提供了方便的语法来处理游标数据修改操作：一种是在游标的声明部分添加 FOR UPDATE 子句；一种是在 UPDATE 或 DELETE 语句中添加 WHERE CURRENT OF 子句。

1. FOR UPDATE 子句

FOR UPDATE 子句会对用 SELECT 语句提取出来的结果进行锁定，相当于给结果集的行加了一把互斥锁，实行行级锁定。这样其他的用户或会话就不能对当前游标行进行修改或删除，直到整个事务被提交为止。FOR UPDATE 语句的声明如下所示。

```
[FOR UPDATE [OF (column_list)][NOWAIT]];
```

在声明中，可选的 OF(column_list)指定要锁定的表的列，可以同时指定多个表列进行锁定；NOWAIT 指定当有别的会话锁定相同的行时，SELECT FOR UPDATE 语句将不进行等待而直接返回。例如下面的游标定义语句在 SELECT 语句中使用了 FOR UPDATE 来锁定 deptno 和 dname 这两个列。

```
CURSOR dept_cursor IS SELECT * FROM dept FOR UPDATE deptno,dname;
```

在打开游标时，Oracle 会为 dept 表中的当前游标行的 deptno 和 dname 添加互斥锁，不允许其他用户进行更新或删除，只能进行等待。只有等到这个锁被释放后，才能执行操作。因此这会导致一个问题，如果锁因为某种原因而一直没有被释放，那么 SELECT FOR UPDATE 将会一直等待下去，形成死锁。可以通过 NOWAIT 来解决这个问题，带有 NOWAIT 的 SELECT FOR UPDATE 语句在释放时，如果发现所检索的行已被锁定，将不会等待，而是立即返回。

2. WHERE CURRENT OF 子句

在使用 FOR UPDATE 语句锁定了表中的行后，可以在 UPDATE 或 DELETE 语句中使用 WHERE CURRENT OF 子句来得到当前游标所检索出来的行，基本语法为：

```
WHERE CURRENT OF cursorname;
```

cursorname 为当前使用 FOR UPDATE 子句的游标的名称，用来更新游标数据。

> 注意：使用 WHERE CURRENT OF 子句检索的游标一定要有 FOR UPDATE 子句，并且游标要被打开且至少返回一行，不然 Oracle 会触发错误。

示例代码 10.18 使用 FOR UPDATE 与 WHERE CURRENT OF 子句来更新 emp 表中部门编号为 20 的员工提成。

代码 10.18　使用游标更新数据

```
DECLARE
  CURSOR emp_cursor (p_deptno IN NUMBER)
  IS
    SELECT *
      FROM emp
        WHERE deptno = p_deptno
    FOR UPDATE;                              --使用 FOR UPDATE 子句添加互斥锁
BEGIN
  FOR emp_row IN emp_cursor (20)    --使用游标 FOR 循环检索游标
  LOOP
    UPDATE emp
      SET comm = comm * 1.12
      WHERE CURRENT OF emp_cursor; --使用 WHERE CURRENT OF 更新游标数据
  END LOOP;
  COMMIT;                                    --提交更改
END;
```

在定义游标时，在 SELECT 语句中使用 FOR UPDATE 子句来允许在游标中更新或删除游标数据，在语句块的执行部分，使用游标 FOR 循环检索游标数据，在循环体内部使用 UPDATE 语句和 WHERE CURRENT OF 来更新员工的提成信息，最后调用 COMMIT 向数据库提交更改。

> 注意：COMMIT 语句必须要放在循环语句的后面，否则会导致游标更新或删除失败。

使用游标删除数据的语法与 UPDATE 相同。代码 10.19 演示了如何使用游标删除 emp 表中员工编号为 7369 的员工记录。

代码 10.19　使用游标删除数据

```
DECLARE
  CURSOR emp_cursor (p_empno IN NUMBER)
  IS
    SELECT *
      FROM emp
        WHERE empno = p_empno
    FOR UPDATE;                              --使用 FOR UPDATE 子句添加互斥锁
BEGIN
  FOR emp_row IN emp_cursor (7369)   --使用游标 FOR 循环检索游标
  LOOP
    DELETE FROM emp
```

```
        WHERE CURRENT OF emp_cursor;         --使用 WHERE CURRENT OF 删除游标数据
    END LOOP;
END;
```

可以看到，删除语法使用 WHERE CURRENT OF 子句，用法与使用 UPDATE 语句完全相同。

10.3 游标变量

在前面介绍游标的时候，可以看到每定义一个游标，就为其绑定一个查询语句，这种游标称为静态游标。游标变量是另一种类型的游标，在定义时并不绑定到具体的查询，而是可以打开任何类型兼容的查询，灵活性相当大。

10.3.1 游标变量简介

可以把静态游标与游标变量想象为常量与变量的区别，常量的值一经定义就不可改变，而变量通过为其赋予不同的值而发生变化。游标变量有点类似于高级语言中的指针，它指向的是一块内存地址而不是具体的内容，因此声明一个游标变量其实就是创建了一个指针，而不是创建了具体的内容。在 PL/SQL 中，指针是使用 REF 作为前缀进行定义的，因此游标变量类型就是 REF CURSOR 类型。

代码 10.20 是一个使用游标变量的示例，可以发现它的定义语法与普通的游标定义有一些不同。

代码 10.20　游标变量使用示例

```
DECLARE
    TYPE emp_type IS REF CURSOR RETURN emp%ROWTYPE;  --定义游标变量类型
    emp_cur    emp_type;                              --声明游标变量
    emp_row    emp%ROWTYPE;                           --定义游标结果值变量
BEGIN
    OPEN emp_cur FOR SELECT * FROM emp;               --打开游标
    LOOP
        FETCH emp_cur INTO emp_row;                   --循环提取游标数据
        EXIT WHEN emp_cur%NOTFOUND;                   --循环退出检测
        DBMS_OUTPUT.put_line ('员工名称：' || emp_row.ename);
    END LOOP;
END;
```

可以看到，游标变量的定义语法与集合的定义语法有些相似，首先要使用 TYPE 语句定义一个游标类型，然后定义一个该种类型的变量。在语句的执行块中，使用 OPEN FOR 动态地指定了一个 SELECT 子句，然后就像使用静态的游标一样检索游标数据。

静态游标与游标变量的一个区别是游标变量指向的是一个查询的工作区，而静态游标指向的是数据库中的一个命名的工作区。游标变量不依赖于一个特定的工作区，这个工作区是动态的，当一个游标变量指向一个特定的工作区的时候，Oracle 会为它保留该存储空间。因此可以在运行时为游标变量赋一个新的值，将它作为一个参数传递给本地和存储过程,使得子程序可以用一个方便的路径来集中检索数据。

10.3.2 声明游标变量类型

游标变量是一种引用类型,类似于 C 语言中的指针,在程序运行时,它可以指向不同的查询区域。它的定义与集合或记录一样,必须通过两个声明步骤来实现一个游标变量的定义。

(1)创建一个游标变量类型。
(2)基于该类型创建实际的游标变量。
游标类型的声明语法如下所示。

```
TYPE cursor_type_name IS REF CURSOR [ RETURN return_type ];
```

TYPE 语句指定将要定义一个类型,关键字 REF CURSOR 表示将定义一个游标变量类型,REF 表示为一个指针类型,因此理解起来就是表示指向游标的指针。cursor_type_name 是游标类型的名称,RETURN 指定游标将要返回的类型,要求是一个由%ROWTYPE 属性定义的记录或者是在定义游标类型之前预先定义的记录类型。

RETURN 子句是可选的,当指定了 RETURN 子句后,游标变量是受约束的,要求游标必须具有特定的返回类型,因此查询的选择列表必须匹配游标的返回类型,否则将出现预定义的 ROWTYPE_MISMATCH 异常。如果不指定 RETURN 子句,则游标变量是无约束的,当后来打开一个无约束的游标变量时,可以为任何查询而打开。

下面的语句演示了如何声明约束和无约束的两类游标变量类型:

```
DECLARE
  TYPE emp_type IS REF CURSOR RETURN emp%ROWTYPE;
  TYPE gen_type IS REF CURSOR;
```

emp_type 使用了 RETURN 子句进行约束,又称为强类型的游标变量,任何使用这种类型的游标变量在使用 FETCH INTO 语句提取数据时,都必须要匹配 RETURN 指定的数据结构。

gen_type 没有指定 RETURN 子句,又称为弱类型的游标变量,使用这种类型的游标变量没有与任何记录数据结构关联,使用这种类型的定义可以比强类型的游标变量提供更多的灵活性,使其可以用于任意的查询,匹配任意的记录类型。

> **注意**:从 Oracle 9i 开始,Oracle 提供了一个预定义的弱类型游标类型,名为 SYS_REFCURSOR,gen_type 可以直接使用 SYS_REFCURSOR 来代替,而不用进行显式的定义,因此在进行游标变量的声明时,可以直接使用 SYS_REFCURSOR 来取代显式地定义一个弱类型的游标类型。

10.3.3 定义游标变量

游标变量使用特定的游标类型进行声明,声明语法如下所示。

```
cursor_name cursor_type_name;
```

cursor_name 是符合 PL/SQL 标识符命名规范的游标变量的名称，cursor_type_name 是预先使用 TYPE 语句定义的游标类型，游标变量的声明示例如代码 10.21 所示。

代码 10.21　定义游标变量

```
DECLARE
  TYPE emp_type IS REF CURSOR RETURN emp%ROWTYPE;    --定义游标类型
  TYPE gen_type IS REF CURSOR;
  emp_cur tmp_type;                                   --声明游标变量
  gen_cur gen_type;
BEGIN
  OPEN emp_cur FOR SELECT * FROM emp WHERE deptno=20;
END;
```

尽管定义了游标变量后，操作起来类似一个静态的游标，但是二者还是存在明显的区别：静态游标是一个指向具体结果集的常量，是一个具体的游标对象；而游标变量是一个指向游标对象的指针，它指向具体的游标对象，二者的示意图如图 10.3 所示。

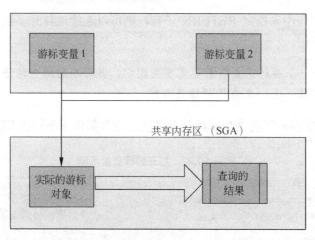

图 10.3　游标变量与具体的游标对象的区别

实际上，定义了一个游标变量仅是指向具体的游标对象的指针，并没有创建具体的游标对象，而游标对象的创建工作是在 OPEN FOR 语句中实现的。因此图 10.3 中的游标变量 1 和游标变量 2 也可以指向相同的游标对象。

10.3.4　打开游标变量

打开游标变量时，需要为游标指定具体的 SELECT 语句，因此使用 OPEN FOR 语句，其声明语法如下所示。

```
OPEN cursor_name FOR select_statement;
```

cursor_name 是所要打开的游标的名称，select_statement 是要进行查询的 SELECT 语句。由于仅在游标打开时，才会为游标变量分配一个具体的游标对象，因此 SELECT 语句的字段列表的数据类型必须要与游标类型定义时的 RETURN 子句相匹配或者相兼容。例如下面的代码在执行时，Oracle 将会抛出类型不匹配的错误：

```
DECLARE
   TYPE emp_type IS REF CURSOR RETURN emp%ROWTYPE;     --定义游标类型
   emp_cur emp_type;                                    --声明游标变量
BEGIN
   OPEN emp_cur FOR SELECT * FROM dept WHERE deptno=20;
                                         --错误：与 TYPE 中的 RETURN 不匹配
END;
```

Oracle 将会弹出如下所示的表达式不匹配的错误，因为在 TYPE 语句的定义中本该返回 emp%ROWTYPE 类型，但是在 SELECT 查询中却查询了 dept 数据表，错误提示如下所示。

```
ERROR 位于第 5 行:
ORA-06550: 第 5 行, 第 21 列:
PLS-00382: 表达式类型错误
ORA-06550: 第 5 行, 第 4 列:
PL/SQL: SQL Statement ignored
```

如果 TYPE 语句中未指定 RETURN 子句，则可以连续地打开多次，分别为其赋不同的查询 SELECT 子句。

> **注意**：重新打开一个游标变量以前不需要关闭它，当用不同的查询语句打开同一个游标变量的时候，上一个查询将被丢弃掉。

示例代码 10.22 演示了弱类型游标打开多次，每次都使用不同的 SELECT 子句。

代码 10.22　打开游标变量示例

```
DECLARE
   TYPE emp_curtype IS REF CURSOR;          --定义游标类型
   emp_cur emp_curtype;                     --声明游标类型的变量
BEGIN
   OPEN emp_cur FOR SELECT * FROM emp;      --打开游标，查询 emp 所有列
   OPEN emp_cur FOR SELECT empno FROM emp;  --打开游标，查询 emp 表 empno 列
   OPEN emp_cur FOR SELECT deptno FROM dept;--打开游标，查询 dept 表 deptno 列
END;
```

当游标变量被打开后，实际上 Oracle 为其分配了一个具体的游标对象，OPEN FOR 语句隐式地创建了一个游标对象赋给游标变量。如果在打开游标时，游标变量已经指向了一个游标对象，OPEN FOR 并不会创建一个新的对象，相反，它将重用现有的对象，在那个对象上绑定一个新的查询。

10.3.5　控制游标变量

在打开了游标变量之后，就可以提取游标数据，使用游标属性判断数据检索的状态了。例如可以使用如下语句来提取游标数据：

```
FETCH cursor_variable_name INTO record_name;
FETCH cursor_variable_name INTO variable_name, variable_name ...;
```

cursor_variable_name 是要提取的已打开的游标变量，record_name 是要提取的目标记录类型。也可以将游标变量中的列值直接赋给由 variable_name 指定的变量，使用 FETCH 语句提取游标变量数据的示例如代码 10.23 所示。

代码 10.23　使用 FETCH 语句提取游标变量数据

```
DECLARE
  TYPE emp_type IS REF CURSOR RETURN emp%ROWTYPE;   --定义游标类型
  emp_cur emp_type;                                 --声明游标变量
  emp_row emp%ROWTYPE;
BEGIN
  IF NOT emp_cur%ISOPEN THEN                        --如果游标变量没有打开
    OPEN emp_cur FOR SELECT * FROM emp WHERE deptno=20; --打开游标变量
  END IF;
  LOOP
    FETCH emp_cur INTO emp_row;                     --提取游标变量
    EXIT WHEN emp_cur%NOTFOUND;                     --如果提取完成则退出循环
    DBMS_OUTPUT.PUT_LINE('员工名称：'||emp_row.ename
                    ||' 员工职位：'||emp_row.job);   --输出员工信息
  END LOOP;
END;
```

可以看到提取的语法与静态游标没有任何区别，还可以在提取时使用 BULK COLLECT 子句批量地从游标变量中取得数据放到一个或多个集合中，可以参考本章 10.1.7 节所示的代码。

如果在定义游标变量时，指定了 RETURN 子句定义了强类型游标变量，那么 PL/SQL 编译器要确保在 INTO 子句后面的变量的类型与查询语句中的结构保持兼容。否则 PL/SQL 编译器将不进行类似的检查，因此游标变量能提取数据到任意类型的结构中。如果数据的结构不匹配，在 FETCH 时 PL/SQL 的运行时引擎将触发 ROWTYPE_MISMATCH 异常。

与静态游标一样，当对游标变量操作结束时，应该使用 CLOSE 语句关闭游标变量，这样就释放了用于查询的资源。下面的示例演示了对一个强类型的游标进行操作，并在最后使用 CLOSE 语句关闭游标，如代码 10.24 所示。

代码 10.24　使用 CLOSE 语句关闭游标变量

```
DECLARE
  TYPE emp_type IS REF CURSOR RETURN emp%ROWTYPE;   --定义游标类型
  emp_cur emp_type;                                 --声明游标变量
  emp_row emp%ROWTYPE;
BEGIN
  OPEN emp_cur FOR SELECT * FROM emp WHERE deptno=20; --打开游标
  FETCH emp_cur INTO emp_row;                       --提取游标
  WHILE emp_cur%FOUND LOOP                          --循环提取游标
    DBMS_OUTPUT.PUT_LINE('员工名称：'||emp_row.ename);
    FETCH emp_cur INTO emp_row;
  END LOOP;
  CLOSE emp_cur;                                    --关闭游标
END;
```

从代码中可以看到，当最后一行被处理完后，关闭了游标变量。

> 注意:关闭一个还没有打开过的游标变量或已经关闭了的游标变量是非法的,PL/SQL 会引发 INVALID_CURSOR 异常。

10.3.6 处理游标变量异常

如果要对一个未打开或者已关闭的游标变量进行提取、关闭或调用游标属性的操作,PL/SQL 引擎将会抛出一个 INVALID_CURSOR 异常。下面的语句直接提取一个未 OPEN 的游标,将触发异常,如以下代码所示。

```
SQL> DECLARE
    TYPE emp_curtype IS REF CURSOR;        --定义游标类型
    emp_cur emp_curtype;                   --声明游标类型的变量
    emp_row emp%ROWTYPE;
  BEGIN
    FETCH emp_cur INTO emp_row;
  END;
  /
DECLARE
*
ERROR 位于第 1 行:
ORA-01001: 无效的游标
ORA-06512: 在 line 6
```

很明显,解决这个异常的首要办法是对游标变量使用 OPEN FOR 语句,打开这个游标变量。另外一个办法是通过将一个已经打开过的游标变量赋给另一个具有相同类型的 PL/SQL 游标变量。

代码 10.25 演示了如何通过处理 INVALID_CURSOR 异常,将一个已经打开的游标变量赋给另一个未打开的游标变量。

代码 10.25 处理 INVALID_CURSOR 异常

```
DECLARE
  TYPE emp_curtype IS REF CURSOR;              --定义游标类型
  emp_cur1 emp_curtype;                        --声明游标类型的变量
  emp_cur2 emp_curtype;
  emp_row emp%ROWTYPE;                         --定义保存游标数据的记录类型
BEGIN
  OPEN emp_cur1 FOR SELECT * FROM emp WHERE deptno=20;  --打开第1个游标
  FETCH emp_cur1 INTO emp_row;                 --提取并显示游标信息
  DBMS_OUTPUT.PUT_LINE('员工名称:'||emp_row.ename||' 部门编号:'||emp_row.deptno);
  FETCH emp_cur2 INTO emp_row;                 --提取第2个游标变量将引发异常
EXCEPTION
  WHEN INVALID_CURSOR THEN                     --异常处理
    emp_cur2:=emp_cur1;                        --将 emp_cur1 指向的查询区域赋给 emp_cur2
    FETCH emp_cur2 INTO emp_row;               --现在 emp_cur1 与 emp_cur2 指向相同的查询
    DBMS_OUTPUT.PUT_LINE('员工名称:'||emp_row.ename||' 部门编号:'||emp_row.deptno);
    --重新打开 emp_cur2 游标变量,利用相同的查询区域
    OPEN emp_cur2 FOR SELECT * FROM emp WHERE deptno=30;
    FETCH emp_cur1 INTO emp_row;
```

```
                            --由于 emp_cur1 与 emp_cur2 共享相同的查询区域，因此结果相同
    DBMS_OUTPUT.PUT_LINE('员工名称:'||emp_row.ename||' 部门编号:'||emp_row.
    deptno);
END;
```

代码的实现过程如以下步骤所示。

（1）在声明区定义了 emp_curtype 游标变量类型的两个游标变量。

（2）在执行部分，调用 OPEN FOR 语句打开了 emp_cur1 游标变量，并提取输出 emp_cur1 查询语句中的员工名称和部门。

（3）由于代码并没有打开 emp_cur2，因此直接 FETCH 该游标变量将触发 INVALID_CURSOR 异常。

（4）在异常处理部分，在异常类型为 INVALID_CURSOR 时，首先将 emp_cur1 赋给 emp_cur2，这个赋值实际上是将 emp_cur1 所指向的查询的区域赋给 emp_cur2，因此 emp_cur1 和 emp_cur2 将指向相同的查询区域。

（5）此时 FETCH 游标变量 emp_cur2 时，就相当于对 emp_cur1 再次提取了一次。

（6）使用 OPEN FOR 语句打开 emp_cur2 时，将使用相同的查询区域执行另一个查询语句，由于 emp_cur1 与 emp_cur2 都指向相同的查询区域，因此在提取 emp_cur1 时，实际上相当于对 emp_cur2 进行了提取，结果如下所示。

```
员工名称：史密斯 部门编号：20
员工名称：约翰 部门编号：20
员工名称：艾伦 部门编号：30
```

另一个常见的异常类型为 ROWTYPE_MISMATCH 异常，可以通过捕获该异常，重新调用 FETCH 语句将其保存到一个匹配的结果类型中。但是即便是第 2 次执行 FETCH 语句，实际上仍然会检索查询结果集的第 1 行，使得可以在异常处理语句中继续使用正确的结果类型进行检索，示例如代码 10.26 所示。

代码 10.26　处理 ROWTYPE_MISMATCH 异常

```
DECLARE
    TYPE emp_curtype IS REF CURSOR;           --定义游标类型
    emp_cur emp_curtype;                      --声明游标类型的变量
    emp_row emp%ROWTYPE;                      --声明游标数据结果类型
    dept_row dept%ROWTYPE;
BEGIN
    OPEN emp_cur FOR SELECT * FROM emp WHERE deptno=20;  --打开游标变量
    FETCH emp_cur INTO dept_row;              --提取到一个不匹配的类型中
EXCEPTION
    WHEN ROWTYPE_MISMATCH THEN                --处理 ROWTYPE_MISMATCH 异常
        FETCH emp_cur INTO emp_row;           --再次提取游标变量数据，输出结果
        DBMS_OUTPUT.PUT_LINE('员工名称:'||emp_row.ename||' 部门编号:'||emp_row.
        deptno);
END;
```

代码的实现过程以如下步骤所示。

（1）在语句的执行部分，将 emp%ROWTYPE 类型的记录写到 dept%ROWTYPE 类型的记录中去，PL/SQL 会触发 ROWTYPE_MISMATCH 异常。

（2）在异常处理部分，重新调用 FETCH 语句提取游标数据，并输出结果，可以看到

游标数据取的依然是 emp 表的第 1 行。

除了使用弱类型的游标变量定义方式,也可以使用 SYS_REFCURSOR 类型,代码 10.27 演示了使用 SYS_REFCURSOR 类型来实现与代码 10.26 类似的工作。

代码 10.27　使用 SYS_REFCURSOR 类型

```
DECLARE
  emp_cur SYS_REFCURSOR;                           --定义弱类型游标变量
  emp_row emp%ROWTYPE;
  dept_row dept%ROWTYPE;
BEGIN
  OPEN emp_cur FOR SELECT * FROM emp WHERE deptno=20;  --打开游标数据
  FETCH emp_cur INTO dept_row;
EXCEPTION
  WHEN ROWTYPE_MISMATCH THEN                       --处理 ROWTYPE_MISMATCH 异常
    FETCH emp_cur INTO emp_row;                    --重新提取并输出异常结果
    DBMS_OUTPUT.PUT_LINE('员工名称:'||emp_row.ename||' 部门编号:'||emp_row.
    deptno);
END;
```

可以看到,使用了 SYS_REFCURSOR 类型之后,不再需要使用 TYPE 语句显式地定义一个弱类型的游标变量类型,而实现的效果与 SYS_REFCURSOR 完全一样。

10.3.7　在包中使用游标变量

包是 PL/SQL 程序设计中一个非常重要的组成部分。包分为如下两部分。

- 包头或称包规范:包含了有关包的内容信息,但是不包含任何过程的代码。
- 包体:包含了在包头中前向声明的子程序的实现代码,包体是可选的,如果包头中不包含任何过程或函数,那么也可以不包含包体。

包头和包体存储在不同的数据字典中,在编译时,如果没有对包头进行成功的编译,就不可能成功编译包主体。

由于包头主要包含常量、变量、函数或过程的定义声明,并不包含具体的实现部分,因此可以在包头中定义游标变量的类型,并且可以将游标变量类型作为过程或函数的参数进行传递。

在本书的第 14 章将会详细地介绍包的使用细节。本节将讨论如何在包中定义并使用游标变量,示例如代码 10.28 所示。

代码 10.28　在包中使用游标变量

```
--创建包规范
CREATE OR REPLACE PACKAGE emp_data_action AS
  TYPE emp_type IS REF CURSOR RETURN emp%ROWTYPE; --定义强类型游标类型
  --定义使游标变量的子程序
  PROCEDURE getempbydeptno(emp_cur IN OUT emp_type,p_deptno NUMBER);
END emp_data_action;

--实现包体
CREATE OR REPLACE PACKAGE BODY emp_data_action AS
  --创建在包规范中定义的过程
```

```
      PROCEDURE getempbydeptno(emp_cur IN OUT emp_type,p_deptno NUMBER) IS
        emp_row emp%ROWTYPE;
      BEGIN
        OPEN emp_cur FOR SELECT * from emp WHERE deptno=p_deptno;
                                                    --打开游标变量
        LOOP
          FETCH emp_cur INTO emp_row;              --提取数据
          EXIT WHEN emp_cur%NOTFOUND;
          --输出游标数据
          DBMS_OUTPUT.PUT_LINE('员工名称：'||emp_row.ename||' 部门编号：
          '||emp_row.deptno);
        END LOOP;
        CLOSE emp_cur;
      END;
    END emp_data_action;
```

上述代码的实现过程如以下步骤所示。

（1）首先定义了一个包规范，在包规范中，使用 TYPE 语句定义了一个游标类型，该游标类型强制返回类型为 emp%ROWTYPE 记录类型。

（2）在包规范中定义了一个使用这种游标类型的游标变量,指定参数类型为 IN 和 OUT，表示既为输入参数又为输出参数（参见本书第 13 章的内容），p_deptno 用来指定一个部门编号，也就是说 getempbydeptno 将根据 p_deptno 参数的值返回特定部门的员工信息结果集。

（3）在包体的定义中，实现了 getempbydeptno 过程，在过程体内部使用 OPEN FOR 语句根据特定的部门编号查询 emp 表，然后提取游标数据并输出到屏幕上。

注意：可以在包中声明游标类型，但是不能在包中声明游标变量。

编译包时需要先对包规范进行编译，只有包规范编译通过后才能编译包体，在成功编译包后，可以使用如下的代码来调用包中的过程：

```
DECLARE
  emp_cursors   emp_data_action.emp_type;       --定义在包中定义的游标类型
BEGIN
  emp_data_action.getempbydeptno (emp_cursors, 20); --调用在包中定义的过程
END;
```

代码引用在包中定义的游标类型，同时通过包名称引用在包中定义的方法，可以看到最后屏幕输出了如下所示的结果：

```
员工名称：史密斯 部门编号：20
员工名称：约翰 部门编号：20
员工名称：斯科特 部门编号：20
员工名称：亚当斯 部门编号：20
员工名称：FL_MARY 部门编号：20
```

10.3.8　游标变量的限制

使用游标变量具有一些限制，需要在开发的过程中密切注意，以免开发出有问题的 PL/SQL 代码。

❏ 不能在包中声明游标变量。

- 不能在创建表或创建视图的语句中把字段类型指定为 REF CURSOR 类型,数据库字段是不能存放游标变量值的。
- 游标类型的参数不支持使用远程过程调用(RPC)将游标变量从一个服务器传递到另一个服务器。
- 不能用比较操作符来判断两个游标变量是否相等、不相等或者为 NULL。
- 不能为游标变量赋空值。
- 不能将 REF CURSOR 类型作为集合的元素类型,也就是说在索引表、嵌套表和变长数组中不能存放游标变量的值。
- 不能将在游标中使用的游标 FOR 循环用在游标变量上,也就是说游标和游标变量不要试图互相替换。

下面的语句在 PL/SQL 的包规范定义中定义游标变量,PL/SQL 引擎将提示错误信息:

```
SQL> CREATE OR REPLACE PACKAGE emp_data_action_err AS
    TYPE emp_type IS REF CURSOR RETURN emp%ROWTYPE;  --定义强类型游标类型
    emp_cur emp_type;                                --错误:不能在包规范中声明游标变量
    --定义使游标变量的子程序
    PROCEDURE getempbydeptno(emp_cur IN OUT emp_type,p_deptno NUMBER);
END emp_data_action_err;
/
警告: 创建的包带有编译错误。
```

下面的代码对游标变量使用游标 FOR 循环,PL/SQL 引擎提示错误信息:

```
SQL> DECLARE
    TYPE emp_curtype IS REF CURSOR;        --定义游标类型
    emp_cur emp_curtype;                   --声明游标类型的变量
BEGIN
    FOR emp_row IN emp_cur LOOP
        DBMS_OUTPUT.PUT_LINE(emp_row.ename);
    END LOOP;
END;
/
    DBMS_OUTPUT.PUT_LINE(emp_row.ename);
 *
ERROR 位于第 6 行:
ORA-06550: 第 5 行, 第 19 列:
PLS-00221: 'EMP_CUR' 不是过程或尚未定义
ORA-06550: 第 5 行, 第 4 列:
PL/SQL: Statement ignored
```

可以看到直接对游标变量使用游标 FOR 循环是编译不过的,因此在开发的过程中要密切注意。

10.4 小 结

本章详细介绍了 PL/SQL 中游标的使用细节。游标在 PL/SQL 开发的过程中使用的频率非常高。本章首先介绍了游标的基本结构,然后讨论了游标的分类和游标的定义方式,分别演示了如何使用显式游标与隐式游标,通过使用游标属性来获取游标操作时的信息。在操纵游标部分,详细介绍了检索游标的几种方式,讨论了如何在游标中更新和删除数据。在游标变量部分,介绍了游标变量的基本功能和定义方式,游标变量与静态变量的操纵方式及游标变量的限制。

第 11 章 事务处理和锁定

当在 PL/SQL 中同时操作多个 SQL 语句，比如通过 DML 语句添加、修改或删除数据时，如何确保数据库数据不会因为意外而导致错误数据是一个非常重要的问题。以仓库发料系统为例，如果某一张领料单已经领了料，那么仓库中的物料就要减少，如果因为某些意外的原因，只是领料单上的料数多了而仓库中的物料没有减少，就会造成数据错误，使得整个仓库管理系统数据变得混乱，进而影响到整个公司的运作。数据库管理系统提供了事务处理的机制以确保数据的完整性和一致性。

在对 Oracle 的管理中，当用户使用应用程序或 Oracle 工具比如 Toad 或 SQL*Plus 连接到 Oracle 时，一个用户会话就被开启，当多个用户对同一个资源进行操作时，比如同时更新表中的一个行，很有可能出现并发冲突，比如 A 用户删除了 B 用户正在更改的记录，导致 A 用户的更改完全失败。Oracle 提供了锁定的机制来控制并发访问数据，锁可以让会话临时地锁定某个资源，不能被其他用户进行更改。本章将会介绍 Oracle 的锁机制如何确保数据访问的安全性。

11.1 事务处理简介

事务（Transaction）是一个由多条 SQL 语句组成的工作逻辑单元，这些语句要么全部执行成功，要么全部不执行，只要有一条 SQL 语句执行失败，则已执行的 SQL 语句会回滚到执行之前的状态，这样就保证了数据库数据的一致性，不至于产生混乱的数据信息。

11.1.1 什么是事务处理

熟悉 SQL Server 的用户很快会发现，Oracle 中的事务处理与 SQL Server 有较明显的区别。在 SQL Server 中，每一个 DML 语句都具有一个隐式的事务，语句执行结束时事务被自动提交到服务器端，除非显式地通过一条事务语句开始一个事务。在 Oracle 中，当第一条 SQL 开始执行时，一个新的事务自动开始，除非显式地使用 COMMIT 进行提交，或者是使用 ROLLBACK 进行回滚，或者是退出某个 Oracle 工具时，这些事务才结束，否则 SQL 语句的操作仅在会话级别进行，并没有保存到数据库中。

由于事务处理要确保事务内数据操作的一致性，因此一个事务必须要满足所谓的 ACID，即原子性、一致性、隔离性和持久性这 4 个属性。

1. 原子性

事务必须是原子工作单元；对其进行的数据修改，要么全都执行，要么全都不执行。以网上银行转账为例，要在 A 账户上增加 1000 元，同时要在 B 账户上减少 1000 元，要么同时执行，要么都不执行更改，以确保整个事务是一个原子工作单元。

2．一致性

事务在完成时，必须使所有的数据都保持一致状态，即所有的数据都要发生更改，以保证数据的完整性。在银行转账时，A 账户和 B 账户的数据都要发生更改，以保证数据的完整性。

3．隔离性

两个事务的执行是互不干扰的，一个事务不可能看到其他事务运行时、运行中间某一时刻的数据。比如银行转账操作时，如果有其他的会话也在进行转账，那么当前事务内不能看到其他事务在运行时或运行中间某一时刻的数据。

4．持久性

一旦事务被提交之后，数据库的变化就会被永远保留下来，即使运行数据库软件的机器后来崩溃也是如此。银行转账一旦操作完成，数据就被永久地保存下来了，即使数据库系统关闭也不会丢失数据。

在 PL/SQL 进行程序设计时，不需要显式地使用事务语句开始一个事务，当遇到第一个 DML 语句时，一个事务开始，在出现下列情况时，事务结束。

❑ 遇到 COMMIT 语句或 ROLLBACK 语句时，将提交或回滚事务。
❑ 当用户退出 Oracle 工具时，比如退出 SQL*Plus 或 Toad 时。
❑ 当机器失效或系统崩溃时。

当一个事务结束以后，下一个可执行的 SQL 语句将自动开始下一个事务，事务处理示意图如图 11.1 所示。

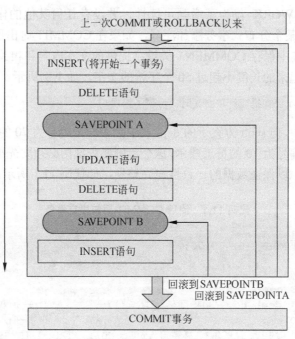

图 11.1 事务处理示意图

从图 11.1 中可以看到，PL/SQL 提供了如下的语句用于事务的管理。
- COMMIT：保存自上一次 COMMIT 或 ROLLBACK 以来的所有改变，并且释放所有的锁。
- ROLLBACK：回滚所有自上一次 COMMIT 或 ROLLBACK 以来的所有改变，并且释放所有的锁。
- ROLLBACK TO SAVEPOINT：回滚所有的改变到一个已经保存的保存点，并且释放所有该范围内的锁。
- SAVEPOINT：建立一个保存点，允许完成局部的回滚操作。
- SET TRANSACTION：允许开始一个只读或读写会话，建立一个隔离级别，或者是将当前的事务赋给一个特定的回滚段。
- LOCK TABLE：允许使用特定的模式锁定整个数据库表，这将覆盖默认的行级别的锁定。

下面分别介绍这些语句的具体使用方法来实现事务的处理。

11.1.2 使用 COMMIT 提交事务

COMMIT 语句会结束数据库事务，它做了如下几方面的工作。
- 如果对数据库使用了 DML 语句进行了修改，那么这些修改就被永久地写进了数据库中，这时其他用户可以立即看到对事务所做的修改。
- 加在事务上的所有锁及事务所占有的一切资源（如游标、内存等）自动被释放。

COMMIT 语句的声明语法如下所示。

```
COMMIT [WORK] [COMMENT text];
```

可选的关键词 WORK 仅为了增强可读性，并没有任何其他的作用；可选的关键字 COMMENT 用来为某个分布式事务添加注释，如果在 COMMIT 时出现网络或机器故障，Oracle 会在数据字典中保存 COMMENT 关键字提供的文本内容和相关的事务 ID，文本内容必须是用引号括起来的长度不超过 50 个字符的文字，如下例所示。

```
COMMIT COMMENT '在提交订单交易时，出现了错误';
```

在下面的示例中，向 scott 方案下的 dept 表中插入一个编号为 70 的市场部，同时向 emp 表中插入一个部门编号为 70 的员工威尔，这个示例要求部门必须要先成功插入后才能插入该部门编号的员工，以保证数据的一致性与完整性，如代码 11.1 所示。

代码 11.1　使用 COMMIT 语句提交事务

```
DECLARE
  dept_no   NUMBER (2) := 70;
BEGIN
  --开始事务
  INSERT INTO dept
      VALUES (dept_no, '市场部', '北京');           --插入部门记录
  INSERT INTO emp                                    --插入员工记录
      VALUES (7997, '威尔', '销售人员', NULL, TRUNC (SYSDATE), 5000,300,
      dept_no);
```

```
  --提交事务
  COMMIT;
END;
```

上述代码的实现过程如下步骤所示。

（1）在 PL/SQL 语句块的执行部分，第一条 INSERT 语句将开始一个隐式的新事务，然后向 dept 表中插入一条部门编号为 70 的部门记录。

（2）由于此时事务还没有被提交，因此如果用户打开 SQL*Plus 查询 dept 表，还看不到新添加的记录。

（3）再向 emp 表中插入一条记录，使用前一条语句中插入的员工编号。

（4）向数据库发送 COMMIT 命令，将结束当前的事务，对数据的修改被永久地写入到数据库，同时对当前的锁定也自动被解除。此时可以在 SQL*Plus 中看到 emp 和 dept 表的更改。

在 SQL*Plus 的查询结果如图 11.2 所示。

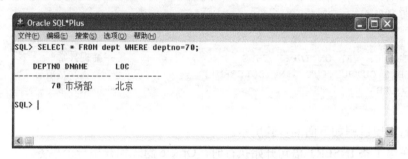

图 11.2　使用 SQL*Plus 查询事务提交后的 dept 表内容

> 注意：COMMIT 语句在执行后会释放在会话上添加的任何表锁和行锁，比如使用 SELECT FOR UPDATE 语句添加的锁，它还清除自上次 COMMIT 或 ROLLBACK 以来添加的任何保存点。

11.1.3　使用 ROLLBACK 回滚事务

如果说 COMMIT 就好比保存操作的话，那么 ROLLBACK 就好比撤销操作。与 COMMIT 语句一样，ROLLBACK 语句将终止当前的事务，使用 ROLLBACK 语句执行回滚的情形一般有如下两大类。

- 误删除了数据或更改了错误的数据，使用回滚能帮助恢复原始的数据。
- 如果触发了一个异常或者 SQL 语句执行失败而不能完成事务，使用回滚能将数据恢复到初始状态，以便于再次执行。

ROLLBACK 的基本语法如下所示。

```
ROLLBACK [WORK] [TO [SAVEPOINT] savepoint_name];
```

与 COMMIT 语句一样，WORK 语句是为了增强可读性而生的，所以可以使用也可以不用理会。除此之外，ROLLBACK 还包含 TO 子句，用于回滚到特定的保存点（将在下一小节进行详细介绍），如果在 ROLLBACK 时，不指定任何的参数，将回滚当前事务的所有更改。

下面的示例在代码中故意制造了一个违反唯一性约束的异常，然后在异常处理语句中使用 ROLLBACK 回滚异常，如代码 11.2 所示。

代码 11.2　使用 ROLLBACK 语句回滚事务

```
DECLARE
   dept_no   NUMBER (2) := 70;
BEGIN
   --开始事务
   INSERT INTO dept
       VALUES (dept_no, '市场部', '北京');        --插入部门记录
   INSERT INTO dept
       VALUES (dept_no, '后勤部', '上海');        --插入相同编号的部门记录
   INSERT INTO emp                              --插入员工记录
       VALUES (7997, '威尔', '销售人员', NULL, TRUNC (SYSDATE), 5000,300,
dept_no);
   --提交事务
   COMMIT;
EXCEPTION
   WHEN DUP_VAL_ON_INDEX THEN                   --捕捉异常
     DBMS_OUTPUT.PUT_LINE(SQLERRM);             --显示异常消息
     ROLLBACK;                                  --回滚异常
END;
```

代码的实现过程如下面的步骤所示。

（1）在第 1 条 INSERT 语句开始执行时，Oracle 隐式地开始一个事务。

（2）第 2 条 INSERT 语句向 deptno 表中插入相同编号的记录，由于 dept 表中的 deptno 为主键列，因此在这里将触发 DUP_VAL_ON_INDEX 异常。

（3）代码跳转到异常处理部分，在异常处理块内部首先输出了 SQLERRM 包含的异常信息，然后调用 ROLLBACK 回滚事务。

（4）此时可以查询 dept 表，可以看到尽管第 1 条 INSERT 语句执行成功，但是结果集中依然没有包含 deptno 为 70 的记录，这是因为 ROLLBACK 将事务内所做的任何改变进行了回滚操作，同时当前会话中的所有锁也会被释放，使得其他用户可以继续进行修改。

11.1.4　使用 SAVEPOINT 保存点

默认情况下，ROLLBACK 会撤销整个事务，如果编写了一个很大的 PL/SQL 块，使用了很多的 DML 语句，此时回滚操作的工作量是比较大的。PL/SQL 提供了语句级别的回滚，允许将一个大的事务分成很多语句级的小块，每一个小块作为一个保存点，这样在执行 PL/SQL 程序时，如果发生了错误，Oracle 只是回滚到最近的保存点，而不是撤销整个事务。

保存点的声明语法如下所示。

```
SAVEPOINT savepoint_name;
```

savepoint_name 是保存点的名字，命名必须遵循 SQL 标识符的一般规则。一旦定义了保存点，那么就可以使用 ROLLBACK TO SAVEPOINT 这样的语句来撤销到特定的保存点。ROLLBACK TO SAVEPOINT 命令执行之后，将会发生如下所示的几件事。

(1) 从保存点以后所做的工作都被撤销,但是保存点未被释放,如果需要,可以再次撤销该保存点。
(2) 自该保存点以后 SQL 语句所需的锁和资源都被释放。
(3) 虽然撤销到保存点,但是并不是结束整个事务,SQL 语句处于挂起状态。
代码 11.3 演示了如何在 PL/SQL 块中使用保存点技术进行局部回滚。

代码 11.3 使用保存点局部回滚

```
DECLARE
   dept_no    NUMBER (2) :=90;
BEGIN
   --开始事务
   SAVEPOINT A;
   INSERT INTO dept
       VALUES (dept_no, '市场部', '北京');      --插入部门记录
   SAVEPOINT B;
   INSERT INTO emp                               --插入员工记录
       VALUES (7997, '威尔', '销售人员', NULL, TRUNC (SYSDATE), 5000,300,
dept_no);
   SAVEPOINT C;
   INSERT INTO dept
       VALUES (dept_no, '后勤部', '上海');      --插入相同编号的部门记录
   --提交事务
   COMMIT;
EXCEPTION
   WHEN DUP_VAL_ON_INDEX THEN                   --捕捉异常
     DBMS_OUTPUT.PUT_LINE(SQLERRM);             --显示异常消息
     ROLLBACK TO B;                             --回滚异常
END;
```

代码的实现过程如以下步骤所示。

(1) 在语句块的执行部分,在第 1 个 INSERT 语句之前,使用 SAVEPOINT 定义了一个保存点,实际上直接使用 ROLLBACK 时,总是会从头开始进行回滚,因此这个保存点的定义是不必要的。

(2) 在第 2 个 INSERT 和第 3 个 INSERT 语句前分别定义了保存点 B 和 C。保存点 B 下面的 INSERT 语句向 emp 表中插入一条记录;保存点 C 下面的 INSERT 语句向 dept 表插入一条违反主键约束的部门记录。

(3) 因为保存点 C 后面的 INSERT 语句将触发异常,所以实际上代码没有执行到第 3 条 INSERT 子句。在异常处理语句中,当触发异常量,将回滚到保存点 B。而保存点 A 下面的 INSERT 语句将不会回滚,被成功插入到数据库。

上述语句执行后,可以在另一个会话中看到 deptno 为 90 的部门果然已经插入到了数据库中,而 emp 表中插入的员工记录被回滚。

SAVEPOINT 语句通常用在事务中比较复杂的部分之前,如果较复杂的部分执行失败,那么可以撤销这部分更改,但是前面的部分仍然成功更改。

11.1.5 使用 SET TRANSACTION 设置事务属性

SET TRANSACTION 语句允许开始一个只读或只写的事务,建立隔离级别或者是为当

前的事务分配一个特定的回滚段。

> 注意：SET TRANSACTION 必须是事务处理中的第 1 条语句，并且仅能出现一次。

SET TRANSACTION 的语法如下所示。

```
SET TRANSACTION parameter;
```

parameter 用来指定事务的参数，可供使用的参数取值有如下几种。

- READ ONLY：用于建立只读事务，在此事务中执行任何 INSERT、DELETE、UPDATE 或 SELECT FOR UPDATE 等命令都属于非法操作，对于这种事务模式不用指定回滚段，基本语法如下所示。

```
SET TRANSACTION READ ONLY;
```

- READ WRITE：建立读写事务，读写事务没有只读事务的种种限制，不仅可以执行 SELECT 语句，也可以执行 INSERT、DELETE、UPDATE 等语句，基本语法如下所示。

```
SET TRANSACTION READ WRITE;
```

- ISOLATION LEVEL：用来设置事务的隔离级别，即规定在事务中如何处理 DML 事务，可以设置 SERIALIZABLE 和 READ COMMITTED 这两个选项。SERIALIZABLE 选项会使得对已修改但没有提交的数据对象的 DML 事务失败，READ COMMITTED 选项对已修改但没有提交的数据库对象的 DML 事务进行修改时，会等待前面的 DML 锁消失，这是 Oracle 的默认特性。ISOLOATION LEVEL 的基本使用语法如下所示。

```
SET TRANSACTION ISOLATION LEVEL SERIALIZABLE;      --设置序列隔离级别
SET TRANSACTION ISOLATION READ COMMITTED;          --设置读提交隔离级别
```

- USE ROLLBACK SEGMENT：给事务定义一个合适的回滚段，基本语法如下所示。

```
SET TRANSACTION ISOLATION USE ROLLBACK SEGMENT segmentname;
```

在进行数据统计分析工作时，一般都会查询数据库中的多个表，此时可以将查询统计工作定义为只读的事务，以防止在事务中进行 DML 操作。

代码 11.4 演示了如何查询在 emp 表中 1981、1982 和 1983 这 3 年中入职的人数。

代码 11.4　只读事务使用示例

```
DECLARE
  v_1981 NUMBER(2);
  v_1982 NUMBER(2);
  v_1983 NUMBER(2);
BEGIN
  --SET TRANSACTION 必须是事务的第 1 条语句，因此可以在 COMMIT 或 ROLLBACK 后面
  COMMIT;
  SET TRANSACTION READ ONLY NAME '统计年度入职数据';    --使用 NAME 为事务命名
  --使用 SELECT 语句执行查询
  SELECT COUNT(empno) INTO v_1981 FROM emp WHERE TO_CHAR(hiredate,'YYYY')=
  '1981';
  SELECT COUNT(empno) INTO v_1982 FROM emp WHERE TO_CHAR(hiredate,
```

```
        'YYYY')='1982';
        SELECT COUNT(empno)  INTO v_1983 FROM emp WHERE TO_CHAR(hiredate,
        'YYYY')='1983';
        COMMIT;   --终止只读事务
        DBMS_OUTPUT.PUT_LINE('1981年入职人数：'||v_1981);     --显示统计的结果
        DBMS_OUTPUT.PUT_LINE('1982年入职人数：'||v_1982);
        DBMS_OUTPUT.PUT_LINE('1983年入职人数：'||v_1983);
    END;
```

上述代码的实现步骤如下所示。

（1）由于 SET TRANSACTION 语句必须是只读事务中的第 1 条 SQL 语句，并且只能出现一次，因此在 PL/SQL 语句块的执行部分，首先进行了一个可选的 COMMIT 提交动作，以确保 SET TRANSACTION 为事务中的第 1 条语句。

（2）在 SET TRANSACTION 语句中，指定了 READ ONLY 表明事务处于只读状态，因此后续的查询能看到事务开始之前提交的内容，并且不会对其他的用户或事务造成任何影响。在 READ ONLY 语句后面的 NAME 关键字为事务指定了一个友好的名称。

（3）在 SET TRANSACTION 语句的后面，使用 SELECT 语句分别查询 emp 表中雇佣日期为 1981、1982 和 1983 年的员工人数，在查询结束后使用 COMMIT 来终止这个只读的事务。

通过这个示例可以看到，要控制事务的等级，只需要在事务的开头使用 SET TRANSACTION 语句即可。

> 注意：在使用只读事务时，只有 SELECTINTO、OPEN、FETCH 、CLOSE、LOCK TABLE、COMMIT 和 ROLLBACK 语句才允许出现在只读事务中，并且查询过程不能使用 FOR UPDATE。

11.2 使用锁定

锁定是数据库管理系统确保数据一致性和完整性的重要机制。试想一个银行转账的场景，如果 A 用户要转 1000 元到 B 用户的账户上，由于转账操作涉及将 A 用户账户减少 1000 元，B 用户账户增加 1000 元，在将 A 用户账户余额减少 1000 元时，如果不使用锁定机制，会导致 A 用户账户的数据发生错误，比如其他人将 A 用户账户数据删除等。Oracle 提供了自动的锁定机制，使得在 A 用户更新账户时，会锁定当前的记录，不允许其他用户更改，保证了数据的稳定性与一致性。

11.2.1 理解锁定

在本书第 10.2.4 小节介绍修改游标数据时，曾经介绍过为了修改游标数据，需要在 SELECT 语句中使用 FOR UPDATE 子句，使用该子句后，可以锁定表中的特殊的行，保证它们在更新或删除之前不会发生改变。

⚠️注意：Oracle 在执行更新或删除操作时会自动获取行级别的锁，如果要在更新或删除操作执行之前锁住行才使用 FOR UPDATE 子句。

为了演示锁在 Oracle 中的应用，下面使用 FOR UPDATE 语句演示锁的作用，笔者在 Toad 中使用如下的语句查询 soctt 方案中的 emp 表：

```
SELECT * FROM emp WHERE deptno=10 FOR UPDATE;
```

现在打开 SQL*Plus，使用 scott 用户登录后，执行同样的代码，可以看到 SQL*Plus 将处于等待状态，并没有出现想要的结果，如图 11.3 所示。

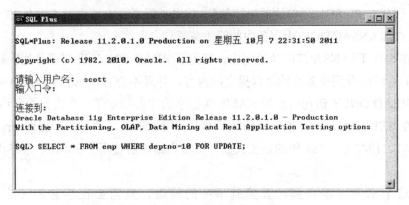

图 11.3　在 SQL*Plus 中用一个新的会话执行查询

由于 FOR UPDATE 会为表中的行添加排它锁，因此在新的会话中执行同样的 FOR UPDATE 语句时，Oracle 必须等待锁定被释放后，才能继续其他的操作，因而在 SQL*Plus 中会一直处于等待状态。

如果在 Toad 中使用 COMMIT 语句提交更新，此时 COMMIT 语句会结束事务，并释放所有相关的锁，那么在 SQL*Plus 中会立即看到显示的结果，如图 11.4 所示。

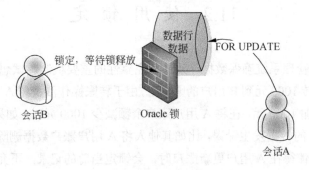

图 11.4　Oracle 锁示意图

在 Oracle 中，锁定又可以分为如下两种类型。

- 表锁定：对整个表实行数据锁定，以确保当前事务可以访问数据，但是防止其他的会话或事务同时对该表进行访问而造成冲突，用于保护整张表的数据。
- 记录锁定：又称为行锁定，对当前操作的一行进行锁定，锁定总是以独占的方式进行，在一个事务结束之前，其他事务将要等待该事务结束。

11.2.2 记录锁定

Oracle 隐式地实现记录锁定,当执行 INSERT、DELETE 及 SELECT FOR UPDATE 语句时,将进行记录锁定。这种锁定又称为互斥锁,或者也称为排它锁(Exclusive Locks)。当记录添加了这种锁之后,锁定总是以独占的方式进行,一个事务没有结束以前,其他的事务只有等待直到锁定释放。例如下面的代码使用 FOR UPDATE 语句来为记录添加一个排它锁:

```
SELECT * FROM emp WHERE deptno=10 FOR UPDATE;
```

可以看到,只要添加了 FOR UPDATE 选项,就会为选中的行添加记录锁,其他的事务要等待该事务结束才能修改同样的记录。如果在 FOR UPDATE 子句后面使用 NOWAIT 子句,Oracle 会马上拒绝而返回 ORA-0054 异常,提示资源正忙,下面的语句在 FOR UPDATE 子句中使用了 NOWAIT 关键字:

```
SELECT * FROM emp WHERE deptno=10 FOR UPDATE NOWAIT;
```

然后在 SQL*Plus 中开启一个新的会话,使用同样的 FOR UPDATE 语句,可以看到 SQL*Plus 将不会一直等待,而是直接跳出一个异常,如图 11.5 所示。

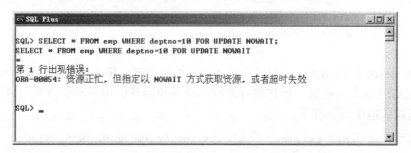

图 11.5 在新的会话中的 ORA-00054 异常

在进行 PL/SQL 开发时,可以通过捕获该异常来进行进一步的处理。

11.2.3 表锁定

Oracle 默认并不会进行表锁定,但是可以使用下一小节介绍的 LOCK TABLE 语句把整张表用指定的锁模式进行锁定,这样就能共享或拒绝对这些表的访问。

表锁定具有不同的模式,这些模式决定了什么样的锁可以作用于数据表上。例如,如果多个用户同时获取一个表上的行共享锁,但是只能有一个用户获取排它锁,那么当其中一个用户获取了排它锁时,其他的用户就不能插入、删除或更新表中的数据了。

> 注意:表锁定不会阻止用户对表进行查询,而且查询也不会获取表锁。只有两个不同的事务尝试修改同样的数据时,才可能出现其中一个事务等待另一个事务完成的现象。

下面是常见的几种表锁定的模式。

- ROW SHARE：行共享锁，这是一种最小限制的锁定，在锁定表的同时允许别的事务并发地对表进行 SELECT、INSERT、UPDATE 和 DELETE 及 LOCK TABLE 操作，它不允许任何事务对同一个表进行独占式的写访问。
- ROW EXCLUSIVE：行排它锁，当一个表的多条记录被更新时，也允许别的事务对同一个表执行 SELECT、INSERT、UPDATE 和 DELETE 以及 LOCK TABLE 操作，但是与行共享锁不同的是它不能防止别的事务对同一个表的手工锁定或独占式的读与写。
- SHARE LOCK：共享锁，只允许别的事务查询或锁定特定的记录，防止任何事务对同一个表的插入、修改和删除操作。
- SHARE ROW EXCLUSIVE：共享排它锁，用于查看整个表，也允许别的事务查看表中的记录，但不允许别的事务以共享模式锁定表或更新表中的记录，这种锁定一般只允许用于 SELECT FOR UPDATE 语句中。
- EXCLUSIVE：排它锁，该事务以独占方式写一个表，允许别的用户读取和查询，但是不允许进行任何的 INSERT、UPDATE 和 DELETE 工作。

如果没有显式地指定锁定，Oracle 在运行会自动地提供隐式的锁定，因此一般情况下不需要对锁进行精细的控制，只有在有特殊需要时，才可能需要手工控制锁定的级别。

11.2.4 使用 LOCK TABLE

LOCK TABLE 语句允许用户使用一个特定的锁定模式锁定整个数据表，使用 LOCK TABLE 允许开发人员在某一操作进行之前共享或拒绝其他用户对于该表的访问。LOCK TABLE 语句的语法如下所示。

```
LOCK TABLE table_reference_list IN lock_mode MODE [NOWAIT];
```

语句中的 table_reference_list 是一个或多个所引用的数据表的列表，lock_mode 就是上一节中介绍的几种锁定的模式，比如 ROW SHARE、SHARE LOCK、ROW EXCLUSIVE、EXCLUSIVE 等。

NOWAIT 是可选项，类似于 FOR UPDATE 的 NOWAIT，当试图锁定一个表的时候，如果该表已被别的事务锁定，则立即将控制返还给事务，否则将一直等待，直到该表的锁定被解除。

下面的语句演示了如何使用各种不同的锁定模式使用 LOCK TABLE 语句：

```
LOCK TABLE emp IN SHARE MODE;
LOCK TABLE emp IN EXCLUSIVE MODE NOWAIT;
LOCK TABLE emp IN SHARE UPDATE MODE;
LOCK TABLE emp IN ROW EXCLUSIVE MODE NOWAIT;
LOCK TABLE emp IN SHARE ROW EXCLUSIVE MODE;
LOCK TABLE emp IN ROW SHARE MODE NOWAIT;
```

注意：如果要解除使用 LOCK TABLE 语句的锁定，只需要简单地使用 COMMIT 或 ROLLBACK 语句即可。

使用 LOCK TABLE 语句还可以对视图进行锁定，当然锁定视图实际上是对视图所组成的基础表进行了锁定，比如 view_emp_dept 视图由 emp 表和 dept 表组成，那么锁定视图实际上是对 emp 和 dept 这两个表的锁定。

例如下面的语句：

```
LOCK TABLE view_emp_dept IN SHARE MODE NOWAIT;
```

锁定实际上等价于：

```
LOCK TABLE emp,dept IN SHARE MODE NOWAIT;
```

11.3 小　　结

事务和锁定是进行 PL/SQL 程序设计时需要特别注意的两项，在开发多用户并发系统时，如果不注意对事务的控制和锁定的管理，会出现意想不到的糟糕结果。本章介绍了 Oracle 中的事务处理机制，讨论了在 Oracle 中控制事务的几个关键语句，比如使用 COMMIT 和 ROLLBACK 这对语句处理事务的提交或回滚；通过 SAVEPOINT 来分段提交事务等。在锁定部分，首先详细介绍了锁定的概念，了解了在 Oracle 中可以控制的锁定类型，详细介绍了表锁定和记录锁定这两种类型，最后介绍了如何使用 LOCK TABLE 语句显式地锁定整个数据表。通过对本章的学习，可以对 PL/SQL 编程具有更清晰的架构。

第 12 章 异常处理机制

无论是编程领域的新手，还是具有多年编程经验的老手，在程序代码编写过程中或者业务逻辑处理过程中，都有可能遇到难以考虑周全的错误。为了保证程序的健壮性，大多数程序设计语言都提供了异常处理机制，比如 PASCAL 语言就提供了强健的异常处理语法。

由于 PL/SQL 是基于 Ada 程序语言的一门过程性程序设计语言，因此它继承了 Ada 语言的异常处理机制，使得 PL/SQL 开发人员可以使用异常处理来编写健壮的代码。

12.1 理解异常处理

在介绍 PL/SQL 块的知识时，曾经了解到 PL/SQL 块中具有一个以 EXCEPTION 为开头的异常处理块，在该块中将捕获在执行块中所出现的已知的和未知的异常，使得程序员可以在这个语句块中进行异常的处理操作，比如在产生异常时进行事务回滚，或者是恢复到某个状态及记录日志等信息。

12.1.1 异常处理简介

在编写程序的过程中，总是会遇到不少的错误，这些错误有的是由于错误的输入造成的，有的是程序在运行过程中出现的逻辑性错误，Oracle 中的错误可以分为如下两大类。

- 编译时错误：程序在编写过程中出现的错误。PL/SQL 引擎在进行编译时会发现这些错误并报告给用户，此时程序还没有完全运行。
- 运行时错误：程序在运行过程中因为各种各样的原因产生的运行时错误。由于这类错误有时难以预料，因此需要异常处理机制来进行处理。

1. 编译时错误

对于编译时错误来说，比如查询一个输入错误的数据表名，PL/SQL 引擎马上就能发现错误，并提示一个异常信息，如代码 12.1 所示。

代码 12.1 编译时 PL/SQL 引擎异常

```
--编译时的错误处理
SQL> DECLARE
        v_count NUMBER;
     BEGIN
        --由于 emp001 表并不存在，因此 PL/SQL 引擎将产生编译时错误
```

```
        SELECT COUNT(*) INTO v_count FROM emp001;
        DBMS_OUTPUT.PUT_LINE('员工人数为：'||v_count);
    END;
    /
    DBMS_OUTPUT.PUT_LINE('员工人数为：'||v_count);
            *
第 6 行出现错误：
ORA-06550: 第 5 行，第 38 列：
PL/SQL: ORA-00942: 表或视图不存在
ORA-06550: 第 5 行，第 4 列：
PL/SQL: SQL Statement ignored
```

可以看到，PL/SQL 引擎会自动分析 emp001 表，发现这个表不存在之后，将立即停止 PL/SQL 块的执行，跳出异常信息提示表或视图不存在。

2. 运行时异常

运行时异常是程序编写过程中比较难以控制的一类异常，如果没有强健的异常处理机制，那么编写出来的代码将非常易于出错，由于这类异常会被 PL/SQL 引擎编译通过，因此只有在运行时才能发现错误的真正原因。运行时异常经典的示例是被 0 除错误，下面的 PL/SQL 块演示了在被 0 除错误发生时产生的异常，如代码 12.2 所示。

代码 12.2 运行时 PL/SQL 被零除异常

```
DECLARE
    x NUMBER:=&x;            --使用参数化的数值
    y NUMBER:=&y;
    z NUMBER;
BEGIN
    z:=x+y;                  --两个数相加
    DBMS_OUTPUT.PUT_LINE('x+y='||z);
    z:=x/y;                  --两个数相除
    DBMS_OUTPUT.PUT_LINE('x/y='||z);
END;
```

在上面的 PL/SQL 匿名块中，使用了绑定变量为 x 和 y 指定值，因此在编译时，x 和 y 这两个变量是未知的，在执行部分，使用 $x+y$ 和 x/y 对这两个整型变量进行运算。首先为 x 和 y 分别指定 9 和 3，可以看到在 DBMS_OUTPUT 中的输出：

```
x+y=12
x/y=3
```

如果为 y 指定 0，在执行时可以看到，PL/SQL 引擎将抛出异常：

```
SQL> DECLARE
    x NUMBER:=&x;            --使用参数化的数值
    y NUMBER:=&y;
    z NUMBER;
  BEGIN
    z:=x+y;                  --两个数相加
    DBMS_OUTPUT.PUT_LINE('x+y='||z);
    z:=x/y;                  --两个数相除
    DBMS_OUTPUT.PUT_LINE('x/y='||z);
  END;
  /
```

```
输入 x 的值: 12
原值    2:    x NUMBER:=&x;    --使用参数化的数值
新值    2:    x NUMBER:=12;    --使用参数化的数值
输入 y 的值: 0
原值    3:    y NUMBER:=&y;
新值    3:    y NUMBER:=0;
DECLARE
*
第 1 行出现错误:
ORA-01476: 除数为 0
ORA-06512: 在 line 8
```

此时,代码会执行到前一条 DBMS_OUTPUT.PUT_LINE 位置,在 Toad 的 DBMS Output 窗口中可以看到第 1 行输出,由于 x/y 触发了异常,语句会立即跳转到异常处理部分,不会继续向下执行。

如果不使用异常处理机制,就需要开发人员在代码中添加检查语句,例如可以通过判断 y 的值来决定是否执行 x/y 语句,如以下代码所示:

```
DECLARE
  x NUMBER:=&x;   --使用参数化的数值
  y NUMBER:=&y;
  z NUMBER;
BEGIN
  z:=x+y;              --两个数相加
  DBMS_OUTPUT.PUT_LINE('x+y='||z);
  IF y<>0 THEN
  z:=x/y;              --两个数相除
  DBMS_OUTPUT.PUT_LINE('x/y='||z);
  END IF;
END;
```

上面的语句通过判断 y 的值不为 0 来执行代码,这是常见的处理异常的方式。但是对于一个复杂的语句块来说,在代码中使用过多的 IF ELSE 语句会使得整个代码块的可见性变差,难以维护。

在 PL/SQL 执行区出现异常了以后,在 EXCEPTION 区中捕捉异常并进行处理,这是 PL/SQL 进行异常处理的标准方式,因此将被 0 除的代码更改为异常处理代码,如代码 12.3 所示。

代码 12.3 使用异常处理机制处理被零除异常

```
DECLARE
  x NUMBER:=&x;   --使用参数化的数值
  y NUMBER:=&y;
  z NUMBER;
BEGIN
  z:=x+y;                    --两个数相加
  DBMS_OUTPUT.PUT_LINE('x+y='||z);
  z:=x/y;                    --两个数相除
  DBMS_OUTPUT.PUT_LINE('x/y='||z);
EXCEPTION                    --异常处理语句块
  WHEN ZERO_DIVIDE THEN    --处理被 0 除异常
    DBMS_OUTPUT.PUT_LINE('被除数不能为 0');
END;
```

上面的代码将异常处理逻辑写在了 EXCEPTION 语句块中，将异常处理与程序逻辑分离，提供了更加清晰的代码，而且在 EXCEPTION 语句块中可以捕捉各种各样的异常，使得程序的健壮性大大增强。

12.1.2 异常处理语法

上一节的示例中，使用了 ZERO_DIVIDE 异常，这是一个预定义异常，在 PL/SQL 语句块中，还可以自定义异常，一个 PL/SQL 异常处理结构可以如图 12.1 所示。

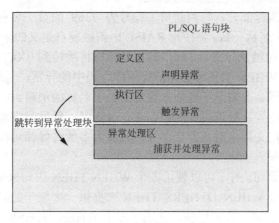

图 12.1 异常处理语句块结构

可以看到，基本的异常处理结构的 PL/SQL 块包含 3 个部分。
（1）在定义区，定义异常，如果使用预定义异常，则不用在定义区定义异常。
（2）在执行区，可以显式地触发异常，也可以由 PL/SQL 引擎触发异常。
（3）只要在执行过程中出现了异常，那么执行区中后续的语句将立即停止执行，语句执行流程跳转到异常处理区。

代码 12.4 演示了使用异常处理语句的典型的 PL/SQL 示例。

代码 12.4　异常处理结构示例

```
DECLARE
  e_duplicate_name       EXCEPTION;                        --定义异常
  v_ename                emp.ename%TYPE;                   --保存姓名的变量
  v_newname              emp.ename%TYPE := '史密斯';        --新插入的员工名称
BEGIN
  --查询员工编号为 7369 的姓名
  SELECT ename
    INTO v_ename
    FROM emp
   WHERE empno = 7369;
  --确保插入的姓名没有重复
  IF v_ename = v_newname
  THEN
     RAISE e_duplicate_name;       --如果产生异常，触发 e_duplicate_name 异常
  END IF;
  --如果没有异常，则执行插入语句
  INSERT INTO emp
```

```
        VALUES (7881, v_newname, '职员', NULL, TRUNC (SYSDATE), 2000, 200,
20);
EXCEPTION                                            --异常处理语句块
  WHEN e_duplicate_name                              --处理异常
  THEN
     DBMS_OUTPUT.put_line ('不能插入重复的员工名称');
END;
```

代码的实现步骤如下所示。

（1）在语句块的定义区，定义了一个 EXCEPTION 类型的自定义异常 e_duplicate_name，该异常将在员工名称发生重复时触发。

（2）在语句块的执行部分，将判断员工编号为 7369 的员工名称是否与要插入的员工名称相匹配，如果员工名称一致，将使用 RAISE 语句触发自定义的 e_duplicate_name 异常。

（3）当 RAISE 语句触发异常后，程序的执行流程将跳转到 EXCEPTION 部分的异常处理块中。在块中使用 WHEN THEN 语句捕捉程序代码中的异常，当遇到 e_duplicate_name 类型的异常时，将在屏幕上输出不能插入重复的员工名称的消息。

可以看到，当使用异常处理机制时，需要包含定义、触发异常和异常处理 3 大部分。异常定义仅在使用自定义异常时才需要进行，其实大多数时候都可以使用 PL/SQL 预定义的异常来实现异常处理。

在 EXCEPTION 语句块中，可以使用多个 WHEN THEN 语句来捕捉多个异常，对于未处理的异常，可以通过 WHEN OTHERS THEN 来提供一个统一的异常处理。例如下面的代码对代码 12.4 进行了进一步的增强，使用了多个 WHEN OTHERS THEN 语句，如代码 12.5 所示。

代码 12.5　异常处理结构示例

```
DECLARE
  e_duplicate_name       EXCEPTION;                  --定义异常
  v_ename                emp.ename%TYPE;             --保存姓名的变量
  v_newname              emp.ename%TYPE  := '史密斯'; --新插入的员工名称
BEGIN
  --查询员工编号为 7369 的姓名
  SELECT ename
    INTO v_ename
    FROM emp
   WHERE empno = 7369;
  --确保插入的姓名没有重复
  IF v_ename = v_newname
  THEN
     RAISE e_duplicate_name;   --如果产生异常，触发 e_duplicate_name 异常
  END IF;
  --如果没有异常，则执行插入语句
  INSERT INTO emp
        VALUES (7881, v_newname, '职员', NULL, TRUNC (SYSDATE), 2000, 200,
20);
EXCEPTION                                            --异常处理语句块
  WHEN e_duplicate_name   THEN
     DBMS_OUTPUT.put_line ('不能插入重复的员工名称');
  WHEN OTHERS THEN
     DBMS_OUTPUT.put_line('异常编码：'||SQLCODE||' 异常信息：'||SQLERRM);
END;
```

在 EXCEPTION 语句块中,使用了两个 WHEN 子句,当异常被触发以后,如果第 1 个 WHEN 子句中的异常不匹配,将寻找第 2 个 WHEN 子句中的异常进行匹配,OTHERS 表示匹配所有的异常。

注意: 在定义多个 WHEN 子句时,应该将最详细的异常放在 EXCEPTION 块的前面,在最后用一个 OTHERS 来确保捕捉到所有未处理异常。

12.1.3 预定义异常

在 PL/SQL 语句块中,无论是预定义错误还是自定义错误,Oracle 在内部都会隐含地触发一个错误,每个错误都有一个序号,例如在上一节的示例中使用的 SQLCODE 就是异常的编码,SQLERRM 用来获取异常的信息。但是在 PL/SQL 进行异常处理时,不能直接使用异常编码,必须使用一个名字来引用和处理异常,因此 PL/SQL 为一些公共的错误定义了一系列的预定义异常,比如 NO_DATA_FOUND 异常,当没有检索到任何数据时会触发该异常。

Oracle 在 STANDARD 包中已经将常见的异常进行了定义,使得开发人员不用去手动地定义异常,只需要使用这些预定义的异常即可。开发人员也可以选择使用 EXCEPTION_INIT 编译指令将自定义的异常与特定的 Oracle 错误联系起来使用。

表 12.1 列出了常见的预定异常及相关的描述性信息。

表 12.1 Oracle预定义异常及其描述

Oracle 错误号	SQLCODE 值	异 常 名 称	异 常 描 述
ORA-00001	−1	DUP_VAL_ON_INDEX	唯一索引对应的列上有重复的值
ORA-00051	−51	TIMEOUT_ON_RESOURCE	Oracle 在等待资源时超时
ORA-01001	−1001	INVALID_CURSOR	在不合法的游标上进行操作
ORA-01012	−1012	NOT_LOGGED_ON	PL/SQL 应用程序在没有连接 Oracle 数据库的情况下访问数据
ORA-01017	−1017	LOGIN_DENIED	PL/SQL 应用程序连接到 oracle 数据库时,提供了不正确的用户名或密码
ORA-01403	100	NO_DATA_FOUND	SELECT INTO 语句没有返回数据,或者我们的程序引用了一个嵌套表中被删除了的元素或索引表中未初始化的元素。SQL 聚合函数,如 AVG 和 SUM,总是能返回一个值或空。所以,一个调用聚合函数的SELECT INTO语句从来不会抛出 NO_DATA_FOUND 异常。FETCH 语句最终会取不到数据,当这种情况发生时,不会有异常抛出
ORA-01410	−1410	SYS_INVALID_ROWID	从字符串向 ROWID 转换发生错误,因为字符串并不代表一个有效的 ROWID
ORA-01422	−1422	TOO_MANY_ROWS	执行 SELECT INTO 时,结果集超过一行

续表

Oracle 错误号	SQLCODE 值	异 常 名 称	异 常 描 述
ORA-01476	−1476	ZERO_DIVIDE	程序尝试除以 0
ORA-01722	−1722	INVALID_NUMBER	在一个 SQL 语句中,由于字符串并不代表一个有效的数字,导致字符串向数字转换时会发生错误(在过程化语句中,会抛出异常 VALUE_ERROR)。当 FETCH 语句的 LIMIT 子句表达式后面不是一个正数时,这个异常也会被抛出
ORA-06500	−06500	STORAGE_ERROR	PL/SQL 运行时内存溢出或内存不足
ORA-06501	−6501	PROGRAM_ERROR	PL/SQL 程序发生内部错误
ORA-06502	−6502	VALUE_ERROR	赋值时,变量长度不足以容纳实际数据。例如,当程序把一个字段的值放到一个字符变量中时,如果值的长度大于变量的长度,PL/SQL 就会终止赋值操作并抛出异常 VALUE_ERROR。在过程化语句中,如果字符串向数字转换失败,异常 VALUE_ERROR 就会被抛出(在 SQL 语句中,异常 INVALID_NUMBER 会被抛出)
ORA-06504	−6504	ROWTYPE_MISMATCH	赋值语句中使用的主游标变量和 PL/SQL 游标变量的类型不兼容。例如当一个打开的主游标变量传递到一个存储子程序时,实参和形参的返回类型必须一致
ORA-06511	−6511	CURSOR_ALREADY_OPEN	程序尝试打开一个已经打开的游标。一个游标在重新打开之前必须关闭。一个游标 FOR 循环会自动打开它所引用的游标。所以,程序不能在循环内部打开游标
ORA-06530	−6530	ACCESS_INTO_NULL	尝试向一个为 NULL 的对象的属性赋值
ORA-06531	−6531	COLLECTION_IS_NULL	程序尝试调用一个未初始化(自动赋为 NULL)嵌套表或变长数组的集合方法(不包括 EXISTS),或者是程序尝试为一个未初始化嵌套表或变长数组的元素赋值
ORA-06532	−6532	SUBSCRIPT_OUTSIDE_LIMIT	程序引用一个嵌套表或变长数组,但使用的下标索引不在合法的范围内(如−1)

Oracle 错误号	SQLCODE 值	异 常 名 称	异 常 描 述
ORA-06533	–6533	SUBSCRIPT_BEYOND_COUNT	程序引用一个嵌套表或变长数组元素，但使用的下标索引超过嵌套表或变长数组元素总个数
ORA-06530	–06530	ACCESS_INTO_NULL	程序尝试为一个未初始化（自动赋为 NULL）对象的属性赋值
ORA-06592	–06592	CASE_NOT_FOUND	CASE 语句中没有任何 WHEN 子句满足条件，并且没有编写 ELSE 子句

这些预定义异常的使用非常简单，只需要将异常名称放在 WHEN 子句后面即可，例如代码 12.6 演示了如何使用 VALUE_ERROR 异常来处理数字类型的异常。

代码 12.6　预定义异常使用示例

```
DECLARE
   v_tmpstr    VARCHAR2 (10);            --定义一个字符串变量
BEGIN
   v_tmpstr := '这是临时句子';             --赋一个超过其类型长度的字符串
EXCEPTION
   WHEN VALUE_ERROR                       --捕捉 VALUE_ERROR 错误
   THEN
      DBMS_OUTPUT.put_line ( '出现了 VALUE_ERROR 错误'
                          || ' 错误编号：'
                          || SQLCODE
                          || ' 错误名称：'
                          || SQLERRM
                          );               --显示错误编号和错误消息
END;
```

在语句块的定义区，声明了一个长度为 10 的字符串变量 v_tmpstr，然后在执行区故意赋了一个超过其最大容量的字符串，当产生了异常时，代码执行将立即跳转到 EXCEPTION 块。在 EXCEPTION 块的 WHEN 语句中捕获 VALUE_ERROR 预定义异常，输出了错误的编号和错误消息，因此在 Toad 中可以看到如下的输出：

出现了 VALUE_ERROR 错误 错误编号：-6502 错误名称：ORA-06502: PL/SQL: 数字或值错误 ：字符串缓冲区太小

可以看到与表 12.1 中的 VALUE_ERROR 具有相匹配的错误编号。

12.2　自定义异常

预定义的异常很多时候都不能满足异常处理的需求，此时开发人员可以选择自定义异常。本节将介绍几种自定义异常的方式，通过本节的学习，读者就可以在 PL/SQL 中灵活应用异常处理机制了。

12.2.1 声明异常

要使用自定义异常，必须在 PL/SQL 语句块或子程序或包的声明部分进行异常声明，然后在执行部分抛出异常，最后由异常处理区域进行捕获处理。实际上自定义异常不仅可以是 Oracle 的错误，也可以是任何业务逻辑方面的错误，比如在 emp 表中，可能将没有 deptno 的员工记录当作一条异常记录，可以声明一个名为 e_nodeptno 的异常：

```
DECLARE
    e_nodeptno EXCEPTION;    --定义自定义异常
BEGIN
    NULL;
END;
```

异常的声明跟变量的声明非常相似，其类型为 EXCEPTION，这与 PASCAL 语言中的异常语句有些相似。

> 注意：异常是一种错误的表示形式，而不是一个真正的变量，因此不能在赋值语句或 SQL 语句中使用异常，但是异常和变量的作用范围和规则是相同的。

12.2.2 作用域范围

由于自定义异常和变量的作用域和规则相同，因此在定义时需要注意作用域的范围，其定义规则如下所示。

（1）在同一个块中不能声明一个异常超过两次，但是可以在不同的块中声明相同的异常，下面的语句块将导致 PL/SQL 引擎提示出错，因为在声明区定义了两个相同的异常，如代码 12.7 所示。

代码 12.7　错误的异常使用示例

```
SQL> DECLARE
        e_userdefinedexception    EXCEPTION;
        e_userdefinedexception    EXCEPTION;
    BEGIN
        RAISE e_userdefinedexception;
    EXCEPTION
        WHEN OTHERS THEN
            NULL;
    END;
    /
    RAISE e_userdefinedexception;
          *
第 5 行出现错误：
ORA-06550: 第 5 行，第 10 列:
PLS-00371: 'E_USERDEFINEDEXCEPTION' 最多允许有一个声明
ORA-06550: 第 5 行，第 4 列:
PL/SQL: Statement ignored
```

但是可以在不同的块中声明两个相同的异常，例如下面的 PL/SQL 块执行是正常的，如代码 12.8 所示。

代码 12.8　不同语句块中相同的异常定义

```
DECLARE
   e_userdefinedexception    EXCEPTION;           --定义外层块异常
BEGIN
   DECLARE
      e_userdefinedexception   EXCEPTION;         --在内存块中定义相同的异常
   BEGIN
      RAISE e_userdefinedexception;               --触发内存块中的异常
   END;
   RAISE e_userdefinedexception;                  --触发外层块中的异常
EXCEPTION
   WHEN OTHERS THEN                               --捕获并处理外层块中的异常
      DBMS_OUTPUT.put_line ('出现了错误'
                           || ' 错误编号：'
                           || SQLCODE
                           || ' 错误名称：'
                           || SQLERRM
                           );                     --显示错误编号和错误消息
END;
```

上面的代码在不同的块级别定义了两个相同名称的异常，可以看到在外层语句块中仅能触发外层定义的异常，内存语句块中只能触发内存语句块中定义的异常。

（2）在一个块中声明的异常在本块中和其子块中可见，也就是说内存块可以引用在外层块中定义的异常，可以引用在本块中定义的异常，但不能引用在子块中定义的异常。代码 12.9 演示了在内存块中访问外层块中的异常，但是在外层块中访问内存块中的异常是非法的。

代码 12.9　在不同块中的异常的作用域级别

```
DECLARE
   e_outerexception    EXCEPTION;                 --定义外层块异常
BEGIN
   DECLARE
      e_innerexception   EXCEPTION;               --在内存块中定义相同的异常
   BEGIN
      RAISE e_innerexception;                     --触发内存块中的异常
      RAISE e_outerexception;                     --在内存块中触发在外层块中定义的异常
   END;
   RAISE e_outerexception;                        --触发外层块中的异常
   --RAISE e_innerexception;                      --在外层块中触发内存块中的异常是非法的
EXCEPTION
   WHEN OTHERS THEN                               --捕获并处理外层块中的异常
      DBMS_OUTPUT.put_line ('出现了错误'
                           || ' 错误编号：'
                           || SQLCODE
                           || ' 错误名称：'
                           || SQLERRM
                           );                     --显示错误编号和错误消息
END;
```

在外层语句块中定义了 e_outerexception 异常，在内存块中定义了 e_innerexception 异常。在内存块中可以抛出在外层块中定义的异常和本地块中定义的异常。在外层块中抛出在内存块中定义的 e_innerexception 是非法的，PL/SQL 引擎将抛出异常未定义的错误。

（3）如果在子块重新声明外部块中同名的异常，将覆盖外部块中的全局异常，使得子块不能引用外部块中的全局异常，但是可以在标签块中声明相同的异常。重新声明外部异常的示例如代码 12.10 所示。

代码 12.10　重新声明外部块的异常

```
DECLARE
  e_userdefinedexception   EXCEPTION;           --定义外层块异常
BEGIN
  DECLARE
    e_userdefinedexception   EXCEPTION;         --覆盖了外层块中的异常
  BEGIN
    RAISE e_userdefinedexception;               --触发内存块中的异常
  END;
EXCEPTION
  WHEN e_userdefinedexception THEN              --此时并不能捕获取该异常
    DBMS_OUTPUT.put_line ('出现了错误'
                         || ' 错误编号：'
                         || SQLCODE
                         || ' 错误名称：'
                         || SQLERRM
                         );                     --显示错误编号和错误消息
  WHEN OTHERS THEN                              --以其他异常被传递
    NULL;
END;
```

可以看到在外层块和内存块中都定义了 e_userdefinedexception 异常，但是内存块中的异常将覆盖外层定义的 e_userdefinedexception 异常。由于外层块中不能处理子块中的异常，因此尽管在内存块中触发 e_userdefinedexception 异常，但是在外层块中的 EXCEPTION 子句中，并不能捕捉到 e_userdefinedexception 异常，因为该异常已经被子块覆盖，只能通过 OTHERS 异常处理器进行处理。

> 注意：被覆盖的异常与外层块中的异常尽管具有相同的名字，但是属于完全不同的两个异常，它们仅具有相同的名字。

12.2.3　使用 EXCEPTION_INIT

如果有一些异常并没有异常名称，比如一些 ORA-开头的异常并没有一个友好的预定义的异常定义，此时在 WHEN 子句中无法使用具体的异常名称，必须要使用 OTHERS 异常处理器进行捕捉。通过 EXCEPTION_INIT 编译指示，可以为这些不在预定义异常范围之类的异常添加名称。

> 注意：编译指示是指能在编译期而非运行时进行处理的编译指令。

编译指令 EXCEPTION_INIT 将告诉编译器，将异常名称和错误编号关联起来，使得在 PL/SQL 语句块中可以使用名称来引用所有的内部异常，为其在 EXCEPTION 语句块中编写特定的处理程序。EXCEPTION_INIT 可以写在 PL/SQL 的语句块、子程序或包声明部分，基本语法如下所示：

```
PRAGMA EXCEPTION_INIT (exception_name, oracle_error_number);
```

exception_name 是在声明区中已经定义的异常的名称，oracle_error_number 是希望与异常名称进行关联的错误代码。PRAGMA 是编译指令的声明，表示 EXCEPTION_INIT 编译指令将在编译时被处理而不是运行时，通常也称为伪指令。

下面的代码演示了如何使用 EXCEPTION_INIT 来为一个 Oracle 错误关联异常名称，如代码 12.11 所示：

代码 12.11　EXCEPTION_INIT 使用示例

```
DECLARE
  e_missingnull    EXCEPTION;                    --先声明一个异常
  PRAGMA EXCEPTION_INIT (e_missingnull, -1400);--将该异常与-1400 进行关联
BEGIN
  INSERT INTO emp(empno)VALUES (NULL);--向 emp 表中不为空的列 empno 插入 NULL 值
  COMMIT;                                        --如果执行成功，则使用 COMMIT 提交
EXCEPTION
  WHEN e_missingnull THEN                        --如果失败，则捕捉到命名的异常
    DBMS_OUTPUT.put_line ('触发了 ORA-1400 错误！'||SQLERRM);
    ROLLBACK;
END;
/
```

代码的实现过程以下步骤所示。

（1）在使用 EXCEPTION_INIT 之前，必须先定义一个异常，作为 EXCEPTION_INIT 的参数，在语句中定义了 e_missingnull 异常。

（2）在声明区使用 EXCEPTION_INIT 将异常 e_missingnull 与 Oracle 错误编号-1400 进行了关联。

（3）故意向不能为 NULL 的列 empno 表插入一个 NULL 值，必将引发一个 Oracle 错误。

（4）在 EXCEPTION 语句块中，使用自定义的异常作为异常处理器，在异常处理代码中输出了错误信息。

可以看到通过在代码中使用 EXCEPTION_INIT，可以在 EXCEPTION 中直接捕获取该自定义的异常，最终产生了如下所示的输出：

触发了 ORA-1400 错误！ORA-01400：无法将 NULL 插入 ("APPS"."EMP"."EMPNO")

可以看到代码已经按照预想的方式进行了执行，在产生异常后，使用 ROLLBACK 回滚更改。

12.2.4　使用 RAISE_APPLICATION_ERROR

RAISE_APPLICATION_ERROR 在子程序内部使用时，能够帮助用户从存储子程序中抛出用户自定义的错误消息（本书第 13 章将会详细介绍子程序）。这样就能将错误消息报

告给应用程序而避免返回未捕获异常,是 Oracle 中的一个内置函数,用户定义的错误被传递到过程外部的方式与 Oracle 错误相似,其使用语法如下所示:

```
RAISE_APPLICATION_ERROR(error_number, error_message, [keep_errors]);
```

error_number 是范围在–20000 到–20999 之间的负整数,error_message 是最大长度为 2048 字节的字符串,keep_error 是一个可选的布尔值,当该值为 True 时,新的错误将被添加到已经抛出的错误列表中,默认值为 False,新的错误将替换当前的错误列表。

> 注意:RAISE_APPLICATION_ERROR 只能在存储的子程序中调用,当被调用时,将结束当前的子程序并返回一个用户自定义的错误代码和错误消息给应用程序,这些错误代码和错误消息可以像任何的 Oracle 错误一样被捕获。

下面的示例创建了一个子程序 RegisterEmployee,用来向 emp 表中添加员工信息,在子程序中演示了 RAISE_APPLICATION_ERROR 的使用,如代码 12.12 所示。

代码 12.12　RAISE_APPLICATION_ERROR 使用示例

```
CREATE OR REPLACE PROCEDURE registeremployee (
   p_empno    IN    emp.empno%TYPE,              --员工编号
   p_ename    IN    emp.ename%TYPE,              --员工名称
   p_sal      IN    emp.sal%TYPE,                --员工薪资
   p_deptno   IN    emp.deptno%TYPE              --部门编号
)
AS
   v_empcount   NUMBER;
BEGIN
   IF p_empno IS NULL                            --如果员工编号为 NULL 则触发错误
   THEN
      raise_application_error (-20000, '员工编号不能为空');--触发应用程序异常
   ELSE
      SELECT COUNT (*)
        INTO v_empcount
        FROM emp
       WHERE empno = p_empno;                    --判断员工编号是否存在
      IF v_empcount > 0                          --如果员工编号已存在
      THEN
         raise_application_error (-20001,
                       '员工编号为:' || p_empno
                       || '的员工已存在!'
                     );                          --触发应用程序异常
      END IF;
   END IF;
   IF p_deptno IS NULL                           --如果部门编号为 NULL
   THEN
      raise_application_error (-20002, '部门编号不能为空'); --触发应用程序异常
   END IF;
   INSERT INTO emp                               --向 emp 表中插入员工记录
           (empno, ename, sal, deptno
           )
      VALUES (p_empno, p_ename, p_sal, p_deptno
           );
EXCEPTION
   WHEN OTHERS THEN                              --捕获应用程序异常
```

```
                raise_application_error (-20003,
                                        '插入数据时出现错误!异常编码: '
                                        || SQLCODE
                                        || ' 异常描述 '
                                        || SQLERRM
                                        );
END;
```

上述代码的实现过程如以下步骤所示。

（1）RegisterEmployee 过程接收 4 个参数，这 4 个参数将被插入到 scott 方案下的 emp 表中，这些参数都是输入参数，在本书第 13 章会详细介绍参数的输入/输出模式。

（2）在语句块的执行部分，判断 p_empno 这个员工编号是否为空，因为 emp 表要求 empno 必须具有值，不能为空，因此在这里使用 RAISE_APPLICATION_ERROR 输出了编号为–20000 异常，并指定了中文异常提示消息。

（3）如果员工编号不为空，但是查询 emp 表中存在这个员工编号，那么将抛出–20001 异常，提示员工编号已经存在。

（4）在确定了员工编号后，接下来确定部门编号是否为空，如果为空，则触发–20002 的异常，提示部门编号不能为空。

（5）在过程内部的异常处理语句块中，使用了 OTHERS 异常处理器来捕捉所有未处理异常，因此在 RAISE_APPLICATION_ERROR 中抛出的异常将在这里被捕获，然后使用 RAISE_APPLICATION_ERROR 抛出异常，使用 SQLCODE 和 SQLERRM 指定错误编号和错误消息。

下面的语句块调用 RegisterEmployee 过程，并指定 NULL 值作为 deptno，可以看到在 SQL*Plus 中输出了如下的异常信息：

```
SQL> BEGIN
        RegisterEmployee(7779,'李明',2000,NULL);
    END;
  /
BEGIN
*
ERROR 位于第 1 行:
ORA-20003: 插入数据时出现错误!异常编码: -20002 异常描述 ORA-20002:
员工编号不能为空
ORA-06512: 在"APPS.REGISTEREMPLOYEE", line 24
ORA-06512: 在 line 2
```

可以看到，使用 RAISE_APPLICATION_ERROR 之后，异常像普通的 Oracle 错误一样被捕获，并且提供了更有用的错误信息。

下面向 emp 表中插入一个已经存在的员工记录，将看到员工已经存在的错误提示：

```
SQL> BEGIN
        RegisterEmployee(7369,'李明',2000,NULL);
    END;
  /
BEGIN
*
ERROR 位于第 1 行:
ORA-20003: 插入数据时出现错误!异常编码: -20001 异常描述 ORA-20001:
员工编号为: 7369 的员工已存在!
```

```
ORA-06512: 在"APPS.REGISTEREMPLOYEE", line 24
ORA-06512: 在 line 2
```

可以看到，当提供了一个重复的员工编号时，会在异常消息中输出自定义的 7369 员工编号已经存在的消息。

12.2.5 抛出异常

预定义异常（其中也包含使用编译指示 EXCEPTION_INIT 与 Oracle 错误编号关联起来的用户自定义异常）是当有关 Oracle 错误产生时，由 Oracle 隐式抛出的；自定义异常需要显式地使用 RAISE 语句进行抛出。自定义异常抛出的位置需要根据业务逻辑的规则来确定，比如员工提成大于工资时，可能需要抛出异常。

⚠ **注意**：RAISE 语句也可以抛出预定义的异常，这使得异常的抛出与处理变得更加灵活。

RAISE 语句的使用非常简单，基本语法为：

```
RAISE exception_name;
```

其中 exception_name 是已经在声明区中定义好的自定义异常的名称，使用 RAISE 里面的一个简单的示例，如代码 12.13 所示。

代码 12.13　使用 RAISE 语句抛出异常示例

```
DECLARE
   e_nocomm      EXCEPTION;                          --自定义的异常
   v_comm        NUMBER (10, 2);                     --临时保存提成数据的变量
   v_empno       NUMBER (4)      := &empno;          --从绑定参数中获取员工信息
BEGIN
   SELECT comm INTO v_comm FROM emp WHERE empno = v_empno;
                                                     --查询并获取员工提成
   IF v_comm IS NULL                                 --如果没有提成
   THEN
      RAISE e_nocomm;                                --触发异常
   END IF;
EXCEPTION
   WHEN e_nocomm THEN                                --处理异常
      DBMS_OUTPUT.put_line ('选择的员工没有提成！');
END;
```

上述代码是一个标准的 PL/SQL 异常处理结构，在声明区包含自定义的异常定义，语句执行区包含了 RAISE 语句用来抛出异常，在异常处理区用来捕获并处理异常。当 RAISE 语句触发了异常之后，语句块的执行区将立即跳转到 EXCEPTION 区块中的代码，而不会执行 RAISE 语句块后面的代码。

12.2.6 处理异常

当异常被触发时，控制将转到语句块的异常处理区，在异常处理区由一个或多个异常处理器来实现异常处理，异常处理器是与当前触发异常相关的错误产生时所执行的代码，

在异常处理区中基本的异常处理语法如下所示:

```
EXCEPTION
WHEN exception_name THEN
sequence_of_statements1;
WHEN exception_name THEN
sequence_of_statements2;
[ WHEN OTHERS THEN
sequence_of_statements3; ]
END;
```

每一个 WHEN 语句都是一个异常处理器,可以根据需要添加任意多个异常处理器,而不只是语法中的 3 个。exception_name 是异常的名称,可以是任何自定义或预定义的 EXCEPTION 类型的异常名称,sequence_of_statements 是当匹配此种类型的异常时,所要执行的 PL/SQL 语句。

在语法中可以看到,位于最后的是 WHEN OTHERS 异常处理器,这是一个特殊的异常处理器,用来处理那些不能由异常部分的其他 WHEN 子句处理的异常。它应该总是语句块的最后一个处理器,以便于它前面所有的处理器能被优先匹配。WHEN OTHERS 的意思是所有前面未被处理过的异常,不管是自定义的还是预定义的都在这个处理器中得到处理,否则这些未经处理的异常将传递到 PL/SQL 语句块的外层。

> **注意**:在异常处理语句块的最后使用 WHEN OTHERS 是一种非常好的编程习惯,可以确保没有未被处理的异常传递到调用环境而导致意想不到的结果,比如导致当前的事务被回滚这样的错误。

使用多个 WHEN 异常处理器的示例如代码 12.14 所示。

代码 12.14 异常处理示例

```
DECLARE
  e_nocomm    EXCEPTION;                      --自定义的异常
  v_comm      NUMBER (10, 2);                 --临时保存提成数据的变量
  v_empno     NUMBER (4)    := &empno;        --从绑定参数中获取员工信息
BEGIN
  SELECT comm INTO v_comm FROM emp WHERE empno = v_empno;
                                              --查询并获取员工提成
  IF v_comm IS NULL                           --如果没有提成
  THEN
    RAISE e_nocomm;                           --触发异常
  END IF;
EXCEPTION
  WHEN e_nocomm THEN                          --处理自定义异常
    DBMS_OUTPUT.put_line ('选择的员工没有提成!');
  WHEN NO_DATA_FOUND THEN                     --处理预定义异常
    DBMS_OUTPUT.put_line ('没有找到任何数据');
  WHEN OTHERS THEN                            --处理预定义异常
    DBMS_OUTPUT.put_line ('任何其他未处理的异常');
END;
```

这段代码取自示例 12.13 中的代码,但是在异常处理部分,添加了多个异常处理器,最先处理的是 e_nocomm 自定义异常,然后处理了 NO_DATA_FOUND 异常,该异常在

SELECT INTO 语句没有找到任何数据时触发,最后使用了 WHEN OTHERS 异常处理器将所有未经处理的异常进行了处理。

事实上也可以在单个异常处理器中处理多个异常,只需要使用 OR 关键字进行分隔即可。例如可以将代码 12.14 更改为只使用两个异常处理器,如代码 12.15 所示。

代码 12.15　在一个处理器中处理多个异常

```
DECLARE
  e_nocomm    EXCEPTION;                       --自定义的异常
  v_comm      NUMBER (10, 2);                  --临时保存提成数据的变量
  v_empno     NUMBER (4)      := &empno;       --从绑定参数中获取员工信息
BEGIN
  SELECT comm INTO v_comm FROM emp WHERE empno = v_empno;
                                               --查询并获取员工提成
  IF v_comm IS NULL                            --如果没有提成
  THEN
    RAISE e_nocomm;                            --触发异常
  END IF;
EXCEPTION
  WHEN e_nocomm OR NO_DATA_FOUND THEN          --处理自定义异常
    DBMS_OUTPUT.put_line ('出现了异常!');
  WHEN OTHERS THEN                             --OTHERS 必须单独出现
    DBMS_OUTPUT.put_line ('任何其他未处理的异常');
END;
```

在异常处理语句块中,WHEN 语句中包含了两个异常,使用 OR 进行分开,其含义是指捕捉异常名为 e_nocomm 或 NO_DATA_FOUND 的异常,使用其下面的异常处理代码。

🔔注意:OTHERS 必须单独出现,如果出现在 OR 关键字后面,将会产生异常。

12.2.7　使用 SQLCODE 和 SQLERRM

尽管一个异常在同一时刻只能抛出一次,但是实际上错误的消息文本可能包含来自多个异常的消息,这是因为异常具有传递特性,在本章后面会详细介绍异常的传递特性。在 OTHERS 处理器中处理异常时,有几种方法可以得到错误信息栈中的错误消息,其中最常用的是 SQLCODE 和 SQLERRM 函数。

SQLCODE 函数返回当前的错误编码,比如对于用户自定义的异常,SQLCODE 总是返回 1;SQLERRM 用于返回错误消息文本,对于用户自定义的异常,SQLERRM 总是返回 "User-defined Exception"。

代码 12.16 演示了如何使用 SQLCODE 和 SQLERRM 函数来获取错误编号和错误消息。

代码 12.16　使用 SQLCODE 和 SQLERRM 显示错误信息

```
DECLARE
  e_nocomm    EXCEPTION;                       --自定义的异常
  v_comm      NUMBER (10, 2);                  --临时保存提成数据的变量
  v_empno     NUMBER (4)      := &empno;       --从绑定参数中获取员工信息
BEGIN
  SELECT comm INTO v_comm FROM emp WHERE empno = v_empno;
```

```
        IF v_comm IS NULL                                     --查询并获取员工提成
        THEN                                                  --如果没有提成
            RAISE e_nocomm;                                   --触发异常
        END IF;
EXCEPTION
    WHEN OTHERS THEN                                          --OTHERS 必须单独出现
        DBMS_OUTPUT.put_line ('错误编码：'||SQLCODE||' 错误消息：'||SQLERRM);
END;
```

在 EXCEPTION 中，仅具有一个 WHEN OTHERS 的异常处理器，在该异常处理器中，输出了 SQLCODE 和 SQLERRM 表示的异常信息，最终的输出如下所示：

```
错误编码：100 错误消息：ORA-01403: 未找到任何数据
```

Oracle 错误信息的最大长度为 512 个字节，由于 SQLERRM 和 SQLCODE 都是函数，因此不能直接在 SQL 语句中使用这两个函数，可以将这两个函数的返回结果赋给相同类型和长度的变量，以便进一步在 SQL 语句中操作错误的结果。

SQLERRM 函数还可以接受一个负数的单精度参数，它将返回与该数字相关的文本，否则将返回当前异常的错误消息，例如使用 SQLERRM(0) 来调用函数，代码如下所示：

```
WHEN OTHERS THEN                                          --OTHERS 必须单独出现
    DBMS_OUTPUT.put_line ('错误编码:'||SQLCODE||' 错误消息:'||SQLERRM(0));
```

上述代码执行后，将返回如下所示的错误消息：

```
错误编码：100 错误消息：ORA-0000: normal, successful completion
```

要返回 NO_DATA_FOUND 的错误消息，可以传递错误消息号 100，将返回 ORA-01403 错误，这与不使用参数的 SQLERRM 是相同的，如以下代码所示：

```
WHEN OTHERS THEN                                          --OTHERS 必须单独出现
    DBMS_OUTPUT.put_line ('错误编码：'||SQLCODE||' 错误消息：'||SQLERRM
    (100));
```

大多数情况下使用不带参数的 SQLERRM 即可，不带参数的函数调用将返回完整的错误消息。

12.3 异常的传递

异常的传递，是指当异常被抛出时，执行立即跳转到 EXCEPTION 语句块中的异常处理器，在异常处理器中查找是否有匹配的异常，如果在当前的 PL/SQL 块或子程序中没有找到对应的异常处理器，那么这个异常会向其 PL/SQL 块的外层或子程序的调用方传递，直到没有可以搜索到的块为止，这里 PL/SQL 会向 PL/SQL 引擎抛出一个未处理的异常。

12.3.1 执行时异常传递

执行时异常传递是指在 PL/SQL 块的执行部分抛出的异常的传递机制，当在执行部分抛出异常后，PL/SQL 使用下面的机制来确定使用哪一个异常处理器。

（1）如果当前 PL/SQL 的异常处理部分具有一个匹配的异常处理器，则执行当前块的异常处理器，成功完成该语句块。然后将控制权传递到外层语句块。

（2）如果当前 PL/SQL 块中没有匹配的异常处理器，则在当前块中抛出的异常会被传递到外层的异常处理器，然后执行外层语句块中的步骤（1）中的匹配操作。

（3）如果已经到了顶层，没有外层语句块了，则异常将被传递到调用环境，比如 Toad 或 SQL*Plus。

异常传递的大概结构如图 12.2 所示。

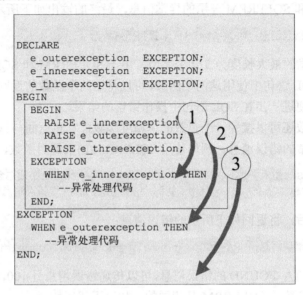

图 12.2　执行区的异常传递结构

从图 12.2 中可以看到，在内层的块中，抛出了 3 个异常，其传递过程如以下步骤所示。

（1）首先搜寻内层块的异常处理区中的异常，在本地块中的 e_innerexception 异常具有一个异常处理器，因此该异常将在本地块中被处理。

（2）其他的两个异常将向外传递，传送给外层 PL/SQL 块的异常处理区，在外层的异常处理区中具有一个 e_outerexception 的异常处理器，因此该异常将在外层块中被捕捉并处理。

（3）异常 e_threeexception 并没有任何处理器，该异常将被传递到调用环境，由调用环境进行处理。比如 SQL*Plus 会弹出一个异常。

如果在内层块中使用了 WHEN OTHERS THEN 语句，那么所有的异常都会在内层块中被捕获，将不能传递到外层的语句块。

12.3.2　声明时异常传递

如果在语句块的声明部分抛出了异常，比如在对变量赋初始值时产生了异常，那么异常并不会被当前块所在的异常处理器捕获，异常会立即向外层块传递，传递示意图如图 12.3 所示。

第 12 章 异常处理机制

```
BEGIN
  DECLARE
    v_ename VARCHAR2(2):='ABC';
  BEGIN
    DBMS_OUTPUT.PUT_LINE(v_ename);
  EXCEPTION
    WHEN OTHERS THEN
      DBMS_OUTPUT.PUT_LINE('产生了异常');
  END;
EXCEPTION
  WHEN OTHERS THEN
    DBMS_OUTPUT.PUT_LINE('错误编号：'
                         ||SQLCODE||' 错误消息：'
                         ||SQLERRM);
END;
```

图 12.3 声明时异常传递示意图

从图 12.3 中可以看到，在内存块的声明区，声明了一个变量 v_ename，并赋了初始值 ABC。这个赋值产生了 ORA-06502 异常，因为 VARCHAR2（2）不能包含 ABC 这 3 个字符。尽管在子块的 EXCEPTION 区具有 WHEN OTHERS THEN 异常处理语句，但是声明区中抛出的异常并不会被本地块所捕获，而是向外层传递，被外层的异常处理区中的 OTHERS 异常处理器捕获，因此最终可以看到如下所示的输出：

错误编号：-6502 错误消息：ORA-06502：PL/SQL：数字或值错误:字符串缓冲区太小

12.3.3 异常处理器中的异常

当在异常处理器中编写异常控制代码时，也有可能抛出异常，例如可能在异常处理器中使用 RAISE 语句显式抛出异常，或者是由 Oracle 错误机制检测到的异常被隐式地抛出，都可能导致应用程序故障。当在异常处理器中触发异常时，异常将被立即传递到外层的语句块，不管在本地是否具有相同的异常处理器，在异常处理器中抛出的异常传递示意图如图 12.4 所示。

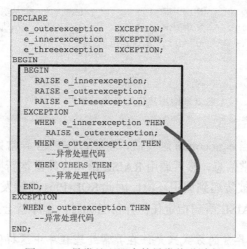

图 12.4 异常处理器中的异常传递过程

如图 12.4 所示，在嵌套的内层 PL/SQL 块中，在执行区触发了 3 个异常，在异常处理区中捕获取 e_innerexception 异常，在处理该异常的处理器中，使用 RAISE 语句又触发了 e_outerexception。可以看到即便在内层块中包含了 e_outerexception 的异常处理器，但是异常并不会在内存块中的处理器中被捕获，而是跳转到了外层的异常处理器进行处理。

12.3.4 重新抛出异常

在捕捉到异常之后，有时候可能进行一些简单的处理后，再次将异常抛出，比如在异常处理器中捕捉到异常之后，可以将异常信息写入事件日志后直接抛出。要想重新抛出异常，只要在本地处理程序中放置一个 RAISE 语句即可。

重新抛出异常的示例如代码 12.17 所示。

代码 12.17　重新抛出异常示例

```
SQL> SET SERVEROUTPUT ON;
SQL> DECLARE
    e_nocomm    EXCEPTION;                      --自定义的异常
    v_comm      NUMBER (10, 2);                 --临时保存提成数据的变量
    v_empno     NUMBER (4)    := &empno;        --从绑定参数中获取员工信息
  BEGIN
    SELECT comm INTO v_comm FROM emp WHERE empno = v_empno;
                                                --查询并获取员工提成
    IF v_comm IS NULL                           --如果没有提成
    THEN
        RAISE e_nocomm;                         --触发异常
    END IF;
  EXCEPTION
    WHEN OTHERS THEN                            --OTHERS 必须单独出现
      DBMS_OUTPUT.put_line ('错误编码:'||SQLCODE||' 错误消息:'||SQLERRM
      (100));
        RAISE;                                  --重新抛出异常
  END;
  /
输入 empno 的值: 7839
原值    4:    v_empno    NUMBER (4)    := &empno; --从绑定参数中获取员工信息
新值    4:    v_empno    NUMBER (4)    := 7839;   --从绑定参数中获取员工信息
错误编码: 1 错误消息: ORA-01403: 未找到数据
DECLARE
*
ERROR 位于第 1 行:
ORA-06510: PL/SQL: 无法处理的用户自定义异常事件
ORA-06512: 在 line 14
```

在上面的代码中，当 e_nocomm 触发后，会被 OTHERS 异常处理器处理，在该异常处理器中，首先输出了异常信息，然后调用 RAISE 语句将异常重新抛出。此时由于已经是最外层的语句块，异常将被传递到调用环境，因此 SQL*Plus 将触发异常。

可以看到当不为 RAISE 语句指定任何异常名称时，程序就会把当前的异常重新抛出。

⚠️注意：这种重新抛出异常的方式只允许在异常处理程序中这样做。

12.3.5 异常处理准则

异常处理准则提供的是在程序中更好地使用异常的一些方法和提示，通过遵循这些建议的提示和技巧，将有助于在自己的程序中更有效地使用异常，避免常见的异常处理的缺陷和问题。

1．从异常中恢复

当一个语句触发了异常后，代码的执行会马上跳转到异常处理部分，在异常处理部分处理完成后，语句块就终止了，如示意图 12.5 所示。如果在处理完异常后，想继续执行抛出异常下面的代码，就需要进行一些考虑。

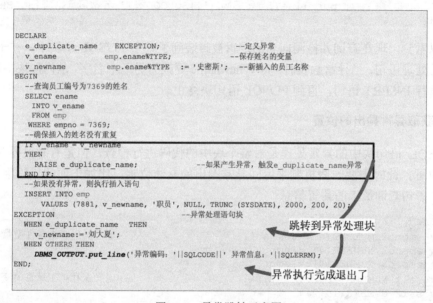

图 12.5　异常跳转示意图

图 12.5 中，如果 v_newname 与 v_ename 相同，那么就触发 e_duplicate_name 异常，此时程序的执行会跳转到异常处理块，在异常处理块执行完成后，程序就退出了。即便在异常处理语句块中将 v_newname 更改为别的名称，但是异常的执行流程让开发人员没有机会从异常中恢复。

要实现从异常中恢复，可以将异常包装在其自己的子块中，在子块中编写对应的异常控制程序，这样一旦在子块中有错误发生，子块内部的异常处理器就能捕获并处理异常。当子块结束时，就可以继续执行外层块中的下一条语句，因此将上面的示例更改为如代码 12.18 所示的代码，就能从异常中进行恢复：

代码 12.18　从异常中恢复的示例

```
DECLARE
    e_duplicate_name    EXCEPTION;                              --定义异常
    v_ename             emp.ename%TYPE;                         --保存姓名的变量
    v_newname           emp.ename%TYPE := '史密斯';             --新插入的员工名称
```

```
BEGIN
  BEGIN                                                   --在嵌套块中处理异常
    SELECT ename INTO v_ename FROM emp WHERE empno = 7369;
    IF v_ename = v_newname
    THEN
       RAISE e_duplicate_name;          --如果产生异常,触发e_duplicate_name异常
    END IF;
    EXCEPTION
       WHEN e_duplicate_name  THEN
          v_newname:='刘大夏';
  END;
  --如果没有异常,则执行插入语句
  INSERT INTO emp VALUES (7881, v_newname, '职员', NULL, TRUNC (SYSDATE),
2000, 200, 20);
EXCEPTION                                                 --异常处理语句块
  WHEN OTHERS THEN
    DBMS_OUTPUT.put_line('异常编码:'||SQLCODE||' 异常信息:'||SQLERRM);
END;
```

可以看到,现在查询并检测同名的逻辑被封装到了一个 PL/SQL 子块中,在子块中包含了异常处理语句,当异常触发时,将 v_newname 更改为另一个名字,从内层块中退出后,会继续执行 INSERT 语句,直到 PL/SQL 语句块终止。

2. 获取异常抛出的位置

PL/SQL 语句块中的异常处理是对整个块中的代码进行检查,但是有时候要获取异常的具体位置,此时需要一些机制来返回异常抛出的具体位置,比如下面的代码用了 3 个 SELECT 语句查询员工的薪资信息:

```
DECLARE
  v_empno1 NUMBER(4):=&empno1;                      --定义员工查询条件变量
  v_empno2 NUMBER(4):=&empno2;
  v_empno3 NUMBER(4):=&empno3;
  v_sal1 NUMBER(10,2);                              --定义保存员工薪资的变量
  v_sal2 NUMBER(10,2);
  v_sal3 NUMBER(10,2);
BEGIN
  SELECT sal INTO v_sal1 FROM emp WHERE empno=v_empno1;  --查询员工薪资信息
  SELECT sal INTO v_sal2 FROM emp WHERE empno=v_empno2;
  SELECT sal INTO v_sal3 FROM emp WHERE empno=v_empno3;
EXCEPTION
  WHEN NO_DATA_FOUND THEN                           --处理未找到数据的异常
    DBMS_OUTPUT.PUT_LINE('错误编号:'||SQLCODE||' 错误消息:'||SQLERRM);
END;
```

当触发了 NO_DATA_FOUND 异常时,如何知道是哪个 SELECT 语句触发了异常呢?有 3 种办法可以解决这个问题。

(1) 使用递增的记数器标识 SQL 语句,如代码 12.19 所示。

代码 12.19　使用计数器获取异常位置

```
DECLARE
  v_empno1 NUMBER(4):=&empno1;                      --定义员工查询条件变量
  v_empno2 NUMBER(4):=&empno2;
  v_empno3 NUMBER(4):=&empno3;
```

```
  v_sal1 NUMBER(10,2);                              --定义保存员工薪资的变量
  v_sal2 NUMBER(10,2);
  v_sal3 NUMBER(10,2);
  v_selectcounter NUMBER := 1;                      --查询计数器变量
BEGIN
  SELECT sal INTO v_sal1 FROM emp WHERE empno=v_empno1;--查询员工薪资信息
  v_selectcounter:=2;
  SELECT sal INTO v_sal2 FROM emp WHERE empno=v_empno2;
  v_selectcounter:=3;
  SELECT sal INTO v_sal3 FROM emp WHERE empno=v_empno3;
EXCEPTION
  WHEN NO_DATA_FOUND THEN                           --处理未找到数据的异常
    DBMS_OUTPUT.PUT_LINE('错误编号: '||SQLCODE||' 错误消息: '||SQLERRM
                        ||' 触发异常的位置是: '||v_selectcounter);
END;
```

在 PL/SQL 语句块中，声明了一个名为 v_selectcounter 的计数器变量，然后在每一个 SELECT 语句之前，都为该计数器赋一个新的值，当触发异常时，就可以跟踪到是哪条 SELECT 语句触发了异常，因此上述语句的结果如下所示：

```
错误编号: 100 错误消息: ORA-01403: 未找到数据 触发异常的位置是: 2
```

(2) 将每一个 SELECT 语句定义到一个子块中去，这样就可以知道哪个 SELECT 语句触发了异常，当然这种方式将导致出现多个异常消息，因为每一条 SELECT 语句都会被执行，如代码 12.20 所示。

代码 12.20　使用子块获取异常位置

```
DECLARE
  v_empno1 NUMBER(4):=&empno1;                      --定义员工查询条件变量
  v_empno2 NUMBER(4):=&empno2;
  v_empno3 NUMBER(4):=&empno3;
  v_sal1 NUMBER(10,2);                              --定义保存员工薪资的变量
  v_sal2 NUMBER(10,2);
  v_sal3 NUMBER(10,2);
BEGIN
  BEGIN
  SELECT sal INTO v_sal1 FROM emp WHERE empno=v_empno1; --查询员工薪资信息
  EXCEPTION
  WHEN NO_DATA_FOUND THEN                           --处理未找到数据的异常
    DBMS_OUTPUT.PUT_LINE('错误编号: '||SQLCODE||' 错误消息: '||SQLERRM
                        ||' 触发异常的位置是 1');
  END;
  BEGIN
  SELECT sal INTO v_sal2 FROM emp WHERE empno=v_empno2;
  EXCEPTION
  WHEN NO_DATA_FOUND THEN                           --处理未找到数据的异常
    DBMS_OUTPUT.PUT_LINE('错误编号: '||SQLCODE||' 错误消息: '||SQLERRM
                        ||' 触发异常的位置是 2');
  END;
  BEGIN
  SELECT sal INTO v_sal3 FROM emp WHERE empno=v_empno3;
  EXCEPTION
  WHEN NO_DATA_FOUND THEN                           --处理未找到数据的异常
    DBMS_OUTPUT.PUT_LINE('错误编号: '||SQLCODE||' 错误消息: '||SQLERRM
                        ||' 触发异常的位置是 3');
```

```
    END;
EXCEPTION
  WHEN NO_DATA_FOUND THEN                                --处理未找到数据的异常
    DBMS_OUTPUT.PUT_LINE('错误编号:'||SQLCODE||' 错误消息:'||SQLERRM);
END;
```

可以看到在异常处理代码中,可以根据当前语句所在的位置直接在异常处理器中获知当前异常的位置。由于为绑定变量提供了两个不存在的 empno,因此结果产生了两条异常消息:

```
错误编号: 100 错误消息: ORA-01403: 未找到数据 触发异常的位置是 2
错误编号: 100 错误消息: ORA-01403: 未找到数据 触发异常的位置是 3
```

(3) 可以使用 DBMS_UTILITY.FORMAT_ERROR_BACKTRACE 函数来获取错误位置,这个函数是 Oracle 10g 以后的版本提供的,如示例代码 12.21 所示。

代码 12.21 使用 FORMAT_ERROR_BACKTRACE 函数获取异常位置

```
DECLARE
  v_empno1 NUMBER(4):=&empno1;                           --定义员工查询条件变量
  v_empno2 NUMBER(4):=&empno2;
  v_empno3 NUMBER(4):=&empno3;
  v_sal1 NUMBER(10,2);                                   --定义保存员工薪资的变量
  v_sal2 NUMBER(10,2);
  v_sal3 NUMBER(10,2);
  v_str VARCHAR2(200);
BEGIN
  SELECT sal INTO v_sal1 FROM emp WHERE empno=v_empno1;--查询员工薪资信息
  SELECT sal INTO v_sal2 FROM emp WHERE empno=v_empno2;
  SELECT sal INTO v_sal3 FROM emp WHERE empno=v_empno3;
EXCEPTION
  WHEN NO_DATA_FOUND THEN                                --处理未找到数据的异常
    DBMS_OUTPUT.PUT_LINE('错误编号:'||SQLCODE||' 错误消息:'||SQLERRM
                       ||DBMS_UTILITY.FORMAT_ERROR_BACKTRACE);
END;
```

在发生错误时,Oracle 会为最近一次生成的异常设置一个栈,并跟踪它的传递过程,该函数将使用这个栈,然后返回该异常的最初的位置,因此上述代码的输出如下所示:

```
错误编号: 100 错误消息: ORA-01403: 未找到任何数据 ORA-06512: 在 line 11
```

可以看到,DBMS_UTILITY.FORMAT_ERROR_BACKTRACE 返回了错误发生的行号,这对于跟踪异常发生的位置十分有用。

> **注意**:必须在当前程序的异常处理模块中调用这个函数来访问异常的栈。

3. 异常与事务处理

抛出一个异常并不会终止一个事务,除非在异常处理器中显式地使用了 ROLLBACK 或者 COMMIT 语句。但是这里有一个问题,如果顶层的语句块存在一个未处理的异常,该异常将被传递到调用环境,那么事务将被服务器端自动回滚。

如果想在异常发生后,不放弃事务,不进行回滚,重新再处理一次,可以按如下的 3 步来实现。

(1) 将事务放在一个子块中。
(2) 把子块放入一个循环，重复执行事务。
(3) 在开始事务之前标记一个保存点，如果事务执行成功，就提交事务并退出循环，如果执行失败，就将控制权交给异常处理程序，事务回滚到保存点，然后重新尝试执行事务。

下面的示例演示了如何在异常触发时，通过重复语句再次执行事务代码，以防止立即回滚事务，如代码 12.22 所示。

代码 12.22　在异常中重复事务执行代码

```
DECLARE
  e_duplicate_name       EXCEPTION;                        --定义异常
  v_ename                emp.ename%TYPE;                   --保存姓名的变量
  v_newname              emp.ename%TYPE := '史密斯';       --新插入的员工名称
BEGIN
  LOOP                                                     --开始循环
    BEGIN                                                  --将语句块嵌入到子块中
      SAVEPOINT 开始事务;                                   --定义一个保存点
      SELECT ename INTO v_ename FROM emp WHERE empno = 7369;--开始语句块代码
      IF v_ename = v_newname
      THEN
        RAISE e_duplicate_name;     --如果产生重复,触发 e_duplicate_name 异常
      END IF;
      INSERT INTO emp VALUES (7881, v_newname, '职员', NULL, TRUNC (SYSDATE),
2000, 200, 20);
      COMMIT;                                              --提交事务
      EXIT;                                                --提交完成退出循环
      EXCEPTION                                            --异常处理语句块
      WHEN e_duplicate_name THEN
        ROLLBACK TO 开始事务;                               --回滚事务到检查点位置
        v_newname:='刘大夏';        --为产生异常的新员工名重新赋值,重新开始循环执行
    END;
  END LOOP;
END;
```

上述代码的实现过程如以下步骤所示。

（1）可以看到在语句执行部分，是一个大的 LOOP 循环，之所以用一个 LOOP 循环，是希望当异常触发后，能够再次执行循环中的代码，而不是立即跳出循环。

（2）为了防止在最外层的块中触发异常后直接回滚事务，将事务处理代码写在一个块中，因此 LOOP 下面紧随着 BEGIN 语句，并在事务语句开始之前，使用 SAVEPOINT 语句添加一个回滚的保存点。

（3）如果没有发生异常，那么在 INSERT 语句执行成功后，就提交事务，并使用 EXIT 语句退出循环。

（4）如果抛出了异常，在异常处理区中，捕获该异常。首先使用 ROLLBACK TO 语句回滚到事务开始位置，然后重新为 v_newname 赋值。由于语句在 LOOP 中，因此会重新执行一次循环。

执行上述语句块之后，可以看到员工刘大夏已经被成功地插入到了 emp 表。

12.4 小　　结

　　本章介绍了 PL/SQL 中的异常处理机制，学习了 PL/SQL 程序中如何检测并触发异常，以便开发健壮的应用程序。首先介绍了异常处理的一些概念和使用异常的基本语法，列出了 Oracle 提供的 20 多个预定义异常及其使用时机。当预定义异常无法满足程序需要时，可以通过定义自定义异常来解决。本章介绍了自定义异常的语法，作用域范围及抛出和处理的方法。在异常的传递部分，介绍了当异常在 PL/SQL 语句块的声明区、执行区和异常处理区被抛出时的传递过程，了解这些过程有助于编写更健壮的异常处理器。最后讨论了用于异常处理的几个准则，以便开发人员灵活地使用异常处理机制解决大多数问题。

第 3 篇　PL/SQL 进阶编程

▶▶　第 13 章　PL/SQL 子程序

▶▶　第 14 章　包

▶▶　第 15 章　触发器

▶▶　第 16 章　动态 SQL 语句

第 13 章　PL/SQL 子程序

到目前为止，大家已经知道 PL/SQL 可以分为命名块和匿名块（可参见本书第 2 章的内容），实际上本书前面的章节一直在使用匿名块演示技术细节。匿名块的典型特色就是以 BEGIN 或 DECLARE 开始，在每次执行时都必须重新编译，它们不能被存储到数据库字典中，因此其他的语句块不能像调用普通的函数一样调用匿名块。从本章开始将介绍 PL/SQL 的命名块，包含 PL/SQL 子程序（过程或函数）、包及触发器。命名块没有匿名块的这些限制，它们可以存储到数据库中，可以被其他的块调用，不需要在每次执行时都重新编译。本章将讨论命名块中的子程序，它包含了过程和函数两大类。

13.1　子程序结构

PL/SQL 的子程序与一些第三代语言中的过程函数非常相似，子程序能够接收参数，并被其他的程序调用。与匿名块一样，子程序在组成结构上有声明部分、执行部分及可选的异常处理部分。

13.1.1　子程序简介

在程序开发中想创建可重用的代码块时，可以考虑使用子程序。一般来说过程和函数被称为子程序。过程是一段不具有返回值的代码块，而函数会返回一个值。子程序与匿名块的最大不同是它可以存储到数据库的数据字典中，以便重用。由于子程序属于命名块，因此在定义时需要指定一个名字，子程序其他的部分与匿名块非常相似，代码 13.1 是一个用来向 dept 表插入记录的过程。

代码 13.1　创建过程示例

```
CREATE OR REPLACE PROCEDURE newdept (
  p_deptno    dept.deptno%TYPE,              --部门编号
  p_dname     dept.dname%TYPE,               --部门名称
  p_loc       dept.loc%TYPE                  --位置
)
AS
  v_deptcount    NUMBER;                     --保存是否存在员工编号
BEGIN
  SELECT COUNT (*) INTO v_deptcount FROM dept
   WHERE deptno = p_deptno;                  --查询在 dept 表中是否存在部门编号
  IF v_deptcount > 0                         --如果存在相同的员工记录
  THEN                                       --抛出异常
```

```
      raise_application_error (-20002, '出现了相同的员工记录');
   END IF;
   INSERT INTO dept(deptno, dname, loc)
      VALUES (p_deptno, p_dname, p_loc);    --插入记录
   COMMIT;                                   --提交事务
END newdept;
```

上面的代码创建了一个过程，使用了 CREATE OR REPLACE PROCEDURE 语句。创建该过程时为过程指定了一个名称，这个名称将被调用方进行调用。在创建过程时为过程指定了 3 个参数，这 3 个参数需要由调用方来传递实际的值。AS 语句块后面是声明区，在这里可以包含类型定义、游标、常量、变量、异常和嵌套子程序的声明，这些内容都是本地的，在程序退出时会自动销毁。BEGIN 和 END 之间的语句块是执行部分，也可以可选地包含异常处理部分。

过程一旦被创建，就以编译的形式被存储在数据库中，这样就可以从别的 PL/SQL 命名块或者是匿名块中调用该过程了。比如代码 13.2 调用这个过程向 dept 表中插入一条新记录。

代码 13.2　调用过程示例

```
BEGIN
   newdept(10,'成本科','深圳');
EXCEPTION
   WHEN OTHERS THEN
      DBMS_OUTPUT.put_line('产生了错误：'||SQLERRM);
END;
```

可以看到，在语句的执行部分，通过调用过程并传递参数，在异常处理块中对过程中可能抛出的异常进行了处理。总而言之，Oracle 中的过程和 C 或 PASCAL 中的过程调用非常相似，都是先声明和定义，然后在别的地方调用。

13.1.2　子程序的优点

当需要编写可重用的代码块时，可以优先考虑子程序。子程序一旦被创建就被编译后放到数据字典中，可以通过 Oracle 提供的数据字典视图查询子程序的名称和源代码。例如下面的 SQL 语句将从 user_object 中查询 Oracle 中的命名块的列表：

```
SQL> SELECT object_type 对象类型, object_name 对象名称, status 状态
   FROM user_objects
   WHERE object_type IN ('PACKAGE', 'PACKAGE BODY', 'FUNCTION',
'PROCEDURE')
   ORDER BY object_type, status, object_name;
对象类型      对象名称        状态
----------   ----------    -------------------------------------
PROCEDURE    NEWDEPT        VALID
```

在 Toad 中，可以通过 Schema Browser 中的 Procedures 标签页查看数据字典中的过程名称和相关的信息，如图 13.1 所示。

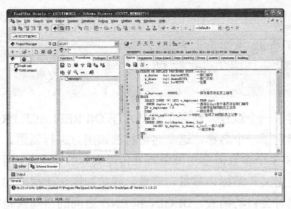

图 13.1 在 Toad 中查看数据字典中的过程信息

可以看到，在上一小节中创建的过程 NewDept 现在已经出现在了 user_object 中，这样开发人员就可以在任何的块或子程序、包中调用这个命名的块。

除了可重用性之外，子程序还具有如下几个优点。

- 提供模块化的功能：模块化是将一个大的代码块打散为多个小的易于管理的子程序，由其他模块调用，使得代码具有更强的可读性和可维护性。
- 更强的可管理性：大多数程序员都不愿意看到一个超过 1000 行的语句块这种写法，因为管理起来相当困难，特别是在后期维护时。如果使用子程序，则可以将这 1000 行代码打散，提供各个子程序进行调用，既方便调试，又提供了较强的可管理性。
- 增强的可读性：每个子程序都具有描述性的命名，使得程序的阅读者能够很容易地了解子程序的功能，进而容易理解和把握整个程序，子程序使得阅读代码的人首先看到一个大的实现结构，而不用一开始就关注到具体的可执行语句的细节。
- 更强的稳定性：子程序便于调试，使得代码具有较少的错误。

13.1.3 创建过程

一般定义过程主要是要用过程来完成一个或多个行为，如果要在完成一个或多个行为后再返回一个值，则需要定义函数。与其他的数据字典对象一样，过程是使用 CREATE 语句创建的。下面是创建过程的基本语法：

```
[CREATE [OR REPLACE]]
PROCEDURE procedure_name[(parameter[,parameter]...)]
   [AUTHID {DEFINER | CURRENT_USER}]{ IS | AS }
   [PRAGMA AUTONOMOUS_TRANSACTION;]
[local declarations]
BEGIN
   executable statements
[EXCEPTION
   exception handlers]
END [name]
```

上述语法的关键字描述如下所示。

- 可选的 CREATE 语句表示将在数据字典中创建一个独立的过程，可选的 OR REPLACE 表示创建时将替换现有的过程定义。通常使用 OR REPLACE 子句，以便在过程创建之后进行修改时,可以直接替换掉原有的过程。
- PROCEDURE 表示将要创建一个过程,一般在包中定义过程时会省略掉 CREATE OR REPLACE 子句。Procedure_name 是过程的名称,在数据库中同一用户只能有且仅有唯一的一个该名称。
- parameter 部分用来指定过程的参数。过程可以具有一个或多个参数,每个参数的定义形式如下所示:

```
parameter_name[IN|OUT[NOCOPY]|INOUT[NOCOPY]]datatype
[{:=|DEFAULT }expression]
```

在本章第 2 节介绍过程的参数时,会详细介绍这些关键字的含义。

> 注意:在定义过程的参数数据类型时,不能指定类型的长度。

如果为参数类型指定类型长度,则 PL/SQL 编译器会抛出异常信息,例如下面的语句将导致过程的创建带有编译时的错误:

```
SQL> CREATE OR REPLACE PROCEDURE newdept (
     p_deptno    NUMBER(2),         --部门编号
     p_dname     VARCHAR2(10),      --部门名称
     p_loc       VARCHAR2(10)       --位置
   )
```

上面的语句在创建 newdept 过程时,为参数指定了具体的类型,将导致 PL/SQL 编译器报编译出错。

- AUTHID 子句决定了存储过程是按所有者权限(默认)调用还是按当前用户权限执行,也能决定在没有限定修饰词的情况下,对所引用的对象是按所有者模式进行解析还是按当前用户模式进行解析。可以指定 CURRENT_USER 来覆盖掉程序的默认行为。
- 编译指示 AUTONOMOUS_TRANSACTION 会告诉 PL/SQL 编译器把过程标记为自治(独立)。自治事务能让我们把主事务挂起,执行 SQL 操作,提交或回滚自治事务,然后再恢复主事务。
- IS 或 AS 之后的语句称为过程体,local declarations 是局部变量定义区,可以定义任意的类型、变量、常量、异常等,在这里的定义只具有本地作用域,当过程退出时所有的定义将被释放。
- BEGIN 到 END 之间的语句是标准的 PL/SQL 语句块,定义类似于匿名块的定义,代码 13.3 使用了较标准的过程创建语句对 NewDept 进行了修改:

代码 13.3 创建 NewDept 过程

```
CREATE OR REPLACE PROCEDURE newdept (
  p_deptno IN  NUMBER,                   --部门编号
  p_dname  IN  VARCHAR2,                 --部门名称
  p_loc    IN  VARCHAR2                  --位置
)
AS
  v_deptcount       NUMBER(4);           --保存是否存在员工编号
  e_duplication_dept EXCEPTION;
BEGIN
```

```
    SELECT COUNT (*) INTO v_deptcount FROM dept
      WHERE deptno = p_deptno;                --查询在 dept 表中是否存在部门编号
    IF v_deptcount > 0                        --如果存在相同的员工记录
    THEN                                      --抛出异常
        RAISE e_duplication_dept;
    END IF;
    INSERT INTO dept(deptno, dname, loc)
        VALUES (p_deptno, p_dname, p_loc);    --插入记录
    COMMIT;                                   --提交事务
EXCEPTION
    WHEN e_duplication_dept THEN
        ROLLBACK;
        raise_application_error (-20002, '出现了相同的员工记录');
END newdept;
```

可以看到，在为过程传递参数时，参数名称统一以 p 开头，这只是一种约定，并不是原则；IN 关键字用来指明参数为输入参数，参数的类型并没有指定长度；AS 之后的语句是局部定义区，在示例中定义了一个变量和异常，这类似于匿名块的 DECLARE 区域；BEGIN 之后是过程的代码执行区，当员工编号重复时，将触发异常；EXCEPTION 捕获了这个异常，使用 RAISE_APPLICATION_ERROR 向调用方传递友好的错误消息。

13.1.4 创建函数

函数与过程非常相似，都属于命名的语句块，语句结构非常相似，区别在于函数会具有一个返回值，而过程仅是为了执行一系列的行为。在调用时，函数可以作为表达式的一部分进行调用，而过程只能作为一个 PL/SQL 语句进行调用。

函数的创建语法如下所示：

```
[CREATE [OR REPLACE ] ]
FUNCTION function_name [ ( parameter [ , parameter ]... ) ] RETURN datatype
[AUTHID { DEFINER | CURRENT_USER } ]
[PRAGMA AUTONOMOUS_TRANSACTION;]
[ local declarations ]
BEGIN
executable statements
[ EXCEPTION
exception handlers]
END [name];
```

函数的语法结构与过程基本上类似，除了函数使用 FUNCTION 进行定义之外，一个很重要的不同点是函数具有 RETURN 子句，指定函数的返回类型。

注意：与过程中的参数类似，不能对函数的参数或返回值的类型添加长度约束。

代码 13.4 中的函数将根据员工的编号返回员工调薪后的薪资，在函数体内将根据员工的不同级别设置薪资调整的比率。

代码 13.4　getraisedsalary 函数示例

```
CREATE OR REPLACE FUNCTION getraisedsalary (p_empno emp.empno%TYPE)
    RETURN NUMBER
IS
```

```
      v_job              emp.job%TYPE;                    --职位变量
      v_sal              emp.sal%TYPE;                    --薪资变量
      v_salaryratio      NUMBER (10, 2);                  --调薪比率
BEGIN
   --获取员工表中的薪资信息
   SELECT job, sal INTO v_job, v_sal FROM emp WHERE empno = p_empno;
   CASE v_job                                             --根据不同的职位获取调薪比率
      WHEN '职员' THEN
         v_salaryratio := 1.09;
      WHEN '销售人员' THEN
         v_salaryratio := 1.11;
      WHEN '经理' THEN
         v_salaryratio := 1.18;
      ELSE
         v_salaryratio := 1;
   END CASE;
   IF v_salaryratio <> 1                                  --如果有调薪的可能
   THEN
      RETURN ROUND(v_sal * v_salaryratio,2);              --返回调薪后的薪资
   ELSE
      RETURN v_sal;                                       --否则不返回薪资
   END IF;
EXCEPTION
   WHEN NO_DATA_FOUND THEN
      RETURN 0;                                           --如果没找到员工记录，则返回 0
END getraisedsalary;
```

在代码中使用 CREATE OR REPLACE 创建了一个名为 getraisedsalary 函数，与创建过程不一样的就是关键字 FUNCTION，外加一个 RETURN 子句指定返回类型，可以看到在返回 NUMBER 时并没有指定数据约束，即数据类型的长度。AS 或 IS 语句之后是函数主体，函数体类似于普通的 PL/SQL 块，包含声明区、执行区和异常处理区。在声明区定义了 3 个变量，这 3 个变量的类型不受类型长度的约束；在语句的执行部分，查询特定员工编号的 emp 表，根据 emp 表不同的 job 类型获取调薪的比率；然后根据调薪的比率返回调整后的薪资。

可以看到，在函数体内部，包含了多个 RETURN 语句用来将函数的值返回给调用环境。

> **注意**：一个函数体内部可以有多个 RETURN 语句，但只有一个 RETURN 语句会被执行，当执行到 RETURN 语句时，函数将不再往下执行，控制会立即返回到调用函数的环境中。

调用函数时，既可以像调用过程那样在一个语句中进行调用，也可以将函数调用作为一个表达式进行调用，调用示例如代码 13.5 所示。

代码 13.5　函数调用示例

```
DECLARE
   v_raisedsal NUMBER(10,2);                   --定义保存调薪记录的临时文件
BEGIN
   --调用函数获取调薪后的记录
   DBMS_OUTPUT.PUT_LINE('7369 员工调薪记录：'||getraisedsalary(7369));
   v_raisedsal:=getraisedsalary(7521);
```

```
    DBMS_OUTPUT.PUT_LINE('7521员工调薪记录: '||getraisedsalary(7521));
END;
```

可以看到，对于函数的调用，可以放在:=的右侧，或者是作为一个表达式的一部分进行计算，而过程只能作为一条 PL/SQL 语句出现，其输出结果如下所示：

```
7369 员工调薪记录: 2643.34
7521 员工调薪记录: 1498.5
```

13.1.5 RETURN 语句

在过程和函数中都可以使用 RETURN 子句，但是在过程和函数中使用 RETURN 会具有不一样的效果。RETURN 语句能够立即结束当前执行的子程序，并把控制权交还给调用者。在过程或函数中都可以使用 RETURN 语句，但是二者之间有明显的区别。

- 在过程中 RETURN 语句不返回值，也不返回任何表达式，它的作用是立即退出过程的执行，将控制权返回给过程的调用者。
- 在函数中 RETURN 语句必须包含一个表达式，表达式的值会在 RETURN 语句执行时被计算，然后赋给在声明中的 RETURN 语句中指定的数据类型的变量，也就是函数标识符，再将控制权返回给调用者。

下面的过程是一个为员工加薪的过程，在过程中仅为职员加薪。如果员工的职位不为职员，则使用 RETURN 语句退出过程，将控制权交还给调用者，如代码 13.6 所示。

代码 13.6 在过程中使用 RETURN 语句示例

```
CREATE OR REPLACE PROCEDURE RaiseSalary(
           p_empno emp.empno%TYPE       --员工编号参数
           )
AS
  v_job emp.job%TYPE;                    --局部的职位变量
  v_sal emp.sal%TYPE;                    --局部的薪资变量
BEGIN
  --查询员工信息
  SELECT job,sal INTO v_job,v_sal FROM emp WHERE empno=p_empno;
  IF v_job<>'职员' THEN                  --仅为职员加薪
    RETURN;                              --如果不是职员，则退出
  ELSIF v_sal>3000 THEN                  --如果职员薪资大于 3000，则退出
    RETURN;
  ELSE
    --否则更新薪资记录
    UPDATE emp set sal=ROUND(sal*1.12,2) WHERE empno=p_empno;
  END IF;
EXCEPTION
  WHEN NO_DATA_FOUND THEN                --异常处理
    DBMS_OUTPUT.PUT_LINE('没有找到员工记录');
END RaiseSalary;
```

在过程 RaiseSalary 中，首先查询 emp 表中员工编号为 p_empno 参数的员工职位和薪资信息，如果员工的职位不是职员，那么使用 RETURN 语句退出过程，同时如果职员的薪资大于 3000，也不进行调薪，也使用 RETURN 语句进行退出。

可以看到在过程中使用 RETURN 语句并不需要像函数中一样，在 RETURN 中指定表

达式，当过程中遇到 RETURN 语句时，控制立即返回到调用环境，不再执行过程后面的代码。

注意：在过程和函数体中可以有多个 RETURN 语句，但是只有一个 RETURN 语句会被执行。

13.1.6 查看和删除子程序

子程序（函数和过程）一旦被创建，就以编译的形式被存储在数据字典中，如果不再需要子程序或函数，可以在数据字典中移除。

子程序是以编译的形式存储在数据库中的，调用时不需要重新编译，大大提升了调用子程序的性能。而且子程序一经创建，只要数据库的用户具有执行该子程序的权限就可以执行，甚至可以将内置子程序放在共享池中以提高其执行效率。

1．查看数据字典中的子程序信息

如果想查看已经创建的子程序或 Oracle 内置的子程序信息，可以通过如下的 3 个视图进行查询。

- user_objects：包含当前用户的所有对象的信息，比如对象的名称、创建的时间、最后被修改的时间、对象类型，以及对象的有效性状态等。
- user_source：包含当前登录用户所拥有的对象的源代码，该视图包含名称、类型、描述等信息。
- user_errors：包含当前用户在当前所发生的错误信息，包含对象名称、类型、序列、发生错误的位置，以及文本等字段。

下面的 SQL 语句将查询当前用户所创建的所有的过程和函数的列表：

```
SQL> SELECT object_name, created, last_ddl_time, status
    FROM user_objects
    WHERE object_type IN ('FUNCTION','PROCEDURE');
OBJECT_NAME          CREATED              LAST_DDL_TIME         STATUS
-------------------- -------------------- --------------------  --------
NEWDEPT              12-10月-11           13-10月-11            VALID
RAISESALARY          14-10月-11           14-10月-11            VALID
NEWEMP               13-10月-11           13-10月-11            INVALID
GETRAISEDSALARY      14-10月-11           14-10月-11            VALID
```

下面的 SQL 语句将从 user_source 视图中查询 raisesalary 过程的代码：

```
SELECT line,text FROM user_source WHERE name='RAISESALARY' ORDER BY LINE;
```

查询的结果在 Toad 的网格视图中如图 13.2 所示。

可以看到在 user_source 视图中不仅包含了源代码的定义语句，还包含了代码的行号等信息。在调试子程序时，user_errors 视图非常有用，比如在 SQL*Plus 编译一个子程序时，只会看到一个警告消息。例如在编译 raisesalary 过程时，故意将 UPDATE 语句的 empno 查询指向一个不存在的变量 v_empno，编译时，SQL*Plus 将仅显示"警告：创建的过程带有编译错误。",如图 13.3 所示。

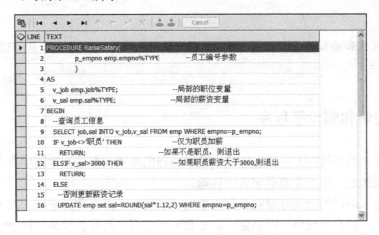

图 13.2 user_source 中的源代码内容

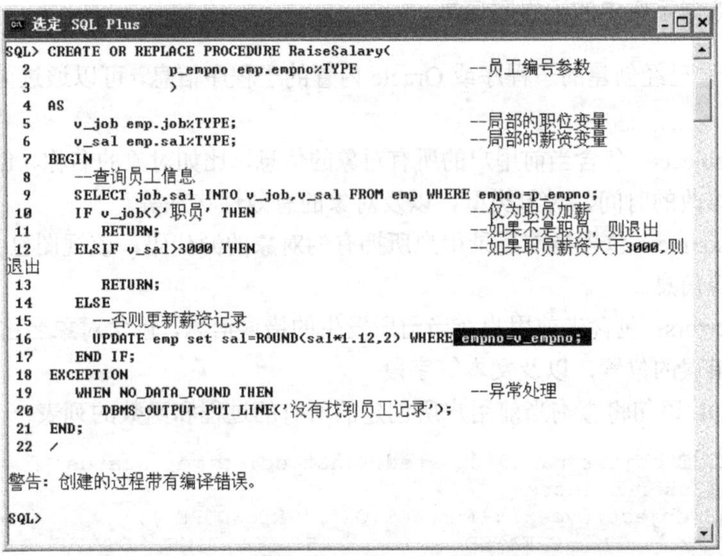

图 13.3 SQL*Plus 显示的错误信息

在产生了错误后,可以通过 user_errors 将所有的错误都显示出来,如以下语句所示:

```
SQL> SELECT  line, POSITION, text
       FROM user_errors
       WHERE NAME = 'RAISESALARY'
    ORDER BY SEQUENCE;
      LINE        POSITION TEXT
   ---------- ---------- ----------------------------------------
       16          55 PL/SQL: ORA-00904: "V_EMPNO": 标识符无效
       16           6 PL/SQL: SQL Statement ignored
```

可以看到通过 user_errors 视图,可以很轻松地获知当前编译的错误消息。

在 Toad 中,可以通过 F9 键编译一个子程序而轻松地获取编译的错误消息,如图 13.4 所示。

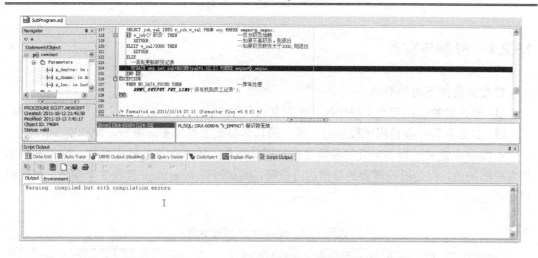

图 13.4　在 Toad 中显示编译错误消息

2．删除子程序

如果不再需要过程或函数，可以使用 DROP 语句从数据字典中删除。子程序一旦从数据字典中删除，就没有办法恢复，唯一的方法是重新创建该过程。删除函数或过程分别使用如下的语句。

- DROP FUNCTION function_name：删除一个函数，function_name 指定需要删除的函数名，删除者应该是函数的创建者或拥有 DROP ANY PROCEDURE 系统权限的人。
- DROP PROCEDURE procedure_name：删除一个过程，procedure_name 指定需要被删除的过程名，删除者应该是过程的创建者或拥有 DROP ANY PROCEDURE 系统权限的人。

下面的语句将删除 raisesalary 过程：

```
DROP PROCEDURE raisesalary;
```

下面的语句将删除 getraisedsalary 函数：

```
DROP FUNCTION getraisedsalary ;
```

注意：DROP 命令是一个 DDL 语句，隐式地带有一个 COMMIT 命令，因此一旦删除，就从数据库中永远移除了，一般使用 CREATE OR REPLACE 命令来重新编译和修改一个子程序。

13.2　子程序参数

子程序可以带有参数，与其他第三代语言一样，参数可以具有不同的模式，可以按值传递，也可以通过引用传递，本节将详细介绍子程序参数的使用与影响。

13.2.1 形参与实参

参数分为如下两种类型。
- 形式参数：在定义子程序时，在定义语句中定义的参数称为形式参数，简称形参。
- 实际参数：在调用子程序时，传入的具体参数值称为实际参数，简称实参。

子程序在定义过程中定义的参数及在过程体中使用的参数都是形式参数，这些参数不具有实际的值，仅是过程需要的数据的占位符，例如过程 insertdept 接收 3 个参数，如代码 13.7 所示。

代码 13.7　insertdept 过程示例

```
CREATE OR REPLACE PROCEDURE insertdept(
  p_deptno NUMBER,                                      --定义形式参数
  p_dname VARCHAR2,
  p_loc VARCHAR2
)
AS
  v_count NUMBER(10);
BEGIN
  SELECT COUNT(deptno) INTO v_count FROM dept WHERE deptno=p_deptno;
  IF v_count>1 THEN
     RAISE_APPLICATION_ERROR(-20001,'数据库中存在相同名称的部门编号！');
  END IF;
  INSERT INTO dept VALUES(p_deptno,p_dname,p_loc);--在过程体中使用形式参数
  COMMIT;
END insertdept;
```

insertdept 过程接收 3 个参数来向 dept 表中插入一个新的部门，这 3 个参数是 insertdept 的形式参数，它们的数据类型不包含任何的长度约束，在示例中使用 p 开头作为形式参数的前缀。

> 注意：对参数进行良好的命名约定使得在将来维护和迁移变得更加有条理。

在调用 insertdept 过程时，需要为这些形式参数指定具体的参数值，这些具体的参数值就是实际参数。例如下面的代码将调用 insertdept 向数据表中插入一个新的部门：

```
insertdept(55,'行政部','德克萨斯');
```

函数调用时，指定的参数就是实际参数，实参和它对应的形式参数必须类型兼容，例如 PL/SQL 是不能把数据从 DATE 转换到 REAL 类型的，下面的过程调用会引起预定义异常 VALUE_ERROR：

```
BEGIN
   insertdept('ABC','行政部','德克萨斯');
EXCEPTION
   WHEN OTHERS THEN
     DBMS_OUTPUT.put_line(SQLCODE||' '||SQLERRM);
END;
```

上述代码输出了如下所示的错误信息：

```
-6502 ORA-06502: PL/SQL: 数字或值错误:字符到数值的转换错误
```

13.2.2 参数模式

形式参数的模式用来控制形式参数的行为，一共有 3 种类型的模式：IN、OUT 和 IN OUT 模式。如果没有指定形式参数的模式，默认为 IN 模式。

1. IN模式

IN 模式的参数称为输入参数，这是默认的参数模式。IN 模式直接把值传递给调用子程序，IN 模式的参数就像常量一样，不能被赋值，可以为 IN 模式的参数初始化一个默认值。代码 13.8 对 insertdept 过程进行了修改，在形式参数的定义中加入了 IN 关键字，并且赋了参数初始值，在过程体中尝试为 p_dname 赋初始值时会产生异常信息。

代码 13.8 使用 IN 模式

```
CREATE OR REPLACE PROCEDURE insertdept(
    p_deptno IN NUMBER:=55,                    --定义形式参数，并赋初值
    p_dname IN VARCHAR2,
    p_loc IN VARCHAR2
)
AS
    v_count NUMBER(10);
BEGIN
    --p_dname:='市场策略部';                    --错误，不能对 IN 模式参数进行赋值
    SELECT COUNT(deptno) INTO v_count FROM dept WHERE deptno=p_deptno;
    IF v_count>1 THEN
        RAISE_APPLICATION_ERROR(-20001,'数据库中存在相同名称的部门编号！');
    END IF;
    INSERT INTO dept VALUES(p_deptno,p_dname,p_loc);  --在过程体中使用形式参数
    COMMIT;
END insertdept;
```

在为 IN 模式的形参赋值时，可以指定常量、文字或已经被初始化的变量或表达式，当过程结束，控制返回到调用环境时，实际参数不会发生改变。下面的调用语句直接为形式参数赋常量值作为实际参数：

```
BEGIN
    insertdept(55,'勤运部','西北');
END;
```

2. OUT模式

OUT 模式的参数又称为输出参数，输出参数将会改变参数的值，因此实际参数不能用文字或常量来表示，必须要先定义一个变量，然后将该变量作为一个实际参数使用来调用过程。在代码示例 13.9 的 OutRaiseSalary 中，定义了一个 p_raisedSalary 形式参数用来输出已经加薪后的值，在语句的执行部分，可以为输出参数赋一个输出的值，这个值会传出给调用方，否则将输出为 NULL 值。当过程被调用时，对输出参数指定的实际参数的任何值都被忽略。当过程调用结束，控制返回到调用环境时，形式参数的内容被赋给实际参数。

代码 13.9   使用 OUT 模式

```
CREATE OR REPLACE PROCEDURE OutRaiseSalary(
    p_empno IN NUMBER,
    p_raisedSalary OUT NUMBER           --定义一个员工加薪后的薪资的输出变量
)
AS
    v_sal NUMBER(10,2);                 --定义本地局部变量
    v_job VARCHAR2(10);
BEGIN
    p_raisedSalary:=0;                  --变量赋初值
    SELECT sal,job INTO v_sal,v_job FROM emp WHERE empno=p_empno;
                                        --查询员工信息
    IF v_job='职员' THEN                 --仅对职员加薪
        p_raisedSalary:=v_sal*1.12;     --对 OUT 模式的参数进行赋值是合法的
        UPDATE emp SET sal=p_raisedSalary WHERE empno=p_empno;
    ELSE
        p_raisedSalary:=v_sal;          --否则赋原来的薪资值
    END IF;
EXCEPTION
    WHEN NO_DATA_FOUND THEN             --异常处理语句块
        DBMS_OUTPUT.put_line('没有找到该员工的记录');
END OutRaiseSalary;
```

下面的代码演示了如何调用带输出参数的 OutRaiseSalary 过程。

```
DECLARE
    v_raisedsalary NUMBER(10,2);             --定义一个变量保存输出值
BEGIN
    v_raisedsalary:=100;          --这个赋值在传入到 OutRaiseSalary 后会被忽略
    OutRaiseSalary(7369,v_raisedsalary);     --调用函数
    DBMS_OUTPUT.put_line(v_raisedsalary);    --显示输出参数的值
END;
```

v_raisedsalary 这个变量用来传给 OutRaiseSalary 过程中的输出参数作为实际参数，尽管在过程体中为该变量赋了初值，但是当调用 OutRaiseSalary 时，该变量的任何初始值都会被忽略。

> 注意：OUT 模式的形式参数会被初始化为 NULL，所以形参的数据类型是不能有 NOT NULL 约束的，比如内置类型 NATURALN 和 POSITIVEN，否则 PL/SQL 会抛出 VALUE_ERROR 异常。

3. IN OUT 模式

IN OUT 模式是 IN 和 OUT 方式的组合，又称输入/输出参数。当过程被调用时，实际参数的值被传递给过程，形式参数可以被读出和写入，当过程结束，控制返回到调用环境时，形式参数的内容被赋给实际参数。在过程内部，输入/输出参数就像是一个初始化了的变量，可以从变量中读取值，也可以为其赋值而产生输出。IN OUT 模式示例如代码 13.10 所示。

代码 13.10   使用 IN OUT 模式

```
CREATE OR REPLACE PROCEDURE calcRaisedSalary(
        p_job IN VARCHAR2,
        p_salary IN OUT NUMBER                   --定义输入/输出参数
)
AS
  v_sal NUMBER(10,2);                            --保存调整后的薪资值
BEGIN
  if p_job='职员' THEN                           --根据不同的job进行薪资的调整
     v_sal:=p_salary*1.12;
  ELSIF p_job='销售人员' THEN
     v_sal:=p_salary*1.18;
  ELSIF p_job='经理' THEN
     v_sal:=p_salary*1.19;
  ELSE
     v_sal:=p_salary;
  END IF;
  p_salary:=v_sal;                               --将调整后的结果赋给输入/输出参数
END calcRaisedSalary;
```

p_salary 是一个 IN OUT 模式的参数，用来传入基准的薪资值，在过程体内部，根据 p_job 的不同类型来为 p_salary 传入的基准工资进行加薪的操作，最后将计算的结果赋给 p_salary 输出给调用方。

p_salary 形式参数是一个 IN OUT 类型的参数，因此在调用时，需要为其指定一个已赋值的变量值，在过程内部将读取该变量的值，进行计算，最后将计算的结果又赋给 p_salary，例如如下的调用语句所示：

```
DECLARE
  v_sal NUMBER(10,2);                                          --薪资变量
  v_job VARCHAR2(10);                                          --职位变量
BEGIN
  SELECT sal,job INTO v_sal,v_job FROM emp WHERE empno=7369;
                                                               --获取薪资和职位信息
  calcRaisedSalary(v_job,v_sal);                               --计算调薪
  DBMS_OUTPUT.put_line('计算后的调整薪水为：'||v_sal);          --获取调薪后的结果
END;
```

v_sal 变量用来保存薪资值，在调用 calcRaisedSalary 之前，使用该变量从 emp 表中获取员工的薪资信息，在获取了薪资和职位信息后，调用 calcRaisedSalary 过程计算薪资，该过程执行完后，v_sal 具有了新的薪资值，因此通过输出来显示结果。

> 注意：OUT 和 IN OUT 模式的形式参数对应的实参必须是变量，不可以是常量或表达式，如果成功地退出子程序，PL/SQL 就会为实参赋值。如果有未捕获的异常发生，PL/SQL 就不会为实参赋值。

13.2.3 形式参数的约束

在过程被调用时，将传入实际参数的值，在过程定义时，形式参数不能指定长度的约束，任何指定长度或精度来约束都是不合法的。例如如果为 calcRaisedSalary 的形式参数指

定如下的约束：

```
CREATE OR REPLACE PROCEDURE calcRaisedSalary(
        p_job IN VARCHAR2(10),
        p_salary IN OUT NUMBER(10,2)             --定义输入/输出参数
)
AS
BEGIN
  ....
END;
```

PL/SQL 引擎将抛出编译时错误，必须要去掉对形式参数中的长度约束。实际上形式参数的约束来自实际参数，例如在调用 calcRaiseSalary 时，传入的 v_sal 和 v_job 中的约束将成为形式参数的约束：

```
DECLARE
  v_sal NUMBER(10,2);                            --薪资变量
  v_job VARCHAR2(10);                            --职位变量
BEGIN
  ....
  calcRaisedSalary(v_job,v_sal);                 --计算调薪
  ...
END;
```

v_sal 具有 NUMBER(10,2) 的约束，即精度 10 刻度为 3；v_job 只能具有 10 个字符，因此需要注意子程序的参数约束是产生在形式参数中的。

> **注意**：在使用 OUT 或 IN OUT 模式的参数时，在过程的调用方传递的变量的长度或刻度必须要满足过程内对变量的赋值大小，否则在调用时 PL/SQL 引擎会抛出异常。

虽然形式参数不能用约束声明，但是可以使用%TYPE 对其进行约束。如果形式参数使用%TYPE 进行声明，其潜在类型是受到约束的，约束将针对形式参数而非针对实际参数，代码 13.11 使用%TYPE 来定义形式参数的类型。

代码 13.11　使用%TYPE 定义形式参数

```
CREATE OR REPLACE PROCEDURE calcRaisedSalaryWithTYPE(
        p_job IN emp.job%TYPE,
        p_salary IN OUT emp.sal%TYPE             --定义输入/输出参数
)
AS
  v_sal NUMBER(10,2);                            --保存调整后的薪资值
BEGIN
  if p_job='职员' THEN                           --根据不同的 job 进行薪资的调整
    v_sal:=p_salary*1.12;
  ELSIF p_job='销售人员' THEN
    v_sal:=p_salary*1.18;
  ELSIF p_job='经理' THEN
    v_sal:=p_salary*1.19;
  ELSE
    v_sal:=p_salary;
  END IF;
  p_salary:=v_sal;                               --将调整后的结果赋给输入/输出参数
END calcRaisedSalaryWithTYPE;
```

在 emp 表中，sal 字段的类型是 NUMBER(7,2)，job 类型是 VARCHAR2(18)，数据表中的约束会潜在地约束形式参数的长度，下面的调用代码将为 sal 字段传一个 NUMBER(10,2)的薪资值：

```
DECLARE
   v_sal NUMBER(8,2);                                      --薪资变量
   v_job VARCHAR2(10);                                     --职位变量
BEGIN
   v_sal:=123294.45;
   v_job:='职员';
   calcRaisedSalaryWithTYPE(v_job,v_sal);                  --计算调薪
   DBMS_OUTPUT.put_line('计算后的调整薪水为：'||v_sal);      --获取调薪后的结果
EXCEPTION
   WHEN OTHERS THEN
      DBMS_OUTPUT.put_line(SQLCODE||' '||SQLERRM);
END;
```

由于过程受形式参数的约束，因此 v_sal 传给形式参数时，将会触发异常，如下所示：

```
-6502 ORA-06502: PL/SQL: 数字或值错误 : 数值精度太高
```

可以看到现在过程 calcRaisedSalaryWithTYPE 受到了形式参数的约束。

13.2.4　参数传递方式

在调用子程序时，可以有两种向子程序的形式参数传递实际参数的方式：一种是前面见过的按位置传递；另一种是按名称传递。

大多数参数传递的场合都使用按位置传递方式，只要传入的实际参数的位置匹配形式参数的位置定义即可。以 calcRaisedSalaryWithTYPE 这个过程为例，该过程接收两个参数 p_job 和 p_sal，只需要按照形式参数的定义位置，一一对应实际参数即可，如下所示：

```
calcRaisedSalaryWithTYPE(v_job,v_sal);
```

还可以使用类似的按名称传递方法，这种方法将使用=>作为关联的操作符，把左边的实参和右边的形参关联起来，因此上述调用也可以写为如下的形式。

```
calcRaisedSalaryWithTYPE(p_job=>v_job,p_salary=>v_sal);
```

可以看到，p_job 与 p_salary 是在过程定义中使用的形式参数，而 v_sal 与 v_job 是实际参数，由于使用了名字标示法，因此参数的位置就显得不那么重要了，因此如下的调用也是合法的：

```
calcRaisedSalaryWithTYPE(p_salary=>v_sal,p_job=>v_job);
```

还可以在过程调用中混合使用按位置传递与按名称传递两种方式，但是在这种情况下，位置标示法必须在名字标示法之前，不能反过来使用。下面的调用方式是合法的：

```
calcRaisedSalaryWithTYPE(v_job,p_salary=>v_sal);
```

如果反过来，将名称调用法放在前面，则是非法的：

```
calcRaisedSalaryWithTYPE(p_salary=>v_sal,v_job);
```

13.2.5 参数默认值

在定义子程序时,可以使用 DEFAULT 关键字或赋值语句为 IN 模式的参数指定默认值,在调用子程序时可以根据需要传递不同个数的参数。代码 13.12 演示了如何在定义过程时为参数指定默认值。

代码 13.12 指定形式参数的默认值

```
CREATE OR REPLACE PROCEDURE newdeptwithdefault (
  p_deptno    dept.deptno%TYPE DEFAULT 57,        --部门编号
  p_dname     dept.dname%TYPE:='管理部',           --部门名称
  p_loc       dept.loc%TYPE DEFAULT '江苏'         --位置
)
AS
  v_deptcount    NUMBER;                          --保存是否存在员工编号
BEGIN
  SELECT COUNT (*) INTO v_deptcount FROM dept
   WHERE deptno = p_deptno;                       --查询在 dept 表中是否存在部门编号
  IF v_deptcount > 0                              --如果存在相同的员工记录
  THEN                                            --抛出异常
    raise_application_error (-20002, '出现了相同的员工记录');
  END IF;
  INSERT INTO dept(deptno, dname, loc)
      VALUES (p_deptno, p_dname, p_loc);          --插入记录
END;
```

在定义 newdeptwithdefault 过程时,使用了 DEFAULT 关键字和赋值运算符来为形式参数指定默认值,在调用时,可以不指定任何参数,PL/SQL 引擎将使用所有的默认值向 dept 表插入记录,如以下代码所示:

```
BEGIN
   newdeptwithdefault;                            --不指定任何参数,将使用形参默认值
END;
```

如果要为 deptno 和 dname 指定实际参数,而 loc 使用默认值,可以通过位置传递方法,为前两个参数传递实际参数,而省略第 3 个参数,这样 loc 将自动使用默认值,如以下代码所示:

```
BEGIN
   newdeptwithdefault(58,'事务组');                --让 loc 参数使用默认值
END;
```

如果要为 loc 和 deptno 指定实参值,而要使 dname 为默认值,则需要使用按名称传递的方法,如以下代码所示:

```
BEGIN
   newdeptwithdefault(p_deptno=>58,p_loc=>'南海');  --让 dname 使用默认值
END;
```

13.2.6 使用 NOCOPY 编译提示

在了解 NOCOPY 编译提示之前，首先理解引用传递和值传递之间的区别。
- 值传递：当参数通过值传递时，参数将从实际参数中被复制到形式参数中。
- 引用传递：实际参数的指针被传递到了相应的形式参数中。

默认情况下，PL/SQL 将通过引用来传递 IN 参数，引用传递的速度快，因为仅实际参数的指针传递到相应的形式参数中，不需要进行复制，这对于占用空间较大的参数，比如集合类型具有较高的效率。而 IN OUT 和 OUT 参数通过值进行传递的，这主要是因为对实际参数的约束可以被校验，当子程序正常结束后，被赋到 OUT 和 IN OUT 形参上的值就会复制到对应的实参上。

在使用 OUT 和 IN OUT 模式的参数时，如果参数是大型数据结构，比如集合、记录和对象实例，进行全部复制会大大降低执行的速度，消耗大量的内存。为了防止出现这种情况，可以使用 NOCOPY 编译提示按引用进行传递，使用语法如下所示：

```
parameter_name [mode] NOCOPY datatype
```

其中 parameter_name 是参数名，mode 是指参数的模式，比如 IN 、OUT 或 IN OUT，datatype 是参数的数据类型。当要在过程定义中存在 NOCOPY 时，PL/SQL 编译器将通过引用传递参数，但是由于 NOCOPY 只是一个编译器提示，而不是一个指令，因此并不一定会使用引用传递，但是多数情况下是可行的。使用 NOCOPY 指示符的示例代码如下所示：

```
CREATE OR REPLACE PROCEDURE NoCopyDemo
(
  p_InParameter IN NUMBER,
  p_InOutParameter IN OUT NOCOPY VARCHAR2,     --使用NOCOPY编译提示
  p_OutParameter OUT NOCOPY VARCHAR2
)
IS
BEGIN
  NULL;
END;
```

NOCOPY 通常用在 OUT 和 IN OUT 这类按值传递的形式参数中，并且是参数占用大量内存的场合，以避免复制数据带来的性能开销。下面的示例代码演示了对一个较大的嵌套表使用 NOCOPY 之后的示例，可以看到它与不使用 NOCOPY 的明显区别，如代码 13.13 所示。

代码 13.13 NOCOPY 使用示例

```
DECLARE
  TYPE emptabtyp IS TABLE OF emp%ROWTYPE;     --定义嵌套表类型
  emp_tab    emptabtyp := emptabtyp (NULL);   --定义一个空白的嵌套表变量
  t1         NUMBER (5);                       --定义保存时间的临时变量
  t2         NUMBER (5);
  t3         NUMBER (5);

  PROCEDURE get_time (t OUT NUMBER)            --获取当前时间
```

```
    IS
    BEGIN
      SELECT TO_CHAR (SYSDATE, 'SSSSS')           --获取从午夜到当前的秒数
        INTO t
        FROM DUAL;
    END;
    PROCEDURE do_nothing1 (tab IN OUT emptabtyp)
                                                  --定义一个空白的过程,具有 IN OUT 参数
    IS
    BEGIN
       NULL;
    END;

    PROCEDURE do_nothing2 (tab IN OUT NOCOPY emptabtyp)
                                                  --在参数中使用 NOCOPY 编译提示
    IS
    BEGIN
       NULL;
    END;
BEGIN
    SELECT *
      INTO emp_tab (1)
      FROM emp
     WHERE empno = 7788;            --查询 emp 表中的员工,插入到 emp_tab 第 1 个记录
    emp_tab.EXTEND (900000, 1);     --复制第 1 个元素 N 次
    get_time (t1);                  --获取当前时间
    do_nothing1 (emp_tab);          --执行不带 NOCOPY 的过程
    get_time (t2);                  --获取当前时间
    do_nothing2 (emp_tab);          --执行带 NOCOPY 的过程
    get_time (t3);                  --获取当前时间
    DBMS_OUTPUT.put_line ('调用所花费的时间(秒)');
    DBMS_OUTPUT.put_line ('--------------------');
    DBMS_OUTPUT.put_line ('不带 NOCOPY 的调用:' || TO_CHAR (t2 - t1));
    DBMS_OUTPUT.put_line ('带 NOCOPY 的调用:' || TO_CHAR (t3 - t2));
END;
/
```

尽管代码看起来很长,但其实完成的主要工作是查看使用 NOCOPY 时与不使用 NOCOPY 时的区别。所有的过程都定义在匿名语句块的内部,关于子过程将在后面进行介绍。下面是这段代码的详细介绍。

(1) 为了模拟大的集合类型,在匿名块的定义区,定义了一个嵌套表类型,该类型将存储 emp 行记录类型的值。同时声明了 emptabtyp 这种类型的变量 emp_tab,然后定义了 3 个 NUMBER 类型的变量用来保存操作的时间。

(2) 定义了一个 get_time 方法,使用 TO_CHAR 获取从午夜到现在为止所经过的秒数,以便统计时间用。

(3) 定义了两个执行区为 NULL 的过程,都接收 IN OUT 模式的参数 tab,一个没有使用 NOCOPY 编译提示,在执行时将会从实际参数中复制嵌套表到形式参数中。一个使用了 NOCOPY 编译提示,将使用指针指向嵌套表的内容。

(4) 在语句块的执行区,首先从 emp 表中插入一条记录到嵌套表中,然后使用 EXTEND 方法,将该条记录复制了 90 万次,读者可根据自己的电脑配置进行适当的修改。

(5) 分别执行 do_nothing1 和 do_nothing2 过程,使用 get_time 随时获取当前的时间,

来查看使用 NOCOPY 与不使用 NOCOPY 的区别。

经过上述执行后，可以看到如下的执行结果：

```
调用所花费的时间(秒)
--------------------
不带 NOCOPY 的调用：5
带 NOCOPY 的调用：0
```

> 注意：不同的电脑配置情况会影响到实际的复制效果，现今的电脑配置基本上都很高，所以有时候发现不了二者之间的区别。

可以看到不使用 NOCOPY 将产生传值引用，执行效率会大大降低，而使用了 NOCOPY 之后，将使用引用传递，执行效率会大幅提高。

13.3 子程序进阶技术

本节介绍子程序的一些高级技术，包含如何编写可以在 Oracle SQL 语句中直接使用的函数，嵌套子程序及子程序的自治事务等功能，这些主题要求具有前面两节的基础，而且这些主题是一个有经验的 PL/SQL 程序员所必须理解的。

13.3.1 在 SQL 中调用子程序

如果希望编写的 PL/SQL 函数可以像 Oracle 内置函数一样被调用，需要遵循一定的规则。

- 所有函数的参数必须是 IN 模式，IN OUT 和 OUT 模式的参数是不能被 SQL 语句使用的。
- 函数参数的数据类型和 RETURN 子句的返回类型，必须能被 Oracle 数据库识别，这是因为 PL/SQL 兼容所有的 Oracle 数据类型，但是 PL/SQL 扩充了自己的类型，比如 BOOLEAN、INTEGER、记录、集合和程序员定义的子类型等。
- 函数必须被存储在数据库中，在客户端 PL/SQL 环境中定义的 PL/SQL 函数是不能被 SQL 语句调用得到的。

除了这些规则之外，在 SQL 中调用 PL/SQL 自定义的函数还具有如下的约束。

函数不能修改数据库表，它不能执行任何下面的语句：DDL 语句，比如 CREATE TABLE、DROP INDEX 等，INSERT, DELETE, MERGE, UPDATE 等。不能在函数中使用 COMMIT 或 ROLLBACK 提交或回滚事务，当函数定义在自治事务中时，这个限制稍稍宽松一些。因为在自治事务中会与调用事务独立出来，在本节后面介绍自治事务时会详细讨论关于自治事务的功能。

- 当调用远程的函数或通过并行行为调用其他会话中的函数时，函数可能不能读取或写入包变量的值，因为 Oracle 服务器不支持跨用户会话访问。
- 仅当函数在一个 SELECT 列表中被调用时，或者是 VALUES 或 SET 子句中，函数才能够更新包变量的值，如果在 WHERE 或 GROUP BY 子句中，它可能无法改写包变量的值。

- 在 Oracle 8i 之前的版本中,不能在用户自定义函数中调用 RAISE_APPLICATION_ERROR 抛出异常。
- 函数不能调用其他模块(比如说存储过程或函数),否则将打断任何先前定义的规则。
- 函数不能引用一个视图,视图也就是存储了 SELECT 语句的查询。

下面的代码创建了一个名为 getempdept 的函数,它将根据员工表中的员工编号,获取员工所在的部门名称,如代码 13.14 所示。

代码 13.14　定义可被 SQL 语句调用的子程序

```
CREATE OR REPLACE FUNCTION getempdept(
      p_empno emp.empno%TYPE
) RETURN VARCHAR2                      --参数必须是Oracle 数据库类型
AS
  v_dname dept.dname%TYPE;
BEGIN
  SELECT b.dname INTO v_dname FROM emp a,dept b
  WHERE a.deptno=b.deptno
  AND a.empno=p_empno;
  RETURN v_dname;                      --查询数据表,获取部门名称
EXCEPTION
  WHEN NO_DATA_FOUND THEN
     RETURN NULL;                      --如果查询不到数据,返回 NULL
END;
```

可以看到 getempdept 函数符合前面列出的在 SQL 中调用的函数的规则,因此在创建成功之后,可以在 SQL 查询语句中直接使用,如下所示:

```
SQL> SELECT empno 员工编号,getempdept(empno) 员工名称 from emp;
    员工编号     员工名称
----------  ----------
      7369   研究部
      7499   销售部
      7521   销售部
      7566   研究部
      7654   销售部
      7698   销售部
      7782   财务部
      7788   研究部
```

可以看到自定义的 PL/SQL 函数果然已经成功地被 SQL 语句调用,因此可以通过编写自定义的 PL/SQL 函数来扩展 SQL 内置函数的功能,进而在 SQL 语句中调用,这也是常见的 PL/SQL 编程的一种方式。

13.3.2　嵌套子程序

内嵌子程序是一个过程或函数,它定义在 PL/SQL 块的声明区中(可以是命名块或匿名块),定义在块的声明区中的子程序仅能被这个块调用,不能被任何定义在块外部的子程序或块调用。嵌套子程序与其外部块的结构如图 13.5 所示。

第 13 章 PL/SQL 子程序

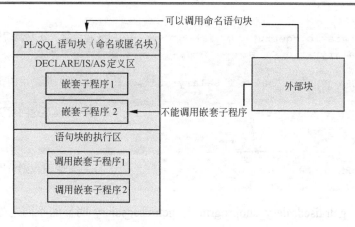

图 13.5 嵌套子程序的调用结构

从图 13.5 中可以看到，嵌套子程序的作用域只能位于其定义的块本身，不能被外部块调用。在语句块中使用嵌套子程序有如下几个好处。

- 通过提取重复代码到嵌套子程序中，可以减小外部块的代码大小。
- 可以提升代码的可读性。

在本书前面的内容中，曾经定义了一个名为 getraisedsalary 的函数，该函数将根据传入的员工编号查询员工职级，根据职级返回员工的加薪比率，实际上这个逻辑需要被独立出来，以便重复使用，因此本小节编写了 getraisedsalary_subprogrm 函数，实现了与 getraisedsalary 相同的功能，但是使用了嵌套的子程序，如代码 13.15 所示。

代码 13.15 使用嵌套子程序示例

```
CREATE OR REPLACE FUNCTION getraisedsalary_subprogram (p_empno emp.
empno%TYPE)
  RETURN NUMBER
IS
  v_salaryratio   NUMBER (10, 2);           --调薪比率
  v_sal           emp.sal%TYPE;             --薪资变量
  --定义内嵌子函数，返回薪资和调薪比率
  FUNCTION getratio(p_sal OUT NUMBER) RETURN NUMBER IS
    n_job           emp.job%TYPE;           --职位变量
    n_salaryratio   NUMBER (10, 2);         --调薪比率
  BEGIN
    --获取员工表中的薪资信息
    SELECT job, sal INTO n_job, p_sal FROM emp WHERE empno = p_empno;
    CASE n_job                              --根据不同的职位获取调薪比率
      WHEN '职员' THEN
        n_salaryratio := 1.09;
      WHEN '销售人员' THEN
        n_salaryratio := 1.11;
      WHEN '经理' THEN
        n_salaryratio := 1.18;
      ELSE
        n_salaryratio := 1;
    END CASE;
    RETURN n_salaryratio;
  END;
```

```
BEGIN
   v_salaryratio:=getratio(v_sal);              --调用嵌套函数,获取调薪比率和员工薪资
   IF v_salaryratio <> 1                         --如果有调薪的可能
   THEN
      RETURN ROUND(v_sal * v_salaryratio,2);    --返回调薪后的薪资
   ELSE
      RETURN v_sal;                              --否则不返回薪资
   END IF;
EXCEPTION
   WHEN NO_DATA_FOUND THEN
      RETURN 0;                                  --如果没找到员工记录,则返回0
END;
```

可以看到,getraisedsalary_subprogrm 与 getraisedsalary 明显的不同之处在于将判断薪资比率的逻辑提取到了内嵌子函数 getratio 中,这个内嵌函数具有一个 OUT 模式的输出变量来输出员工薪资信息,嵌套子程序的定义跟普通的子程序定义相似,只是因为它们不需要被单独地存储在数据字典中,因此不需要使用 CREATE OR REPLACE 语句,只需要直接使用 FUNCTION 或 PROCEDURE 开始定义即可。

> **注意:** 由于嵌套子程序仅是主语句块的一个定义,因此可以访问到在主语句块中定义的变量,而且还可以访问在主语句块中定义的其他嵌套子程序,但是必须记住嵌套子程序仅能定义在变量声明语句的里面,否则 PL/SQL 引擎会提示错误消息。

可以看到,对嵌套子程序的调用将产生与 getraisedsalary 相同的效果,如以下调用代码所示:

```
BEGIN
   --调用函数获取调薪后的记录
   DBMS_OUTPUT.PUT_LINE('7369 员工调薪记录: '||getraisedsalary_subprogram
   (7369));
   DBMS_OUTPUT.PUT_LINE('7521 员工调薪记录: '||getraisedsalary_subprogram(
   7521));
END;
```

语句块运行后将产生如下所示的结果:

```
7369 员工调薪记录:3010.41
7521 员工调薪记录:1498.5
```

表 13.1 列出了嵌套子程序和存储的子程序之间的异同之处。

表 13.1 嵌套子程序与存储子程序的异同

存储子程序	嵌套子程序
子程序以编译的形式存储在数据字典中,当调用过程时,不需要重新编译	嵌套子程序被编译为包含它的语句块的一部分,如果包含它的语句块是匿名的,并多次运行,那么每一次都必须编译子程序
子程序可以从对该子程序具有 EXECUTE 权限的用户所提交的任何语句块中调用	嵌套子程序只能从包含子程序的语句块中调用
通过将子程序代码与调用块分开,使调用块更短,更容易理解和维护,如果愿意,子程序和调用块还可以分开来进行维护	子程序和调用块是完全相同的,这会导致混乱,如果对调用块进行了更改,那么子程序也将被编译为包含它的块的重编译块的一部分

存储子程序	嵌套子程序
可以使用 DBMS_SHARED_POOL.KEEP 包过程把已编译伪代码锁定在共享池中以便重用，这样可以改进其性能	嵌套子程序不能被其他子程序锁定在共享池中
独立的存储子程序不能重载，但是包中的子程序可以在同一个包中重载	嵌套子程序可以在同一个语句块中重载

13.3.3 子程序的前向声明

PL/SQL 要求必须在调用子程序之前先定义好子程序，这在大多数情况下并没有问题，但是当遇到子程序相互调用时，情况就会变得有些复杂了。举个例子，如果子程序 A 调用子程序 B，但是子程序 B 又得调用子程序 A，PL/SQL 支持递归调用，因此两个或多个子程序可以互相调用对象，嵌套子程序的互调用示意图如图 13.6 所示。

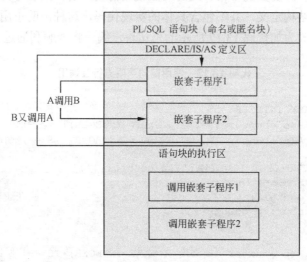

图 13.6　嵌套子程序互调用示意图

下面创建一个示例来演示在语句块中进行互调用时的效果，如代码 13.16 所示。

代码 13.16　嵌套子程序互调用示例

```
DECLARE
  v_val BINARY_INTEGER:=5;
  PROCEDURE A(p_counter IN OUT BINARY_INTEGER) IS --声明嵌套子程序 A
  BEGIN
    DBMS_OUTPUT.PUT_LINE('A('||p_counter||')');
    IF p_counter>0 THEN
      B(p_counter);                               --在嵌套子程序中调用 B
      p_counter:=p_counter-1;
    END IF;
  END A;
  PROCEDURE B(p_counter IN OUT BINARY_INTEGER) IS --声明嵌套子程序 B
  BEGIN
    DBMS_OUTPUT.PUT_LINE('B('||p_counter||')');
```

```
    p_counter:=p_counter-1;
    A(p_counter);                                   --在嵌套子程序中调用 A
  END B;
BEGIN
  B(v_val);                                         --调用嵌套子程序 B
END;
```

在这段代码中,嵌套子程序 A 和 B 都用来减少 p_counter 参数的计数,这是一个 IN OUT 类型的参数,因此它会影响到结果变量。

但是上述语句会产生一个异常,如下所示:

```
第 7 行出现错误:
ORA-06550: 第 7 行, 第 10 列:
PLS-00313: 在此作用域中没有声明 'B'
ORA-06550: 第 7 行, 第 10 列:
PL/SQL: Statement ignored
```

这是因为在 A 中调用 B 子程序时,B 子程序此时还没有声明,因此 PL/SQL 引擎抛出了在此作用域中没有声明'B'的异常。此时可以使用前向声明(或者称为预声明),前向声明仅包含子程序的结构定义,并不包含具体的实现代码,这种声明也用于包中的包头中,因此将上述代码更改为如代码 13.17 所示的语句块,编译将能顺利通过。

代码 13.17　使用前向声明进行互调用

```
DECLARE
  v_val BINARY_INTEGER:=5;
  PROCEDURE B(p_counter IN OUT BINARY_INTEGER);     --前向声明嵌套子程序 B
  PROCEDURE A(p_counter IN OUT BINARY_INTEGER) IS   --声明嵌套子程序 A
  BEGIN
    DBMS_OUTPUT.PUT_LINE('A('||p_counter||')');
    IF p_counter>0 THEN
      B(p_counter);                                 --在嵌套子程序中调用 B
      p_counter:=p_counter-1;
    END IF;
  END A;
  PROCEDURE B(p_counter IN OUT BINARY_INTEGER) IS   --声明嵌套子程序 B
  BEGIN
    DBMS_OUTPUT.PUT_LINE('B('||p_counter||')');
    p_counter:=p_counter-1;
    A(p_counter);                                   --在嵌套子程序中调用 A
  END B;
BEGIN
  B(v_val);                                         --调用嵌套子程序 B
END;
```

代码 13.17 与 13.16 唯一的不同在于在嵌套子程序声明之前声明了过程 B,在前向声明了 B 之后,就可以在 A 中直接进行调用,而不用管 B 是否进行了实现。

13.3.4　重载子程序

重载是面向对象的编程语言中非常常见的一种编写对象方法的方式,重载是指具有相同名称的方法,但是在参数的类型或顺序或者是数据类型上有所不同。在 PL/SQL 的包中,可以编写重载特性的子程序。本节将介绍如何在 PL/SQL 的块中进行子程序的重载。

在 PL/SQL 块中嵌套子程序重载的原则与包或对象的重载相似，重载的子程序具有相同的名称，但是参数的类型、顺序或数据类型不同。

> 注意：相同个数、相同顺序和类型，但是名称不同的参数是不能进行重载的，PL/SQL 引擎会提示错误消息。

代码 13.18 演示了如何在一个匿名的 PL/SQL 语句块中定义重载的过程 GetSalary。

代码 13.18　嵌套子程序重载示例

```
DECLARE
   PROCEDURE GetSalary(p_empno IN NUMBER) IS        --带一个参数的过程
   BEGIN
     DBMS_OUTPUT.put_line('员工编号为：'||p_empno);
   END;
   PROCEDURE GetSalary(p_empname IN VARCHAR2) IS    --重载的过程
   BEGIN
     DBMS_OUTPUT.put_line('员工名称为：'||p_empname);
   END;
   PROCEDURE GETSalary(p_empno IN NUMBER,p_empname IN VARCHAR) IS
                                                    --升薪的过程
   BEGIN
     DBMS_OUTPUT.put_line('员工编号为：'||p_empno||' 员工名称为：'||p_empnme);
   END;
BEGIN
   GetSalary(7369);                                 --调用重载方法
   GetSalary('史密斯');
   GetSalary(7369,'史密斯');
END;
```

在代码中定义了 3 个同名的 GetSalary 过程，尽管它们具有相同的名称，但是它们具有不同的形式参数，因此在调用时，PL/SQL 将根据形式参数来调用各自对应的子程序。

在了解了重载的功能之后，下面列出了使用重载的几点限制。

（1）只有本地或包中的子程序，或者是对象中的方法才可以被重载，不能对使用 CREATE OR REPLACE 的子程序进行重载。

（2）只是参数的名称不同，或者是参数的传递模式不同的子程序也是不能重载的。

（3）如果形式参数类型是属于同一基类的子类，那么也不能重载，比如 INTEGER 和 REAL 就同属于 NUMBER 类型，因此是不能进行重载的。

（4）不能对只是返回值不同的两个函数进行重载。

理解了上述的规则，就可以在 PL/SQL 语句块中应用重载来灵活地实现应用程序了。

13.3.5　子程序自治事务

在 Oracle 中，数据库事务是作为单个逻辑工作单元执行的一系列的 SQL 操作，当事务遇到 COMMIT 或 ROLLBACK 语句时，会提交或回滚事务，然后终止整个事务，开启下一个事务。如果在进行 PL/SQL 编程时，在子程序中包含了 COMMIT 或 ROLLBACK 语句，由于事务是作为单个逻辑单元而存在的，因此会导致整个事务的提交或回滚，有时这会导致一些错误的结果。当进行子程序开发时,如果想独立于主事务开始一个独立的事务,在子程序中使用 COMMIT 或 ROLLBACK 语句时,不影响主事务的状态,这种事务称为自治事务。

自治事务是由主事务开启的独立事务,自治事务把主事务挂起来,然后执行 SQL 操作,在提交或回滚这些操作后,重新恢复主事务。自治事务与主事务的关系如图 13.7 所示。

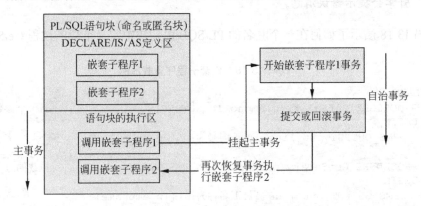

图 13.7 自治事务与主事务区别

自治事务使用 AUTONOMOUS_TRANSACTION 编译提示来定义,这个编译提示会让 PL/SQL 编译器把子程序或数据库触发器标记为自治的事务。可以将这个指令放到程序声明部分的任何地方,但是为了良好的可读性,一般把它放到声明区的顶部,基本语法如下所示:

```
PRAGMA AUTONOMOUS_TRANSACTION;
```

为了演示自治事务是否按照想象的进行了工作,下面创建了 emp 表的一个备份,如以下 SQL 语句所示:

```
CREATE TABLE emp_history AS SELECT * FROM emp WHERE 1=2;
```

接下来创建并执行一个匿名块,在块中包含了一个嵌套的子程序,在该子程序中使用自治事务,如代码 13.19 所示。

代码 13.19 自治事务使用示例

```
DECLARE
  PROCEDURE TestAutonomous(p_empno NUMBER) AS
    PRAGMA AUTONOMOUS_TRANSACTION;            --标记为自治事务
  BEGIN
    --现在过程中是自治的事务,主事务被挂起
    INSERT INTO emp_history SELECT * FROM emp WHERE empno=p_empno;
    COMMIT;                                   --提交自治事务,不影响主事务
  END TestAutonomous;
BEGIN
  --主事务开始执行
  INSERT INTO emp_history(empno,ename,sal) VALUES(1011,'测试',1000);
  TestAutonomous(7369);                       --主事务挂起,开始自治事务
  ROLLBACK;                                   --回滚主事务
END;
```

代码的实现过程以下步骤所示。

（1）在匿名语句块的声明区，创建了一个名为 TestAutonomous 的嵌套过程，在过程的声明区使用了 AUTONOMOUS_TRANSACTION 将过程标记为使用自治事务。

（2）由于使用了编译提示，因此在过程内部使用 COMMIT 语句时，将不影响到主事务。

（3）在匿名块的执行区，首先向 emp_history 插入一条测试数据，然后调用 TestAutonomous 向 emp_history 表中插入员工编号为 7369 的记录。最后却又使用 ROLLBACK 对主事务进行了回滚。

在程序运行后，可以看到，当使用了自治事务以后，仅员工编号为 7369 的记录被插入到了 emp_history 表中，而在主事务中的 INSERT 语句由于被回滚，并不会被插入到数据库中。

通过查询 emp_history 表，可以看到如下所示的一条记录：

```
SQL> SELECT empno,ename,job from emp_history;
    EMPNO ENAME                          JOB
   ------ ------------------------------ ------------------------------
     7369 史密斯                          职员
```

13.3.6 递归调用子程序

子程序也可以进行递归调用，这与大多数第 3 代程序设计语言一样。递归是一个非常重要而且在日常工作中使用非常频繁的算法，它通过不断地调用自身来实现层次化的处理工作。

递归算法中具有如下两个规则。

（1）必须要有一个方法能够退出递归循环，以免永远地递归下去。如果递归程序无限制地执行下去，PL/SQL 最终会用光内存然后抛出预定义的 STORAGE_ERROR 异常。

（2）要有一个方法调用自身，通过不断地改变条件来使得递归接近退出的位置。

最经典的递归示例就是阶乘了，代码 13.20 是一个使用 PL/SQL 实现递归阶乘的例子。

代码 13.20　在 PL/SQL 中实现递归阶乘

```
DECLARE
 v_result INTEGER;
 FUNCTION fac(n POSITIVE)
     RETURN INTEGER IS                   --阶乘的返回结果
  BEGIN
    IF n=1 THEN                          --如果 n=1，则终止条件
       DBMS_OUTPUT.put('1!=1*0!');
       RETURN 1;
    ELSE
     DBMS_OUTPUT.put(n||'!='||n||'*');
     RETURN n*fac(n-1);                  --否则递归调用自身
    END IF;
  END fac;
BEGIN
 v_result:= fac(10);                     --调用阶乘函数
 DBMS_OUTPUT.put_line('结果是: '||v_result);  --输出阶乘结果
END;
```

这个递归的算法符合在前面列出的两个条件，首先在 $n=1$ 时，就会直接返回 1 而退出递归执行。如果用户传入的不是 1，那么就会调用 $n*\text{fac}(n-1)$ 进行自身的调用，直到 n 的值等于 1，整个递归结构的流程如图 13.8 所示。

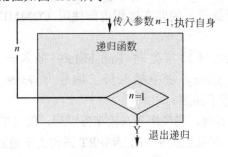

图 13.8　递归流程图

在使用 PL/SQL 进行程序开发时，通常使用递归来查询层次结构的数据，例如 emp 表中的 empno 和 mgr 就是两个自引用的字段，mgr 是当前 empno 的上级，mgr 本身也是 emp 表中的一个员工，也具有自己的 mgr，因此形成了树状的层次结构。

下面的代码使用递归算法查询某特定的员工编号下面的所有员工列表，通过对 emp 表应用递归操作来实现的过程如代码 13.21 所示。

代码 13.21　使用递归查找职员列表示例

```
DECLARE
   PROCEDURE find_staff (mgr_no NUMBER, tier NUMBER := 1)
   IS
      boss_name    VARCHAR2 (10);         --定义老板的名称
      CURSOR c1 (boss_no NUMBER)--定义游标来查询 emp 表中当前编号下的员工列表
      IS
         SELECT empno, ename
           FROM emp
          WHERE mgr = boss_no;
   BEGIN
      SELECT ename INTO boss_name FROM emp
       WHERE empno = mgr_no;              --获取管理者名称
      IF tier = 1                         --如果 tier 指定 1，表示从顶层开始查询
      THEN
         INSERT INTO staff
            VALUES (boss_name || ' 是老板 ');--因为第 1 层是老板，下面的才是经理
      END IF;
      FOR ee IN c1 (mgr_no)        --通过游标 FOR 循环向 staff 表插入员工信息
      LOOP
         INSERT INTO staff
            VALUES (boss_name
                    || ' 管理 '
                    || ee.ename
                    || ' 在层次 '
                    || TO_CHAR (tier));
         find_staff (ee.empno, tier + 1);  --在游标中，递归调用下层的员工列表
      END LOOP;
      COMMIT;
   END find_staff;
BEGIN
```

```
    find_staff(7839);                    --查询 7839 管理下的员工的列表和层次结构
END;
```

首先来看示例代码的运行结果,以便更好地理解递归的作用:

```
SQL> SELECT * FROM staff;
EMPLIST
---------------------------------------
金 是老板
金 管理 约翰 在层次 1
约翰 管理 斯科特 在层次 2
斯科特 管理 亚当斯 在层次 3
约翰 管理 福特 在层次 2
福特 管理 史密斯 在层次 3
金 管理 布莱克 在层次 1
布莱克 管理 艾伦 在层次 2
布莱克 管理 沃德 在层次 2
布莱克 管理 马丁 在层次 2
布莱克 管理 特纳 在层次 2
布莱克 管理 吉姆 在层次 2
金 管理 克拉克 在层次 1
已选择 13 行。
```

可以看到,这个递归结构果然根据要求找出了在员工金下面的所有员工清单,实现的过程如以下步骤所示。

(1) 在嵌套的过程 find_staff 中,接收 mgr_no 这个形式参数表示位于树状结构的顶端的员工编号,需要查询该编号下面的层次结构下面的员工清单。tiger 是一个层次编码,默认从 1 开始。

(2) 在过程的声明区,定义了一个游标,查询 emp 表中所有 mgr 为 boss_no 的员工清单,这个游标用来查询当前员工下一层的所有员工列表。

(3) 在执行区中,首先获取 mgr_no 这个员工编号的员工名称,然后判断如果 tier 为 1,则表示当前是老板,即位于顶层的员工名称,将其插入到 staff 表中。

(4) 接下来使用游标 FOR 循环检索位于该员工编号下面的所有被管理的员工清单,将其插入到 staff 表中,然后递归调用自身,查询子级的员工下一层的员工清单,并使 tier 的值加 1。游标 FOR 循环在无法检索到数据时,便会退出递归调用。

> ⚠️注意:实际上这个例子也可以通过 SQL 语句的 CONNECT BY 子句来完成,但是通过使用子过程的递归调用方式,使得在进行 PL/SQL 编程时又多了一项利器,这在一些特殊的需要使用递归调用的场合非常有用。

13.3.7　理解子程序依赖性

在创建子程序时,往往需要引用到其他的对象,比如过程 insertdept 需要更新 dept 表,那么可以将过程 insertdept 称为对 dept 表的对象依赖,而将表 dept 称为被引用对象。其中对象依赖又包含了两种情况:直接依赖和间接依赖。

为了演示直接依赖与间接依赖的区别,代码 13.22 创建了一个简单的过程 TestDependence:

代码 13.22　子程序依赖性示例

```
CREATE OR REPLACE PROCEDURE TestDependence AS
BEGIN
   --向 emp 表插入测试数据
   INSERT INTO emp(empno,ename,sal) VALUES(1011,'测试',1000);
   TestSubProg(7369);
   ROLLBACK;
END;
--被另一个过程调用,用来向 emp_history 表插入数据
CREATE OR REPLACE PROCEDURE TestSubProg(p_empno NUMBER) AS
 BEGIN
     INSERT INTO emp_history SELECT * FROM emp WHERE empno=p_empno;
 END TestSubProg;
```

在上面的代码中，TestDependence 过程中直接向 emp 表中插入记录，因此 TestDependence 对 emp 表是直接依赖。TestDependence 又调用了 TestSubProg，TestSubProg 将向 emp_history 表中插入记录，因此可以看作 TestSubProg 对 emp_history 具有直接依赖，而且 TestDependence 对 emp_history 具有间接依赖。

1. 查看依赖

对于直接依赖，可以通过视图 user_dependencies 找出其直接依赖的引用对象，如以下查询语句所示：

```
SQL> SELECT name,type FROM user_dependencies WHERE referenced_name='EMP';
NAME                              TYPE
--------------------------------------------------------------------------
TESTSUBPROG                       PROCEDURE
TESTDEPENDENCE                    PROCEDURE
RAISESALARY                       PROCEDURE
OUTRAISESALARY                    PROCEDURE
GETRAISEDSALARY_SUBPROGRAM        FUNCTION
GETRAISEDSALARY                   FUNCTION
GETEMPDEPT                        FUNCTION
CALCRAISEDSALARYWITHTYPE          PROCEDURE
已选择 8 行。
```

上述语句通过查询 user_dependencies 视图，得出了所有与 emp 表具有直接依赖的对象，可以看到这些对象既包含过程也包含函数。

如果要查询间接依赖性，需要先进行一番安装，笔者的实现步骤如下。

（1）首先执行一下 F:\app\Administrator\product\11.2.0\dbhome_1\RDBMS\ADMIN\utldtree.sql（笔者的 Oracle 安装在 F 盘，读者根据自己的情况查找相应安装目录下的文件）。这个 SQL 将创建一系列的表和视图，以及一个用来填充依赖性关系的 deptree_fill 过程。

⚠注意：为确保具有相应的创建视图与过程的权限，请以 SYSDBA 用户进行登录。

（2）执行如下的语句，向 deptree 视图中填充数据。

```
EXEC deptree_fill('TABLE','SCOTT','EMP');
```

一切操作完成后，就可以使用如下的 SQL 语句查询对 emp 表的直接或间接依赖：

```
SQL> SELECT nested_level, NAME, TYPE
```

```
    FROM deptree
    WHERE TYPE IN ('PROCEDURE', 'FUNCTION');
NESTED_LEVEL NAME                           TYPE
------------ ------------------------------ ---------
           1 RAISESALARY                    PROCEDURE
           1 OUTRAISESALARY                 PROCEDURE
           1 GETRAISEDSALARY                FUNCTION
           1 GETEMPDEPT                     FUNCTION
           1 CALCRAISEDSALARYWITHTYPE       PROCEDURE
           1 GETRAISEDSALARY_SUBPROGRAM     FUNCTION
           2 TESTDEPENDENCE                 PROCEDURE
           1 TESTDEPENDENCE                 PROCEDURE
           1 TESTSUBPROG                    PROCEDURE
已选择 9 行。
```

nested_level 是依赖的层次数据，如果为 1 则表示为直接依赖，如果为 2 则表示为间接依赖。可以看到 testdependence 这个过程对 emp 表具有间接依赖。

2．查看对象有效性

在 user_objects 字典中查询子程序对象时，会看到一个 status 字段标识当前的子程序是否有效，可选的值为 INVALID 和 VALID，用来标识当前对象的有效性状态。当对子程序直接或间接依赖的对象进行修改之后，比如对依赖对象执行 DDL 操作，那么存储子程序就可能变得无效。

下面的 SQL 语句首先对 emp_history 表增加一个新的字段，然后查询 user_objects 视图，可以看到现在 TestDependences 和 TestSubProg 都变成了失效状态。

```
SQL> ALTER TABLE emp_history ADD emp_desc VARCHAR2(200) NULL;
表已更改。
SQL> SELECT object_name, object_type, status
     FROM user_objects
   WHERE object_name in ('TESTDEPENDENCE','TESTSUBPROG');
OBJECT_NAME         OBJECT_TYPE        STATUS
-----------------   ---------------    ---------------------------
TESTDEPENDENCE      PROCEDURE          INVALID
TESTSUBPROG         PROCEDURE          INVALID
```

3．重新编译子程序

如果一个依赖对象失效，PL/SQL 引擎将自动试图在下一次调用时重新编译，但这并不是总是有效的，例如当调用 TestDependence 时，SQL*Plus 弹出了如下所示的异常：

```
SQL> BEGIN
       TestDependence;
     END;
    /
   TestDependence;
   *
第 2 行出现错误:
ORA-06550: 第 2 行, 第 4 列:
PLS-00905: 对象 SCOTT.TESTDEPENDENCE 无效
ORA-06550: 第 2 行, 第 4 列:
PL/SQL: Statement ignored
```

因为对表的修改造成了 testdependence 无法重新编译通过。下面的代码重新修改了 emp_history 之后，并再次重新编译：

```
SQL> ALTER TABLE emp_history DROP COLUMN emp_desc;
表已更改。
SQL> ALTER PROCEDURE testdependence COMPILE;
过程已更改。
SQL> ALTER PROCEDURE testsubprog COMPILE;
过程已更改。
SQL> SELECT object_name, object_type, status
     FROM user_objects
    WHERE object_name in ('TESTDEPENDENCE','TESTSUBPROG');
OBJECT_NAME            OBJECT_TYPE            STATUS
---------------------- ---------------------- ----------------------
TESTDEPENDENCE         PROCEDURE              VALID
TESTSUBPROG            PROCEDURE              VALID
```

在移除了 emp_desc 列之后，通过 ALTER PROCEDURE 对过程进行了重新编译，现在可以看到过程已经变成了有效的状态。

13.3.8 子程序权限管理

由于存储的子程序将要保存到数据字典中，因此在创建时就会被一个特定的 Oracle 方案拥有，仅在该方案内的用户才能访问。如果其他用户要访问这些对象，需要具有对这些对象的正确的授权。在 Oracle 中，通过使用 GRANT 语句，可以对表设置 SELECT、INSERT、UPDATE 和 DELETE 特权，对于存储的子程序和包来说，则需要设置 EXECUTE 权限。

为了演示在不同方案下的权限的设置，下面以 find_staff 这个过程为例，在本书 13.3.6 小节中介绍的递归调用子程序曾经在语句块中嵌入了这个过程，现在通过 CREATE OR REPLACE 语句将其创建在 scott 方案中，步骤如下。

（1）以 DBA 身份进入 Oracle，笔者以 SYSTEM/MANAGER 登录系统，执行下面的语句创建一个新的用户，并分配相应的权限：

```
CREATE USER userb IDENTIFIED BY userb;        --创建用户 userb, 密码也为 userb
GRANT RESOURCE,CONNECT TO userb;              --为 userb 分配角色
```

（2）在创建了用户之后，接下来进入 scott 方案下，执行下面的语句，让 userb 可以访问 scott 方案下的 find_staff 过程。

```
GRANT EXECUTE ON find_staff TO userb;          --使得 userb 可以执行 find_staff
```

（3）以 userb/userb 进行登录，可以使用如下的语句来调用 find_staff：

```
BEGIN
  scott.find_staff(7839);                      --查询 7839 的管理下的员工的列表和层次结构
END;
```

尽管 userb 可以调用到 find_staff 过程，实际上所有的数据库对象都为 scott 所有，比如 userb 不能访问 staff 和 emp 这两个表，其权限结构如图 13.9 所示。

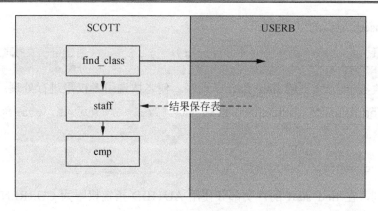

图 13.9　定义者模式权限结构示意图

如果在 userb 方案中有相同的表 staff，在执行 soctt.find_staff 之后，结果也不会写到 userb 方案下的表中，依然写入到 scott 方案下的表中，这是因为子程序是按照定义者权限来执行的。

要使得在 userb 中执行 find_staff 能够插入到 userb 方案下的表，可以使用限定修饰词，因此可以将对 staff 表的插入更改为 userb.staff，如以下语句所示：

```
INSERT INTO userb.staff VALUES (boss_name || ' 是老板 ');
```

很明显，这样带来了可移植性问题，较好的办法是使用 AUTHID 子句，它能让存储子程序和 SQL 方法根据当前调用者的权限模式关联来执行，这样调用者权限的子程序可以不绑定在特定的模式上，以便被许多用户使用，调用者模式的示意图如图 13.10 所示。

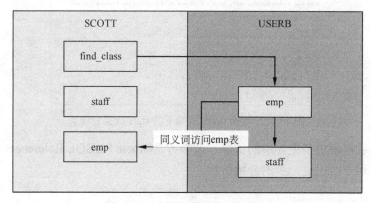

图 13.10　调用者模式访问示意图

函数、过程或包及类型中 AUTHID 声明语法如下所示：

```
AUTHID{CURRENT_USER|DEFINER}
```

默认情况下，PL/SQL 使用 DEFINER 定义者权限来执行子程序，通过将 AUTHID 更改为 CURRENT_USER，可以按调用者权限来执行子程序。下面分 4 个步骤来实现这个过程。

（1）下面的语句在 userb 中创建表 staff：

```
CREATE TABLE staff(emplist VARCHAR2(1000));--在userb方案中创建staff数据表
```

（2）由于 emp 表属于 scott 方案下，因此以 DBA 身份登录，为 emp 表创建一个同义词,并分配 userb 适当的查询权限。

```
CREATE PUBLIC SYNONYM emp FOR scott.emp;        --创建 emp 表的同义词
GRANT SELECT ANY TABLE TO userb;                --分配 userb 查询权限
```

(3) 修改 scott 方案下的 find_staff 子程序,使之按调用者权限进行处理:

```
CREATE OR REPLACE PROCEDURE find_staff (mgr_no NUMBER, tier NUMBER := 1)
 AUTHID CURRENT_USER
 IS
 ...
 END find_staff;
```

可以看到,在 find_staff 的声明部分使用 AUTHID 指定权限为 CURRENT_USER,即调用者权限。

(4) 在 userb 方案下,执行 find_staff 来测试程序:

```
BEGIN
  scott.find_staff(7839);        --查询 7839 的管理下的员工的列表和层次结构
END;
```

现在查询 userb 方案下的 staff 表,可以看到数据果然已经被正确地插入进来了,如图 13.11 所示。

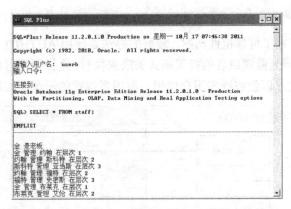

图 13.11 查询 userb 方案下的 staff 数据表结果

关于调用者权限更多更详细的信息,请参考"Oracle PL/SQL References"手册,提供了对于权限管理方面更进一步的介绍信息。

13.4 小　　结

子程序是 PL/SQL 开发过程中非常重要的部分,也可以说是 PL/SQL 程序员的每日工作,本章详细地介绍了如何在 PL/SQL 中开发子程序。首先介绍了子程序的结构,包含子程序的概念和优点,如何定义函数和过程,如何从数据字典中查看子程序。接下来对子程序的参数进行了详细介绍,介绍了如何使用参数模式来控制参数的可访问性,以及使用 NOCOPY 来传递引用参数。在子程序进阶技术中,讨论了很多在编程中常见的子程序使用技术与技巧,比如嵌套子程序、子程序的重载、递归调用及子程序依赖性和权限的管理。

下一章将介绍如何将多个子程序聚集为一个包,提供统一的管理与调用。

第 14 章 包

包是 Ada 语言的一个特性，它就像一个容器或一个命名空间，可以将各种逻辑相关的类型、常量、变量、异常和子程序组合在一起，为开发人员编写大型复杂的应用程序时，提供了一个良好的组织单元。当定义好了包之后，应用程序就可以通过包来访问各种不同的功能单元，而不用担心过多零散的子程序导致程序代码的松散，包的应用示意图如图 14.1 所示。

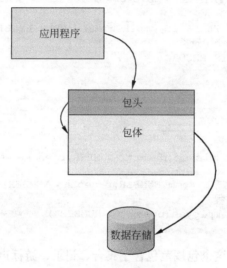

图 14.1 包的应用示意图

14.1 理解 PL/SQL 包

包（Package）的主要作用是用于逻辑组合相关的 PL/SQL 类型，比如记录类型或集合类型，PL/SQL 游标或游标声明以及 PL/SQL 子程序，还可以包含任何可以在块的声明区中定义的变量。一旦创建了一个包，包就会被存储在 Oracle 数据库中。可以将包放到共享池中，以便被多个应用程序共享和调用。

14.1.1 什么是包

一个 PL/SQL 包由如下两部分组成。
- 包规范：主要是包的一些定义信息，不包含具体的代码实现部分，也可以说包规范是 PL/SQL 程序和其他应用程序的接口部分，包含类型、记录、变量、常量、异常定义、游标和子程序的声明。
- 包体：包体是对包规范中声明的子程序的实现部分，包体的内容对于外部应用程序来说是不可见的，包体就像一个黑匣子一样，是对包规范的实现。

注意：一个包可以没有包体部分，而且可以调试、改进和替换包体而无须改变包的规范部分。

代码 14.1 演示了一个包规范的定义，可以看到在该包规范中并不包含任何代码的实现。

代码 14.1 包规范定义示例

```
--定义包规范，包规范将用于应用程序的接口部分，供外部调用
CREATE OR REPLACE PACKAGE emp_pkg AS
    --定义集合类型
    TYPE emp_tab IS TABLE OF emp%ROWTYPE INDEX BY BINARY_INTEGER;
    --在包规范中定义一个记录类型
    TYPE emprectyp IS RECORD(
        emp_no NUMBER,
        sal NUMBER
    );
    --定义一个游标声明
    CURSOR desc_salary RETURN emprectyp;
    --定义雇佣员工的过程
    PROCEDURE hire_employee(p_empno NUMBER,p_ename VARCHAR2,p_job VARCHAR2,
    p_mgr NUMBER,p_sal NUMBER,
                    p_comm NUMBER,p_deptno NUMBER);
    --定义解雇员工的过程
    PROCEDURE fire_employee(p_emp_id NUMBER );
END emp_pkg;
```

可以看到，emp_pkg 这个包规范包含了集合、记录、游标声明和过程的定义，但是过程仅包含一个声明，并没有包含具体的实现。实际上包规范仅规定了包中应该公开的部分功能，具体的实现还是要看包体。包体的实现如代码 14.2 所示。

代码 14.2 包体定义示例

```
--定义包体
CREATE OR REPLACE PACKAGE BODY emp_package
AS
    --定义游标声明的游标体
    CURSOR desc_salary RETURN emprectyp IS
        SELECT  empno, sal FROM emp ORDER BY sal DESC;
    --定义雇佣员工的具体实现
    PROCEDURE hire_employee(p_empno NUMBER,p_ename VARCHAR2,
                    p_job VARCHAR2,p_mgr NUMBER,p_sal NUMBER,
                    p_comm NUMBER,p_deptno NUMBER) IS
    BEGIN
        --向 emp 表中插入一条员工信息
        INSERT INTO emp VALUES(p_empno,p_ename,p_job,p_mgr,p_sal,p_comm,p_deptno);
    END;
    --定义解雇员工的具体实现
```

```
      PROCEDURE fire_employee(p_emp_id NUMBER ) IS
      BEGIN
         --从 emp 表中删除员工信息
         DELETE FROM emp WHERE empno=emp_id;
      END;
END emp_package;
```

可以看到包体与包规范具有相同的名称，只是包体使用 CREATE OR REPLACE PACKAGE BODY 语句进行创建，在包体中包含了游标声明和过程的具体定义，当对包规范中规定的程序进行调用时，就会执行在包体中实现的具体的代码。

14.1.2 包的优点

在开始创建包之前，有必要了解一下包的优点，以便正确地规划整个应用程序的整体结构。包基本上是目前 Oracle 中进行程序设计的主要组织逻辑，设计良好的 PL/SQL 应用程序在包的划分上面非常清晰明了，便于扩展与维护。包提供了模块化、规范化的程序设计、对信息的隐藏及良好的性能等功能。

下面是对包的这几个优点的详细介绍。

（1）模块化设计：通过将逻辑相关的类型、常量、变量、异常和子程序放到一个命名的 PL/SQL 模块中，使得每一个包都容易理解，有助于模块化程序的开发。例如将所有员工操作相关的变量、常量、集合、记录和子程序都封装到 emp_pkg 包中，当所有需要调用员工相关的行为时，都可以使用 emp_pkg 来进行操作，使得包与包之间的接口简单、清晰。

（2）规范化的程序设计：在基于包的应用程序设计时，可以首先规划并在包规范中定义包需要提供的功能，即便当前并没有实现包体，也可以编译包规范部分，然后引用该包的存储子程序会被编译。也就是说，使用了包技术之后，可以将规划与实现完全隔开，等包规范确定了后再实现包体，使得整个实现更加规范化。

（3）实现信息的隐藏：包规范中定义的常量、变量和异常及子程序等是公有的，可以被外部访问，可以规划将哪些内容公开给外部进行调用，如果不想对外公开，可以在包体中定义这些内容，这样就可以实现信息的隐藏。如果实现内容发生改变，受到影响的只有包本身，而不会影响到使用包的应用程序。

（4）提供全局共享的附加功能：这个功能是指在包中公开的变量或游标在一个会话期会一直存在，并且可以被当前环境下的所有子程序共享，因此可以将包中定义的变量当作全局变量来使用，并且可以跨事务来维护数据而不用把它保存在数据库中。

（5）提供了良好的性能体验：由于在首次打开包子程序时，整个包都会被加载到内存中，因而后续的调用只需要从内存中读取而不需要再次读取磁盘，提供了较好的性能。

理解了包的相关概念以后，接下来学习一下如何在 PL/SQL 中定义和使用包。

14.1.3 定义包规范

包规范定义了包需要被公开的声明部分，包规范在创建后将保存到数据库方案中，对于方案来讲是一个本地的对象。但是包规范中声明的内容可以从应用程序和包的任何地方访问，因此对于包来说是全局的。

包规范的定义语法如下所示：

```
CREATE [OR REPLACE] PACKAGE package_name
[AUTHID {CURRENT_USER|DEFINER}]
{IS |AS}
  type_definition |
  procedure_specification |
  function_specification |
  variable_specification |
  exception_declaration |
  cursor_declaration |
  pragma_declaration
END [package_name];
```

语法关键字的描述如下所示。

- ❑ CREATE [OR REPLACE] PACKAGE 表示将创建一个包规范，OR REPLACE 是可选的关键字，如果不使用该关键字，在创建包规范时检测到同名的包时会报错。使用了 OR REPLACE 之后，如果有同名的包规范，则先删除现有的包，然后创建一个新的包。
- ❑ package_name 是包名称，遵循 PL/SQL 的标识符命名规范。
- ❑ AUTHID 是在创建包时指定包的特权类型，可以是调用者特权（CURRENT_USER）或者是定义者特权（DEFINER），默认的是 DEFINER 的特权。
- ❑ 从 type_definition 到 cursor_declaration 是在包规范中可以定义的各种类型，比如集合、记录、变量、常量、异常、游标、过程和函数等。
- ❑ pragma_declaration 用来指定包规范中的编译提示。

除了过程和函数之外，包规范中的元素与匿名块中声明部分一样，声明段的语法规则如下所示。

- ❑ 包规范中声明的元素可以以任何顺序出现，但是引用的每个对象都必须先进行声明。比如必须先定义一个变量后，才能再次引用该变量，不可以进行后置引用。
- ❑ 任何过程和函数的声明都必须是预先声明的，而不包含代码。实现包的过程和函数的代码在包体中。

例如代码 14.3 声明了一个不包含包体的包规范，包规范独立于包体进行编译，由于不包含任何过程或函数，因此不包含包体是可行的。

代码 14.3　包规范定义示例

```
--定义包规范，包规范将用于应用程序的接口部分，供外部调用
CREATE OR REPLACE PACKAGE dept_pkg AS
  dept_count NUMBER:=1;
  --定义集合类型
  TYPE dept_tab IS TABLE OF dept%ROWTYPE INDEX BY BINARY_INTEGER;
  --在包规范中定义一个记录类型
  TYPE deptrectyp IS RECORD(
    dept_no NUMBER,
    dname VARCHAR2(30),
    loc VARCHAR2(30)
  );
  CURSOR deptcur RETURN deptrectyp;              --定义一个游标声明
  e_nodept_assign EXCEPTION;                     --定义一个异常
END dept_pkg;
```

在dept_pkg中，包含了变量dept_count的定义，同时包含集合类型、记录、游标声明和异常的定义，由于不包含过程或集合的定义，因此不需要实现包体。

> **注意**：在包规范中定义子程序时，子程序的定义一定要在所有其他类型的定义的后面，除了编译指令外，可以将编译指令看成是一个特殊的函数，必须在子程序的声明以后声明。

在实现了包规范后，就可以在任何地方进行调用了，下面的代码演示了如何在一个匿名块中调用在包规范中定义的变量或类型，如代码14.4所示。

代码14.4　调用包规范中定义的元素

```
DECLARE
  mydept dept_pkg.dept_tab;                    --定义包中的集合类型的变量
BEGIN
  FOR deptrow IN (SELECT * FROM dept) LOOP--使用游标FOR循环提取dept数据
    mydept(dept_pkg.dept_count):=deptrow;   --为集合类型赋值
    dept_pkg.dept_count:=dept_pkg.dept_count+1;    --递增包中的变量的值
  END LOOP;
  FOR i IN 1..mydept.count LOOP               --循环显示集合中的部门的部门名称
    DBMS_OUTPUT.put_line(mydept(i).dname);
  END LOOP;
  dept_pkg.dept_count:=1;                     --重置dept_pkg.dept_count的值
EXCEPTION
  WHEN  dept_pkg.e_nodept_assign THEN
    DBMS_OUTPUT.put_line('没有找到员工记录');      --捕捉异常，如果有触发的话
END;
```

可以看到，即便没有定义包体，依然可以任意地调用包规范中定义的元素，这是因为包规范与包体是分别进行编译的，但是包体依赖于包规范的成功编译，如果包规范编译失败，那么包体也不能成功编译。

14.1.4　定义包体

当包规范中定义了过程和函数之后，就需要在包体中实现包中前向声明的过程和函数的代码。包体内实现的内容只有在包规范中声明之后才会被公开，否则这些内容会被指定为私有的。包体的定义语法如下所示：

```
CREATE [OR REPLACE] PACKAGE BODY package_name
 {IS |AS}
  type_definition |
  procedure_specification |
  function_specification |
  variable_specification |
  exception_declaration |
  cursor_declaration |
  pragma_declaration |
  cursor_body
BEGIN
  sequence_of_statements
END [package_name];
```

包体的声明和包规范的声明一样,都可以有集合、记录、子程序等的声明,只不过包规范中的声明是全局的,在包的任何部分都是可见的,而包体部分的声明只是对于包体是可见的,只是包的私有部分,外部的程序是看不到的。

代码 14.5 演示了对包规范 emp_action_pkg 的实现,可以看到在包体中,除了包含在包规范中定义的子程序外,还额外定义了一个私有的子程序,如以下代码所示:

代码 14.5　包体实现示例

```
--定义包规范
CREATE OR REPLACE PACKAGE emp_action_pkg IS
  v_deptno NUMBER(3):=20;                       --包公开的变量
  --定义一个增加新员工的过程
  PROCEDURE newdept (
      p_deptno    dept.deptno%TYPE,             --部门编号
      p_dname     dept.dname%TYPE,              --部门名称
      p_loc       dept.loc%TYPE                 --位置
  );
  --定义一个获取员工加薪数量的函数
  FUNCTION getraisedsalary (p_empno emp.empno%TYPE)
      RETURN NUMBER;
END emp_action_pkg;

--定义包体
CREATE OR REPLACE PACKAGE BODY emp_action_pkg IS
  --公开,实现包规范中定义的 newdept 过程
  PROCEDURE newdept (
      p_deptno    dept.deptno%TYPE,             --部门编号
      p_dname     dept.dname%TYPE,              --部门名称
      p_loc       dept.loc%TYPE                 --位置
  )
  AS
      v_deptcount    NUMBER;                    --保存是否存在员工编号
      BEGIN
      SELECT COUNT (*) INTO v_deptcount FROM dept
       WHERE deptno = p_deptno;                 --查询在 dept 表中是否存在部门编号
      IF v_deptcount > 0                        --如果存在相同的员工记录
      THEN                                      --抛出异常
         raise_application_error (-20002, '出现了相同的员工记录');
      END IF;
      INSERT INTO dept(deptno, dname, loc)
           VALUES (p_deptno, p_dname, p_loc);   --插入记录
   END newdept;
   --公开,实现包规范中定义的 getraisedsalary 函数
   FUNCTION getraisedsalary (p_empno emp.empno%TYPE)
      RETURN NUMBER
   IS
      v_job            emp.job%TYPE;            --职位变量
      v_sal            emp.sal%TYPE;            --薪资变量
      v_salaryratio    NUMBER (10, 2);          --调薪比例
   BEGIN
      --获取员工表中的薪资信息
      SELECT job, sal INTO v_job, v_sal FROM emp WHERE empno = p_empno;
      CASE v_job                                --根据不同的职位获取调薪比例
          WHEN '职员' THEN
```

```
              v_salaryratio := 1.09;
         WHEN '销售人员' THEN
              v_salaryratio := 1.11;
         WHEN '经理' THEN
              v_salaryratio := 1.18;
         ELSE
              v_salaryratio := 1;
      END CASE;
      IF v_salaryratio <> 1                          --如果有调薪的可能
      THEN
         RETURN ROUND(v_sal * v_salaryratio,2);      --返回调薪后的薪资
      ELSE
         RETURN v_sal;                               --否则不返回薪资
      END IF;
   EXCEPTION
      WHEN NO_DATA_FOUND THEN
         RETURN 0;                                   --如果没找到员工记录，返回 0
   END getraisedsalary;
 --私有，该函数在包规范中并不存在，只能在包体内被引用
 FUNCTION checkdeptno(p_deptno dept.deptno%TYPE) RETURN NUMBER
 AS
    v_counter NUMBER(2);
 BEGIN
    SELECT COUNT(*) INTO v_counter FROM dept WHERE deptno=p_deptno;
    RETURN v_counter;
  END;
END emp_action_pkg;
```

代码的实现过程如以下步骤所示。

（1）在包规范 emp_action_pkg 中，定义了一个公共的包变量 v_depto 和两个子程序，这 3 个元素将被公开，可以被任何其他的包或语句块调用。

（2）在包体的实现中，除了对包规范中的两个元素进行实现之外，还定义了一个私有的函数 checkdeptno，该函数仅可以被包体内的其他子程序调用，而不能由外部的包或语句块调用。

在了解了包规范与包体的基本特性之后，接下来学习如何调用包中的子程序与其他元素。

14.1.5　调用包组件

调用在包规范中声明的子程序、变量、常量等，使用"包名.元素名"这样的形式，可以从任何存储的子程序、匿名块、数据库触发器中调用包中的元素。

当包第一次被调用的时候，将进行初始化，比如将包从硬盘上调到内存中来，放到系统全局工作区的共享缓冲池中，包的运行状态则被放入用户全局区的会话存储区中。因此可以保证每个调用包的会话都拥有包的运行副本，当会话结束时，包的运行状态才会被释放。这也就是说，包从第一次调用被初始化一直到会话结束才释放其运行状态，因此包中的变量具有会话级的作用域，因而可以跨多个事务存储数据。

下面的代码演示了如何调用在上一节中定义的 emp_action_pkg 中的子程序，同时将演示包中的变量的作用域，如代码 14.6 所示。

代码 14.6　调用包组件示例

```
--在该块中为 v_deptno 赋值为 30，调用 getraisedsalary 函数
BEGIN
  emp_action_pkg.v_deptno:=30;                          --为包规范变量赋值
  DBMS_OUTPUT.put_line(emp_action_pkg.getraisedsalary(7369));
                                                        --调用包中的函数
END;
--在该块中为 v_deptno 赋值为 50，并调用 newdept 过程
BEGIN
  emp_action_pkg.v_deptno:=50;
  emp_action_pkg.newdept(45,'采纳部','佛山');
END;
--在该块中输出 v_deptno 的值
BEGIN
  DBMS_OUTPUT.put_line(emp_action_pkg.v_deptno);
END;
```

在上述调用中，特意编写了 3 个匿名块，分别用来调用 emp_action_pkg 包中的 getraisedsalary 和 newdept 这两个子程序，当第一个匿名块被调用时，包作为首次调用被初始化加载到内存中，在第一个匿名块中为包规范中定义的变量 v_dept 指定值为 30。第 2 个匿名块将 v_deptno 指定为 50。由于包中的变量具有会话级别的作用域，如果第 3 个语句块获取包规范中定义的 v_deptno 变量，将得到的取值为第 2 个匿名块执行后的值，即部门编号为 50，示意图如图 14.2 所示。

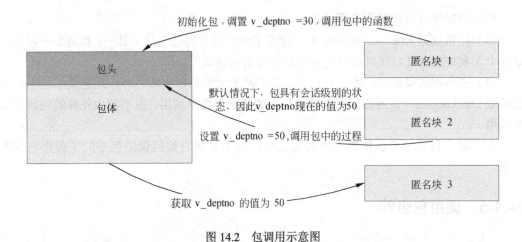

图 14.2　包调用示意图

包的这种特性使得开发人员可以在包中保存跨多个事务的数据，这大大方便了复杂的程序逻辑的中间数据的存储，而不用特意地用一个表来存储临时的数据。

如果在定义包规范时，指定了编译提示 SERIALLY_REUSABLE，则可以将包的运行状态保存在系统全局工作区，而不是用户全局区，这样每次调用包以后，包的运行状态就会被释放，这样再次调用包时，将重新开始包的状态，如代码 14.7 所示。

代码 14.7　使用 SERIALLY_REUSABLE 编译提示

```
--定义包规范
CREATE OR REPLACE PACKAGE emp_action_pkg IS
  PRAGMA SERIALLY_REUSABLE;                --指定编译提示
```

```
    v_deptno NUMBER(3):=20;                     --包公开的变量
    --定义一个增加新员工的过程
    PROCEDURE newdept (
       p_deptno    dept.deptno%TYPE,            --部门编号
       p_dname     dept.dname%TYPE,             --部门名称
       p_loc       dept.loc%TYPE                --位置
    );
    --定义一个获取员工加薪数量的函数
    FUNCTION getraisedsalary (p_empno emp.empno%TYPE)
       RETURN NUMBER;
END emp_action_pkg;
--定义包体
CREATE OR REPLACE PACKAGE BODY emp_action_pkg IS
    PRAGMA SERIALLY_REUSABLE;                   --指定编译提示
    --公开，实现包规范中定义的 newdept 过程
    --........省略重复的代码
END emp_action_pkg;
```

可以看到，在包规范和包体中都使用了 PRAGMA 来指定 SERIALLY_REUSABLE 编译提示，在重新编译包规范和包体之后，然后再次执行代码 14.6 中的 3 个匿名块，可以看到第 3 个匿名块将总显示 v_deptno 包规范变量的值为 20，也就是说，在使用了这个编译提示以后，一旦对包的调用完成，将总是释放包的状态，下次调用将完全重新开始。

> **注意**：这种每次调用便释放的连续进行会占用大量的内存，内存的占用量与包的并发调用用户数成正比，而与当前登录的用户数无关，因此需要谨慎使用。

14.1.6 编译和调试包

当创建好后，如果需要调试包，可以使用 PL/SQL Developer 或 Toad 的调试功能进行可视化的调试。也可以通过 PL/SQL Developer 或 Toad 在任意时刻对包进行重新编译或通过 ALTER PACKAGE 语句来重新编译包。下面介绍这两种方式的具体实现。

1．调试包中的子程序

调试包与调试子程序一样，下面以 Toad 的调试为例，介绍如何对包中的代码进行调试，如以下步骤所示。

（1）为了确保在 Toad 中可以调试，当前会话的用户需要具备一定的调试权限，下面的语句将创建一个新的调试角色，在用 DBA 身份进入 Oracle 进行权限分配后，重新登录即可开启调试功能：

```
CREATE ROLE Toad_PLSQL_DEBUG NOT IDENTIFIED;             --新建角色
GRANT DEBUG ANY PROCEDURE TO Toad_PLSQL_DEBUG;           --为角色赋予程序调试权限
GRANT EXECUTE ON SYS.DBMS_DEBUG_JDWP TO Toad_PLSQL_DEBUG;
                                                         --为角色分配调试包权限
GRANT DEBUG CONNECT SESSION TO Toad_PLSQL_DEBUG;         --为角色分配调试会话权限
GRANT Toad_PLSQL_DEBUG TO scott;                         --让 scott 具有角色的权限
```

（2）在重新用 scott 用户登录后，在 PL/SQL 编辑器中打开包文件或通过 Schema Brower 找到已经创建的包并打开，此时可以看到 Debug 菜单已经可以使用，并且在 PL/SQL

编辑器中可以设置断点,如图 14.3 所示。

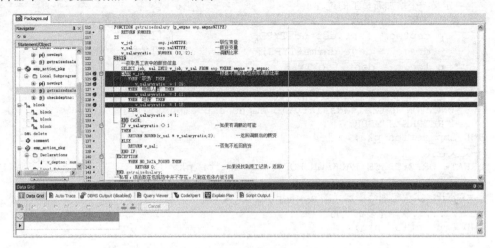

图 14.3　在 Toad 的调试器中设置断点

(3) 在左侧的导航面板中选中要调试的包中的子程序,PL/SQL 编辑器将定位到子程序代码位置,通过单击行号右侧的小圆点设置好断点后,就可以准备开始调试了。

注意:如果左侧的导航面板没有显示,可以右击编辑器,从弹出的快捷菜单中选择 Desktop Panels|Navigator 菜单项,将显示导航面板窗口。

(4) 单击工具栏的 Set Parameters 按钮,或者是菜单项中的 Set Parameters 菜单项,将弹出如图 14.4 所示的参数设置按钮,为 emp_action_pkg 的 getraisedsalary 函数指定调用参数。

图 14.4　设置包中的子程序的调用参数

(5) 在设置好参数后,通过 Debug 菜单的 Run 菜单项(F11),或者是工具栏的 按钮,开始单步调试包中的子程序,如图 14.5 所示。

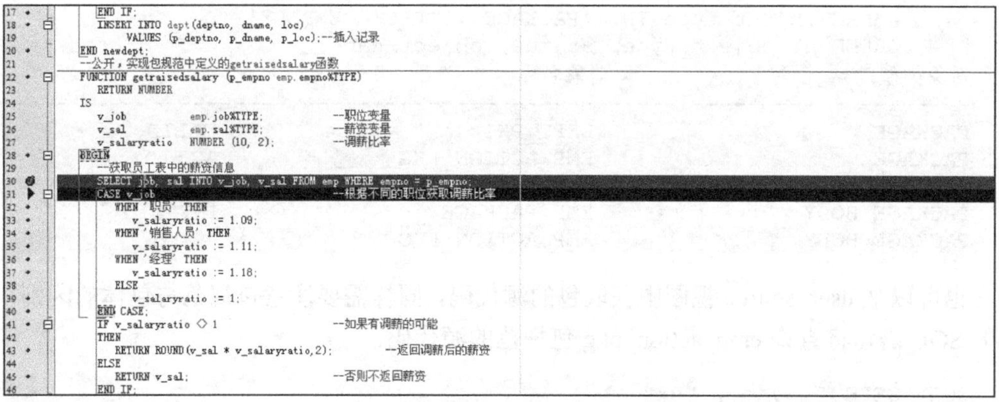

图 14.5　单步调试包中的子程序

2. 包的重新编译

创建了包之后，如果因为某种原因需要对包进行重新编译，可以使用 ALTER PACKAGE 指令，基本的语法如下所示：

```
ALTER PACKAGE [schema.]package COMPILE [DEBUG]
{PACKAGE|SPECIFICATION|BODY} [REUSE SETTINGS];
```

语句关键字的含义如下所示。
- schema：用于指定当前的包所在的方案，如果不指定，则默认当前被重新编译在当前会话的方案中。
- package：指定要重新编译的包的名称。
- COMIPLE：指定要编译包的指令。
- PACKAGE|SPECIFICATION|BODY：任意选择其中一项，选择 PACKAGE 将会重新编译包规范与包体，BODY 只会编译包体，SPECIFICATION 则只会重新编译包规范。

例如要对 emp_action_pkg 包进行重新编译，可以使用如下所示的 ALTER PACKAGE 语句：

```
ALTER PACKAGE emp_action_pkg COMPILE BODY;              --编译包体
ALTER PACKAGE emp_action_pkg COMPILE PACKAGE;           --编译包规范和包体
ALTER PACKAGE emp_action_pkg COMPILE SPECIFICATION;     --编译包规范
```

显式地对包进行重新编译可以清除运行阶段的隐式编译，这样可以防止在运行时的编译错误及所带来的性能开销。

14.1.7　查看包的源代码

与子程序一样，可以查询 user_objects 视图来查看数据字典中包含的包的信息。由于包规范与包体是分开编译的，因此在查询时需要指定两种不同的类型，如以下 SQL 语句所示：

```
SQL> SELECT object_type 对象类型, object_name 对象名称, status 状态
     FROM user_objects
```

```
        WHERE object_type IN ('PACKAGE', 'PACKAGE BODY')
        ORDER BY object_type, status, object_name;
对象类型                         对象名称                            状态
------------------------    --------------------------    ----------------------
PACKAGE                         DEPT_PKG                          VALID
PACKAGE                         EMP_ACTION_PKG                    VALID
PACKAGE                         EMP_PKG                           VALID
PACKAGE BODY                    EMP_PACKAGE                       INVALID
PACKAGE BODY                    EMP_ACTION_PKG                    VALID
```

也可以从 user_source 视图中获取包的源代码,同样需要注意包规范与包体的区别,下面的 SQL 语句将查询 emp_action_pkg 包规范的源代码:

```
SQL> SELECT   line, text
       FROM user_source
       WHERE NAME = 'EMP_ACTION_PKG' AND TYPE = 'PACKAGE'
       ORDER BY line;
    LINE TEXT
   ------- ------------------------------------------------------------
       1 PACKAGE emp_action_pkg IS
       2    PRAGMA SERIALLY_REUSABLE;              --指定编译提示
       3    v_deptno NUMBER(3):=20;                --包公开的变量
       4    --定义一个增加新员工的过程
       5    PROCEDURE newdept (
       6       p_deptno   dept.deptno%TYPE,        --部门编号
       7       p_dname    dept.dname%TYPE,         --部门名称
       8       p_loc      dept.loc%TYPE            --位置
       9    );
      10    --定义一个获取员工加薪数量的函数
      11    FUNCTION getraisedsalary (p_empno emp.empno%TYPE)
      12       RETURN NUMBER;
      13 END emp_action_pkg;
      15 --定义包体
已选择 15 行。
```

下面的 SQL 语句将查询 emp_action_package 包体的源代码:

```
SELECT   line, text
   FROM user_source
   WHERE NAME = 'EMP_ACTION_PKG' AND TYPE = 'PACKAGE BODY'
ORDER BY line;
```

可以看到与子程序一样,在 user_source 视图中不仅包含了源代码的定义语句,还包含了代码的行号等信息。

14.2 包的进阶技术

本节将介绍使用包的一些进阶的技术,比如包重载、包的纯度级别及包的权限设置等技术,这些技术是在实际的 PL/SQL 程序设计中比较常用的技术,掌握好这些技术,能够开发出更为灵活的 PL/SQL 包。

14.2.1 包重载

包重载实际上就是对包中包含的子程序的重载，也就是说一个包里可以有多个名称相同但参数不同的过程或函数。在调用时，PL/SQL 将通过形式参数进行匹配以便找到不同的重载的子程序。

例如，emp_action_pkg_overload 包是在 emp_action_pkg 基础上新建的一个包，它包含了重载的子程序，如代码 14.8 所示。

代码 14.8 在包中重载子程序

```
--定义包规范
CREATE OR REPLACE PACKAGE emp_action_pkg_overload IS
  --定义一个增加新员工的过程
  PROCEDURE newdept (
     p_deptno    dept.deptno%TYPE,            --部门编号
     p_dname     dept.dname%TYPE,             --部门名称
     p_loc       dept.loc%TYPE                --位置
  );
  --定义一个增加新员工的过程，重载过程
  PROCEDURE newdept (
     p_deptno    dept.deptno%TYPE,            --部门编号
     p_dname     dept.dname%TYPE              --部门名称
  );
  --定义一个获取员工加薪数量的函数
  FUNCTION getraisedsalary (p_empno emp.empno%TYPE)
     RETURN NUMBER;

  --定义一个获取员工加薪数量的函数，重载函数
  FUNCTION getraisedsalary (p_ename emp.ename%TYPE)
     RETURN NUMBER;
END emp_action_pkg_overload;
```

在包规范中，定义了两个 newdept 过程，这两个过程的区别在于参数的个数不同，这种重载方式是 PL/SQL 中使用得比较广泛的重载方法。getraisedsalary 函数同样也定义了两个，但是这两个函数的返回值相同，但是参数的类型不同，这种重载方式也是合法和常用的。

在定义了具有重载子程序的包规范后，在实现包体时，必须要给不同的重载过程和函数提供不同的实现代码。emp_action_pkg_overload 包体的实现如代码 14.9 所示。

代码 14.9 包含重载子程序的包体实现

```
--定义包体
CREATE OR REPLACE PACKAGE BODY emp_action_pkg_overload IS
  --公开，实现包规范中定义的 newdept 过程
  PROCEDURE newdept (
     p_deptno    dept.deptno%TYPE,            --部门编号
     p_dname     dept.dname%TYPE,             --部门名称
     p_loc       dept.loc%TYPE                --位置
  )
  AS
```

```
      v_deptcount     NUMBER;                    --保存是否存在员工编号
   BEGIN
   SELECT COUNT (*) INTO v_deptcount FROM dept
    WHERE deptno = p_deptno;                     --查询在 dept 表中是否存在部门编号
   IF v_deptcount > 0                            --如果存在相同的员工记录
   THEN                                          --抛出异常
      raise_application_error (-20002, '出现了相同的员工记录');
   END IF;
   INSERT INTO dept(deptno, dname, loc)
       VALUES (p_deptno, p_dname, p_loc);        --插入记录
 END newdept;

PROCEDURE newdept (
   p_deptno    dept.deptno%TYPE,                 --部门编号
   p_dname     dept.dname%TYPE                   --部门名称
)
AS
   v_deptcount     NUMBER;                       --保存是否存在员工编号
  BEGIN
   SELECT COUNT (*) INTO v_deptcount FROM dept
    WHERE deptno = p_deptno;                     --查询在 dept 表中是否存在部门编号
   IF v_deptcount > 0                            --如果存在相同的员工记录
   THEN                                          --抛出异常
      raise_application_error (-20002, '出现了相同的员工记录');
   END IF;
   INSERT INTO dept(deptno, dname, loc)
       VALUES (p_deptno, p_dname, '中国');       --插入记录
END newdept;
       --公开,实现包规范中定义的 getraisedsalary 函数
FUNCTION getraisedsalary (p_empno emp.empno%TYPE)
   RETURN NUMBER
IS
   v_job          emp.job%TYPE;                  --职位变量
   v_sal          emp.sal%TYPE;                  --薪资变量
   v_salaryratio  NUMBER (10, 2);                --调薪比例
BEGIN
   --获取员工表中的薪资信息
   SELECT job, sal INTO v_job, v_sal FROM emp WHERE empno = p_empno;
   CASE v_job                                    --根据不同的职位获取调薪比例
      WHEN '职员' THEN
         v_salaryratio := 1.09;
      WHEN '销售人员' THEN
         v_salaryratio := 1.11;
      WHEN '经理' THEN
         v_salaryratio := 1.18;
      ELSE
         v_salaryratio := 1;
   END CASE;
   IF v_salaryratio <> 1                         --如果有调薪的可能
   THEN
      RETURN ROUND(v_sal * v_salaryratio,2);     --返回调薪后的薪资
   ELSE
      RETURN v_sal;                              --否则不返回薪资
   END IF;
 EXCEPTION
   WHEN NO_DATA_FOUND THEN
      RETURN 0;                                  --如果没找到员工记录,返回 0
```

```
      END getraisedsalary;
   --重载函数的实现
   FUNCTION getraisedsalary (p_ename emp.ename%TYPE)
      RETURN NUMBER
   IS
      v_job            emp.job%TYPE;                      --职位变量
      v_sal            emp.sal%TYPE;                      --薪资变量
      v_salaryratio    NUMBER (10, 2);                    --调薪比例
   BEGIN
      --获取员工表中的薪资信息
      SELECT job, sal INTO v_job, v_sal FROM emp WHERE ename = p_ename;
      CASE v_job                                --根据不同的职位获取调薪比例
         WHEN '职员' THEN
            v_salaryratio := 1.09;
         WHEN '销售人员' THEN
            v_salaryratio := 1.11;
         WHEN '经理' THEN
            v_salaryratio := 1.18;
         ELSE
            v_salaryratio := 1;
      END CASE;
      IF v_salaryratio <> 1                     --如果有调薪的可能
      THEN
         RETURN ROUND(v_sal * v_salaryratio,2); --返回调薪后的薪资
      ELSE
         RETURN v_sal;                          --否则不返回薪资
      END IF;
   EXCEPTION
      WHEN NO_DATA_FOUND THEN
         RETURN 0;                              --如果没找到员工记录,返回0
   END getraisedsalary;
--私有,该函数在包规范中并不存在,只能在包体内被引用
   FUNCTION checkdeptno(p_deptno dept.deptno%TYPE) RETURN NUMBER
   AS
     v_counter NUMBER(2);
   BEGIN
     SELECT COUNT(*) INTO v_counter FROM dept WHERE deptno=p_deptno;
     RETURN v_counter;
   END;
END emp_action_pkg_overload;
```

在包体中,对于在包中定义的重载子程序进行了一一的实现,因而就可以在任意的子程序、其他的包、匿名块或触发器中调用具有重载子程序的包了,PL/SQL 引擎将根据调用的实际参数来匹配形式参数,找到相应的重载子程序进行执行,例如下面的示例代码所示:

```
DECLARE
   v_sal NUMBER(10,2);
BEGIN
   emp_action_pkg_overload.newdept(43,'样品部','东京');    --重载过程使用示例
   emp_action_pkg_overload.newdept(44,'纸品部');
   v_sal:=emp_action_pkg_overload.getraisedsalary(7369);--重载函数使用示例
   v_sal:=emp_action_pkg_overload.getraisedsalary('史密斯');
END;
```

可以看到,只需要为相同的过程或函数指定不同的名称,执行的将是不同的包体代码。

与子程序的重载类似，在使用重载时也要注意重载的一些限制，以免陷入重载的困境。

（1）如果参数的名称和参数的模式不同，则不能进行重载，因此下面的重载是无效的：

```
--定义一个获取员工加薪数量的函数
FUNCTION getraisedsalary (p_empno IN NUMBER) RETURN NUMBER;
FUNCTION getraisedsalary (p_ename OUT NUMBER) RETURN NUMBER;
                                           --错误：仅名字与模式不同
```

（2）如果要重载的两个函数只是在返回的类型上不同，则不能进行重载，因此下面的重载也是无效的：

```
FUNCTION getraisedsalary (p_empno emp.empno%TYPE) RETURN NUMBER;
FUNCTION getraisedsalary (p_ename emp.ename%TYPE) RETURN VARCHAR2;
                                              --错误：不同的返回值
```

（3）如果参数的类型是同一父类型的不同子类或属于同一类簇，比如 CHAR 和 VARCHAR2 类型或 NUMBER 和 INTEGER 类型，则也不能进行重载，因此下面的重载也是非法的：

```
FUNCTION getraisedsalary (p_empno NUMBER) RETURN NUMBER;
FUNCTION getraisedsalary (p_ename INTEGER) RETURN NUMBER;
                                             --错误，属于同一类簇
```

14.2.2 包初始化

由于默认情况下，包可以包含持续整个会话期内的数据结构，因此很多开发人员会考虑在包中放一些比较复杂的数据结构，比如记录、集合等。当会话第一次使用某个包时，会对包进行初始化，此时会初始化所有包级别的数据，对声明中的常量或变量指定赋默认值，初始化单元中的代码块。

如果默认的初始化无法满足要求，例如想执行一些较复杂的初始化工作，比如设置初始化参数需要一些较为复杂的业务逻辑，不是像简单的赋值这种操作，那么需要使用包初始化功能。

包初始化单元是位于包体的结尾的 BEGIN 语句和整个包体最后的 END 语句之间的所有语句，基本语法如下所示：

```
CREATE OR REPLACE PACKAGE BODY package_name{IS|AS}
...
BEGIN
  initialization_code;
END [package_name];
```

其中，package_name 是包的名称，initialization_code 是要运行的初始化的代码，代码 14.10 演示了如何在包体中使用初始化单元来进行复杂类型的初始化。

代码 14.10　包体初始化单元示例

```
--定义包头，在包头中定义要公开的成员
CREATE OR REPLACE PACKAGE InitTest IS
  TYPE emp_typ IS TABLE OF emp%ROWTYPE INDEX BY BINARY_INTEGER;
  CURSOR emp_cur RETURN emp%ROWTYPE;               --定义游标
  curr_time NUMBER;                                --当前秒数
```

```
    emp_tab  emp_typ;                                    --定义集合类型的变量
  --定义一个增加新员工的过程
  PROCEDURE newdept (
     p_deptno    dept.deptno%TYPE,                       --部门编号
     p_dname     dept.dname%TYPE,                        --部门名称
     p_loc       dept.loc%TYPE                           --位置
  );
  --定义一个获取员工加薪数量的函数
  FUNCTION getraisedsalary (p_empno emp.empno%TYPE)
     RETURN NUMBER;
END InitTest;
--定义包体,在包体的初始化区域对包进行初始化
CREATE OR REPLACE PACKAGE BODY InitTest IS
  row_counter NUMBER:=1;
  CURSOR emp_cur RETURN emp%ROWTYPE IS
     SELECT * FROM emp ORDER BY sal DESC;               --定义游标体
  --定义一个增加新员工的过程
  PROCEDURE newdept (
     p_deptno    dept.deptno%TYPE,                       --部门编号
     p_dname     dept.dname%TYPE,                        --部门名称
     p_loc       dept.loc%TYPE                           --位置
  ) AS
  BEGIN
     NULL;
  END newdept;
  --定义一个获取员工加薪数量的函数
  FUNCTION getraisedsalary (p_empno emp.empno%TYPE)
     RETURN NUMBER IS
  BEGIN
     NULL;
  END getraisedsalary;
BEGIN
  --包初始化部分,定义包的代码
  SELECT TO_NUMBER(TO_CHAR(SYSDATE,'SSSSS')) INTO curr_time FROM dual;
  FOR emp_row IN emp_cur LOOP
     emp_tab(row_counter):=emp_row;                      --为集合赋值
     row_counter:=row_counter+1;
  END LOOP;
EXCEPTION
  WHEN OTHERS THEN
     DBMS_OUTPUT.put_line('出现了异常');
END InitTest;
```

初始化的定义像普通的 PL/SQL 块的执行区一样,由 InitTest 包体中的初始化单元中可以看到,在包体中包含了执行语句,同时还包含了 EXCEPTION 语句来捕捉在初始化单元中抛出的异常。

在使用包初始化的功能时,应该尽量将私有的数据结构放在包体中,避免在包体中赋默认值,相反,应该在初始化的过程中赋值。下面的代码演示了如何访问包中的公有部分来获取在包初始化中为索引表赋的初始值。

```
DECLARE
  v_time NUMBER;
BEGIN
  v_time:=InitTest.curr_time;                            --获取当前的时间秒数
  --输出索引表中的员工名称,以及当前的秒数
```

```
    DBMS_OUTPUT.put_line(InitTest.emp_tab(1).ename||' '||v_time);
END;
```

可以看到,现在集合中果然已经正确地包含了员工表中的所有的员工数据,因此开发人员可以直接使用这个集合来操纵员工表中的数据,这验证了在初始化单元中的工作是非常有用的。

14.2.3 包的纯度级别

正如自定义函数可以在 SQL 语句中直接使用一样,包中的公共函数也可以在 SQL 语句中直接使用。同样,如果要在 SQL 中使用这些包中的公共函数,需要对公共函数的定义加以限制,比如公共函数不能包含 DML 语句、不能读写远程包的变量。这些可以通过包的纯度级别来进行限制,定义包纯度级别的语法如下所示:

```
PRAGMA RESTRICT_REFERENCES (function_name,WNDS[,WNPS][,RNDS][,RNPS]);
```

语法中关键字的作用如下所示。
- function_name:指定已经定义的函数名。
- WNDS:限制函数不能修改数据库数据,即禁止函数执行 DML 操作。
- WNPS:限制函数不能修改包变量,即不能为包变量赋值。
- RNDS:用于限制函数不能读取数据库数据,也就是禁止执行 SELECT 操作。
- RNPS:用于限制函数不能读取包变量,也就是不能将包变量赋值给其他变量。

要在包中使用包纯度级别,必须首先在包规范中定义函数,然后指定函数的纯度级别。代码 14.11 是一个名为 purityTest 的包,在包中定义了两个函数分别指定了纯度级别。

代码 14.11 定义包中函数的纯度级别

```
CREATE OR REPLACE PACKAGE purityTest IS
  TYPE dept_typ IS TABLE OF dept%ROWTYPE INDEX BY BINARY_INTEGER;
  dept_tab dept_typ;                          --定义集合类型的变量
  --定义一个增加新员工的过程
  PROCEDURE newdept (
      p_deptno    dept.deptno%TYPE,           --部门编号
      p_dname     dept.dname%TYPE,            --部门名称
      p_loc       dept.loc%TYPE               --位置
  );
  --定义一个获取员工加薪数量的函数
  FUNCTION getraisedsalary (p_empno emp.empno%TYPE)
      RETURN NUMBER;
  --设置纯度级别
  PRAGMA RESTRICT_REFERENCES(newdept,WNPS);
                    --限制函数不能修改包变量,也不能给包变量赋值
  PRAGMA RESTRICT_REFERENCES(getraisedsalary,WNDS);
                    --限制函数不能修改数据库数据,即禁止执行 DML 操作
END purityTest;
```

可以看到,在包头中,分别为 newdept 和 getraisedsalary 函数分别使用 RESTRICT_REFERENCES 指定了两个不同的纯度级别,所以在定义函数时,就能越过纯度级别指定的限制,比如 newdept 不能修改包中的变量,getraisedsalary 不能修改数据库的数据。

如果在函数体的定义中越过了纯度级别，那么在编译时将出现错误，例如下面的代码在包体中分别违反了包规范中定义的纯度级别，如代码 14.12 所示。

代码 14.12　违反纯度级别的包体示例

```
--定义包体，在包体的初始化区域对包进行初始化
CREATE OR REPLACE PACKAGE BODY purityTest IS
  --定义一个增加新员工的过程
  PROCEDURE newdept (
     p_deptno    dept.deptno%TYPE,                --部门编号
     p_dname     dept.dname%TYPE,                 --部门名称
     p_loc       dept.loc%TYPE                    --位置
  ) AS
    dept_row dept%ROWTYPE;
  BEGIN
    dept_row.deptno:=p_deptno;
    dept_row.dname:=p_dname;
    dept_row.loc:=p_loc;
    dept_tab(1):=dept_row;         --在这里修改包中的变量，违反了 WNPS 纯度约束
  END newdept;
  --定义一个获取员工加薪数量的函数
  FUNCTION getraisedsalary (p_empno emp.empno%TYPE)
    RETURN NUMBER IS
    v_sal NUMBER;
  BEGIN
    UPDATE emp set sal=sal*1.12 WHERE empno=p_empno;
                                   --在这里修改数据库，违反了 WNDS 纯度约束
    SELECT sal INTO v_sal FROM emp WHERE empno=p_empno;
    RETURN v_sal;
  END getraisedsalary;
END purityTest;
```

在编译时，PL/SQL 检测到包体违反了包的纯度级别，将会抛出异常，编译失败，如下所示：

```
PLS-00452: 子程序 'NEWDEPT' 违反了它的相关编译指示
PLS-00452: 子程序 'GETRAISEDSALARY' 违反了它的相关编译指示
```

因此必须对代码进行更改，以便使得对包体的编译可以通过，如代码 14.13 所示。

代码 14.13　符合包纯度级别的包体示例

```
--定义包体，在包体的初始化区域对包进行初始化
CREATE OR REPLACE PACKAGE BODY purityTest IS
  --定义一个增加新员工的过程
  PROCEDURE newdept (
     p_deptno    dept.deptno%TYPE,                --部门编号
     p_dname     dept.dname%TYPE,                 --部门名称
     p_loc       dept.loc%TYPE                    --位置
  ) AS
  BEGIN
    INSERT INTO dept VALUES(p_deptno,p_dname,p_loc);
  END newdept;
  --定义一个获取员工加薪数量的函数
  FUNCTION getraisedsalary (p_empno emp.empno%TYPE)
    RETURN NUMBER IS
    v_sal NUMBER;
```

```
    BEGIN
      SELECT sal INTO v_sal FROM emp WHERE empno=p_empno;
      RETURN v_sal*1.12;
    END getraisedsalary;
END purityTest;
```

将 newdept 过程中的更改包变量去掉，同时将 getraisedsalary 函数中的更新数据表去掉之后，编译现在能正常通过。

如果要编写可被 SQL 语句引用的包的公用函数，函数必须要符合 WNDS、WNPS 和 RNPS 这 3 个纯度级别，因此为了让 getraisedsalary 可在 SQL 语句中使用，必须更改其纯度级别，如下所示：

```
PRAGMA RESTRICT_REFERENCES(getraisedsalary,WNDS,WNPS,RNPS);
```

当包体的定义符合包规范中约定的纯度级别后，就可以在 SQL 语句中调用包中定义的函数了，例如下面的 SELECT 语句将调用 puritytest 包中的 getraiseddsalary 函数来显示员工调薪后的薪资：

```
SQL> SELECT empno 员工编号, puritytest.getraisedsalary (empno) 调薪后, sal 调
薪前
    FROM emp
  WHERE deptno = 20;
员工编号      调薪后         调薪前
--------   -----------   ----------
    7369    2716.0896      2425.08
    7566    3998.4         3570
    7788    2385.152       2129.6
    7876    1612.8         1440
```

可以看到，当包中的子函数符合了所定义的纯度级别后，就可以在 SELECT 语句中使用"包名.函数"这样的语法来引用在包中定义的公共函数了。

14.2.4 包权限设置

包与子程序一样，也是一种存储在数据库字典中的对象，一旦创建，它们就被放到了一个特定的方案中，如果其他用户想要访问方案中的包，需要被赋予一定的权限。同时在创建包时，也需要考虑在包中的对象的权限，以便包的操作能正常进行。

要想让别的用户访问当前会话中创建的包，需要向其他用户分配 EXECUTE 的权限。例如，如果想要让 userb 能执行 purityTest 这个包中的过程，必须要使用管理员权限为 userb 分配 EXECUTE 权限，如以下语句所示：

```
GRANT EXECUTE ON scott.purityTest TO userb;      --为 userb 分配执行权限
```

当为 userb 指定了 purityTest 包的 EXECUTE 的执行权限后，就可以在 userb 方案下使用如下所示的语句来调用 purityTest 包中的子程序了：

```
DECLARE
  v_sal NUMBER;
BEGIN
  v_sal:=scott.purityTest.getraisedsalary(7369);
                        --调用 scott 方案下 purityTest 包中的函数
```

```
END;
```

可以看到，通过使用 scott.purityTest 前缀，就可以对包中的子程序进行调用。

对包的调用也有与子程序的调用相关的一个问题，就是调用者权限与定义者权限的问题，这在本书第 13 章的 13.3.8 小节中进行了详细的介绍，如果不了解什么是调用者权限与定义者权限，请回顾那一小节的内容。

包也提供了 AUTHID 语句来设置权限，只能在包规范中定义权限，包内的单独子程序必须全部是调用者子程序或定义者子程序，而不能进行混合，在包中使用 AUTHID 的语法如下：

```
CREATE [OR REPLACE] PACKAGE package_spec_name
[AUTHID{CURRENT_USER|DEFINER}]{IS|AS}
package_spec;
END package_spec_name;
```

如果在 AUTHID 中指定 CURRENT_USER，那么包中所有的子程序将都拥有调用者权限，默认值为 DEFINER，即拥有定义者权限。代码 14.14 使用 AUTHID 将包 emp_action_pkg 指定为调用者权限，这样就可以对调用者中的对象进行操作。

代码 14.14　指定包的权限设置

```
--定义包规范
CREATE OR REPLACE PACKAGE emp_action_pkg
   AUTHID CURRENT_USER IS                    --指定包中的过程为调用者权限
   v_deptno NUMBER(3):=20;                   --包公开的变量
   --定义一个增加新员工的过程
   PROCEDURE newdept (
      p_deptno   dept.deptno%TYPE,           --部门编号
      p_dname    dept.dname%TYPE,            --部门名称
      p_loc      dept.loc%TYPE               --位置
   );
   --定义一个获取员工加薪数量的函数
   FUNCTION getraisedsalary (p_empno emp.empno%TYPE)
      RETURN NUMBER;
END emp_action_pkg;
```

可以看到，通过为包规范使用 AUTHID CURRENT_USER，就可以将包中所有的子程序，无论是函数还是过程，都指定为调用者权限处理方式，以便可以操作自己方案中的数据表。

14.2.5　在包中使用游标

由于包的这种会话级别存储数据的特性，因此可以在包中定义游标，比如在包规范中定义游标声明，然后在包体中为游标赋不同的 SELECT 语句，以便于在不同的子程序中打开这个游标，使得游标的定义可以在多个过程之间重复。

在包中定义游标又可以分为如下两种方式。

（1）在包规范中定义整个游标，包含查询语句，这与在本地 PL/SQL 块中定义游标非常相似。

(2)仅定义一个游标头而不包含查询语句,在这种情况下,只有在包体中指定查询,隐藏了游标的实现细节。

如果在包中仅定义游标头,那么必须要使用 RETURN 子句来指定游标将提取的数据的元素类型,当然这个类型一般是由游标的 SELECT 语句确定的记录类型。一般 RETURN 子句定义如下两种类型。

- 使用%ROWTYPE 属性定义的记录类型。
- 用户自定义的记录类型。

在包规范中仅定义游标说明的语法如下所示:

```
CURSOR cursor_name[(parameter[,parameter]...)]RETURNreturn_type;
```

事实上在本章前面介绍 emp_pkg 时已经使用了这种类型的游标声明,下面的代码对这个包的包规范进行了增强,使之包含了两种类型的游标定义,如代码 14.15 所示。

代码 14.15　在包规范中声明游标

```
--定义包规范,包规范将用于应用程序的接口部分,供外部调用
CREATE OR REPLACE PACKAGE emp_pkg AS
  --定义集合类型
  TYPE emp_tab IS TABLE OF emp%ROWTYPE INDEX BY BINARY_INTEGER;
  --在包规范中定义一个记录类型
  TYPE emprectyp IS RECORD(
    emp_no NUMBER,
    sal NUMBER
  );
  --定义一个游标声明
  CURSOR desc_salary RETURN emprectyp;
  --定义一个游标,并具有游标体
  CURSOR emp_cur(p_deptno IN dept.deptno%TYPE) IS
    SELECT * FROM emp WHERE deptno=p_deptno;
  --定义雇佣员工的过程
  PROCEDURE hire_employee(p_empno NUMBER,p_ename VARCHAR2,p_job VARCHAR2,
  p_mgr NUMBER,p_sal NUMBER,
                    p_comm NUMBER,p_deptno NUMBER);
  --定义解雇员工的过程
  PROCEDURE fire_employee(p_emp_id NUMBER );
END emp_pkg;
```

从代码中可以看到,在包规范中包含了两个游标定义,一个是只有游标声明和返回类型的 desc_salary,而另一个是具有查询语句的 emp_cur。

对于仅具有游标声明的游标,在包体中必须为其显式地关联一个查询语句,否则 PL/SQL 引擎会弹出错误提示。一旦在包体中为游标声明指定了查询,就可以在包内部的子程序中,或者是由其他的包或语句块进行调用,如代码 14.16 所示。

代码 14.16　在包体中定义游标查询

```
--定义包体
CREATE OR REPLACE PACKAGE BODY emp_pkg
AS
  --定义游标变量的具体类型
  CURSOR desc_salary RETURN emprectyp IS
    SELECT empno, sal FROM emp ORDER BY sal DESC;
```

```
  --定义雇佣员工的具体实现
  PROCEDURE hire_employee(p_empno NUMBER,p_ename VARCHAR2,
                  p_job VARCHAR2,p_mgr NUMBER,p_sal NUMBER,
                  p_comm NUMBER,p_deptno NUMBER,p_hiredate DATE) IS
  BEGIN
    FOR emp_salrow IN desc_salary LOOP
      DBMS_OUTPUT.put_line(emp_salrow.emp_no||': '||emp_salrow.sal);
    END LOOP;
  END;
  --定义解雇员工的具体实现
  PROCEDURE fire_employee(p_emp_id NUMBER ) IS
  BEGIN
    --从 emp 表中删除员工信息
    DELETE FROM emp WHERE empno=p_emp_id;
    FOR emp_row IN emp_cur(20) LOOP
      DBMS_OUTPUT.put_line(emp_row.empno||' '||emp_row.deptno);
    END LOOP;
  END;
END emp_pkg;
```

可以看到，在包体的 AS 或 IS 语句的后面，为在包规范中指定的游标声明定义了查询语句，这使得游标具有灵活性，因为用户可以在以后随时修改包体中的游标查询语句，而并不需要修改包声明，那些调用包的程序也不需要重新维护。在声明了游标查询后，可以看到在 hire_employee 和 fire_employee 这两个过程中，分别都使用游标 FOR 循环进行了游标打开与提取操作。

> 注意：由于游标的作用并不局限于某个特定的 PL/SQL 块，因此可以先在某个子程序中打开一个打包的游标，然后不直接关闭，使它一直保持打开的状态以便由其他的包、块或子程序调用，最后另外关闭或退出 Oracle 会话。

14.3 管理数据库中的包

在了解了包的大多数特性之后，读者现在已经可以在 PL/SQL 中开发并使用自己的包来管理应用程序了。由于包是一种数据字典对象，包规范和包体可以分开进行编译，很多时候开发人员需要能对数据字典中的包进行管理，本节将详细介绍管理包时的一些重要特性。

14.3.1 查看和删除包

尽管可以通过 user_objects 查询包规范和包体及其状态，但是多数程序员会选择使用方便易用的管理工具对包进行管理，比如 Toad 和 PL/SQL Developer，以及 Oracle 公司提供的 Oracle SQL Developer。以 Toad 为例，可以通过主菜单的 Database|Schema Brower 菜单项找到方案浏览器，通过 Packages 标签页来管理当前方案下所有的包，如图 14.6 所示。

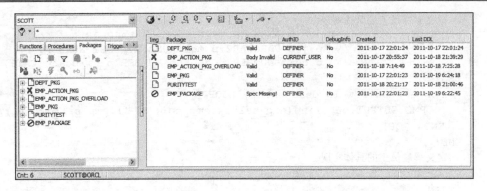

图 14.6　在 Toad 中查看和管理包

Toad 根据每个包当前的状态提供了不同的图标进行标示，使得开发人员一眼就可以发现哪些包存在问题，哪些包是有效正常的。比如 ✖ 图标表示包体编译有问题，包体无效；⊘ 图标表示包规范不存在，没有有效的包规范；如果对包进行了重新编译，并包含了调试信息，那么图标就是一个绿色的蜘蛛 ※。这个特性大大方便了程序员跟踪与管理包，只要发现有异常的包，就可以立即着手进行处理。

Toad 同时提供了大量的操作功能来对每个包进行操作，例如开发人员可以通过左侧工具栏或右键菜单来编译或调试包，创建新的包、编译现有的包、为包创建同义词及查看和编辑包的权限。这些功能有的提供了可视化的管理界面，例如要创建一个新的包，可以单击工具栏上的 图标，将弹出如图 14.7 所示的创建新包的窗口。

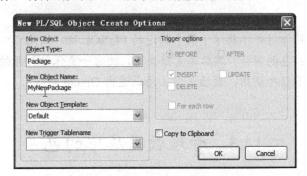

图 14.7　创建新包的向导窗口

该窗口是一个整合的 PL/SQL 对象创建窗口，除了可以创建包以外，还可以创建对象、触发器、存储过程和存储函数等数据字典对象。在图 14.7 中选择创建一个包规范 Package 之后，为包规范取一个友好的名称，单击 OK 按钮后，Toad 会帮助开发人员生成包规范的定义架构，可以看到非常标准的包定义结构，如以下代码所示：

```
CREATE OR REPLACE PACKAGE MyNewPackage AS
/******************************************************************
  NAME:       MyNewPackage
  PURPOSE:
  REVISIONS:
  Ver        Date        Author           Description
  ---------  ----------  ---------------  ------------------------------------
  1.0        2011-10-19                   1. Created this package.
*******************************************************************/
  FUNCTION MyFunction(Param1 IN NUMBER) RETURN NUMBER;
```

```
  PROCEDURE MyProcedure(Param1 IN NUMBER);
END MyNewPackage;
```

这种包定义的模板提供了详细的注释信息，这些信息对于企业或团队开发显得非常重要，否则随着规模的扩大及包的增多，如果没有这些信息，维护起来会非常复杂。

对于每个包，Toad 在树状视图中都提供了足够多的信息，并且每个包都包含非常详细的信息页面，比如源代码、包中子程序的参数列表、包的依赖性列表及包中的错误、权限和同义词等所有与包相关的信息，这对于查看与诊断包是非常有用的，如图 14.8 所示。

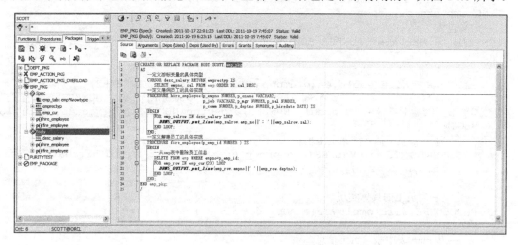

图 14.8　包详细信息的管理

当包不再需要时，可以通过 Toad 提供的删除工具 来删除包，由于每一个包都包含包规范与包体，因此如果仅删除某个包中的包体，可以通过在树状视图中选择 Body 进行删除，如果选中了树状节点中的包名称或包规范，那么将删除整个包规范与包体。

也可以使用 DROP PACKAGE 语句或 DROP PACKAGE BODY 语句来对整个包或包体进行删除。例如要删除 purityTest 这个包的包规范和包体，可以使用如下的 DROP 语句：

```
SQL> DROP PACKAGE purityTest;
程序包已删除。
```

如果仅想删除 purityTest 的包体，可以使用如下的 DROP 语句：

```
SQL> DROP PACKAGE BODY purityTest;
程序包体已删除。
```

14.3.2　检查包的依赖性

在介绍子程序的依赖性时，曾经了解到，子程序的有效性状态依赖于子程序中使用的 Oracle 对象，比如对表的修改就会导致子程序的失效。而包的依赖性与子程序有些不同。由于一个包具有包规范和包体两部分，包规范中仅包含了包中的常量、变量、类型及子程序的声明，包体中包含了对具体的 Oracle 对象的操作。在 Oracle 中，包头不依赖于包体，也就是说可以改变包体而不会影响到包头的对象，这是包的一个优点。

为了更好地理解包依赖性，代码 14.17 创建了一个简单的包 emp_pkg_dependency，这个包的包体中包含了对 emp 表的依赖。

代码 14.17 包依赖性示例

```
--定义包规范,包规范将用于应用程序的接口部分,供外部调用
CREATE OR REPLACE PACKAGE emp_pkg_dependency AS
   --定义雇佣员工的过程
   PROCEDURE hire_employee(p_empno NUMBER,p_ename VARCHAR2,p_job VARCHAR2,
   p_mgr NUMBER,p_sal NUMBER,
                   p_comm NUMBER,p_deptno NUMBER,p_hiredate DATE);
   --定义解雇员工的过程
   PROCEDURE fire_employee(p_emp_id NUMBER );
END emp_pkg_dependency;
--定义包体
CREATE OR REPLACE PACKAGE BODY emp_pkg_dependency
AS
   --定义雇佣员工的具体实现
   PROCEDURE hire_employee(p_empno NUMBER,p_ename VARCHAR2,
                   p_job VARCHAR2,p_mgr NUMBER,p_sal NUMBER,
                   p_comm NUMBER,p_deptno NUMBER,p_hiredate DATE) IS
   BEGIN
      --向 emp 表中插入一条员工信息
      INSERT INTO emp VALUES(p_empno,p_ename,p_job,p_mgr,p_hiredate,p_sal,
      p_comm,p_deptno);
   END;
   --定义解雇员工的具体实现
   PROCEDURE fire_employee(p_emp_id NUMBER ) IS
   BEGIN
      --从 emp 表中删除员工信息
      DELETE FROM emp WHERE empno=p_emp_id;
   END;
END emp_pkg_dependency;
```

由于包体要依赖于包头,同时包体依赖于 emp 表,但是包头并不依赖于包体或 emp 表,因此如果对包体进行改变,那么并不影响包头的状态,包头并不需要重新编译。但是如果包头发生了改变,将会使包体自动失效,因为包体紧密依赖于包头,其示意结构如图 14.9 所示。

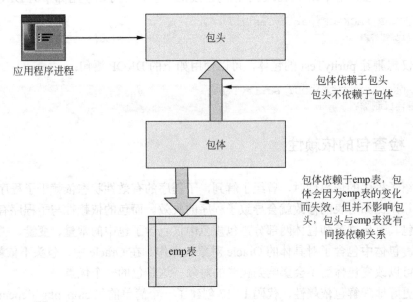

图 14.9 包依赖性关系示意图

通过图 14.9 可以看到，实际上大多数时候包头的状态都是有效的，除非需要对包体中包含的参数进行修改，而这些参数又影响到在包头中声明的参数，从而需要更改包头。只要包体过程的实现没有改变包头的声明，就不需要对包头进行修改，但是如果把游标或变量添加到包头，将会影响到包头的有效性。

下面将分步骤对包和其依赖的对象进行修改来查看包的有效性状态。

（1）首先通过如下的 SQL 语句查询在数据字典中包规范、包体及表 emp 的有效性状态：

```
SQL> SELECT object_name, object_type, status
    FROM user_objects
    WHERE object_name IN ('EMP_PKG_DEPENDENCY', 'EMP');
OBJECT_NAME              OBJECT_TYPE             STATUS
------------------------ ---------------------- -----------
EMP                      TABLE                  VALID
EMP_PKG_DEPENDENCY       PACKAGE                VALID
EMP_PKG_DEPENDENCY       PACKAGE BODY           VALID
```

通过代码可以看到，现在 3 个对象的状态都是 VALID，即有效状态。

（2）如果仅更改包体，例如下面的代码将在 hire_employee 中向 emp_history 中插入一条记录，使得包体既依赖于 emp 又依赖于 emp_history，再重新编译包体。

```
    --定义雇佣员工的具体实现
    PROCEDURE hire_employee(p_empno NUMBER,p_ename VARCHAR2,
                    p_job VARCHAR2,p_mgr NUMBER,p_sal NUMBER,
                    p_comm NUMBER,p_deptno NUMBER,p_hiredate DATE) IS
    BEGIN
    --向 emp 表中插入一条员工信息
    INSERT INTO emp VALUES(p_empno,p_ename,p_job,
                    p_mgr,p_hiredate,
                    p_sal,p_comm,p_deptno);
    INSERT INTO emp_history VALUES(p_empno,p_ename,p_job,
                    p_mgr,p_hiredate,
                    p_sal,p_comm,p_deptno);
    END;
```

在编译了包体之后，重新查询 user_objects，可以看到所有的对象依然有效，包体的更改只要不影响在包规范中的声明，那么就不会对包头造成任何影响。

（3）如果删除 emp_history 表，将导致与 emp 表具有直接依赖关系的包体产生影响，如以下代码所示：

```
SQL> DROP TABLE emp_history;
表已丢弃。
SQL> SELECT object_name, object_type, status
    FROM user_objects
    WHERE object_name IN ('EMP_PKG_DEPENDENCY', 'EMP');
OBJECT_NAME              OBJECT_TYPE             STATUS
------------------------ ---------------------- -----------
EMP                      TABLE                  VALID
EMP_PKG_DEPENDENCY       PACKAGE                VALID
EMP_PKG_DEPENDENCY       PACKAGE BODY           INVALID
```

由示例可以看到，在删除了 emp_history 表之后，受影响的仅仅是与该表具有直接依赖关系的包体，而包头并没有受到任何影响，依然为有效性状态。

如果要查询包的依赖性列表，在 Toad 中，可以使用 Depts(Users)标签页，例如图 14.10 所示为查看 emp_pkg_dependency 包头和包体的依赖性。

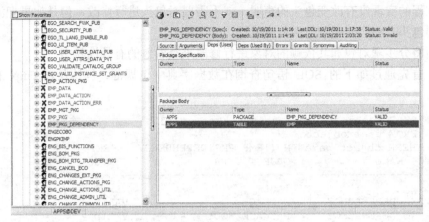

图 14.10　在 Toad 中查看包的依赖性

从图 14.10 中可以看到，仅在包体中具有对表 emp 和包规范 emp_pkg_dependency 的依赖性，而包头现在不包含任何依赖性。

数据字典视图 user_dependencies、all_dependencies 和 dba_dependencies 也可以列出方案对象之间的依赖性关系，下面的语句将查询 user_dependencies 数据字典来获取 emp_pkg_dependency 的依赖性：

```
SQL> SELECT NAME, TYPE, referenced_name, referenced_type
    FROM user_dependencies
    WHERE NAME = 'EMP_PKG_DEPENDENCY';
NAME                    TYPE            REFERENCED_NAME         REFERENCED_TYPE
------------------      ------------    ------------------      ---------------
EMP_PKG_DEPENDENCY      PACKAGE BODY    STANDARD                PACKAGE
EMP_PKG_DEPENDENCY      PACKAGE         STANDARD                PACKAGE
EMP_PKG_DEPENDENCY      PACKAGE BODY    EMP                     TABLE
EMP_PKG_DEPENDENCY      PACKAGE BODY    EMP_PKG_DEPENDENCY      PACKAGE
```

在查询结果中，STANDARD 包是系统包，用来定义 PL/SQL 环境及全局类型、异常和子程序，大多数用户自定义的包都需要依赖于这个包。除了标准包之外，由查询结果可以看到，包体具有对包规范和 emp 表的依赖，与在 Toad 中看到的一样，实际上 Toad 在内部也是使用这 3 个数据字典视图来获取依赖性的关系。

14.4　使用系统包

在进行 PL/SQL 开发时，Oracle 提供了很多系统包来帮助简化 PL/SQL 应用程序的开发，本节将介绍其中一些经常使用的比较典型的包。

14.4.1　使用 DBMS_OUTPUT 包

到本章为止，笔者在本书前面的内容中大量使用了 DBMS_OUTPUT 包来输出调试性的信息。DBMS_OUTPUT 包可以说是开发人员在进行 Oracle 开发时使用频率最高的一个包，该包使得开发人员可以从存储过程、包或触发器中发送信息。

> 注意：Oracle 推荐在调试 PL/SQL 程序时使用该包，不建议使用该包来做报表输出或其他的格式化应用。

下面分几个部分对这个功能强大的包进行具体的介绍。

1. 启用或禁用DBMS_OUTPUT

默认情况下，Oracle 并没有启用 DBMS_OUTPUT 包，也就是说，如果直接使用 DBMS_OUTPUT.PUT_LINE 或 GET_LINE 来输出或获取消息，是看不到任何输出的。因此在使用 DBMS_OUTPUT 设置或输出信息之前，总是要先使用 DBMS_OUTPUT.ENABLE 来启用包的功能，基本语法如下所示：

```
DBMS_OUTPUT.ENABLE(buffer_size IN INTEGER DEFAULT 20000);
```

buffer_size 用来指定缓冲区，缓冲区的最大尺寸为 1000000 字节，最小大小为 2000 字节，默认尺寸为 20000 字节。

> 注意：SQL*Plus 有一个 SET SERVEROUTPUT ON 语句，来启用 DBMS_OUTPUT 包，如果执行了该语句，则没有必要使用该过程，因为 SET SERVEROUTPUT ON 会自动调用该语句。

与启用相反的是禁用 DBMS_OUTPUT，只需要调用 DBMS_OUTPUT.DISABLE 过程即可，它同时会清除缓冲区中所有的数据，当执行 SET SERVEROUTPUT OFF 时，SQL*Plus 也会调用 DBMS_OUTPUT.DISABLE 过程。

2. 向缓冲区中提取与写入内容

必须要理解的是，DBMS_OUTPUT 并不是直接将信息输出到屏幕，而是将数据写入到了一个缓冲区中，然后再次将这些输出读回。当在 SQL*Plus 中使用 SET SERVEROUTPUT ON 命令时，实际上是让 SQL*Plus 在每条 DBMS_OUTPUT 之后检查缓冲区中的内容，然后在屏幕上进行显示，其示意结构如图 14.11 所示。

可以使用如下几个过程来向缓冲区中输入消息。

- PUT：将信息写入缓冲区，并不包含换行符。
- PUT_LINE：将完整的行信息写入缓冲区，包含换行符。
- NEW_LINE：在行尾添加换行符，在使用 PUT 时，必须调用 NEW_LINE 过程来添加换行符。

可以使用如下几个过程来从缓冲区中提取消息。

- GET_LINE：用于取得缓冲区的单行信息。
- GET_LINES：用于取得缓冲区的多行信息。

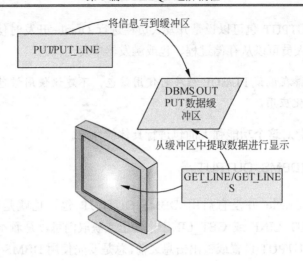

图 14.11 DBMS_OUTPUT 示意图

这几个过程的基本语法如下所示：

```
DBMS_OUTPUT.PUT (item IN NUMBER);                              --输出数字值, 不换行
DBMS_OUTPUT.PUT (item IN VARCHAR2);                            --输出字符串, 不换行
DBMS_OUTPUT.PUT (item IN DATE);                                --输出日期值, 不换行
DBMS_OUTPUT.PUT_LINE (item IN NUMBER);                         --输出数字值, 换行
DBMS_OUTPUT.PUT_LINE (item IN VARCHAR2);                       --输出字符串, 换行
DBMS_OUTPUT.PUT_LINE (item IN DATE);                           --输出日期值, 换行
DBMS_OUTPUT.NEW_LINE;                                          --添加换行符
DBMS_OUTPUT.GET_LINE(line OUT VARCHAR2,status OUT INTEGER);
                                                               --获取缓冲区中单行信息
DBMS_OUTPUT.GET_LINES(line OUT CHARARR,numlines IN OUT INTEGER);
                                                               --获取缓冲区中多行信息
```

PUT 和 PUT_LINE 的参数比较容易理解，下面是 GET_LINE 和 GET_LINES 参数的详细介绍。

❑ line：被 GET_LINE 取回的行，GET_LINES 过程中的 line 是一个 CHARARR 类型，该类型是一个 VARCHAR2(255)的嵌套表，它将返回缓冲区的多行信息的数组。
❑ status：指出是否取回一行，1 表示行参数包含从缓冲区中取回 1 行，0 表示缓冲区为空，没有取回数据。
❑ numlines：它既可以作为输入参数，也可以作为输出参数，作为输入参数表明希望返回的行数，作为输出时返回实际取回的行数。如果返回的数字比要求返回的数字少，则表明缓冲区中已经没有数据了。

代码 14.18 演示了使用 PUT 和 PUT_LINE 向缓冲区中写入几行文本，然后使用 GET_LINE 从缓冲区中一次一行地提取文本并进行输出。

代码 14.18 使用 PUT、PUT_LINE 和 GET_LINE 的示例

```
SQL> SET SERVEROUTPUT ON;
SQL> DECLARE
     v_line1 VARCHAR(200);
     v_line2 VARCHAR(200);
     v_status NUMBER;
```

```
    BEGIN
      DBMS_OUTPUT.ENABLE;                                  --开启 DBMS_OUTPUT
      DBMS_OUTPUT.PUT_LINE('DBMS_OUTPUT 主要用于输出信息，它包含：');
                                                           --写入并换行
      DBMS_OUTPUT.PUT('PUT_LINE');                         --写入文本不换行
      DBMS_OUTPUT.PUT(',PUT_LINE');
      DBMS_OUTPUT.PUT(',PUTE');
      DBMS_OUTPUT.PUT(',NEW_LINE');
      DBMS_OUTPUT.PUT(',GET_LINE');
      DBMS_OUTPUT.PUT(',GET_LINES 等过程');
      DBMS_OUTPUT.NEW_LINE;                                --在文本最后加上换行符
      DBMS_OUTPUT.GET_LINE(v_line1,v_status);
      DBMS_OUTPUT.GET_LINE(v_line2,v_status);              --获取缓冲区中的数据行
      DBMS_OUTPUT.PUT_LINE(v_line1);                       --输出变量的值到缓冲区
      DBMS_OUTPUT.PUT_LINE(v_line2);
    END;
    /
DBMS_OUTPUT 主要用于输出信息，它包含：
PUT_LINE,PUT_LINE,PUTE,NEW_LINE,GET_LINE,GET_LINES 等过程
PL/SQL 过程已成功完成。
```

通过输出可以看到，缓冲区使用了先进先出（FIFO）算法，最先写入的行最先被读取。如果一次从缓冲区读取多行，可以采用 GET_LINES 过程，然后循环获取到行进行显示，如代码 14.19 所示。

代码 14.19　使用 PUT、PUT_LINE 和 GET_LINES 的示例

```
SQL> SET SERVEROUTPUT ON;
SQL> DECLARE
       v_lines DBMS_OUTPUT.CHARARR;                       --定义集合类型的变量
       v_status NUMBER;
     BEGIN
       DBMS_OUTPUT.ENABLE;                                --开启 DBMS_OUTPUT
       DBMS_OUTPUT.PUT_LINE('DBMS_OUTPUT 主要用于输出信息，它包含：');
                                                          --写入并换行
       DBMS_OUTPUT.PUT('PUT_LINE');                       --写入文本不换行
       DBMS_OUTPUT.PUT(',PUT_LINE');
       DBMS_OUTPUT.PUT(',PUTE');
       DBMS_OUTPUT.PUT(',NEW_LINE');
       DBMS_OUTPUT.PUT(',GET_LINE');
       DBMS_OUTPUT.PUT(',GET_LINES 等过程');
       DBMS_OUTPUT.NEW_LINE;                              --在文本最后加上换行符
       DBMS_OUTPUT.GET_LINES(v_lines,v_status);           --获取缓冲区中所有的行
    FOR i IN 1..v_status LOOP
          DBMS_OUTPUT.PUT_LINE(v_lines(i));               --输出集合中所有的数据行
       END LOOP;
    END;
    /
DBMS_OUTPUT 主要用于输出信息，它包含：
PUT_LINE,PUT_LINE,PUTE,NEW_LINE,GET_LINE,GET_LINES 等过程
PL/SQL 过程已成功完成。
```

可以看到，使用 GET_LINES 一次性将缓冲区中所有行都读到了集合中，然后通过循环集合中的行进行显示，有的时候这种方式能够带来编程上的灵活性，而不需要一次一行地读取。

14.4.2 使用 DBMS_PIPE 包

DBMS_PIPE 包用于在同一个 Oracle 的 Instance，即例程的不同会话之间进行通信。管道非常类似于 UNIX 操作系统中的管理，但是 Oracle 管道并不是使用像在 UNIX 中那样的操作系统调用的机制，其管道信息被缓存在系统全局区（SGA）中，当关闭 Oracle 例程时，就会丢失管道信息。管道又可以分为如下两种类型。

- 公用管道：是指所有数据库用户都可以访问的管道。
- 私有管道：私有管道只能由建立管道的数据库用户访问。

要能访问和执行 DBMS_PIPE 包中的过程，当前会话的用户需要具有对包 DBMS_PIPE 的执行权限，可以以 DBA 用户登录 Oracle 后，使用下面的语句为管道赋值：

```
GRANT EXECUTE ON dbms_pipe TO scott;
```

DBMS_PIPE 包提供了一系列的方法允许创建管道、缓存消息、发送消息及接收消息等，管道操作的使用流程如图 14.12 所示。

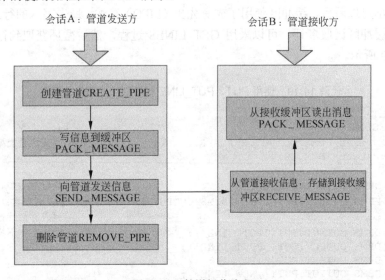

图 14.12 管道操作流程

下面分别对在 DBMS_PIPE 中出现的子程序进行介绍。

1. 创建管道CREATE_PIPE

用于创建公用或私有的管道，基本语法如下所示：

```
DBMS_PIPE.CREATE_PIPE(pipename IN VARCHAR2,
                maxpipesize IN INTEGER DEFAULT 8192,
                private IN BOOLEAN DEFAULT True)
RETURN INTEGER;
```

语句中的参数含义如下所示。

- pipename：用于指定管道的名称，在调用 SEND_MESSAGE 和 RECEIVE_MESS-AGE 时使用此参数，这个名称在应用的数据库实例中必须唯一，管道名不能以

ORA$开头,不能超过 128 个字节,不区分大小写,不能是中文。
- maxpipesize:用于指定管道消息的最大尺寸,以字节为单位,不能超过 8192 个字节,如果超过此值会发生阻塞。
- private:用于指定管道的类型,True 表示建立私有管道,False 表示建立公用管道。

该函数返回 INTEGER 类型的值,如果返回 0,则表示管道创建成功,否则表示管道建立失败,会抛出 ORA-23322 命名冲突错误,表示另一个用户创建了同名的管道。

创建管道的示例语句如下所示:

```
status:=DBMS_PIPE.CREATE_PIPE('privatepipe',8192,True);--创建一个私有的管道
status:=DBMS_PIPE.CREATE_PIPE('publicpipe',8192,False);--创建一个公用管道
```

2. 缓存消息PACK_MESSAGE

为了给管道发送消息,必须要先使用过程 PACK_MESSAGE 将消息写入本地消息缓冲区,然后使用 SEND_MESSAGE 将本地消息缓冲区中的消息发送到管道。PACK_MESSAGE 的功能就是将消息存到私有的信息缓冲区中,该过程具有多个重载过程,分别接收类型为 VARCHAR2、NUMBER 或 DATE 类型的数据项,基本语法如下所示:

```
DBMS_PIPE.PACK_MESSAGE(item IN VARCHAR2);
DBMS_PIPE.PACK_MESSAGE(item IN NCHAR);
DBMS_PIPE.PACK_MESSAGE(item IN NUMBER);
DBMS_PIPE.PACK_MESSAGE(item IN DATE);
DBMS_PIPE.PACK_MESSAGE_RAW(item IN RAW);
DBMS_PIPE.PACK_MESSAGE_ROWID(item IN ROWID);
```

语句中的 item 用于指定管道消息,可以看到其输入值可以是字符、数字、日期等多种类型。除此之外,还包含了两个专门用来存储 RAW 和 ROWID 类型的过程。

注意:在缓冲区中只能存放 4096 字节的数据,如果超过了限制,Oracle 将抛出 ORA-06558 的异常。

代码 14.20 演示了如何使用 PACK_MESSAGE 过程向缓冲区中存储要发送的数据信息。

代码 14.20 使用 PACK_MESSAGE 缓冲消息

```
SQL> DECLARE
        v_ename emp.ename%TYPE;
        v_sal emp.sal%TYPE;
        v_rowid ROWID;
        v_empno emp.empno%TYPE:=&empno;
     BEGIN
        SELECT rowid,ename,sal INTO v_rowid,v_rowid,v_sal FROM emp WHERE
        empno=v_empno;
        DBMS_PIPE.pack_message('员工编号:'||v_empno||' 员工名称:'||v_ename);
        DBMS_PIPE.pack_message('员工薪资:'||v_sal||' ROWID 值:'||v_rowid);
     END;
     /
输入 empno 的值:  7369
原值    5:     v_empno emp.empno%TYPE:=&empno;
新值    5:     v_empno emp.empno%TYPE:=7369;
PL/SQL 过程已成功完成。
```

上述代码中使用了两个 pack_message 将信息发送到缓冲区，接下来就可以使用 SEND_MESSAGE 将消息缓冲区中的消息发送到管道。

3. 发送消息SEND_MESSAGE

此函数用于向命名管道中发送缓冲区中的消息，函数的语法如下所示：

```
DBMS_PIPE.SEND_MESSAGE(pipename IN VARCHAR2,
                   timeout IN INTEGER DEFAULT MAXWAIT,
                   maxpipesize IN INTEGER DEFAULT 8192)
       RETURN INTEGER;
```

参数的含义如下所示。

- pipename：已经存在的管道的名称，如果管道不存在，则在 SEND_MESSAGE 执行后，Oracle 将创建该管道。
- timeout：尝试将信息放到管道中的时间，默认值是常量值 MAXWAIT，以秒为单位，为 86400000 秒，即 1000 天。
- maxpipesize：管道容量的最大值，传入管道的大小不能超过这个值，默认值为 8192 字节。

SEND_MESSAGE 返回整型类型的结果值，分别具有如下几种返回值。

- 返回 0 表示发送成功。
- 返回 1 表示超时，是由于不能获得对管道的锁控制，或者管道已满，等待 RECIVE_MESSAGE 从管道中清理空间超过了最长等待时间。
- 返回 3 表示发送信息中断，因为在隐式创建管道时，如果管道内无信息，则管道会被自动删除。

代码 14.21 演示了如何使用 SEND_MESSAGE 函数来向管道 public_pipe 发送消息。

代码 14.21　使用 SEND_MESSAGE 发送消息

```
DECLARE
  v_sendflag INT;                        --发送标识变量
BEGIN
  v_sendflag:=DBMS_PIPE.send_message('PUBLIC_PIPE');
                                        --向管道发送消息，如果管道不存在，则创建管道
  IF v_sendflag=0 THEN
    DBMS_OUTPUT.PUT_LINE('消息成功发送到管道');
                                        --如果消息成功发送，则提示成功消息
  END IF;
END;
```

在代码中通过 v_sendflag 来保存 SEND_MESSAGE 函数的返回值，如果该函数返回 0，将提示消息成功发送到管道。

4. 接收消息RECEIVE_MESSAGE

RECEIVE_MESSAGE 函数用于接收管道消息，将接收到的消息写入本地消息缓冲区，然后删除管道中的消息，因此必须特别注意，管道消息只能被接收一次。

RECEIVE_MESSAGE 会在指定的管道不存在时，隐式地创建管道，并且等待接收信息。如果在指定的时间内没接收到信息，调用会返回同时管道自动删除。

RECEIVE_MESSAGE 的基本语法如下所示:

```
DBMS_PIPE.RECEIVE_MESSAGE(pipename IN VARCHAR2,
                    timeout IN INTEGER DEFAULT MAXWAIT)
         RETURN INTEGER ;
```

参数描述如下所示。

- ❑ pipename 为管道名称。
- ❑ timeout 为等待接收信息的最长时间,以秒为单位。如果从管道中没有接收到信息,允许等待到来的时间长度,使用定义的常量 MAXWAIT 为默认值,表示有 86400000 秒,如果设为 0,可保证管道不会发生阻塞,但是会消耗更多的系统资源。

该函数返回整型值,返回 1 表示成功接收消息;返回 2 表示超时;返回 3 表示正在接收的消息被中断。如果抛出 ORA-23322,表示用户无权读取管道。

代码 14.22 演示了如何使用 RECEIVE_MESSAGE 函数从管道 public_pipe 接收消息。

代码 14.22 使用 RECEIVE_MESSAGE 接收消息

```
DECLARE
  v_receiveflag INT;                  --接收标识变量
BEGIN
  v_receiveflag:=DBMS_PIPE.receive_message('PUBLIC_PIPE');
                                      --从管道接收消息,如果管道不存在,则创建管道
  IF v_receiveflag=0 THEN
    DBMS_OUTPUT.PUT_LINE('成功的从管道中获取消息');
                                      --如果消息成功接收,则提示成功消息
  END IF;
END;
```

可以看到上述代码的调用与发送消息的 SEND_MESSAGE 非常相似,在接收到消息后,用户还必须调用 UNPACK_MESSAGE 访问私有数据缓冲区,以获取信息。如果不能确认缓冲区中的数据项的类型,可以使用 NEXT_ITEM_TYPE 确认数据类型后,再调用 UNPACK_MESSAGE 获取信息。

5. 确定数据类型 NEXT_ITEM_TYPE

在调用了 RECEIVE_MESSAGE 之后,可以使用 NEXT_ITEM_TYPE 来确定本地消息缓冲区的下一项的数据类型,基本语法如下所示:

```
DBMS_PIPE.NEXT_ITEM_TYPE RETURN INTEGER;
```

该函数返回整型值,具有如下几种返回的值。

0 表示无数据项;6 表示 NUMBER;9 表示 VARCHAR2;11 表示 ROWID;12 表示 DATE;23 表示 RAW 类型。

6. 读取缓冲区数据 UNPACK_MESSAGE

该过程将从缓冲区中读取消息,和 PACK_MESSAGE 过程一样,该过程也是重载的,因此能够接收多种类型的参数,其语法如下所示:

```
DBIMS_PIPE.UNPACK_MESSAGE(item OUT VARCHAR2);
DBIMS_PIPE.UNPACK_MESSAGE(item OUT NCHAR);
```

```
DBIMS_PIPE.UNPACK_MESSAGE(item OUT NUMBER);
DBIMS_PIPE.UNPACK_MESSAGE(item OUT DATE);
DBIMS_PIPE.UNPACK_MESSAGE(item OUT RAW);
DBIMS_PIPE.UNPACK_MESSAGE_RAW_ROWID(item OUT ROWID);
```

参数中的 item 表示从私有数据缓冲区中接收的数据所保存的变量，如果缓冲区没有数据或类型不匹配，则会触发 ORA-06556 或 ORA-06559，因此最好在接收之前，使用 NEXT_ITEM_TYPE 函数确定缓冲区中下一个项目的数据类型。

UNPACK_MESSAGE 过程的使用示例如代码 14.23 所示。

代码 14.23　UNPACK_MESSAGE 读取消息

```
DECLARE
  v_message VARCHAR2(100);
BEGIN
  DBMS_PIPE.unpack_message(v_message);        --将缓冲区的内容写入到变量
  DBMS_OUTPUT.PUT_LINE(message);              --显示缓冲区的内容
END;
```

代码将缓冲区中的数据写入到了变量 v_message 中，然后显示 v_message 中的文本。

> 注意：当使用过程 UNPACK_MESSAGE 取出消息缓冲区的消息时，每次只能取出一条消息，如果要取出多条消息，需要多次调用 UNPACK_MESSAGE。

7．删除管道REMOVE_PIPE

该函数将删除使用 CREATE_PIPE 创建的管道，当使用 REMOVE_PIPE 删除管道后，管道中还未被提取的信息在管道被删除前同样会被删除，基本语法如下所示：

```
DBMS_PIPE.REVMOE_PIPE(pipename IN VARCHAR2) RETURN INTEGER;
```

参数 pipename 用于指定要删除的管道的名称，返回整型值，当返回 0 时表示管道被成功删除，如果用户没有删除这个管道的权限，则会抛出 ORA-23322 错误。

8．清除管道内容REMOVE_PIPE

该过程用于清除命名管道中的所有信息，对于隐式创建的管道，会根据最近最少使用的算法将此管道从全局共享内存区中清除，实际上就是释放了管道所占用的内存。PURGE 会自动调用 RECEIVE_MESSAGE，将私有数据缓冲区重写覆盖，基本语法如下：

```
DBMS_PIPE.PURGE(pipename IN VARCHAR2);
```

参数 pipename 用于指定要清空的管道。

9．复位管道缓冲区RESET_BUFFER

该过程将重置 PACK_MESSAGE 和 UNPACK_MESSAGE 指针的位置，使之指到私有数据缓冲区的头部。

其基本语法如下所示：

```
DBMS_PIPE.RESET_BUFFER;
```

10. 返回会话名称UNIQUE_SESSION_NAME

该函数用来为特定会话返回唯一的名称，名称的最大长度为 30 个字节，对于同一会话来说，其值不会改变，语法如下所示：

```
DBMS_PIPE.UNIQUE_SESSION_NAME RETURN VARCHAR2;
```

在介绍了 DBMS_PIPE 包中的主要的过程和函数后，接下来举一个使用管道的例子。由于管道用于在多个会话之间传递数据，因此需要一个会话将消息发送到管道中，另一个会话需要接收消息，基本实现过程如下。

（1）一个会话发送消息到管道时，需要首先将消息写入本地消息缓冲区，然后将本地消息缓冲区内容发送到管道。

（2）当接收管道消息时，需要首先使用本地消息缓冲区接收管道消息，然后从消息缓冲区取得具体消息。

下面创建了两个过程 send_pipe_message 和 receive_pipe_message，然后使用这两个过程在不同的会话中发送和接收消息，如代码 14.24 所示。

代码 14.24　管道使用示例

```
--发送管道消息
CREATE OR REPLACE PROCEDURE send_pipe_message(pipename VARCHAR2,message VARCHAR2)
IS
  flag INT;
BEGIN
  flag:=DBMS_PIPE.create_pipe(pipename);              --创建管道
  if flag=0 THEN                                      --如果管道创建成功
    DBMS_PIPE.pack_message(message);                  --将消息写到本地缓冲区
    flag:=DBMS_PIPE.send_message(pipename);--将本地缓冲区中的消息发送到管道
  END IF;
END;
--从管道中接收消息
CREATE OR REPLACE PROCEDURE receive_pipe_message(pipename VARCHAR2,message OUT VARCHAR2)
IS
  flag INT;
BEGIN
  flag:=DBMS_PIPE.receive_message(pipename);--从管道中获取消息，保存到缓冲区
  IF flag=0 THEN
    DBMS_PIPE.unpack_message(message);                --从缓冲区读取消息
    flag:=DBMS_PIPE.remove_pipe(pipename);            --移除管道
  END IF;
END;
```

从代码中可以看到，在 send_pipe_message 过程中，通过 CREATE_PIPE 创建了管道，然后使用 PACK_MESSAGE 将要发送的消息写到本地缓冲区，最后使用 SEND_MESSAGE 将消息发送到管道。recevie_pipe_message 则首先从管道中获取消息保存到本地缓冲区，然

后从缓冲区中读取消息,最后移除了管道。

接下来在 scott 和 userb 这两个方案中模拟管道之间的通信,笔者分别使用了两个 SQL*Plus,用不同的账户进行登录,在 scott 会话中,执行如下的语句发送管道消息:

```
SQL> EXEC send_pipe_message('pipe_demo','向管道中发送一条消息');
PL/SQL 过程已成功完成
SQL> GRANT EXECUTE ON scott.receive_pipe_message TO userb;
授权成功。
```

在上述语句中,除了使用 send_pipe_message 向管道 pipe_demo 发送一条消息外,还使用 GRANT 语句将 scott 方案下的 receive_pipe_message 过程的 EXECUTE 权限赋给 userb。下面以 userb 用户登录,编写如下的匿名块来获取管道中的消息:

```
SQL> DECLARE
    v_message VARCHAR2(100);
BEGIN
    scott.receive_pipe_message('pipe_demo',v_message);
    DBMS_OUTPUT.PUT_LINE(v_message);
END;
/
向管道中发送一条消息
PL/SQL 过程已成功完成
```

可以看到 userb 会话已经正确地从管道中获取了消息,并输出在屏幕上。

14.4.3 使用 DBMS_ALTER 包

报警是 Oracle 中单向的、以事务提交为基础的对数据库报警事件的异步报警通知,比如可以在数据库数据发生变化时,通过报警来响应一定的行为。例如在某个字段的值发生变化时,通过报警向用户发送电子邮件通知,或者是进行其他的数据变更。

> 注意:报警是基于事务的,意味着除非能够报警的事务被提交,否则等待过程中的事务不会获得报警。

DBMS_ALTER 用于生成并传递数据的报警信息,通过在代码中合理地使用该包,可以在发生特定数据库事件时将信息传递给应用程序。要使用 DBMS_ALTER,必须以 DBA 登录,为用户赋必要的执行权限。例如为了让 scott 可以执行 DBMS_ALTER 包,首先以 SYS 登录,然后执行如下的 GRANT 语句:

```
GRANT EXECUTE ON DBMS_ALTER TO scott;    --让 scott 可以执行 DBMS_ALTER 包
```

在开始学习这个包的函数或过程前,先来了解一下报警的定义流程。报警需要定义报警的发布方和接收方,对应在同一个会话中的两个进程或者是不同会话中的进程,其定义流程如图 14.13 所示。

第 14 章 包

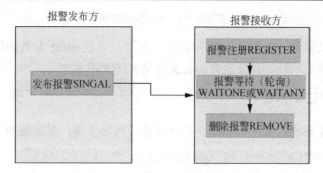

图 14.13 报警流程

从图 14.13 中可以看到如下的流程，一个程序可以注册多个命名的报警，然后使用 WAIT 和 WAITANY 等待其中的任何一个报警产生，下面分别对 DBMS_ALTER 包中包含的过程和函数进行介绍。

1．注册报警事件REGISTER

该过程允许注册一个感兴趣的报警，名称以参数输入的形式告之，在一个会话中可以注册多个报警。如果以后不再需要报警，可以使用 REMOVE 过程从报警注册表中移除，语法如下所示：

```
DBMS_ALERT.REGISTER(name IN VARCHAR2);
```

参数 name 指定报警的名称，最多包含 30 个字符，并且不区分大小写。

2．等待特定报警WAITONE

该过程用于等待当前会话中特定的报警事件，并且在发生报警事件时输出报警消息，该过程在执行之前，会隐含地发出 COMMIT，基本语法如下所示：

```
DBMS_ALERT.WAITONE(
    name IN VARHCAR2,
    message OUT VARHCAR2,
    status OUT INTEGER,
    timeout IN NUMBER DEFAULT MAXWAIT);
```

name 是等待报警的名称，message 用来返回报警信息，该信息是由 SIGNAL 发布报警时发布的，如果有多个此类报警在 WAITONE 过程执行前发生，那么只返回最近的报警发布信息，而其他的将被丢弃。status 在报警发生时会返回 0，如果超时，则返回 1。timeout 是等待报警发生时的时间，如果在此时间内无报警发生，则 status 返回 1。

3．等待任意报警WAITANY

WAITANY 过程会等待会话中已经注册的任何报警的发生，在这个过程执行前会有一个隐含的 COMMIT 被执行，同样，在等待这个报警发生的同时，还可以首先发布某些报警。该过程的语法如下所示：

```
DBMS_ALERT.WAITANY(name OUT VARCHAR2,
                message OUT VARCHAR2,
                status OUT INTEGER,
```

```
                   timeout IN NUMBER DEFAULT MAXWAIT);
```

从语句中可以看到，大部分与 WAITONE 相同，只是 name 参数的模式为输出参数，用来返回等待报警的名称，其他参数的含义与 WAITONE 相同。

4. 删除报警REMOVE

用来删除不需要的报警，可以减少发布报警时的工作量，其语法如下所示：

```
DBMS_ALERT.REMOVE(name IN VARCHAR2);
```

name 是需要被删除的报警名称。

5. 删除所有报警REMOVEALL

这个过程会删除会话中所有注册表中的报警，该过程会在一个会话开始时被自动调用，此过程总是执行 COMMIT，基本语法如下：

```
DBMS_ALERT.REMOVEALL;
```

6. 时间间隔设置SET_DEFAULTS

该过程用于设置检测报警事件的时间间隔，默认时间间隔为 5 秒，语法如下：

```
DBMS_ALERT.SET_DEFAULTS(sensitivity IN NUMBER);
```

sensitivity 参数用于指定以秒为单位的时间间隔。

7. 设置报警消息SIGNAL

该过程用于指定报警事件所对应的报警消息，只有在提交事务时才会发出报警信息，而当回退事务时是不会发出报警信息的，其语法如下所示：

```
DBMS_ALERT.SIGNAL(name IN VARCHAR2,
                message IN VARCHAR2);
```

name 参数用于指定报警名称，message 用于指定报警事件的消息，消息长度不能超过 1800 字节。

> **注意**：多个会话可以并发执行同一个报警，每个会话发布报警时会阻塞其他会话发布的报警，直到报警被提交，因此事务会以序列的方式发生。

为了演示报警，同样使用两个会话来进行测试，在第一个会话中创建了如下的 PL/SQL 匿名块，等待报警发生，如代码 14.25 所示。

代码 14.25　等待报警示例

```
DECLARE
  v_alertname    VARCHAR2 (30) := 'alert_demo';      --报警名称
  v_status       INTEGER;                             --等待状态
  v_msg          VARCHAR2 (200);                      --报警消息
BEGIN
  --注册报警，指定报警名为 alert_demo
  DBMS_ALERT.REGISTER (v_alertname);
```

第 14 章 包

```
   --监听报警,等待报警发生
   DBMS_ALERT.waitone (v_alertname, v_msg, v_status);
   --如果不返回 0,则表示报警失败
   IF v_status != 0
   THEN
      DBMS_OUTPUT.put_line ('error');              --显示错误消息
   END IF;
   DBMS_OUTPUT.put_line (v_msg);                   --显示报警消息
END;
```

可以看到,在代码中注册了一个名为 alert_demo 的报警,然后调用 waiton 等待报警,如果在 SQL*Plus 执行这段代码,可以看到整个界面被阻塞了,用来等待有报警产生,代码 14.26 将使用 signal 定义报警消息,并使用 COMMIT 语句发出报警。

代码 14.26　产生报警示例

```
DECLARE
   v_alertname    VARCHAR2 (30) := 'alert_demo';
BEGIN
   --向报警 alert_demo 发送报警信息
   DBMS_ALERT.signal (v_alertname, '这是一个报警消息!');
   COMMIT;                      --触发报警,如果是 ROLLBACK,则不触发报警
END;
```

可以看到,当这段匿名的语句块一执行,报警的等待会话就会打印出在 signal 中指定的报警文本,并退出等待状态。

可以看到报警这种机制可以实现多个会话交互,但是有许多局限性,比如一旦开始等待,进程将不再做任何事情,因此使双方难以交互。但是 DBMS_ALERT 在很多地方的作用也是无可替代的,请读者参考互联网上更多的示例来更深入地了解这个包的具体应用。

14.4.4　使用 DBMS_JOB 包

在 Oracle 的开发中,经常需要对一些任务进行调度,比如安排一些消耗较多资源的 PL/SQL 程序在夜深人静、服务器比较空闲的时候执行,以便提供更好的性能。比如在笔者工作的服务器上就有多个被调度的工作任务在晚间运行,用来对数据进行计算和处理。在 Oracle 中,调度任务又称为作业,主要是使用 DBMS_JOB 包来实现的。

DBMS_JOB 可以提交作业到作业队列中去,并指明希望作业运行的周期,此外,该包还包含一些其他的函数允许对以前提交的作业进行修改、禁用或删除。

> **注意**:必须确保设置了初始化参数 JOB_QUEUE_PROCESSES 的值不为 0,才能使用 DBMS_JOB 对作业进行管理。

DBMS_JOB 包中包含的用来处理作业的过程和函数如下所示。

1. 创建作业 SUBMIT

这个过程用来创建一个作业,并且输出作业号码。当建立新的作业时,需要给出作业要执行的操作,作业在下一次运行的日期及运行的时间间隔,SUBMIT 过程的基本语法如

下所示:

```
PROCEDURE SUBMIT ( job      OUT BINARY_INEGER,
                                  --由过程自动生成的作业号, 返回给调用方
               What      IN  VARCHAR2, --要执行的作业, 通常是一个过程名
               next_date IN  DATE DEFAULT SYSDATE,    --下一次执行的日期
               interval  IN  VARCHAR2 DEFAULT 'null', --执行周期的时间间隔
               no_parse  IN  BOOEAN DEFAULT False,--是否解析与作业相关的例程
               instance  IN  BINARY_INTEGER DEFAULT 0,
                                             --指定哪个例程可以运行作用
               force     IN BOOLEAN DEFAULT False);
                                  --是否强制运行与作业相关的例程
```

举个例子, DBMS_DDL.ANALYZE_OBJECT 方法可以分析数据表, 并且将存储结果存储起来, 对于 SQL 的运行效率有较大的提升, 大多数 DBA 经常需要用到这个过程来进行性能优化, 因此会将其定义为一个作业来每日运行一次, 实现如代码 14.27 所示。

代码 14.27　定义一个作业

```
DECLARE
  v_jobno   NUMBER;
BEGIN
  DBMS_JOB.submit
      (v_jobno,                                     --作业编号
       --作业执行的过程
'DBMS_DDL.analyze_object(''TABLE'',''SCOTT'',''EMP'',''COMPUTE'');',
       --下一次执行的日期
       SYSDATE,
       --执行的时间间隔, 表示 24 小时
       'SYSDATE+1'
      );
  DBMS_OUTPUT.put_line('获取的作业编号为: '||v_jobno);    --输出作业编号
  COMMIT;
END;
```

代码向作业队列提交了一个作用, 执行 DBMS_DDL.analyze_object 过程, 以 SYSDATE 作为下一次执行的日期, Interval 属性指定为 SYSDATE+1, 表示每 24 小时执行一次, 可以看到输出的作业号如下所示:

```
获取的作业编号为: 22904
```

在创建了作业后, 可以通过 user_jobs 数据字典来查询刚刚创建的作业, 如以下查询语句所示:

```
SQL> SELECT job, next_date, next_sec, INTERVAL, what
     FROM user_jobs
     WHERE job = 22904;
   JOB     NEXT_DATE    NEXT_SEC    INTERVAL          WHAT
   ------  -----------  ----------  ---------------   -------------------
   22904   21-10月-11   04:22:36    SYSDATE+1DBMS_    DDL.analyze_obj
                                                      ect('TABLE','SCOTT',
                                                      'EMP','COMPUTE');
```

由查询结果可以看到, user_jobs 包含了作业下一次执行的日期和时间, INTERVAL 指

定的时间间隔将被 Oracle 用来计算 next_date 的具体日期。

SUBMIT 过程中的 next_date 是一个日期类型的值,用来指定下一次要执行的时间,可以为其指定一个特定的日期,比如使用如下的代码:

```
TO_DATE ('2011-10-15', 'YYYY-MM-DD')
```

但是通常是传递一个 SYSDATE 函数作为下一次的执行时间,例如可以取如下值:

```
SYSDATE+1:表示下一天的当前时间。
TRUNC(SYSDATE)+1:表示下一天的午时,即 12 点。
TRUNC(SYSDATE)+17/24:表示今天的 17/24 天,也就是从午夜 0 点以来的 17 个小时后,即下
午 5 点开始执行。
```

Oracle 的日期算法中,+1 意味着添加 1 天,而 TRUNC(SYSDATE)将返回从今天午夜到明天午夜的时间,+17/24 意味着 17/24 天,即从午夜 0 点开始 17 个小时后,就是下午5 点。

interval 参数是 VARCHAR2 字符串类型,不是一个日期或天或分钟的数字,可以传递想传递的字符串,唯一的限制就是参数中指定的数字必须要大于当前作业要运行的日期,例如下面的示例:

```
'SYSDATE+1':在当前运行开始之后的 24 小时之后运行。
'TRUNC(SYSDATE)+1':在当前作业运行后的午夜 0 点。
'TRUNC(SYSDATE)+17/24':在每天下午 5 点运行。
'null':表示作业立即运行,运行完即退出,不会重复运行。
```

2. 移除作业REMOVE

该过程用于移除在队列中的某个作用,当前运行的作业不受影响,即使删除的作业不再执行,作业仍可进行,它依然会执行完毕。用户只能删除属于自己的作业,否则会收到作业不在此作业队中的提示信息,REMOVE 语法如下所示:

```
DBMS_JOB.REMOVE(job IN BINARY_INTEGER);
```

参数 job 表示需要删除的作业号码,例如要删除作业 22904,可以使用如下的语句:

```
EXECUTE DBMS_JOB.REMOVE(22904);
```

3. 更改作业CHANGE

CHANGE 用于改变已提交作业的一些设置的参数,基本语法如下所示:

```
DBMS_JOB.CHANGE(
   job  IN  BINARY_INTEGER,
   what  IN  VARCHAR2,
   next_date IN DATE,
   interval IN VARCHAR2,
   instance IN BINARY_INTEGER DEFAULT NULL,
   force IN BOOLEAN DEFAULT False
);
```

参数的含义与 SUBMIT 基本相同,如果参数 what、next_date、interval 为 NULL,则保持以前的值不变,用户只能修改属于自己的作业,否则就会收到作业不在当前作业队列

中的信息。下面的代码演示了使用 CHANGE 更改作业为第 2 天执行一次：

```
EXECUTE DBMS_JOB.CHANGE(22904,NULL,NULL,'SYSDATE+2');
```

4．更改作业执行WHAT

该过程用于改变指定的作业执行的 PL/SQL 代码，并改变相应的作业执行环境设置，如以下语法所示：

```
DBMS_JOB.WHAT(
   job  IN BINARY_INTEGER;
   what IN VARCHAR2
);
```

其中 job 为作业编号，what 为指定作业运行的 PL/SQL 过程名，也可以是一段代码，例如可以将作业 22904 更改为执行 emp_pkg_dependency 包中的 fire_employee 程序。

```
EXEC DBMS_JOB.WHAT(22904,'emp_pkg_dependency.fire_employee(7369)');
```

5．更改运行日期NEXT_DATE

NEXT_DATE 用于改变作业下次运行的时间，其语法如下所示：

```
DBMS_JOB.NEXT_DATE(
   job  IN BINARY_INTEGER,
   next_date IN DATE
);
```

参数 job 为作业号，next_date 为后台进程试图运行作业时，NEXT_DATE 指明作业自动运行的时间，例如要将 22904 作业更改为明天运行，可以使用如下代码：

```
EXEC DBMS_JOB.NEXT_DATE(22904,'SYSDATE+1');
```

6．数据库实例配置INSTANCE

该过程用于更改执行的数据库实例的配置，基本语法如下所示：

```
DBMS_JOB.INSTANCE(
   job  IN BINARY_INTEGER;
   instance  IN BINARY_INTEGER;
   force  IN BOOLEAN DEFAULT False
);
```

其中参数 job 是指作业编号，instance 为指定提交作业到指定的数据库的实例。

7．更改间隔INTERVAL

该过程用于改变作业的运行时间间隔，一般情况下，如果上一次作业成功执行完毕，那么根据 interval 参数计算出的下一次的执行时间会放到 next_date 参数中，这是通过如下语句完成的：

```
SELECT interval INTO next_date FROM dual;
```

> 注意：interval 参数必须指明作业的执行时间间隔，而如果指定为 NULL，则表示一旦执行成功后，就从作业队列中删除该作业。

INTERVAL 过程的语法如下所示：

```
DBMS_JOB.INTERVAL(
  job IN BINARY_INTEGER,
  interval IN VARCHAR2
);
```

其中 job 为作业的作业号，而 interval 为作业到下次运行的时间间隔，使用示例如下所示：

```
EXEC DBMS_JOB.INTERVAL(22904,'SYSDATE+1/24/60')    --将作业更改为每分钟一次
```

8. 中断作业BROKEN

用于标记作业中断或非中断，中断作业将不再被执行，Oracle 不会试图去执行一个标记为中断的作业，但是用户可以通过调用 DBMS_JOB.RUN 过程强制执行一个标记为中断的作业，其基本语法如下所示：

```
DBMS_JOB.BROKEN(
  job    IN BINARY_INTEGER,
  broken IN BOOLEAN,
  next_date IN DATE DEFAULT SYSDATE
);
```

参数中的 job 为作业的作业号，broken 表示为作业进行中断标记，next_date 指定下一次作业运行的日期。

下面的代码将作业号 22904 标记为中断，并指定下一次的执行时间为下个星期一：

```
EXEC DBMS_JOB.BROKEN(22904,False,NEXT_DATE(SYSDATE,'MONDAY'));
```

> 注意：用户只能对自己作用域内的作业进行中断标记，如果调用 DBMS_JOB.BROKEN 标记不属于自己的作业，那么将会收到错误的提示消息。

9. 强制作业运行RUN

使用 RUN 过程可以强制作业立即执行，即使作业已经标记为中断，也会强制执行，因为作业在运行完后会计算下一次执行的时间，因此在调用 RUN 过程之后，下一次的执行时间也会发生改变，基本语法如下所示：

```
DBMS_JOB.RUN(job IN BINARY_INTEGER,
             force IN BOOLEAN DEFAULT False);
```

其中，job 指定要运行的作业的作业号，force 属性为 True 时，作业执行优化配置无效，如果设为 False，则作业必须在指定的数据库实例中运行。

由于 Oracle 没有提供图形化的作业功能，但是通过第三方的 Oracle 工具，可以在可视化的界面上灵活地操作作业，例如 Toad 提供了图形化的创建作业窗口，可以方便地创建一个新的作业，如图 14.14 所示。

图 14.14 Toad 提供的图形化作业窗口

在 Subsequent Executions 下拉列表框中，该窗口提供了一些建议的作业循环间隔，使得不用在创建自己的作业调度时必须要写一些难懂的 INTERVAL 语句。

14.5 小　　结

本章介绍了 PL/SQL 中用来组织代码的逻辑工作单元，即包。从包的基本作用和包的优点开始，介绍了包规范和包体的调用，如何调用已经定义好的包及编译和调试包等功能。在包的进阶技术部分，讨论了包的重载技术，如何在包启动时进行一些初始化工作，包纯度和权限的管理，以及在包中使用游标的方法。在管理数据库中的包一小节，介绍了查看和删除包的方法，如何对包的依赖性进行检查。在本章的最后，对常见的 Oracle 系统包进行了介绍。灵活地使用这些系统包的作用，让开发人员可以轻松地使用一些由 Oracle 内置的功能。

第 15 章 触 发 器

触发器是一种特别的 PL/SQL 命名块,与过程与函数或包相似,它是编译好的,存储在数据库中的过程。触发器的编写方式与编写过程和函数非常相似,具有声明区、执行或异常处理区。与过程、函数或包不同的是,触发器并不是由外部程序显式调用的,而是在数据库中某些事件发生后,由 Oracle 隐式进行调用,也可以说触发器是一种在后台自动运行的、无须用户手工干预的命名块。

15.1 理解触发器

触发器的一个明显的特性就是不能被显式地调用,当触发事件发生时就会隐式地执行该触发器,而且触发器是不接收参数的。当对数据库表或视图执行 DML 操作时,比如执行 INSERT、UPDATE 和 DELETE 操作时,可以通过定义 DML 触发器来执行一些特定的 PL/SQL 语句。从 Oracle 8i 开始,一些系统级的事件,比如数据库启动、关闭或登录及 DDL 操作也可以建立触发器,比如在这些事件触发时记录事件日志。

15.1.1 触发器简介

触发器本身就是一个命名的语句块,定义的方式与 PL/SQL 语句块的定义没有太多区别。不同之处在于调用方式,触发器总是隐式地被调用,不能接收任何参数,通常用在如下所示的几个方面。

- ❏ 完成表的变更校验:当表的数据发生 INSERT、UPDATE 或 DELETE 操作时,提供验证逻辑,比如验证更改的数据的正确性、检查完整性约束、记录事件日志等操作。
- ❏ 自动数据库维护:通过使用系统级的触发器,可以在数据库系统启动或退出时,通过触发器完成系统的初始化和清除操作。
- ❏ 控制数据库管理活动:可以使用触发器来精细地控制数据库管理活动,比如删除或修改表等操作,通过将逻辑放到这种触发器中,使得 DDL 操作的检查有了可保证性。

了解了这些可供使用的触发器的功能后,可以得知触发器的定义与其他命名的语句块有些不同,一个触发器主要由如下几部分组成。

(1)触发器触发的事件,比如 INSERT、UPDATE、DELETE 等事件。
(2)触发事件所在的对象,比如对数据表或视图进行 DML 或 DDL 操作,对数据库实例或用户方案进行操作等。

(3) 触发器触发的条件，比如是在操作进行之前触发还是在操作进行之后触发。

(4) 触发器被触发时所要执行的语句块，或称触发器体，是一个包括 SQL 语句和 PL/SQL 语句的过程调用或 PL/SQL 块，或者是被封装在 PL/SQL 块中的 Java 程序。

代码 15.1 创建一个简单的触发器，当用户对 emp 表中的薪资字段进行更新时，限制用户更新的工资数量只能大于用户当前的工资，如果小于当前的工资，则触发异常，并将原来的用户记录写到 emp_history 表中。

代码 15.1 触发器定义示例

```
CREATE OR REPLACE TRIGGER t_verifysalary
   BEFORE UPDATE ON emp                    --触发器作用的表对象及触发的条件和触发的动作
   FOR EACH ROW                            --行级别的触发器
   WHEN(new.sal>old.sal)                   --触发器条件
DECLARE
   v_sal   NUMBER;                         --语句块的声明区
BEGIN
   IF UPDATING ('sal') THEN                --使用条件谓词判断是否是 sal 列被更新
     v_sal := :NEW.sal - :OLD.sal;         --记录工资的差异
     DELETE FROM emp_history
         WHERE empno = :OLD.empno;         --删除 emp_history 中旧表记录
     INSERT INTO emp_history               --向表中插入新的记录
         VALUES
(:OLD.empno, :OLD.ename, :OLD.job, :OLD.mgr, :OLD.hiredate,
         :OLD.sal, :OLD.comm, :OLD.deptno);
     UPDATE emp_history                    --更新薪资值
       SET sal = v_sal
     WHERE empno = :NEW.empno;
   END IF;
END;
```

这个触发器的实现步骤如下所示。

(1) CREATE OR REPLACE TRIGGER 用来创建一个触发器，并指定一个触发器的名称，名称遵循 PL/SQL 的标识符命名规范。

(2) 触发器触发的时机是在 UPDATE 语句执行之前，这里使用 BEFORE 关键字指定在 DML 操作之前触发触发器，触发的对象是在表 emp 上，因此 BEFORE UPDATE ON emp 就是指当对 emp 表进行更新之前，触发这个触发器。

(3) FOR EACH ROW 是指定当对每一行进行操作时触发触发器，比如 UPDATE 同时要更新 20 行，那么就会触发 20 次，还有一种是表级别的触发器。

(4) WHEN 子句中指定的条件表示，当更新的 sal 的值大于现有的 sal 值时，才执行该触发器的语句主体。

(5) 从 DECLARE 开始，就是一个非常标准的 PL/SQL 语句块的定义，在语句块的执行区，使用了 UPDATING 谓词判断更新的是否为 sal 字段，只有更新该字段才执行操作。在语句块的执行区中首先删除 emp_history 表中原有的记录，然后将更新前的记录插入到 emp_history 表中，最后使用 UPDATE 语句将 emp_history 表中的 sal 值更新为差异值。

下面看一下当对 emp 表中的 sal 字段进行 UPDATE 操作时，是否会真的将更改过的记录插入到 emp_history 中去。在 SQL*Plus 中执行如下的语句更新 emp 表，然后查询 emp_history 表中的记录，如以下语句所示：

```
SQL> UPDATE emp SET sal=sal*1.15 WHERE deptno=20;
已更新 7 行。
SQL> SELECT empno,ename,sal FROM emp_history;
    EMPNO ENAME                  SAL
   ------- --------------    --------------
     7369 史密斯                414.28
     7566 约翰                  535.5
     7788 斯科特                264.03
     7876 亚当斯                216
     7902 福特                  540
     7895 APPS                  450
     7881 刘大夏                300
已选择 7 行。
```

可以看到，当对 emp 表进行了 UPDATE 操作以后，果然在 emp_history 中成功地插入了 7 行被更新过的旧记录。通过上面的示例，可以了解到触发器的具体作用，图 15.1 是上例中的 DML 语句执行时的一个触发器的示意图。

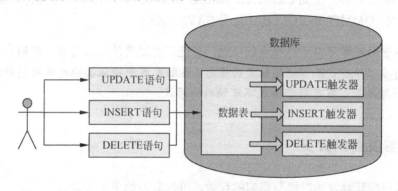

图 15.1　DML 触发器工作示意图

DDL 与系统级的触发器工作的例子与此相似，可以看到，只要相应的事件触发，触发器就会被隐式地执行，通过 Oracle 提供的一些谓词和条件，可以在触发器中对操纵的数据进行控制或记录，这使得对数据的操纵可以得到进一步的控制。

15.1.2　定义触发器

尽管在 Oracle 中，触发器分为多种类型，但是这些触发器的创建语法是相同的，如以下定义语法所示：

```
CREATE [OR REPLACE] TRIGGER trigger_name
{BEFORE | AFTER | INSTEAD OF} triggering_event
[referencing_clause]
[WHEN trigger_condition]
[FOR EACH ROW]
trigger_body
```

语法关键字的描述如下所示。

❑ trigger_name：指定触发器的名称。

❑ triggering_event：指定引发触发器的事件，比如是在一个表或视图上触发的增、删、改操作等。

- referencing_clause：用来引用在行中当前用一个不同的名称修改的数据。
- trigger_condition：用来指定触发的条件，当触发器定义中包含 WHEN 子句时，将首先被求值，只有在值为 True 时才会执行触发器。
- FOR EACH ROW：指定该子句表示创建的是行级的触发器，否则创建的是语句级的触发器。
- trigger_body：指定触发器的执行代码区，这是一个标准的 PL/SQL 块，可以有声明区、执行区或可选的异常处理区。

在编写触发器时，还需要注意触发器的以下限制。

- 触发器代码的大小不能超过 32KB，如果确实需要使用超过 32KB 的代码建立触发器，可以将代码分隔为几个存储的过程，在触发器中使用 CALL 语句调用存储过程。
- 触发器代码只能包含 SELECT、INSERT、UPDATE 和 DELETE 语句，而不能包含 DDL 语句，比如 CREATE、ALERT 或 DROP，同时也不能包含事务控制语句，比如 COMMIT 和 ROLLBACK 及 SAVEPOINT。

△注意：尽管触发器可以实现较多的功能，但是不要过度使用触发器，否则会导致系统变得难以维护，比如连锁触发的情形（在触发器中操纵其他的表可能触发其他表的触发器），有可能会造成不可预料的后果。

15.1.3 触发器的分类

触发器根据其触发的时机与影响的行数，可以分为如下 4 大类。

- 行触发器与语句触发器：行触发器会对数据库表中的每一行触发一次触发器代码，语句触发器则仅触发一次，与语句所影响的行数无关。
- BEFORE 触发器与 ALFTER 触发器：是指与触发时机相关的触发器，BEFORE 触发器在触发的语句比如 INSERT、UPDATE 或 DELETE 之前执行触发器操作，AFTER 触发器与之相反，在触发动作之后执行触发器代码。
- INSTEAD OF 触发器：又称为替代触发器，是指不直接执行触发语句，一般用在视图更新的场合，比如在 UPDATE 一个视图时，替换掉原来的 UPDATE 语句，将语句分解为对多个数据表的操作。
- 系统事件触发器与用户事件触发器：在发生系统级的事件时，比如数据库启动，服务器错误消息事件触发时，执行系统事件触发器，在用户登录或退出，执行 DDL 或 DML 语句时，执行用户事件触发器。

如果根据触发器所创建的语句及所影响的对象的不同，可以将触发器主要分为 3 大类。

- DML 触发器：当对数据表进行 DML 语句操作时所触发的触发器，比如对表进行增、删、改操作时，可以定义语句触发器或行触发器，BEFORE 或 AFTER 触发器。
- 系统触发器：对数据库实例或某个用户模式进行操作时的触发器，因此可以定义数据库系统触发器和用户触发器。
- 替代触发器：当对视图进行操作时定义的触发器。

本章将根据这 3 大类触发器来详细介绍触发器的具体实现过程。

15.2 DML 触发器

DML 触发器是一种用在表上的比较传统的触发器,也是在进行 PL/SQL 程序开发时使用得最为频繁的一种触发器,通常会在 INSERT、UPDATE 和 DELETE 语句上应用这种触发器,其工作示意图如图 15.1 所示。本节将介绍 DML 触发器的定义与使用细节。

15.2.1 触发器的执行顺序

由于在一个表上可能定义了多种不同类型的触发器,因此在深入学习这些触发器的实现细节之前,先来了解一下多个触发器的执行顺序,这样在将来创建自己的触发器时也能更容易地选择。

1. 单行触发器执行顺序

当在某一行上定义了多个触发器时,触发器的执行顺序如下所示。
(1)BEFORE 语句触发器
(2)BEFORE 行级触发器
(3)执行 DML 语句
(4)AFTER 行级触发器
(5)AFTER 语句触发器

可以看到,语句级的触发器会在行级的触发器之前执行,而且仅执行一次,并且是先执行 BEFORE 语句触发器,然后开始执行行级别的 BEFORE 触发器,接下来执行 AFTER 触发器。当单行的行触发器执行完成之后,再执行 AFTER 语句触发器,如图 15.2 所示。

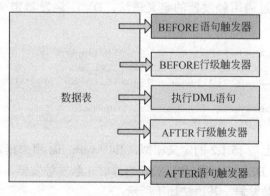

图 15.2 单行触发器执行顺序

2. 多行触发器执行顺序

如果触发器影响到多行,那么在每一行上都要执行一次触发器语句。假定触发器影响到两行,则其执行顺序如下所示。
(1)BEFORE 语句触发器

（2）第 1 行的 BEFORE 行触发器
（3）第 1 行执行 DML 语句
（4）第 1 行的 AFTER 行级触发器
（5）第 2 行的 BEFORE 行级触发器
（6）第 2 行执行 DML 语句
（7）第 2 行的 AFTER 行级触发器
（8）AFTER 语句触发器

与单行触发器的执行类似，先执行语句级的 BEFORE 触发器，然后循环依次在每 1 行上执行触发器，最后执行语句级的 AFTER 触发器，如图 15.3 所示。

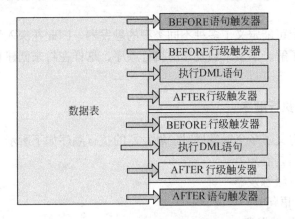

图 15.3　多行触发器执行顺序

15.2.2　定义 DML 触发器

在本章前面介绍过通用触发器的定义语法，DML 触发器定义的更详细的语法如下所示：

```
CREATE [OR REPLACE] TRIGGER [schema.]trigger
{BEFORE|AFTER} verb_list ON [schema.]table
[REFERENCING{OLD as old}|{NEW as new}|{PARENT as parent}]
[FOR EACH ROW]
[WHEN (condition)]
plsql_clock|call_procedure_statement
```

可以看到，基本上与 15.1.2 的定义相似，其中 verb_list 用来指定在特定的一个或多个列上发生了 INSERT、DELETE 或 UPDATE 事件时才触发触发器，如果不指定，则表中任何列的修改都会触发触发器，其语法如下所示：

```
{DELETE|INSERT|{UPDATE [OF column_list]} [OR verb_list]
```

下面是语法中关键部分的介绍。

（1）BEFORE|AFTER：指定触发器是在对表的操作发生之前触发还是之后触发，也就是定义 BEFORE 触发器还是 AFTER 触发器。在 verb_list 中可以同时指定多个动作或多个列，例如下面的语句：

```
BEFORE DELETE OR INSERT OR UPDATE ON emp    --定义 BEFORE 触发器，在 DELETE 或
INSERT 或 UPDATE 语句执行时触发。
```

在使用 UPDATE 作为触发行为时，还可以使用 UPDATE OF 来指定一个或多个字段，那么仅在这些字段被更新时才触发：

```
BEFORE UPDATE OF empno,ename,sal ON emp
```

（2）WHEN Clause 允许为触发器添加触发的条件，Oracle 触发事件时必须满足这些条件才能执行到触发体中的代码。在 WHEN 子句中，可以使用如下几个谓词。

- Old 谓词：是在执行前的字段的值的名称，比如在 UPDATE 一个表时，使用 Old.empno 可以引用到更新之前的员工编号值。
- New 谓词：是在执行后的字段的值的名称，比如在 UPDATE 一个表时，使用 New.empno 可以引用在更新之后的员工编号值。
- Parent 谓词：如果触发器定义在嵌套表上，Parent 指定父表的当前行。

在 WHEN 子句中可以根据触发的条件对触发器代码是否执行进行更进一步的控制，因而又具有更精细一层的控制机制。

（3）pl/sql_block 是在触发器触发后要执行的 PL/SQL 语句块。

（4）call_procedure_statement：允许调用存储过程而不是指定触发器的代码。

代码 15.2 是一个基本的 DML 触发器的定义示例，这个示例创建了一个日志记录表，当用户对 emp 表进行新增、修改或删除时，会将修改记录记录到这个日志表中，以便知道对 emp 表的更改历史记录。

代码 15.2　记录日志触发器示例

```
--创建一个 emp_log 表用来记录对 emp 表的更改
CREATE TABLE emp_log(
   log_id NUMBER,                       --日志自增长字段
   log_action VARCHAR2(100),             --表更改行为，比如新增或删除或更改
   log_date DATE,                        --日志日期
   empno NUMBER(4),                      --员工编号
   ename VARCHAR2(10),                   --员工名称
   job VARCHAR2(18),                     --职别
   mgr NUMBER(4),                        --管理者
   hiredate DATE,                        --雇佣日期
   sal NUMBER(7,2),                      --工资
   comm NUMBER(7,2),                     --提成或分红
   deptno NUMBER(2)                      --部门编号
);
--创建一个 AFTER 行触发器
CREATE OR REPLACE TRIGGER t_emp_log
   AFTER INSERT OR DELETE OR UPDATE ON emp
                                --触发器作用的表对象，以及触发的条件和触发的动作
   FOR EACH ROW                 --行级别的触发器
BEGIN
   IF INSERTING THEN            --判断是否是 INSERT 语句触发的
      INSERT INTO emp_log       --向 emp_log 表中插入日志记录
      VALUES(
         emp_seq.NEXTVAL,
         'INSERT',SYSDATE,
```

```
         :new.empno,:new.ename,:new.job,
         :new.mgr,:new.hiredate,:new.sal,
         :new.comm,:new.deptno );
  ELSIF UPDATING THEN                       --判断是否是 UPDATE 语句触发的
    INSERT INTO emp_log                     --首先插入旧的记录
    VALUES(
      emp_seq.NEXTVAL,
      ' UPDATE_NEW',SYSDATE,
      :new.empno,:new.ename,:new.job,
      :new.mgr,:new.hiredate,:new.sal,
      :new.comm,:new.deptno );
    INSERT INTO emp_log                     --然后插入新的记录
    VALUES(
      emp_seq.CURRVAL,
      ' UPDATE_OLD',SYSDATE,
      :old.empno,:old.ename,:old.job,
      :old.mgr,:old.hiredate,:old.sal,
      :old.comm,:old.deptno );
  ELSIF DELETING THEN                       --如果是删除记录
    INSERT INTO emp_log
    VALUES(
      emp_seq.NEXTVAL,
      'DELETE',SYSDATE,
      :old.empno,:old.ename,:old.job,
      :old.mgr,:old.hiredate,:old.sal,
      :old.comm,:old.deptno );
  END IF;
END;
```

代码的实现过程如以下步骤所示。

（1）创建了一个表名为 emp_log，在表中包含了要进行日志记录的字段。比如包含日志类型 log_action 和 log_date 用来记录日志日期。

（2）为了在添加、更改和删除后，能够向 emp_log 表中插入记录，创建了名为 t_emp_log 的触发器，该触发器是一个 AFTER 行级别的触发器，在 INSERT 或 DELETE 或 UPDATE 等语句执行时触发。

（3）在触发器内部，通过 INSERTING、UPDATING 和 DELETING 这 3 个谓词判断当前引起触发器执行的是 INSERT 语句还是 UPDATE 语句或者是 DELETE 语句，然后向 emp_log 表插入记录。

在创建了 AFTER 触发器后，下面在 SQL*Plus 中执行一个 UPDATE 操作，然后就可以在 emp_log 中看到记录历史，如以下代码所示：

```
SQL> UPDATE emp SET sal=sal*1.12 WHERE deptno=10;
已更新 2 行。
SQL> COL log_action FORMAT a10;
SQL> SELECT log_id,log_action,log_date,empno,sal FROM emp_log;
    LOG_ID LOG_ACTION  LOG_DATE                 EMPNO        SAL
---------- ----------- -------------------- ---------- ----------
         9 UPDATE_NEW  23-10 月-11                7782     4017.5
         9 UPDATE_OLD  23-10 月-11                7782    3587.05
        10 UPDATE_NEW  23-10 月-11                7839    9554.16
        10 UPDATE_OLD  23-10 月-11                7839     8530.5
```

在上面的代码中更新了员工编号为 10 的员工的薪资，使每个员工的工资提升了 12%，在执行了 UPDATE 语句后，可以在 emp_log 中看到结果。可以看到，每个 UPDATE 产生

第 15 章 触发器

了两笔记录，它们具有相同的序列号，log_action 标出了哪一行是新记录，哪一行是旧记录，在 sal 字段中可以看出新旧值的差别，这就便于系统管理员跟踪更改的历史信息。

15.2.3 调试触发器

触发器编写完成后，可以像调试普通的 PL/SQL 过程、函数或包一样调试触发器，本小节将以在上一小节中创建的 t_emp_log 这个触发器为例子，介绍如何在 Toad 中对触发器进行调试，步骤如下所示。

（1）当触发器创建完成后，在 Toad 中可以通过"Database|Schema Browser"菜单项打开方案浏览器，找到 Triggers 标签页，在该标签页中看到当前方案下的所有的触发器列表，找到 t_emp_log 触发器，在右侧的标签页中会列出触发器的完整信息，如图 15.4 所示。

图 15.4　Toad 中的触发器列表

（2）使用左侧 Triggers 标签页的工具栏中的 按钮将选中的触发器加载到调试编辑窗口。可以在该窗口中添加调试断点，进行单步调试。

（3）在添加了单点之后，可以按 F11 键进行编译并调试，也可以通过菜单栏的"Debug|Run"菜单项开始运行调试，Toad 首先弹出如图 15.5 所示的参数设置窗口。

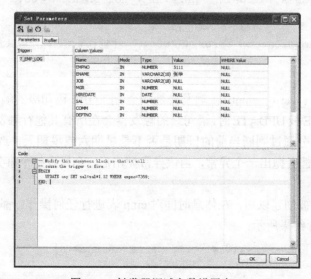

图 15.5　触发器调试参数设置窗口

该窗口列出了当前的触发器和触发器所作用的表上的列，在 Code 区默认插入了一个 INSERT 语句来激发触发器，通过将 Code 区更改为一个只影响单行的 DML 语句，比如 UPDATE、INSERT 或 DELETE 来激发触发器，以便进行单步调试。

（4）在设置好参数后，单击 OK 按钮，将进入编辑器窗口，此时可以通过单步执行工具或者变量监测工具对触发器进行监控调试。

15.2.4 使用语句触发器

如果在创建触发器时，不指定 FOR EACH ROW 子句，那么创建的触发器就是语句触发器，否则为行触发器。在本章前面介绍触发器的执行顺序时，已经讨论过语句触发器在每次触发器触发时仅执行一次。

除了激发的次数不同之外，语句触发器与行触发器非常相似，比如可以建立 BEFORE 或 AFTER 触发器，可以通过 INSERTING、UPDATING 或 DELETING 谓词获取触发的行为类型。语句触发器在建立 DML 操作审计，或者是 DML 的权限控制时非常有用，这样可以避免未经授权的 DML 语句操作。

1. 使用BEFORE语句触发器

代码 15.3 演示了使用语句触发器来限制对 emp 表的更改只能在正常工作日的 8:30～18:00 之内，不在这个时间段范围之内的修改都不能进行。

代码 15.3　使用语句触发器限制修改

```
CREATE OR REPLACE TRIGGER t_verify_emptime
   BEFORE INSERT OR DELETE OR UPDATE
   ON emp
BEGIN
   --判断当前操作的日期
   IF (TO_CHAR (SYSDATE, 'DAY') IN ('星期六', '星期日'))
      OR (TO_CHAR (SYSDATE, 'HH24:MI') NOT BETWEEN '08:30' AND '18:00')
   THEN
      --触发异常，将导致整个事务被回滚
      raise_application_error (-20001, '不能在非常时间段内操纵 emp 表');
   END IF;
END;
```

代码中创建的 t_verify_emptime 触发器是一个 BEFORE 语句级的触发器，在对表进行 INSERT 或 DELETE 或 UPDATE 时，语句级的触发器会在所有其他行触发器之前进行触发。在语句块的执行部分通过判断当前的日期是否不是星期六或星期天，或者是 8:30～18:00 之外的任何时间，都会抛出一个异常，当该异常抛出后，会导致整个事务回滚，因此 DML 语句执行失败。

在上述触发器被创建以后，在休息时间对 emp 表进行任何操作，都会抛出异常，如以下 SQL 语句及执行结果所示：

```
SQL> UPDATE emp set sal=sal*1.12 WHERE deptno=10;
UPDATE emp set sal=sal*1.12 WHERE deptno=10
       *
第 1 行出现错误:
```

```
ORA-20001: 不能在非常时间段内操纵 emp 表
ORA-06512: 在 "SCOTT.T_VERIFY_EMPTIME", line 7
ORA-04088: 触发器 'SCOTT.T_VERIFY_EMPTIME' 执行过程中出错
```

语句触发器与行触发器一样，也可以在触发器的语句块中使用 INSERTING、UPDATING 或 DELETING 谓词，这些谓词会返回相应的 DML 操作的布尔值，如果为 True，表示执行了 INSERT、UPDATE 或 DELETE 语句。可以使用这些谓词来判断当前 DML 的行为，例如如果要约束 DML 语句在休息日时不能对任何数据进行删除，但是可以进行新增和修改操作，那么可以使用 DELETING 谓词，如代码 15.4 所示。

代码 15.4　在语句触发器中使用谓词

```
CREATE OR REPLACE TRIGGER t_verify_emptime
  BEFORE INSERT OR DELETE OR UPDATE
  ON emp
BEGIN
  IF DELETING                  --使用谓词判断是否为 DELETING 操作，仅删除时才判断
  THEN
    --判断当前操作的日期
    IF    (TO_CHAR (SYSDATE, 'DAY') IN ('星期六', '星期日'))
       OR (TO_CHAR (SYSDATE, 'HH24:MI') NOT BETWEEN '08:30' AND '18:00')
    THEN
      --触发异常，将导致整个事务被回滚
      raise_application_error (-20001, '不能在非常时间段内删除 emp 表');
    END IF;
  END IF;
END;
```

代码通过判断谓词 DELETING 是否为 True，然后对 SYSDATE 进行检测以便仅在特定的时间段内才能进行删除操作，下面的语句将首先对 emp 表进行更新，可以看到操作成功进行，然后进行删除，此时会抛出异常信息。

```
SQL> UPDATE emp set sal=sal*1.12 WHERE deptno=10;
已更新 2 行。
SQL> DELETE FROM emp WHERE deptno=10;
DELETE FROM emp WHERE deptno=10
            *
第 1 行出现错误：
ORA-20001: 不能在非常时间段内删除 emp 表
ORA-06512: 在 "SCOTT.T_VERIFY_EMPTIME", line 9
ORA-04088: 触发器 'SCOTT.T_VERIFY_EMPTIME' 执行过程中出错
```

2．使用AFTER语句触发器

AFTER 语句触发器在所有的触发器都执行完成之后，最后被触发，在这个阶段可以进行一些审计工作，比如统计自触发器添加到现在以来所执行过的 DML 语句的次数和最后执行的时间，以便于根据这个结果进行性能的分析。下面的代码创建了一个名为 audit_table 的列用来记录审计信息，如下所示：

```
CREATE TABLE audit_table(
  table_name VARCHAR2(20),           --统计表名称
  ins_count INT,                     --INSERT 语句执行次数
```

```
    udp_count INT,                        --UPDATE 语句执行次数
    del_count INT,                        --DELETE 语句执行次数
    start_time DATE,                      --开始时间
    end_time DATE                         --结束时间
);
```

接下来创建一个 AFTER 的语句触发器，在该触发器中添加审计信息，如代码 15.5 所示。

代码 15.5　使用 AFTER 语句触发器添加审计信息

```
CREATE OR REPLACE TRIGGER t_audit_emp
  AFTER INSERT OR UPDATE OR DELETE
  ON emp                                  --在 emp 表中定义 AFTER 触发器
DECLARE
  v_temp    INT;                          --定义一个临时的变量来统计记录数
BEGIN
  SELECT COUNT (*)                        --向 v_temp 表中插入 EMP 表的记录条数
    INTO v_temp
    FROM audit_table
   WHERE table_name = 'EMP';
  IF v_temp = 0
  THEN
    --向 audit_table 表中插入一条记录，将审计记录数量保留为 0
    INSERT INTO audit_table VALUES ('EMP', 0, 0, 0, SYSDATE, NULL);
  END IF;
  CASE                                    --使用 PL/SQL 的 CASE 语句判断 DML 类型
    WHEN INSERTING  THEN                  --如果是 INSERT 语句执行
      UPDATE audit_table                  --更新 ins_count 字段
         SET ins_count = ins_count + 1,
             end_time = SYSDATE
       WHERE table_name = 'EMP';
    WHEN UPDATING THEN                    --如果是 UPDATE 语句执行
      UPDATE audit_table
         SET udp_count = udp_count + 1,   --更新 udp_count 字段
             end_time = SYSDATE
       WHERE table_name = 'EMP';
    WHEN DELETING THEN
      UPDATE audit_table                  --如果是 DELETE 语句执行
         SET del_count = del_count + 1,   --更新 del_count 字段
             end_time = SYSDATE
       WHERE table_name = 'EMP';
  END CASE;
END;
```

语句的实现过程如以下步骤所示。

（1）t_audit_emp 触发器使用了 AFTER INSERT OR UPDATE OR DELETE 子句定义，表示这是一个 AFTER 触发器，将监控 INSERT、UPDATE 和 DELETE 语句。

（2）当监测到 DML 语句后，首先检查 audit_table 表中是否存在相应的记录，如果不存在，则使用 INSERT 语句插入一条记录。

（3）然后代码使用了 PL/SQL 语句开始检查谓词 INSERTING、UPDATING 和 DELETING 来判断 DML 行为类型，并更新相应的字段。

在创建了 AFTER 语句触发器后，下面使用几个 DML 语句进行测试，看看 audit_table

中是否成功地添加了审计记录，如以下代码所示：

```
SQL> UPDATE EMP SET sal=sal*1.01 WHERE empno=7369;
已更新 1 行。
SQL> UPDATE EMP SET comm=comm*1.11 WHERE deptno=20;
已更新 7 行。
SQL> SELECT * FROM audit_table;
TABLE_NAME    INS_COUNT  UDP_COUNT  DEL_COUNT  START_TIME     END_TIME
-----------   ---------  ---------  ---------  -------------  -------------
EMP               0          2          0      23-10月-11     23-10月-11
```

可以看到，在定义了语句级的触发器后，不管更新操作影响了多少行，实际上语句级的 AFTER 触发器仅执行了 1 次，因而可以对这个语句的执行次数进行统计，而不是对语句受影响的行数进行统计。

15.2.5 使用 OLD 和 NEW 谓词

当使用行触发器进行数据验证时，可以使用 OLD 和 NEW 谓词来获取语句执行前和执行后的行记录。这两个谓词的结构与记录非常相似，但是不是真正的 PL/SQL 结构类型。OLD 保存了被触发器处理的记录的原始值；NEW 包含的是新值，实际上 NEW 和 OLD 谓词的结构与使用触发器所作用的表的%ROWTYPE 的结构是相似的。

在定义触发器时，必须要知道 OLD 和 NEW 谓词并不是时时有值的，下面是在使用 OLD 和 NEW 时的一些常见的规则。

- 当在 INSERT 语句上激发触发器时，OLD 结构是不包含任何值的。
- 当在 UPDATE 语句上激发触发器时，OLD 和 NEW 结构都具有值，OLD 包含在更新之前记录的值，NEW 包含了在更新之后记录的值。
- 当在 DELETE 语句上激发触发器时，NEW 结构不包含任何值，OLD 结构包含已经被删除的记录。
- NEW 和 OLD 谓词也包含了 ROWID 伪列，这个伪列在 OLD 和 NEW 结构中具有相同的值。
- 不能更改 OLD 结构的值，如果这样做会触发 ORA-04085 错误。但是可以修改 NEW 结构的值。
- 在触发器内部，不能将 NEW 或 OLD 结构作为一个记录参数传递给过程或函数，仅能传递单个的字段。
- 当在匿名块或触发器内部使用 NEW 和 OLD 谓词时，必须要在前面加上冒号，例如：":NEW.empno" 或 ":OLD.empno" 这种格式，在其他部分使用时是不需要冒号的。
- 在 NEW 和 OLD 结构中不能进行记录级别的操作，比如直接为记录赋值是非法的：:NEW:=NULL; 这样的语句是错误的，只能对谓词的每个字段进行操作。

注意：不能在 AFTER 行触发器中改变 NEW 谓词记录，因为此时 DML 语句已经执行，通常来说，NEW 记录仅仅在行级别前的触发器中被更改；OLD 记录则永远不能被修改，只能对其进行读取。

为了演示 NEW 和 OLD 谓词记录的基本操作，下面创建了两个数据表，如代码 15.6 所示。

代码 15.6　创建测试数据库表

```
CREATE TABLE emp_data                --保存员工记录数据的测试表
(
    emp_id INT,                      --自增长字段
    empno NUMBER,                    --员工编号
    ename VARCHAR2(20)               --员工名称
);
CREATE TABLE emp_data_his            --保存员工记录数据的历史备份表
(
    emp_id INT,                      --自增长字段
    empno NUMBER,                    --员工编号
    ename VARCHAR2(20)               --员工名称
);
```

可以看到这两个表具有相同的字段结构，下面将在 emp_data 表上应用触发器，当对该表插入新记录时，对这个新插入的记录同时也插入到 emp_data_his 表中以实现数据的完整性，触发器创建实现如代码 15.7 所示。

代码 15.7　创建 t_emp_data 触发器

```
CREATE OR REPLACE TRIGGER t_emp_data
    BEFORE INSERT
    ON emp_data                      --触发器作用的表对象及触发的条件和触发的动作
    FOR EACH ROW                     --行级别的触发器
DECLARE
    emp_rec    emp_data%ROWTYPE;
BEGIN
    SELECT emp_seq.NEXTVAL INTO :NEW.emp_id FROM DUAL; --对 BEFORE 触发器的 NEW 赋值
    --emp_rec:=:new;                 --不能直接对谓词记录进行记录级别的操作
    emp_rec.emp_id := :NEW.emp_id;
    emp_rec.empno := :NEW.empno;
    emp_rec.ename := :NEW.ename;
    INSERT INTO emp_data_his VALUES emp_rec;          --使用记录级别的操作
END;
```

可以看到，t_emp_data 是一个 BEFORE 行触发器，在触发器语句块中，使用 SELECT INTO 语句为:NEW.emp_id 赋了序列值，因此对于用户来说，可以不用显式地去调用 emp_seq.NEXTVAL 来产生一个序列值，而是由触发器帮助实现了这个过程。使用了触发器后，与 SQL Server 的自增字段就非常相似了。

接下来代码将:NEW 谓词记录直接赋给记录 emp_rec，这样做是非法的，因为对于谓词记录，不能直接进行记录级别的操作。代码通过将谓词记录的值赋给 emp_rec，然后在 INSERT 语句中对该记录进行插入，完成了类似的结果。

下面通过向 emp_data 中插入一条记录，可以看到在 emp_data 和 emp_data_his 中分别具有了相同的记录：

```
SQL> INSERT INTO emp_data(empno,ename) VALUES(7369,'李强');
已创建 1 行。
```

```
SQL> SELECT * FROM emp_data;
   EMP_ID    EMPNO    ENAME
-------------  --------  ----------------
       28     7369     李强
SQL> SELECT * FROM emp_data_his;
   EMP_ID    EMPNO    ENAME
-------------  --------  ----------------
       28     7369     李强
```

15.2.6 使用 REFERENCING 子句

在触发器中也可以使用 REFERENCING 子句来更改默认的谓词名称，比如可以将 NEW 子句更改为 emp_new，将 OLD 子句更改为 emp_old 这样的别名，该子句的语法如下所示：

```
REFERENCING [OLD AS old_name] [NEW AS new_name]
```

在指定了别名后，就可以在触发体中使用:old_name 和:new_name 来代替:OLD 和:NEW 谓词，代码清单 15.8 演示了如何使用 REFERENCING 子句来为谓词记录指定别名。

代码 15.8　使用 REFERENCING 子句指定别名

```
CREATE OR REPLACE TRIGGER t_vsal_ref
   BEFORE UPDATE ON emp                    --触发器作用的表对象及触发的条件和触发的动作
   REFERENCING OLD AS emp_old NEW AS emp_new
   FOR EACH ROW                            --行级别的触发器
   WHEN(emp_new.sal>emp_old.sal)           --触发器条件
DECLARE
   v_sal    NUMBER;                        --语句块的声明区
BEGIN
   IF UPDATING ('sal') THEN                --使用条件谓词判断是否是 sal 列被更新
     v_sal := :emp_new.sal - :emp_old.sal;      --记录工资的差异
     DELETE FROM emp_history
          WHERE empno = :emp_old.empno;         --删除 emp_history 中旧表记录
     INSERT INTO emp_history                    --向表中插入新的记录
          VALUES
(:emp_old.empno, :emp_old.ename, :emp_old.job, :emp_old.mgr, :emp_old.h
iredate,
          :emp_old.sal, :emp_old.comm, :emp_old.deptno);
     UPDATE emp_history                         --更新薪资值
        SET sal = v_sal
      WHERE empno = :emp_new.empno;
   END IF;
END;
```

可以看到，通过为 OLD 和 NEW 谓词分别指定不同的别名后，就可以在触发体中使用更具可读性的关键字来代替。

15.2.7 使用 WHEN 子句

WHEN 子句是在触发器被触发后，用来控制是否执行触发体代码的一个控制条件，在 WHEN 子句中可以使用不带冒号的 NEW 和 OLD 谓词访问记录的值，可以使用复合条件表达式组织多条记录，定义语法如下所示：

```
WHEN trigger_condition
```

trigger_condition 是一个布尔表达式，将对每一行进行计算，例如下面的代码使用 WHEN 子句检测在更新 emp 表的 comm 记录时，只有新的 comm 值大于旧的 comm 值时，才能执行循环体代码，否则不执行循环体代码，如代码 15.9 所示。

代码 15.9 使用 WHEN 子句控制触发器代码的执行

```
CREATE OR REPLACE TRIGGER t_emp_comm
  BEFORE UPDATE ON emp                   --触发器作用的表对象及触发的条件和触发的动作
  FOR EACH ROW                           --行级别的触发器
  WHEN(NEW.comm>OLD.comm)                --触发体执行的条件
DECLARE
  v_comm    NUMBER;                      --语句块的声明区
BEGIN
  IF UPDATING ('comm') THEN              --使用条件谓词判断是否是 comm 列被更新
    v_comm := :NEW.comm - :OLD.comm;     --记录工资的差异
    DELETE FROM emp_history
        WHERE empno = :OLD.empno;        --删除 emp_history 中旧表记录
    INSERT INTO emp_history              --向表中插入新的记录
        VALUES
(:OLD.empno, :OLD.ename, :OLD.job, :OLD.mgr, :OLD.hiredate,
            :OLD.sal, :OLD.comm, :OLD.deptno);
    UPDATE emp_history                   --更新薪资值
      SET comm = v_comm
     WHERE empno = :NEW.empno;
  END IF;
END;
```

可以看到，对 comm 列的更新只有在新的 comm 列的值大于旧的 comm 列的值时，才会将员工记录插入到 emp_history 表中，而其他的更新尽管 DML 执行成功，但是并没有执行到函数体中来，测试代码如下所示：

```
SQL> UPDATE emp SET comm=120 WHERE empno=7369;
已更新 1 行。
SQL> UPDATE emp SET comm=comm*1.21 WHERE empno=7499;
已更新 1 行。
SQL> SELECT empno,comm,deptno FROM emp_history;
    EMPNO      COMM     DEPTNO
---------- ---------- ----------
     7499     101.64         30
```

可以看到，由于员工编号 7369 原来的值是 129，新更新值 120 小于原来的值，因此对于员工编号为 7369 的更新并不会插入到 emp_history 表中去；而对员工编号 7499 的更新值大过数据表中原来的 comm 值，符合 WHEN 子句的约束条件，因此触发体代码得以执行，在 emp_history 会增加新的记录。

15.2.8 使用条件谓词

条件谓词主要用来确定触发触发器的 DML 语句的类型，在本章前面的内容中不止一次地使用这 3 个谓词来判断 DML 语句的类型，每个谓词都返回一个布尔值 True 或 False。

第 15 章 触发器

这 3 个谓词的具体描述如下所示。

- INSERTING：如果触发器是由一个 INSERT 语句所触发的，则返回 True，否则返回 False。
- UPDATING：如果触发器是由一个 UPDATE 语句所触发的，则返回 True，否则返回 False。
- DELETING：如果触发器是由一个 DELETE 语句所触发的，则返回 True，否则返回 False。

在定义触发器时，如果指定了触发的时间为多个类型，比如下面的代码：

```
BEFORE INSERT OR UPDATE OR DELETE ON emp
```

那么在触发体中就可以使用条件谓词判断当前引发触发器的具体类型：

```
IF INSERTING THEN...END IF;
IF UPDATING THEN ...END IF;
```

在上述语句中，如果是 INSERT 语句触发了触发器的执行，则 INSERTING 谓词返回 True；如果是 UPDATE 语句触发了触发器的执行，则 UPDATING 谓词返回 True。

UPDATING 函数有一个重载的版本接收特定的列名，以便于根据更新的列来进行进一步的处理。代码 15.10 演示了使用这个重载的函数来判断对 emp 表的 sal 或 comm 列进行更新时进行的进一步的条件控制。

代码 15.10 使用 UPDATING 谓词判断特定字段的更新

```
CREATE OR REPLACE TRIGGER t_comm_sal
    BEFORE UPDATE ON emp              --触发器作用的表对象及触发的条件和触发的动作
    FOR EACH ROW                      --行级别的触发器
BEGIN
    CASE
    WHEN UPDATING('comm') THEN              --如果是对 comm 列进行更新
        IF :NEW.comm<:OLD.comm THEN         --要求新的 comm 值要大于旧的 comm 值
            RAISE_APPLICATION_ERROR(-20001,'新的 comm 值不能小于旧的 comm 值');
        END IF;
    WHEN UPDATING('sal') THEN               --如果是对 sal 列进行更新
        IF :NEW.sal<:OLD.sal THEN           --要求新的 sal 值要大于旧的 sal 值
            RAISE_APPLICATION_ERROR(-20001,'新的 sal 值不能小于旧的 sal 值');
        END IF;
    END CASE;
END;
```

从代码中可以看到，t_comm_sal 触发器是一个 BEFORE UPDATE 触发器，在触发体中使用 CASE 语句判断当前更新的字段，如果字段为 comm，则检查新的 comm 是否小于旧的 comm，如果条件成立，则抛出异常；同时判断 sal 字段，如果新的 sal 字段的值小于旧的 sal 字段的值，同样抛出异常，导致更新失败。

> 注意：在 UPDATING 谓词中列名是不区分大小写的，列名仅在触发器执行时才被计算，如果表中不存在指定的列名，那么将返回 False。

15.2.9 控制触发顺序

如果在一个表上应用了多个相同类型的触发器，比如在 emp 上应用了多个 BEFORE UPDATE 触发器时，实际上哪个触发器最先触发这个顺序有时候非常重要。但是在 Oracle 11g 之前，触发执行的顺序是无法保证的。例如，代码 15.11 在 trigger_data 表上定义了多个 BEFORE INSERT 触发器。

代码 15.11　多触发器定义代码

```
--创建一个表来测试多个触发器的执行顺序
CREATE TABLE trigger_data
(
   trigger_id  INT,
   tirgger_name VARCHAR2(100)
)
--创建第一个触发器
CREATE OR REPLACE TRIGGER one_trigger
   BEFORE INSERT
   ON trigger_data
   FOR EACH ROW
BEGIN
   :NEW.trigger_id := :NEW.trigger_id + 1;
   DBMS_OUTPUT.put_line('触发了one_trigger');
END;
--创建与第1个触发器具有相同类型、相同触发时机的触发器
CREATE OR REPLACE TRIGGER two_trigger
   BEFORE INSERT
   ON trigger_data
   FOR EACH ROW
BEGIN
   DBMS_OUTPUT.put_line('触发了two_trigger');
   IF :NEW.trigger_id > 1
   THEN
      :NEW.trigger_id := :NEW.trigger_id + 2;
   END IF;
END;
```

上述代码在 trigger_data 表上创建了两个 BEFORE INSERT 触发器，这两个触发器的触发时机有时跟想象中的并不一样，比如下面的代码向 trigger_data 中插入了 1 行数据，可以通过输出看到先后结果：

```
SQL> SET SERVEROUTPUT ON;
SQL> INSERT INTO trigger_data VALUES(1,'triggerdemo');
触发了 two_trigger
触发了 one_trigger
已创建 1 行。
```

可以看到，在使用 INSERT 语句向 trigger_data 表中插入数据时，实际上先被触发的是 two_trigger，也许开发人员需要控制多个具有相同类型的触发器的顺序，在 Oracle 11g 中提供了 FOLLOWS 子句来解决这个问题。

为了让 two_trigger 能在 one_trigger 的后面执行，下面对 two_trigger 应用了 FOLLOWS 子句，如代码 15.12 所示。

代码 15.12 使用 FOLLOWS 子句

```
CREATE OR REPLACE TRIGGER two_trigger
  BEFORE INSERT
  ON trigger_data
  FOR EACH ROW
  FOLLOWS one_trigger              --让该触发器在 one_trigger 后面触发
BEGIN
  DBMS_OUTPUT.put_line('触发了 two_trigger');
  IF :NEW.trigger_id > 1
  THEN
    :NEW.trigger_id := :NEW.trigger_id + 2;
  END IF;
END;
```

FOLLOWS 语句后跟一个触发器的名称,这样在执行时就可以确保 two_trigger 在 one_trigger 的后面运行,如下面的示例 INSERT 语句所示:

```
SQL> INSERT INTO trigger_data VALUES(1,'triggerdemo');
触发了 one_trigger
触发了 two_trigger
已创建 1 行。
```

可以看到现在 two_trigger 已经在 one_trigger 的后面得到了执行。实际上使用 FOLLOWS 子句后,在两个触发器之间创建了依赖,使得 two_trigger 依赖于 on_trigger,可以通过如下的 SQL 语句来查询 user_dependencies 看到依赖关系,如以下查询所示:

```
SQL> SELECT referenced_name, referenced_type, dependency_type
    FROM user_dependencies
    WHERE NAME = 'TWO_TRIGGER' AND referenced_type = 'TRIGGER';
REFERENCED_NAME       REFERENCED_TYPE            DEPENDEN
-------------------   ------------------------   --------------------------------
ONE_TRIGGER           TRIGGER                    REF
```

可以看到,two_trigger 具有对 one_trigger 的引用关系,因此可以在多个触发器上应用 FOLLOWS 子句来创建这种引用关系。

15.2.10 触发器限制

在编写触发器代码时,需要注意不能对触发器所应用的基表中读取或修改数据,尽管这样做在建立触发器时不会发生任何错误,但是在执行相应的触发器时会显示错误消息。下面的示例演示在更新 emp 表员工薪资时,将 emp 表中最高工资值减去 100 分配给员工编号为 7369 的员工,如代码 15.13 所示。

代码 15.13 错误的触发器语句示例

```
CREATE OR REPLACE TRIGGER t_emp_maxsal
  BEFORE UPDATE OF sal
  ON emp                        --在 UPDATE 语句更新 sal 值之前触发
  FOR EACH ROW                  --行级别的触发器
DECLARE
```

```
    v_maxsal    NUMBER;                    --保存最大薪资值的变量
BEGIN
  SELECT MAX (sal)
    INTO v_maxsal
    FROM emp;                              --获取 emp 表最大薪资值
  UPDATE emp
    SET sal = v_maxsal - 100               --更新员工 7369 的薪资值
  WHERE empno = 7369;
END;
```

t_emp_maxsal 触发器既查询了 emp 基表，又对基表进行了更新，在编译时可以正常通过，但是当执行 UPDATE 语句更新 emp 表时，会出现如下所示的错误消息：

```
SQL> UPDATE emp SET sal=sal*1.12 WHERE deptno=20;
UPDATE emp SET sal=sal*1.12 WHERE deptno=20
       *
第 1 行出现错误：
ORA-04091: 表 SCOTT.EMP 发生了变化，触发器/函数不能读它
ORA-06512: 在 "SCOTT.T_EMP_MAXSAL", line 4
ORA-04088: 触发器 'SCOTT.T_EMP_MAXSAL' 执行过程中出错
```

因此，在编写触发器代码时，应该谨记这些限制，下面是编写触发器时应该注意的几个事项。

- 通常，行级别的触发器不能读或写触发器所作用的基表，这个限制仅应用在行级触发器上，但是语句级的触发器可以自由地读和写触发器基表。
- 如果在触发器中使用自治事务，并在触发体中提交事务，则可以查询基表的内容，但是不能对基表进行任何的修改操作。

15.2.11 使用自治事务

默认情况下，DML 触发器与其触发其执行的 DML 语句在一个事务范围之内，因此在编写 DML 触发器时需要了解下面的规则。

- 如果在触发器中抛出了一个异常，将导致整个事务回滚。
- 如果在触发体中使用了 DML 操作，比如向日志表中插入日志记录，那么这些 DML 操作也属于主事务的一部分，因此触发体中的任何意外操作也会导致整个事务回滚。
- 在触发体中不能使用 COMMIT 或 ROLLBACK 语句，因为这会影响到主事务的执行。

如果在编写触发器时，需要独立于主事务进行处理，比如不管 DML 语句是否成功执行，都需要将对日志的操作保存到数据库中，此时可以使用自治事务。自治事务独立于主事务提交和回滚，它通过挂起当前的事务，开始一个新的事务，完成一个工作，然后提交和回滚，对主事务并不会造成任何影响。

在触发器中编写自治事务与在过程和函数中一样，使用 PRAGMA AUTONOMOUS_TRANSACTION 编译指示，自治事务的使用示例如代码 15.14 所示。

代码 15.14　在触发器中使用自治事务

```
CREATE OR REPLACE TRIGGER t_emp_comm
   BEFORE UPDATE ON emp                  --在UPDATE 语句前在emp 表上触发
   FOR EACH ROW                          --行级别的触发器
   WHEN(NEW.comm>OLD.comm)               --触发器条件
DECLARE
   v_comm    NUMBER;                     --语句块的声明区
   PRAGMA AUTONOMOUS_TRANSACTION;        --自治事务
BEGIN
   IF UPDATING ('comm') THEN             --使用条件谓词判断是否是 comm 列被更新
      v_comm := :NEW.comm - :OLD.comm;   --记录提成的差异
      DELETE FROM emp_history
           WHERE empno = :OLD.empno;     --删除 emp_history 中旧表记录
      INSERT INTO emp_history            --向表中插入新的记录
           VALUES
(:OLD.empno, :OLD.ename, :OLD.job, :OLD.mgr, :OLD.hiredate,
             :OLD.sal, :OLD.comm, :OLD.deptno);
      UPDATE emp_history                 --更新提成值
         SET comm = v_comm
       WHERE empno = :NEW.empno;
   END IF;
   COMMIT;                               --提交结束自治事务
EXCEPTION
   WHEN OTHERS THEN
      ROLLBACK;                          --发生任何意外回滚自治事务
END;
```

由上面的代码可以看到，在触发器的声明区，即 DECLARE 关键字的下面，声明当前的触发器语句块是一个自治事务，因此在触发体中，可以使用 COMMIT 和 ROLLBACK 来提交或回滚事务。下面使用 UPDATE 语句对 emp 表的 comm 列进行更新，并使用 ROLLBACK 回滚整个主事务，然后查看 emp_history 是否已经插入了相应的记录：

```
SQL> TRUNCATE TABLE emp_history;
表被截断。
SQL> UPDATE emp SET comm=comm*1.12 WHERE deptno=20;
已更新 7 行。
SQL> ROLLBACK;
回退已完成。
SQL> SELECT empno,sal,comm,deptno FROM emp_history;
    EMPNO        SAL          COMM         DEPTNO
    ----------   --------     -----------  ------------------
     7369        3124.19      14.4         20
     7566        3570         39.63        20
     7788        1760.2       17.26        20
     7876        1440         15.98        20
     7902        3600         39.96        20
     7895        3000         26.64        20
     7881        2000         26.64        20
已选择 7 行。
```

在 SQL*Plus 中，首先清除了整个 emp_history 表，以便更好地观察查询的结果，首先使用 UPDATE 语句更新部门编号为 20 的所有员工的 comm 值，然后使用 ROLLBACK 将更新的记录进行回滚。由于自治事务与主事务是独立的两个不同的事务处理范围，即便是对主事务进行了回滚，在自治事务中插入的记录已经被 COMMIT 到了数据库中，因此在

emp_history 中将存在 7 条更新的历史记录。

15.3 替代触发器

对于 DML 触发器来说，只能将其应用在表上，对表进行操作，比如在对表进行 INSERT、UPDATE 和 DELETE 操作时，使用 DML 触发器进行控制。替代触发器是触发器类型中的另外一种，这种触发器只能定义在视图上。当要对一个不能进行修改的视图进行数据的修改时，或者要修改视图中的某个嵌套表的列时，可以使用替代触发器。

15.3.1 替代触发器的作用

替代触发器，又称为 INSTEAD OF 触发器，之所以取这个名字，是因为触发器将替代原来的数据操作语句的执行，更改为使用在触发器中定义的语句来执行数据操作。

在学习视图时曾经了解到，一些简单的单表视图，可以直接对其应用 INSERT、UPDATE 或 DELETE 语句进行更新，但是对于一些复杂的视图，比如当视图符合以下任何一种情况时，都不能直接执行 DML 操作。

- 在定义视图的查询语句中使用了集合操作符，比如 UNION、UNION ALL、INTERSECT、MINUS 等。
- 在视图中使用了分组函数，比如 MIN、MAX、SUM、AVG、COUNT 等。
- 使用了 GROUP BY、CONNECT BY 或 START WITH 等子句。
- 具有 DISTINCT 关键字。
- 使用了多表连接查询。

如果要对这种视图进行更改，可以通过在视图上编写一个替代触发器来完成正确的工作，这样就允许对它进行修改了。替代触发器的使用示意图如图 15.6 所示。

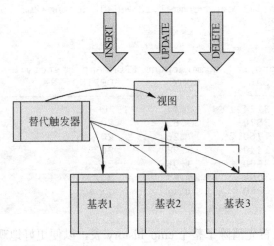

图 15.6 替代触发器示意图

可以看到，替代触发器基于视图，当用户使用 INSERT、UPDATE 或 DELETE 语句对视图进行更改时,通过替代触发器,将这些 DML 语句对视图的更改替换为对基表的 DML 操作。下面是建立替代触发器时应该注意的几个事项。

- 替代触发器只能用于视图。
- 当建立替代触发器时,不能指定 BEFORE 和 AFTER 选项。
- 当对视图建立替代触发器时,视图没有指定 WITH CHECK OPTION 选项。
- 在定义替代触发器时,必须指定 FOR EACH ROW 方法。

了解了替代触发器的作用后,接下来将学习如何定义并使用替代触发器。

15.3.2 定义替代触发器

替代触发器的定义语法与 DML 触发器有些相似,不同之处在于在 DML 中用 BEFORE 和 AFTER 指定触发时机的地方更改为了 INSTEAD OF 关键字,定义语法如下所示:

```
CREATE [OR REPLACE] TRIGGER[schema.] trigger
INSTEAD OF verb_list ON [schema.]view_name
[REFERENCING {OLD as old}|{NEW as new}|{PARENT as parent}]
[FOR EACH ROW][WHEN (condition)]
plsql_block|call_procedure_statement
```

基本的语法与 DML 触发器类似,除了使用 INSTEAD OF 子句之外,语法含义如下所示。

- CREATE TRIGGER 指定创建一个触发器,当使用可选的 OR REPLACE 时,如果所要创建的触发器已经存在,则覆盖原有的触发器,Oracle 会删除现有的触发器,然后创建一个新的触发器。
- trigger 用来指定触发器的名称,如果使用了可选的[schema].选项,则表示为创建的触发器指定方案名称,否则使用当前创建触发器的方案。
- INSTEAD OF 指定创建的触发器为替代触发器。因为 INSTEAD OF 触发器并不是由某些特定的事件而触发的,因此不需要指定 AFTER 和 BEFORE 或者提供一个事件名称。在 INSTEAD OF 后面直接使用 INSERT、UPDATE、MERGE 或 DELETE 来实现操作的替代。其中 ON 关键字指定 INSTEAD OF 要被应用到的视图。

其余的语法部分与 DML 触发器基本类似,请读者参考 15.2.2 小节中对 DML 触发器的介绍。

为了演示替代触发器在视图中的使用,下面的代码创建了一个名为 emp_dept 的视图:

```
--创建视图 emp_dept 视图
CREATE OR REPLACE VIEW scott.emp_dept (empno,
                                      ename,
                                      job,
                                      mgr,
                                      hiredate,
                                      sal,
                                      comm,
                                      deptno,
                                      dname,
                                      loc
                                      )
AS
    SELECT emp.empno, emp.ename, emp.job, emp.mgr, emp.hiredate, emp.sal,
           emp.comm, emp.deptno, dept.dname, dept.loc
```

```
    FROM dept, emp
   WHERE ((dept.deptno = emp.deptno));
```

这个视图连接了 dept 和 emp 表,当用户要向这个视图插入一个新的记录,既包含员工数据又包含部门数据时,可以考虑在这个视图上应用一个 INSTEAD OF 触发器,实现如代码 15.15 所示。

代码 15.15 实现替代触发器

```
CREATE OR REPLACE TRIGGER t_dept_emp
   INSTEAD OF INSERT ON emp_dept       --在视图 emp_dept 上创建 INSTEAD OF 触发器
   REFERENCING NEW AS n                --指定谓词别名
   FOR EACH ROW                        --行级触发器
DECLARE
   v_counter   INT;                    --计数器统计变量
BEGIN
   SELECT COUNT (*)
     INTO v_counter
     FROM dept
    WHERE deptno = :n.deptno;          --判断在 dept 表中是否存在相应的记录
   IF v_counter = 0                    --如果不存在该 dept 记录
   THEN
      INSERT INTO dept
         VALUES (:n.deptno, :n.dname, :n.loc);--向 dept 表中插入新的部门记录
   END IF;
   SELECT COUNT (*)                    --判断 emp 表中是否存在员工记录
     INTO v_counter
     FROM emp
    WHERE empno = :n.empno;
   IF v_counter = 0                    --如果不存在,则向 emp 表中插入员工记录
   THEN
      INSERT INTO emp
                 (empno, ename, job, mgr, hiredate, sal,
                  comm, deptno
                 )
          VALUES (:n.empno, :n.ename, :n.job, :n.mgr, :n.hiredate, :n.sal,
                  :n.comm, :n.deptno
                 );
   END IF;
END;
```

对这个触发器的实现过程如以下步骤所示。

(1) 该替代触发器在对 emp_dept 表进行 INSERT 操作时触发,与 DML 触发器一样,使用了 REFERENCING 子句为 NEW 谓词指定了一个别名 n,这样就可以在触发体中使用别名来引用谓词记录。

注意:替代触发器必须使用 FOR EACH ROW,表明对视图的操作是一个行级的触发器。

(2) 因为 NEW 谓词中保存了所有要插入到 emp 表和 dept 表中的字段值,因此在触发体内部,需要将 NEW 谓词记录中的这些字段值分别插入到 emp 表和 dept 表中。在代码中首先查询 dept 表中是否存在与 NEW 谓词中特定的 deptno 相匹配的记录,如果存在,则不进行 INSERT 操作,否则会将 NEW 谓词中的 deptno、dname 和 loc 字段的值插入到 dept 表中。

(3) 对 emp 表的操作与 dept 表相同，首先查询 emp 表中是否存在相同 empno 的记录，如果不存在，则调用 INSERT INTO 语句将 NEW 谓词记录中与员工相关的记录插入到 emp 表中去。

在创建了这个 INSTEAD OF 替代触发器后，接下来演示向 emp_dept 视图中插入一条记录，然后查看 emp 表和 dept 表是否包含了所插入的记录，如以下 SQL 语句所示：

```
SQL> INSERT INTO emp_dept
            (empno, ename, job, mgr, hiredate, sal, comm, deptno,
             dname, loc
            )
        VALUES (8000, '龙太郎', '神职', NULL, TRUNC (SYSDATE), 5000, 300, 80,
               '神庙', '龙山'
            );
已创建 1 行。
SQL> SELECT empno,ename,job,deptno FROM emp WHERE empno=8000;
    EMPNO  ENAME              JOB         DEPTNO
    ------ ---------------    ----------  ----------
     8000  龙太郎             神职          80
SQL> SELECT deptno,dname,loc from dept where deptno=80;
    DEPTNO DNAME              LOC
    ------ ---------------    ----------
      80   神庙               龙山
```

可以看到，在向 emp_dept 视图中插入了一条记录后，替代触发器发挥了其作用，将对 emp_dept 视图中的插入分别插入到了 dept 表和 emp 表中，通过查询 emp 表和 dept 表，可以发现记录果然已经存在于不同的表中。

15.3.3　UPDATE 与 DELETE 替代触发器

上一小节介绍的替代触发器演示了向 emp_dept 视图中插入记录的替代触发器应用，本节将介绍当更新 emp_dept 视图或删除 emp_dept 视图的记录时的触发器应用。

UPDATE 替代触发器的使用与 INSERT 的使用非常相似，如果用户更新的字段既包含了对 emp 表的更新，也包含了对 dept 表的更新，则需要分别更新 emp 表和 dept 表。例如代码 15.16 演示了如何使用 UPDATE 替代触发器来处理对 emp_dept 表的更新操作。

代码 15.16　UPDATE 替代触发器

```
CREATE OR REPLACE TRIGGER t_dept_emp_update
   INSTEAD OF UPDATE ON emp_dept      --在视图 emp_dept 上创建 INSTEAD OF 触发器
   REFERENCING NEW AS n OLD AS o      --指定谓词别名
   FOR EACH ROW                       --行级触发器
DECLARE
  v_counter    INT;                   --计数器统计变量
BEGIN
   SELECT COUNT (*)
     INTO v_counter
     FROM dept
    WHERE deptno = :o.deptno;         --判断在 dept 表中是否存在相应的记录
   IF v_counter >0                    --如果存在，则更新 dept 表
   THEN
      UPDATE dept SET dname=:n.dname,loc=:n.loc WHERE deptno=:o.deptno;
```

```
      END IF;
      SELECT COUNT (*)                    --判断 emp 表中是否存在员工记录
        INTO v_counter
        FROM emp
       WHERE empno = :n.empno;
      IF v_counter > 0                    --如果存在,则更新 emp 表
      THEN
        UPDATE emp SET ename=:n.ename,job=:n.job,mgr=:n.mgr, hiredate=:n.
        hiredate,sal=:n.sal,
               comm=:n.comm, deptno=:n.deptno WHERE empno=:o.empno;
      END IF;
END;
```

可以看到示例中的 t_dept_emp_update 触发器使用了与 INSERT 替代触发器类似的逻辑,由于 UPDATE 操作在 NEW 和 OLD 谓词记录中都包含了字段值,因此在 REFERENCING 子句中为 OLD 指定了别名 o。在触发体中,判断 emp 表或 dept 表中相应的记录是否存在,如果存在,则使用 UPDATE 语句对记录进行更新操作。

当对 emp_dept 视图进行删除时,需要创建 DELETE 替代触发器,通过将对视图的删除操作替换为对 emp 表和 dept 表的删除操作,DELETE 的替代触发器的实现如代码 15.17 所示。

代码 15.17　DELETE 替代触发器

```
CREATE OR REPLACE TRIGGER t_dept_emp_delete
    INSTEAD OF DELETE ON emp_dept      --在视图 emp_dept 上创建 INSTEAD OF 触发器
    REFERENCING  OLD AS o              --指定谓词别名
    FOR EACH ROW                       --行级触发器
BEGIN
    DELETE FROM emp WHERE empno=:o.empno;          --删除 emp 表
    DELETE FROM dept WHERE deptno=:o.deptno;       --删除 dept 表
END;
```

t_dept_emp_delete 触发器在对视图进行 DELETE 操作时触发,在触发器内部使用 DELETE 语句分别将 emp 表和 dept 表中匹配的记录进行了删除,因此对视图中的记录进行删除时实际上是删除了两条记录,如以下示例所示:

```
SQL> SELECT empno,ename,deptno FROM emp_dept WHERE empno=8000;
    EMPNO ENAME                DEPTNO
    ------ --------------- --------------------------------
     8000 龙太郎                   80
SQL> SELECT empno,ename,deptno,dname FROM emp_dept WHERE empno=8000;
    EMPNO ENAME             DEPTNO  DNAME
    ------ --------------- --------------- --------------------------------
     8000 龙太郎                80     神庙
SQL> DELETE FROM emp_dept WHERE empno=8000;
已删除 1 行。
SQL> SELECT empno,ename,deptno,dname FROM emp_dept WHERE empno=8000;
未选定行
```

可以看到,在对 emp_dept 表进行 DELETE 删除操作后,emp 表和 dept 表中的相应的员工记录和部门记录都被删除了。

> **注意**：由于 dept 表和 emp 表具有主外键约束关系，因此如果删除已经被其他记录使用的员工编号，可能会产生删除异常，可以通过在触发体中编写检测语句来处理这个问题。

前面的示例对 INSERT、UPDATE 和 DELETE 语句各自写了一个触发器来处理特定的事件，实际上也可以像 DML 语句一样，在一个触发器中检测多种语句类型，使用 INSERTING、UPDATING 和 DELETING 谓词来测试特定的触发语句类型，然后进一步进行 PL/SQL 语句的编写，代码 15.18 是将 3 种触发语句写在一个触发器中的实现代码。

代码 15.18　t_emp_dept 替代触发器完整示例

```
CREATE OR REPLACE TRIGGER t_emp_dept
  INSTEAD OF UPDATE OR INSERT OR DELETE ON emp_dept
  REFERENCING NEW AS n OLD AS o          --指定谓词别名
  FOR EACH ROW                           --行级触发器
DECLARE
  v_counter   INT;                       --计数器统计变量
BEGIN
  SELECT COUNT (*)
    INTO v_counter
    FROM dept
   WHERE deptno = :o.deptno;             --判断在 dept 表中是否存在相应的记录
  IF v_counter >0                        --如果存在，则更新 dept 表
  THEN
     CASE                                --根据不同的条件执行不同的操作
     WHEN UPDATING THEN
       UPDATE dept SET dname=:n.dname,loc=:n.loc WHERE deptno=:o.deptno;
     WHEN INSERTING THEN
       INSERT INTO dept VALUES (:n.deptno, :n.dname, :n.loc);
     WHEN DELETING THEN
       DELETE FROM dept WHERE deptno=:o.deptno;          --删除 dept 表
     END CASE;
  END IF;
  SELECT COUNT (*)                       --判断 emp 表中是否存在员工记录
    INTO v_counter
    FROM emp
   WHERE empno = :n.empno;
  IF v_counter > 0                       --如果存在，则更新 emp 表
  THEN
     CASE
     WHEN UPDATING THEN
       UPDATE emp SET ename=:n.ename,job=:n.job,mgr=:n.mgr, hiredate=:n.
       hiredate,sal=:n.sal,
             comm=:n.comm, deptno=:n.deptno WHERE empno=:o.empno;
     WHEN INSERTING THEN
       INSERT INTO emp
             (empno, ename, job, mgr, hiredate, sal,
              comm, deptno
             )
```

```
            VALUES (:n.empno, :n.ename, :n.job, :n.mgr, :n.hiredate, :n.sal,
                :n.comm, :n.deptno
                );
        WHEN DELETING THEN
            DELETE FROM emp WHERE empno=:o.empno;
        END CASE;
    END IF;
END;
```

上述代码主要为了演示在一个触发器中对 INSERT、UPDATE 和 DELETE 语句触发的事件进行响应，通过使用 INSERTING、DELETING 和 UPDATING 谓词来判断不同的触发行为，然后响应不同的操作，完成对视图上相应操作的替代。

15.3.4 嵌套表替代触发器

如果在视图的表列中使用了嵌套表，在要对视图进行更新时，必须要使用替代触发器。

> 注意：仅在定义的视图中包含的嵌套表列中才能使用替代触发器，只有使用 THE()或 TABLE()子句来修改视图所包括的嵌套表上的列时，触发器才会触发。当视图上的 DML 语句被执行时，触发器不会被触发。

下面的代码演示了如何创建一个具有嵌套表数据的视图，如代码 15.19 所示。

代码 15.19　创建嵌套表视图

```
--创建用于嵌套表的对象类型
CREATE OR REPLACE TYPE emp_obj AS OBJECT(
    empno NUMBER(4),
    ename VARCHAR2(10),
    job VARCHAR2(10),
    mgr NUMBER(4),
    hiredate DATE,
    sal NUMBER(7,2),
    comm NUMBER(7,2),
    deptno NUMBER(2)
);
--创建嵌套表类型
CREATE OR REPLACE TYPE emp_tab_type AS TABLE OF emp_obj;
--创建嵌套表视图，MULTISET 必须与 CAST 一起使用
CREATE OR REPLACE VIEW dept_emp_view AS
    SELECT deptno,dname,loc,
    CAST(MULTISET(SELECT * FROM emp WHERE deptno=dept.deptno) AS emp_tab_type)
    emplst
    FROM dept;
```

可以看到，在代码中使用 CAST AS 语句和 MULTISET 将对 emp 表特定员工编号的查询转换成了 emp_tab_type 类型的嵌套表，现在视图 dept_emp_view 具有了一个嵌套表列，在 Toad 中查询时可以在网格中看到一个具有内嵌表格的视图，如图 15.7 所示。

第 15 章 触发器

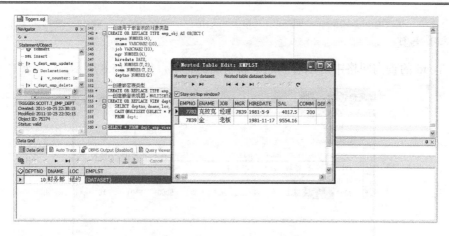

图 15.7 查询包含嵌套表的视图

可以看到，视图 dept_emp_view 创建了一个每个部门所属的员工列表的嵌套的视图，如果要向这个视图中增加一条记录，可以使用如下的 SQL 语句：

```
SQL> INSERT INTO TABLE (SELECT emplst
                    FROM dept_emp_view
                    WHERE deptno = 20)
        VALUES (8003, '四爷', '皇上', NULL, SYSDATE, 5000, 500, 20);
INSERT INTO TABLE (SELECT emplst
*
第 1 行出现错误：
ORA-25015: 不能在嵌套表视图列中执行 DML
```

可以看到，不能直接在嵌套表视图列中执行 DML 操作，为了在嵌套表视图中执行 DML 操作，可以创建一个嵌套表替代触发器，如代码 15.20 所示。

代码 15.20　创建嵌套表替代触发器

```
CREATE OR REPLACE TRIGGER dept_emp_innerview
    INSTEAD OF INSERT
    ON NESTED TABLE emplst OF dept_emp_view        --创建嵌套表替代触发器
BEGIN
    INSERT INTO emp                                --插入子表记录
            (deptno, empno, ename, job, mgr,
             hiredate, sal, comm
            )
       VALUES (:PARENT.deptno, :NEW.empno, :NEW.ename, :NEW.job, :NEW.mgr,
              :NEW.hiredate, :NEW.sal, :NEW.comm
             );
END;
```

代码创建了基于嵌套表 emplst 的替代触发器，当使用 TABLE 或 THE 向嵌套表中插入记录时，在触发器执行时，将向 emp 表中插入记录，在代码中使用了 PARENT 谓词获取嵌套表父行的 deptno 部门编号，例如下面的代码向 dept_emp_view 视图的嵌套表插入一行记录，然后在 Toad 中就可以看到最新插入的记录：

```
SQL> INSERT INTO TABLE (SELECT emplst
                    FROM dept_emp_view
                    WHERE deptno = 10)
```

```
           VALUES (8003, '四爷', '皇上', NULL, SYSDATE, 5000, 500, 10);
已创建 1 行。
```

在 Toad 的查询网格中可以看到这条新增加的记录，如图 15.8 所示。

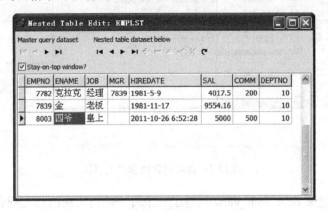

图 15.8 查看嵌套表插入结果

嵌套表替代触发器与普通的替代触发器的创建方式基本相同，但是有如下两个基本的区别。

（1）嵌套表使用"ON NESTED TABLE 嵌套表列 OF 嵌套表视图"这种定义方式。
（2）PARENT 谓词在嵌套表替代触发器中具有值，指向包含嵌套表的视图的父项记录。

15.4 系统事件触发器

DML 触发器和替代触发器都是在 DML 事件上触发的，相反，系统触发器是在 DDL 事件和数据库服务器事件时触发的，DDL 包含 CREATE、ALERT 或 DROP 等语句，使得数据库管理人员可以监控对数据库的更改，比如创建或删除表时添加逻辑验证或日志记录等，可以跟踪数据库的变化。数据库事件包含服务器的启动或关闭、用户登录或注销及服务器错误等，可以帮助 DBA 跟踪数据库的运行状态。

15.4.1 定义系统触发器

系统触发器的创建语法与 DML 触发器的创建语法基本相同，都是使用 CREATE TRIGGER 命令，但是一些子句稍有不同，下面是系统触发器的创建语法：

```
CREATE [OR REPLACE] TRIGGER trigger name
 {BEFORE | AFTER } { DDL event |DATABASE event}
 ON {DATABASE | SCHEMA}
 [WHEN (...)]
 DECLARE
 Variable declarations
 BEGIN
  ...some code...
 END;
```

语句中主要关键字的含义如下所示。
- CREATE TRIGGER 用来指定创建一个触发器，可选的 OR REPLACE 是指在触发器存在时，替换现有的触发器定义。
- BEFORE 或 AFTER 用来指定触发器触发的时机，也可以使用 INSTEAD OF 替代触发器。
- 可以在特定的数据库表或方案的 DDL 事件中指定，这些事件包含 ALTER、ANALYZE、ASSOCIATE STATISTICS、AUDIT、COMMENT、CREATE、DROP、GRANT、RENAME、REVOKE、TRUNCATE 等。
- 可以指定 DATABASE event 数据库级的系统事件，对每一个触发的事件，Oracle 会打开一个匿名事务，触发触发器，提交任何独立的事务，这些事件有 SERVERERROR、LOGON、LOGOFF、STARTUP、SHUTDOWN、SUSPEND。
- WHEN 子句用来指定触发的条件，用来指定执行触发器代码时必须满足的条件。

> 注意：在创建数据库级的触发器时，必须具有 ADMINISTER DATABASE TRIGGER 的系统特权，因此在本节中笔者会以 SYSTEM 用户进行登录来演示系统触发器的创建方法。

举个例子，如果要知道在 scott 方案下，创建表时的各类信息，可以通过一个 DDL 触发器，通过监控对 CREATE 语句的应用来实现，DDL 触发器的创建如代码 15.21 所示。

代码 15.21　系统触发器创建示例

```
--在 scott 用户模式下创建一个保存 DDL 创建信息的表
CREATE TABLE created_log
(
    obj_owner VARCHAR2(30),          --所有者
    obj_name  VARCHAR2(30),          --对象名称
    obj_type  VARCHAR2(20),          --对象类型
    obj_user  VARCHAR2(30),          --创建用户
    created_date DATE                --创建日期
)
--以 DBA 登录，创建 DDL 触发器监控表的变化
CREATE OR REPLACE TRIGGER t_created_log
   AFTER CREATE ON scott.SCHEMA      --在 scott 方案下创建对象后触发
BEGIN
   --插入日志记录
   INSERT INTO scott.created_log(obj_owner, obj_name,
            obj_type, obj_user, created_date
            )
       VALUES (SYS.dictionary_obj_owner, SYS.dictionary_obj_name,
            SYS.dictionary_obj_type, SYS.login_user, SYSDATE
            );
END;
```

上述代码首先创建了一个名为 created_log 的表，该表将存放创建表的信息，比如表的所有者、表名、类型及创建的用户和创建日期等。然后创建了一个名为 t_created_log 的 DDL 触发器，该触发器将监控对 scott 方案中的所有 CREATE 操作。在触发体中，通过使用 INSERT 语句，将 SYS 包中的相关属性值插入到数据表中（SYS 包是 Oracle 系统内置的一个系统包）。

下面尝试在 scott 用户方案下创建一个表，然后看看 created_log 表中是否保存了相应的记录。查询语句如下所示：

```
SQL> CREATE TABLE temp_table(field1 VARCHAR2(20),field2 NUMBER(5));
表已创建。
SQL> SELECT * FROM created_log;
OBJ_OWNER    OBJ_NAME      OBJ_TYPE    OBJ_USER      CREATED_DATE
----------   ----------    --------    --------      ------------
SCOTT        TEMP_TABLE    TABLE       SCOTT         26-10月-11
```

可以看到，当使用 CREATE TABLE 语句创建了一个 temp_table 表之后，在 DDL 触发器的作用之下，果然向 created_log 表中插入了记录。

15.4.2 触发器事件列表

在开始编写自己的 DDL 触发器和数据库系统触发器前，必须要了解 Oracle 提供了哪些 DDL 事件和数据库系统事件可以用来编写触发器，表 15.1 是在 Oracle 中经常使用的 DDL 的事件类型列表及其触发的时机。

表 15.1 DDL触发器事件列表

事件	触发时机	描述
CREATE	BEFORE/AFTER	在创建一个方案对象之前或之后触发，比如创建表、索引等对象
DROP	BEFORE/AFTER	在删除一个方案对象之前或之后触发
ALTER	BEFORE/AFTER	在修改一个方案对象之前或之后触发
ANALYZE	BEFORE/AFTER	当使用 ANALYZE 分析数据库对象之前或之后触发
ASSOCIATE STATISTICS	BEFORE/AFTER	统计相关的数据库对象之前或之后触发
AUDIT	BEFORE/AFTER	当使用 AUDIT 开启审计功能之前或之后触发
COMMENT	BEFORE/AFTER	当对一个数据库对象应用注释之前或之后触发
DDL	BEFORE/AFTER	DDL 指定在本表格中列出的任何事件执行之前或之后触发
DISASSOCIATE STATISTICS	BEFORE/AFTER	取消对一个数据库对象的统计之前或之后触发
GRANT	BEFORE/AFTER	在使用 GRANT 分配权限之前或之后触发
NOAUDIT	BEFORE/AFTER	当使用 NOAUDIT 语句关闭审计功能之前或之后触发
RENAME	BEFORE/AFTER	当使用 RENAME 语句对一个数据库对象进行重命名之前或之后触发
REVOKE	BEFORE/AFTER	使用 REVOKE 语句取消权限之前或之后触发
TRUNCATE	BEFORE/AFTER	当使用 TRUNCATE 语句清除一个表的内容之前或之后触发

这些事件的触发与 DML 触发器类似，需要绑定到一个特定的数据库或方案，而且对于在数据库或方案上所存在的触发器的数量也没有任何的限制。

对于数据库系统触发器，也具有一些数据库级别的事件，与 DDL 触发器的一个显式的区别在于其触发的时间，不像 DDL 触发器总是具有 BEFORE 和 AFTTER 选项，而数据

第 15 章 触发器

库系统触发器中的一些事件是不能同时使用的,事件列表如表 15.2 所示。

表 15.2 数据库系统触发器事件列表

事 件	触 发 时 机	描 述
STARUP	AFTER	当数据库实例启动后触发
SHUTDOWN	BEFORE	当数据库实例关闭前触发,如果数据库是异常关闭,那么这个事件可能不会被触发
SERVERERROR	AFTER	只要发生错误就会被触发
LOGON	AFTER	当一个用户成功连接到该数据库后触发
LOGOFF	BEFORE	当用户注销前触发

在前面介绍定义系统触发器时,讨论过触发器可以在 DATABASE 级别或 SCHEMA 级别进行定义,这两个关键词用来确定系统触发器的级别。当指定 ON SCHEMA 时,只有当触发事件以指定方案触发时,方案级别的触发器才会触发,比如在 scott 方案中连接并创建触发器,那么当 scott 用户登录并触发了系统事件时,才会执行触发器。当指定 DATABASE 级别时,只要所有的用户登录并触发了相应的事件,触发器都会执行。对于数据库系统级别的事件来说,DBA 通常会创建数据库级别的触发器来监控整个数据库的事件,比如所有用户连接到数据库时,都可以触发 LOGON 事件触发器。

△注意:STARTUP 和 SHUTDOWN 触发器只能在 DATABASE 级别上创建,在方案级别上创建没有意义,因此不会被触发。

代码 15.22 创建两个触发器,都用来监控用户的 LOGON 事件,一个在方案级别触发;一个在数据库级别触发,通过结果分析可以看出二者的不同。

代码 15.22　LOGON 系统触发器创建示例

```
--以 DBA 身份登录,创建下面的登录记录表
CREATE TABLE log_db_table
(
  username VARCHAR2(20),
  logon_time DATE,
  logoff_time DATE,
  address VARCHAR2(20)
);
--以 scott 身份登录,创建下面的登录记录表
CREATE TABLE log_user_table
(
  username VARCHAR2(20),
  logon_time DATE,
  logoff_time DATE,
  address VARCHAR2(20)
);
--以 DBA 身份登录,创建 DATABASE 级别的 LOGON 事件触发器
CREATE OR REPLACE TRIGGER t_db_logon
AFTER LOGON ON DATABASE
BEGIN
  INSERT INTO log_db_table(username,logon_time,address)
          VALUES(ora_login_user,SYSDATE,ora_client_ip_address);
END;
--以 scott 身份登录,创建如下的 SCHEMA 级别的 LOGON 事件触发器
CREATE OR REPLACE TRIGGER t_user_logon
```

```
AFTER LOGON ON SCHEMA
BEGIN
  INSERT INTO log_user_table(username,logon_time,address)
         VALUES(ora_login_user,SYSDATE,ora_client_ip_address);
END;
```

上面的代码分别在 DBA 用户和 scott 用户下面创建了两个表，用来记录 DATABASE 级别的登录事件和 SCHEMA 级别的登录事件。然后在不同的方案下分别在 DATABASE 级别与 SCHEMA 级别创建了两个 LOGON 触发器。创建完成后，在 SQL*Plus 下面分别使用不同的用户进行登录，如以下代码所示：

```
SQL> CONN scott/tiger
已连接。
SQL> SELECT * from log_user_table;
USERNAME         LOGON_TIME       LOGOFF_TIME      ADDRESS
---------------- ---------------- ---------------- ----------------
SCOTT            27-10月-11
SQL> CONN system/manager as sysdba;
SQL> GRANT SELECT ON scott.log_user_table TO SYSTEM;
授权成功。
SQL> SELECT * FROM scott.log_user_table;
USERNAME         LOGON_TIME       LOGOFF_TIME      ADDRESS
---------------- ---------------- ---------------- ----------------
SCOTT            27-10月-11
SQL> SELECT * FROM log_db_table;
USERNAME         LOGON_TIME       LOGOFF_TIME      ADDRESS
---------------- ---------------- ---------------- ----------------
DBSNMP           27-10月-11                        192.168.0.192
DBSNMP           27-10月-11                        192.168.0.192
SYS              27-10月-11
SCOTT            27-10月-11
SYS              27-10月-11
SYS              27-10月-11
SYS              27-10月-11
DBSNMP           27-10月-11                        192.168.0.192
SYS              27-10月-11
SYS              27-10月-11
SYS              27-10月-11
已选择11行。
```

通过查询的结果可以看到，SCHEMA 方案下创建的触发器仅对创建它的方案有效，因此在 scott 方案中创建的触发器仅在 scott 登录时才进行记录。而 DATABASE 下面的 LOGON 触发器记录了所有与数据库连接相关的记录，因此很明显 DATABASE 级别的触发器的操作较为频繁。

15.4.3 触发器属性列表

Oracle 在 DBMS_STANDARD 包中提供了一些功能性的函数，以便在开发系统级别的触发器时可以提供一些系统级别的信息，比如可以提供当前正在被删除的表名、类型、操作的用户等。表 15.3 列出了这些常用函数的作用。

表 15.3 事件属性函数列表

属 性 函 数	描 述
ora_client_ip_address	返回客户端的 IP 地址
ora_database_name	返回当前数据库的名称
ora_des_encrypted_password	返回 DES 加密后的用户口令
ora_dict_obj_name	返回 DDL 操作所对应的数据库对象名
ora_dict_obj_name_list(name_list OUT ora_name_list_t)	返回在事件中被修改的对象名列表
ora_dict_obj_owner	返回 DDL 操作所对应的对象的所有者名称
ora_dict_obj_owner_list(owner_list OUT ora_name_list_t)	返回在事件中被修改对象的所有者列表
ora_dict_obj_type	返回 DDL 操作所对应的数据库对象的类型
ora_grantee(user_list OUT ora_name_list_t)	返回授权事件的授权者
ora_instance_num	返回例程号
ora_is_alter_column(column_name IN VARCHAR2)	检测特定列是否被修改
ora_is_creating_nested_table	用于检测是否正在建立嵌套表
ora_is_servererror(error_number)	用于检测是否返回了特定 Oracle 错误
ora_login_user	用于返回登录用户名
ora_sysevent	用于返回触发触发器的系统事件名
ora_is_drop_column	如果指定的 column_name 正在被移除,则返回 True,否则返回 False
ora_is_alter_column	如果指定的 column_name 参数已经被修改,则返回 True,否则返回 False

在表中的 ORA_NAME_LIST_T 是定义在 DBMS_STANDARD 包中的一个嵌套表类型,其定义如下所示:

```
TYPE ora_name_list_t IS TABLE OF VARCHAR2(64);
```

可以看到,这是一个存放了 64 个字符串的嵌套表。

在本章前面演示创建 CREATE 触发器时使用过这些属性函数,代码 15.23 演示了在数据库启动和关闭时,使用 ora_sysevent 来获取系统事件的名称。

代码 15.23 STARTUP 和 SHUTDOWN 触发器

```
--以 DBA 身份进入系统,创建临时表
CREATE TABLE event_table(
  sys_event VARCHAR2(30),
  event_time DATE
);
--在 DBA 级别创建如下两个触发器
CREATE OR REPLACE TRIGGER t_startup
AFTER STARTUP ON DATABASE          --STARTUP 只能是 AFTER
BEGIN
  INSERT INTO event_table VALUES(ora_sysevent,SYSDATE);
END;
/
CREATE OR REPLACE TRIGGER t_startup
BEFORE SHUTDOWN ON DATABASE        --SHUTDOWN 只能是 BEFORE
BEGIN
  INSERT INTO event_table VALUES(ora_sysevent,SYSDATE);
END;
/
```

因为 STARTUP 和 SHUTDOWN 只能以特权用户进行创建，因此上面的 1 个表和两个触发器都是在 DBA 身份下建立的，STARTUP 触发器只能使用 AFTER，并且只能在 DATABASE 级别；SHUTDOWN 只能使用 BEFORE，也只能在 DATABASE 级别建立。

在执行 SHUTDOWN 和 STARTUP 操作后，通过查询 event_table，可以看到启动与关闭的事件信息，如以下代码所示：

```
SQL> SHUTDOWN;
SQL> STARTUP;
SQL> SELECT * FROM event_table;
SYS_EVENT    EVENT_TIME
-----------  ------------------------------------
SHUTDOWN     27-10月-11
STARTUP      27-10月-11
```

简单介绍了这些属性函数的列表之后，在下一小节将通过两个例子来了解属性函数非常有用的一些应用。

15.4.4 属性函数使用示例

在属性函数列表中，ora_is_drop_column 和 ora_is_alter_column 是两个非常有用的属性函数，在很多场合，可能希望一些表的字段不能被修改或移除，这样在多人开发时可以防止开发人员的意外操作而出现意外，此时可以在考虑创建 ALTER 或 DROP 系统触发器时，使用这两个属性函数来避免用户进行非法的删除。

代码 15.24 演示了如何使用 ora_is_alter_column 来防止用户对 emp 表的 empno 字段进行修改，以免产生任何可能的意外。

代码 15.24　使用 ora_alter_column 禁止非法更改列

```
CREATE OR REPLACE TRIGGER preserve_app_cols
  AFTER ALTER ON SCHEMA
DECLARE
  --获取一个表中所有列的游标
  CURSOR curs_get_columns (cp_owner VARCHAR2, cp_table VARCHAR2)
  IS
    SELECT column_name
      FROM all_tab_columns
     WHERE owner = cp_owner AND table_name = cp_table;
BEGIN
  -- 如果正使用的是 ALTER TABLE 语句修改表
  IF ora_dict_obj_type = 'TABLE'
  THEN
    -- 循环表中的每一列
    FOR v_column_rec IN curs_get_columns (
                        ora_dict_obj_owner,
                        ora_dict_obj_name
                      )
    LOOP
      --判断当前的列名正在被修改
      IF ORA_IS_ALTER_COLUMN (v_column_rec.column_name)
      THEN
        IF v_column_rec.column_name='EMPNO' THEN
          RAISE_APPLICATION_ERROR (
```

```
                    -20003,
                    '不能对 empno 字段进行修改'
                );
            END IF;
        END IF;
    END LOOP;
  END IF;
END;
```

代码的实现过程如下所示。

（1）在触发器的定义中指定 AFTER ALTER ON SCHEMA 选项，表示要创建一个方案级别的 ALTER 触发器，在 ALTER 语句执行之后触发。

（2）在触发器的 DECLARE 部分定义了一个游标，用来获取指定方案下的指定表名的所有列。在触发体中将使用这个游标判断当前修改的是哪一列，然后进行必要的操作。

（3）在触发体内，使用 ora_dict_obj_type 判断当前是否对表进行修改，即执行的是否是 ALTER TABLE 操作，然后循环游标 curs_get_columns，使用 ora_is_alter_column 时传入游标中的列名，检测是否正修改当前列，如果该属性函数返回 True，则触发一个异常。

在该触发器运行后，如果对表的 empno 列进行修改，可以看到异常消息，如以下 SQL 语句所示：

```
SQL> ALTER TABLE scott.emp MODIFY(empno NUMBER(8));
ALTER TABLE scott.emp MODIFY(empno NUMBER(8))
*
第 1 行出现错误:
ORA-20003: 不能对 empno 字段进行修改
ORA-06512: 在 line 22
```

可以看到对 empno 的操作果然导致了异常被抛出。但是这个逻辑对增加一个新的列并不起作用，如果 ALTER TABLE 要删除一个列，可以使用 ora_is_drop_column 属性函数来实现。例如：

```
IF ora_is_drop_column('empno') THEN
   RAISE_APPLICATION_ERROR(-20004,'不能对 empno 列进行删除');
```

15.4.5　定义 SERVERERROR 触发器

SERVERERROR 事件可以用来跟踪数据库中发生的错误，错误代码可以通过 SERVER_ERROR 属性函数在触发器内部得到，可以通过该函数确定堆栈中的错误代码，可以使用 DBMS_UTILITY.FORMAT_ERROR_STACK 获取错误信息。

使用 AFTER SERVERERROR 时必须了解如下的错误是否会被触发。

- ORA-00600：Oracle 内部错误。
- ORA-01034：Oracle 不可用。
- ORA-01403：没有找到数据。
- ORA-01422：提取操作返回大于请求的行数。
- ORA-01423：在一个提取操作中检测到额外的行。
- ORA-04030：在分配字节时内存不够。

> **注意**：AFTER SERVEERROR 触发器在触发器内部产生异常时也不会触发，这样会导致死循环。

AFTER SERVERERROR 触发器并没有提供方法来调整出现的错误，仅能包含错误的相关信息，管理员可以使用这些触发器来构建强大的日志机制。

代码 15.25 演示了如何通过创建 AFTER SERVERERROR 触发器来记录数据库服务器发生的各种错误。

代码 15.25 使用 AFTER SERVERERROR 触发器记录错误日志

```
--错误日志记录表
CREATE TABLE servererror_log(
  error_time DATE,
  username VARCHAR2(30),
  instance NUMBER,
  db_name VARCHAR2(50),
  error_stack VARCHAR2(2000)
);
--创建错误触发器，在出现数据库错误时触发
CREATE OR REPLACE TRIGGER t_logerrors
  AFTER SERVERERROR ON DATABASE
BEGIN
  INSERT INTO servererror_log
      VALUES (SYSDATE, login_user, instance_num, database_name,
              DBMS_UTILITY.format_error_stack);
END;
```

在代码中，创建了一个名为 servererror_log 的表来记录日志消息，然后定义了一个名为 t_logerrors 的触发器，该触发器将向 servererror_log 表中插入错误信息，包含使用 DBMS_UTILITY.FORMAT_ERROR_STACK 获取的错误堆栈消息。

在成功创建了触发器后，接下来可以创建一些错误，看看 SERVERERROR 触发器是否发挥了作用，t_logerros 也会记录所有的由数据库内部产生的错误信息。下面的代码演示查询一个不存在的数据表，使得数据库产生了一个错误，然后查询 servererror_log 表查看错误的消息：

```
SQL> conn scott/tiger;
已连接。
SQL> SELECT * FROM emp2;
SELECT * FROM emp2
              *
第 1 行出现错误:
ORA-00942: 表或视图不存在
SQL> conn system/manager as sysdba;
已连接。
SQL> SELECT * FROM servererror_log;
ERROR_TIME    USERNAME    TANCE DB_NAME    ERROR_STACK
------------  ----------  ----- ---------  --------------------------------
28-10月-11     DBSNMP          1 ORCL       ORA-25228: 从队列 SY
                                            S.ALERT_QUE 中解除消
                                            息超时或已到达队列末
                                            尾

28-10月-11     SYSMAN          1 ORCL       ORA-25254: 等待消息
                                            时 LISTEN 超时
                                            ORA-06512: 在 "SYS.D
```

第 15 章 触发器

				BMS_AQ", line 675 ORA-06512: 在 "SYS.D BMS_AQ", line 702 ORA-06512: 在 "SYSMAN.EMD_NOTIFICATION", line 546 ORA-06512: 在 line 1
28-10月-11	DBSNMP		1 ORCL	ORA-25228: 从队列 SYS.ALERT_QUE 中解除消息超时或已到达队列末尾
28-10月-11	DBSNMP		1 ORCL	ORA-25228: 从队列 SYS.ALERT_QUE 中解除消息超时或已到达队列末尾
28-10月-11	SYSMAN		1 ORCL	ORA-20601: Duplicate record. The last error message is the same as this error message for : (target guid = C894D538793FFA3B4727BCBCD84D4925)(metric guid = E923E90E06AF2F9A04859906C93EF1E3)(error_msg =) ORA-06512: 在 "SYSMAN.METRIC_ERRORS_CUR_AND_DUPES", line 149 ORA-04088: 触发器 'SYSMAN.METRIC_ERRORS_CUR_AND_DUPES' 执行过程中出错
28-10月-11	SCOTT		1 ORCL	ORA-00942: 表或视图不存在
28-10月-11	DBSNMP		1 ORCL	ORA-25228: 从队列 SYS.ALERT_QUE 中解除消息超时或已到达队列末尾
28-10月-11	DBSNMP		1 ORCL	ORA-25228: 从队列 SYS.ALERT_QUE 中解除消息超时或已到达队列末尾
28-10月-11			1 ORCL	ORA-01017: invalid username/password; logon denied
28-10月-11	DBSNMP		1 ORCL	ORA-25228: 从队列 SYS.ALERT_QUE 中解除消息超时或已到达队列末尾
28-10月-11	DBSNMP		1 ORCL	ORA-25228: 从队列 SYS.ALERT_QUE 中解除消息超时或已到达队列末尾

已选择11行。

通过查询servererror_log表可以发现，当定义了SERVERERROR触发器后，不仅是scott用户的错误被记录，DBSNMP、SYSMAN 等系统用户产生的所有错误信息都被记录到了数据表中。可以通过对username进行过滤来获取特定用户所产生的所有错误消息。

15.4.6 触发器的事务与约束

在编写系统触发器时，认识到触发器与激活触发器的语句的事务关系非常重要，在触发器中事务根据触发的事件其行为又有所不同。

- 事务作为当前用户事务的一部分一起执行，在触发器中回滚后，会导致整个事务的回滚，这些事务包含了LOGOFF和DDL触发器触发的所有事务。
- 系统触发器在成功完成触发后，再执行提交的事务，这些事务包含 STARTUP、SHUTDOWN、SERVERERROR 和 LOGON 事务。

了解系统触发器中事务处理的时机，有助于在编写触发器时进行一些事务的处理，例如可以在DDL触发器中使用自治事务而独立出事务的处理。

另一个问题是系统触发器中的条件，也就是 WHEN 子句的处理。系统触发器也可以指定触发器触发的条件，但是不同的系统触发器的条件类型是有限制的，如下所示。

- STARTUP 和 SHUTDOWN 触发器不可以有任何条件，不能使用 WHEN 子句。
- SERVERERROR 触发器可以用 ERRNO 测试来检查具体的错误。
- LOGON 和 LOGOFF 触发器可以用 USERID 或 USERNAME 测试来检查用户的标识符或用户名。
- DDL 触发器可以使用 WHEN 子句检查正被修改的对象的类型和名称，并且可以检查用户标识符或用户名。

15.5 触发器的管理

当触发器创建完成后，可以使用 Oracle 提供的很多 DDL 语句对触发器进行管理，比如可以对一个已创建的触发器进行启用或禁用，删除触发器，查看触发器信息及检查触发器的状态等。本节将介绍如何对创建好的触发器进行管理。

15.5.1 查看触发器源代码

可以通过3个数据字典视图来查看已经创建的触发器。

- DBA_TRIGGERS：在数据库中的所有视图，一般 DBA 用来管理所有用户的触发器。
- ALL_TRIGGERS：当前用户可以访问的所有触发器。
- USER_TRIGGERS：当前用户所属的所有触发器。

例如要查询emp表上定义了哪些触发器，可以使用如下所示的查询语句：

第 15 章 触发器

```
SQL> SELECT trigger_name, trigger_type, table_name, triggering_event,
status
  2    FROM user_triggers
  3    WHERE table_name = 'EMP';
TRIGGER_NAME       TRIGGER_TYPE       TABLE_NAME    TRIGGERING_EVENT    STATUS
----------------   ----------------   -----------   -----------------   --------
TR_EMP_SAL         BEFORE EACH ROW    EMP           UPDATE              ENABLED
B_INSERT_TEST2     BEFORE EACH ROW    EMP           INSERT OR UPDATE    ENABLED
```

在上面的查询中，查询了触发器的名称、类型、触发器所作用的表名称、触发的事件等信息。除此之外，这个视图还包含了触发器的代码、触发器定义中的 WHEN 子句等信息。

虽然直接查询数据字典可以获得触发器的所有信息，但是可以借助于 PL/SQL Developer 或 Toad 提供的可视化视图来方便地对视图进行管理。以 Toad 为例，可以通过单击工具栏的 Database|Schema Browser 打开方案浏览器，找到 Triggers 标签页，在该标签页中可以看到当前方案下的所有的触发器，如图 15.9 所示。

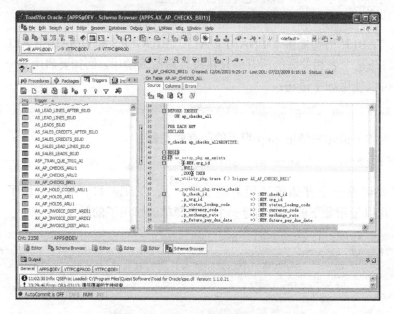

图 15.9　Toad 提供的触发器管理窗口

位于左侧的树状视图中的是当前方案下的触发器的列表，通过选中某个触发器就可以查看触发器的源代码，这大大方便了对触发器的维护。

15.5.2　删除和禁用触发器

如果不再需要触发器，可以使用 DROP TRIGGER 语句将现有的触发器删除，该命令接收一个触发器名称作为参数。比如要删除触发器 tr_emp_sal，可以使用如下的语句：

```
SQL> DROP TRIGGER tr_emp_sal;
触发器已丢弃
```

DROP TRIGGER 语句会把触发器从数据字典中永久地删除，因此如果只是暂时地禁用触发器的执行，可以先禁用触发器。要禁用一个触发器，可以使用 ALTER TRIGGER 语句，语法如下所示：

```
ALTER TRIGGER triggername{DISABLE|ENABLE};
```

语句中的 triggername 是触发器名称，DISABLE 或 ENABLE 关键字指定要启用或禁用触发器。由于触发器在创建成功后，默认都为启用状态，因此可以使用 ALTER TRIGGER 来禁用某个触发器，以后再重新启用这个触发器。例如下面的代码禁用了 b_insert_test2 触发器：

```
SQL> ALTER TRIGGER b_insert_test2 DISABLE;
触发器已更改
```

例如可以在以后的任何时候，使用 ALTER TRIGGER 指定 ENABLE 关键字来启用触发器，如以下 SQL 语句所示：

```
SQL> ALTER TRIGGER b_insert_test2 ENABLE;
触发器已更改
```

ALTER TABLE 语句提供了 ENABLE ALL TRIGGERS 和 DISABLE ALL TRIGGERS 子句，用来将与某个表相关联的所有触发器进行启用或禁用，例如要启用 emp 表相关的所有触发器，可以使用如下语句：

```
ALTER TABLE emp ENABLE ALL TRIGGERS;
```

或者使用如下语句来禁用 emp 表上的所有触发器：

```
ALTER TABLE emp DISABLE ALL TRIGGERS;
```

如果想要创建一个开始就禁用的触发器，从 Oracle 11g 开始新增了一个关键字 DISABLE，可以使用如下的代码创建一个非常简单的禁用了的触发器：

```
CREATE OR REPLACE TRIGGER t_emp_testing
AFTER INSERT ON emp
DISABLE                    --创建一个一开始就被禁用的触发器
BEGIN
   NULL;
END;
```

由于在定义触发器时使用了 DISABLE 关键字，因此这个触发器的验证将通过，被成功地编译和创建，但是当 emp 表上特定的事件触发时并不会触发到触发器。

15.5.3 名称与权限的管理

触发器的命名具有自己的名称空间，所谓的名称空间是指在这个范围内用于对象名称的合法标识符集，所有在这个名称空间内的对象的命名必须唯一。触发器的名称空间与子程序、包和表的名称空间不同。子程序、包和表具有相同的名称空间，因此在一个方案内，如果子程序、包或表任何一个具有相同名称，都会导致不合法的命名。而触发器存在于单独的名称空间，因此可以与表和过程具有相同的名称，只需要确保在一个方案下面所有的触发器名称不同，而不需要担心与表、子程序和包重名。

由于上述的原因，因而可以在 emp 表上创建一个 emp 触发器，如下所示：

```
CREATE OR REPLACE TRIGGER emp
BEFORE INSERT ON emp
FOR EACH ROW
BEGIN
   DBMS_OUTPUT.put_line('将向 emp 表插入 emp 编号为: '||:NEW.empno||'的记录');
END;
```

上述代码会成功编译通过，虽然对一个触发器和一个表可以使用相同的名称，但是这样做会导致整个系统混乱，比如 emp 这个名称有时候会很容易弄混淆到底是一个表还是一个触发器，因此虽然 PL/SQL 提供了这种可能性，但是还是应该避免与表使用相同的名称。

触发器是一个存储在数据库字典中的方案对象，除了触发器本身要具有一定的访问权限之外，此触发器的所有者必须对触发器所引用的对象具有必要的对象特权，而且这些权限必须被直接赋予，而不能通过角色进行给予。比如在创建系统级的触发器时，创建者除了具有 CREATE TRIGGER 权限或 CREATE ANY TRIGGER 权限之外，也需要具有 ADMINISTER DATABASE TRIGGER 权限。

如果要查看用户当前的用户权限和角色权限，以得知用户当前的权限列表，可以使用如下的 SQL 语句，下面的语句将查询 scott 用户具有的用户与角色权限：

```
SQL> SELECT PRIVILEGE
     FROM dba_sys_privs
    WHERE grantee = 'SCOTT'
   UNION
   SELECT PRIVILEGE
     FROM dba_sys_privs
    WHERE grantee IN (SELECT granted_role
                        FROM dba_role_privs
                       WHERE grantee = 'SCOTT');
PRIVILEGE
---------------------------------------------------------
CREATE CLUSTER
CREATE INDEXTYPE
CREATE OPERATOR
CREATE PROCEDURE
CREATE SEQUENCE
CREATE SESSION
CREATE TABLE
CREATE TRIGGER
CREATE TYPE
CREATE VIEW
DEBUG ANY PROCEDURE
DEBUG CONNECT SESSION
UNLIMITED TABLESPACE
已选择 13 行。
```

可以看到，scott 具有 CREATE TRIGGER 的权限。如果要让 scott 用户可以创建系统触发器，可以使用 GRANT 语句为 scott 分配 ADMINISTER DATABASE TRIGGER 权限，如以下 SQL 语句所示：

```
SQL> GRANT ADMINISTER DATABASE TRIGGER TO SCOTT;
授权成功。
```

分配了这个权限后，scott 用户就可以创建 DATABASE 级别的系统触发器了。表 15.4 是与触发器相关的权限列表。

表 15.4 触发器相关的权限列表

权 限 名 称	描 述
CREATE TRIGGER	允许用户在自己的方案中创建一个触发器
CREATE ANY TRIGGER	允许用户在除 SYS 以外的方案中创建触发器，但是注意不要在数据字典表上创建触发器
ALTER ANY TRIGGER	允许用户在除 SYS 以外的方案中修改触发器，比如对触发器进行启用、禁用或重新编译，但是如果授权用户没有 CREATE ANY TRIGGER 的权限，则不能对触发器的代码进行更改
DROP ANY TRIGGER	允许用户删除任何除 SYS 以外的方案中的触发器
ADMINISTER DATABASE TRIGGER	允许用户在数据库上创建或修改系统触发器，授权用户也必须具有 CREATE TRIGGER 或 CREATE ANY TRIGGER 的权限

在了解了这些权限后，当用户在创建或修改触发器时出现权限不足问题时，可以使用 DBA 用户登录，使用 GRANT 语句为用户分配这些权限。

15.6 小 结

本章详细介绍了 Oracle 触发器的定义与使用，触发器的定义属于命名的 PL/SQL 块，因此定义触发器代码与编写 PL/SQL 代码是完全一致的。本章首先讨论了触发器的分类及基本的定义语法，然后对 Oracle 中的 DML 触发器、替代触发器和系统事件触发器分别进行了介绍。DML 触发器是在平时工作中使用得较频繁的一种触发器，本章详细介绍了 DML 触发器的定义方法、DML 触发器的语句级与行级触发器的区别、各种触发器谓词的应用，以及在触发器中自治事务的应用等技术。

替代触发器允许在视图上触发，本章介绍了如何使用替代触发器在视图上处理增、删、改操作。在系统触发器部分，讨论了 Oracle 为事件触发器提供的事件和属性函数列表，并通过例子演示了如何使用这些属性函数获取 Oracle 的运行信息。最后在触发器的管理部分，介绍了如何查看触发器列表、获取触发器的源代码、对触发器进行修改，以及触发器的名称与权限管理等内容。

第 16 章 动态 SQL 语句

动态 SQL 语句不仅是指 SQL 语句是动态拼接而成的,更主要的是 SQL 语句所使用的对象也是在运行时期才创建的。出现这种功能与 PL/SQL 本身的早期绑定的特性有关,在 PL/SQL 中,所有的对象必须已经存在于数据库才能执行,比如要查询 emp 表时,emp 表必须首先已经存在才能查询,否则 PL/SQL 会产生错误信息。此时可以通过动态的 SQL 语句进行调整,因为动态的 SQL 语句不被 PL/SQL 引擎进行分析,而是在运行时进行分析并随后执行。这种机制使得开发人员可以在 PL/SQL 块中使用 DDL 语句,动态地生成 SQL 语句执行数据库操作,而不用担心因早期绑定带来的错误。

16.1 理解动态 SQL 语句

本章之前介绍的所有 SQL 语句都是静态 SQL 语句,这些语句的一个特点是在定义之前,必须要知道所要操作的表名或表列,如果引用了不存在的对象名称,将会产生异常。但是在编写程序时很多需求不是提前就能确定的,比如一个报表系统,需要根据用户的选择来动态地查询不同表的不同列,此时静态 SQL 就变得有些力不从心,通过使用 PL/SQL 的动态 SQL 机制,这一切都迎刃而解。

16.1.1 动态 SQL 语句基础

先通过一个例子来介绍动态 SQL 语句的实现。在进行 PL/SQL 程序开发时,经常需要获取一个表的所有记录的条数,因此决定写一个通用的函数来实现这个功能,以表名作为参数返回该表的具体行数,实现如代码 16.1 所示。

代码 16.1 动态 SQL 语句使用示例

```
CREATE OR REPLACE FUNCTION get_tablecount (table_name IN VARCHAR2)
   RETURN PLS_INTEGER
IS
   --定义动态 SQL 语句
   sql_query    VARCHAR2 (32767) := 'SELECT COUNT(*) FROM ' || table_name;
   l_return     PLS_INTEGER;              --保存返回值的变量
BEGIN
   EXECUTE IMMEDIATE sql_query
            INTO l_return;                --动态执行 SQL 语句并返回结果值
   RETURN l_return;                       --返回函数结果
END;
```

从代码中可以看到，在函数的定义中，使用一个 VARCHAR2 类型的字符串变量保存了初始的 SELECT 语句字符串，该字符串中 FROM 的表是通过传入参数 table_name 指定的，也就是说在函数定义阶段并不知道要查询哪个表。动态 SQL 语句通过 EXECUTE IMMEDIATE 进行执行，通过 INTO 语句返回执行的结果。在成功创建了函数之后，可以通过下面的 PL/SQL 匿名块来调用这个函数获取任何表的行数：

```
DECLARE
  v_count PLS_INTEGER;
BEGIN
  v_count:=get_tablecount('emp');
  DBMS_OUTPUT.put_line('emp 表的行数：'||v_count);
  v_count:=get_tablecount('dept');
  DBMS_OUTPUT.put_line('dept 表的行数：'||v_count);
END;
```

在代码中通过调用 get_tablecount 函数，传入表的名称，就可以很方便地获取所有表的行数，执行结果如下所示：

```
emp 表的行数：18
dept 表的行数：8
```

虽然动态 SQL 语句可以让开发人员在运行时动态地切换表名或字段名，以及在 PL/SQL 中执行 DDL 语句，但是在如下方面仍然不如静态 SQL 语句方便。

- 静态 SQL 语句在编译或测试时，可以立即知道所需要的数据库对象是否存在，如果依赖的对象不存在，SQL 语句将立即失败，而动态语言只有在运行时才会知道这种错误。
- 静态 SQL 语句在编译或测试时，可以立即知道当前用户是否具有了所有的授权，同义词是否已定义，如果依赖的对象不存在，SQL 语句将执行失败，动态 SQL 语句只能延迟到运行时才能发现这种错误。
- 在使用静态 SQL 语句时，可以对要执行的 SQL 语句进行性能优化调整，从而提高应用程序的性能，动态 SQL 语句不具有这种能力。

因此在权衡何时使用动态 SQL 语句或静态 SQL 语句时，可以根据静态 SQL 或动态 SQL 的优势进行考虑。

16.1.2 动态 SQL 语句使用时机

尽管静态 SQL 语句可以提供适用于程序开发的功能，但是当程序需要足够灵活时，比如根据实际的参数来更改所执行的语句，或者是在 PL/SQL 代码中执行 DDL 语句时，就需要动态 SQL 语句。

举个例子，在 SQL Server 中开发触发器时，经常需要临时存储中间数据，因此会先检测目标表是否存在，如果存在，则插入数据，如果不存在，则先创建表，再向表中插入数据。在 Oracle 中可以编写如下的 PL/SQL 代码来实现类似的功能。

```
DECLARE
  v_counter    NUMBER;
BEGIN
  ---查询要创建的表是否存在
```

第 16 章 动态 SQL 语句

```
  SELECT COUNT (*)
    INTO v_counter
    FROM user_tables
   WHERE table_name = 'EMP_TESTING';
  ---如果存在,则删除该表
  IF v_counter > 0
  THEN
     DBMS_OUTPUT.put_line ('表存在不创建');
  ELSE
     DBMS_OUTPUT.put_line ('表不存在');
    --如果不使用动态 SQL 语句,在这里会出现错误
    CREATE TABLE emp_testing  (
     emp_name           VARCHAR2(18)                not null,
     hire_date          DATE                        not null,
     status             NUMBER(2),
     constraint PK_ENTRY_MODIFYSTATUS primary key (emp_name, hire_date)
   );
    --实际上前面的表根本没有创建成功,该 INSERT 不能成功执行
    INSERT INTO emp_testing VALUES('李进平',TRUNC(SYSDATE)-5,1);
    COMMIT;
  END IF;
   v_counter := 0;
END;
```

上述的代码在执行时会产生一个错误,提示如下所示:

```
ERROR 位于第 17 行:
ORA-06550: 第 16 行, 第 7 列:
PLS-00103: 出现符号 "CREATE"在需要下列之一时:
begin case
declare end exit for goto if loop mod null pragma raise
return select update while with <an identifier>
<a double-quoted delimited-identifier> <a bind variable> <<
close current delete fetch lock insert open rollback
savepoint set sql execute commit forall merge
<a single-quoted SQL string> pipe
```

由于 PL/SQL 的早期绑定的特性,这种 CREATE 语句出现在 PL/SQL 语句块中时,将导致错误,但是更改为使用动态 SQL 语句后,上述 DDL 语句执行成功,如代码 16.2 所示。

代码 16.2 使用动态 SQL 语句执行 DDL 语句

```
DECLARE
   v_counter    NUMBER;
BEGIN
  ---查询要创建的表是否存在
  SELECT COUNT (*) INTO v_counter FROM user_tables
         WHERE table_name = 'EMP_TESTING';
  ---如果存在,则删除该表
  IF v_counter > 0 THEN
     DBMS_OUTPUT.put_line ('表存在不创建');
  ELSE
     DBMS_OUTPUT.put_line ('表不存在');
    --如果不使用动态 SQL,在这里会出现错误
    EXECUTE IMMEDIATE 'CREATE TABLE emp_testing  (
     emp_name           VARCHAR2(18)                not null,
     hire_date          DATE                        not null,
     status             NUMBER(2),
```

```
          constraint PK_ENTRY_MODIFYSTATUS primary key (emp_name, hire_date)
    )';
      --实际上前面的表根本没有创建成功,该INSERT不能成功执行
     EXECUTE IMMEDIATE 'INSERT INTO emp_testing VALUES(''李进平'',TRUNC
     (SYSDATE)-5,1)';
      COMMIT;
  END IF;
  v_counter :=0;
END;
```

通过使用执行动态 SQL 语句的 EXECUTE IMMEDIATE,传入要执行的动态 SQL 语句,就可以在 PL/SQL 中执行 DDL 语句了。下面是使用动态 SQL 语句的几个时机。

- ❑ 由于在 PL/SQL 中只能执行静态的查询和 DML 语句,因此要执行 DDL 语句,必须要借助于动态 SQL 语句,通过前面的示例可以了解到这个过程。
- ❑ 在开发报表或一些复杂的应用程序逻辑时,如果要基于参数化的查询方式,比如动态的表字段和动态的表名称,可以使用动态 SQL 语句。
- ❑ 基于数据表存储业务规则和软件代码,可以将很多的业务规则的代码写在一个表的记录中,在程序需要时检索不同的业务逻辑代码动态地执行。

从 Oracle 7 开始,PL/SQL 开发人员可以使用 DBMS_SQL 包来执行动态 SQL 语句,在 Oracle 8i 数据库发布后,Oracle 提供了执行动态 SQL 语句的另外一个选择:本地动态 SQL(NDS)。NDS 是 PL/SQL 的原生部分,比使用 DBMS_SQL 更简单并且更加方便,NDS 的语法相对于 DBMS_SQL 来说要简单得多,不像 DBMS_SQL 具有繁多的方法和设置,它仅提供了一个名为 EXECUTE IMMEDIATE 的过程。

16.1.3 本地动态 SQL

本地动态 SQL 缩写为 NDS,英文全称是 Native Dynamic SQL,是 Oracle 11g 中执行动态 SQL 语句的一个强大的工具,它的运行速度比 DBMS_SQL 要快,以后 Oracle 将主要用 NDS 来执行动态 SQL 语句,当然到目前为止 DBMS_SQL 仍然具有其使用的时机。

NDS 除了提供比 DBMS_SQL 相对简单的语法外,对于 PL/SQL 的集合类型和对象类型也提供了直接支持。一个例外就是 NDS 不支持事先不知道参数的个数、名称或数据类型的动态 SQL 语句,此时需要使用 DBMS_SQL 来解决,而且在 Oracle 开发者社区中具有大量使用 DBMS_SQL 的可供参考的代码。

可以通过如下所示的 3 种不同类型的动态方法使用本地动态 SQL,在本章后面的内容中将会对这 3 类动态 SQL 语句的使用方式进行详细的介绍。

(1)使用 EXECUTE IMMEDIATE 语句:该语句可以处理多数动态 SQL 操作,包括 DDL 语句,比如 CREATE、ALTER、DROP 等;DCL 语句,比如 GRANT、REVOKE 等;DML 语句,比如 INSERT、UPDATE 和 DELETE 等,以及单行的 SELECT 语句。

🔔注意:不能使用 EXECUTE IMMEDIATE 语句来处理多行查询语句,多行查询需要使用 OPEN-FOR 语句。

(2)使用 OPEN FOR、FETCH 和 CLOSE 语句执行多行查询:OPEN FOR 语句允许打开一个动态 SQL 语句的游标,通过 FETCH 提取游标中的记录,在执行完成后再关闭该游标。

（3）使用批量 SQL 的处理语句，通过批量的 SQL 语句的处理，可以加快 SQL 语句的处理，提高 PL/SQL 应用程序的性能。

为了让读者对 NDS 有更深入的理解，图 16.1 绘制了 NDS 的结构示意图，从下一小节开始将对 NDS 中的各个语法进行详细的介绍。

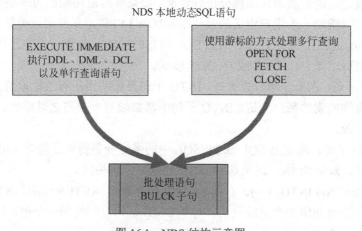

图 16.1　NDS 结构示意图

16.2　使用 EXECUTE IMMEDIATE

EXECUTE IMMEDIATE 可以说是编写动态 PL/SQL 语句的最重要的语句，与 DBMS_SQL 包相比，它的优点具有如下 4 点。

- 执行性能要高于 DBMS_SQL。
- 语法可以说是标准静态 SQL 的镜像，比内置的 DBMS_SQL 要简单。
- 可以直接将记录提取到 PL/SQL 记录类型中，而 DBMS_SQL 没有这个能力。
- 支持所有静态 SQL 语句支持的 PL/SQL 数据类型，包含用户自定义类型、用户自定义对象、游标引用等。而 DBMS_SQL 并不支持用户自定义的类型。

本节首先介绍 EXECUTE IMMEDIATE 的基本语法，然后介绍动态 SQL 中参数的处理，以及对各种类型比如 DDL、DML 和 DCL 的动态 SQL 语句操作的实现。

16.2.1　EXECUTE IMMEDIATE 语法

EXECUTE IMMEDIATE 语句不仅可以执行动态的 SQL 语句，还可以执行匿名的 PL/SQL 块，基本定义语法如下所示：

```
EXECUTE IMMEDIATE dynamic_string
[INTO {define_variable[, define_variable]... | record}]
[USING [IN |OUT | INOUT ] bind_argument
[, [IN | OUT | IN OUT ] bind_argument]...]
[{RETURNING | RETURN } INTO bind_argument[, bind_argument]...];
```

语法关键字描述如下所示。

- dynamic_string：用来放置一个 SQL 语句或 PL/SQL 块的字符串表达式，如果是 SQL 语句，则语句后不需要分号；如果是一个 PL/SQL 块，则需要在 PL/SQL 块结尾添加分号。
- define_variable|record：用来接收在查询语句中查询出的字段值的变量，在使用之前必须先在语句块的声明部分进行定义。如果要将语句输出为一条记录，在 record 部分可以指定一个用户定义的或使用 %ROWTYPE 定义的记录类型。
- bind_argument：表示在执行动态 SQL 语句时的输入参数，该参数是一个表达式，它的值可以是 IN、OUT 或 IN OUT 模式。
- INTO 子句：在用于单行查询时，INTO 子句要指明用于存放检索值的变量或记录。对于查询检索的每一个值，INTO 子句中都必须有一个与之对应的、类型兼容的变量或字段。
- USING 子句：用来为 SQL 或 PL/SQL 中的绑定变量提供字符串，可以指定任何一种模式，默认为 IN，这也是 PL/SQL 的唯一一种模式。
- RETURNING INTO 子句：在用于 DML 操作时，RETURNING INTO 子句要指明用于存放返回值的变量或记录。对于 DML 语句返回的每一个值，INTO 子句中都必须有一个与之对应的、类型兼容的变量或字段。

16.2.2　执行 SQL 语句和 PL/SQL 语句块

使用 EXECUTE IMMEDIATE 最基本的语法是直接为其传递一个 SQL 字符串，通常用来执行一些 DML 或 DDL 操作，或者是一个 PL/SQL 语句块。

> 注意：在使用 EXECUTE IMMEDIATE 执行一个 SQL 语句时，不要在语句后面放一个分号，否则 PL/SQL 引擎会提示错误信息，只有在执行 PL/SQL 语句块时才需要添加分号。

代码 16.3 演示了如何使用 EXECUTE IMMEDIATE 动态地创建一个表，并向表中插入一条记录。

代码 16.3　使用动态 SQL 执行 DDL 和 DML 语句

```
DECLARE
  sql_statement   VARCHAR2 (100);
BEGIN
  --定义一个 DDL 语句，用来创建一个表
  sql_statement := 'CREATE TABLE ddl_demo(id NUMBER,amt NUMBER)';
  --执行动态 SQL 语句
  EXECUTE IMMEDIATE sql_statement;
  --定义一个 DML 语句，用来向表中插入一条记录
  sql_statement := 'INSERT INTO ddl_demo VALUES(1,100)';
  --执行动态 SQL 语句
  EXECUTE IMMEDIATE sql_statement;
END;
```

上述代码定义了一个名为 sql_statement 的字符串变量，用来保存所要执行的 SQL 语句。在语句块的执行部分，首先定义了一个 DDL 语句用来创建 ddl_demo 表，然后通过一个

DML 语句向表 ddl_demo 中插入记录。该语句成功执行后，可以通过查询 ddl_demo 看到插入的记录，如下所示：

```
SQL> SELECT * FROM ddl_demo;
     ID       AMT
 ------   ---------
      1       100
```

可以看到，简单的语句只需要直接传递 SQL 语句即可，对于 PL/SQL 块的动态执行来说，操作与此类似，唯一不同之处在于 PL/SQL 语句的结束位置需要有个分号，例如代码 16.4 使用动态的 PL/SQL 语句向 ddl_demo 表中插入了 10 条记录。

代码 16.4　执行动态 PL/SQL 语句

```
DECLARE
  plsql_block    VARCHAR2 (500);             --定义一个变量用来保存 PL/SQL 语句
BEGIN
  plsql_block:=                              --为动态 PL/SQL 语句赋值
    'DECLARE
       I INTEGER:=10;
     BEGIN
       EXECUTE IMMEDIATE ''TRUNCATE TABLE ddl_demo'';
       FOR j IN 1..I LOOP
         INSERT INTO ddl_demo VALUES(j,j*100);
       END LOOP;
     END;';                                  --语句结束时添加分号
  EXECUTE IMMEDIATE plsql_block;             --执行动态 PL/SQL 语句
  COMMIT;                                    --提交事务
END;
```

代码定义了一个名为 plsql_block 的字符串变量来保存 PL/SQL 语句，在执行部分编写了一段动态的 PL/SQL 代码，然后使用 EXECUTE IMMEDIATE 来执行这段代码，执行后查询 ddl_demo 表，可以看到果然已经插入了 10 条记录，如下所示：

```
SQL> SELECT * FROM ddl_demo;
     ID       AMT
  -----  ----------------------
      1       100
      2       200
      3       300
      4       400
      5       500
      6       600
      7       700
      8       800
      9       900
     10      1000
已选择 10 行。
```

可以看到在代码 16.4 中的 plsql_block 变量保存的 PL/SQL 语句字符串中还包含了一个 EXECUTE IMMEDIATE 用来清除表 ddl_demo，这是允许的，并且对嵌入的 SQL 语句要使用双引号包含起来。

16.2.3 使用绑定变量

在执行动态 SQL 语句时，可以在 SQL 字符串中使用绑定变量占位符，在程序运行时使用 USING 语句为占位符赋予不同的绑定变量值来动态地产生 SQL 语句。在绑定变量中可以使用所有的 SQL 数据类型、预定义变量并且绑定变量参数可以是集合、大型对象、一种对象类型的实例及 REF 类型，但是不能是 PL/SQL 定义的类型，例如不能是布尔值或索引表类型。

要使用绑定变量，在 SQL 字符串中使用冒号加占位符名称指定占位符，然后使用 USING 子句根据占位符的顺序依次指定要进行绑定的变量。代码 16.5 演示了如何使用各种不同类型的绑定变量来实现参数化的动态 SQL。

代码 16.5　绑定变量使用示例

```
DECLARE
   sql_stmt  VARCHAR2(200);                               --保存 SQL 语句的变量
   TYPE id_table IS TABLE OF INTEGER;                     --定义两个嵌套表类型
   TYPE name_table IS TABLE OF VARCHAR2(8);
   t_empno id_table:=id_table(9001,9002,9003,9004,9005);
                                                          --定义嵌套表变量并进行初始化
   t_empname name_table:=name_table('张三','李四','王五','赵六','何七');
   v_deptno  NUMBER(2):=30;
   v_loc VARCHAR(20):='南京';
   emp_rec emp%ROWTYPE;
BEGIN
   --为记录类型赋值，记录类型作为绑定变量将失败
   emp_rec.empno:=9001;
   emp_rec.ename:='西蒙';
   emp_rec.hiredate:=TRUNC(SYSDATE);
   emp_rec.sal:=5000;
   --使用普通的变量作为绑定变量
   sql_stmt:='UPDATE dept SET loc=:1 WHERE deptno=:2';
   EXECUTE IMMEDIATE sql_stmt USING v_loc,v_deptno;
   --创建一个测试用的数据表
   sql_stmt:='CREATE TABLE emp_name_tab(empno NUMBER,empname VARCHAR(20))';
   EXECUTE IMMEDIATE sql_stmt;
   --使用嵌套表变量的值作为绑定变量
   sql_stmt:='INSERT INTO emp_name_tab VALUES(:1,:2)';
   FOR i IN t_empno.FIRST..t_empno.LAST LOOP
      EXECUTE IMMEDIATE sql_stmt USING t_empno(i),t_empname(i);
   END LOOP;
   --使用记录类型提示失败
   --sql_stmt:='INSERT INTO emp VALUES :1';
   --EXECUTE IMMEDIATE sql_stmt USING emp_rec;
END;
```

代码实现如以下步骤所示。

（1）在语句块的定义区，定义了 3 种类型的变量和类型，一种是普通的 PL/SQL 变量，这是最常用的绑定变量的方式；一种是嵌套表类型，可以将这种类型的元素作为绑定变量来提供参数值；还有一种是记录类型，在作为绑定变量时会提示失败。

（2）在语句块的执行部分，当向 dept 表更新 loc 字段时，使用了普通的绑定变量；使

用 INSERT 语句向新创建的 emp_name_tab 插入记录时，使用了嵌套表循环，通过提供嵌套表的元素值作为绑定变量一次性插入多个值。

（3）最后演示了记录类型的插入，当执行到这一步时，PL/SQL 会提示不正确的 SQL 类型，因此不能在绑定变量中使用记录类型。

在上述语句执行后，可以查询 emp_name_tab 表，可以看到记录果然已经插入到了表中，如下所示：

```
SQL> SELECT * FROM emp_name_tab;
    EMPNO EMPNAME
    ----- --------------
     9001 张三
     9002 李四
     9003 王五
     9004 赵六
     9005 何七
```

在 SQL 语句中使用绑定变量时，仅能对用于数据值的表达式进行替换，比如静态文字、变量或复杂表达式，而不能对方案元素使用绑定表达式，比如将表名和列名作为绑定表达式，或者是对整个 SQL 语句块使用绑定表达式，比如一个 WHERE 子句。如果要动态定义方案元素，需要使用字符串拼接的方式对字符串进行拼接。

举个例子，假如要创建一个过程，这个过程以表名称字符串作为参数，来 TRUNCATE 任何数据表，如果使用绑定变量将会出现错误，如以下代码所示：

```
--创建一个清除表内容的过程
CREATE OR REPLACE PROCEDURE trunc_table(table_name IN VARCHAR2)
IS
  sql_stmt VARCHAR2(100);
BEGIN
  sql_stmt:='TRUNCATE TABLE :tablename';        --在SQL语句中使用占位符
  EXECUTE IMMEDIATE sql_stmt USING table_name;  --使用绑定变量，违反规则会
                                                  出现错误
END;
```

上述代码可以正常编译通过，如果调用 trunc_table 过程来清除一个表，则会出现如下所示的错误：

```
SQL> BEGIN
       trunc_table('emp_name_tab');
     END;
   /
BEGIN
*
第 1 行出现错误:
ORA-00903: 表名无效
ORA-06512: 在 "SCOTT.TRUNC_TABLE", line 6
ORA-06512: 在 line 2
```

不能对方案对象使用绑定变量，如果非要指定表名，可以通过字符串拼接的方法，如代码 16.6 所示。

代码 16.6　使用字符串拼接设置方案对象

```
--创建一个清除表内容的过程
CREATE OR REPLACE PROCEDURE trunc_table(table_name IN VARCHAR2)
IS
  sql_stmt VARCHAR2(100);
BEGIN
   sql_stmt:='TRUNCATE TABLE '||table_name;      --使用拼接设置方案对象
   EXECUTE IMMEDIATE sql_stmt;                    --动态执行 SQL 语句
END;
```

在重新编译完成后，可以使用如下的语句来清除表内容：

```
SQL> BEGIN
       trunc_table('emp_name_tab');
     END;
    /
PL/SQL 过程已成功完成。
```

可以看到，通过拼接的方法，可以完成对表的清除，因此对于数据库方案对象的操作，必须总是使用拼接字符串的方式，不要使用绑定变量。

16.2.4　使用 RETURNING INTO 子句

如果使用 EXECUTE IMMEDIATE 语句执行的 DML 语句中包含了 RETURNING 子句，必须要使用 RETURNING INTO 子句接收返回的数据。但是 RETURNING INTO 子句只能处理作用在单行上的 DML 语句，如果 DML 语句作用在多行上，则必须要使用 BULK 子句。

DML 语句 INSERT、UPDATE 或 DELETE 语句中都可以使用 RETURNING 返回 DML 语句影响的行，通过使用这个子句可以向用户返回受影响的行的详细信息。下面的代码演示了如何在动态 SQL 语句中使用 RETURNING 子句，然后通过 EXECUTE IMMEDIATE 语句的 RETURNING INTO 来获取 DML 语句受影响的字段值，如代码 16.7 所示。

代码 16.7　使用 RETURNING INTO 子句

```
DECLARE
   v_empno NUMBER(4)  :=7369;                  --定义员工绑定变量
   v_percent NUMBER(4,2) := 0.12;              --定义加薪比例绑定变量
   v_salary  NUMBER(10,2);                     --返回变量
   sql_stmt  VARCHAR2(500);                    --保存 SQL 语句的变量
BEGIN
   --定义更新 emp 表的 sal 字段值的动态 SQL 语句
   sql_stmt:='UPDATE emp SET sal=sal*(1+:percent) '
          ||' WHERE empno=:empno RETURNING sal INTO :salary';
   EXECUTE IMMEDIATE sql_stmt USING v_percent, v_empno
      RETURNING INTO v_salary;                 --使用 RETURNING INTO 子句获取返回值
   DBMS_OUTPUT.put_line('调整后的工资为：'||v_salary);
END;
```

这个示例用来更新 emp 表的薪资字段值，当更新完成后，通过使用 RETURNING INTO 子句将 UPDATE 影响的结果字段写给绑定变量 v_salary，最后的输出如下所示：

调整后的工资为：3499.09

16.2.5 执行单行查询

当使用动态 SQL 语句执行单行查询时，可以使用 EXECUTE IMMEDIATE 语句的 INTO 子句将查询的结果字段写到一个或多个绑定变量或记录类型的绑定变量中。代码 16.8 演示了如何使用 INTO 子句来获取 dept 表和 emp 表中的相关单行记录。

代码 16.8　执行单行查询

```
DECLARE
    sql_stmt    VARCHAR2(100);                --保存动态 SQL 语句的变量
    v_deptno NUMBER(4) :=20;                  --部门编号，用于绑定变量
    v_empno NUMBER(4):=7369;                  --员工编号，用于绑定变量
    v_dname    VARCHAR2(20);                  --部门名称，获取查询结果
    v_loc    VARCHAR2(20);                    --部门位置，获取查询结果
    emp_row emp%ROWTYPE;                      --保存结果的记录类型
BEGIN
    --查询 dept 表的动态 SQL 语句
    sql_stmt:='SELECT dname,loc FROM dept WHERE deptno=:deptno';
    --执行动态 SQL 语句并记录查询结果
    EXECUTE IMMEDIATE sql_stmt INTO v_dname,v_loc USING v_deptno ;
    --查询 emp 表的特定员工编号的记录
    sql_stmt:='SELECT * FROM emp WHERE empno=:empno';
    --将 emp 表中的特定行内容写入 emp_row 记录中
    EXECUTE IMMEDIATE sql_stmt INTO emp_row USING v_empno;
    DBMS_OUTPUT.put_line('查询的部门名称为：'||v_dname);
    DBMS_OUTPUT.put_line('查询的员工编号为：'||emp_row.ename);
END;
```

在这个示例中，通过查询 dept 表和 emp 表，使用 INTO 子句分别将查询到的字段保存到普通的变量和记录类型中。只要绑定变量的类型匹配或记录成员与表的字段顺序相匹配即可。

16.2.6 指定参数模式

在使用 USING 子句时，默认的参数模式是 IN 模式，USING 主要用于从变量中获取值。而 RETURNING INTO 子句的参数不用指定输出参数模式，因为定义中它就是 OUT 模式。这些模式子程序的形式参数定义一样，具有如下 3 种。

- IN：只读模式，这是默认的模式。
- OUT：只写模式。
- IN OUT：能够读取值然后向变量写入值后进行传出。

多数时候都不用显式地指定这些模式，但是有时需要为绑定变量指定 IN OUT 模式。假定当使用 EXECUTE IMMEDIATE 执行动态 SQL 语句时，调用一个如下所示的过程：

```
CREATE OR REPLACE PROCEDURE create_dept(
deptno IN OUT NUMBER,            --IN OUT 变量，用来获取或输出 deptno 值
```

```
dname IN VARCHAR2,                  --部门名称
loc IN VARCHAR2                     --部门地址
)AS
BEGIN
  --如果 deptno 没有指定值
  IF deptno IS NULL THEN
      --从序列中取一个值
      SELECT deptno_seq.NEXTVAL INTO deptno FROM DUAL;
  END IF;
  --向 dept 表中插入记录
  INSERT INTO dept VALUES(deptno,dname,loc);
END;
```

如果在动态 PL/SQL 中调用这个过程，在使用绑定变量时，必须要显式地指定参数的模式，如代码 16.9 所示。

代码 16.9　指定参数的模式

```
DECLARE
  plsql_block    VARCHAR2 (500);
  v_deptno       NUMBER (2);
  v_dname        VARCHAR2 (14)  := '网络部';
  v_loc          VARCHAR2 (13)  := '也门';
BEGIN
  plsql_block := 'BEGIN create_dept(:a,:b,:c);END;';
  --在这里指定过程需要的 IN OUT 参数模式
  EXECUTE IMMEDIATE plsql_block
           USING IN OUT v_deptno, v_dname, v_loc;
  DBMS_OUTPUT.put_line ('新建部门的编号为：' || v_deptno);
END;
```

可以看到，由于过程 create_dept 需要接收一个 IN OUT 类型的变量，过程中的 deptno_seq 序列是用来为 deptno 产生编号的自定义的序列，因此在使用绑定变量时，需要显式地指定参数的模式，语句的执行结果如下所示：

新建部门的编号为：83

16.3　多行查询语句

在使用静态 SQL 语句处理多行时，需要使用游标机制来循环遍历，动态 SQL 语句如果返回多行，也需要类似的处理。由于 EXECUTE IMMEDIATE 语句只能处理单行查询语句，因此为了能动态处理 SELECT 语句返回的多行数据，需要使用 OPEN FOR、FETCH 和 CLOSE 语句，其操作流程如图 16.2 所示。

从图 16.2 中可以看到，必须首先定义一个游标变量，然后使用 OPEN FOR 语句打开多行的动态 SQL 语句到游标变量，当游标变量具有了一个指向动态 SQL 语句查询返回的多行数据以后，就可以通过循环遍历的方式使用 FETCH 提取多行数据，最后调用 CLOSE 语句关闭游标。

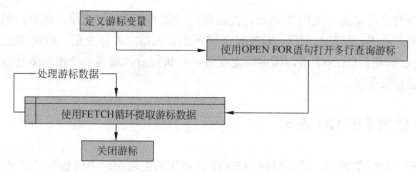

图 16.2　多行查询的执行流程

16.3.1　使用 OPEN-FOR 语句

OPEN FOR 语句的使用方法与普通的游标定义语法非常相似，但是必须首先在声明部分对游标进行声明，声明语法如下所示：

```
TYPE cursortype IS REF CURSOR;        --定义一个游标引用类型
cursor_variable cursortype;           --声明一个该种类型的游标变量
```

cursortype 是 REF CURSOR 类型的游标类型名称，cursor_variable 用于指定游标变量的名称。在定义了游标变量之后，接下来使用 OPEN FOR 语句来打开多行动态 SQL 查询给游标。OPEN FOR 语法如下所示：

```
OPEN {cursor_variable|:host_cursor_variable} FOR dynamic_string
[USING bind_argument[,bind_argument]...];
```

语法含义如下所示。
- cursor_variable 是在声明区中定义的游标变量，它是一个没有指定返回类型的弱的游标变量。
- dynamic_string 是返回多行结果的动态 SELECT 语句。
- bind_argument 用于指定存放传递给动态 SELECT 语句值的变量。

可以看到在语句中也具有一个 USING 子句，用来为动态多行 SELECT 语句指定绑定变量，如示例 16.10 所示。

代码 16.10　定义并打开动态 SQL 语句游标

```
DECLARE
  TYPE emp_cur_type IS REF CURSOR;        --定义游标类型
  emp_cur emp_cur_type;                   --定义游标变量
  v_deptno NUMBER(4) := '&deptno';        --定义部门编号绑定变量
  v_empno NUMBER(4);
  v_ename VARCHAR2(25);
BEGIN
  OPEN emp_cur FOR                        --打开动态游标
    'SELECT empno, ename FROM emp '||
    'WHERE deptno = :1'
  USING v_deptno;
  NULL;
END;
```

为了查询多行动态 SELECT 语句，代码首先定义了一个游标类型，然后声明一个游标类型的变量。在语句块的执行区，OPEN 关键词的后面指定游标变量，FOR 关键字后面指定动态 SQL 语句，USING 语句指定绑定变量，在执行后，就有一个指向多行返回结果的游标可以进行操作了。

16.3.2 使用 FETCH 语句

在打开了游标数据后，就可以使用 FETCH 语句来提取游标中的数据了，每条 FETCH 语句一次只能提取一行数据，为了提取结果集的所有数据，需要使用循环语句，语法如下：

```
FETCH {cursor_variable|:host_cursor_variable}
INTO {define_variable[,define_variable]...|record};
EXIT WHEN cursor_variable%NOTFOUND;
```

ucrsor_variable 是要打开的游标变量，host_cursor_variable 是声明在 PL/SQL 主环境中的游标变量。INTO 子句用于获取游标结果的变量列表或记录类型。EXIT WHEN 是指在循环中当循环到游标尾部时退出循环。

继续 16.10 的例子，通过使用 FETCH 语句提取游标中的员工编号和员工名称，输出到屏幕上，如代码 16.11 所示。

代码 16.11　使用 FETCH 语句提取游标数据

```
DECLARE
  TYPE emp_cur_type IS REF CURSOR;           --定义游标类型
  emp_cur emp_cur_type;                      --定义游标变量
  v_deptno NUMBER(4) := '&deptno';           --定义部门编号绑定变量
  v_empno NUMBER(4);
  v_ename VARCHAR2(25);
BEGIN
  OPEN emp_cur FOR                           --打开动态游标
    'SELECT empno, ename FROM emp '||
    'WHERE deptno = :1'
  USING v_deptno;
  LOOP
    FETCH emp_cur INTO v_empno, v_ename;     --循环提取游标数据
    EXIT WHEN emp_cur%NOTFOUND;              --没有数据时退出循环
    DBMS_OUTPUT.PUT_LINE ('员工编号: '||v_empno);
    DBMS_OUTPUT.PUT_LINE ('员工名称: '||v_ename);
  END LOOP;
END;
```

在代码中，使用了 LOOP..END LOOP 循环，在 FETCH 语句中，对于与游标变量相关的查询返回的每一列，在 INTO 子句中都必须有一个相应的类型兼容的变量或列。运行上面的代码，可以看到屏幕上输出了 emp 表的员工编号和员工名称：

```
员工编号:  7369
员工名称:  史密斯
员工编号:  7566
员工名称:  约翰
员工编号:  7788
员工名称:  斯科特
```

员工编号：	7876
员工名称：	亚当斯
员工编号：	7902
员工名称：	福特
员工编号：	7895
员工名称：	APPS
员工编号：	7881
员工名称：	刘大夏

16.3.3 关闭游标变量

游标在使用完成后应该立即关闭，以便释放其所占用的资源。要关闭游标，需要使用 CLOSE 语句，语法如下所示：

```
CLOSE cursor_variable;
```

其中 cursor_variable 用于指定要关闭的游标变量的名称，为了确保游标不会因为语句的执行部分的异常而导致没有正常关闭，通常在 EXCEPTION 部分也要对游标变量进行检测，因此对代码 16.11 继续进行修改，一个完整的多行动态 SELECT 语句块的实现如代码 16.12 所示。

代码 16.12 多行动态 SQL 语句执行完整示例

```
DECLARE
  TYPE emp_cur_type IS REF CURSOR;            --定义游标类型
  emp_cur emp_cur_type;                       --定义游标变量
  v_deptno NUMBER(4) := '&deptno';            --定义部门编号绑定变量
  v_empno NUMBER(4);
  v_ename VARCHAR2(25);
BEGIN
  OPEN emp_cur FOR                            --打开动态游标
    'SELECT empno, ename FROM emp '||
    'WHERE deptno = :1'
  USING v_deptno;
  LOOP
    FETCH emp_cur INTO v_empno, v_ename;      --循环提取游标数据
    EXIT WHEN emp_cur%NOTFOUND;               --没有数据时退出循环
    DBMS_OUTPUT.PUT_LINE ('员工编号： '||v_empno);
    DBMS_OUTPUT.PUT_LINE ('员工名称： '||v_ename);
  END LOOP;
  CLOSE emp_cur;                              --关闭游标变量
EXCEPTION
  WHEN OTHERS THEN
    IF emp_cur%FOUND THEN                     --如果出现异常，游标变量未关闭
      CLOSE emp_cur;                          --关闭游标
    END IF;
    DBMS_OUTPUT.PUT_LINE ('ERROR: '||
      SUBSTR(SQLERRM, 1, 200));
END;
```

在游标循环完成后，通过 CLOSE 语句关闭了游标，同时在 EXCEPTION 部分，检查游标是否提取完成，如果还有记录未检索完毕，则使用 CLOSE 语句关闭游标，以确保不会因为异常而导致游标变量没有正常关闭。

16.4 使用批量绑定

批量绑定允许对数据库的插入或更新的数据首先放到一个 PL/SQL 集合中，然后把一个集合里的所有行在一次操作中都传递到 SQL 引擎中，而不用通过 FOR 循环一次一次地迭代计算，减少了在 PL/SQL 引擎和 SQL 引擎之间传递的数据量，提高了运行的效率。使用批量绑定与不使用批量绑定的示意图如图 16.3 所示。

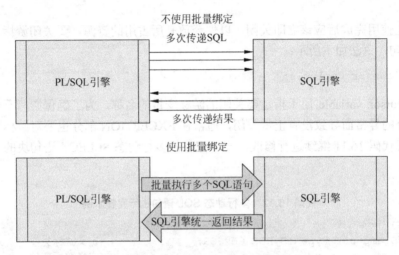

图 16.3 使用批量绑定与不使用批量绑定示意图

16.4.1 批量 EXECUTE IMMEDIATE 语法

EXECUTE IMMEDIATE 语句通过使用 BULK 子句来提供批量绑定的能力。当使用 BULK 子句时，集合类型可以是 PL/SQL 所支持的索引表、嵌套表和 VARRAY，但是集合的元素必须是 SQL 类型，比如 NUMBER、CHAR 或 VARCHAR2，而不能是 PL/SQL 特有的数据类型，比如 BINARY_INTEGER 或 BOOLEAN 等。

在 Oracle 中有 3 种语句支持 BULK 子句，分别是 EXECUTE IMMEDIATE、FETCH 和 FORALL。下面首先来介绍 EXECUTE IMMEDIATE，使用了 BULK 子句的 EXECUTE IMMEDIATE 语句的语法如下所示：

```
EXECUTE IMMEDIATE dynamic_string
[[BULK COLLECT] INTO define_variable[,define_variable...]]
[USING bind_argument[,bind_argument...]]
[{RETURNING|RETURN}
BULK COLLECT INTO bind_argument[,bind_argument...]]
```

上述语句中，BULK COLLECT INTO define_variable 这一句可以将使用 EXECUTE IMMEDIATE 查询的结果插入到一个集合类型中，这就是说，当使用了 BULK 子句之后，在 EXECUTE IMMEDIATE 语句中具有了多行查询的能力。define_variable 用来指定存放查询结果集的集合变量；bind_argument 用于指定传递给动态 SQL 数据的绑定变量；

return_variable 用于指定接收 RETURNING 子句返回结果的集合变量。

1. 多行DML语句

在进行 DML 处理时，通常一个 INSERT、UPDATE 或 DELETE 语句会影响到多行，为了获取影响多行的返回结果，在 DML 语句中指定了 RETURNING 子句后，必须在 EXECUTE IMMEDIATE 语句后使用 BULK 子句将结果信息写入到集合类型中。由于集合可以是嵌套表、索引表或变长数组，因此可以根据需要来定义集合类型并声明集合类型的变量，在 DML 中使用 BULK 子句的示例如代码 16.13 所示。

代码 16.13　在 DML 语句中使用 BULK 子句

```
DECLARE
    --定义索引表类型，用来保存从 DML 语句中返回的结果
    TYPE ename_table_type IS TABLE OF VARCHAR2(25) INDEX BY BINARY_INTEGER;
    TYPE sal_table_type IS TABLE OF NUMBER(10,2) INDEX BY BINARY_INTEGER;
    ename_tab ename_table_type;
    sal_tab sal_table_type;
    v_deptno NUMBER(4) :=20;                        --定义部门绑定变量
    v_percent NUMBER(4,2) := 0.12;                  --定义加薪比例绑定变量
    sql_stmt  VARCHAR2(500);                        --保存 SQL 语句的变量
BEGIN
    --定义更新 emp 表的 sal 字段值的动态 SQL 语句
    sql_stmt:='UPDATE emp SET sal=sal*(1+:percent) '
            ||' WHERE deptno=:deptno RETURNING ename,sal INTO :ename,:
            salary';
    EXECUTE IMMEDIATE sql_stmt USING v_percent, v_deptno
       RETURNING BULK COLLECT INTO ename_tab,sal_tab;
                                                    --使用批量绑定子句获取返回值
    FOR i IN 1..ename_tab.COUNT LOOP                --输出返回的结果值
       DBMS_OUTPUT.put_line('员工'||ename_tab(i)||'调薪后的薪资：'||sal_tab(i));
    END LOOP;
END;
```

代码中定义了两个索引表类型，这两个类型将用来保存影响多行的 DML 语句的返回集合。在执行部分的动态 SQL 语句定义中，更新部门编号为绑定变量指定的所有员工的薪资列表，然后返回 ename 和 sal 集合。在 EXECUTE IMMEDIATE 语句中使用了 RETURNING BULK COLLECT INTO 子句将返回的集合插入到 ename_tab 和 sal_tab 这两个嵌套表中，输出如下所示：

```
员工史密斯调薪后的薪资：3918.98
员工约翰调薪后的薪资：3998.4
员工斯科特调薪后的薪资：1971.42
员工亚当斯调薪后的薪资：1612.8
员工福特调薪后的薪资：4032
员工APPS调薪后的薪资：3360
员工刘大夏调薪后的薪资：2240
```

2. 多行SELECT语句

EXECUTE IMMEDIATE 语句中，由于将单行查询的 INTO 子句切换为了 BULK COLLECT INTO 子句，使得有机会直接在 EXECUTE IMMEDIATE 中处理多行查询，如示

例 16.14 所示。

代码 16.14　使用 BULK 子句处理多行查询

```
DECLARE
  TYPE ename_table_type IS TABLE OF VARCHAR2(20) INDEX BY BINARY_INTEGER;
  TYPE empno_table_type IS TABLE OF NUMBER(24) INDEX BY BINARY_INTEGER;
  ename_tab ename_table_type;                --定义保存多行返回值的索引表
  empno_tab empno_table_type;
  v_deptno NUMBER(4) := '&deptno';           --定义部门编号绑定变量
  sql_stmt VARCHAR2(500);
BEGIN
  --定义多行查询的 SQL 语句
  sql_stmt:='SELECT empno, ename FROM emp '||'WHERE deptno = :1';
  EXECUTE IMMEDIATE sql_stmt
  BULK COLLECT INTO empno_tab,ename_tab      --批量插入到索引表
  USING v_deptno;
  FOR i IN 1..ename_tab.COUNT LOOP           --输出返回的结果值
    DBMS_OUTPUT.put_line('员工编号'||empno_tab(i)
                         ||'员工名称： '||ename_tab(i));
  END LOOP;
END;
```

在这段代码中，同样定义了两个索引表，用来保存多行查询返回的 ename 和 empno 字段的内容。在语句执行部分，定义了一个查询 emp 表中特定部门编号的多行查询，在 EXECUTE IMMEDIATE 子句中使用了 BULK COLLECT INTO 子句来批量插入到索引表。最后通过循环索引表，可以看到使用批量绑定果然已经提取到了多行查询的返回结果，如下所示：

```
员工编号 7369 员工名称：史密斯
员工编号 7566 员工名称：约翰
员工编号 7788 员工名称：斯科特
员工编号 7876 员工名称：亚当斯
员工编号 7902 员工名称：福特
员工编号 7895 员工名称：APPS
员工编号 7881 员工名称：刘大夏
```

16.4.2　使用批量 FETCH 语句

如果使用 OPEN FOR 语句处理多行查询，FETCH 语句同样也提供了 BULK 子句来进行处理，基本语法如下所示：

```
FETCH dynamic_cursor
BULK COLLECT INTO define_variable[,define_variable...];
```

dynamic_cursor 是用于多行查询的游标变量，define_variable 指定要保存返回结果的集合类型。

> 注意：如果多行查询的结果数量超过了集合中的数量，那么在执行时 Oracle 将产生一个错误。

代码 16.15 演示了如何通过批量 FETCH 语句一次性获取多行的查询结果，而不用使用

游标循环一次一行地提取。

代码 16.15　使用批量 FETCH 语句获取多行查询结果

```
DECLARE
  TYPE ename_table_type IS TABLE OF VARCHAR2(20) INDEX BY BINARY_INTEGER;
  TYPE empno_table_type IS TABLE OF NUMBER(24) INDEX BY BINARY_INTEGER;
  TYPE emp_cur_type IS REF CURSOR;                --定义游标类型
  ename_tab ename_table_type;                     --定义保存多行返回值的索引表
  empno_tab empno_table_type;
  emp_cur emp_cur_type;                           --定义游标变量
  v_deptno NUMBER(4) := '&deptno';                --定义部门编号绑定变量
BEGIN
  OPEN emp_cur FOR                                --打开动态游标
    'SELECT empno, ename FROM emp '||
    'WHERE deptno = :1'
  USING v_deptno;
  FETCH emp_cur BULK COLLECT INTO empno_tab, ename_tab; --批量提取游标数据
  CLOSE emp_cur;                                  --关闭游标变量
  FOR i IN 1..ename_tab.COUNT LOOP                --输出返回的结果值
    DBMS_OUTPUT.put_line('员工编号'||empno_tab(i)
                         ||'员工名称：'||ename_tab(i));
  END LOOP;
END;
```

代码中同样定义了两个索引表变量，用来保存从查询中返回的员工名称与员工编号信息，在语句的执行部分，使用 OPEN FOR 语句打开了多行游标变量后，通过 FETCH emp_cur BULK COLLECT INTO 语句一次性将游标中所有的行插入到索引表中，最后关闭游标。相对于使用游标 FOR 循环，批处理提供了较高的效率，执行的结果与代码 16.13 完全一样。

16.4.3　使用批量 FORALL 语句

到目前为止，介绍的批量技术都用于提取数据，而 FORALL 语句允许在 EXECUTE IMMEDIATE 中批量绑定输入参数，通过在 FORALL 语句中使用 EXECUTE IMMEDIATE 语句，可以让多个动态 SQL 的执行变得更具效率，FORALL 语句的定义语法如下所示：

```
FORALL index IN lowerbound..upperbound
EXECUTE IMMEDIATE dynamic_string
USING bind_argument|bind_argument(index)
[,bind_argument|bind_argument(index)]...
[{RETURNING|RETURN} BULK COLLECT
INTO bind_argument[,bind_argument...]];
```

使用 FORALL 语句执行动态 SQL 时，动态 SQL 语句必须是 INSERT、UPDATE 或 DELETE 语句，不能够为 SELECT 语句。下面通过示例来演示如何结合使用 FORALL 与 EXECUTE IMMEDIATE 语句来批量更新员工的工资，如代码 16.6 所示。

代码 16.16　使用 FORALL 语句更新多个员工薪资

```
DECLARE
  --定义索引表类型，用来保存从 DML 语句中返回的结果
```

```
    TYPE ename_table_type IS TABLE OF VARCHAR2(25) INDEX BY BINARY_INTEGER;
    TYPE sal_table_type IS TABLE OF NUMBER(10,2) INDEX BY BINARY_INTEGER;
    TYPE empno_table_type IS TABLE OF NUMBER(4);
                                         --定义嵌套表类型，用于批量输入员工编号
    ename_tab ename_table_type;
    sal_tab sal_table_type;
    empno_tab empno_table_type;
    v_percent NUMBER(4,2) := 0.12;          --定义加薪比例绑定变量
    sql_stmt  VARCHAR2(500);                --保存SQL语句的变量
BEGIN
    empno_tab:=empno_table_type(7369,7499,7521,7566);       --初始化嵌套表
     --定义更新emp表的sal字段值的动态SQL语句
    sql_stmt:='UPDATE emp SET sal=sal*(1+:percent) '
            ||' WHERE empno=:empno RETURNING ename,sal INTO :ename,:salary';
    FORALL i IN 1..empno_tab.COUNT             --使用FORALL语句批量输入参数
       EXECUTE IMMEDIATE sql_stmt USING v_percent, empno_tab(i)
                                          --这里使用来自嵌套表的参数
       RETURNING BULK COLLECT INTO ename_tab,sal_tab;
                                          --使用批量子句获取返回值
    FOR i IN 1..ename_tab.COUNT LOOP           --输出返回的结果值
       DBMS_OUTPUT.put_line('员工'||ename_tab(i)||'调薪后的薪资：'||sal_tab(i));
    END LOOP;
END;
```

在声明区中定义了一个名为 empno_table_type 的嵌套表类型，该类型将保存要执行更新的一系列的员工编号。在语句块的执行部分，通过 FORALL 语句批量传递 empno_tab 表中的员工编号，执行动态 SQL 语句，并使用 RETURNING BULK COLLECT INTO 子句批量返回执行的结果。执行后的输出结果如下所示：

```
员工史密斯调薪后的薪资：3918.98
员工艾伦调薪后的薪资：1904
员工沃德调薪后的薪资：1512
员工约翰调薪后的薪资：3998.4
```

可以看到使用 FORALL 语句，可以将多个输入参数批次输入到动态 SQL，大大提升了执行时的性能。

16.5 动态 SQL 的使用建议

本章已经介绍了使用本地动态 SQL 语句的技术细节，相信大家对于如何使用这个技术完成工作已经有了基本的概念，本节将介绍使用本地动态 SQL 语句必须了解的一些使用建议和优化技巧，以便使读者在开发正式的 PL/SQL 应用程序时能够有所注意。

16.5.1 用绑定变量改善性能

当使用动态 SQL 语句处理非方案对象的 DML 或查询操作时，可以选择字符串拼接或使用绑定变量，举个例子，要删除 emp 表中特定员工编号的记录，如果使用拼接的语法，如下所示：

```
EXECUTE IMMEDIATE 'DELETE FROM emp WHERE empno='||TO_CHAR(emp_id);
```

可以使用绑定变量来实现这个删除操作，如下所示：

```
EXECUTE IMMEDIATE 'DELETE FROM emp WHERE empno=:num' USING emp_id;
```

这两种方法都是可行的，但是建议优先考虑绑定变量而不是字符串连接，主要有如下 4 个原因。

- 绑定比连接具有更高的性能：由于使用绑定变量，并不会每次都改变 SQL 语句，因此可以使用 SGA 中缓存的预备游标来快速处理 SQL 语句。
- 绑定变量更容易编写和维护：使用绑定变量不用担心数据转换的问题，本地动态 SQL 引擎可以处理所有关于转换相关的问题，而对于连接字符串来说，必须要经常使用 TO_DATE 或 TO_CHAR 函数处理数据类型转换。
- 避免隐式类型转换：连接 SQL 语句有可能会导致数据库隐式转换，有可能会导致隐式转换为不想要的结果。
- 绑定避免代码注入：使用绑定变量可以避免 SQL 注入式攻击，而连接字符串有可能会导致这种危险的情形。

因此如果不是特别的需求，对于动态 SQL 语句的执行，应该总是考虑使用绑定变量。

16.5.2 使用重复占位符

USING 子句中的绑定变量与动态 SQL 语句中的参数占位符是通过位置关联的，因此即便在 SQL 语句中同样的占位符出现了两次或多次，每次都会与一个占位符关联，例如下面的代码：

```
DECLARE
    col_in      VARCHAR2(10):='sal';        --列名
    start_in    DATE;                       --起始日期
    end_in      DATE;                       --结束日期
    val_in      NUMBER;                     --输入参数值
    dml_str     VARCHAR2 (32767)
        :=  'UPDATE emp SET '
            || col_in
            || ' = :val
        WHERE hiredate BETWEEN :lodate AND :hidate
        AND :val IS NOT NULL';              --动态 SQL 语句
BEGIN
    --执行动态 SQL 语句，为重复的 val_in 传入多次作为绑定变量
    EXECUTE IMMEDIATE dml_str
            USING val_in, start_in, end_in, val_in;
END;
```

val_in 出现了两次以匹配在动态 SQL 中的位置，但是，动态 PL/SQL 块中只有唯一的占位符才与 USING 子句中的绑定参数按位置对应。所以，如果一个占位符在 PL/SQL 块中出现两次或多次，那么所有这样的相同的占位符都只与 USING 语句中的一个绑定参数相对应，因此代码 16.17 的动态 SQL 语句中，可以将 val_in 仅传递一次：

代码 16.17　使用重复占位符示例

```
DECLARE
  col_in      VARCHAR2(10):='sal';    --列名
  start_in    DATE;                   --起始日期
  end_in      DATE;                   --结束日期
  val_in      NUMBER;                 --输入参数值
  plsql_str   VARCHAR2 (32767)
    := '
       BEGIN
         UPDATE emp SET '
         || col_in
         || ' = :val
         WHERE hiredate BETWEEN :lodate AND :hidate
         AND :val IS NOT NULL;
       END;
       '; --动态 PLSQL 语句
BEGIN
  --执行动态 SQL 语句，为重复的 val_in 传入多次作为绑定变量
  EXECUTE IMMEDIATE dml_str
          USING val_in,start_in,end_in;
END;
```

在代码中，将原来的 DML 语句更改为 PL/SQL 语句块，可以看到在 EXECUTE IMMEDIATE 语句中仅包含了一个 val_in 绑定变量，在 UPDATE 的 AND 部分的占位符将总是使用第 1 个 val_in 的值，因此不用像在 DML 语句中一样定义两次。

16.5.3　使用调用者权限

在实际的程序开发过程中，会使用动态 SQL 语句技术创建多个通用的程序，这些程序包含一些可以执行任何 DDL 语句的过程；返回任何表行数的函数；返回按指定列分组后的函数。这些通用的子程序要想能被所有的方案对象使用，必须要对所有的用户公开，并且能访问到相应用户下面的对象。举个例子，下面的代码在 scott 用户下定义了一个删除数据库对象的通用的过程：

```
--定义一个删除任何数据库对象的通用的过程
CREATE OR REPLACE PROCEDURE drop_obj (kind IN VARCHAR2, NAME IN VARCHAR2)
AS
BEGIN
   EXECUTE IMMEDIATE 'DROP ' || kind || ' ' || NAME;
EXCEPTION
WHEN OTHERS THEN
   RAISE;
END;
```

如果为用户 userb 赋予允许他执行上面的存储过程的 EXECUTE 权限，当用户 userb 调用 drop_obj 过程时，动态 SQL 语句就会使用用户 scott 的权限来执行语句，比如使用 scott 方案下的 drop_obj 删除 userb 方案下的 staff 表：

```
SQL> conn system/manager as sysdba;
已连接。
SQL> GRANT EXECUTE ON scott.drop_obj TO userb;
授权成功。
```

```
SQL> conn userb/userb;
已连接。
SQL> CALL scott.drop_obj('TABLE','staff');
CALL scott.drop_obj('TABLE','staff')
     *
第 1 行出现错误:
ORA-00942: 表或视图不存在
ORA-06512: 在 "SCOTT.DROP_OBJ", line 8
```

由于在表 staff 前面并没有使用限定符指定要删除哪个方案下的表，默认使用定义者方案就会在 scott 方案下进行删除，但是 userb 没有该方案下的权限，因此调用时会提示表或视图不存在。

可以通过在子程序上使用 AUTHID 子句使得子程序使用调用者权限来执行，这样就不会绑定在一个特定的 schema 对象上，定义如代码 16.18 所示。

代码 16.18　定义调用者权限

```
--定义一个删除任何数据库对象的通用的过程
CREATE OR REPLACE PROCEDURE drop_obj (kind IN VARCHAR2, NAME IN VARCHAR2)
AUTHID CURRENT_USER           --定义调用者权限
AS
BEGIN
   EXECUTE IMMEDIATE 'DROP ' || kind || ' ' || NAME;
EXCEPTION
WHEN OTHERS THEN
   RAISE;
END;;
```

通过使用 AUTHID 指定权限为调用者权限，在 userb 中再次调用 drop_obj 时，会提示调用成功完成，可以发现 staff 表被正常删除，如以下代码所示：

```
SQL> CALL scott.drop_obj('TABLE','staff');
调用完成。
```

16.5.4　传递 NULL 参数

如果要为动态 SQL 语句传递 NULL 值，使用如下的 EXECUTE IMMEDIATE 语句将会导致错误：

```
EXECUTE IMMEDIATE 'UPDATE emp SET comm=:x' USING NULL ;
```

原因在于 USING 语句不接收 NULL 作为传递的参数，为了解决这个问题，可以直接定义一个未赋值的变量，该变量在未赋值时自动为 NULL 值，因此下面的语句执行是正确的：

```
DECLARE
   v_null    CHAR (1);                     --在运行时该变量自动被设置为 NULL 值
BEGIN
   EXECUTE IMMEDIATE 'UPDATE emp SET comm=:p_null'
           USING v_null;                   --传入 NULL 值
END;
```

上述语句执行后，emp 表中所有的提成栏都变成了 NULL。

16.5.5 动态 SQL 异常处理

编写任何应用程序时，都应该要能预见并能处理任何可能的错误，这样才能编写出健壮的应用程序，在动态 SQL 中尤其如此。

在动态 SQL 执行中，如何确保动态 SQL 语句的正确性是非常关键的，比如在动态拼合一个 SQL 语句时，因为拼写错误或空格问题都会导致语句执行的失败，此时 Oracle 会抛出错误提示，在提示信息中会告之 SQL 字符串的错误，但是这种错误通常不是很全面，出于应用程序健壮性的考虑，特提供如下几个建议。

- 总是在调用 EXECUTE IMMEDIATE 和 OPEN FOR 语句的地方包含异常处理块。
- 在每一个异常处理块中记录和显示错误消息和执行的 SQL 语句，以便发现错误。
- 可以使用 DBMS_OUTPUT 包添加一个追踪机制以便能更好地发现错误。

在代码 16.19 中创建了一个执行任何 DDL 语句的通用过程，在调用该过程时创建了异常处理块，用来捕捉任何可能的异常处理，并显示当前执行的 SQL 语句块。

代码 16.19　在执行动态 SQL 时使用异常处理机制

```
CREATE OR REPLACE PROCEDURE ddl_execution (ddl_string IN VARCHAR2)
   AUTHID CURRENT_USER IS            --使用调用者权限
BEGIN
   EXECUTE IMMEDIATE ddl_string;     --执行动态 SQL 语句
EXCEPTION
   WHEN OTHERS                       --捕捉错误
   THEN
     DBMS_OUTPUT.PUT_LINE (           --显示错误消息
       '动态 SQL 语句错误: ' || DBMS_UTILITY.FORMAT_ERROR_STACK);
     DBMS_OUTPUT.PUT_LINE (           --显示当前执行的 SQL 语句
       '    执行的 SQL 语句为: "' || ddl_string || '"');
     RAISE;
END ddl_execution;
```

通过使用 EXCEPTION 块，在该块中捕捉任何可能的异常，在异常处理中使用 DBMS_UTILITY.FORMAT_ERROR_STACK 函数返回错误堆栈中的消息，同时输出当前执行的 DDL 语句，这样开发时很容易定位到错误的具体位置。

因此在调用 ddl_execution 过程时，如果 SQL 语句出现错误，将在屏幕上输出具体的错误消息，比如修改一个不存在的表时，将产生如下所示的错误提示：

```
SQL> SET SERVEROUTPUT ON;
SQL> EXEC ddl_execution('alter table emp_test add emp_sal number NULL');
动态 SQL 语句错误: ORA-00942: 表或视图不存在
执行的 SQL 语句为: "alter table emp_test add emp_sal number NULL"
BEGIN ddl_execution('alter table emp_test add emp_sal number NULL'); END;
*
第 1 行出现错误:
ORA-00942: 表或视图不存在
ORA-06512: 在 "SCOTT.DDL_EXECUTION", line 12
ORA-06512: 在 line 1
```

在动态 SQL 语句中使用了异常处理机制后，不仅使得应用程序更加健壮，而且也便于调试和跟踪 PL/SQL 应用程序所出现的任何可能的问题。

16.6 小　　结

本章介绍了如何在 PL/SQL 语句中执行动态 SQL 语句。首先讨论了动态 SQL 语句的执行机制和使用时机，如何使用 EXECUTE IMMEDIATE 执行本地动态 SQL 语句。在执行本地动态 SQL 或 PL/SQL 语句时，可以使用绑定变量为动态语句传递参数，使用 RETURNING INTO 子句接收执行返回的值。本章也介绍了使用 OPEN FOR 语句通过游标变量获取多行查询的动态 SQL 语句，介绍了 OPEN FOR 的语法、如何使用 FETCH 语句提取数据，以及如何使用 CLOSE 语句关闭游标变量。在批量绑定部分，讨论了如何通过应用 BULK 子句批次执行 SQL 语句，提升 PL/SQL 的执行性能。最后介绍了使用动态 SQL 语句的一些实际经验和建议。

第 4 篇 PL/SQL 高级编程

▶▶ 第 17 章 面向对象编程

▶▶ 第 18 章 PL/SQL 性能优化建议

第 17 章 面向对象编程

面向对象编程是一种比面向过程编程更先进的程序设计思想，已经广泛应用在各种编程语句中，比如 Java、C++、C#都属于面向对象的编程语言。PL/SQL 也提供了面向对象的编程能力。通过使用面向对象的程序设计，可以大大降低建立复杂应用的开销和时间，本章将详细介绍如何通过建立 PL/SQL 对象类型来实现面向对象的程序设计。

17.1 对象基础

在 Oracle 中进行面向对象编程是通过对象类型来实现的，对象类型是一个自定义的复合类型，它封装了数据的结构和操作这个数据结构的函数或方法。本节将讨论 PL/SQL 中对象的概念及面向对象编程基础。

17.1.1 面向对象简介

面向对象编程（Object Oriented Programming）简称 OOP 编程，实际上是对现实世界事物的一种抽象的过程。它的核心是把对象的定义和实现进行区分，让定义部分定义对象所具有的结构，让实现部分根据定义部分定义的具体结构进行具体的实现。这就好比生产塑料玩具，工程技术人员要根据玩具的原型设计一个模具，这个模具具有玩具的所有外观特性，模具只有一个，而可以生产成千上万相同的玩具。在使用模具生产玩具时，通过为其配置不同的配料，可以让玩具具有不一样的特色。

在面向对象的世界里，用于生产玩具的模具叫做类，通常设计类的过程也可以称为建模，当然这个模不是模具的模，而是对类的模型进行建模。所生产的玩具可以称为对象，类是对象的抽象，而对象是类的具体实例。类是抽象的，不占用内存，而对象是具体的，占用存储空间。类是用于创建对象的蓝图，它是一个定义包括在特定类型的对象中的方法和变量的软件模板。

类与对象相对于玩具模具和玩具的关系如图 17.1 所示。

对类的定义是一组具有相同数据结构和相同操作的对象的集合，类的定义包括一组代表其特性的属性，以及一组表示其执行行为的方法，类定义可以看作是一个具有相似特性与共同行为的对象模板，可以用来产生对象，而每个对象都是类的实例，都可以使用类中提供的方法，对象的具体状态包含在对象实例变量中。

除了对象和类的具体理解外，进行面向对象编程还需要了解如下所示的 3 个术语。

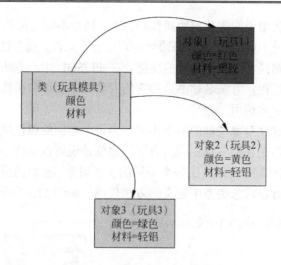

图 17.1 类与对象的示意图

- 封装：也叫做信息封装，确保对象不会以不可预期的方式改变其他对象的内部状态。只有在那些提供了内部状态改变方法的对象中，才可以访问其内部状态。每类对象都提供了一个与其他对象联系的接口，并规定了其他对象进行调用的方法。
- 多态性：对象的引用和类会涉及其他许多不同类型的对象，而且引用对象所产生的结果将依据实际调用的类型。
- 继承性：允许在现存的对象基础上创建子类对象，统一并增强了多态性和封装性。典型地来说就是用类来对对象进行分组，而且还可以定义新类为现存的类的扩展，这样就可以将类组织成树型或网状结构，这体现了对象的通用性。

如果暂时无法理解这些术语，可以通过继续阅读本章后面的具体示例来深入理解面向对象的编程技术。

17.1.2　什么是对象类型

对象类型实际上就是在上一小节中介绍的类，类的实例就是对象。对象的类型封装了数据结构和用于操纵这些数据结构的过程和函数，这使得通过定义对象类型就可以封装一些较复杂的代码，提高应用开发的效率和速度，图 17.2 将 scott 方案中的 emp 表封装成了一个简单的对象类型。

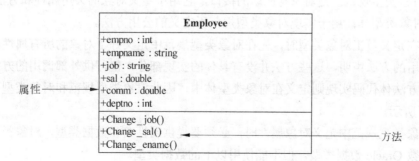

图 17.2　对象类型 employee 示例

可以在一个对象类型说明部分声明属性和方法，属性不能是常数、异常、游标或类型，最大的属性声明数量是 1000 个，但是必须至少声明一个属性，而方法是可选的。属性描述了对象的特性，方法则是对象类型具有的功能。在 PL/SQL 中，方法就是一些子程序，可以是函数，也可以是过程，方法名称不能和它的对象类型名称和属性名称一样，方法在实例级别或对象类型级别被调用。

在运行时，可以建立对象类型的多个实例，为每个实例的属性赋不同的值，使得它们具有不一样的特性，但是它们共享相同的方法，也就是说可以调用相同的方法代码。例如对 employee 进行实例化后，可以产生每个不同的员工对象，它们的属性值代表了其自身的特点，但是都可以执行在对象类型中定义的方法代码，如图 17.3 所示。

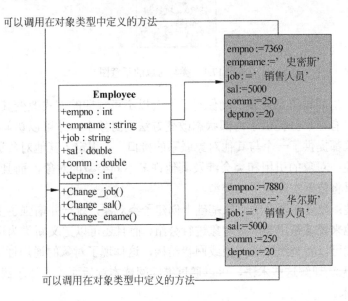

图 17.3 对象类型与对象实例

17.1.3 PL/SQL 中对象的组成结构

PL/SQL 中的对象类型是一种自定义的复合类型，它的定义与包的定义非常相似，由如下两部分组成。

❑ 对象类型规范：是对象与应用的接口，它用于定义对象的公用属性和方法。
❑ 对象类型体：用于实现对象类型规范所定义的公用方法。

例如在定义员工对象类型时，先在对象类型规范中定义好了对象的所有属性，以及对象可被调用的方法声明，这些方法并没有具体的实现部分，仅可供外部调用的方法签名。而具体的方法体代码实现则定义在对象类型体中，因此对象类型规范和对象类型体的关系如图 17.4 所示。

在对象类型规范中定义对象属性时，必须要提供属性名和数据类型，对象类型属性可以使用多数 Oracle 数据类型，但不能使用以下的数据类型。

❑ LONG 和 LONG RAW；

- ROWID 和 UROWID；
- PL/SQL 特定的类型，比如 BINARY_INTEGER、BOOLEAN、%TYPE、%ROWTYPE、REF CURSOR、RECORD、PLS_INTEGER 等。

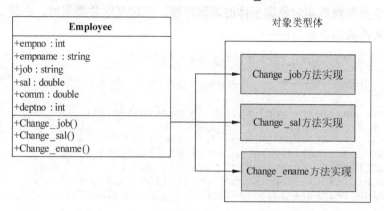

图 17.4 对象类型规范和对象类型体

> **注意**：在定义对象类型的属性时，不能指定对象属性的默认值，也不能指定 NOT NULL 选项。

对象类型方法主要描述对象所要执行的工作，在一个对象定义中，方法定义不是必需的，可以定义没有方法的对象，但是不能定义没有属性的对象。在 PL/SQL 中，可以定义如下几种类型的方法。

- 构造方法：该方法类似于 Java、C#等语言中的构造函数，用来初始化一个对象类型并返回对象的实例。
- MEMBER 方法：该方法允许对象的实例进行调用，在 MEMBER 方法中可以访问对象实例的数据，通常称为实例方法或成员方法。
- STATIC 方法：该方法可以直接在对象类型上进行调用，它用于在对象类型上执行全局操作，通常称为静态方法。
- MAP 方法：用于在多个对象间排序的映射方法。
- ORDER 方法：用于在两个对象实例间排序的排序方法。

了解了 PL/SQL 面向对象编程的基本特性后，接下来就开始详细地介绍如何在 PL/SQL 中进行面向对象的编程。

17.2 定义对象类型

由于对象类型的定义包含对象类型规范和对象类型体两大部分，因此在定义时必须先定义对象类型规范，然后再定义对象类型体。在 Oracle 中目前对象类型的定义还不能直接出现在 PL/SQL 块内部、子程序或包内部定义，必须进行单独的定义，然后再使用对象类型。

17.2.1 定义对象类型

由于对象类型规范和对象类型体的隔离特性，在定义对象类型时，必须先定义对象类型规范，定义语法如下所示：

```
CREATE [OR REPLACE] TYPE type_name
[AUTHID {CURRENT_USER|DEFINER}]
{{IS|AS} OBJECT|UNDER supertype_name}
(
attribute_name datatype[,attribute_name datatype]...
[{MAP|ORDER } MEMBER function_spec,]
[{FINAL|NOTFINAL} MEMBER function_spec,]
[{INSTANTIABLE|NOTINSTANTIABLE} MEMBER function_spec,]
[{MEMBER|STATIC} {subprogram_spec|call_spec}
[,{MEMBER|STATIC} {subprogram_spec|call_spec}]...]
)[{FINAL|NOTFINAL}] [{INSTANTIABLE|NOTINSTANTIABLE}];
```

语法关键字描述如下所示。

- type_name：用于指定对象的名称，可以是符合 Oracle 标识符命名规范的任何名称，比如名称最多 30 个字符，必须以字母开头，后接字母、数字、下划线和货币符号。
- AUTHID：指定对象类型的所有成员方法的调用是使用定义者权限还是调用者权限，默认是以定义者权限执行。
- UNDER supertype_name：表明创建的对象类型为一个已存在的对象类型的子类型，supertype_name 是要继承的父类的名称。
- attribute_name：用于指定属性的名称。
- datatype：用于指定属性的数据类型。
- MAP|ORDER：表明该成员方法是否可以用于对象间的比较。
- MEMBER|STATIC：表示该子程序是成员方法，或者该子程序是静态方法。
- function_spec：用来定义对象类型成员函数或过程的规范，与包中的定义类似。
- FINAL|NOT FINAL：指明为 FINAL 的成员函数，表示子类型不可以重载这个函数，而 NOT FINAL 成员函数表示子类型可以重载该函数。
- INSTANTIABLE|NOT INSTANTIABLE：表明这个成员函数是否可以被实例化。INSTANTIABLE 表明这个成员函数可以被实例化，对象类型的实例可以调用这个成员函数，而 NOT INSTANTIABLE 表示这个成员函数专门用于子类重载的函数，对象类型的实例不能调用这个成员函数。
- subprogram_spec|call_spec：与 function_sepc 类似，为对象类型成员的过程或者静态的函数或过程。call_spec 映射了 Java 或 C 的方法名，并返回值到它们的 SQL 副本。

下面通过一个实例来了解对象类型规范的具体定义方法，代码 17.1 构造了 employee_obj 对象类型规范，它包含多个属性及操纵这些属性的成员方法。

代码 17.1 定义 employee_obj 对象类型规范

```
--定义对象类型规范 employee_obj
CREATE OR REPLACE TYPE employee_obj AS OBJECT (
```

```
--定义对象类型属性
empno           NUMBER(4),
ename           VARCHAR2(20),
job             VARCHAR2(20),
sal             NUMBER(10,2),
comm            NUMBER(10,2),
deptno          NUMBER(4),
--定义对象类型方法
MEMBER PROCEDURE Change_sal(p_empno NUMBER,p_sal NUMBER),
MEMBER PROCEDURE Change_comm(p_empno NUMBER,p_comm NUMBER),
MEMBER PROCEDURE Change_deptno(p_empno NUMBER,p_deptno NUMBER),
MEMBER FUNCTION get_sal(p_empno NUMBER) RETURN NUMBER,
MEMBER FUNCTION get_comm(p_empno NUMBER) RETURN NUMBER,
MEMBER FUNCTION get_deptno(p_empno NUMBER) RETURN INTEGER
) NOT FINAL;        --指定该类可以被继承，如果指定FINAL，表示该类无法被继承
```

employee_obj 对象类型包含了 6 个属性定义和 6 个成员方法，所有的方法都使用 MEMBER 进行定义，表明这些方法必须在对象已经被实例化之后，才能进行调用，而使用 STATIC 关键字则直接可以使用"对象类型名称.静态方法"这种格式进行调用。可以看到尽管对于这些方法并没有定义方法体，但是编译依然通过。

> **注意**：要使一个对象类型可以被继承，必须在类定义的结尾使用 NOT FINAL 进行标示，否则就是定义了不可继承的类。

17.2.2 定义对象体

在了解了对象类型规范的定义方法后，接下来看一看对象类型体的定义语法，如下所示：

```
[CREATE [OR REPLACE] TYPE BODY type_name {IS|AS }
{{MAP|ORDER } MEMBER function_body;
|{MEMBER|STATIC}{subprogram_body|call_spec};}
[{MEMBER|STATIC}{subprogram_body|call_spec};]...
END;]
```

对象类型体的定义是可选的，如果在定义对象类型规范时，没有定义任何对象方法，那么可以不用创建对象类型体。对象类型体使用 TYPE BODY 进行指定，主要是对规范中定义的方法提供具体的实现代码，因此声明的语法与对象类型规范基本一致。

代码 17.2 演示了对 employee_obj 对象类型体的定义，包含了对规范中所有过程和函数的具体实现。

代码 17.2　定义 employee_obj 对象类型体

```
--定义对象类型体
CREATE OR REPLACE TYPE BODY employee_obj
AS
    MEMBER PROCEDURE change_sal (p_empno NUMBER, p_sal NUMBER)
    IS                          --定义对象成员方法，更改员工薪资
    BEGIN
        UPDATE emp
            SET sal = p_sal
        WHERE empno = p_empno;
```

```
      END;
      MEMBER PROCEDURE change_comm (p_empno NUMBER, p_comm NUMBER)
      IS                          --定义对象成员方法，更改员工提成
      BEGIN
         UPDATE emp
            SET comm = p_comm
          WHERE empno = p_empno;
      END;
      MEMBER PROCEDURE change_deptno (p_empno NUMBER, p_deptno NUMBER)
      IS                          --定义对象成员方法，更改员工部门
      BEGIN
         UPDATE emp
            SET deptno = p_deptno
          WHERE empno = p_empno;
      END;
      MEMBER FUNCTION get_sal (p_empno NUMBER)
         RETURN NUMBER
      IS                          --定义对象成员方法，获取员工薪资
         v_sal    NUMBER (10, 2);
      BEGIN
         SELECT sal
           INTO v_sal
           FROM emp
          WHERE empno = p_empno;
          RETURN v_sal;
      END;
      MEMBER FUNCTION get_comm (p_empno NUMBER)
         RETURN NUMBER
      IS                          --定义对象成员方法，获取员工提成
         v_comm   NUMBER (10, 2);
      BEGIN
         SELECT comm
           INTO v_comm
           FROM emp
          WHERE empno = p_empno;
         RETURN v_comm;
      END;
      MEMBER FUNCTION get_deptno (p_empno NUMBER)
         RETURN INTEGER
      IS                          --定义对象成员方法，获取员工部门
         v_deptno    INT;
      BEGIN
         SELECT deptno
           INTO v_deptno
           FROM emp
          WHERE empno = p_empno;
         RETURN v_deptno;
      END;
END;
```

可以看到对象体中实现了在对象类型规范中定义的方法声明，这有些类似于包和包体的概念，但是在成员方法的定义上与包体中有很大的区别，在后面的小节中会详细介绍。

17.2.3 定义属性

属性是对象类型特性的定义，属性声明是一个对象必需的，也就是说一个对象类型至少要定义一个属性。属性的定义与变量的定义相似，也具有名称和数据类型，在整个对象

类型中,属性的名称必须是唯一的,但是在不同的对象类型之间,属性的命名是可以重复的。

在定义对象类型的属性时,必须要了解属性定义的一些限制。

- 属性的声明必须在方法的声明以前,也就是说在对象规范中 CREATE TYPE 下面的声明必须最先是属性的定义。
- 属性的数据类型必须是 Oracle 数据库类型,不能是任何 PL/SQL 类型或 PL/SQL 自定义类型,但是排除了 Oracle 中的 ROWID、UROWID、LONG、LONG RAW、NCHAR、NCLOB、NVARCHAR2 类型。
- 在定义属性时不能对属性应用 NOT NULL 约束或使用 DEFAULT 指定默认值。
- 在一个对象类型中至少要定义一个属性,但是不能大于 1000 个属性。

属性的类型既可以是简单的数据类型,也可以是对象类型的引用,在后面的内容中讨论 REF 关键字时,会介绍对象类型中嵌套的对象类型。

代码 17.3 定义了一个简单的对象类型,该类型仅包含属性而不包含任何的成员方法,这是合法的。

代码 17.3 定义对象的属性

```
--定义对象类型规范 employee_obj
CREATE OR REPLACE TYPE employee AS OBJECT (
--定义对象类型属性
empno          NUMBER(4),
ename          VARCHAR2(20),
job            VARCHAR2(20),
sal            NUMBER(10,2),
comm           NUMBER(10,2),
deptno         NUMBER(4)
) NOT FINAL;    --对象类型可以被继承
```

在定义了该对象类型之后,就可以在 PL/SQL 语句块中通过实例化对象类型,读取或写入对象的属性值了,如代码 17.4 所示。

代码 17.4 实例化对象并设置或获取对象属性

```
DECLARE
   v_emp    employee_property;         --定义对象类型
   v_sal    v_emp.sal%TYPE;            --定义对象类型中与 sal 类型相同的薪资变量
BEGIN
   --初始化对象类型,v_emp 是一个对象的实例
   v_emp := employee_property (7890, '赵五', '销售人员', 5000, 200, 20);
   v_sal := v_emp.sal;                 --为变量赋对象实例的值
   --获取对象类型的属性进行显示
   DBMS_OUTPUT.put_line (v_emp.ename || ' 的薪资是:' || v_sal);
END;
```

在匿名块中声明了一个 employee_property 的对象类型,在语句块的执行部分通过实例化这个对象类型,为对象中的每一个属性设置了初值,通过使用类似访问记录的语法,可以访问到在对象类型中定义的属性的具体值。

17.2.4 定义方法

对象方法是在对象规范定义中使用 MEMBER 或 STATIC 声明在对象说明部分的子程序，它们是在属性声明之后进行的。MEMBER 和 STATIC 方法的区别如下所示。

- ❑ MEMBER 方法：成员方法是基于对象实例而不是基于对象类型调用的。
- ❑ STATIC 方法：静态方法独立于对象实例，也不能在对象类型主体中引用这个对象的属性。

对象方法的定义规则与包中的子程序完全相同，先要定义方法的声明规范，但是不包含任何实现，然后在对象类型体中定义实现代码。

对于对象类型说明中的每个方法说明，在对象类型体中都必须有与之对应的方法体实现，除非这个方法使用关键字 NOT INSTANTIABLE 加以限定，它的意思就是方法体的实现只在子类中出现，稍后讨论继承时会介绍这个技术。

为了演示 MEMBER 和 STATIC 这两种类型的成员方法之间的区别，代码 17.5 创建了一个名为 employee_method 的对象类型，该对象类型中既包含 STATIC 静态方法的定义，也包含了 MEMBER 成员方法的定义。

代码 17.5　使用 MEMBER 和 STATIC 成员方法

```
CREATE OR REPLACE TYPE employee_method AS OBJECT (
--定义对象类型属性
  empno    NUMBER (4),
  sal      NUMBER (10, 2),
  comm     NUMBER (10, 2),
  deptno   NUMBER (4),
--定义对象类型方法
  MEMBER PROCEDURE change_sal,       --实例方法，可以访问对象本身的属性
  MEMBER FUNCTION get_sal RETURN NUMBER,
  --静态方法，不能访问对象本身的属性，只能访问静态数据
  STATIC PROCEDURE change_deptno (p_empno NUMBER, p_deptno NUMBER),
  STATIC FUNCTION get_sal (p_empno NUMBER) RETURN NUMBER
)
NOT FINAL;              --指定该类可以被继承，如果指定FINAL，表示该类无法被继承
-------------------------------------------------------------------------
--定义 employee_method 对象类型体
CREATE OR REPLACE TYPE BODY employee_method
AS
  MEMBER PROCEDURE change_sal
  IS
  BEGIN
     SELF.sal := SELF.sal * 1.12;   --使用 SELF 关键字
  END;
  MEMBER FUNCTION get_sal
     RETURN NUMBER
  IS
  BEGIN
     RETURN sal;                   --返回员工薪资
  END;
  STATIC PROCEDURE change_deptno (p_empno NUMBER, p_deptno NUMBER)
     IS                            --定义对象成员方法，更改员工部门
```

```
  BEGIN
     UPDATE emp
        SET deptno = p_deptno
      WHERE empno = p_empno;
  END;
  STATIC FUNCTION get_sal (p_empno NUMBER)
     RETURN NUMBER
  IS                                    --定义对象成员方法,获取员工薪资
     v_sal    NUMBER (10, 2);
  BEGIN
     SELECT sal
       INTO v_sal
       FROM emp
      WHERE empno = p_empno;
     RETURN v_sal;
  END;
END;
```

在 employee_method 对象类型中,分别定义了两个 MEMBER 方法和两个 STATIC 方法。在对象类型体内,可以看到 MEMBER 方法可以访问对象本身的属性,或者使用稍后介绍的 SELF 对象访问对象实例本身的特性,而 STATIC 方法由于是在对象级别而非对象实例级别进行调用的,因此无法访问对象实例级别的数据。

使用 employee_method 对象类型中的 STATIC 方法或 MEMBER 方法的示例如代码 17.6 所示。

代码 17.6　MEMBER 和 STATIC 方法使用示例

```
DECLARE
  v_emp    employee_method;              --定义 employee_method 对象类型的变量
BEGIN
  v_emp:=employee_method(7999,5000,200,20);
                              --实例化 employee_method 对象,现在 v_emp 是对象实例
  v_emp.change_sal;                      --调用对象实例方法,即 MEMBER 方法
  DBMS_OUTPUT.put_line('员工编号为:'||v_emp.empno||' 的薪资为:'||v_emp.
  get_sal);

  --下面的代码调用 STATIC 方法更新 emp 表中员工编号为 7369 的部门编号为 20
  employee_method.change_deptno(7369,20);
  --下面的代码获取 emp 表中员工编号为 7369 的员工薪资
  DBMS_OUTPUT.put_line('员工编号为 7369 的薪资为:'||employee_method.get_sal
  (7369));
END;
```

在代码中定义了一个 v_emp 变量,该变量是 employee_method 对象类型,在语句块的执行部分,首先对该变量进行了初始化,使得 v_emp 现在是一个 employee_method 的实例。v_emp 就可以调用 MEMBER 成员方法,但是不能调用 STATIC 对象级别的方法,否则会触发 ORA-06550 异常,系统会提示"调用静态方法时不能使用例程值"这样的错误信息。对 STATIC 方法的调用是通过"类名称.静态方法"这种语法进行调用的,而且在 STATIC 方法的定义体内没有对对象属性进行访问。

17.2.5　使用 SELF 关键字

每一个 MEMBER 类型方法都隐式地声明了一个内联参数 SELF,它代表了对象类型的

一个实例，总是被传递给成员方法的第一个参数。实际上在方法体内，也可以不用 SELF。代码 17.7 创建了一个新的对象类型，该对象类型包含的属性与方法和 employee_obj 非常相似，不同之处在于对成员方法是直接对对象类型本身的属性进行访问。

代码 17.7　访问对象类型的属性

```
--定义对象类型规范 employee_salobj
CREATE OR REPLACE TYPE employee_salobj AS OBJECT (
--定义对象类型属性
    empno       NUMBER (4),
    sal         NUMBER (10, 2),
    comm        NUMBER (10, 2),
    deptno      NUMBER (4),
--定义对象类型方法
    MEMBER PROCEDURE change_sal,
    MEMBER PROCEDURE change_comm,
    MEMBER PROCEDURE change_deptno,
    MEMBER FUNCTION get_sal
        RETURN NUMBER,
    MEMBER FUNCTION get_comm
        RETURN NUMBER,
    MEMBER FUNCTION get_deptno
        RETURN INTEGER
)
NOT FINAL;                      --指定该类可以被继承，如果指定 FINAL，表示该类无法被继承
-------------------------------------------------------------------------------
--定义 employee_salobj 对象类型体
CREATE OR REPLACE TYPE BODY employee_salobj
AS
    MEMBER PROCEDURE change_sal
    IS
    BEGIN
        SELF.sal := SELF.sal * 1.12;        --使用 SELF 关键字
    END;
    MEMBER PROCEDURE change_comm
    IS
    BEGIN
        comm := comm * 1.12;                --不使用 SELF 关键字
    END;
    MEMBER PROCEDURE change_deptno
    IS
    BEGIN
        SELF.deptno := 20;                  --使用 SELF 关键字更改部门名称
    END;
    MEMBER FUNCTION get_sal
        RETURN NUMBER
    IS
    BEGIN
        RETURN sal;                         --返回员工薪资
    END;
    MEMBER FUNCTION get_comm
        RETURN NUMBER
    IS
    BEGIN
        RETURN SELF.comm;                   --返回员工提成
    END;
    MEMBER FUNCTION get_deptno
```

```
      RETURN INTEGER
    IS
    BEGIN
      RETURN SELF.deptno;                    --返回员工部门编号
    END;
END;
```

在 employee_salobj 对象类型体的成员实现中，显式地使用了 SELF 进行对象属性的访问，当没有显式使用 SELF 关键字时，实际上也是隐式地使用了这个关键字。

注意：由于 STATIC 属于静态方法级别，因此它不能接受或引用 SELF 关键字。

17.2.6 定义构造函数

当定义了一个对象类型之后，系统会提供一个接收与每个属性相对应的参数的构造函数。因此在多数情况下，都不需要自己再编写构造函数。PL/SQL 提供了定义自己的构造函数的能力。一般可以出于如下的目的来自定义构造函数。

- 为对象提供初始化功能，以避免许多具有特别用途的过程只初始化对象的不同部分，可以通过构造函数进行统一初始化。
- 可以在构造函数中为某些属性提供默认值，这样就能确保属性值的正确性，而不必依赖于调用者所提供的每一个属性值。
- 出于维护性的考虑，在新的属性添加到对象中时，避免要更改调用构造函数的应用程序中的代码，这样可以使已经存在的构造函数调用继续工作。

构造函数的定义是一个与对象类型名称具有相同名称的函数，用于初始化对象，并能返回一个对象类型的新实例。在自定义构造函数时，要么就覆盖由 Oracle 为每一个对象生成的默认构造函数，要么就定义一个有着不同方法签名的新构造函数。自定义构造函数使用 CONSTRUCTOR 关键字进行声明。

注意：在使用对象类型时，必须显式地调用构造函数，因为 PL/SQL 从来不会隐式地调用构造函数，所以必须显式地进行调用。

下面是一个非常简单但非常形象的构造函数示例，演示了自定义构造函数的定义语法，如代码 17.8 所示。

代码 17.8　自定义构造函数示例

```
--定义对象类型规范
CREATE OR REPLACE TYPE salary_obj AS OBJECT (
percent    NUMBER(10,4),         --定义对象属性
sal        NUMBER(10,2),
--自定义构造函数
CONSTRUCTOR FUNCTION salary_obj(p_sal NUMBER) RETURN SELF AS RESULT)
INSTANTIABLE                     --可实例化对象
FINAL;                           --不可以继承
/
--定义对象类型体
CREATE OR REPLACE TYPE BODY salary_obj
AS
```

```
   --实现重载的构造函数
   CONSTRUCTOR FUNCTION salary_obj (p_sal NUMBER)
      RETURN SELF AS RESULT
   AS
   BEGIN
      SELF.sal := p_sal;              --设置属性值
      SELF.percent := 1.12;           --为属性指定初值
      RETURN;
   END;
END;
/
```

对象类型 salary_obj 包含了两个属性,在自定义的构造函数中,提供了与默认的构造函数不同的参数,仅包含一个 p_sal 参数,该参数将被赋给 sal 属性,同时对 percent 属性设置了初始值。为了使用对象类型,必须显式地指定构造函数。使用 salary_obj 既可以调用默认的构造函数,也可以使用自定义的构造函数,如下所示:

```
DECLARE
   v_salobj1    salary_obj;
   v_salobj2    salary_obj;                     --定义对象类型
BEGIN
   v_salobj1 := salary_obj (1.12, 3000);        --使用默认构造函数
   v_salobj2 := salary_obj (2000);              --使用自定义构造函数
END;
```

通过使用自定义构造函数的特性,可以使整个对象的初始化变得可以控制,并且可以让构造对象的代码变得比较简洁易懂。

17.2.7 定义 MAP 和 ORDER 方法

在使用 Oracle 内置对象类型,比如 NUMBER 或 VARCHAR2 时,可以非常容易地对两个类型的变量进行比较而得到一个结果。如果需要让一个对象实例在多个相同的对象实例之间进行比较或者是对多个相同类型的对象进行排序,通常是对对象中一个或多个属性进行比较,比如通过对象的高度属性或者长与宽相乘的结果进行比较。PL/SQL 提供了自定义 MAP 或 ORDER 方法,这两个方法是互斥的,也就是说一次只能在一个对象类型中定义一个方法。这两个方法的作用如下所示。

- MAP 方法:该函数会将对象实例根据一定的调用规则返回 DATE、NUMBER、VARCAHR2 类型的标量类型,在映射对象类型为标量函数后,就可以通过对标量函数的比较来得到结果了。
- ORDER 方法:ORDER 方法只能对两个对象之间进行比较,必须是返回数值型结果的函数,根据结果返回正数、负数或零。该方法只有两个参数,SELF 和另一个要比较的对象类型,如果传递该参数为 NULL,则返回 NULL。

由于 MAP 方法一次调用时就将所有的对象映射为一个标量值,因此通常用在排序或合并很多对象时。而 ORDER 方法一次仅能比较两个对象,因此在比较多个对象时需要被重复调用,效率会低一些。

代码 17.9 创建了一个 employe_map 示例对象,在该对象中定义了一个 MAP 方法用于处理排序或比较。

代码 17.9 定义 MAP 函数示例

```
--定义一个对象规范,该规范中包含 MAP 方法
CREATE OR REPLACE TYPE employee_map AS OBJECT (
--定义对象类型属性
  empno    NUMBER (4),
  sal      NUMBER (10, 2),
  comm     NUMBER (10, 2),
  deptno   NUMBER (4),
  MAP MEMBER FUNCTION convert RETURN REAL     --定义一个 MAP 方法
)
NOT FINAL;
--定义一个对象类型体,实现 MAP 函数
CREATE OR REPLACE TYPE BODY employee_map AS
  MAP MEMBER FUNCTION convert RETURN REAL IS  --定义一个 MAP 方法
  BEGIN
    RETURN sal+comm;                          --返回标量类型的值
  END;
END;
```

在 employee_map 对象规范中声明了一个以 MAP 关键字开头的成员函数,该函数返回 REAL 类型,在对象类型体中实现了 convert 函数,该函数会在对对象进行比较或排序时,使用薪资加提成的方式进行由高到低的比较或排序。

在定义了 MAP 函数后,PL/SQL 会隐式地通过调用 MAP 函数在多个对象间进行排序或比较。例如下面创建了一个 emp_map_tab 的对象表,向这个对象表插入多个对象,然后就可以对这个对象表进行对象的排序,如以下代码所示:

```
--创建 employee_map 类型的对象表
CREATE TABLE emp_map_tab OF employee_map;
--向对象表中插入员工薪资信息对象
INSERT INTO emp_map_tab VALUES(7123,3000,200,20);
INSERT INTO emp_map_tab VALUES(7124,2000,800,20);
INSERT INTO emp_map_tab VALUES(7125,5000,800,20);
INSERT INTO emp_map_tab VALUES(7129,3000,400,20);
SQL> col val format a60;
SQL> SELECT VALUE(r) val,r.sal+r.comm FROM emp_map_tab r ORDER BY 1;
VAL(EMPNO, SAL, COMM, DEPTNO)                               R.SAL+R.COMM
----------------------------------------------------------- ------------
EMPLOYEE_MAP(7124, 2000, 800, 20)                                   2800
EMPLOYEE_MAP(7123, 3000, 200, 20)                                   3200
EMPLOYEE_MAP(7129, 3000, 400, 20)                                   3400
EMPLOYEE_MAP(7125, 5000, 800, 20)                                   5800
```

可以看到在向 emp_map_tab 中插入了多条记录后,再进行查询并排序时,由于 MAP 函数的作用,自动地按照 MAP 定义的标量值进行了排序,因此可以看到结果是按薪资加提成的数量进行由低向高的排序。

再来看一看 ORDER 方法。代码 17.10 定义了一个名为 employee_order 的对象,定义了 ORDER 方法。

代码 17.10 定义 ORDER 函数示例

```
--定义一个对象规范,该规范中包含 ORDER 方法
CREATE OR REPLACE TYPE employee_order AS OBJECT (
--定义对象类型属性
```

```
    empno    NUMBER (4),
    sal      NUMBER (10, 2),
    comm     NUMBER (10, 2),
    deptno   NUMBER (4),
    ORDER MEMBER FUNCTION match(r employee_order) RETURN INTEGER
                    --定义一个 ORDER 方法
)
NOT FINAL;
--定义一个对象类型体，实现 ORDER 函数
CREATE OR REPLACE TYPE BODY employee_order AS
  ORDER MEMBER FUNCTION match(r employee_order) RETURN INTEGER IS
  BEGIN
    IF ((SELF.sal+SELF.comm)<(r.sal+r.comm)) THEN
       RETURN -1;         --可为任何负数
    ELSIF ((SELF.sal+SELF.comm)>(r.sal+r.comm)) THEN
       RETURN 1;          --可为任何正数
    ELSE
       RETURN 0;          --如果相等则为 0
    END IF;
  END match;
END;
```

可以看到，ORDER 方法在实现时对两个对象进行了比较，如果小于要比较的对象，则返回负值，如果大于要比较的对象，则返回正值，如果两个对象相等，则返回 0。

定义了 ORDER 函数后，就可以对两个对象进行比较，例如下面的代码定义了两个对象类型的变量，通过比较这两个对象，可得知薪资加提成的比较结果。

```
DECLARE
   emp1 employee_order:=employee_order(7112,3000,200,20);   --定义员工 1
   emp2 employee_order:=employee_order(7113,3800,100,20);   --定义员工 2
BEGIN
   --对员工 1 和 2 进行比较，获取返回结果
   IF emp1>emp2 THEN
      DBMS_OUTPUT.put_line('员工 1 的薪资加提成比员工 2 大！');
   ELSIF emp1<emp2 THEN
      DBMS_OUTPUT.put_line('员工 1 的薪资加提成比员工 2 小！');
   ELSE
      DBMS_OUTPUT.put_line('员工 1 的薪资加提成与员工 2 相等！');
   END IF;
END;
```

在语句块的声明区中定义了两个 employee_order 的对象实例，通过对对象实例进行比较，PL/SQL 会隐式地使用 ORDER 成员函数来进行比较，最终得到比较的结果，如下所示：

```
员工 1 的薪资加提成比员工 2 小！
```

同样，使用 ORDER 成员方法的对象也可以插入到对象表中，使用对象表的排序功能利用 ORDER 成员方法进行排序。为了演示在对象表中使用 ORDER 成员方法进行排序，下面创建了 emp_order_tab 对象表，并向表中插入了 4 条数据，如以下代码所示：

```
--创建 employee_order 类型的对象表
CREATE TABLE emp_order_tab OF employee_order;
--向对象表中插入员工薪资信息对象
INSERT INTO emp_order_tab VALUES(7123,3000,200,20);
INSERT INTO emp_order_tab VALUES(7124,2000,800,20);
INSERT INTO emp_order_tab VALUES(7125,5000,800,20);
```

```
INSERT INTO emp_order_tab VALUES(7129,3000,400,20);
```

接下来使用 SELECT 语句查询 emp_order_tab 表,并使用 ORDER BY 子句进行排序,可以看到如下所示的结果:

```
SQL> SELECT VALUE(r) val,r.sal+r.comm FROM emp_order_tab r ORDER BY 1;
VAL(EMPNO, SAL, COMM, DEPTNO)                  R.SAL+R.COMM
---------------------------------------------- ------------
EMPLOYEE_ORDER(7124, 2000, 800, 20)                    2800
EMPLOYEE_ORDER(7123, 3000, 200, 20)                    3200
EMPLOYEE_ORDER(7129, 3000, 400, 20)                    3400
EMPLOYEE_ORDER(7125, 5000, 800, 20)                    5800
```

可以看到,Oracle 果然已经按照在 ORDER 成员方法中定义的比较逻辑对员工的薪资和提成进行了排序处理。

17.2.8 使用对象类型

对象类型一旦被创建成功,就被保存到了 Oracle 数据字典中,用户可以在任何的 PL/SQL 块、子程序或包中使用它来声明对象。例如,为变量、属性、列、记录域等指定记录类型。在运行时,通过调用对象类型的构造函数创建对象实例。

1. 声明对象

声明对象与声明普通的标量类型或复合类型一样,但是所声明的对象必须是已经在 Oracle 数据字典中存在的对象类型。在声明时可以直接使用对象的构造函数进行初始化,如果没有进行初始化,那么对象实例初始为 NULL。

以上一节中介绍的 employee_order 对象类型为例,可以在匿名块的声明区中定义一个 employee_order 对象类型的实例 o_emp,如代码 17.11 所示。

代码 17.11　使用对象类型

```
DECLARE
  o_emp    employee_order;                        --定义对象实例,初始状态下为 NULL
BEGIN
  o_emp := employee_order (7123, 3000, 200, 20);  --使用构造函数声明对象
  DBMS_OUTPUT.put_line (   '员工编号为:'
                        || o_emp.empno
                        || '的薪资和提成为:'
                        || (o_emp.sal + o_emp.comm)
                       );
END;
```

在语句块的定义区定义了对象类型的变量,o_emp 在定义区的初始状态下为 NULL,在语句块的执行部分,使用对象类型的构造函数实例化了对象类型,然后通过访问对象类型的属性来获取对象实例的信息。

也可以将对象类型作为存储过程和存储函数的形式参数,将对象实例从一个子程序传递到另一个子程序,示例如代码 17.12 所示。

代码 17.12　在子程序中使用对象类型

```
--使用对象类型作为过程的形式参数
CREATE OR REPLACE PROCEDURE changesalary(p_emp IN employee_order)
AS
BEGIN
   IF p_emp IS NOT NULL THEN                      --如果对象类型已经被实例化
     --更新 emp 表
     UPDATE emp SET sal=p_emp.sal,comm=p_emp.comm WHERE empno=p_emp.empno;
   END IF;
END changesalary;
--使用对象类型作为函数的传入传出参数
CREATE OR REPLACE FUNCTION getsalary(p_emp IN OUT employee_order) RETURN
NUMBER
AS
BEGIN
   IF p_emp IS NOT NULL THEN                      --如果对象类型没有被实例化
      p_emp:=employee_order(7125,5000,800,20);    --实例化对象类型
   END IF;
   RETURN p_emp.sal+p_emp.comm;                   --返回对象类型的薪资和提成汇总
END;
```

可以看到通过将对象类型作为一个整体在子程序间传递,可以传递较为复杂的数据类型,为实现较复杂的子程序提供了一种数据传递的机制。

2. 初始化对象

在学习构造函数部分时曾经学习过,构造函数是一个与对象类型名称相同的函数。调用对象类型的构造函数与调用普通的函数一样,构造函数可以作为一个表达式的一部分被调用。

不管是否自定义了构造函数,默认情况下总是可以调用一个与对象类型属性具有匹配的参数的 Oracle 自动创建的构造函数,构造函数负责对所有的对象属性进行初始化。如果声明了一个对象类型的变量而没有进行实例化,那么对象变量的值为 NULL,如果尝试读取或设置一个未初始化的对象属性会引发预定义异常 ACCESS_INTO_NULL。可以通过 IS NULL 子句来判断一个对象实例是否已经被初始化。

下面的代码在未初始化一个对象实例时就对对象进行赋值,PL/SQL 抛出了异常:

```
SQL> DECLARE
       o_emp  employee_order;
    BEGIN
       o_emp.empno:=7301;   --错误:该对象实例还没有被初始化就进行了赋值
    END;
    /
DECLARE
*
ERROR 位于第 1 行:
ORA-06530: 引用未初始化的组合
ORA-06512: 在 line 4
```

一个好的编程习惯是在定义对象类型的变量时,就使用构造函数进行初始化可以将构造函数的属性先初始化为 NULL,此时对象实例已经存在,因此可以获取和设置对象的属性,如以下代码所示:

```
DECLARE
  o_emp   employee_order :=
          employee_order (NULL, NULL, NULL, NULL);    --初始化对象类型
BEGIN
  o_emp.empno := 7301;                                --为对象类型赋值
  o_emp.sal := 5000;
  o_emp.comm := 300;
  o_emp.deptno := 20;
END;
```

3. 调用对象方法

在对象类型中，方法又分为静态方法与实例方法，静态方法在定义时使用 STATIC 前缀，实例方法在定义时使用 MEMBER 关键字进行定义。这两类方法的调用方式也不同，实例方法在实例级别进行调用，而静态方法在对象类型的级别，也就是类级别进行调用。在一些高级程序设计语言比如 Java 或 Delphi 中，静态方法又称为类方法。对静态方法与实例方法的调用如代码 17.13 所示。

代码 17.13　调用静态方法与实例方法示例

```
--employee_method 对象类型的实例方法与静态方法列表
CREATE OR REPLACE TYPE employee_method AS OBJECT (
  empno     NUMBER (4),
  sal       NUMBER (10, 2),
  comm      NUMBER (10, 2),
  deptno    NUMBER (4),
--定义对象类型方法
  MEMBER PROCEDURE change_sal,              --实例方法，可以访问对象本身的属性
  MEMBER FUNCTION get_sal RETURN NUMBER,
  --静态方法，不能访问对象本身的属性，只能访问静态数据
  STATIC PROCEDURE change_deptno (empno NUMBER, deptno NUMBER),
  STATIC FUNCTION get_sal (empno NUMBER) RETURN NUMBER
)
NOT FINAL;
--演示调用 employee_method 的实例方法与静态方法
DECLARE
  o_emp employee_method:=employee_method(7369,5000,800,20);
  v_sal NUMBER(10,2);
BEGIN
  v_sal:=o_emp.get_sal;                               --调用对象实例方法
  DBMS_OUTPUT.put_line('对象实例级别的工资为: '||v_sal);
  v_sal:=employee_method.get_sal(o_emp.empno);        --调用静态方法
  DBMS_OUTPUT.put_line('对象类型级别的工资为: '||v_sal);
END;
```

可以看到，对于静态方法，只能通过对象类型的名称进行调用。因此代码中通过 employee_method.get_sal 调用对象类型级别的方法，而通过 o_emp.get_sal 调用对象实例级别的方法。

17.2.9　使用嵌套对象类型

嵌套对象类型是指在一个对象中嵌入另一个对象类型。在为对象类型定义属性时，除了可以使用标量类型之外，还可以通过自定义的对象类型来提升整个对象类型的灵活性。

例如，在定义 employee_obj 对象类型时，每个员工对象都有地址信息，而地址又包含员工的街道地址、城市、省份及邮政编码。为了在对象类型中存储这些信息，可以将地址信息封装为一个对象类型，通过让员工对象使用这个对象类型来提升整个对象的灵活性，这种将一个对象嵌入在另一个对象中的用法，称为嵌套对象类型。

下面以将地址对象类型嵌入到员工对象类型作为示例，演示如何在 PL/SQL 中使用嵌入的对象类型，地址类型的定义如代码 17.14 所示。

代码 17.14　定义地址对象类型

```
--定义地址对象类型规范
CREATE OR REPLACE TYPE address_type
      AS OBJECT
(street_addr1    VARCHAR2(25),        --街道地址 1
 street_addr2    VARCHAR2(25),        --街道地址 2
 city            VARCHAR2(30),        --城市
 state           VARCHAR2(2),         --省份
 zip_code        NUMBER,              --邮政编码
 --成员方法，返回地址字符串
 MEMBER FUNCTION toString RETURN VARCHAR2,
 --MAP 方法提供地址比较函数
 MAP MEMBER FUNCTION mapping_function RETURN VARCHAR2
)
--定义地址对象类型体，实现成员方法与 MAP 函数
CREATE OR REPLACE TYPE BODY address_type
AS
  MEMBER FUNCTION tostring
     RETURN VARCHAR2              --将地址属性转换为字符形式显示
  IS
  BEGIN
     IF (street_addr2 IS NOT NULL)
     THEN
        RETURN    street_addr1
             || CHR (10)
             || street_addr2
             || CHR (10)
             || city
             || ','
             || state
             || ' '
             || zip_code;
     ELSE
        RETURN street_addr1 || CHR (10) || city || ',' || state || ' '
             || zip_code;
     END IF;
  END;
  MAP MEMBER FUNCTION mapping_function    --定义地址对象 MAP 函数的实现，返回
  VARCHAR2 类型
     RETURN VARCHAR2
  IS
  BEGIN
     RETURN    TO_CHAR (NVL (zip_code, 0), 'fm00000')
            || LPAD (NVL (city, ''), 30)
            || LPAD (NVL (street_addr1, ''), 25)
            || LPAD (NVL (street_addr2, ''), 25);
  END;
END;
```

对象类型 address_type 包含了 5 个属性和一个 MEMBER 成员函数用来将地址属性字段转换为字符串进行显示，以及一个 MAP 成员函数用来进行比较或排序。接下来创建一个 employee_addr 的对象类型，该对象类型包含一个 address 的属性，嵌入了 address_type 类型，如代码 17.15 所示。

代码 17.15　定义包含其他对象类型的类型

```
--定义一个对象规范，该规范中包含 ORDER 方法
CREATE OR REPLACE TYPE employee_addr AS OBJECT (
   empno     NUMBER (4),
   sal       NUMBER (10, 2),
   comm      NUMBER (10, 2),
   deptno    NUMBER (4),
   addr      address_type,
 MEMBER FUNCTION get_emp_info RETURN VARCHAR2
)
NOT FINAL;
--定义对象类型体，实现 get_emp_info 方法
CREATE OR REPLACE TYPE BODY employee_addr
AS
   MEMBER FUNCTION get_emp_info
      RETURN VARCHAR2                    --返回员工的详细信息
   IS
   BEGIN
      RETURN '员工'||SELF.empno||'的地址为: '||SELF.addr.toString;
   END;
END;
```

employee_addr 对象类型规范的属性定义中，包含一个 addr 类型的对象类型的属性，将 address_type 嵌入到对象类型中，在成员方法 get_emp_info 中，通过调用 address_type 的成员方法来获取地址的详细信息。为了使用 employee_addr 对象类型，在构造对象的实例时，必须要同时构造 address_type 的嵌套对象类型，代码如下所示：

```
DECLARE
   o_address address_type;        --定义地址对象类型
   o_emp employee_addr;           --定义员工对象类型
BEGIN
   --实例化地址对象类型
   o_address:=address_type('玉兰一街','二巷','深圳','DG',523343);
   --实例化员工对象类型
   o_emp:=employee_addr(7369,5000,800,20,o_address);
   --输出员工信息
   DBMS_OUTPUT.put_line('员工信息为'||o_emp.get_emp_info);
END;
```

在语句块的声明区，定义了两个对象类型，并未进行实例化。在执行部分，先对 address_type 进行了实例化，然后将 address_type 对象类型作为 employee_addr 构造函数的参数赋给 employee_addr 的 addr 属性。最后调用 employee_addr 的 get_emp_info 方法显示员工的详细信息，如下所示：

```
员工信息为员工 7369 的地址为: 玉兰一街
二巷
深圳,DG 523343
```

可以看到通过嵌入的对象类型，为对象提供了更丰富的表现形式。

> **注意**：在引用一个对象类型作为属性类型时，被引用的对象必须提前存在，否则 Oracle 会弹出错误提示。

17.2.10 对象继承

继承是指在已存在的对象类型的基础上建立新对象类型的一种技术，新定义的类可包含现有类所声明的数据、定义及包含新定义的对象类型所增加的声明的组合。

对象类型继承由父类型和子类型组成，其中父类型用于定义可供子类型使用的公共的属性和方法，而子类型不但可以使用这些公共的属性和方法，还可以具有自己私有的属性和方法。

> **注意**：在使用对象类型继承时，在定义父类型时必须要指定 NOT FINAL 选项，默认为 FINAL 选项，表示该对象不能被继承。

例如，在对现实世界的实体进行抽象时，可以发现企业中的员工都有一些共性，因此将其抽象出一个父类型，用来定义一个基类，比如员工包含了姓名、性别、出生日期等。可以基于这些特性定义一个 person_obj 的对象类型，然后在该类型的基础上继承一个子类 employee_personobj 类型，除了具有 person_obj 的特性外，还具有员工证件号码、工资、提成和职位信息，类继承结构如图 17.5 所示。

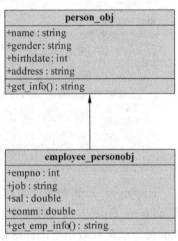

图 17.5　类继承结构

代码 17.16 是对 person_obj 父对象的实现代码。

代码 17.16　实现 person_obj 父对象

```
CREATE OR REPLACE TYPE person_obj AS OBJECT (
  person_name        VARCHAR (20),        --人员姓名
  gender             VARCHAR2 (2),         --人员性别
  birthdate          DATE,                 --出生日期
  address            VARCHAR2 (50),        --家庭住址
  MEMBER FUNCTION get_info
      RETURN VARCHAR2                      --返回员工信息
)
NOT FINAL;                                 --人员对象可以被继承
CREATE OR REPLACE TYPE BODY person_obj    --对象体
AS
  MEMBER FUNCTION get_info
      RETURN VARCHAR2
  IS
  BEGIN
      RETURN '姓名：' || person_name || ',家庭住址：' || address;
  END;
END;
```

在对象规范的定义中,使用了 NOT FINAL 指示 person_obj 对象可以被对象继承。接下来看一下 employee_personobj 的实现方法,它从 person_obj 父对象继承下来,如代码 17.17 所示。

代码 17.17　子对象 employee_personobj 的实现

```
--对象类型使用 UNDER 语句从 person_obj 中继承
CREATE OR REPLACE TYPE  employee_personobj UNDER person_obj (
  empno    NUMBER (6),              --员工编号
  sal      NUMBER (10, 2),          --薪资
  job      VARCHAR2 (10),           --职别
  MEMBER FUNCTION get_emp_info
     RETURN VARCHAR2                --获取员工信息的成员方法
);
--定义对象类型体
CREATE OR REPLACE TYPE BODY employee_personobj AS
  MEMBER FUNCTION get_emp_info RETURN VARCHAR2 IS
  BEGIN
     --在对象类型体中可以直接访问在父对象中定义的属性
     RETURN '员工编号:'||SELF.empno||' 员工名称:'||SELF.person_name||'职位:'
     ||SELF.job;
  END;
END;
```

为了从一个父对象中继承,在子对象中使用 UNDER 关键字,指定一个父对象名称,该父对象必须是使用 NOT FINAL 关键字定义的对象。在子对象中新增了属性和方法后,就被合并到父对象中去了,因此可以看到在对象体实现时,可以直接使用 SELF 关键字访问父对象中的 person_name 属性。

下面的代码演示了如何使用 employee_personobj 对象来获取人员和员工的信息,通过对这个类的使用可以看到,既可以访问子对象中定义的属性和方法,由于具有继承关系,也可以访问在 person_obj 中定义的方法,如下所示:

```
DECLARE
  o_emp employee_personobj;                       --定义员工对象类型的变量
BEGIN
  --使用构造函数实例化员工对象
  o_emp:=employee_personobj('张小五','F',
                    TO_DATE('1983-01-01','YYYY-MM-DD'),
                    '中信',7981,5000,'Programmer');
  DBMS_OUTPUT.put_line(o_emp.get_info);         --输出父对象的人员信息
  DBMS_OUTPUT.put_line(o_emp.get_emp_info);     --输出员工对象中的员工信息
END;
```

由代码可以看到,由于 employee_personobj 合并了 person_obj 对象,因此在构造函数中初始化对象时,必须先对父对象中的属性进行初始化,然后初始化子对象类型中的属性。在调用对象的方法时,既可以调用父对象类型中的方法,也可以调用子对象类型中的方法,输出结果如下所示:

```
姓名:张小五,家庭住址:中信
员工编号:7981 员工名称:张小五 职位:Programmer
```

17.2.11 方法重载

在介绍子程序和包时，讨论过重载的技术，所谓的重载就是定义一个或多个具有同名的函数或过程，但是参数类型名个数不同，由编译器根据调用参数确定执行哪一个子程序。这种重载方式有时候也称为静态多态。在使用对象继承时，也可以使用方法重载。但是这种方法重载不同于过程或包中的重载，这种重载使用了动态方法调用的能力，也称为动态多态或运行时多态。也就是说具体的调用方法不是在编译时确定的，而是在代码实际执行时才确定的重载。

对象方法的重载使用 OVERRIDING 关键字，不是根据参数的个数来决定调用哪一个方法，而是根据优先级进行调用，也就是总是先调用子类的方法。下面通过一个例子来介绍如何在对象类型中使用对象方法重载。以 employee_personobj 为例，该对象类型从 person_obj 中继承，下面对 get_info 方法进行重载，如代码 17.18 所示。

代码 17.18 实现对象方法重载

```
--对象类型使用 UNDER 语句从 person_obj 中继承
CREATE OR REPLACE TYPE employee_personobj UNDER person_obj (
  empno   NUMBER (6),
  sal     NUMBER (10, 2),
  job     VARCHAR2 (10),
  MEMBER FUNCTION get_emp_info
      RETURN VARCHAR2,
  --定义重载方法
  OVERRIDING MEMBER FUNCTION get_info RETURN VARCHAR2
);
CREATE OR REPLACE TYPE BODY employee_personobj AS
  MEMBER FUNCTION get_emp_info  RETURN VARCHAR2 IS
  BEGIN
      --在对象类型体中可以直接访问在父对象中定义的属性
      RETURN '员工编号：'||SELF.empno||'员工名称：'||SELF.person_name||'职位：'
      ||SELF.job;
  END;
  --实现重载方法
  OVERRIDING MEMBER FUNCTION get_info RETURN VARCHAR2 AS
  BEGIN
      RETURN '员工编号：'||SELF.empno||'员工名称：'||SELF.person_name||'职位：'
      ||SELF.job;
  END;
END;
```

从代码中可以看到，employee_personobj 重载了父对象 person_obj 的 get_info 函数，用来返回与雇员相关的信息，而不是在 person_obj 中的人员信息。因而在调用 employee_personobj 对象实例的 get_info 方法时，将看到的是来自重载方法中的消息，如以下的代码所示：

```
DECLARE
  o_emp employee_personobj;                  --定义员工对象类型的变量
BEGIN
  --使用构造函数实例化员工对象
  o_emp:=employee_personobj('张小五','F',
```

```
                    TO_DATE('1983-01-01','YYYY-MM-DD'),
                    '中信',7981,5000,'Programmer');
    DBMS_OUTPUT.put_line(o_emp.get_info);       --输出重载方法中的人员信息
END;
```

从输出结果可以看到，果然输出了员工相关的信息，而不是 person_obj 父对象中的消息，如下所示：

```
员工编号：7981 员工名称：张小五 职位：Programmer
```

17.3 管理对象表

在上一节中讨论了对象的定义与使用方法，而在 PL/SQL 中使用 OOP 编程一个强有力的特性就是 PL/SQL 对象能够被存储到数据库中，可以使用 SQL 或 PL/SQL 语句来创建、维护和访问对象，提供了对象的持久化能力。由于对象信息可以持久化到数据库表而不是在内存中，使得对象具有更强的生命力。本章将介绍如何在 SQL 语句中创建并使用对象表，以及维护对象表的一些技术。

17.3.1 定义对象表

对象表就像普通的表一样，只是存储的是对象类型，该表中的每一个字段与对象的一个属性相对应，然后使用对象表的每一行或者称为每一条记录存储一个对象类型的实例。对象表的创建语法如下所示：

```
CREATE TABLE table_name OF object_type;
```

创建对象表使用的是 CREATE TABLE..OF 语句，table_name 指定对象表的表名，object_type 指定对象表的类型。对象表一旦创建，会使用对象类型中的属性作为表的列。以上一小节中实现的 employee_personobj 对象为例，建表语法如下所示：

```
SQL> CREATE TABLE emp_obj_table OF employee_personobj;
表已创建。
```

在表被成功创建了以后，通过查看列中的列，会看到列果然是对象中包含的属性类型，如下所示：

```
SQL> desc emp_obj_table;
名称                              是否为空?      类型
-----------------------------    -----------   ---------------
PERSON_NAME                                    VARCHAR2(20)
GENDER                                         VARCHAR2(2)
BIRTHDATE                                      DATE
ADDRESS                                        VARCHAR2(50)
EMPNO                                          NUMBER(6)
SAL                                            NUMBER(10,2)
JOB                                            VARCHAR2(10)
```

由于 employee_personobj 对象类型从 person_obj 对象类型中继承，因此

employee_personobj 对象类型具有 person_obj 中所有的属性作为表列。

> 注意：对象表基于的是系统定义的构造函数，而不是用户定义的构造函数，因此在向对象表插入记录时，必须要在构造函数中提供匹配的所有的属性值。

创建的对象表一旦引用了特定的对象类型，就不能使用 DROP TYPE 语句对对象类型进行删除，如果非要这样做，Oracle 将抛出错误提示，如下所示：

```
SQL> DROP TYPE employee_personobj;
DROP TYPE employee_personobj
*
第 1 行出现错误：
ORA-02303: 无法使用类型或表的相关性来删除或取代一个类型
```

如果对象类型中包含嵌套的对象类型，那么嵌入的对象表类型会被作为一列存储到对象表中，比如 employee_addr 的 addr 属性是一个嵌套了 address_type 对象类型的属性，因此当创建一个 employee_addr 对象类型的数据表时，会将 addr 作为一个单独的列，如以下代码所示：

```
SQL> CREATE TABLE emp_addr_table OF employee_addr;
表已创建。
```

此时使用 DESC 命令查看表结构，可以看到 addr 是作为一列存在的，但是同时该命令显示了更多详细的信息，比如 address_type 对象中包含的属性信息，如下所示：

```
SQL> SET DESC DEPTH ALL LINENUM ON
SQL> DESC emp_addr_table;
        名称                               是否为空？   类型
 ------------------------------------------------------------
   1    EMPNO                                       NUMBER(4)
   2    SAL                                         NUMBER(10,2)
   3    COMM                                        NUMBER(10,2)
   4    DEPTNO                                      NUMBER(4)
   5    ADDR                                        ADDRESS_TYPE
   6  5   STREET_ADDR1                              VARCHAR2(25)
   7  5   STREET_ADDR2                              VARCHAR2(25)
   8  5   CITY                                      VARCHAR2(30)
   9  5   STATE                                     VARCHAR2(2)
  10  5   ZIP_CODE                                  NUMBER
METHOD
------------------
 MEMBER FUNCTION TOSTRING RETURNS VARCHAR2
METHOD
------------------
 MAP MEMBER FUNCTION MAPPING_FUNCTION RETURNS VARCHAR2
```

在 SQL*Plus 中，通过 SET DESC DEPTH ALL LINENUM ON 语句，可以显示出对象表中嵌套的深度，可以看到它提供了行号及嵌套深度的显示，同时也显示出了对象表中包含的成员方法。

17.3.2 插入对象表

插入数据的语法与向普通表插入数据一样，使用 INSERT 命令，使用方法与一般关系

表的 INSERT 语句一样。例如要向 emp_obj_table 表中插入数据,可以使用如下所示的语句:

```
SQL> INSERT INTO emp_obj_table VALUES('张小五','F',
                      TO_DATE('1983-01-01','YYYY-MM-DD'),
                      '中信',7981,5000,'Programmer');
已创建 1 行。
```

这行代码向 emp_obj_table 中插入了一行数据,可以像查询普通的数据表一样查询对象表来查看刚才插入的数据,如下查询所示:

```
SQL> SELECT person_name,gender,empno,job FROM emp_obj_table;
PERSON_NAME      GEND      EMPNO     JOB
-------------    ------    ------    ----------
张小五             F         7981      Programmer
```

可以看到在对象表中显然已经成功地插入了一条数据,如果对象表中的对象类型嵌套了另一个对象类型,比如 emp_addr_table 表中的 employee_addr 对象类型,嵌套了 address_type 属性,那么可以使用如下语法向该表插入数据:

```
SQL> INSERT INTO emp_addr_table
        VALUES (7369, 5000, 800, 20,
              address_type ('玉兰一街', '二巷', '深圳', 'DG', 523343));
已创建 1 行。
```

在向嵌套对象类型的 addr 插入值时,使用 address_type 构造函数构造了一个地址对象实例,将其作为列值插入到 emp_addr_table 表中去,在 Toad 中查询这个表中的记录时,可以看到嵌套对象类型的列作为一个对象显示在网格中,双击该列将会打开对象编辑器查看嵌套的对象的详细信息,如图 17.6 所示。

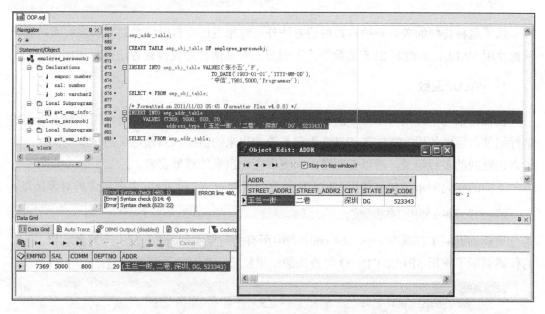

图 17.6　Toad 中嵌套对象类型的表的查询结果

除了直接插入列值外,在向对象类型的表中插入数据时,可以先实例化一个对象类型,然后向 INSERT 语句的 VALUES 子句传入构建的对象类型,如以下代码所示:

```
DECLARE
  o_emp employee_personobj;                       --定义员工对象类型的变量
BEGIN
  --使用构造函数实例化员工对象
  o_emp:=employee_personobj('张小五','F',
                TO_DATE('1983-01-01','YYYY-MM-DD'),
                '中信',7981,5000,'Programmer');
  INSERT INTO emp_obj_table VALUES(o_emp);     --插入到对象表中
END;
```

上面的对象中先构建了 employee_personobj 对象实例,然后将该实例插入到对象表中,也可以在 VALUES 子句中直接构建对象实例,如以下 SQL 语句所示:

```
SQL> INSERT INTO emp_obj_table VALUES (employee_personobj('张小五','F',
                TO_DATE('1983-01-01','YYYY-MM-DD'),
                '中信',7981,5000,'Programmer'));
已创建 1 行。
```

17.3.3 检索对象表

对象表的查询与关系表的查询一样,可以直接使用属性名作为字段来查询对象表中的列,也可以使用*运算符来查询表中的列。下面的查询直接查询 emp_obj_table 中的 person_name 和 job 列,使用的是类似关系表的查询方法:

```
SQL> SELECT person_name,job FROM emp_obj_table;
PERSON_NAME                        JOB
--------------------------------   --------------
张小五                             Programmer
```

除了这种传统的关系表检索数据的方法外,对象表还有自己特有的方法来检索数据,例如使用 VALUE 函数和 REF 函数等,下面分别对这两种对象检索方法进行详细的介绍。

1. VALUE函数

在查询语句中使用 VALUE 函数将返回存储在对象表中的对象实例,因此对于查询的单行记录,可以使用 SELECT INTO 语句将查询出来的值插入到预定义的对象实例中;对于查询返回的多行记录,可以使用游标来获取查询出来的对象实例。

下面的代码演示了如何使用 VALUE 函数来查询 emp_obj_table 表中包含的对象类型:

```
SELECT VALUE(e) from emp_obj_table e;
```

该查询返回了存储在 emp_obj_table 表中所有的对象实例,每一行一个对象实例。下面的代码演示了使用 SELECT INTO 将查询的结果赋给一个对象类型的变量:

```
DECLARE
   o_emp employee_personobj;   --定义一个对象类型的变量
BEGIN
   --使用 SELECT INTO 语句将 VALUE 函数返回的对象实例插入到对象类型的变量
   SELECT VALUE(e) INTO o_emp FROM emp_obj_table e WHERE e.person_name='张小五';
   --输出对象类型的属性值
```

```
    DBMS_OUTPUT.put_line(o_emp.person_name||'的职位是: '||o_emp.job);
END;
```

o_emp 是 employee_personobj 对象类型的变量，在执行部分通过 SELECT INTO 语句，将 VALUE 函数查询到的单行的对象实例赋给 o_emp，因此通过 DBMS_OUTPUT 可以输出 o_emp 对象实例的属性值，结果如下所示：

```
张小五的职位是: Programmer
```

当使用 VALUE 函数返回多行数据时，可以使用游标来处理多行查询，如代码 17.19 所示。

代码 17.19　使用游标和 VALUE 函数查询多行数据结果

```
DECLARE
  o_emp    employee_personobj;        --定义对象类型的变量
  CURSOR all_emp
  IS
    SELECT VALUE (e) AS emp
      FROM emp_obj_table e;           --定义一个游标，用来查询多行数据
BEGIN
  FOR each_emp IN all_emp             --使用游标 FOR 循环检索游标数据
  LOOP
    o_emp := each_emp.emp;            --获取游标查询的对象实例
    --输出对象实例信息
    DBMS_OUTPUT.put_line (o_emp.person_name || ' 的职位是: ' || o_emp.job);
  END LOOP;
END;
```

代码实现如以下过程所示。

（1）在语句块的定义部分定义一个对象类型的变量 o_emp，用来保存游标返回的对象实例，同时定义了一个游标，使用 VALUE 函数查询 emp_obj_table 表中所有的对象实例。

（2）在语句块的执行部分，通过一个游标 FOR 循环遍历游标，each_emp 是游标行对象，通过 each_emp.emp 可以获取游标中查询到的对象的实例，赋给 o_emp 变量。

（3）使用 DBMS_OUTPUT.put_line 函数输出对象实例信息。

语句的执行结果如下所示：

```
张小五 的职位是: Programmer
刘小艳 的职位是: running
```

2．REF函数

与 VALUE 相对应的 REF 函数也可以用来检索对象表中的数据，但是由其名可知，它返回的是一个对象的引用（reference）。二者之间的主要区别在于引用类型返回的只是指向对象实际位置的一个指针，而 VALUE 类型会把对象副本从一个子程序传递到另一个子程序，程序执行时的效率可能会很低。

使用共享对象类型，可以避免数据不必要的重复，而且在共享的内容更新时，任何引用所指向的内容也会被立即更新。

举个例子，在地址对象表中存放了所有的地址信息，为了避免在人员表中的每个人都拥有地址表中已存在的地址类型的一份副本，可以在创建人员对象表时，将地址栏指向对

地址表的引用,如图 17.7 所示。

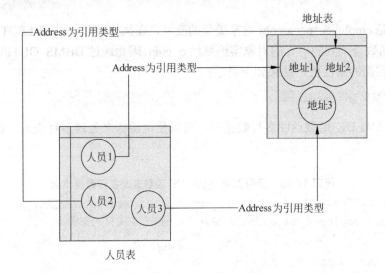

图 17.7 人员对象表与地址对象表的引用关系

由于人员对象表的地址属性引用到地址对象表中的记录,因此当对地址对象表中的对象进行了变更时,人员表中的地址信息也会更新,这大大节省了占用的资源,也提升了程序的效率,代码 17.20 演示了如何使用 REF 关键字来创建引用关系。

代码 17.20 使用 REF 关键字创建对象表引用

```
CREATE TYPE      address AS OBJECT (       --创建地址类型
    street           VARCHAR2 (35),
    city             VARCHAR2 (15),
    state            CHAR (2),
    zip_code         INTEGER
);
CREATE TABLE addresses OF address;          --创建地址对象表
CREATE TYPE person AS OBJECT (              --创建人员对象类型
    person_name      VARCHAR2 (15),
    birthday         DATE,
    home_address     REF address,  --使用 REF 关键字,指定属性为指向另一个对象表的对象
    phone_number     VARCHAR2 (15)
);
CREATE TABLE persons OF person;             --创建人员对象表
```

代码中创建了两个对象类型 address 和 person,person 对象类型在定义时通过 REF 关键字引用 address 对象类型,表示 home_address 属性只是一个指向 address 对象类型的引用。

下面向 address 中插入两条记录:

```
--插入地址
INSERT INTO addresses
    VALUES (address ('玉兰', '深圳', 'GD', '523343'));
INSERT INTO addresses
    VALUES (address ('黄甫', '广州', ''GD'', '523000'));
```

在插入了两条地址记录后,接下来向 person 插入记录时,将使用 REF 函数,通过 REF 函数返回的对 address 表中特定对象的引用,插入到 person 表中去,如以下 INSERT 语句

所示:

```
INSERT INTO persons
    VALUES (person ('王小五',
                TO_DATE ('1983-01-01', 'YYYY-MM-DD'),
                (SELECT REF (a)
                   FROM addresses a
                   WHERE street = '玉兰'),
                '16899188'
                ));
```

可以看到在 VALUES 列表中为 home_address 属性指定值时,在 SELECT 语句中使用了 REF 函数,将查询对 address 的引用插入到了 home_address 属性中。现在 home_address 就有了对 address 表中的一个引用,也可以使用如下的 PL/SQL 语句块,先查询出要插入的引用对象,然后使用 INSERT 语句进行插入,如代码 17.21 所示。

代码 17.21　使用 PL/SQL 语句块向对象表中插入引用类型的对象

```
DECLARE
  addref  REF address;           --定义一个引用类型的对象
BEGIN
  SELECT REF (a)
    INTO addref
    FROM addresses a
   WHERE street = '玉兰';        --使用 SELECT INTO 查询一个引用对象
  INSERT INTO persons            --使用 INSERT 语句向 persons 表中插入引用对象
      VALUES (person ('五大狼',
                  TO_DATE ('1983-01-01', 'yyyy-mm-dd'),
                  addref,
                  '16899188'
                  ));
END;
```

在语句块中使用 REF 关键字定义了一个指向 address 对象类型的引用类型,然后使用 REF 函数从 address 表中返回匹配的引用类型的指针,最后将这个引用类型作为 home_address 属性的值插入到 persons 表中。

当对象表中包含引用类型时,如果直接使用 SELECT 语句进行查询,引用类型的列是一串数字码,而且引用类型的对象无法直接访问其属性,如以下查询所示:

```
SQL> SELECT person_name, home_address
    FROM persons;
PERSON_NAME             HOME_ADDRESS
---------------         ---------------------------
王小五                  0000220208D098ED2B64574E95B4C445919332D43F8161CC07
                       97EE465A84B7943DFB60C83E
五大狼                  0000220208D098ED2B64574E95B4C445919332D43F8161CC07
                       97EE465A84B7943DFB60C83E
```

如果使用了 DEREF 函数,则可以查询到引用类型所指向的地址类型的值,如以下查询所示:

```
SQL> SELECT person_name, DEREF (home_address) AS HOME
    FROM persons;
PERSON_NAME             HOME(STREET, CITY, STATE, ZIP_CODE)
```

```
王小五                    ADDRESS('玉兰', '深圳', 'GD', 52334)
五大狼                    ADDRESS('玉兰', '深圳', 'GD', 52334)
```

> 注意：在 PL/SQL 语句中使用 REF 类型的变量时，不能直接访问对象的属性，必须首先通过 DEREF 函数解除引用后，才能使用对象类型的属性。

17.3.4 更新对象表

更新对象表时既可以把对象表看作是一个普通的关系型表，与关系表一样把对象表中的每个属性作为一列调用 UPDATE 语句，也可以将一行看作是一个对象，在 UPDATE 语句中对对象进行赋值。下面的代码演示了使用关系型数据更新方法来更新 emp_obj_table 对象表：

```
SQL> UPDATE emp_obj_table empobj
    SET empobj.gender = 'M'
    WHERE empobj.person_name = '张小五';
已更新 3 行。
```

另一种方法是直接更新一个对象表中的对象实例，因此需要先实例化一个对象实例，如以下代码所示：

```
SQL> UPDATE emp_obj_table empobj
    SET empobj=employee_personobj('李小七','F',
                      TO_DATE('1983-01-01','YYYY-MM-DD'),
                      '众泰',7981,7000,'Testing')
    WHERE person_name='张小五';
已更新 3 行。
```

在这行代码中，使用了 employee_personobj 构造了一个新的对象实例，然后将该对象类型赋给对象表中的行对象实例，WHERE 条件指明要更新的对象表中的条件，因此结果更新了 3 行数据。

在操纵对象表时，还可以在 WHERE 子句中把一行看作一个对象，可以使用对象标识符来唯一标识要更改的对象。对象标识符是对象表中为了唯一标识一条记录而定义的一串数字值，对于一个对象来说，需要使用 REF 函数来获取对象的标识符，在 WHERE 语句中使用对象类型进行检索的示例如代码 17.22 所示。

代码 17.22 在 WHERE 子句中使用对象类型

```
DECLARE
  emp_ref    REF employee_personobj;           --定义引用对象类型
BEGIN
  SELECT REF(e1)
    INTO emp_ref
    FROM emp_obj_table e1
   WHERE person_name = '刘小艳';               --从对象表中获取对刘小艳的对象引用
  UPDATE emp_obj_table emp_obj
    SET emp_obj =employee_personobj('何小凤',
```

```
                 'F',TO_DATE ('1985-08-01', 'YYYY-MM-DD'),
                 '本甜',7981, 7000, 'developer')
      WHERE REF (emp_obj) = emp_ref;
END;                    --使用UPDATE语句更新emp_obj_table表中刘小艳的记录
```

代码首先从 emp_obj_table 表中取出刘小艳这行记录，也就是刘小艳这个 employee_personobj 对象实例，使用 REF 返回一个对象引用到 emp_ref 对象引用变量中，然后在定义 UPDATE 语句的 WHERE 子句中使用 REF 函数来比较 emp_ref 这两个引用对象是否指向相同的位置，如果条件一致，则用新的 employee_personobj 替换掉原来的对象实例。

如果对象表的属性列表中包含了引用类型，也就是说包含了指向行对象数据的指针，如果要修改其列所引用的数据，就必须修改相应的行对象。例如在 persons 表中，home_address 字段是一个指向 address 对象类型的引用，因此如果要 UPDATE 这个包含引用类型的表，需要使用如下的语法：

```
DECLARE
  addr address;
BEGIN
  SELECT DEREF(home_address) INTO addr FROM persons WHERE person_name='张小五';
  addr.street:='五一';
  UPDATE address SET street=addr.street WHERE zip_code='523330';
END;
```

代码中先使用 DEREF 函数返回指针所指向的 address 对象实例的引用，然后将更改的信息更新回 address 表中就完成了对引用记录的更改。

17.3.5 删除对象表

与删除普通表类似，对象表的删除使用 DELETE 语句，下面的语句像删除普通的关系表一样删除 emp_obj_table 表中员工名称为张小五的记录：

```
SQL> DELETE FROM emp_obj_table WHERE person_name='张小五';
已删除3行。
```

与 UPDATE 类似，还可以在 WHERE 子句中使用引用类型的对象进行删除。例如要删除 emp_obj_table 表中员工名称为刘小艳的记录，可以使用如下的 PL/SQL 语句块：

```
DECLARE
  emp_ref    REF employee_personobj;       --定义引用对象类型
BEGIN
  SELECT REF(e1)
    INTO emp_ref
    FROM emp_obj_table e1
   WHERE person_name = '刘小艳';           --从对象表中获取对刘小艳的对象引用
    DELETE FROM emp_obj_table emp_obj
     WHERE REF (emp_obj) = emp_ref;
END;                      --使用DELETE语句删除emp_obj_table表中刘小艳的记录
```

通过使用 REF 函数，将员工名称为刘小艳的记录进行了正确的删除。

17.3.6 创建对象列

除了将整个对象作为表中的列来存储的对象表之外，还可以为关系表中的某一列的属性指定为对象类型，这种表称为**带对象列的关系表**。这种带对象类型的关系表与对象表的主要不同在于对象表是通过使用对象标识符来引用对象实例的，而对于列对象来说是没有 Oracle 对象标识符的。列对象的对象实例属于关系型数据库中的记录，具有一个 ROWID 值作为标识符。

为了演示对象列的使用，下面的代码创建了一个对象类型 dept_obj，用来保存一个部门的对象实例，如代码 17.23 所示。

代码 17.23　定义 dept_obj 对象类型

```
CREATE OR REPLACE TYPE dept_obj AS OBJECT (
deptno  NUMBER(10),           --部门编号
dname VARCHAR2(30),           --部门名称
loc VARCHAR2(30),             --部门位置
MEMBER FUNCTION get_dept_info
     RETURN VARCHAR2          --获取部门信息
)
INSTANTIABLE NOT FINAL;
/
--定义对象类型体
CREATE OR REPLACE TYPE BODY dept_obj AS
  MEMBER FUNCTION get_dept_info RETURN VARCHAR2 IS
  BEGIN
     --返回部门对象类型的信息
     RETURN '部门编号：'||SELF.deptno||' 部门名称：'||SELF.dname||'职位：'
     ||SELF.loc;
  END;
END;
/
```

对象类型 dept_obj 封装了部门信息，可以看到具有部门编号、部门名称和部门的地址信息，接下来创建一个名为 emp_colobj 的表，该表用来存放员工信息，但是在部门列中，将使用 dept_obj 对象类型作为列类型，可以在表中存储关于部门的详细信息，如以下代码所示：

```
CREATE TABLE emp_colobj(
   empno  NUMBER(10) NOT NULL PRIMARY KEY,
   ename  VARCHAR2(30),
   job    VARCHAR2(30),
   sal    NUMBER(10,2),
   deptcol dept_obj         --dept 列指定为 dept_obj 对象类型
)
/
```

在创建了包含对象列的关系表后，在 SQL*Plus 中可以使用 DESC 命令来查看表的结构，如以下代码所示：

```
SQL> SET DESC DEPTH ALL LINENUM ON
SQL> DESC emp_colobj;
```

```
      名称                            是否为空?      类型
------------------------          -----------   ------------------
 1    EMPNO                       NOT NULL      NUMBER(10)
 2    ENAME                                     VARCHAR2(30)
 3    JOB                                       VARCHAR2(30)
 4    SAL                                       NUMBER(10,2)
 5    DEPTCOL                                   DEPT_OBJ
      emp_colobj is NOT FINAL
 6  5   DEPTNO                                  NUMBER(10)
 7  5   DNAME                                   VARCHAR2(30)
 8  5   LOC                                     VARCHAR2(30)
METHOD
------
MEMBER FUNCTION GET_DEPT_INFO RETURNS VARCHAR2
```

通过 SET DESC 命令来显示行号后,现在关系表 emp_colobj 有点像是一个嵌套了对象类型的嵌套表。

> **注意**:在对象表中绑定了某个对象类型后,不能直接对对象表中的列及类型进行操作,比如新增列或对列进行修改等,但是关系表中包含对象列类型则没有这个限制。可以使用标准的 ALTER TABLE 语句来进行操作。

在创建了嵌入对象类型的关系表之后,可以像使用对象表的嵌套那样来新增或修改数据。例如可以使用如下的 INSERT 语句向 emp_colobj 表中插入记录:

```
INSERT INTO emp_colobj VALUES(7001,'张小五','程序员',5000,dept_obj(20,'开发
部','深圳'));
INSERT INTO emp_colobj VALUES(7002,'王小六','分析员',6000,dept_obj(30,'研发
部','上海'));
```

在语句中使用 dept_obj 的构造函数实例化了 dept_obj 对象,然后将该实例插入到 emp_colobj 表中,在执行完成后,可以使用如下的 SELECT 语句查询 emp_colobj 表的结果:

```
SQL> SELECT empno,ename,job,sal,deptcol as dept FROM emp_colobj;
    EMPNO ENAME      JOB          SAL    DEPT(DEPTNO, DNAME, LOC)
    ----- -----      ---          ---    ------------------------
     7001 张小五     程序员       5000   DEPT_OBJ(20, '开发部', '深圳')
     7002 王小六     分析员       6000   DEPT_OBJ(30, '研发部', '上海')
```

可以像操作嵌套对象类型那样来操作关系表中的对象列,比如可以使用 UPDATE、DELETE 语句来修改或删除对象列,相关的操作方法请参考本章前面对嵌套对象类型的介绍。

17.3.7 使用对象视图

对象视图可以让开发人员使用面向对象的特性来操作关系型数据结构,如果想将已存在的关系型的数据更改为使用 OOP 的操作方式,使用对象视图非常有用。为了创建一个对象视图,必须首先创建一个与底层的数据表的列具有相匹配属性的对象类型。

举个例子,如果要以对象的方式操纵 emp 表,可以先基于 emp 表的表列定义一个对象

类型。代码 17.24 定义了 emp_tbl_obj 对象类型，用来匹配对 emp 表的操作。

代码 17.24　定义 emp_tbl_obj 对象类型

```
--定义与关系表 emp 相匹配列的对象类型
CREATE OR REPLACE TYPE emp_tbl_obj AS OBJECT (
empno         NUMBER (6),
ename         VARCHAR2(10),
job           VARCHAR2(18),
mgr           NUMBER(4),
hiredate      DATE,
sal           NUMBER(7,2),
comm          NUMBER(7,2),
deptno        NUMBER(2),
MEMBER FUNCTION get_emp_info
     RETURN VARCHAR2
)
INSTANTIABLE NOT FINAL;
/
--定义对象类型体
CREATE OR REPLACE TYPE BODY emp_tbl_obj AS
   MEMBER FUNCTION get_emp_info  RETURN VARCHAR2 IS
   BEGIN
      --在对象类型体中可以直接访问在父对象中定义的属性
      RETURN '员工编号：'||SELF.empno||'员工名称：'||SELF.ename||'职位：'
      ||SELF.job;
   END;
END;
/
```

对象类型 emp_tbl_obj 的属性列表与 scott 方案下的 emp 表相同，在创建了该对象类型规范后，接下来就可以创建一个基于该对象类型的视图。

在创建对象视图时，必须要确定要使用的 OID（对象标识符）。对象标识符是用来唯一标识一行对象的一个字符串，通过 OID 可以保证对对象实例引用的唯一性。OID 标识符仅在对象表和对象视图上被创建，一旦一个 OID 被赋给了一个对象，那么将永远属于那个对象。通常情况下，Oracle 会自动产生 OID 值，不需要手工干预，但是在定义对象视图时，可以覆盖系统产生 OID 的机制，更改为使用对象表的主键来替代。

对象视图的创建语法如下所示：

```
CREATE VIEW view_name OF object_name
      WITH OBJECT IDENTIFIER(primary_key)
AS
  sql_statement;
/
```

其中，view_name 用于指定对象视图的名称，object_name 用于指定对象视图的对象名称，WITH OBJECT IDENTIFIER 用于指定 OID 方式，可以指定表的主键作为 OID，sql_statement 是对关系表的 SQL 查询语句，下面的代码创建了基于 emp_tbl_obj 的对象类型的 emp 表的对象视图：

```
--创建 emp_view 对象表
CREATE VIEW emp_view
   OF emp_tbl_obj
   WITH OBJECT IDENTIFIER (empno)
```

```
AS
  SELECT e.empno, e.ename, e.job, e.mgr, e.hiredate, e.sal, e.comm, e.deptno
    FROM emp e;
/
```

在创建了这个对象类型的视图以后,就可以使用本章前面介绍的对象操作语法来操作对象了,如代码 17.25 所示。

代码 17.25　使用对象类型的视图

```
DECLARE
  o_emp emp_tbl_obj;                                --定义对象类型的变量
BEGIN
  --查询对象类型
  SELECT VALUE(e) INTO o_emp FROM emp_view e WHERE empno=7369;
  --输出对象类型的属性
  DBMS_OUTPUT.put_line('员工'||o_emp.ename||' 的薪资为: '||o_emp.sal);
  DBMS_OUTPUT.put_line(o_emp.get_emp_info);      --调用对象类型的成员方法
END;
```

可以看到有了对象视图后,就可以像操作对象表一样操作对象视图,可以在视图上创建替代触发器来实现对数据的增、删、改等操作。上面的代码通过 SELECT VALUE 函数查询出了 o_emp 对象实例,然后通过对该实例使用 OOP 的操作方式来操作 scott 方案下的 emp 表,输出结果如下所示:

```
员工史密斯 的薪资为: 3499.09
员工编号: 7369 员工名称: 史密斯 职位: 职员
```

17.4　管理对象类型

当使用 CREATE TYPE 语句创建了对象类型后,Oracle 会将这些对象类型保存到数据字典中,可以通过数据字典视图来维护对象类型,也可以使用 PL/SQL Developer 或 Toad 等工具以可视化的方式维护对象类型。本节将介绍如何维护数据库中的对象类型。

17.4.1　查看对象类型

在数据字典视图 user_types 中保存了对象类型的详细信息,这个表中主要用来保存 Oracle 的类型信息,除了对象类型外,还保存了集合类型,通过 typecode 字段进行区分,例如要查询以 emp 开头的对象类型,可以使用如下的 SELECT 语句:

```
SQL> COL TYPE_NAME FORMAT A20;
SQL> SELECT type_name, ATTRIBUTES, FINAL, typecode
     FROM user_types WHERE type_name like 'EMP%' and typecode='OBJECT';
TYPE_NAME            ATTRIBUTES FINAL  TYPECODE
-------------------- ---------- ------ ----------
EMPLOYEE_ADDR                 5 NO     OBJECT
EMPLOYEE_METHOD               4 NO     OBJECT
EMPLOYEE_OBJ                  6 NO     OBJECT
EMPLOYEE_ORDER                4 NO     OBJECT
```

```
EMPLOYEE_PERSONOBJ           7        YES      OBJECT
EMPLOYEE_PROPERTY            6        NO       OBJECT
EMPLOYEE_SALOBJ              4        NO       OBJECT
EMPLOYEE_TYPE                5        YES      OBJECT
EMPLOYEE_TYPE1               5        YES      OBJECT
EMP_TYPE                     0        YES      OBJECT
已选择 10 行。
```

可以看到查询结果已经列出了在当前方案下，用户已经创建的以字符串 EMP 开始的对象列表，其中 type_name 字段指定对象名称，attributes 指定对象属性的个数，final 指定对象是否是不可继承对象，如果为 yes 表示不可继承，typecode 指定对象的类型。

通过使用 SELECT CONNECT BY 语句，还可以根据 type_name 和 supertype_name 来查询对象的继承结构，如以下查询所示：

```
SQL> SET PAGESIZE 500;
SQL> SELECT RPAD (' ', 3 * (LEVEL - 1)) |
        FROM user_types
        WHERE typecode = 'OBJECT'
    CONNECT BY PRIOR type_name = superty
TYPE_STRUCTOR
--------------------------------------------
....
EMPLOYEE_PERSONOBJ
PERSON_OBJ
   EMPLOYEE_PERSONOBJ
EMPLOYEE_ADDR
EMPLOYEE_METHOD
已选择 171 行。
```

通过这个查询语句，对于对象类型的结构就可以一目了然。如果要查看一个对象中的属性和方法的概要信息，可以使用 DESC 命令，例如要查看 employee_personobj 对象的属性和方法信息，使用 DESC 命令后将看到如下所示的结果：

```
SQL> DESC employee_personobj;
 employee_personobj extends APPS.PERSON_OBJ
            名称
            --------------------------------------------
    1       PERSON_NAME
    2       GENDER
    3       BIRTHDATE
    4       ADDRESS
    5       EMPNO
    6       SAL
    7       JOB
METHOD
------
 MEMBER FUNCTION GET_INFO RETURNS VARCHAR2
METHOD
------
 MEMBER FUNCTION GET_EMP_INFO RETURNS VARCHAR2
```

可以看到这个命令执行后，列出了对象类型的所有属性信息，同时包含了对象方法的声明信息，这对于了解对象的结构非常有用。

Toad 工具的 Schema Browser 提供了一个用来查看对象类型的名为 Types 的标签页，提供了对象类型的详细信息。在打开 Toad 窗口后，可以通过主菜单中的"Database|Schema

Browser"菜单项打开数据库方案对象浏览器,定位到 Types 标签页,可以看到当前方案下所有的对象类型列表和集合类型的列表,如图 17.8 所示。

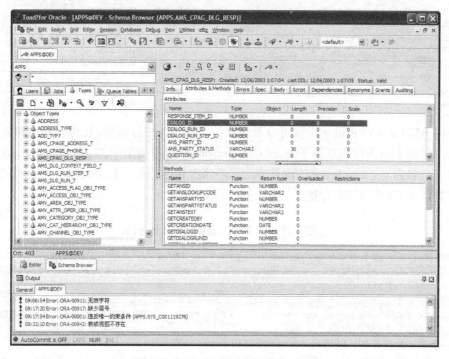

图 17.8　Toad 对象类型可视化查看器

在对象类型列表中,选中某个对象类型后,在右侧的标签页中就可以看到对象类型的详细信息,比如属性和方法列表、错误信息、对象类型规范和对象类型体的实现代码,以及对象类型依赖性同义词授权等信息。

17.4.2　修改对象类型

在定义了对象类型以后,可以通过 ALTER TABLE 语句来增加或删除对象属性及对象方法。

> 注意:如果已经基于对象类型建立了其他的对象类型或对象表,那么在为对象类型增加或删除属性时,必须要使用 CASCADE 关键字。

下面的 SQL 语句演示了如何为 employee_personobj 对象类型添加新的属性 mgr。在添加了新的属性之后,再删除属性 sal:

```
--添加 mgr 属性
ALTER TYPE employee_personobj ADD ATTRIBUTE mgr NUMBER(6) CASCADE;
--删除 sal 属性
ALTER TYPE employee_personobj DROP ATTRIBUTE sal CASCADE;
```

操作执行完成以后,可以通过 DESC 命令查看属性结构。可以看到 employee_personobj 的属性果然产生了变化,如下所示:

```
SQL> DESC employee_personobj;
employee_personobj extends APPS.PERSON_OBJ
 名称                                          是否为空?     类型
 ----------------------                       ---------    -------
 PERSON_NAME                                               VARCHAR2(20)
 GENDER                                                    VARCHAR2(10)
 BIRTHDATE                                                 DATE
 ADDRESS                                                   VARCHAR2(50)
 EMPNO                                                     NUMBER(6)
 JOB                                                       VARCHAR2(10)
 MGR                                                       NUMBER(6)
```

使用 ALTER TYPE 语句不仅可以对对象类型的属性进行操作,还可以新增和更改对象的方法,例如下面的代码删除了 employee_personobj 对象类型中的 get_emp_info 方法,然后新增一个名为 get_employee 的成员方法。与修改属性相似,如果对象类型已经被引用,那么需要使用 CASCADE 关键字,实现如代码 17.26 所示。

代码 17.26 修改对象类型的成员方法

```
--移除 employee_personobj 对象中的 get_emp_info 成员方法
ALTER TYPE employee_personobj DROP MEMBER FUNCTION get_emp_info RETURN
VARCHAR2 CASCADE;
--新增一个 get_employee 的成员方法
ALTER TYPE employee_personobj ADD MEMBER FUNCTION get_employee RETURN
VARCHAR2 CASCADE;
--更改对象类型体,以便增加在对象类型规范中定义的方法
CREATE OR REPLACE TYPE BODY employee_personobj AS
  MEMBER FUNCTION get_employee RETURN VARCHAR2 IS
  BEGIN
    --在对象类型体中可以直接访问在父对象中定义的属性
    RETURN '员工编号:'||SELF.empno||' 员工名称:'||SELF.person_name||' 职位:
    '||SELF.job;
  END;
END;
/
```

在代码中,使用 ALTER TYPE 的 DROP MEMBER FUNCTION 子句先移除了 get_emp_info 成员方法,然后使用 ADD MEMBER FUNCTION 子句为 employee_personobj 添加了新的成员方法 get_employee,最后重新定义了对象类型体,实现了 get_employee 方法。通过 DESC 命令,可以看到现在的 employee_personobj 的结构,成员方法果然被成功地变更,如下所示:

```
SQL> DESC employee_personobj;
employee_personobj extends APPS.PERSON_OBJ
 名称                                          是否为空?     类型
 ----------------------                       ---------    -------
 PERSON_NAME                                               VARCHAR2(20)
 GENDER                                                    VARCHAR2(10)
 ...
METHOD
------
 MEMBER FUNCTION GET_INFO RETURNS VARCHAR2
METHOD
------
 MEMBER FUNCTION GET_EMPLOYEE RETURNS VARCHAR2
```

可以看到对象方法果然已经变成了 get_employee 方法。在查询结果中 get_info 是来自 employee_personobj 基类中的方法。

如果从基类删除一个方法，那么也必须修改覆盖被删除方法的子类。可以用 ALTER TYPE 的 CASADE 选择来判断是否有子类被影响到；如果有子类覆盖了方法，那么语句被回滚。为了能成功地从基类删除一个方法，可以按如下两个步骤进行。

（1）先从子类删除方法。

（2）从基类删除方法，然后用不带 OVERRIDING 关键字的 ALTER TYPE 把它重新添加进去。

17.5 小 结

本章介绍了 PL/SQL 面向对象的开发技术，首先讨论了面向对象的基本概念及 PL/SQL 中面向对象开发的组成结构。由于在 PL/SQL 中对象类型是进行面向对象开发的主要元素，因此在 17.2 节中详细地介绍了如何定义并使用对象类型，实现对象类型的属性、方法及继承和重载对象类型等技术。在 Oracle 中对象类型还可以持久化到对象表中，或者将对象类型作为关系表中的一列进行存储。在 17.3 节讨论了如何创建和操作对象表，以及如何使用对象视图对现有的关系表进行面向对象的封装。最后讨论了如何查询数据字典中的对象类型信息，以及如何添加、修改和删除对象类型的成员。

第 18 章 PL/SQL 性能优化建议

对于一个 PL/SQL 应用程序来说，影响性能的原因是来自多方面的，比如不良的编程方法、数据库对象本身的构建不合理、表或索引的构建等都可能导致 PL/SQL 性能低下。其中 SQL 的性能低下是导致 PL/SQL 效率低下的主要原因。本章将主要介绍一些 PL/SQL 的性能优化建议，以及常用的 SQL 语句优化方法。

18.1　了解 PL/SQL 程序性能

当开发人员编写了一个很长的 SQL 语句时，如果出现了效率极其低下的问题，该如何诊断其中出现问题的原因，对于采用何种策略进行性能优化是非常重要的。本节开始介绍一些用来诊断 PL/SQL 应用程序性能的工具，通过对这些工具的良好掌握，可以很容易发现 PL/SQL 中到底是因为数据库对象还是 SQL 语句、或者是 PL/SQL 程序本身的设计结构具有问题。

18.1.1　影响性能常见原因

由于影响 PL/SQL 性能的原因多种多样，本小节总结了一些常见的影响性能的原因，这些原因通常并不需要开发人员掌握太多深奥的性能调优的知识，只需要将之当成一种编程的习惯即可。

1．尽量使用存储过程，避免使用PL/SQL匿名块

存储过程创建后，Oracle 会对其进行语法句法分析，以编译的形式存储在数据库中，当客户端调用时，只需要发送一条调用指令，避免了匿名块在网上传送大量源代码，降低了网络通信的负担，同时因为仅在创建时编译一次，因此提升了程序运行的性能。

2．编写共享SQL语句

Oracle 在执行 SQL 语句时，在第一次解析后，会将 SQL 语句放在位于系统全局区 SGA 中的共享池中，这块内存区域可以被所有的数据库用户共享，因此在执行一个 SQL 语句时，比如在 PL/SQL 语句中的游标执行 SQL 语句，如果 Oracle 检测到它和以前已运行过的语句相同，就会使用已经被解析的语句，使用最优的执行路径。

> 注意：Oracle 在执行一条 SQL 语句时，总是会先从共享内存区中查找相同的 SQL 语句，但是由于 Oracle 只对简单表进行缓存，因此对于多表连接查询并不适用。

Oracle 在比较语句时，会进行字符级的比较，因此如下的查询都不会进行共享，即便都是查询 emp 表：

```
SELECT * FROM EMP;
SELECT * from EMP;
Select * From Emp;
SELECT * FROM EMP;
```

为了避免这类 SQL 语句，在编写 SQL 语句时，必须注意采用大小写一致约定，关键字、保留字大写，用户声明的标识符小写。通过设计自己的编写约定并遵守这些约定，使要处理的语句与共享池中的相一致，有助于运行性能的提高。

3．使用BINARY_INTEGER和PLS_INTEGER声明整型

在 PL/SQL 编程中要声明变量类型时，应该总是使用 BINARY_INTEGER 和 PLS_INTEGER，避免过多地依赖于 NUMBER 类型，因为前者提供了较快的性能。

4．在过程中传递大数据参数时使用NOCOPY编译提示

当创建过程或函数时，IN 模式总是传递指针，而 OUT 和 IN OUT 传递的则是值的副本，也称为传值传递。当涉及较大容量的参数传递时，会严重降低性能，此时应该考虑使用 NOCOPY 编译提示来按引用传递参数，参数的大小越大，效果就越明显。

例如，假定有过程具有一个 IN OUT 类型的参数，默认情况下会按值进行传递，下面的例子演示对这个过程进行多次调用，并传递一个较大的索引表参数，如果不使用 NOCOPY，则会严重降低性能，如代码 18.1 所示。

代码 18.1　使用 NOCOPY 提升性能

```
DECLARE
  TYPE test_tbl_type IS TABLE OF PLS_INTEGER
    INDEX BY PLS_INTEGER;                                  --定义索引表类型
  test_tbl   test_tbl_type;                                --定义索引表类型的变量
  --定义内嵌子程序，在 IN OUT 参数中使用 NOCOPY 提示来按引用传递
  PROCEDURE TEST (arg_cnt IN PLS_INTEGER, arg_tbl IN OUT NOCOPY
  test_tbl_type)
  IS
  BEGIN
    FOR cnt_test IN test_tbl.FIRST .. arg_tbl.LAST    --依序循环索引表
    LOOP
      arg_tbl (cnt_test) := arg_tbl (cnt_test) + arg_cnt;
                                                      --为形式参数表赋值
    END LOOP;
  END;
BEGIN
  FOR cnt IN 0 .. 10000
  LOOP
    test_tbl (cnt) := cnt;                            --初始一个较大的索引表
  END LOOP;
  FOR cnt IN 0 .. 10000
  LOOP
    TEST (cnt, test_tbl);                --分10000次调用函数，用来测试性能
  END LOOP;
END;
/
```

在上面的代码中，定义了一个索引表类型的变量 test_tbl 和一个内嵌的子程序 test，test 过程接收一个 IN OUT 类型的索引表变量，并使用了 NOCOPY 编译提示，要求使用引用传递表变量。在语句块的执行部分，为索引表赋了上万笔记录，然后又调用一万次 test 过程。在笔者的电脑上，可以发现使用了 NOCOPY 比不使用 NOCOPY，性能有了明显的提升。

5．使用RETURNING获取返回值

在使用 DML 语句处理对象行的数据时，如果要获取行的返回值，应该总是使用 RETURNING 子句，以便减少对 SQL 的执行次数，提高执行的效率：

```
INSERT INTO … VALUES (…) RETURNING COL1 INTO :COL1;
UPDATE … SET … RETURNING COL1 INTO :COL1;
DELETE … RETURNING COL1 INTO :COL1;
```

使用 RETURNING 不仅可以返回多列数据，也可以返回数据保存到数组等数据类型中：

```
RETURNING COL1, COL2 INTO :COL1, :COL2;
RETURNING COL1 INTO :COL1_ARRAY;
```

相对于再次查询数据表来获取返回结果，使用 RETURNING 提供较好的性能体验。

6．避免使用动态SQL语句

动态 SQL 语句虽然提供了编程上的便利性，但是过多地使用动态 SQL 语句会严重地降低 PL/SQL 应用程序的性能，因此如无必要，应该总是考虑使用静态的 SQL 语句。如果不得不使用动态 SQL 语句，则应该总是选择使用本地动态 SQL 语句，即 EXECUTE IMMEDIATE 或 OPEN FOR 而不要使用 DBMS_SQL，因为 DBMS_SQL 不光编写代码较复杂，而且其性能不如本地动态 SQL 语句。

7．尽量使用BULK批处理

如果操作涉及大量的数据，则可以通过把大量的数据进行一次性处理来提升性能，比如可以将数据放到索引表、嵌套表和变长数组中，通过 FORALL 或 BULK COLLECT INTO 等批处理语句，一次性处理大的数据量，提升性能。代码 18.2 演示了使用 BULK COLLECT INTO 语句将 emp 表中所有的数据一次性插入到索引表变量中，当数据量特别大时，能显著地提高性能。

代码 18.2　使用批处理一次性获取所有数据

```
DECLARE
  TYPE emp_tbl_type IS TABLE OF emp%ROWTYPE
    INDEX BY PLS_INTEGER;         --定义索引表类型
  emp_tbl   emp_tbl_type;         --定义索引表变量
  CURSOR emp_cur
  IS
    SELECT *
      FROM emp;                   --定义打开员工资料的游标
BEGIN
```

```
    OPEN emp_cur;                          --打开游标
    FETCH emp_cur
    BULK COLLECT INTO emp_tbl;             --批量提取游标数据
    CLOSE emp_cur;                         --关闭游标
END;
/
```

通过使用 BULK COLLECT INTO 子句，一次性将所有的游标数据提取到索引表变量中，提升了程序的执行性能，也节省了代码的编写量。因此只要有可能，应尽量使用批处理来完成数据的处理工作。

影响 PL/SQL 性能的原因多种多样，上面仅列出了一些开发工作中常遇到的性能优化的几个原则，更多的因素请参考 Oracle 性能优化相关的书籍。

18.1.2 使用 DBMS_PROFILER 包

对于已经存在的代码，找出影响性能的问题点至关重要，Oracle 提供的 DBMS_PROFILER 包可以方便地发现其瓶颈所在。这个包在测试 PL/SQL 代码时非常有用，比如找出哪一段代码比较耗时，也可以用来比较不同算法之间的差异。PROFILER 产生出来的信息确实让初学者难以理解，但是一些第三方的工具，比如 PL/SQL Developer 工具就包含了对 PROFILER 的集成，提供了非常方便的查看方式。本节将以该工具为主来介绍如何进行 PROFILE。

1. 安装DBMS_PROFILER包

在使用 DBMS_PROFILER 之前，必须要以管理员身份进入数据库系统进行安装，过程如下所示：

（1）使用管理员身份登录，使用 DESC 命令判断 DBMS_PROFILER 包是否存在：

```
SQL> CONN system/manager AS SYSDBA;
已连接。
SQL> DESC DBMS_PROFILER;
```

（2）如果 DESC 命令提示 DBMS_PROFILER 包不存在，则需要使用如下命令进行安装：

```
SQL> @?/rdbms/admin/profload.sql
程序包已创建。
授权成功。
同义词已创建。
库已创建。
程序包体已创建。
Testing for correct installation
SYS.DBMS_PROFILER successfully loaded.
PL/SQL 过程已成功完成。
```

（3）再次运行 DESC DBMS_PROFILER，可以看到这个包中包含的子程序的信息，使用的函数主要有两个：

```
start_profiler: 用来启动 PROFILER。
stop_profiler: 用来停止 PROFILER。
```

2. 配置PROFILER方案

创建一个用来存放跟踪信息的用户,以及 PROFILER 相关的表的同义词:

```
SQL> CREATE USER profiler IDENTIFIED BY 12345;
用户已创建。
SQL> grant connect,resource to profiler;
授权成功。
SQL> CREATE PUBLIC SYNONYM plsql_profiler_runs FOR profiler.plsql_profiler_runs;
同义词已创建。
SQL> CREATE PUBLIC SYNONYM plsql_profiler_units FOR profiler.plsql_profiler_units;
同义词已创建。
SQL> CREATE PUBLIC SYNONYM plsql_profiler_data FOR profiler.plsql_profiler_data;
同义词已创建。
SQL> CREATE PUBLIC SYNONYM plsql_profiler_runnumber FOR profiler.plsql_profiler_runnumber;
同义词已创建。
```

3. 配置PROFILER表

在创建了需要的同义词后,接下来在 profiler 方案下创建所需要的表,以 profiler 登录执行如下的配置代码:

```
SQL> CONN profiler/12345
已连接。
SQL> @?/rdbms/admin/proftab.sql
drop table plsql_profiler_data cascade constraints
           *
第 1 行出现错误:
ORA-00942: 表或视图不存在
drop table plsql_profiler_units cascade constraints
           *
第 1 行出现错误:
ORA-00942: 表或视图不存在
drop table plsql_profiler_runs cascade constraints
           *
第 1 行出现错误:
ORA-00942: 表或视图不存在
drop sequence plsql_profiler_runnumber
              *
第 1 行出现错误:
ORA-02289: 序列不存在
表已创建。
注释已创建。
表已创建。
注释已创建。
表已创建。
注释已创建。
序列已创建。
```

接下来为这些表分配 PUBLIC 角色,以便任何人都可以对这几个表进行访问,如下所示:

```
SQL> GRANT SELECT ON plsql_profiler_runnumber TO PUBLIC;
授权成功。
SQL> GRANT SELECT,INSERT,UPDATE,DELETE ON plsql_profiler_data TO PUBLIC;
授权成功。
SQL> GRANT SELECT,INSERT,UPDATE,DELETE ON plsql_profiler_units TO PUBLIC;
授权成功。
SQL> GRANT SELECT,INSERT,UPDATE,DELETE ON plsql_profiler_runs TO PUBLIC;
授权成功。
```

这几个表的含义如下所示。
- plsql_profiler_runs：保存了 PROFILER 的运行信息。
- plsql_profiler_units：保存每个单元的 PROFILER 信息。
- plsql_profiler_data：保存了每个单元的详细数据。
- plsql_profiler_runnumber：用来生成 PROFILER 唯一运行编号的序列。

4．执行PROFILER获取配置信息

在创建了过程之后，就可以使用 PROFILER 来检测程序代码了。下面的代码创建了一个 profile_test 的过程，该过程将向 pro_tst_table 添加 10000 条记录，如代码 18.3 所示。

代码 18.3　创建要被测试的过程

```
CREATE TABLE pro_tst_table (a INT);          --创建测试表
CREATE OR REPLACE PROCEDURE sp_test          --创建测试过程
AS
BEGIN
  FOR i IN 1 .. 10000
  LOOP
    INSERT INTO pro_tst_table                --向表中插入10000行记录
        VALUES (i);
  END LOOP;
  COMMIT;
END;
```

代码向表中插入了 10000 条记录，在编写了要测试的过程后，就可以使用 DBMS_PROFILER 包提供的相关功能来进行测试了，如代码 18.4 所示。

代码 18.4　使用 DBMS_PROFILER 来测试包

```
DECLARE
  v_run_number    integer;
  v_temp1         integer;
BEGIN
  --启动 profiler
  sys.DBMS_PROFILER.start_profiler (run_number => v_run_number);
  --显示当前跟踪的运行序号(后面查询要用)
  DBMS_OUTPUT.put_line ('run_number:' || v_run_number);
  --运行要跟踪的 PLSQL
  sp_test;
  --停止 profiler
  sys.DBMS_PROFILER.stop_profiler;
END;
/
```

在开启 DBMS_OUTPUT 之后，执行该段代码，可以看到 run_number 值，这个值用来查询 DBMS_PROFILER 写入到相关表中的内容。

5. 查询PROFILER获取结果

要使用 SQL 语句查询本次执行的信息，可以先查询 plsql_profiler_runs 获取本次执行的基本信息：

```
SQL> SELECT runid, run_owner, run_date, run_total_time
    FROM plsql_profiler_runs;
  RUNID RUN_OWNER      RUN_DATE         RUN_TOTAL_TIME
  ----- ---------      --------------   --------------
      2 SCOTT          08-11月-11            593000000
      3 SCOTT          08-11月-11            312000000
```

注意：笔者运行了两次代码，因此具有两个 RUNID 的记录。ID 值是通过序列号生成的，最大 ID 值表示最近一次的执行。

RUN_TOTAL_TIME 表示执行的时间，可以看到两次执行的时间具有明显的不同。

通过查询 plsql_profiler_units 表可以得到本次 PROFILE 时的单元信息，如以下查询所示：

```
SQL> SELECT unit_number, unit_type, unit_owner, unit_name, unit_timestamp,
       total_time
    FROM plsql_profiler_units
   WHERE runid = 3 AND unit_name = 'SP_TEST';
UNIT_NUMBER UNIT_TYPE   UNIT_OWNER UNIT_NAME  UNIT_TIMESTAMP    TOTAL_TIME
----------- ---------   ---------- ---------  ---------------   ----------
          2 PROCEDURE   SCOTT      SP_TEST    08-11月-11                 0
```

通过查询 plsql_profiler_data 表，可以根据行号和单元号获得执行的存储过程的每一行的统计信息：

```
SQL> SELECT runid, unit_number, line#, total_occur, total_time, min_time,
  max_time
    FROM plsql_profiler_data
   WHERE runid = 3 AND unit_number = 2;
  RUNID UNIT_NUMBER  LINE#   TOTAL_OCCUR   TOTAL_TIME   MIN_TIME   MAX_TIME
  ----- -----------  -----   -----------   ----------   --------   --------
      3           2      1             0          677        677        677
      3           2      4         10001      1073853         81      14239
      3           2      6         10000    305121161      27572    4708771
      3           2      9             1        83550      83550      83550
      3           2     10             1         2455       2455       2455
```

尽管通过查询这些表可以获得统计的信息，但是初学者往往难以弄清楚这些数据的关系，因此可以先通过 PL/SQL Developer 或 Toad 等可视化的工具来进行 PROFILER，等到具有一定熟练程度后，再通过查询表中的数据来仔细分析代码的执行。

6. 使用PL/SQL Developer来观察PROFILER结果

使用 PL/SQL Developer 提供的概览窗口，可以很清晰地看出代码的执行信息。请先打开一个空白的测试窗口，将前面使用了 DBMS_PROFILER 包的代码复制进来，如图 18.1

所示。

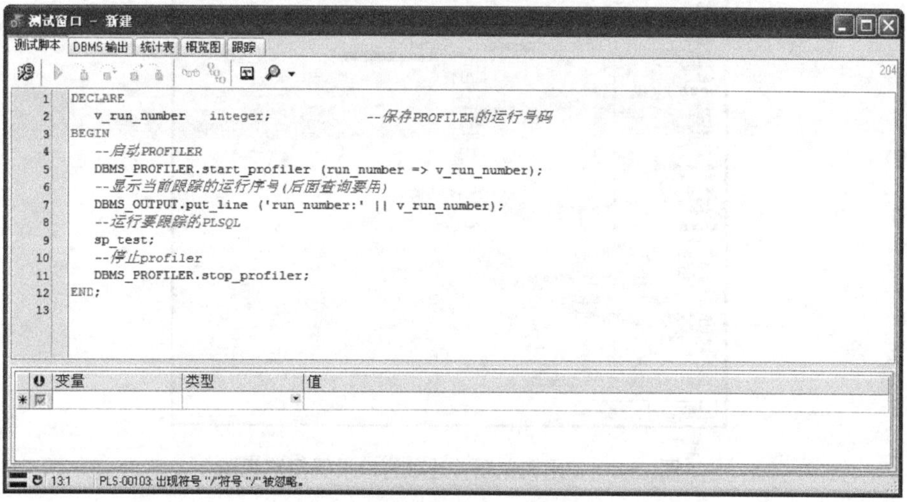

图 18.1 在 PL/SQL Developer 测试窗口中编写 PROFILER 代码

确认代码无误后，通过按 F9 键执行并调试代码，在代码执行完成后，切换到概览图标签页，可以看到在概览图中产生的 PROFILER 单元信息，如图 18.2 所示。

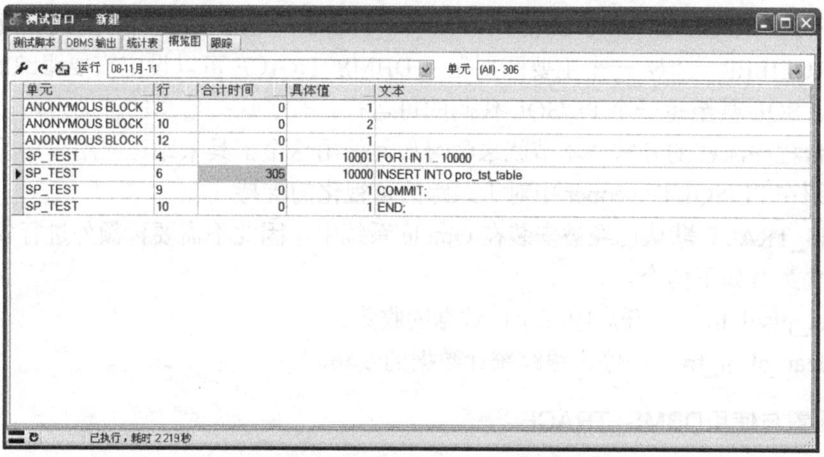

图 18.2 使用概览图报表显示 PRIFILER 信息

可以看到，红色背景的单元格表示耗用时间最长的 SQL 操作，这使得在进行性能优化调整时能一目了然地知道影响 PL/SQL 应用程序性能的具体位置。

可以通过概览图窗口的 🔧 图标，即首选项图标设置概览图页面的首选项，单击该按钮后将显示如图 18.3 所示的界面。

可以看到，在该窗口中可以添加或减少要在概览图网格中显示的列，可以通过时间单位指定显示的时间刻度。在图形化时间显示一栏，指定时间占总时间的多少百分比时，进行突出显示。

通过 PL/SQL Developer 提供的图形化工具，可以大大方便开发人员进行 PROFILER 的结果分析，进一步优化 PL/SQL 程序的性能。

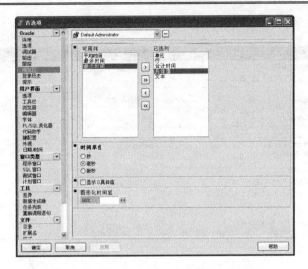

图 18.3　使用概览图首选项窗口设置概览视图

18.1.3　使用 DBMS_TRACE 包

如果编写了一个大而复杂的 PL/SQL 应用程序，想要跟踪对子程序的调用，比如看到子程序的执行顺序，则可以使用 DBMS_TRACE 包，该包的使用过程与使用 DBMS_PROFILER 类似，一个主要区别在于 DBMS_TRACE 可以设定需要跟踪的事件：调用、异常、SQL 甚至每一个 PL/SQL 代码的可运行。有了这些信息的辅助，可以非常迅速地定位后台程序流程的异常。本节就来学习如何使用这个工具来跟踪应用程序的执行。同时也会介绍在 PL/SQL Deveoper 中对于跟踪的可视化的支持。

DBMS_TRACE 默认已经被安装在 Oracle 系统中，因此不需要再额外进行安装，在包中主要的含数有如下两个。

- set_plsql_trace：开启跟踪统计数据的收集。
- clear_plsql_trace：停止跟踪统计数据的收集。

1．配置与使用 DBMS_TRACE

在使用 DBMS_TRACE 之前，需要先配置一下 DBMS_TRACE 所使用的数据表，并使得所有的用户都能够向这些表中写入数据，配置过程如下所示。

（1）使用 DBA 身份登录，执行 tracetab.sql 语句创建 DBMS_TRACE 所需要写入的表，如下所示：

```
SQL> CONN system/manager as sysdba;
已连接。
SQL> @?/rdbms/admin/tracetab.sql
drop table sys.plsql_trace_events cascade constraints
                *
第 1 行出现错误:
ORA-00942: 表或视图不存在
drop table sys.plsql_trace_runs cascade constraints
                *
第 1 行出现错误:
```

```
ORA-00942: 表或视图不存在
drop sequence sys.plsql_trace_runnumber
                *
第 1 行出现错误:
ORA-02289: 序列不存在
表已创建。
注释已创建。
表已创建。
注释已创建。
序列已创建。
```

可以看到,tracetab.sql 脚本创建了两个表和一个序列,这两个表将用来记录跟踪信息,分别如下所示。

- plsql_trace_runs 表:用来记录每一次的跟踪信息。
- plsql_trace_events 表:用来记录所有跟踪的详细数据。
- plsql_trace_runnumber 序列:用于生成唯一运行号的序列。

(2) 在成功地创建了所需要的表之后,接下来需要为相应的表创建同义词,并为之分配可访问的权限,以便于 PUBLIC 角色的用户能够对相应的表进行操作,如以下语句所示:

```
SQL> CREATE OR REPLACE PUBLIC SYNONYM plsql_trace_runs FOR SYS.plsql_
trace_runs;
同义词已创建。
SQL> CREATE OR REPLACE PUBLIC SYNONYM plsql_trace_events FOR SYS.plsql_
trace_events;
同义词已创建。
SQL> CREATE OR REPLACE PUBLIC SYNONYM plsql_trace_runnumber FOR SYS.plsql_
trace_runnumber;
同义词已创建。
SQL> GRANT SELECT,INSERT,UPDATE,DELETE ON plsql_trace_events TO PUBLIC;
授权成功。
SQL> GRANT SELECT,INSERT,UPDATE,DELETE ON plsql_trace_runs TO PUBLIC;
授权成功。
SQL> GRANT SELECT ON plsql_trace_runnumber TO PUBLIC;
授权成功。
```

在同义词与授权成功后,接下来就可以使用 DBMS_TRACE 包提供的相关功能进行跟踪了。代码 18.5 创建了一个非常简单的过程,该过程被创建后,将被调用来演示 DBMS_TRACE 包的作用。

代码 18.5　创建 DBMS_TRACE 测试程序

```
CREATE OR REPLACE PROCEDURE do_something (p_times IN NUMBER)
AS
   l_dummy    NUMBER;                --定义一个用来累加的局部变量
BEGIN
   FOR i IN 1 .. p_times              --循环 p_times 执行累加
   LOOP
      SELECT l_dummy + 1
        INTO l_dummy
        FROM DUAL;
   END LOOP;
END;
/
```

这个过程非常简单，仅对一个局部的 l_dummy 进行累加，接下来使用 DBMS_TRACE 的 3 种不同的跟踪级别来调用 do_something 过程，如代码 18.6 所示。

代码 18.6　使用 DBMS_TRACE 跟踪程序

```
DECLARE
  l_result    BINARY_INTEGER;
BEGIN
  --跟踪所有的调用
  DBMS_TRACE.set_plsql_trace (DBMS_TRACE.trace_all_calls);
  do_something (100);
  --停止 PL/SQL 跟踪
  DBMS_TRACE.clear_plsql_trace;
  --跟踪所有的 SQL 语句
  DBMS_TRACE.set_plsql_trace (DBMS_TRACE.trace_all_sql);
  do_something (100);
  --停止跟踪
  DBMS_TRACE.clear_plsql_trace;
  --跟踪所有行数据
  DBMS_TRACE.set_plsql_trace (DBMS_TRACE.trace_all_lines);
  do_something (100);
  --停止跟踪
  DBMS_TRACE.clear_plsql_trace;
END;
/
```

可以看到，对于每一次调用，都首先使用了 set_plsql_trace 开始跟踪的过程，该过程的参数 DBMS_TRACE_trace_all_calls 是指定用来跟踪调用或返回值的常量。

> **注意**：在 DBMS_TRACE 包的包规范中包含了 set_plsql_trace 可供使用的常量的列表及详细的解释，请读者通过打开 DBMS_TRACE 包的包规范代码进一步学习 set_plsql_trace 参数常量的具体应用。

在使用 DBMS_TRACE 进行跟踪之后，接下来可以使用如下的 SELECT 语句来查询 plsql_trace_runs 表，获取每一次跟踪的信息：

```
SQL> SELECT r.runid,
            TO_CHAR(r.run_date, 'DD-MON-YYYY HH24:MI:SS') AS run_date,
            r.run_owner
     FROM   plsql_trace_runs r
     ORDER BY r.runid;
  RUNID   RUN_DATE                          RUN_OWNER
  -----   ----------------------            -------------------
      1   09-11月-2011 05:17:05             SCOTT
      2   09-11月-2011 05:17:05             SCOTT
      3   09-11月-2011 05:17:05             SCOTT
```

由于在代码中使用 set_plsql_trace 和 clear_plsql_trace 进行跟踪和停止跟踪 3 次，因此在 plsql_trace_runs 显示了 3 条信息，每条都具有一个 runid 值，使用这个 runid 值可以查到每一次跟踪更详细的信息。

比如要查询第 1 次跟踪时的详细信息，可以通过查询 plsql_trace_events 表来实现，如下面的 SQL 语句所示：

第 18 章 PL/SQL 性能优化建议

```sql
SQL> SELECT e.runid,
            e.event_seq,
            TO_CHAR(e.event_time, 'DD-MON-YYYY HH24:MI:SS') AS event_time,
            e.event_unit_owner,
            e.event_unit,
            e.event_unit_kind,
            e.proc_line,
            e.event_comment
       FROM plsql_trace_events e
      WHERE e.runid = 1
      ORDER BY e.runid, e.event_seq;
```

代码在 Toad 中的查询结果如图 18.4 所示。

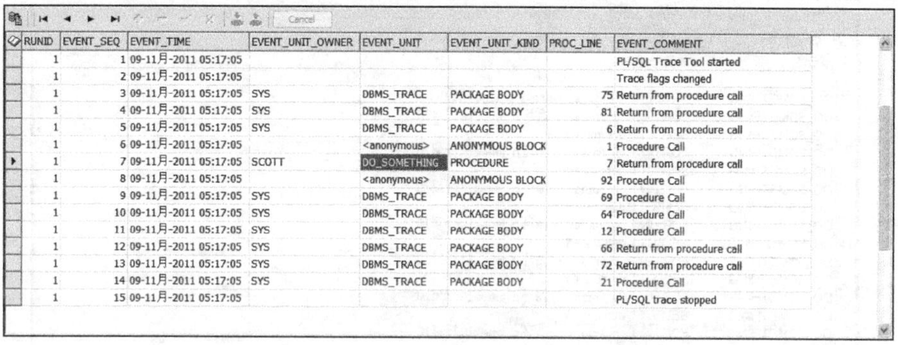

图 18.4 DBMS_TRACE 跟踪结果详细信息显示

通过图 18.4 可以看到查询返回了每一个过程调用的调用信息，看起来这里涉及很多对于 SYS 方案下的 DBMS_TRACE 本身的一些调用，此时需要控制好 Trace 的范围和等级。接下来介绍如何在 PL/SQL Developer 中使用 DBMS_TRACE 来进行 PL/SQL 代码的跟踪。

2. 在PL/SQL Developer中使用DBMS_TRACE

在使用 DBMS_TRACE 进行跟踪时，如果没有好的控制与使用能力，很容易导致跟踪不到想要的结果，而且还会导致数据量暴增的现象。PL/SQL Developer 提供了图形化的跟踪功能，使得开发人员可以进行图形化的设置，大大增强了操作 DBMS_TRACE 的易用性。

（1）打开 PL/SQL Developer，新建一个测试窗口，将代码 18.6 中的具有跟踪机制的过程调用代码添加到测试窗口中。单击工具栏中的 按钮创建跟踪报表。该按钮被按下时，可以弹出详细的跟踪设置面板，如图 18.5 所示。

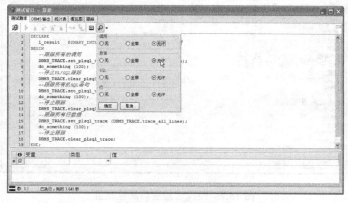

图 18.5 设置跟踪信息

这个面板实际上用来设置跟踪的跟踪级别。一个基本的跟踪结构的语句如下所示：

```
dbms_trace.set_plsql_trace(trace_level);
--trace_level 根据选择的跟踪级别相加而得
--待运行的过程
dbms_trace.clear_plsql_trace;
```

上面的设置面板实际上就是对 trace_level 参数的设置。

（2）按 F9 键开始调试器，并按 Ctrl+R 组合键开始运行，在执行完成以后，切换到跟踪标签页，就可以看到详细的语句的调用信息，如图 18.6 所示。

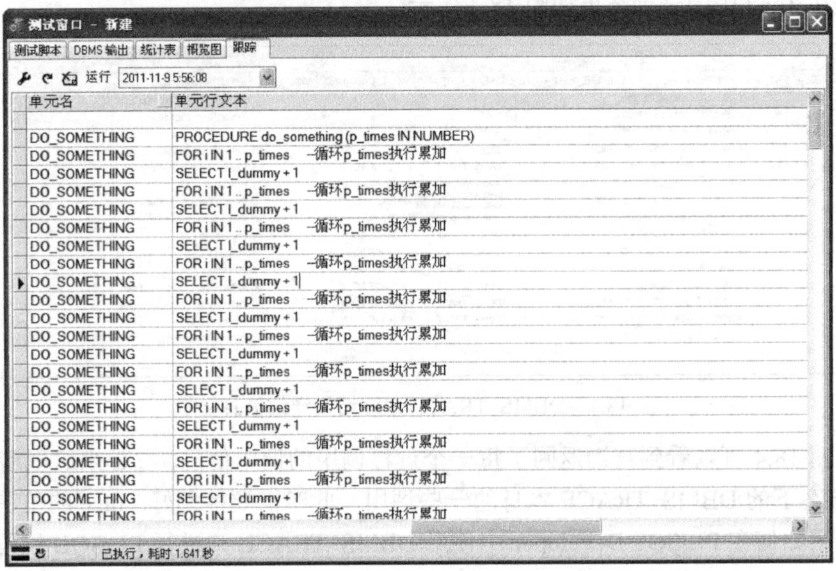

图 18.6 在 PL/SQL Developer 中查看跟踪信息

可以看到不同跟踪级别的调用出现了不同的信息。可以从工具栏的运行下拉列表框中选出最近的运行记录来进行查看，这样可以很直观地看到所有的跟踪具体信息。也可以通过单击工具栏的 🔧 图标，打开如图 18.7 所示的属性设置窗口，进一步设置跟踪窗口的属性。

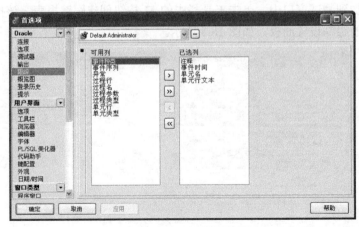

图 18.7 跟踪信息窗口属性设置

第18章 PL/SQL 性能优化建议

在属性窗口中，可以设置在跟踪窗口的网格中显示的列信息，通过选中这些列信息可以在跟踪窗口上获得更详细的跟踪结果信息。

18.2 PL/SQL 性能优化技巧

本节将介绍一些常见的 PL/SQL 的性能优化技巧，其中既包含了对 PL/SQL 本身的一些优化方式的介绍，同时也包含了对 PL/SQL 影响重大的 SQL 语句的优化技术。

18.2.1 理解查询执行计划

在编写了一条复杂的 SQL 语句之后，如何确保该语句具有最优的执行性能？Oracle 在执行一个 SQL 语句之前，会首先分析一下该语句的执行计划，通过执行计划找出最优的执行路径来执行。那么要学会优化 SQL 语句，掌握执行计划非常有必要，本节简要介绍 SQL 语句执行计划的基本用法。

1．什么是执行计划

Oracle 数据库在执行 SQL 语句时，Oracle 的优化器会根据一定的规则确定 SQL 语句的执行路径，以确保 SQL 语句能以最优性能执行。在 Oracle 数据库系统中为了执行 SQL 语句，Oracle 可能需要实现多个步骤，这些步骤中的每一步可能是从数据库中物理检索数据行，或者用某种方法准备数据行，让编写 SQL 语句的用户使用，Oracle 用来执行语句的这些步骤的组合被称为执行计划。

整体上来说，当执行一个 SQL 语句时，Oracle 经过了如图 18.8 所示的 4 个步骤。

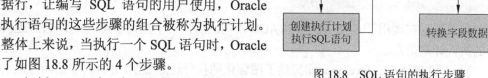

图 18.8 SQL 语句的执行步骤

- ❏ 解析 SQL 语句：主要在共享池中查询相同的 SQL 语句，检查安全性和 SQL 语法与语义。
- ❏ 创建执行计划及执行：包括创建 SQL 语句的执行计划及对表数据的实际获取。
- ❏ 显示结果集：对字段数据执行所有必要的排序、转换和重新格式化。
- ❏ 转换字段数据：对已通过内置函数进行转换的字段进行重新格式化处理和转换。

其中创建执行计划及执行 SQL 语句是执行的关键部分，通过观察 Oracle 产生的执行计划可以了解到 SQL 语句的执行效率，对低效率的执行计划进行 SQL 语句的调整以便使用最优执行路径，是使用执行计划调整性能的关键。

2．查看执行计划

可以使用多种方式查看 SQL 语句的执行计划，比如一些第三方的工具如 PL/SQL Developer 和 Toad 都提供了图形化的执行计划查看方式。在使用这些工具查看执行计划之前，必须先执行 utlxplan.sql 脚本创建 explain_plan 表，如以下语句所示：

```
SQL> conn system/manager as sysdba
已连接。
```

```
SQL> @?/rdbms/admin/utlxplan.sql
表已创建。
```

在创建了表之后，在 SQL*Plus 中就可以使用 SET AUTOTRACE 语句来显示执行计划及统计信息。常用的语句与作用如下所示：

```
SET AUTOTRACE ON EXPLAIN：执行 SQL，且仅显示执行计划
SET AUTOTRACE ON STATISTICS：执行 SQL，且仅显示执行统计信息
SET AUTOTRACE ON：执行 SQL，且显示执行计划与执行统计信息
SET AUTOTRACE TRACEONLY：仅显示执行计划与统计信息，无执行结果
SET AUTOTRACE OFF：关闭跟踪显示计划与统计
```

比如要执行 SQL 且显示执行计划，可以使用如下的语句：

```
SQL> SET AUTOTRACE ON EXPLAIN
SQL> COL ENAME FORMAT A20;
SQL> SELECT empno,ename FROM emp WHERE empno=7369;
    EMPNO ENAME
--------- --------------------
     7369 史密斯
执行计划
----------------------------------------------------------
Plan hash value: 2949544139
----------------------------------------------------------
| Id | Operation                    | Name   | Rows | Bytes | Cost (%CPU)| Time|
----------------------------------------------------------
|  0 | SELECT STATEMENT             |        |   1  |   12  |   1  (0)| 00:0:01 |
|  1 |  TABLE ACCESS BY INDEX ROWID | EMP    |   1  |   12  |   1  (0)| 00:00:01 |
|* 2 |   INDEX UNIQUE SCAN          | PK_EMP |   1  |       |   0  (0)| 00:00:01 |
----------------------------------------------------------
Predicate Information (identified by operation id):
----------------------------------------------------------
   2 - access("EMPNO"=7369)
```

可以看到在调用了 SET AUTOTRACE 语句之后，对于查询语句，SQL*Plus 返回了详尽的执行计划信息。

Toad 和 PL/SQL Developer 均提供了图像化的执行计划显示，并且对于影响性能的执行步骤进行高亮显示，以便开发人员进行调整。在 Toad 中编写好了 SQL 语句后，可以通过按快捷键 Ctrl+E 来显示执行计划，或者通过 图标及菜单中的"Editor|Explain Plan Current SQL"菜单项来显示执行计划，显示结果如图 18.9 所示。

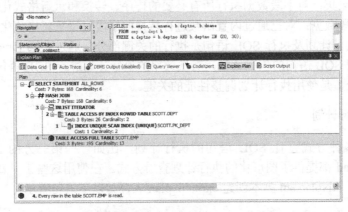

图 18.9　在 Toad 中显示查询执行计划

> 注意：Toad 会将查询执行计划写到 Toad_PLAN_TABLE 表中，因此在生成执行计划后，可以直接查询该表来获取查询执行计划的详细信息。

PL/SQL Developer 提供了一个执行计划窗口，在该窗口中输入 SQL 查询语句后，按 F8 键就可以显示执行计划，或者在 SQL 窗口中按 F5 键将会在执行计划窗口中打开并显示执行计划，如图 18.10 所示。

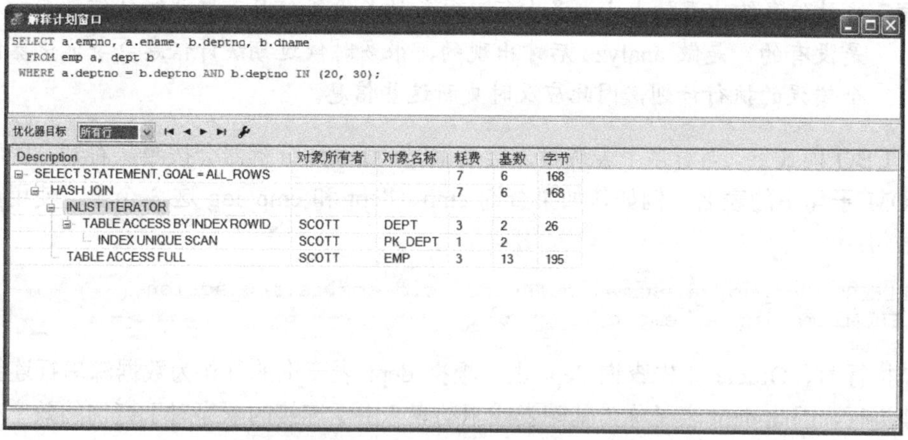

图 18.10　在 PL/SQL Developer 中显示执行计划

3．理解执行计划

由于 Oracle 的执行计划涉及的内容较多，因此要理解执行计划，需要从 Oracle 的优化器方面开始。但是通常普通的开发人员会关注 SQL 语句执行时的表访问方式，这些访问方式会以不同的方式来获取数据表记录，而这些不同的数据访问方式在不同的场景下会严重地影响执行的性能。这几种不同的访问方式如下。

- 全表扫描（FULL TABLE SCANS）：这种方式会读取表中的每一条记录，顺序地读取每一个数据块直到结尾标志，对于一个大的数据表来说，使用全表扫描会降低性能，但有些时候，比如查询的结果占全表的数据量的比例比较高时，全表扫描相对于索引选择又是一种较好的办法。
- 通过 ROWID 值获取（TABLE ACCESS BY ROWID）：行的 ROWID 指出了该行所在的数据文件、数据块及行在该块中的位置，所以通过 ROWID 来存取数据可以快速定位到目标数据上，是 Oracle 存取单行数据的最快方法。
- 索引扫描（INDEX SCAN）：先通过索引找到对应的 ROWID 值，然后通过 ROWID 值直接从表中找到具体的数据，能大大提高查找的效率。

在 Oracle 中执行 SQL 时，了解了这些执行的路径后，可以通过 Oracle 的 Hint 或一些常见的 SQL 优化技巧对 SQL 语句进行优化，提升整个 PL/SQL 程序的性能。

> 注意：了解 SQL 执行计划并进行性能的调优是一个需要专门研究的话题，限于本书的篇幅，就介绍到这里，建议读者参考一些专门的 SQL 语句性能优化的书籍。掌握好 SQL 语句的优化，是一个 DBA 必备的技能。

18.2.2 连接查询的表顺序

默认情况下,优化器会使用 ALL_ROWS 优化方式,也就是基于成本的优化器(CBO)生成执行计划。CBO 方式会根据统计信息来产生执行计划。

> 注意:统计信息给出表的大小、多少行、每行的长度等信息。这些统计信息起初在库内是没有的,是做 analyze 后才出现的,很多时候过期统计信息会令优化器做出一个错误的执行计划,因此应及时更新这些信息。

在 CBO 模式下,当对多个表进行连接查询时,Oracle 分析器会按照从右到左的顺序处理 FROM 子句中的表名。例如,如果查询 emp、dept 和 emp_log 这 3 个表,使用如下的 SQL 语句:

```
SELECT a.empno, a.ename, c.deptno, c.dname, a.log_action
  FROM emp_log a, emp b, dept c
```

在执行时,Oracle 会先查询 dept 表,根据 dept 表查询的行作为数据源串行连接 emp 表继续执行,因此 dept 表又称为基础表或驱动表。由于连接的顺序对于查询的效率有非常大的影响,因此在处理多表连接时,必须选择记录条数较少的表作为基础表,Oracle 会使用排序与合并的方式进行连接。比如先扫描 dept 表,然后对 dept 表进行排序,再扫描 emp 表,最后将所有检索出来的记录与第一个表中的记录进行合并。

如果有 3 个以上的表连接查询,就需要选择交叉表(Intersection Table)作为基础表。交叉表是指那个被其他表所引用的表。由于 emp_log 是 dept 与 emp 表中的交叉表,既包含 dept 的内容又包含 emp 的内容,因此上述查询可以将 emp_log 作为驱动表:

```
SELECT a.empno, a.ename, c.deptno, c.dname, a.log_action
  FROM emp b,dept c,emp_log a
```

18.2.3 指定 WHERE 条件顺序

在查询表时,WHERE 子句中条件的顺序往往影响了执行的性能。默认情况下,Oracle 采用自下而上的顺序解析 WHERE 子句,因此在处理多表查询时,表之间的连接必须写在其他的 WHERE 条件之前,但是过滤数据记录的条件则必须写在 WHERE 子句的尾部,以便在过滤了数据之后再进行连接处理,这样可以提升 SQL 语句的性能。以下面的语句为例,要查出 emp、dept 和 emp_log 这 3 个表中员工编号为 10 和 20 的日志记录,使用如下的写法能具有较好的性能:

```
SELECT a.empno, a.ename, c.deptno, c.dname, a.log_action, b.sal
  FROM emp b, dept c, emp_log a
 WHERE a.deptno = b.deptno AND c.deptno IN (20, 30)
```

最后面的条件先取出部门编号为 20 和 30 的记录,然后再进行关联查询,这样可以提升查询的速度,从 SQL 的执行计划中可以看到 const 成本值为 10。如果使用如下的查询方式:

```
SELECT a.empno, a.ename, c.deptno, c.dname, a.log_action, a.mgr
```

```
 FROM emp b, dept c, emp_log a
WHERE c.deptno IN (20, 30)
AND   a.deptno = b.deptno
```

这种查询先进行了连接处理,然后进行数据的过滤,这大大提高了查询的成本,在笔者的电脑上这种查询方式使得 cost 成本值变成了 32。

因此在查询时总是要注意 WHERE 子句的顺序,另外在索引的利用上面,也需要注意。比如 emp 表中 empno 是一个唯一性索引列,因此在检索特定的员工编号时,优化器将使用索引来检索数据,比如下面的语句:

```
SELECT ename,deptno FROM emp WHERE empno=7369
```

Oracle 产生的执行计划如下所示:

```
Plan
SELECT STATEMENT   ALL_ROWSCost: 1  Bytes: 15  Cardinality: 1
   2 TABLE ACCESS BY INDEX ROWID TABLE SCOTT.EMP Cost: 1   Bytes: 15
Cardinality: 1
       1 INDEX UNIQUE SCAN INDEX (UNIQUE) SCOTT.PK_EMP Cost: 0 Cardinality: 1
```

可以看到执行计划使用了唯一性索引进行扫描,提升了执行的性能。而如果使用 deptno 进行检索,由于该列没有创建任何索引,Oracle 优化器将使用全表扫描的方式,如下所示:

```
SELECT empno,ename,deptno FROM emp WHERE deptno=20;
Plan
SELECT STATEMENT   ALL_ROWSCost: 3  Bytes: 105  Cardinality: 7
   1 TABLE ACCESS FULL TABLE SCOTT.EMP Cost: 3  Bytes: 105  Cardinality:7
```

可以看到优化器对 emp 表进行了全表扫描,使得执行的成本相对较高。因此在 WHERE 子句中灵活地利用索引列是提升性能的一个非常重要的方面。当然在面对复杂的查询时,也许需要在多个索引之间权衡,比如考虑索引的优先级,调整索引列的顺序等,这些往往是衡量 DBA 是否有经验的标准。

18.2.4 避免使用*符号

在选择一个表中所有的列时,大多数开发人员会习惯使用*符号,比如查询 emp 表中所有列的数据,可以使用如下的查询:

```
SELECT * FROM emp
```

Oracle 在遇到*符号时,会去查询数据字典表中获取所有的列信息,然后依次转换成所有的列名,这将耗费较长的执行时间,因此在编写程序代码时,应该尽量避免使用*号获取所有的列信息。

18.2.5 使用 DECODE 函数

DECODE 函数是 Oracle 数据库才具有的一个功能强大的函数,灵活使用该函数可以减少很多对表的不必要的访问,因为多次对一个表进行读取操作会严重降低性能,为此可以使用 DECODE 来解决。

举个例子，在做报表统计时，经常要根据不同的条件来获取统计记录，比如统计 emp 表中部门编号为 20 和部门编号为 30 的员工的人数和薪资汇总，如果不使用 DECODE，那么必须要编写两条 SQL 语句，如下所示：

```
SQL> SELECT COUNT(*),SUM(sal) FROM emp WHERE deptno = 20
  UNION
  SELECT COUNT(*),SUM(sal) FROM emp WHERE deptno =30;
 COUNT(*)     SUM(SAL)
---------- ------------------------------------
        5      13821.15
        6          9900
```

在查询语句中，通过 UNION 语句将两条 SQL 语句进行了合并，实际上通过执行计划可以看到，SQL 优化器对 emp 表访问了两次，如下所示：

```
Plan
SELECT STATEMENT   CHOOSE
    6 SORT UNIQUE
        5 UNION-ALL
            2 SORT AGGREGATE
                1 TABLE ACCESS FULL APPS.EMP
            4 SORT AGGREGATE
                3 TABLE ACCESS FULL APPS.EMP
```

通过 DECODE 语句，可以在一个 SQL 查询中获取到相同的结果，并且将两行结果显示为单行，如以下查询语句所示：

```
SQL> SELECT COUNT (DECODE (deptno, 20, 'X', NULL)) dept20_count,
        COUNT (DECODE (deptno, 30, 'X', NULL)) dept30_count,
        SUM (DECODE (deptno, 20, sal, NULL)) dept20_sal,
        SUM (DECODE (deptno, 30, sal, NULL)) dept30_sal
    FROM emp;
DEPT20_COUNT DEPT30_COUNT  DEPT20_SAL   DEPT30_SAL
------------ ------------ ----------  -------------
          5            6    13821.15         9900
```

通过观察查询的执行计划，可以看到 SQL 语句仅对 emp 表进行了一次全表扫描，如下所示：

```
Plan
SELECT STATEMENT   CHOOSE
    2 SORT AGGREGATE
        1 TABLE ACCESS FULL APPS.EMP
```

通过灵活地运用 DECODE 函数，可以得到很多意想不到的结果，比如在 GROUP BY 或 ORDER BY 子句中使用 DECODE 函数，或者在 DECODE 块中嵌套另一个 DECODE 块。

18.2.6 使用 WHERE 而非 HAVING

WHERE 子句和 HAVING 子句都可以用来过滤数据，但是由于 WHERE 子句中不能使用聚集函数，如 COUNT、MAX、MIN、AVG、SUM 等函数，因此通常将 HAVING 子句与 GROUP BY 子句结合在一起使用，它可以使用聚集函数，来过滤结果集。

> **注意**：当利用 GROUP BY 进行分组时，可以没有 HAVING 子句。但 HAVING 出现时，必然出现 GROUP BY，即 HAVING 对分组后的数据再依据条件进行筛选。

为了编写高性能的 SQL 语句，必须要了解，WHERE 语句是在 GROUP BY 语句之前筛选出记录，而 HAVING 是在各种记录都筛选之后再进行过滤。也就是说 HAVING 子句是在从数据库中提取数据之后进行筛选的，因此在编写 SQL 语句时，尽量在筛选之前将数据使用 WHERE 子句进行过滤，因此执行的顺序应该总是如下这样。

- 使用 WHERE 子句查找符合条件的数据。
- 使用 GROUP BY 子句对数据进行分组。
- 在 GROUP BY 分组的基础上运行聚合函数计算每一组的值。
- 用 HAVING 子句去掉不符合条件的组。

举个例子，使用如下的 SQL 语句查询部门 20 和 30 的员工薪资总数大于 1000 的员工信息，使用了如下的查询：

```
SQL> SELECT   empno, deptno, SUM (sal)
       FROM emp
     GROUP BY empno, deptno
      HAVING SUM (sal) > 1000 AND deptno IN (20, 30);
     EMPNO      DEPTNO     SUM(SAL)
     ------     ------     ------------
      7900         30         1050
      7369         20         2667.59
      7499         30         1700
      7521         30         1350
      7566         20         3927
      7654         30         1350
      7698         30         2850
      7788         20         2342.56
      7844         30         1600
      7876         20         1584
      7902         20         3300
已选择 11 行。
```

在 HAVING 子句中，过滤出部门编号为 20 或 30 的记录，实际上这将导致查询取出所有的部门的员工记录，再进行分组计算，最后才根据分组的结果过滤出部门 20 和 30 的记录。这非常低效，好的算法是先使用 WHERE 子句取出部门编号为 20 和 30 的记录，再进行过滤。修改过的查询语句如下所示：

```
SELECT   empno, deptno, SUM (sal)
   FROM emp
  WHERE deptno IN (20, 30)
GROUP BY empno, deptno
 HAVING SUM (sal) > 1000
```

上述代码将减轻 Oracle 数据库服务器的负担，提供较优的性能。

18.2.7 使用 UNION 而非 OR

如果考虑在 SQL 查询中使用 OR 语句，那么需要特别注意其性能问题。如果要进行 OR 运算的两个列都是索引列，可以考虑使用 UNION 来提升性能。比如在 emp 表中，empno

和 ename 都创建了索引列,当需要在 empno 和 ename 之间进行 OR 操作查询时,可以考虑将这两个查询更改为 UNION 来提升性能。例如对于如下的 OR 语句查询:

```
SELECT empno, ename, job, sal
  FROM emp
 WHERE empno > 7500 OR ename LIKE 'S%';
```

使用 UNION 语句后,如下所示:

```
SELECT empno, ename, job, sal
  FROM emp
 WHERE empno > 7500
UNION
SELECT empno, ename, job, sal
  FROM emp
 WHERE ename LIKE 'S%';
```

但是这种方式必须要确保两个列都是索引列,否则执行的性能可能往往还不如 OR 语句的性能。

如果坚持使用 OR 语句,需要记住尽量将返回记录最少的索引列写在最前面,这样能获得较好的性能,例如 empno>7500 返回的记录要少于对 ename 的查询,因此在 OR 语句中将其放到前面能获得较好的性能。

另外的一个建议是在要对单个字段值进行 OR 计算的时候,可以考虑使用 IN 来代替。例如要查询部门编号为 20 或 30 的员工记录:

```
SELECT empno, ename, job, sal
  FROM emp
 WHERE deptno=20 OR deptno=30;
```

将上述 SQL 语句更改为使用 IN 子句,不仅能获得较好的性能,也能得到较好的可读性。

18.2.8 使用 EXISTS 而非 IN

在编写 SQL 语句时,使用 IN 语句可以解决很多问题,比如要查询位于芝加哥的所有员工列表,可以考虑使用如下的 IN 查询:

```
SELECT *
  FROM emp
 WHERE deptno IN (SELECT deptno
                    FROM dept
                   WHERE loc = 'CHICAGO');
```

在查询语句中,IN 后面使用了子查询来获取位于芝加哥的部门编号列表,可以将 IN 语句更改为使用 EXISTS 来获得更好的查询性能,如以下代码所示:

```
SELECT *
  FROM emp
 WHERE EXISTS (SELECT deptno
                 FROM dept
                WHERE loc = 'CHICAGO');
```

同样的替换也发生在 NOT IN 和 NOT EXISTS 之间。NOT IN 子句将执行一个内部的排序和合并,实际上它对子查询中的表执行了一次全表扫描,因此效率较低,在需要使用 NOT IN 的场合,应该总是考虑把它更改成外连接或 NOT EXISTS。

例如要查询 emp 表中员工所在部门不为芝加哥的员工列表,如果使用 NOT IN,语法如下所示:

```sql
SELECT *
  FROM emp
 WHERE deptno NOT IN (SELECT deptno
                        FROM dept
                       WHERE loc = 'CHICAGO');
```

为了提供较好的性能,可以考虑使用连接查询,如以下代码所示:

```sql
SELECT a.*
  FROM emp a, dept b
 WHERE a.deptno = b.deptno AND b.loc <> 'CHICAGO';
```

这是最有效率的一种办法,但是也可以考虑 NOT EXISTS,如以下代码所示:

```sql
SELECT a.*
  FROM emp a
 WHERE NOT EXISTS (SELECT 1
                     FROM dept b
                    WHERE a.deptno = b.deptno AND loc = 'CHICAGO');
```

18.2.9 避免低效的 PL/SQL 流程控制语句

PL/SQL 在处理逻辑表达式值的时候,使用的是短路径的计算方式。举个例子,对于如下的条件控制语句:

```plsql
DECLARE
  v_sal    NUMBER          := &sal;        --使用绑定变量输入薪资值
  v_job    VARCHAR2 (20)   := &job;        --使用绑定变量输入 job 值
BEGIN
  IF (v_sal > 5000) OR (v_job = '销售')    --判断执行条件
  THEN
     DBMS_OUTPUT.put_line ('符合匹配的 OR 条件');
  END IF;
END;
```

PL/SQL 对于这个 IF 语句,首先对第 1 个条件进行判断,如果 v_sal 大于 5000,就不会再对 v_job 条件进行判断,灵活地运用这种短路计算方式可以提升性能。应该总是将开销较低的判断语句放在前面,这样当前面的判断失败时,就不会再执行后面的具有较高开销的语句,能提升 PL/SQL 应用程序的性能。

举个例子,对于 AND 逻辑运算符来说,只有左右两边的运算为真,结果才为真。如果前面的第 1 个运算结果是 False 值,就不会进行第 2 个运算判断,因此特编写了如下的代码:

```plsql
DECLARE
  v_sal    NUMBER          := &sal;        --使用绑定变量输入薪资值
  v_job    VARCHAR2 (20)   := &job;        --使用绑定变量输入 job 值
BEGIN
```

```
    IF (Check_Sal(v_sal) > 5000) AND (v_job = '销售')     --判断执行条件
    THEN
        DBMS_OUTPUT.put_line ('符合匹配的AND条件');
    END IF;
END;
```

这段代码有一个性能隐患，Check_Sal 涉及一些业务逻辑的检查，如果让 Check_Sal 函数的调用放在前面，这个函数总是被调用，因此出于性能方面的考虑，应该总是将 v_job 的判断放到 AND 语句的前面，如以下代码所示：

```
DECLARE
    v_sal   NUMBER         := &sal;           --使用绑定变量输入薪资值
    v_job   VARCHAR2 (20) := &job;            --使用绑定变量输入job值
BEGIN
    IF (v_job = '销售') AND (Check_Sal(v_sal) > 5000)     --判断执行条件
    THEN
        DBMS_OUTPUT.put_line ('符合匹配的AND条件');
    END IF;
END;
```

代码用上述的方式进行编排了以后，就能避免可能造成的性能隐患，在执行时可以将性能保持尽可能地高，也可以使程序变得更加稳健。

18.2.10　避免隐式类型的转换

当将一种类型的变量赋给另一种兼容的数据类型时，比如把 PLS_INTEGER 变量赋给一个 NUMBER 类型的变量时，由于其内在的表现形式不同，因此会引起 Oracle 进行隐式数据类型的转换。举例来说，在进行 PL/SQL 程序设计时，建议对整型的操作使用 PLS_INTEGER 和 BINARY_INTEGER 这两种类型，这两种类型提供了相对于 NUMBER 类型更好的性能。但是当需要把数据存储到 Oracle 中时，需要将其转换为 NUMBER 类型，这将导致类型的转换，引起性能问题。

但是对于数字类型来说，如果操作不涉及数据库操作，应该总是使用 PL/SQL 提供的类型，比如下面的示例代码使用了 NUMBER 类型，并不涉及数据库操作：

```
DECLARE
    wk_cnt   NUMBER := 0;                --定义NUMBER类型
BEGIN
    FOR cnt IN 0 .. 100000000
    LOOP
        wk_cnt := wk_cnt + 1;            --累加
    END LOOP;
END;
```

相较于使用 PLS_INTEGER 类型，使用 NUMBER 类型虽然便于移植并且能适应不同的长度与精度，但是 PLS_INTEGER 所需要的内存比 INTEGER 和 NUMBER 类型要少，并且使用机器进行运算，其运算速度要快得多。

但是如果要将一个字符串类型的数字赋给一个数据类型的变量，Oracle 将会进行隐式转换，这将影响执行时的性能，因此在编写程序代码时必须注意。

18.3 小　　结

本章用 DBMS_PROFILER 和 DBMS_TRACE 包来跟踪 PL/SQL 程序代码进行了详细的介绍，并讨论了一些第三方开发工具在这方面提供的便利特性。在 PL/SQL 性能优化技巧部分，介绍了常见 SQL 语句的性能优化及 PL/SQL 代码编写过程中的一些注意事项。Oracle 性能优化是一个需要长时间学习与积累的过程，希望读者通过本章的学习能对性能优化有一定了解。

第 5 篇　PL/SQL 案例实战

▶▶　第 19 章　企业 IC 芯片欠料计算程序

▶▶　第 20 章　PL/SQL 邮件发送程序

第 19 章　企业 IC 芯片欠料计算程序

目前在企业单位中，PL/SQL 开发人员分为两类阵营：一类是专门从事客户端的 PL/SQL 程序开发，比如开发 Oracle Forms 和 Oracle Report；另外一类是服务器端的 PL/SQL 开发人员。目前客户端的 PL/SQL 通用软件的开发已经不多，多数客户端的开发人员都属于 Oracle ERP 二次开发方面的开发人员。但是 PL/SQL 服务器端的开发人员相对较多，只要存在 Oracle 数据库的地方，基本上都存在一些擅长服务器端 PL/SQL 开发的开发人员。

本章将学习一个使用 PL/SQL 开发的物料核算的程序，带领大家学习 PL/SQL 在服务器端开发中的实战应用。这个程序是一个 PL/SQL 包，通过对这个包的定时执行来解决电子行业的 IC 芯片的欠数问题，以便企业的采购部门或工程部门了解欠料情况后及时解决问题，避免公司运营的不连续。

19.1　系统设计

A 公司是一家生产电子产品的生产制造商，一直以来从事高科技电子消费性产品的生产，同时将一些工厂无法处理的生产业务外包给了第 3 方专业的承包公司进行生产，在外包业务上使用包工包料的业务模式。由于 IC 芯片属于一种昂贵的生产原材料，A 公司希望有一个程序，能够了解到某个指定的时间段内以周为单位的 IC 芯片欠料情况，因此要求 PL/SQL 的开发人员能够根据公司现有的数据开发出一个定时计算的程序，定期地计算出 IC 芯片的欠料情况，由客户端的程序员编写程序来进行显示。

19.1.1　程序需求简介

最近 A 公司的业务承包商向公司管理层抱怨公司 IC 芯片到货不及时，导致业务无法及时完成，进而使得生产进度延期，影响到了整体的交货进程。A 公司的 IT 经理被授命开发一套 IC 芯片的算料程序。A 公司与承包公司 B 公司的业务流程如图 19.1 所示。

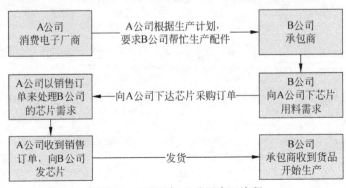

图 19.1　A 公司与 B 公司交互流程

由于 IC 芯片的采购周期较长，需要一定时间进行采购，因此 A 公司的高层希望能根据现有的生产计划，得到 IC 芯片的需求数量。IT 团队考察了整个数据的运作流程，发现涉及如图 19.2 所示的几个数据来源。

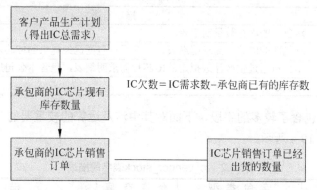

图 19.2　IC 芯片欠数计算数据来源

IT 部门的分析人员发现，根据现有的生产计划可以得出当前公司需要的 IC 芯片数量，根据对承包商所下达的 IC 需求销售订单及承包商现有的库存量，可以得知已经预备了的 IC 芯片，通过总需求数量减去承包商已经采购的 IC 芯片，就可以得到公司目前需要的 IC 芯片欠数列表。

19.1.2　数据表 ER 关系图

开发人员对需求进行建模后，对当前的业务流程进行了细致的分析，将运算涉及的几个数据表进行了分解，得出如图 19.3 所示的 ER 关系图。

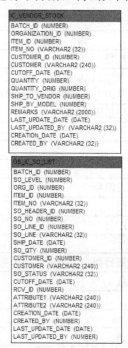
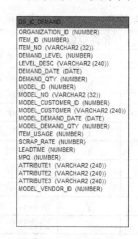
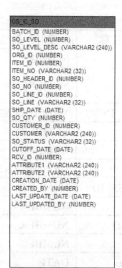

图 19.3　ER 关系图

与 IC 芯片欠料计算相关的表主要有 4 个，这 4 个表将保存来源于其他系统中的数据，然后使用 PL/SQL 对这些表中的数据进行欠料计算，这 4 个表的作用如表 19.1 所示。

表 19.1　系统数据表的功能

表　名	描　述
ic_vendor_stock	承包商的库存数量明细表
os_ic_so	承包商的IC芯片需求明细表，包含了承包商已经提供的IC芯片需求明细表
os_ic_demand	本公司通过生产计划拟定的IC芯片需求明细表，包含本公司所需要的明细表
os_ic_so_list	历次承包商的销售订单列表

由于每个表都包含了较多的字段，下面对其中涉及运算的较重要的字段描述进行了表述，如表 19.2～表 19.4 所示。

表 19.2　ic_vendor_stock表字段描述

字段名称	字段类型	允许空值	描　述
BATCH_ID	NUMBER	N	承包商库存批次编号
ORGANIZATION_ID	NUMBER	N	企业组织单位ID号
ITEM_ID	NUMBER	N	物料编码
ITEM_NO	VARCHAR2(20)	Y	物料编号
CUSTOMER_ID	NUMBER	Y	承包商编号
CUSTOMER	VARCHAR2(240)	Y	承包商名称
CUTOFF_DATE	DATE	Y	批次的截断日期
QUANTITY	NUMBER	Y	承包商库存数量
QUANTITY_ORIG	NUMBER	Y	承包商库存的初始数量
SHIP_TO_VENDOR	NUMBER	Y	已经发货给承包商的物料数量
SHIP_BY_MODEL	NUMBER	Y	已经发货的成品编码数量

表 19.3　os_ic_so表字段描述

字段名称	字段类型	允许空值	描　述
BATCH_ID	NUMBER	N	销售订单批次号
SO_LEVEL	NUMBER	N	销售订单的类型，比如是因为生产某个配件的IC芯片需求还是因为直接购买IC芯片的需求。
SO_LEVEL_DESC	VARCHAR2(240)	N	销售订单类型描述
ORG_ID	NUMBER	Y	企业组织单位ID号
ITEM_ID	NUMBER	Y	物料编码
ITEM_NO	VARCHAR2(32)	Y	物料编号
SO_HEADER_ID	NUMBER	Y	销售订单主表编号
SO_NO	NUMBER	Y	销售订单编码
SO_LINE_ID	NUMBER	Y	销售订单行ID号
SO_LINE	NUMBER	Y	销售订单行号
SHIP_DATE	DATE	Y	销售订单出货日期
SO_QTY	NUMBER	Y	销售订单数量
CUSTOMER_ID	NUMBER	Y	客户ID号
CUSTOMER	VARCHAR2(240)	Y	客户名称
SO_STATUS	VARCHAR2(32)	Y	销售订单状态
CUTOFF_DATE	DATE	Y	截断日期

表 19.4　os_ic_demand 表字段描述

字段名称	字段类型	允许空值	描述
ORGANIZATION_ID	NUMBER	N	组织单位ID号
ITEM_ID	NUMBER	Y	物料编码
ITEM_NO	VARCHAR2(32)	Y	物料编号
DEMAND_LEVEL	NUMBER	Y	需求的分类
LEVEL_DESC	VARCHAR2(240)	Y	需求分类描述
DEMAND_DATE	DATE	Y	需求日期
DEMAND_QTY	NUMBER	Y	需求数量
MODEL_ID	NUMBER	Y	需求的产品型号ID
MODEL_NO	VARCHAR2(32)	Y	需求产品型号编码
MODEL_CUSTOMER_ID	NUMBER	Y	产品需求的客户ID号
MODEL_CUSTOMER	VARCHAR2(240)	Y	产品需求的客户名称
MODEL_DEMAND_DATE	DATE	Y	需求的日期
MODEL_DEMAND_QTY	NUMBER	Y	产品需求数量
ITEM_USAGE	NUMBER	Y	单个产品的IC芯片需求用量
SCRAP_RATE	NUMBER	Y	损耗率
LEADTIME	NUMBER	Y	提前期
MPQ	NUMBER	Y	生产计划数量

由于 os_ic_so_list 的表结构与 os_ic_so 非常相似，该表主要用于保存过去的销售订单的历史快照，因此这里就不再列出其字段含义。

19.1.3　系统总体流程

企业的供应链计划主要涉及的就是一个供需平衡的计划，供应与需求的平衡也是 IC 芯片欠料算法中要考虑的一种主要的逻辑。

在计算 IC 芯片欠料时，了解什么是供应，什么是需求是非常重要的。A 公司的 IT 部门相关分析人员与企业的业务运作人员进行进一步的需求调查后，得出如图 19.4 所示的需求与分析的结果：

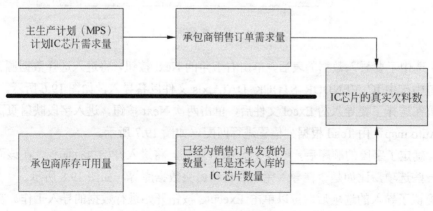

图 19.4　系统计算需求

根据上述分析，可以得知实际上对 IC 芯片欠料数的计算就是对供需平衡的一种计算，对于需求量，可以考虑为一个负数，对于供应量，可以考虑为一个正数，通过正负数相加就能得到一个平衡的欠料数。

由于当前 A 公司的 ERP 系统数据的来源比较复杂，因此笔者将其中数据提取的部分统一写入到了几个临时表中，这几个临时表中的数据是通过对 ERP 数据库系统中的数据进行提炼得到的，以便可以让读者将关注的重点放到 PL/SQL 运算的部分。

19.1.4 示例环境的搭建

为了让读者能够体验本示例的实现过程及运行效果，在本书配套的光盘中提供了所有的表创建的代码，位于 Script.s.sql 文件中。读者可以将所有的建表脚本代码复制到 Toad 或通过 SQL*Plus 来创建表。

对于示例数据部分，笔者提供了几个 Excel 文件，下面将演示如何通过 Toad 工具将 Excel 文件数据导入到各个以_temp 结尾的表中。以 ic_vendor_stock_temp 的导入为例，步骤如下所示。

（1）打开 Toad，单击主菜单中的 "Database|Import|Import Table Data" 菜单项，将打开导入数据的窗口，如图 19.5 所示。

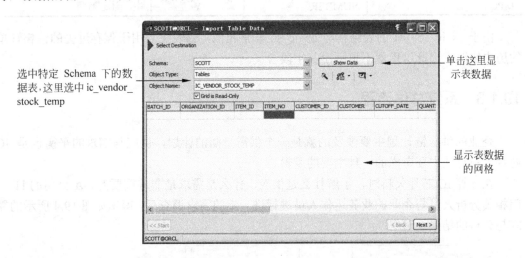

图 19.5 导入表数据窗口

（2）选中了要导入数据的表后，单击右下角的 Next 按钮，将进入选择数据源窗口，在这个窗口中选中 IC_VENDOR_STOCK_DATA.xls 文件以备导入，如图 19.6 所示。

（3）在选择了要导入的 Excel 文件后，单击两次 Next 按钮，进入字段映射页面，可以使用 "Auto map" 由 Toad 根据列位置进行匹配，如图 19.7 所示。

（4）确定了字段的顺序后，单击 3 次 Next 按钮，将进入开始执行面板，在该面板中可以指定一些选项，比如是否在导入完成后自动提交数据库等，如图 19.8 所示。

在确认了导入的选项后，可以单击 Execute 按钮开始进行数据的导入工作。在导入完成后，就可以在如图 19.5 所示的窗口中看到从 Excel 中导入的数据。

第 19 章 企业 IC 芯片欠料计算程序

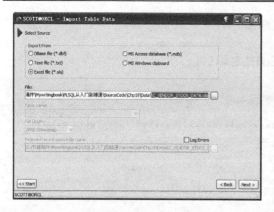

图 19.6　选择要导入的 Excel 文件

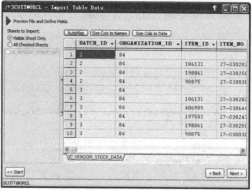

图 19.7　匹配数据库的列与 Excel 中的字段顺序

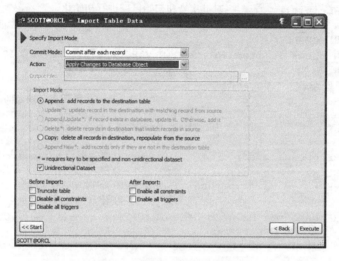

图 19.8　导入前的选项设置面板

按如上所示的步骤依次将 OS_IC_DEMAND_TEMP_DATA.xls 导入 os_ic_demand_temp 表，将 OS_IC_SO_LIST_TEMP_DATA.xls 导入 os_ic_so_list_temp 表，将 OS_IC_SO_TEMP_DATA.xls 导入 os_ic_so_temp 表，就可以进行本章示例的使用了。

19.2　系统编码实现

在了解了系统的基本需求及总体规划后，本章将开始进行编码的过程。由于本示例的重点在于学习 PL/SQL 的知识点如何灵活地用在现实生活中的示例中，因此对于技术上的实现是本章的侧重点。而对于具体的业务逻辑的实现，则由于不同的公司在业务流程上的千差万别，不能一概而论。

19.2.1　创建包规范

本示例的所有计算代码都定义在包 plsql_ic_planning_study 中，在包规范中，定义了整个计算过程要进行的几个步骤,如代码 19.1 所示。

代码 19.1　包规范定义代码

```
--IC 芯片欠料计划包规范
CREATE OR REPLACE PACKAGE plsql_ic_planning_study
AS
/*************************************************************************
    包名:       plsql_ic_planning_study
    功能:       计算 A 公司的 IC 芯片欠料程序
    修订历史:
    版本         日期              作者                  描述
    -----    -----------     ------------------     -----------
    1.0      11/08/2011      PL/SQL 从入门表精通     1. 初始包创建
*************************************************************************/
    PROCEDURE init;                --对批次号和初始日期进行初始化
    FUNCTION get_batch                                --获取当前批次号
      RETURN NUMBER;
    FUNCTION check_ic_item (p_item IN VARCHAR2)       --检查 IC 芯片编号
      RETURN NUMBER;
    PROCEDURE gen_ic_demand;                          --生产 IC 芯片的需求量
    PROCEDURE actual_ship (              --计算指定日期之间的实际走货日期
      p_date_cut   IN    DATE,
      p_date_to    IN    DATE DEFAULT SYSDATE
    );
    PROCEDURE openning_so;              --计算当前已开出的销售订单列表
    PROCEDURE shortage_cal;             --计算 IC 芯片欠料主程序
    PROCEDURE ic_cd_main (p_recal IN NUMBER DEFAULT 0);
                                        --在计算完成后,重新生成新的截断快照
    PROCEDURE data_pre_main (p_date IN DATE);   --包主程序,供外部进行调用
END plsql_ic_planning_study;
/
```

在包规范中共定义了 9 个子程序,包含 7 个过程和两个函数,它们的作用分别如下所示。

- Init 过程:用来获取自上次对承包商库存快照进行截断以来,最后的截断批次号和最近一次的截断日期,保存到包体中定义的局部变量中。
- Get_batch 函数:返回在包体的变量中保存的批次号。
- Check_ic_item 过程:检查指定的物料编码是否是一个 IC 芯片,将被包中其他的过程进行调用。
- Gen_ic_demand 过程:产生 IC 芯片需求列表,该过程将提取 IC 芯片的需求数据到目标计算数据表中。
- Actual_ship 过程:计算两个日期之间的销售订单实际已经走货的数量。
- Openning_so 过程:计算当前已经新开的销售订单的数量。
- Shortage_cal 过程:这是用来进行 IC 芯片欠料计算的主过程,用来计算供需平衡,得到 IC 芯片的需求量。
- Ic_cd_main 过程:在计算过程完成后,重新初始化快照和批次号。
- Data_pre_main 过程:供外部调用的主要的过程,包含计算数据的准备及 IC 芯片欠料的具体运算过程。

通过对上面的分析,可以发现实际上整个计算过程可以分为如图 19.9 所示的 4 个部分。

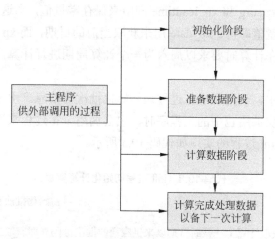

图 19.9 包中过程的执行流程

在了解了包的整个执行流程后,接下来开始对包中的每一个子程序进行详细的分析。

19.2.2 初始化数据

在包体中定义了一系列的变量,这些变量只能在当前的包体内使用,这与包规范中的变量是不同的。在包体中定义的这些变量又可以称为包局部变量。为了对这些局部变量进行初始化,定义了包的构造函数。包构造函数是位于包体中 begin 和 end 之间的语句块,包在进行初始化时会调用包构造函数中的代码,包体中变量的声明与包构造函数的实现如代码 19.2 所示。

代码 19.2 包体变量定义和构造函数

```
CREATE OR REPLACE PACKAGE BODY plsql_ic_planning_study
IS
   xp_appl           VARCHAR2 (120) := 'IC_PLANNING';   --应用程序名称
   xp_date_start     DATE;                              --当前起始日期
   xp_date           DATE;                              --临时日期变量
   xp_date_wx2       DATE;                              --临时保存星期六的日期
   xp_date_wx1       DATE;                              --上个星期天的排期日期
   xp_batch          NUMBER;                            --上一次执行的批次号
   xp_org            NUMBER;                            --执行组织
   xp_leadtime       NUMBER;                            --提前期
   .....
   --包中其他过程的代码
BEGIN
   --包初始化阶段
   xp_org := 84;                                        --指定 A 公司组织代码
   xp_date := TRUNC (SYSDATE);                          --获取当前日期
   --获取当前日期上一个星期六的日期
   xp_date_wx1 := TRUNC (xp_date) - TO_CHAR (xp_date, 'D');
   xp_leadtime := 14;                                   --指定提前期为 14 天
   init;                                                --调用初始化子程序
END plsql_ic_planning_study;
```

在包的声明区,定义了多个以 xp 开头的局部变量,这些变量主要在核算的时候用来保存临时信息。其中 xp_org 和 xp_leadtime 则用来保存常量值,当这些相关的信息变更后,只需要在这里维护常量值即可。xp_date 用来获取当前的日期,而 xp_date_wx1 用来计算当前日期所在的周六,在计算时要求以周六为一个计算周期进行计算,因此 xp_date_wx1 保存了周六的日期值。

在包的构造函数中,调用了 init 过程来初始化批次等信息。由于包初始化仅在包加载时执行一次,因此每次调用包中的主程序时,也会调用 init 过程来进行初始化,以获取数据表中最新的信息,init 过程的实现如代码 19.3 所示。

代码 19.3　init 过程初始化计算变量

```
PROCEDURE init                              --初始化批次数据
IS
  --定义游标,获取计算上次截断日期以来供应商的批次号码(即获取当前供应商库存快照)
  CURSOR cur_tbl (lp_date DATE)
  IS
    SELECT  *
      FROM ic_vendor_stock ivs
      WHERE ivs.cutoff_date < lp_date        --要求截断日期小于传入日期
    ORDER BY batch_id DESC;
BEGIN
  xp_batch := 0;                             --初始化批次号
  FOR xr IN cur_tbl (xp_date_start)          --使用游标 FOR 循环提取游标数据
  LOOP
     xp_batch := xr.batch_id;                --获取最近的批次号
     xp_date_wx2 := xr.cutoff_date;          --获取上次的截断日期
     EXIT;                                   --立即退出
  END LOOP;
  IF xp_batch = 0                            --如果没有提取到任何批次
  THEN
     FOR xr IN (SELECT  *
                  FROM ic_vendor_stock ivs
                ORDER BY batch_id)           --获取截断快照之前的批次号
     LOOP
       xp_batch := xr.batch_id;
       xp_date_wx2 := xr.cutoff_date;        --保存上次截断日期
       EXIT;
     END LOOP;
  END IF;
  IF xp_batch = 0
  THEN
     xp_date_wx2 := xp_date_wx1;             --如果没有批次,则获取上次日期
  END IF;
END init;
```

代码的实现过程如下所示。

(1)在过程的声明区,也就是 IS 关键字块后面,BEGIN 关键字前面,定义了一个参数化的游标,该游标接收 DATE 类型的参数 lp_date。该游标查询 ic_vendor_stock 表中 cutoff_date 日期小于传入的参数日期的最大值。

> **注意**：cutoff_date 这个字段用来保存承包商库存快照的上次抓取日期，由于承包商的库存总是在变动中，因此为了保证 IC 芯片欠数的准确性，总是使用 cutoff_date 来保存快照的日期。

（2）在过程的执行部分，先初始化 xp_batch 为 0 值，然后使用游标 FOR 循环提取游标中的最新 cutoff_date 的日期和最近一次快照的批次号，保存到包局部变量 xp_batch 和 x_date_wx2 中。

（3）如果在提取游标时没有找到小于指定日期的批次号和快照日期，那么代码将重新使用一个游标 FOR 循环，这次直接将 SELECT 语句写在了 IN 关键字后面，提取最近一次的快照批次号和快照日期。

（4）如果最终无法确定 ic_vendor_stock 表中的批次号和快照日期，则批次号为 0，而快照日期将以当前时间的周六为准。

19.2.3　获取 IC 芯片需求量

由于获取公司生产计划中的 IC 芯片需求量涉及对很多现有系统业务逻辑表的操作，为了降低复杂性，将所有 IC 芯片需求数据写入到了表 os_ic_demand_temp 表中，gen_ic_demand 过程将通过查询该表中下一个周期的 IC 芯片需求量来作为整个 IC 芯片的需求表，gen_ic_demand 过程的实现如代码 19.4 所示。

代码 19.4　gen_ic_demand 过程生成 IC 芯片需求

```
PROCEDURE gen_ic_demand                    --生成 IC 芯片需求
IS
   x_date    DATE;
BEGIN
   EXECUTE IMMEDIATE 'TRUNCATE TABLE OS_IC_DEMAND';
   x_date := xp_date_wx2 + 1 - 1 / 24 / 60 / 60;
                                           --得到传入日期的周六作为日期
   INSERT INTO OS_IC_DEMAND                --获取本周六以后的 IC 芯片需求量
              (organization_id, item_id, item_no, demand_level,
               level_desc, demand_date, demand_qty, model_id, model_no,
               model_customer_id, model_customer, model_demand_date,
               model_demand_qty, item_usage, scrap_rate, leadtime, mpq)
     SELECT organization_id, item_id, item_no, demand_level,
               level_desc, demand_date, demand_qty, model_id, model_no,
               model_customer_id, model_customer, model_demand_date,
               model_demand_qty, item_usage, scrap_rate, leadtime, mpq
       FROM os_ic_demand_temp
      WHERE demand_date>= x_date;
                                --仅获取需求日期大过当前 cutoff 以后的日期的需求
END gen_ic_demand;
```

代码的实现过程如下所示。

（1）由于不能直接在 PL/SQL 语句中使用 TRUNCATE 进行表的截断，因此使用了 EXECUTE IMMEDIATE 来执行动态的 SQL 语句截断表 os_ic_demand。

（2）获取的需求日期 x_date 是来自上次截断日期以后的周六，也就是自上次获取到供应商库存快照后一周的需求情况。

IC 芯片的需求本来是根据公司的主生产计划来确定的,这里为了降低实现的复杂性,将所有的 IC 芯片需求都提前插入到了 os_ic_demand_temp 表中。在实际的工作中,这个表的内容应该是对生产计划表、物料清单等表的连接查询。

19.2.4　IC 物料检查函数

由于物料的种类很多,对于 IC 芯片来说,需求可能是因为某个成品的 IC 芯片需求,也有可能是因为要更换 IC 芯片的一些用于维修的配件需求,这种需求又称为独立需求。为了判别 IC 芯片的需求类别,定义了 check_ic_item 函数,该函数将查询指定的物料编码,判断其为独立需求还是存在于成品中的 IC 芯片需求(这种需求又称为相关需求),实现如代码 19.5 所示。

代码 19.5　check_ic_item 函数判断物料的需求类型

```
FUNCTION check_ic_item (p_item IN VARCHAR2)         --检查需求表中的Item数
  RETURN NUMBER
IS
  x_end    NUMBER;  -- 0 为产品的组件IC, 1 是一个独立的IC 芯片需求, -1 不是一
个IC 物料
  CURSOR cur_item (lp_item VARCHAR2)
  IS
    SELECT item_no
      FROM os_ic_demand_temp ID         --获取销售订单中特定IC 芯片的物料编码
     WHERE ID.demand_level = 0 AND item_no = lp_item
    UNION
    SELECT item_no
      FROM ic_vendor_stock vs           --获取供应商库存的物料编码
     WHERE vs.item_no = lp_item;
BEGIN
  x_end := -1;
  IF SUBSTR (p_item, 1, 2) = '89'
                              --如果产品编号为89开头,表示为外发加工的成品
  THEN
     x_end := 0;                        --表示该IC 芯片为一个相关需求
  ELSE
     FOR xr IN cur_item (p_item)
     LOOP
        x_end := 1;                     --否则表示是一个独立的IC 芯片需求
        EXIT;
     END LOOP;
  END IF;
  RETURN x_end;
END check_ic_item;
```

上述代码的实现过程如以下步骤所示。

(1)在函数的声明区,定义了一个变量 x_end 用来返回代表结果的整型值,同时定义了一个游标,该游标将查询 os_ic_demand_temp 表同时合并 ic_vendor_stock 表中的指定物料编码的物料,这个游标将用来判断物料的需求类型。

> **注意**:demand_level 是一个需求的层次数字,为 0 表示是独立需求,独立需求是指物料的需求来源是独立的;相关需求则是指物料的需求是来自于包含该物料的产品的需求。

(2) 在函数的执行块部分，先为 x_end 赋值为–1，表示不是一个 IC 物料，然后判断传入的参数 p_item 的首 2 位字母是否为 89（89 开头的是 A 公司外发出去的成品），如果为 89 成品，则表示该 IC 芯片的需求为相关需求；如果不是以 89 开头，将打开游标，如果找到非相关需求的数据，则返回 1。

稍后在介绍销售订单的数据初始化时，可以看到这个函数的具体应用。

19.2.5　获取已走货 IC 芯片数量

为了更准确地计算需求量，还需要考虑已经为承包商发货但是对方还未收到货的在途数量。对走货数据的获取也已经提前存储到 os_ic_so_temp 表中，它与普通的销售订单数据存放在同一个表中，不同之处在于其 so_level 的指定，指定为 1.2 或 2.2 表示销售订单已走货的记录，实现如代码 19.6 所示。

代码 19.6　actual_ship 过程获取已走货 IC 芯片数据

```
PROCEDURE actual_ship (p_date_cut IN DATE, p_date_to IN DATE
        DEFAULT SYSDATE)                    --生成实际走货量
IS
  x_date_from    DATE;                      --起始日期
  x_date_to      DATE;                      --结束日期
BEGIN
  x_date_from := p_date_cut + 1 - 1 / 24 / 60 / 60;
                                   --从上一次截断日期以来的星期六
  x_date_to := p_date_to + 1 - 1 / 24 / 60 / 60;     --目标的星期六
  EXECUTE IMMEDIATE 'TRUNCATE TABLE os_ic_so';       --清除销售表
  INSERT INTO os_ic_so
            (batch_id, so_level, so_level_desc, org_id, item_id,
             item_no, so_header_id, so_no, so_line_id, so_line,
             ship_date, so_qty, customer_id, customer, so_status,
             cutoff_date, rcv_id)
     SELECT  batch_id, so_level, so_level_desc, org_id, item_id,
             item_no, so_header_id, so_no, so_line_id, so_line,
             ship_date, so_qty, customer_id, customer, so_status,
             xp_date_wx1, rcv_id
       FROM os_ic_so_temp           --从 IC 芯片销售数据中获取已经走货的记录
      WHERE cutoff_date>x_date_from
        AND cutoff_date<=x_date_to
        AND (so_level=1.2 or so_level=2.2);  --指定为已具有走货数据的销售订单数量
END actual_ship;
```

代码的实现过程如下所示。

（1）actual_ship 接收两个参数，一个是上一次承包商库存快照截断的时间，一个是要计算的目标时间，通过计算两个时间段内按周统计的出货量，作为在需求计算的供应方。在代码的执行部分，使用了公式将传入的参数转换为周六的日期，这是因为为了计算以周为单位的走货，将所有一周以内的走货数量归入到周六进行计算。

（2）代码首先使用 EXECUTE IMMEDIATE 截断了目标表 os_ic_so，接下来将 os_ic_so_temp 表中指定周期的销售走货数据写入到表 os_ic_so 表中去，作为当前周期内已经出货的数据。so_level 表示是相关类型，1.2 表示相关需求，2.2 表示独立需求。

> **注意**：走货 IC 的计算本身的逻辑比较复杂，它包含了从销售订单表中获取已经出货的记录，同时要扣除销售订单中已经退回的出货记录（这个值为负值，最后使用聚合函数进行了合并），在示例中将走货的记录写在了 os_ic_so_temp 表中。

19.2.6 获取销售订单数量

销售订单是指承包商对于本公司下达的材料需求的数量集合，当本公司开出销售订单后，意味着本公司已经安排了 IC 芯片的供应量，比如本公司的仓库部门已经为这个外发加工单备好了物料。因此对于这种已开具的新的 IC 芯片需求销售订单，将会作为一种供应来进行计算。openning_so 同样也是向 os_ic_so 插入销售数据，不同之处在于其 so_level 指明是销售订单的数据，以便良好地区分数据的类型，实现如代码 19.7 所示。

代码 19.7　openning_so 获取销售订单数据

```
PROCEDURE openning_so                   --获取当前已经开出的销售订单
IS
BEGIN
    INSERT INTO os_ic_so                --向表中插入销售订单数据
              (batch_id, so_level, so_level_desc, org_id, item_id,
               item_no, so_header_id, so_no, so_line_id, so_line,
               ship_date, so_qty, customer_id, customer, so_status,
               cutoff_date)
    SELECT batch_id, so_level, so_level_desc, org_id, item_id,
               item_no, so_header_id, so_no, so_line_id, so_line,
               ship_date, so_qty, customer_id, customer, so_status,
               cutoff_date
    from os_ic_so_temp where so_level=2.1
                and check_ic_item(item_no) = 1;
                                        --仅插入 item 为独立需求的销售订单
END openning_so;
```

在这段代码中，将向 os_ic_so 中插入在销售订单中开出的，为独立 IC 芯片需求的单据，这类单据表示本公司将有能力供应这部分芯片数据。

> **注意**：这种逻辑也许与很多企业的运作逻辑不相符，但是每一个公司有各自独到的管理之处，因而一些细节上的管理方式千差万别，这也是很多公司的管理软件需要定制开发的主要原因。

19.2.7 计算企业 IC 芯片需求量

在准备好了要运算的资料后，本节将开始介绍这个程序主要的程序核算部分。根据供需平衡的原理，整个算法只需要将特定的承包商在某个特定的时间内对某个芯片的需求与供应量进行相减运算，就可以得出在某个日期内该承包商对于 IC 芯片的需求，实现如代码 19.8 所示。

代码 19.8　shortage_cal 计算 IC 芯片需求量

```
PROCEDURE shortage_cal                    --计算 IC 芯片需求量
IS
   x_supply_d1      DATE;
   x_supply_d2      DATE;
   x_shortage       NUMBER;
   x_supply         NUMBER;
   CURSOR cur_supply (
      lp_item_id         NUMBER,
      lp_customer_id     NUMBER,
      lp_d1              DATE,
      lp_d2              DATE
   )
   IS
      SELECT SUM (so_qty) qty        --汇总客户在指定时间段内的订单量作为供应量
        FROM os_ic_so ist
       WHERE ist.ship_date > lp_d1
         AND ist.ship_date <= lp_d2
         AND ist.item_id = lp_item_id
         AND ist.customer_id = lp_customer_id
         AND ist.batch_id = -1;
BEGIN
   x_shortage := 0;                        --保存需求量的临时变量
   x_supply_d1 := xp_date_wx2;             --供应日期
   --循环 IC 芯片的需求量
   FOR xr IN (SELECT     idt.demand_qty
                       * (1 + NVL (idt.scrap_rate, 0)) xdm_qty,
                      idt.*
                 FROM os_ic_demand idt
                WHERE idt.demand_level = 2
             ORDER BY item_no, model_customer, idt.demand_date)
   LOOP
      x_supply_d2 := xr.demand_date;
      --得到需求时间段内的供应量
      OPEN cur_supply (xr.item_id,
                       xr.model_customer_id,
                       x_supply_d1,
                       x_supply_d2
                      );
      FETCH cur_supply
       INTO x_supply;                      --提取游标数据
      CLOSE cur_supply;                    --关闭游标
      --计算欠料数
      x_shortage := -xr.xdm_qty + (NVL (x_supply, 0) + x_shortage);
      x_supply_d1 := x_supply_d2;
      --插入到 os_ic_demand 表中,将欠料的数据插入到 IC 芯片需求表中
      INSERT INTO os_ic_demand
                  (organization_id, item_id, item_no, demand_level,
                   level_desc, demand_date, demand_qty,
                   model_customer_id, model_customer, item_usage,
                   scrap_rate, leadtime, mpq
                  )
           VALUES (xp_org, xr.item_id, xr.item_no, 9,
                   '需求短缺', xr.demand_date, x_shortage,
                   xr.model_customer_id, xr.model_customer, xr.item_usage,
                   xr.scrap_rate, xr.leadtime, xr.mpq
```

```
                   );
   END LOOP;
END shortage_cal;
```

整个过程的计算流程如图 19.10 所示。

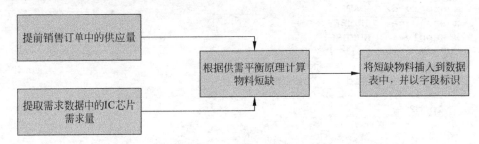

图 19.10 IC 芯片缺料计算流程

可以看到整个计算逻辑是非常简洁的，根据供需平衡的原理，可以将某一个时间段内某一个客户的供应与需求进行比对，如果供应大于需求，表示该承包商在某个时间点并没有欠料；如果供应小于需求，则表示该承包商在这一刻具有欠料需求，此时会将这个短缺物料插入到表 os_ic_demand 中，使用 demand_level 为 9 来加以区分。

整个代码的实现过程如以下步骤所示。

（1）在过程的声明部分，定义了用来保存临时数据的几个变量，以及一个名为 cur_supply 的游标，该游标接收 4 个参数，分别用来获取物料编码、承包商名称、起始与结束日期。其含义是获取某个承包商在某个时间段内的供应量，这里使用了 SUM 聚合函数，在介绍走货与销售订单时，曾经讲过在 os_ic_so 表中，既包含了销售订单数量的正数，也包含了因为退回而产生的负数，通过使用 SUM 函数将指定时间段内的正负数汇总，得到供应量的总数。

（2）在过程的执行部分，首先使用了一个游标 FOR 循环，提取 os_ic_demand 中按物料编码、承包商及需求日期排序的所有需求，其中 demand_level 为 2 表示是对需求进行了 GROUP BY 之后的需求，也就是按日期、物料编码及承包商名称对需求进行了汇总之后的需求，以便于计算。

（3）在需求循环体中，打开 cur_supply 游标，提取与需求对应的物料编码、承包商编号及起始日期，得到供应总数，保存到 x_supply 变量中。

（4）接下来使用需求与供应进行加法计算，赋给 x_shortage 变量，注意到这里将需求值变为了负值，通过负的需求与正的供应进行计算，得到了需求。注意到在 x_shortage 公式的计算中，在需求与供应相对比之后，又加了一个 x_shortage 数量，这表示是累加，如果相同的物料编码、承包商及相同的日期中还是存在多个需求，那么将欠料数进行累加以得到最终的欠料。

（5）将 x_supply_d2 的日期赋给 x_supply_d1 表示将终止日期赋给起始日期，在下一次需求段循环时，将获取不同时间段内的供应量，形成排期欠料的效果。

（6）将最终生成的短缺数插入到 os_ic_demand 表中，指定 demand_level 为 9，同时指定 level_desc 为"需求短缺"，以便与其他的需求相区别，这里表示的是计算的结果。

可以看到整个计算逻辑相当简单，这主要是因为在分析过程中，有了明显的供需平衡的思路，因而一个看似无头绪的 PL/SQL 需求计算起来却反而相当简洁。但是为了预备这些数据,需要进行仔细的规划,另外在数据计算完成后,还需要对数据进行整理,以备下一次计算。

19.2.8 预备下次计算数据

虽然已经计算完了需求短缺的结果,但是还需要进行数据状态的更改工作,以备下一次计算时,能够计算得更准确。首先要对承包商库存快照进行更新,以反映最新的库存快照,然后将本次计算的销售订单列表保存到 os_ic_so_list 中,作为历史记录以便查询,最后对库存数据进行更新,以反映计算后的库存结果。下面先通过代码来了解一下整个数据准备的逻辑,如代码 19.9 所示。

代码 19.9 ic_cd_main 准备下一次的计算数据

```
PROCEDURE ic_cd_main (p_recal IN NUMBER DEFAULT 0)
                                     --重新生成 Vendor Stock 和 SO 列表
IS
  CURSOR cur_last_stock              --获取供应商库存最后一次的批次号
  IS
    SELECT  *
        FROM ic_vendor_stock
    ORDER BY batch_id DESC;
  x_date_pre    DATE;                --上一周的周六的日期
  x_batch       NUMBER;              --最近一次的批次号
  x_d1          DATE;                --保存临时日期的变量
  x_d2          DATE;
BEGIN
  x_batch := 1;                      --初始化批次号
  x_date_pre := xp_date_wx1 - 7;     --最近一次的 Batch 日期
  FOR xr IN cur_last_stock
  LOOP
    x_batch := xr.batch_id;          --得到最后一次的批次
    x_date_pre := xr.cutoff_date;    --得到最后一次的截断日期
    EXIT;                            --退出游标循环
  END LOOP;
  IF x_date_pre = xp_date_wx1        --如果上次的截断日期为与操作日期相等
  THEN
    IF p_recal = 0                   --如果不对表进行重新初始化,则传入参数 0
    THEN
      RETURN;                        --退出子程序
    ELSE
      DELETE   ic_vendor_stock
          WHERE batch_id = x_batch;  --删除最后一次批次的供应商库存
      DELETE   os_ic_so_list
          WHERE batch_id = x_batch;  --删除批次的 IC 芯片销售订单列表
    END IF;
  ELSE
    x_batch := x_batch + 1;          --加入一个新的批次
  END IF;
  x_d2 := xp_date_wx1 + 1;           --指定新的截断日期
  x_d1 := x_d2 - 7;                  --得到前一周的起始日期
  actual_ship (x_d1, x_d2);          --重新计算并插入两个日期之间的 Actual ship
  INSERT INTO ic_vendor_stock        --向供应商库存中插入最新截断的批次信息
```

```sql
                    (batch_id, organization_id, cutoff_date, remarks,
                     creation_date
                    )
             VALUES (x_batch, xp_org, xp_date_wx1, '截断动作',
                     SYSDATE
                    );
    INSERT INTO ic_vendor_stock       --重新向供应商库存中插入新的库存信息
                (batch_id, organization_id, item_id, item_no, customer_id,
                 customer, cutoff_date, quantity, quantity_orig,
                 ship_to_vendor, ship_by_model, remarks, last_update_date,
                 last_updated_by, creation_date, created_by)
       SELECT x_batch, organization_id, item_id, item_no, customer_id,
              customer, xp_date_wx1, quantity, quantity, 0, 0, remarks,
              SYSDATE, -1, SYSDATE, -1
         FROM ic_vendor_stock_temp
        WHERE batch_id = x_batch - 1 AND quantity > 0;
    --使用游标 FOR 循环遍历销售订单中的已经走货的 IC 芯片数据
    FOR xr IN (SELECT ist.item_id, ist.item_no, ist.customer_id,
                      ist.customer, ist.so_level, ist.so_qty,
                      DECODE (ist.so_level, 2.2, ist.so_qty, 0) qty_ic,
                      DECODE (ist.so_level, 2.9, ist.so_qty, 0) qty_80
                 FROM os_ic_so ist
                WHERE ist.so_level IN (2.2, 2.9))
    LOOP
       UPDATE ic_vendor_stock ivs     --更新该供应商的库存数为已经走货的销售数据
          SET ship_to_vendor = NVL (ship_to_vendor, 0) + xr.qty_ic,
              ship_by_model = NVL (ship_by_model, 0) + xr.qty_80,
              quantity = NVL (quantity, 0) + xr.qty_ic - xr.qty_80,
              quantity_orig = NVL (quantity_orig, 0) + xr.qty_ic - xr.qty_80
        WHERE ivs.customer_id = xr.customer_id
          AND ivs.item_id = xr.item_id
          AND ivs.batch_id = x_batch;
       IF SQL%NOTFOUND             --如果不存在供应商的数据,则插入新的数据
       THEN
          INSERT INTO ic_vendor_stock
                      (batch_id, organization_id, item_id, item_no,
                       customer_id, customer, cutoff_date,
                       quantity, quantity_orig,
                       ship_to_vendor, ship_by_model, remarks,
                       last_update_date, last_updated_by, creation_date,
                       created_by
                      )
               VALUES (x_batch, xp_org, xr.item_id, xr.item_no,
                       xr.customer_id, xr.customer, xp_date_wx1,
                       xr.qty_ic - xr.qty_80, xr.qty_ic - xr.qty_80,
                       xr.qty_ic, xr.qty_80, NULL,
                       SYSDATE, -1, SYSDATE,
                       -1
                      );
       END IF;
    END LOOP;
    INSERT INTO os_ic_so_list    --将历史的销售数据插入到销售订单历史数据列表中
                (batch_id, so_level, org_id, item_id, item_no, so_header_id,
                 so_no, so_line_id, so_line, ship_date, so_qty, customer_id,
                 customer, so_status, cutoff_date, rcv_id)
       SELECT batch_id, so_level, org_id, item_id, item_no, so_header_id,
              so_no, so_line_id, so_line, ship_date, so_qty, customer_id,
              customer, so_status, cutoff_date, rcv_id
         FROM os_ic_so;
```

```
    COMMIT;                                                    --提交事务
END ic_cd_main;
```

整个数据预备的流程如图 19.11 所示。

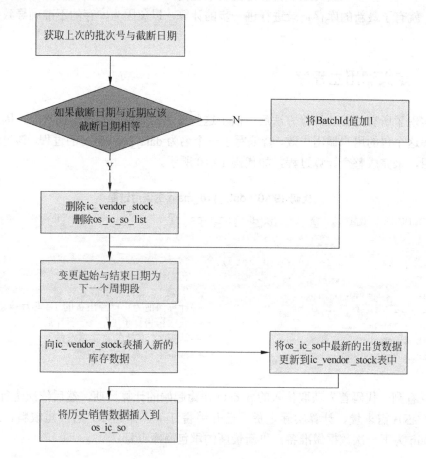

图 19.11 数据准备工作流程图

整个实现的步骤如下所示。

（1）在过程的定义区，定义了一个游标 cur_last_stock，这个游标用来获取 ic_vendor_stock 中最近一次库存快照的批次号。

（2）在语句的执行部分，xp_date_wx1 表示是当前日期的周六，通过减 7 来获取上一周周六的日期作为上次截断的日期，赋给 x_date_pre 变量，作为上次截断的默认日期。

（3）代码使用游标 FOR 循环提取最近一次的库存批次与上次的截断日期。如果上次的截断日期为本周六，即 xp_date_wx1 而非上一周，那么根据传入的参数 p_recal 判断是否需要准备数据，如果不需要则退出过程。如果不为 0，首先删除 ic_vendor_stock 和 os_ic_so_list 表中本周已生成的截断数据，重新产生。如果与上次截断的日期不属于同一个周六，则将批次号加 1，表示要生成一个新的历史记录批次。

（4）首先向 ic_vendor_stock 中插入一条表示截断动作的记录，然后在 ic_vendor_stock_temp 中插入最近一次批次的销售订单历史。

（5）使用游标 FOR 循环查询 os_ic_so 列表中已经走货的记录，更新到 ic_vendor_stock 的库存记录表中。如果在 ic_vendor_stock 中没有找到具有相同的客户编号、物料编号和批次号的承包商库存记录,则向 ic_vendor_stock 中插入一行新的记录。

(6) 将销售订单和走货记录插入到 os_ic_so_list 列中,作为历史的销售记录进行保存。

可以看到,预备数据的主要目的是更新承包商 IC 芯片的库存记录,这样在下次进行计算时,就有了最新的库存记录进行进一步的计算,以免因为库存的不准确导致欠料数据的失真。

19.2.9 定义调用主程序

在实现了所有的核心计算方法后,由于这些方法的调用具有一定的次序,因此为了避免不了解这个包的用户调用失败,特编写了一个名为 data_pre_main 的过程,该过程被外部用户调用,来完成整个计算过程,如代码 19.10 所示。

代码 19.10 data_pre_main 主调用过程

```
PROCEDURE data_pre_main (p_date IN DATE)
IS
BEGIN
  xp_date_start := TRUNC(p_date);
  init;                                --初始化日期选项
  gen_ic_demand;                       --生成IC芯片需求信息
  actual_ship (xp_date);               --计算当前为止已经出货的IC芯片信息
  openning_so;                         --获取销售订单中的IC芯片数量
  shortage_cal;                        --计算IC芯片的真实需求量
  ic_cd_main(1);                       --准备下一次计算的数据
END;
```

可以看到,代码首先获取传入的 p_date 作为起始的计算日期,然后依次进行初始化、计算 IC 芯片需求量、计算实际走货、已开销售订单、计算 IC 芯片短缺料,最后调用 ic_cd_main 为下一次数据做准备,更新最新的承包商库存量。

19.3 调试和部署应用程序

在代码的编写过程中及编写结束后,调试与测试是整个环节必不可少的部分。很多程序员依赖于调试器来验证其思路的可行性,因此选择一个好的编写与调试环境是非常重要的。在笔者的从业生涯中,发现很多开发人员都习惯于在 PL/SQL Developer 中编写代码,或者是在 Toad 中编写了代码转而到 PL/SQL Developer 中进行调试,因为 PL/SQL Developer 具有功能强大而灵活的调试功能。如果说在 Oracle 管理上 Toad 优先,那么对于开发来说,PL/SQL Developer 是个理想的选择。

19.3.1 编译应用程序

本节以 PL/SQL Developer 为例来介绍如何对示例 PL/SQL 包进行编译和调试,过程如以下步骤所示。

（1）如果 plsql_ic_planning_study 包已经创建，当进入 PL/SQL Developer 包之后，通过对象浏览器面板找到要编译的包名称，右击包名，从弹出的快捷菜单中选择"编辑说明与体"菜单项，PL/SQL Developer 将在 PL/SQL 编辑窗口中打开包规范与包体，如图 19.12 所示。

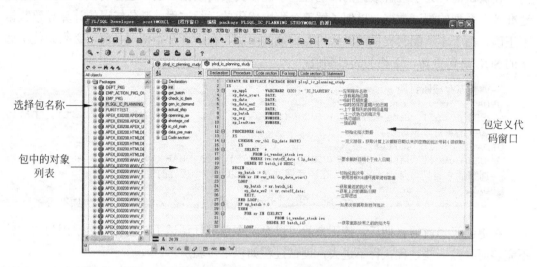

图 19.12　显示包规范与包体代码

（2）在包规范或包体窗口中按 F8 键或工具栏上的 图标进行编译，如果编译时出现了警告或错误提示，会在警告与错误提示窗口中看到提示信息，如果双击提示消息，PL/SQL Developer 编译器会定位到指定的代码行位置，如图 19.13 所示。

图 19.13　编译时警告与代码行位置

（3）在修正了编译时的错误提示后，重新编译，进行错误的修正。如果要对已经存在的包进行编译，可以右击对象浏览面板中的包名称，从弹出的快捷菜单中选择"重新编译"菜单项，如果重新编译成功，PL/SQL 将弹出编译成功的消息提示框。

19.3.2　调试应用程序

当成功编译了包之后，默认情况下 PL/SQL Developer 在包的编译过程中已经包含了调试信息。因而就可以对 PL/SQL 包进行单步调试，监测变量的变化行为等，这是在编写 PL/SQL 应用程序中操作较为密集的一步，因为调试的过程可以找到编写的方案的可行性及任何可能存在的程序漏洞，然后进行进一步的处理。

在调试前，为了理解数据的准确性，不能在真实的数据环境下进行调试，必须要特意地准备一系列的测试数据，以便了解整个程序代码的运行过程，避免错误的计算导致数据不正确。由于本章配套提供的源代码有日期的限制，在读者开始使用之前，必须先使用如下的 SQL 语句更新一下相关的日期值：

```sql
--调整库存截断日期
UPDATE ic_vendor_stock
   SET cutoff_date = TRUNC (TRUNC (SYSDATE) - TO_CHAR (TRUNC (SYSDATE),'D'));
--调整销售订单截断日期
UPDATE os_ic_so_temp
   SET cutoff_date = TRUNC (TRUNC (SYSDATE) - TO_CHAR (TRUNC (SYSDATE),'D'));
--调整需求日期，加上 18 个月，在读者调试时，可以加一个接近的日期
UPDATE os_ic_demand_temp
   SET demand_date = ADD_MONTHS (demand_date, 18),demand_level=2
```

在更新了当前的日期后，接下来就可以对整个包进行调试了，这样不至于因为数据的不完整而导致一些过程执行不进去，调试过程如以下步骤所示。

（1）在包体的目录窗口中，找到 data_pre_main 过程，右击该过程，从弹出的快捷菜单中选择"测试"菜单项，PL/SQL Developer 将弹出测试窗口，并自动生成测试的脚本。在开始调试前，需要为 data_pre_main 过程需要的参数指定一个日期，如图 19.14 所示。

图 19.14　在测试窗口中为参数指定值

（2）在指定了 data_pre_main 的参数 p_date 的值之后，接下来单击测试窗口的 图标开始调试，该按钮被按下后，代码将停止在第 1 行，并且一排调试按钮变得可用，如图 19.15 所示。

（3）单击工具栏的 按钮进行单步调试，当单步进入过程体之后，就可以在测试窗口中添加程序断点，监视变量的值了，如图 19.16 所示。

第 19 章 企业 IC 芯片欠料计算程序

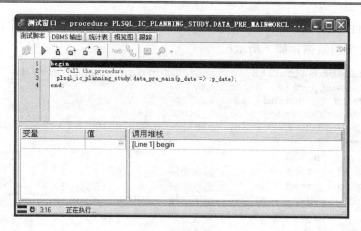

图 19.15 开始调试程序

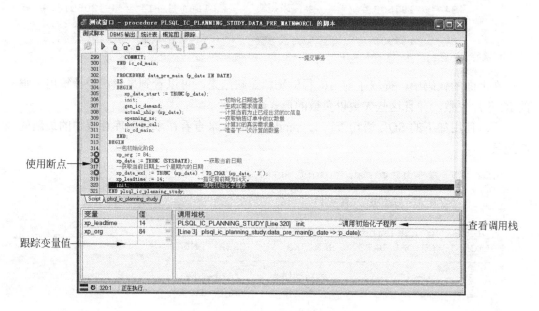

图 19.16 添加断点并跟踪变量的值

按照这样的步骤对程序代码进行一步一步的调试，对于表中结果，可以在当前的会话状态下，通过在 SQL 窗口进行查询来查看结果数据是否已经插入到了表中，调试结束后，就可以查看最终程序生成的结果了。

19.3.3 查看程序结果

在调试无误后，下面执行一次算料过程来查看结果，在 SQL 窗口中输入如下的代码：

```
begin
  -- 调用包中的存储过程
  plsql_ic_planning_study.data_pre_main(SYSDATE);
  COMMIT;
end;
```

该过程执行完之后，可以通过 SQL*Plus 来查看在 os_ic_demand 表中，demand_level 为 9 的 IC 芯片欠料数据，如下所示：

```
SQL> SELECT organization_id orgid, item_id, demand_level lvl, level_desc,
            demand_date, demand_qty
      FROM os_ic_demand
     WHERE demand_level = 9 AND ROWNUM <= 10;
     ORGID    ITEM_ID      LVL LEVEL_DESC    DEMAND_DATE     DEMAND_QTY
     ------   ---------    --- -----------   ------------    ----------
        84     197503        9 需求短缺      15-1月 -14       -1278769.1
        84     197503        9 需求短缺      05-3月 -14       -1282809.1
        84     197503        9 需求短缺      12-3月 -14       -1282809.1
        84     197503        9 需求短缺      19-3月 -14       -1289879.1
        84     197503        9 需求短缺      26-3月 -14       -1292909.1
        84     197503        9 需求短缺      02-4月 -14       -1296646.1
        84     197503        9 需求短缺      09-4月 -14       -1302580.8
        84     197503        9 需求短缺      16-4月 -14       -1306018.9
        84     197503        9 需求短缺      23-4月 -14       -1311529.4
        84     197503        9 需求短缺      30-4月 -14       -1314559.4
已选择 10 行。
```

在上面的代码中，提取了前 10 行的物料短缺结果，可以看到果然已经计算出了很多的 IC 芯片欠数，并且这些欠数以负数的形式表示。

可以使用如下的 SQL 语句查询 ic_vendor_stocks 来查看在承包商库存表中的最新的截断记录：

```
SQL> SELECT   batch_id, cutoff_date, remarks,
             TO_CHAR (creation_date, 'YYYY-MM-DD') creationdate
      FROM ic_vendor_stock
     WHERE remarks IS NOT NULL
     ORDER BY creation_date DESC;
BATCH_ID CUTOFF_DATE    REMARKS        CREATIONDATE
-------- -----------    -----------    ------------
       3 12-11月-11     截断动作       2011-11-13
       2 12-11月-11     截断动作       2009-10-21
```

可以看到在 ic_vendor_stock 表中果然产生了最新的截断动作，而且产生了承包商库存的历史记录。

19.3.4 部署到生产服务器

在初步测试正常后，此时 IT 开发人员将程序代码部署到了测试服务器上进行测试，经过一段时间的测试无误后，IT 开发人员决定将程序包部署到生产服务器中运行，客户端的 PL/SQL 开发人员通过 Oracle Forms 表单来提取 os_ic_demand 表中 demand_level 值为 9 的数据作为 IC 芯片欠料记录展现给相关部门的负责人。

由于欠料程序是一个调度程序，需要使用 DBMS_JOB 创建一个作业，Toad 提供了一个向导可以轻松地完成这个工作。单击 Toad 主菜单的"Database | Create | Job"菜单项，将弹出如图 19.17 所示的创建作业窗口。

第 19 章 企业 IC 芯片欠料计算程序

图 19.17 Toad 提供的创建作业窗口

```
DECLARE
   x      NUMBER;                        --用于获取作业编号
BEGIN
   SYS.DBMS_JOB.submit                   --提交作业信息
     (job           => x,
      what          => 'SCOTT.PLSQL_IC_PLANNING_STUDY.DATA_PRE_MAIN
   (SYSDATE /* DATE */ );',
      next_date     => TO_DATE ('11-13-2011 17:03:24',
                                'mm/dd/yyyy hh24:mi:ss'
                               ),
      INTERVAL      => 'TRUNC(SYSDATE+7)',
      no_parse      => FALSE
     );
   :jobnumber := TO_CHAR (x);            --返回作业编号
END;
```

作业成功创建后，可以通过 Toad 的作业管理窗口对作业进行进一步的修改，或者是立即执行作业来查看作业的运行是否成功。

经过所有上述的步骤，一个用来计算企业 IC 芯片的程序就成功地开发完成了，经过一段时间的使用，系统基本运行稳定，解决了企业与外部承包商之间 IC 芯片需求的难题。

19.4 小 结

本章介绍了一个使用服务器端 PL/SQL 技术实现的企业 IC 芯片计算程序，通过对这个实际工作中的例子的剖析，带领读者很快步入 PL/SQL 程序开发的世界。本章首先介绍了系统的需求和总体的设计流程，然后对于运算所涉及的相关的数据表及表字段进行了详细的介绍。在实现部分，详细地介绍了应用程序包的创建过程，对于每一个子程序的实现作用与思路进行了清晰的介绍。最后一部分讨论了如何对这个应用程序进行编译和部署，使得程序可以在服务器中的调度作业中运行。

通过本章的学习，对于没有 PL/SQL 开发经验的程序员来说，可以很好地领会实际工作中的 PL/SQL 开发过程，对于有经验的 PL/SQL 开发人员来说，也可以了解到一些解决方案的思路和实现思想。

第 20 章   PL/SQL 邮件发送程序

在进行企业级的 PL/SQL 程序开发时，经常需要使用电子邮件通知的功能。比如在某个表的数据发生了异动之后，需要发送一封电子邮件给相关的负责人，并且将异动的数据作为附件发送给相关人员。本章将介绍如何使用 PL/SQL 开发一个在企业内部使用的通用电子邮件程序，通过对该程序的学习可以了解到 UTL_SMTP 这个包的具体用法，同时学习到如何在 PL/SQL 中发送 HTML 和 Excel 格式的电子邮件。

20.1 系统设计

UTL_SMTP 包的使用并不复杂，因此 Oracle 开发团队的很多程序员往往产生了滥用的现象，比如不同的程序员编写了大量不同的代码来发送电子邮件，电子邮件内容的格式也千差万别，这使得企业内部的邮件格式出现了严重的不统一。并且由于代码的零散，导致维护困难，比如在 SMTP 主机 IP 地址发生变化时，不得不修改大量的代码来更改 SMTP 主机地址。

20.1.1 程序需求简介

A 公司的 PL/SQL 程序开发人员一直使用 UTL_SMTP 发送系统电子邮件通知，特别是对于一些后台的作业程序及监控程序，使用这种方式能让各个部门的相关负责人即时地了解到数据的异动，并进行有效的处理。随着电子邮件通知程序的数量增长，邮件通知出现了如下的问题。

（1）邮件的格式多种多样，无法很清楚地辨识是哪个系统的哪些数据出现了问题。

（2）有时候因为发送邮件的主机变动，导致一些 PL/SQL 后台程序没有正常发送邮件，主要原因在于 SMTP 主机的相关信息没有及时更改。

（3）邮件收件人列表是硬编码到程序代码中的，当收件人发生变化时，不得不通知 IT 部门更改邮件收件人，不能及时进行有效的收件人管理。

（4）不能发送 Excel 和 HTML 格式的邮件，对于一些数据的分析不得不使用相关工具转为 Excel 格式再进行分析，浪费了不少职员的时间。

IT 部门根据上述的分析，发现需要开发一套统一的邮件发送程序，要求能够解决上面提出的所有这些问题，因此邮件发送程序的需求如下。

（1）使用统一的邮件发送 API 发送电子邮件，避免因为直接使用 UTL_SMTP 导致的代码维护成本。

（2）邮件的格式必须统一，提供统一的邮件主题、邮件内容格式。

（3）支持邮件收件人管理，将所有的收件人写入到一张表中，通过查询表来获取收件人列表，进行邮件的发送。

（4）提供对邮件内容的 HTML 和 Excel 格式附件发送，以便相关人员获取到异动的数据时使用 Excel 进行分析，或者产生 HTML 报表便于查看。

IT 部门决定在 Oracle 服务器上开发一个包，提供统一的 API 供开发人员进行调用，以便统一邮件的发送。

20.1.2 使用 UTL_SMTP 发送电子邮件

UTL_SMTP 是一个使用 SMTP 发送邮件的包，这个包提供了一系列的方法允许开发人员发送电子邮件内容。

> 注意：尽管在 Oracle 10 以后的版本中，Oracle 建议使用 UTL_MAIL 来完全替代 UTL_SMTP，但是出于对以前版本的兼容性的考虑，本章的示例使用 UTL_SMTP 进行邮件内容的发送。

默认情况下，UTL_STMP 会在安装 Oracle 时被自动安装，通过使用 DESC 命令可以查看该包的一些信息，默认情况下该包被安装在 SYS 方案中。如果该包没有被安装，可以在 SQL*Plus 中使用如下的命令进行安装：

```
SQL> conn system/manager as sysdba
已连接。
SQL> @?/rdbms/admin/utlsmtp.sql
程序包已创建。
授权成功。
同义词已创建。
```

在包规范中包含了大量关于该包使用的注释，强烈建议读者详细地阅读以便了解这个包的具体使用步骤。UTL_SMTP 包提供了在 PL/SQL 中的 SMTP 客户端的访问功能，使用这个包，PL/SQL 程序可以通过 SMTP 服务器来发送电子邮件，该包只能够发送电子邮件而不能接收电子邮件。该包提供了一系列的 SMTP 协议操作的 API，要使用 SMTP 发送邮件，首先必须要使用 open_connection 来创建一个到 SMTP 服务器的连接，这个函数将返回一个 SMTP 连接对象，当建立了连接以后，可以使用如下的子程序来发送邮件。

- helo*)：标识发送者的发送域。
- mail*)：开始一封邮件，指定一个发件人。
- rcpt*)：指定邮件的收件人。
- open_data*)：开始一封邮件主体。
- write_date*)：通过多次调用这个过程来写入邮件内容。
- close_date*)：关闭邮件主体并发送邮件。

在邮件发送完成后，需要使用 quit*)过程来关闭 SMTP 连接。

为了演示了 UTL_SMTP 的实际作用，下面将创建一个过程，用来向 smtp.21cn.com 邮件服务器发送电子邮件，实现如代码 20.1 所示。

代码 20.1　使用 UTL_SMTP 包向 21cn 服务器发送邮件

```
CREATE OR REPLACE PROCEDURE send_mail *
  as_sender      IN    VARCHAR2,                        --邮件发送者
  as_recp        IN    VARCHAR2,                        --邮件接收者
  as_subject     IN    VARCHAR2,                        --邮件标题
  as_msg_body    IN    VARCHAR2
)                                                       --邮件内容
IS
  ls_mailhost      VARCHAR2 *30)         := 'smtp.21cn.com';
                                                        -- 邮件服务器地址
  lc_mail_conn     UTL_SMTP.connection;
  ls_subject       VARCHAR2 *100);
  ls_msg_body      VARCHAR2 *20000);
  ls_username      VARCHAR2 *256)        := 'username';  --输入用户名
  ls_password      VARCHAR2 *256)        := '********';  --输入邮件密码
BEGIN
  lc_mail_conn := UTL_SMTP.open_connection *ls_mailhost, 25);
                                                        --连接到服务器
  UTL_SMTP.helo *lc_mail_conn, ls_mailhost);
  UTL_SMTP.command *lc_mail_conn, 'AUTH LOGIN');         --进行邮件服务器验证
  UTL_SMTP.command *lc_mail_conn,
              demo_base64.encode *UTL_RAW.cast_to_raw *ls_username))
              );
  UTL_SMTP.command *lc_mail_conn,
              demo_base64.encode *UTL_RAW.cast_to_raw *ls_password))
              );
  ls_subject :=                                          --邮件主题
      'Subject: ['
   || UPPER *SYS_CONTEXT *'userenv', 'db_name'))
   || '] - '
   || as_subject;
  ls_msg_body := as_msg_body;                            --邮件内容
  UTL_SMTP.mail *lc_mail_conn, '<' || as_sender || '>'); --发件人
  UTL_SMTP.rcpt *lc_mail_conn, '<' || as_recp || '>');   --收件人
  UTL_SMTP.open_data *lc_mail_conn);
  ls_msg_body :=
       'From: '
    || as_sender
    || CHR *13)
    || CHR *10)
    || 'To: '
    || as_recp
    || CHR *13)
    || CHR *10)
    || ls_subject
    || CHR *13)
    || CHR *10)
    || CHR *13)
    || CHR *10)
    || ls_msg_body;
  UTL_SMTP.write_raw_data *lc_mail_conn, UTL_RAW.cast_to_raw *ls_msg_
body));
  UTL_SMTP.close_data *lc_mail_conn);                    --关闭
  UTL_SMTP.quit *lc_mail_conn);                          --退出连接
EXCEPTION                                                --邮件传输过程中的异常处理
```

```
      WHEN UTL_SMTP.invalid_operation
      THEN
        DBMS_OUTPUT.put_line *'invalid operation');
      WHEN UTL_SMTP.transient_error
      THEN
        DBMS_OUTPUT.put_line *'transient error');
      WHEN UTL_SMTP.permanent_error
      THEN
        DBMS_OUTPUT.put_line *'permanent error');
      WHEN OTHERS
      THEN
        DBMS_OUTPUT.put_line *'others');
END send_mail;
```

过程 send_mail 可以向 21cn 邮箱发送电子邮件。由于 21cn 邮箱需要进行身份验证才能够发送邮件，因此使用 UTL_SMTP 的 COMMAND 过程向服务器发送了验证信息，整个过程的实现过程如以下步骤所示。

（1）在过程的声明部分，定义了邮件发送服务器的地址及 UTL_SMTP.connection 对象，同时定义了邮件的主题和邮件内容的变量。为了处理邮件服务器的验证，定义了用户名和密码变量，并对其进行了赋值。

（2）在语句块的执行部分，首先使用 open_connection 连接指定的服务器，参数 25 表示要连接的端口，25 是默认的 SMTP 服务器端口。helo 过程指定连接的邮件服务器域。

（3）由于 21cn 邮件服务器需要进行身份验证，因此使用 command 过程发送身份验证信息。demo_base64 是一个用来进行 base64 编码的包，该包中包含一个 encode 函数用来对二进制数据进行 base64 编码。

> **注意**：大多数用户在处理邮件服务器发送时，会因为 base64 编码的问题而导致服务器验证无法正常通过，demo_base64 这个包的源代码已经包含在本章的配套代码中，Oracle 的内置包 UTL_ENCODE.BASE64_ENCODE 也可以完成类似的编码过程。

（4）由于 21cn 邮件服务器需要进行身份验证，因此使用 command 过程发送身份验证信息，demo_base64 是一个用来进行 base64 编码的包，该包中包含一个 encode 函数用来对二进制数据进行 base64 编码。

（5）接下来指定邮件的收件人、发件人、主题和邮件内容，使用 UTL_SMTP.write_raw_data 写入邮件内容，调用 UTL_SMTP.close_data 发送并关闭邮件主体，最后使用 quit 退出服务器连接。

（6）如果发送邮件的过程中出现了任何异常，在异常处理部分包含了进行异常处理的代码，主要用来向 DBMS_OUTPUT 显示异常消息。

该过程成功创建后，可以使用如下的代码向 21cn 邮箱发送邮件：

```
SQL> EXEC send_mail*'cat_379@21cn.com','cat_379@21cn.com','Testing','This is a o
racle test mail');
PL/SQL 过程已成功完成。
```

在成功执行该过程之后，就可以收取这个自己发送给自己的邮件了，在笔者的 Foxmail 中收到了这封邮件，如图 20.1 所示。

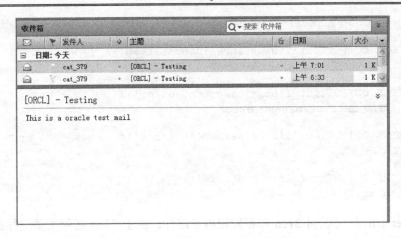

图 20.1 UTL_SMTP 的邮件发送结果

可以看到，邮件果然已经按照正常的方式进行了发送。

20.1.3 系统总体流程

在了解了 UTL_SMTP 包的使用知识后，接下来看一看如何设计一个通用的包来处理各种不同类型的邮件发送，整个设计结构如图 20.2 所示。

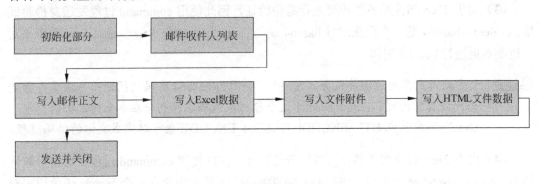

图 20.2 程序总体设计流程

总体流程的规划步骤如下所示。

（1）在初始化部分处理 UTL_SMTP 的初始化，用户既可以传入以逗号分隔的多个收件人、抄送人等，也可以从数据库表中取出当前维护的收件人信息。

（2）在邮件内容中写入标准格式的邮件主题和正式，以便统一格式化。

（3）具有几个 API 可以写入 Excel 附件，比如可以将数据库表的结果写入到 Excel 中作为附件进行发送。

（4）可以写入 HTML 格式数据，具有 HTML 格式的显示效果。

（5）所有的内容必须支持中文字体显示。

（6）发送邮件完成后，必须关闭 UTL_SMTP 到邮件服务器的连接。

在了解了整个程序的总体流程之后，接下来开始准备系统的测试环境，以便用户可以一边测试，一边了解整个系统的实现过程。

20.1.4 示例环境的搭建

为了正常地调试本章的示例程序，首先需要在本章配套源代码下面的 CreateTabeScript 文件夹下的建表脚本代码中创建两个表。

- email_list 表：用来保存邮件地址、主题、应用程序等预定义的信息，这些信息由用户进行维护，以便动态地更换发送信息和用户信息。
- rpt_tmp 表：该表用来辅助产生报表，这是一个辅助的临时数据的表，只在报表生成时使用。

email_list 保存了由用户维护的一些信息，这个表的字段描述如表 20.1 所示。

表 20.1 email_list用户邮件地址列表

字段名称	字段类型	允许空值	描述
GROUP_ID	NUMBER	N	应用程序组ID号
GROUP_NAME	VARCHAR2*64)	Y	应用程序组名称
DESCRIPTION	VARCHAR2*240)	Y	组描述性信息
SUBJECT	VARCHAR2*4000)	Y	邮件主题
MTO	VARCHAR2*4000)	Y	邮件发送地址集合，以逗号或分号分隔
MCC	VARCHAR2*32)	Y	抄送人员地址
MBCC	VARCHAR2*4000)	Y	密件抄送人员地址
MESSAGE	VARCHAR2*4000)	Y	邮件消息主题内容
EFFECTIVE_DATE	DATE	Y	生效日期
DISABLE_DATE	DATE	Y	禁用日期
MSENDER	VARCHAR2*2000)	Y	邮件发件人地址
APPLICATION_ID	NUMBER	Y	应用程序ID号

在安装了表之后，请使用 Toad 的导入工具将配套代码下的示例程序数据导入 email_list 表中，步骤如下所示。

（1）单击工具栏的"Database|Import|Import Table Data"菜单项，将弹出如图 20.3 所示的导入窗体。

注意：Toad 不同版本的导入功能界面可能有些不一样，但是基本的导入过程与本节介绍的相似，在笔者当前的电脑中使用的是 9.5.0.1。

（2）单击 Execute Wizard 按钮将打开导入向导，在该向导的第一页选择从 Excel 文件进行导入，单击 Next 按钮后，在 File Name 向导页指定要导入的文件名，如图 20.4 所示。

（3）单击 Next 按钮后，在 Data Formats 中的设置非常重要，其中 First row 用来指定要从哪一行开始导入，如果 Excel 中包含有字段列，那么就不能使用默认的 1 开始导入，应该选择从第 2 行开始导入。Dates,Times and Numbers 指定导入的日期和时间字段及数字值的格式，对于需要固定格式的应用来说，需要在这里设置。

（4）在确定了日期时间的格式及导入起始位置后，单击 Next 按钮，将进入到文件预览窗口，在该窗口中可以看到 Excel 中的数据，通过单击 Grid 上面的 3 个按钮可以将 Excel

中的数据列与数据表中的字段进行匹配。一般可以通过"AutoMap"按钮来匹配字段。

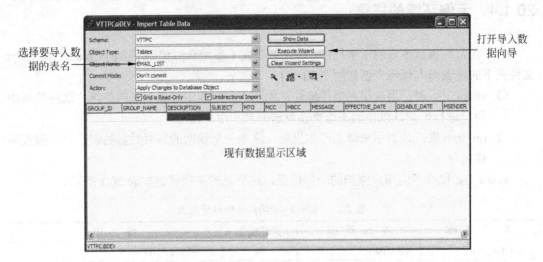

图 20.3 导入向导起始窗口

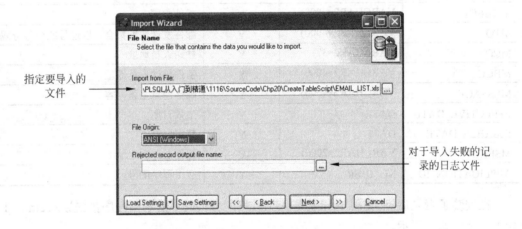

图 20.4 选择要进行 Excel 导入的文件

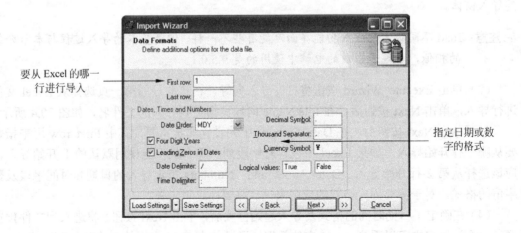

图 20.5 导入数据格式设置

> 注意：如果 Excel 中的字段类型与数据库表中的类型不匹配，导入将会失败，因此必须手动地匹配到正确的列中。

（5）在匹配了字段后，单击 Next 按钮，可以在 Mappings 向导页中看到 Excel 列与数据库表中的字段的匹配方法。Source 指定 Excel 中的字段的位置，Destination 由 Toad 自动从数据库表中取出相应的列。

（6）在设置完了字段映射后，单击 Next 按钮将进入数据预览窗口，在该窗口中可以看到前面设置的结果，如果有误，还可以单击 Back 按钮回到前一个画面重新进行设置，当所有的选项都设置完成后，将进入 Summary 页面，在该页面中可以指定是添加记录到目标表，还是对目标表进行更新及删除。在维护数据表记录时，这是一个非常有用的工具。本示例只需要将 Excel 中的记录追加到目标表中，因此使用默认的选择，单击 Execute 按钮将开始执行追加工作，如图 20.6 所示。

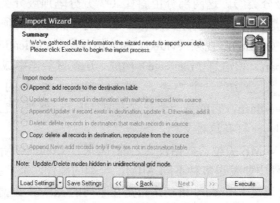

图 20.6　开始执行导入工作

导入完成后，还需要注意几个方面，由于代码依赖于 v$instance 视图，因此需要使用如下的代码分配查询权限：

```
SQL> GRANT SELECT ON v$instance TO PUBLIC;
授权成功。
```

成功授权后，就可以将 comm_email_lib.pkb 和 comm_email_lib.pks 这两个文件加载到 Toad 或 PL/SQL Developer 中进行创建并学习了。

20.2　系统编码实现

任何高楼大厦都是从地基开始建起来的，在本章的编码部分，先实现一个简单的发送邮件的 PL/SQL 匿名块，对这个块进行扩充，然后一步一步实现整个需求提供的功能，将所有的代码作为一个包进行部署。

20.2.1　认识 MIME 类型

由于本章的需求是开发一个通用性的电子邮件发送程序，能够支持 HTML 格式、纯文本邮件、电子邮件附件等邮件内容，因此有必要了解 MIME 电子邮件协议扩展。最初电子邮件协议仅支持 ASCII 码，为了支持在互联网上传递富媒体格式，比如视频、音频及图片等，因特网工程工作小组（The Internet Engineering Task Force）（IETF）组织定义了多功能因特网邮件扩展（MIME）类型和子类型，被收录在 RFC1521 和 RFC1522 中。

> 注意：RFC 英文全称是 Request For Comments，即要求注解，是由 IETF 为了发展互联网架构定义的一系列规范化的文档，这些文档详细地描述了规范的实现过程与实现细节。

为了在互联网上传递不同的文件类型，必须要在邮件头中写入不同类型的 MIME 类型信息，这些信息用来识别不同种类型邮件，这些类型通过 Content-Type 语句进行指定。

MIME 类型由两部分构成，第一部分是文件的类型（"顶级分类"），第二部分指定了特定的文件格式（"二级分类"）。这两部分由斜杠（"/"）分隔顶级分类或二级分类。比如，image/gif 的顶级分类是 image，二级分类是 gif。当前有 5 类分散的顶级分类：文本（text）、图像（image）、音频（audio）、视频（video）和应用程序（application），和两种混合的顶级类型：多段（multipart）和消息（message）构成。还在试验当中或者非官方的 MIME 类型在二级分类开头会加一个 "x-"。例如 Flash 文件的 MIME 类型就是 application/x-shockwave-flash，它就是一个非官方的 MIME 类型，它会被用户代理程序认出来并且使用 Flash Player 打开这种文档。

在每次进行不同 MIME 类型的数据发送之前，都通过 Content-Type 来发送 MIME 类型信息，如果在一个邮件中要发送多种不同 MIME 类型的邮件，需要指定 Content-Type 为 multipart/mixed，同时通过 boundary 语句来指定在不同的 MIME 数据块之间的分隔符，如图 20.7 所示。

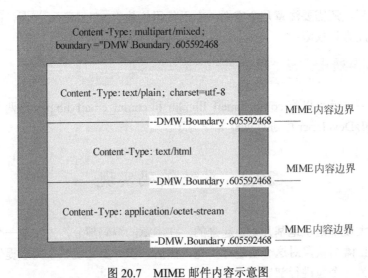

图 20.7　MIME 邮件内容示意图

20.2.2　实现 MIME 类型邮件发送

为了了解如何使用 UTL_SMTP 发送 MIME 格式的电子邮件，下面编写一个简单的发送邮件的匿名块,在该匿名块中包含了代码向邮件内容中写入 MIME 信息,实现如代码 20.2 所示。

代码 20.2 使用 UTL_SMTP 发送 MIME 格式邮件

```
DECLARE
  mailhost      CONSTANT VARCHAR2 *30)    := 'smtp.21cn.com';   --邮件主机
  gp_auth_username      VARCHAR *30)      := 'abc123';          --身份验证用户名
  gp_auth_password      VARCHAR *30)      := '******';          --身份验证密码
  psender               VARCHAR2 *128)    := 'abc123@21cn.com'; --邮件发送人地址
  p_subject             VARCHAR2 *100)    := 'SUBJECT';         --邮件主题内容
  p_to                  VARCHAR2 *100)    := 'abc123@21cn.com'; --邮件接收人地址
  p_mess                VARCHAR2 *100)    := 'This is a mail';  --邮件主体
  x_clf     CONSTANT VARCHAR2 *2):= CHR *13) || CHR *10);       --回车换行符
  mail_conn             UTL_SMTP.connection;                    --发送邮件连接对象
  x_str                 VARCHAR2 *30000);                       --临时变量
  x_rec                 VARCHAR2 *1000);
  n_1                   NUMBER;
  n_2                   NUMBER;
BEGIN
  mail_conn := UTL_SMTP.open_connection *mailhost);    --打开连接
  UTL_SMTP.helo *mail_conn, mailhost);                 --指定邮件发送域
  UTL_SMTP.command *mail_conn, 'AUTH LOGIN');          --进行邮件服务器身份验证
  UTL_SMTP.command
              *mail_conn,
               demo_base64.encode *UTL_RAW.cast_to_raw *gp_auth_username))
               );                                     --邮件服务器验证用户名
  UTL_SMTP.command *mail_conn,
               demo_base64.encode *UTL_RAW.cast_to_raw *gp_auth_password)
                                  )
               );                                     --邮件服务器验证密码
  UTL_SMTP.mail *mail_conn, psender);                  --指定邮件发送人
  IF p_to IS NOT NULL
  THEN
    x_str := RTRIM *REPLACE *p_to, ',', ';'), ';') || ';';
                                                     --使用循环的方式分解多个收件人地址
    n_1 := 1;

    LOOP
      n_2 := INSTR *x_str, ';', n_1);                --循环获取当前分号地址
      EXIT WHEN n_2 = 0;
      x_rec := SUBSTR *x_str, n_1, n_2 - n_1);       --提取邮件地址
      UTL_SMTP.rcpt *mail_conn, x_rec);              --将电邮地址赋给收件人
      n_1 := n_2 + 1;
    END LOOP;
    UTL_SMTP.open_data *mail_conn);                    --开始发送邮件数据
    UTL_SMTP.write_data *mail_conn, 'From: ' || psender || x_clf);
                                                     --指定发送方
    UTL_SMTP.write_data *mail_conn, 'To: ' || RTRIM *p_to, ';') || x_clf);
                                                     --指定接收方
    UTL_SMTP.write_raw_data *mail_conn,
                    UTL_RAW.cast_to_raw * 'Subject: '
                            || p_subject
                            || x_clf
```

```
                                          )                    --指定邮件主题
            UTL_SMTP.write_data *mail_conn, 'Mime-Version: 1.0' || x_clf);
                                                               --指定MIME的版本
            UTL_SMTP.write_data
                *mail_conn,
                    'Content-Type: multipart/mixed; boundary="DMW.Boundary.
                     605592468"'
                 || x_clf
             );            --发送多部分内容的邮件,指定分隔的符号,下面的代码将开始第1个分隔
            UTL_SMTP.write_data *mail_conn, '--DMW.Boundary.605592468' || x_clf);
            UTL_SMTP.write_data *mail_conn,
                          'Content-Type: text/plain; charset=utf-8' || x_clf
                        );                                 --发送纯文本邮件
                    --指定MIME内容被在线打开,而不会弹出一个另存为的对话框
            UTL_SMTP.write_data *mail_conn, 'Content-Disposition: inline;' ||
            x_clf);
            UTL_SMTP.write_data *mail_conn,
                          'Content-Transfer-Encoding: 8bit' || x_clf
                        );                              --指定传输编码格式
            UTL_SMTP.write_data *mail_conn, x_clf);         --写入回车内容
            UTL_SMTP.write_raw_data *mail_conn,
                          UTL_RAW.cast_to_raw *p_mess || x_clf)
                        );                              --写入邮件正文
            UTL_SMTP.write_data *mail_conn, '--DMW.Boundary.605592468--');
                                                        --写入终止分隔符
            UTL_SMTP.close_data *mail_conn);            --发送并关闭邮件
            UTL_SMTP.quit *mail_conn);                  --退出与服务器的连接
        END IF;
END;
```

整个实现的代码与20.1节介绍的发送邮件的代码有很明显的区别,尽管它们都发送了纯文本格式的邮件。图20.8展现了发送多格式电子邮件的实现流程图。

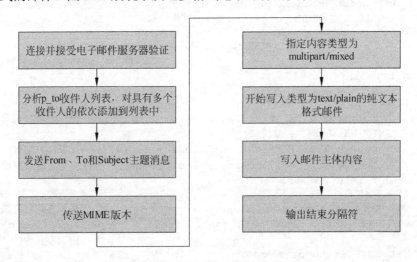

图20.8 电子邮件发送流程图

这段代码基本上实现了一个可以发送多种类型邮件的原型,本章的示例将在这段代码的基础上进行扩充,以支持标准化的邮件内容管理与发送操作,上面代码的实现过程如以

下步骤所示。

（1）在语句块的声明区中，声明了多个用来硬编码值的变量，包括邮件服务器地址、用户名与密码、发件人、收件人，以及主题和邮件内容等。同时声明了 UTL_SMTP.connection 及相关的局部变量。

（2）首先打开到邮件服务器的连接，接下来进行邮件服务器的验证。这一步骤不是必需的，一些邮件服务不需要发送身份验证，因此可以取消对于邮件服务器的验证工作。

（3）由于邮件的收件人可能是多个，因此为了在多个用户之间发送邮件，可以在收件人列表中使用分隔符进行分隔，但是在传递给 UTL_SMTP.rcpt 时，需要进行字符串的提取，再指定给收件人对象列表。

（4）接下来输出发件人、收件人与邮件主题消息，这些信息指定后，就开始进行邮件内容的发送。

（5）先输出 MIME 的版本，指定按 MIME 格式进行发送，首先输出 multipart/mixed 内容类型，指定邮件的内容由多个不同的 MIME 类型的数据组成，boundary 指定分隔不同类型内容的方式。

（6）接下来输出 text/plain，即纯文本内容的邮件，指定 Content_Disposition 在原地打开，因此不会显示一个下载文件对话框；传输内容指定为 8 位编码格式。

（7）在输出了 MIME 信息后，输出邮件的消息主体，最后发送邮件并退出，实现整个邮件内容的发送。

读者可以将 mailhost 及相关的发件人和收件人进行简单的更改，测试一下该程序的运行效果，在笔者的电脑上使用 21cn 的 SMTP 服务器成功发送过多次邮件。

20.2.3 定义包规范

在实现了核心的技术部分与深入了解了程序所完成的需求后，可以开始定义一个包，这个包中包含了邮件发送程序应该可以完成的功能的规范性说明。在本章中定义了 comm_email_lib 包规范，该规范包含了邮件发送程序实现的相关功能，如代码 20.3 所示。

代码 20.3　邮件发送程序包规范

```
CREATE OR REPLACE PACKAGE comm_email_lib
IS
  gp_encoding      VARCHAR2 *32)  := 'gb2312';         --邮件内容编码格式
  gp_skip_lines    NUMBER         := 1;
  TYPE mail_connection IS RECORD *
                   --邮件连接记录，当同时处理多个邮件时，使用 ID 标识不同的连接
    ID             NUMBER,
    connection     UTL_SMTP.connection
  );
  --邮件服务器和邮件服务器身份验证的信息，以及当前处理的邮件的 ID 号
  gp_mail_host       VARCHAR2 *100):= 'smtp.21cn.com';
  gp_auth_username   VARCHAR2*100):='abc';
  gp_auth_password   VARCHAR2*100):='******';
  gp_mail_id         NUMBER         := 1;
  FUNCTION htm_str *p_str IN VARCHAR2)
    RETURN VARCHAR2;                                   --编码字符串为 HTML 格式的字符串
```

```
PROCEDURE wb_header *p_conn IN mail_connection); --Excel 工作表头部内容写入
PROCEDURE wb_footer *p_conn IN mail_connection);
                                       --Excel 工作表尾部内容写入
PROCEDURE ws_footer *p_conn IN mail_connection);
                                       --Excel 工作簿尾部内容写入
FUNCTION get_db_inf *p_type VARCHAR2)
                        --从 v$instance 视图中获取当前执行的服务器信息
   RETURN VARCHAR2;
----获取以 p_bs 指定符号分隔的第 p_n 个位置的字符串
FUNCTION SPLIT *p_str VARCHAR2, p_bs VARCHAR2, p_n NUMBER) RETURN
VARCHAR2;
FUNCTION split_cnt *p_str VARCHAR2, p_bs VARCHAR2)
                        --获取在 p_str 中 p_bs 指定的符号分隔的个数
   RETURN NUMBER;
FUNCTION get_var *p_str VARCHAR2, p_n NUMBER)
                        --获取 p_str 中从第 1 个到 p_n 个的字母的个数
   RETURN VARCHAR2;
FUNCTION link_str *          --字符串连接函数,合并参数中传入的字符串
   p_tab     VARCHAR2 DEFAULT CHR *9),
   p_end     VARCHAR2 DEFAULT '',
   p_str1    VARCHAR2 DEFAULT '',
   ....
   p_str59   VARCHAR2 DEFAULT ''
) RETURN VARCHAR2;
PROCEDURE xm_ws_row *      --Excel 工作表行函数,将传入的参数写入 Excel 的一行中
   p_conn    IN  mail_connection,
   p_str1        VARCHAR2 DEFAULT '',
   ....
   p_str99       VARCHAR2 DEFAULT ''
);
PROCEDURE xm_ws_sql *      --将 SQL 语句的执行结果写入 Excel 表格行
   p_conn    IN  mail_connection, p_ws_name  IN   VARCHAR2,
   p_sql     IN  VARCHAR2,
   p_1           VARCHAR2 DEFAULT '',
   ...
   p_15          VARCHAR2 DEFAULT ''
);
FUNCTION check_type *p_value VARCHAR2)         --检查数字或字符串类型
   RETURN VARCHAR2;
   --将传入的收件人信息进行分隔后,赋给 UTL_SMTP 的收件人列表中
PROCEDURE x_send *p_cnn IN OUT UTL_SMTP.connection, p_mail IN VARCHAR2);
   --写入邮件消息文本内容
PROCEDURE xm_data *p_conn IN mail_connection, p_mess IN VARCHAR2);
   --写入邮件消息工作簿内容
PROCEDURE xm_worksheet *
   p_conn      IN  mail_connection,
   p_ws_name   IN   VARCHAR2 DEFAULT NULL
);
  --添加邮件附件
PROCEDURE xm_file *p_conn IN mail_connection, p_filename VARCHAR2);
  --添加 HTML 格式的内容
PROCEDURE xm_html *p_conn IN mail_connection, p_html VARCHAR2);
  --初始化 UTL_SMTP 包中的连接对象以便准备发送邮件
FUNCTION xm_init *
   p_grp_name   IN   VARCHAR2,
```

```
       p_subject    IN   VARCHAR2 DEFAULT '',
       p_sender     IN   VARCHAR2 DEFAULT '',
       p_mailto     IN   VARCHAR2 DEFAULT '',
       p_mailcc     IN   VARCHAR2 DEFAULT '',
       p_mailbcc    IN   VARCHAR2 DEFAULT '',
       p_mailbody   IN   VARCHAR2 DEFAULT ''
   )
       RETURN mail_connection;
    PROCEDURE xm_close *p_conn IN mail_connection);
                                          --发送邮件并关闭邮件服务器连接
END comm_email_lib;
/
```

在包中，定义了19个子程序、1个记录类型和6个保存基本信息的公共变量。下面简要介绍这些定义的作用，在本章后面的内容中会详细地讨论包体中代码的具体实现。

虽然在包体中包含了19个子程序的定义，但是真正用来发送与处理邮件相关的是以xm开头的这些子程序，其他的子程序提供了一些公共的函数，供这些以xm开头的子程序进行调用。这些以xm开头的子程序的作用如下所示。

- xm_init函数：该函数返回mail_connection记录类型的对象，用来初始化UTL_SMTP的连接对象，这个函数将使用在包公共变量中定义的邮件服务器地址、服务器身份验证的用户名和密码，初始化连接后，会写入MIME信息用来处理文本内容的发送，但是该函数并不真正发送，只是准备发送内容。
- xm_data过程：向邮件内容中写入文本邮件内容，支持中文字体的显示。
- xm_html过程：使用xm_init返回的UTL_STMP.connection对象，向邮件内容中写入HTML格式的邮件内容。
- xm_file过程：使用xm_init返回的UTL_STMP.connection对象，向邮件中绑定要发送的邮件附件内容。
- xm_worksheet过程：向邮件内容中写入Excel工作表的头信息。
- xm_ws_row过程：根据传入的参数向Excel工作表内容中写入行信息。
- xm_ws_sql过程：动态执行SQL语句，向Excel工作表中写入行信息。
- xm_close过程：发送电子邮件并关闭连接通道。
- wb_header过程：写入Excel工作簿中的工作簿的头信息。
- wb_footer过程：写入Excel工作簿中的工作簿的尾信息。
- ws_footer过程：写入Excel工作表的工作表尾信息。

这些子程序的调用也有一定的顺序，比如说要发送电子邮件，总是得调用xm_init函数初始化UTL_SMTP.connection对象，然后根据要发送的内容格式调用不同的子程序，最终调用ws_close发送邮件并关闭连接，因而调用的流程如图20.9所示。

可以看到，要发送邮件，总是需要先使用xm_init进行初始化工作，初始化完成后，根据选择的邮件内容的MIME格式，使用不同的子程序向xm_init返回的UTL_SMTP.connection连接写入要发送的邮件内容，在调用完成后，使用xm_close发送邮件并关闭连接对象，最后退出邮件发送过程。

在包规范的定义部分，将可能由外部设置的电子邮件服务器地址、进行邮件服务器身份验证的用户名与密码这些信息定义为变量,以便调用方可以方便地进行更改。

由于包可能被多个用户调用,在包级别定义了 mail_connection 记录类型,该记录类型将 UTL_SMTP.connection 和一个 ID 值作为记录成员,这样可以在每次发送一个新的连接请求时,通过递增 ID 值来分配一个新的 ID 号,可以匹配到每一个连接。

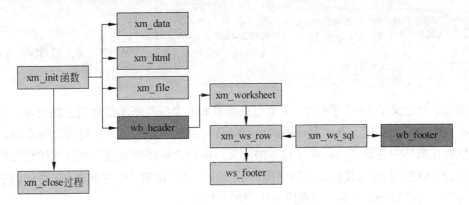

图 20.9 包规范的调用顺序

20.2.4 邮件初始化函数 xm_init

在了解了包规范的实现思路后,接下来开始包体的实现。首先实现第 1 个函数 xm_init,该函数实际上与代码 20.2 的实现思路完全相同,不同之处在于对邮件收件人的处理,以及对参数的接收处理,毕竟要实现的是一个通用性强的邮件发送模块。

收件人地址有可能是根据用户传入的某个程序的模块名称从 email_list 中取出来的,也有用户只需要根据传入的收件人地址、主题与邮件内容等进行发送,不需要从数据库中读出。而且收件人列表是以逗号进行分隔的,需要分隔出单个的收件人信息。除此之外,xm_init 还需要能够处理邮件的抄送、密件抄送等功能,因此可以看作是对代码 20.2 的通用化的进一步完善。下面分 3 个部分对这个函数进行分析。

1. 函数定义部分

函数的定义要从外部接收程序模块名,以便根据模块名称查询 email_list 获取到邮件主题、收件人列表、邮件内容等信息。除此之外,如果用户没有提供一个程序模块名,要能根据用户提供的主题、收件人或发件人及邮件内容直接进行邮件的发送,定义部分如代码 20.4 所示。

代码 20.4 xm_init 函数的定义部分

```
FUNCTION xm_init *
    p_grp_name      IN  VARCHAR2,              --程序模块名称
    p_subject       IN  VARCHAR2 DEFAULT '',   --邮件主题
    p_sender        IN  VARCHAR2 DEFAULT '',   --发件人地址
    p_mailto        IN  VARCHAR2 DEFAULT '',   --收件人地址列表
    p_mailcc        IN  VARCHAR2 DEFAULT '',   --抄送人地址列表
    p_mailbcc       IN  VARCHAR2 DEFAULT '',   --密件抄送地址列表
```

```
        p_mailbody      IN   VARCHAR2 DEFAULT ' --邮件主体内容
)
    RETURN mail_connection                     --返回 mail_connection 记录
IS
    CURSOR get_email                           --定义游标查询 email_list 中的信息
    IS
      SELECT NVL *p_subject, cel.subject) subject,
             NVL *p_sender, cel.msender) msender,
             NVL *p_mailto, cel.mto) mto, NVL *p_mailcc, cel.mcc) mcc,
             NVL *p_mailbcc, cel.mbcc) mbcc,
             NVL *p_mailbody, cel.MESSAGE) MESSAGE
        FROM email_list cel
       WHERE cel.group_name = NVL *p_grp_name, 'DUMMY')
         AND *cel.disable_date IS NULL OR cel.disable_date > SYSDATE);
--设置主题内容，get_db_inf 获取数据库实例相关信息
x_subject    VARCHAR2 *3000):= p_subject || '*' || get_db_inf
*'namehost')
                      || ')';
psender      VARCHAR2 *2000);              --保存收件人列表的变量
mail_conn    mail_connection;              --保存返回值的变量
BEGIN
…..
END;
```

xm_init 的定义细节如下面的几个部分所示。

（1）在函数的定义中，接收模块的名称作为参数，除此之外，还接收主题、发件人、收件人、抄送、密件抄送及邮件主题的字符串类型的参数，这些参数如果没有指定，默认为空字符串。这表示如果需要按 email_list 表中的内容来发送电子邮件，可以不用指定后面的参数。

（2）在函数的定义部分，定义了一个 get_email 的游标，该游标将根据传入的参数，判断如果在传入参数列表中相关的参数没有指定，则从数据库中取出模块名称为 p_grp_name 指定的值的相关记录，这样使得传入的参数信息具有较高的优先级，而表中的信息具有较低的优先级。

（3）x_subject 定义了邮件的主题变量，它除了从 p_subject 中取得主题信息外，还调用 get_db_inf 获取当前运行的数据库实例的主机信息。p_sender 用来设置收件人信息，mail_conn 是一个 mail_connection 记录类型的变量，用来保存函数返回值。

2．函数初始化部分

在函数的执行部分，首先包含了对于 UTL_SMTP 的初始化部分，包含了邮件主题、邮件服务器验证、收件人与发件人、抄送与密件抄送的初始化工作，在做好了这些初始化工作后，最终会返回 mail_connection 记录类型的变量，以便于后续的过程可以使用 UTL_SMTP.connection 来继续写入邮件的内容。初始化部分的实现如代码 20.5 所示。

代码 20.5　邮件发送初始化部分

```
    FOR xr IN get_email                       --循环游标，以处理多个邮件内容的发送
LOOP
   --指定收件人信息，包含当前数据库实例信息
      psender :=NVL *xr.msender, '数据库实例：' || get_db_inf *'name'));
```

```
--指定邮件主题,包含了主机相关的信息
x_subject := xr.subject || '*' || get_db_inf *'namehost') || ')';
mail_conn.ID := gp_mail_id;
                       --由于可能包含多个邮件发送信息,使用该变量标识连接 ID
gp_mail_id := gp_mail_id + 1;     --递增连接 ID
--打开到邮件服务器的连接,并返回 connection 对象
mail_conn.connection := UTL_SMTP.open_connection *gp_mail_host);
--指定邮件发送服务器的域
UTL_SMTP.helo *mail_conn.connection, gp_mail_host);
--进行邮件服务器验证
UTL_SMTP.command *mail_conn.connection, 'AUTH LOGIN');
UTL_SMTP.command
        *mail_conn.connection,
        demo_base64.encode *UTL_RAW.cast_to_raw *gp_auth_username))
        );
UTL_SMTP.command
         *mail_conn.connection,
         demo_base64.encode *UTL_RAW.cast_to_raw *gp_auth_password)
                        )
       );
UTL_SMTP.mail *mail_conn.connection, psender);
--获取收件人列表
IF xr.mto IS NOT NULL
THEN
   x_send *mail_conn.connection, xr.mto);
END IF;
--获取抄送人列表
IF xr.mcc IS NOT NULL
THEN
   x_send *mail_conn.connection, xr.mcc);
END IF;
--获取密件抄送人列表
IF xr.mbcc IS NOT NULL
THEN
   x_send *mail_conn.connection, xr.mbcc);
END IF;
--准备邮件数据的写入
UTL_SMTP.open_data *mail_conn.connection);
--写入 From 信息,这里需要加入 x_clf,即回车换行
UTL_SMTP.write_data *mail_conn.connection,
                    'From: ' || psender || x_clf
                   );
--写入 To 信息,这里需要加入 x_clf,即回车换行
IF xr.mto IS NOT NULL
THEN
   UTL_SMTP.write_data *mail_conn.connection,
                       'To: ' || RTRIM *xr.mto, ';') || x_clf
                      );
END IF;
--写入 cc 信息,这里需要加入 x_clf,即回车换行
IF LENGTH *xr.mcc) IS NOT NULL
THEN
   UTL_SMTP.write_data *mail_conn.connection,
                       'cc: ' || RTRIM *xr.mcc, ';') || x_clf
                      );
END IF;
--写入 bcc 信息,这里需要加入 x_clf,即回车换行
IF LENGTH *xr.mbcc) IS NOT NULL
```

```
        THEN
           UTL_SMTP.write_data *mail_conn.connection,
                              'bcc: ' || RTRIM *xr.mbcc, ';') || x_clf
                              );
        END IF;
        --写入邮件主题信息
        UTL_SMTP.write_raw_data *mail_conn.connection,
                              UTL_RAW.cast_to_raw *   'Subject: '
                                                  || x_subject
                                                  || x_clf
                              )
                              );
        ....省略写入邮件内容的代码,后面会继续介绍
        END LOOP;
```

为了便于理解上面的代码,绘制了如图 20.10 所示的初始化流程图。

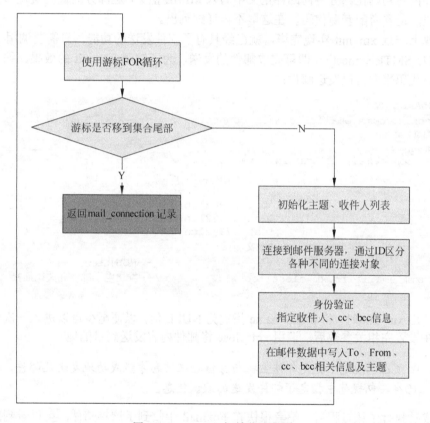

图 20.10　xm_init 初始化流程图

由于一个程序模块可能有多种不同的邮件内容要发送,因此在初始化部分首先使用了一个游标 FOR 循环进行遍历。

> 注意：由于使用了游标 FOR 循环,必须确保游标总是至少可以执行一次,否则不能进入到游标主题,则无法完成至少一次的邮件发送。通常可以为 p_grp_name 参数指定 NULL 值来实现至少进入一次,因为在游标定义时会将 NULL 转换为 DUMMY 组,该组是一个虚拟组,在 mail_list 中总是存在一条记录来显示数据。

初始化代码中，获取 To、cc 及 bcc 这类收件人列表时，使用了一个名为 x_send 的子程序，x_send 子程序接收 UTL_SMTP.connection 和要作为收件人列表的字符串，该子程序将会对传入的收件人列表进行字符串分隔，取出单独的电子邮件，然后调用 L_SMTP.rcpt 过程添加到邮件的收件人列表中。

由于在循环中会多次打开 UTL_SMTP.connection 连接，因此通过 mail_connection 记录类型记录下每一个连接不同的 ID，进行有效的区分。

在打开了连接，进行了有效的身份验证，并设置了收件人、发件人等信息后，最后向邮件头部写入 To、From、cc、bcc 及邮件主题信息，在这些设置都完成后，将开始进行邮件内容的初始化。

3．邮件内容初始化部分

邮件内容初始化部分将向邮件正文中写入 MIME 正文，这部分的代码实现与代码 20.2 非常相似，请参考配套源代码，在这里不再详细列出。

实现上一旦 xm_init 实现完毕，就已经具有了邮件发送的功能，只需要调用 xm_close 关闭 UTL_SMTP.connection 即可完成邮件的发送，为了演示 xm_init 的效果，编写了如下的匿名块代码来向自己发送邮件：

```
DECLARE
  conn    comm_email_lib.mail_connection;    --定义邮件连接返回值记录变量
BEGIN
  conn :=
    comm_email_lib.xm_init *NULL,
                           '来自 X 模块的邮件',
                           'Cat_379@21cn.com',
                           'Cat_379@21cn.com',
                           'Cat_379@21cn.com',
                           '中文测试'
                    );                       --初始化连接
  comm_email_lib.xm_close *conn);            --发送电子邮件并关闭连接
END;
```

在调用 xm_init 时，将 p_grp_name 指定为 NULL 值，以便至少可以进入一次游标的循环体，在设置完相关参数后，调用 xm_close 将邮件内容发送到目的地。

> **注意**：必须在包规范中指定邮件主机与身份验证信息才能成功地发送此邮件，在示例中已经在包规范中指定了邮件发送的默认信息。

在成功执行了该过程后，笔者很快在 Foxmail 中收到了这封邮件，可以看到邮件的发送非常正常，如图 20.11 所示。

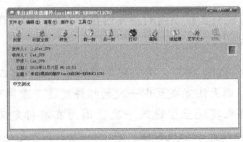

图 20.11　测试邮件结果

通过 Foxmail 提供的查看邮件原始信息功能，可以看到邮件的原始信息 MIME 代码中，果然包含了在代码中写入的相关数据。

20.2.5 发送并关闭连接 xm_close

xm_init 与 xm_close 总是成对使用，只有调用了 xm_close，邮件才能真正地发送到目的地，xm_close 的实现非常简单，主要是调用 UTL_SMTP.connection 对象的相关方法来实现邮件的正式发送。该过程的实现如代码 20.6 所示。

代码 20.6　发送并关闭邮件连接

```
PROCEDURE xm_close *p_conn IN mail_connection)
IS
   x_conn   mail_connection := p_conn;   --当前的连接对象
BEGIN
   IF x_worksheet_cnt > 0                --如果定义了 Excel 内容
   THEN
      ws_footer *p_conn);                --写入工作表结束信息
      wb_footer *p_conn);                --写入工作簿结束信息
   END IF;
   --输出结束分界符
   UTL_SMTP.write_data *x_conn.connection, '--DMW.Boundary.605592468--');
   UTL_SMTP.close_data *x_conn.connection);  --发送邮件
   UTL_SMTP.quit *x_conn.connection);    --退出连接
END xm_close;
```

该过程判断 x_worksheet_cnt 是否大于 0，如果在邮件中包含了 Excel 的内容，该变量的值会被递增。如果该值大于 0，则需要调用 ws_footer 和 wb_footer 写入工作表和工作簿的结束信息。然后输出多段 MIME 内容的结束符，调用 close_data 发送邮件并关闭连接对象，最后退出连接。

20.2.6　发送 HTML 邮件

xm_html 过程可以发送 HTML 格式的邮件，通过与 xm_data 配合使用，可以编写 HTML 代码来发送具有丰富格式的邮件。为了更好地理解这个函数的实现，先通过 xm_html 和 xm_data 的使用来看一下如何使用这个过程发送 HTML 邮件，如代码 20.7 所示。

代码 20.7　使用 xm_html 和 xm_data 发送 HTML 格式的邮件

```
DECLARE
   conn   comm_email_lib.mail_connection;   --定义邮件连接返回值记录变量
BEGIN
   conn :=
      comm_email_lib.xm_init *NULL,
                      '来自 X 模块的邮件',
                      'Cat_379@21cn.com',
                      'Cat_379@21cn.com',
                      'Cat_379@21cn.com',
                      'Cat_379@21cn.com',
```

```
                            '中文测试'
                         );                              --初始化连接
    comm_email_lib.xm_html*conn,'<html><body>');          --开始 HTML 邮件发送
    comm_email_lib.xm_data*conn,'<h1>邮件标题</h1><br>');--写入 HTML 代码
    comm_email_lib.xm_data*conn,'<b>新浪网址</b><br>');
    comm_email_lib.xm_data*conn,'<a href="http://www.sina.com.cn/"
                                              target="_blank"
class="toplink">新浪首页</a>');
    comm_email_lib.xm_close *conn);                       --发送电子邮件并关闭连接
END;
```

在调用了 xm_init 后，使用 xm_html 开始一个新的 MIME 类型的邮件内容，xm_data 用来向 connection 中写入 HTML 代码内容，在该匿名块成功调用后，在笔者的 Foxmail 成功地接收了这封 HTML 格式的邮件，当然在切换到纯文本格式后，也可以看到在 xm_init 中指定的纯文本内容的邮件，如图 20.12 所示。

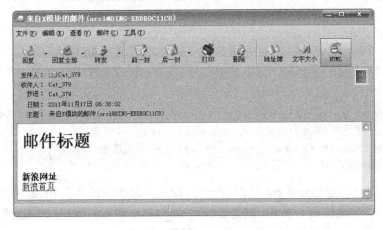

图 20.12　HTML 格式邮件预览效果

xm_html 过程的实现也非常简洁，主要是开始一个新的 MIME 类型的编写，然后依次写入 HTML 内容，实现如代码 20.8 所示。

代码 20.8　xm_html 过程实现

```
PROCEDURE xm_html *p_conn IN mail_connection, p_html VARCHAR2)
IS
   x_conn   mail_connection := p_conn;
BEGIN
   IF x_worksheet_cnt > 0 --在写入之前，如果有 Excel 文件未结束，则结束 Excel 文件
   THEN
      ws_footer *p_conn);
      wb_footer *p_conn);
   END IF;
   x_worksheet_cnt := 0; --清除该变量的值为 0
   --写入结束标志
   UTL_SMTP.write_data *x_conn.connection,
                      '--DMW.Boundary.605592468' || x_clf
                     );
   --开始写入 HTML 格式的内容
   UTL_SMTP.write_data *x_conn.connection,
                      'Content-Type: text/html;' || x_clf
```

```
                    );
  UTL_SMTP.write_data *x_conn.connection, '');
  UTL_SMTP.write_data *x_conn.connection, p_html);  --写入 HTML 格式的数据
  UTL_SMTP.write_data *x_conn.connection, x_clf);   --写入回车换行
END xm_html;
```

可以看到,在写入 HTML 内容之前,先判断是否有未写完的 Excel 内容,如果存在,则调用 ws_footer 和 wb_footer 结束对 Excel 文件的编写,然后写入内容段的结束标记。在结束了 Excel 内容后,写入一个新的 MIME 类型 text/html,即 HTML 格式的邮件,然后就可以使用 xm_data 写入数据了。

20.2.7 发送邮件附件

xm_file 用来发送邮件的附件,由于整个邮件发送包是一个服务器端的程序,因此不能直接发送客户端的某个文件。通常使用 xm_file 来发送 Oracle 数据库中的 Blob 字段的内容,或者将某些特定的内容以附件的形式发送,比如将数据整理成 Excel 格式作为附件进行发送。

举个例子,要向客户端发送一个 HTML 格式的附件,包含一些 HTML 内容信息,可以使用类似代码 20.9 所示的代码来实现这个功能。

代码 20.9 使用 xm_file 发送邮件附件

```
DECLARE
  conn    comm_email_lib.mail_connection;           --定义邮件连接返回值记录变量
BEGIN
  conn :=
    comm_email_lib.xm_init *NULL,
                          '来自 X 模块的邮件',
                          'Cat_379@21cn.com',
                          'Cat_379@21cn.com',
                          'Cat_379@21cn.com',
                          'Cat_379@21cn.com',
                          '中文测试'
                          );                        --初始化连接
  comm_email_lib.xm_file*conn,'test.html');  --将一个 HTML 文件作为附件进行发送
  comm_email_lib.xm_data*conn,'<html><body>');         --开始 HTML 邮件发送
  comm_email_lib.xm_data*conn,'<h1>邮件标题</h1><br>'); --写入 HTML 代码
  comm_email_lib.xm_data*conn,'<b>新浪网址</b><br>');
  comm_email_lib.xm_data*conn,'<a href="http://www.sina.com.cn/"
                                target="_blank" class="toplink">
                                新浪首页</a>');
  comm_email_lib.xm_data*conn,'</body></html>');
  comm_email_lib.xm_close *conn);                    --发送电子邮件并关闭连接
END;
```

为了以附件的形式发送电子邮件,在调用 xm_init 过程后,首先通过 xm_file 指明后面的数据将以附件的形式进行发送,附件文件名为 test.html 文件。在不改变 MIME 类型的情况下,使用 xm_data 向附件文件中写入邮件数据,在代码中写入了一个完整的 HTML 文件内容。当该匿名块成功执行后,在笔者的 Foxmail 中收到了一封带附件的电子邮件,包含

了 test.html 附件内容，如图 20.13 所示。

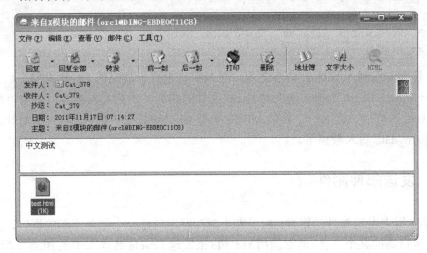

图 20.13　带附件的邮件内容

可以看到使用 xm_file 发送邮件附件非常简单，而且 xm_file 本身的实现也非常简单，只需要初始化一个新的流式的 MIME 类型即可，如代码 20.10 所示。

代码 20.10　xm_file 邮件附件功能的实现

```
PROCEDURE xm_file *p_conn IN mail_connection, p_filename VARCHAR2)
IS
  x_conn    mail_connection := p_conn;
BEGIN
  IF x_worksheet_cnt > 0         --如果有 Excel 文件未结束，则写入结束信息
  THEN
    ws_footer *p_conn);
    wb_footer *p_conn);
  END IF;
  x_worksheet_cnt := 0;          --清空 Excel 文件的写入
  IF p_filename IS NOT NULL      --如果指定了附件文件名
  THEN
    UTL_SMTP.write_data *x_conn.connection,
                    '--DMW.Boundary.605592468' || x_clf
                );         --写入结束分隔符
    UTL_SMTP.write_data        --开始一个新的 MIME 内容的写入
                *x_conn.connection,
                    'Content-Type: application/octet-stream; name="'
                || p_filename
                || '"'
                || x_clf
                );
    UTL_SMTP.write_data *x_conn.connection,
                    'Content-Disposition: attachment; filename="'
                || p_filename
                || '"'
                || x_clf
                );         --指定流式文件作为附件写入，并指定附件名称
    UTL_SMTP.write_data *x_conn.connection,
                    'Content-Transfer-Encoding: 8bit' || x_clf
                );         --指定编码格式
```

```
        UTL_SMTP.write_data *x_conn.connection, x_clf); --开始写入附件内容
    END IF;
END xm_file;
```

代码依然进行了 Excel 文件的判断,并写入结束标记。然后开始一个新的 MIME 类型的写入,这个类型是 application/octet-stream,这是一种流式的类型,name 指明了这种类型的文件名。在 Content_Disposition 中指定类型为 attachment,表示将作为附件发送这个文件。在指定了这样的流式格式后,就可以通过后续的对流式内容的读入来发送附件了,比如读取 Blob 字段的内容,将其作为一个文件发送到邮件客户端,这是一种较常用的需求。

20.2.8 发送 Excel 附件内容

由于邮件发送程序的主要需求是将一些系统的异动数据以 Excel 的形式发送到客户端,以便于企业的运作人员拿到这份 Excel 数据后,通过 Excel 的统计分析工具能够很容易地对数据进行分析,因此发送 Excel 格式的附件显得非常重要。与发送 Excel 附件内容相关的有几个子程序,其调用顺序及其子程序的功能如下所示。

(1) wb_header:开始写入 Excel 工作簿头部信息。
(2) xm_worksheet 过程:开始 Excel 工作表内容的编写,需要传入工作表的名称。
(3) xm_ws_row 过程:向 Excel 工作表中写入表行信息。
(4) xm_ws_sql 过程:查询指定的数据库表数据,写入 Excel 工作表的行中。
(5) ws_footer 过程:写入工作表结束信息。
(6) wb_footer 过程:写入工作簿结束信息。

要写一个 Excel 格式的内容,首先需要写入 Excel 工作簿的头信息,然后添加工作表,写入工作表行数据,最后结束工作表的写入,在所有的工作表写完后,结束工作簿的写入,实现一份完整的 Excel 文件。xm_ws_row 和 xm_ws_sql 可以被多次调用来向工作表的行中写入数据,通过这几个过程,就可以实现一份完整的 Excel 附件内容。

在了解这些过程的具体实现细节之前,先来看一看如何使用这些子程序发送 scott 方案下 emp 表的内容,将其作为一个 Excel 附件发送给客户端,如代码 20.11 所示。

代码 20.11 发送 Excel 格式的附件

```
DECLARE
    conn    comm_email_lib.mail_connection;          --定义邮件连接返回值记录变量
BEGIN
    conn :=
      comm_email_lib.xm_init *NULL,
                            '来自 X 模块的邮件',
                            'Cat_379@21cn.com',
                            'Cat_379@21cn.com',
                            'Cat_379@21cn.com',
                            'Cat_379@21cn.com',
                            '中文测试'
                            );                        --初始化连接
    comm_email_lib.xm_file*conn,'scott_emp.xls');     --使用 Excel 文件附件
    --注释掉: comm_email_lib.wb_header*conn);
             --写入 Excel 工作簿头信息,xm_worksheet 包含了对 wb_header 的调用
    --注释掉: comm_email_lib.xm_worksheet*conn,'员工信息');   --写入工作表
```

```
    --写入工作表表行内容，xm_ws_sql 已经包含了 xm_worksheet 的调用
    comm_email_lib.xm_ws_sql*conn,'员工信息','SELECT * FROM scott.emp');
    --注释掉：comm_email_lib.ws_footer*conn);     --写入工作表表尾，xm_close 包含
    了对该过程的调用
    --注释掉：comm_email_lib.wb_footer*conn);
                                        --写入工作簿尾部数据，xm_close 包含了对该过程的调用
    comm_email_lib.xm_close *conn);              --发送电子邮件并关闭连接
END;
```

在成功地执行该过程后，笔者的 Foxmail 收到了一封带有 emp 表数据的 Excel 文件，如图 20.14 所示。

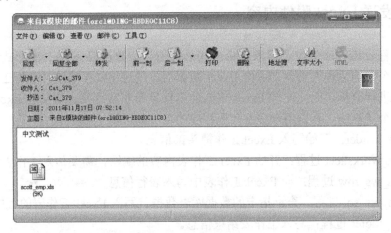

图 20.14 带 Excel 附件的电子邮件

可以看到，实际上只花了一行代码，即对 xm_ws_sql 的调用，就将 emp 表中所有的记录写在了 Excel 表中并作为附件进行了发送。由于 xm_ws_sql 以及 xm_close 已经包含了对其他各种类型的子程序的调用，因此大大方便了开发人员编写查询数据库的代码并作为附件进行发送。Excel 的打开结果如图 20.15 所示。

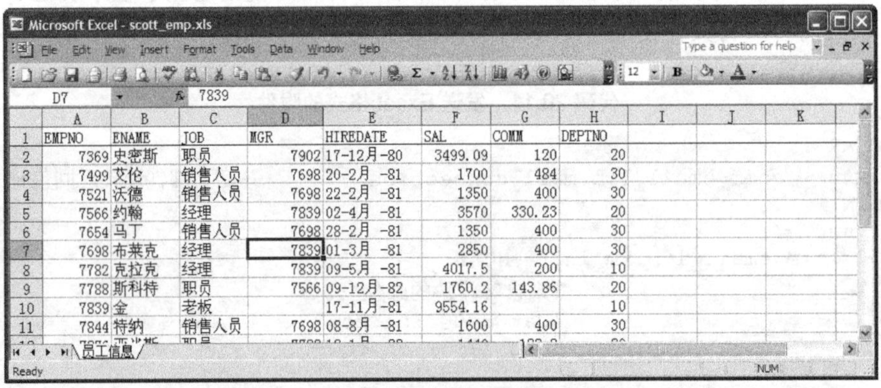

图 20.15 作为附件被发送的 Excel 文件内容

虽然调用被缩到了一行代码，但是在后面的内容中将依次对整个实现过程按照调用的顺序进行分解讨论。

20.2.9 写入工作簿 wb_header

向附件中写入工作簿头信息非常简单，所要做的是使用 xm_data 过程向附件流中写入文本内容。由于 Excel 内容本身就是一个 XML 文件格式，因此如果要查看一个 Excel 文件的内容，可以打开一个简单的 Excel 文件，然后另存为 XML 文件格式，再用任何文本编辑器打开，就可以看到 Excel 的 XML 文件格式。例如图 20.16 是笔者新建的一个空白的 Excel 文件另存为 XML 文件后显示的内容。

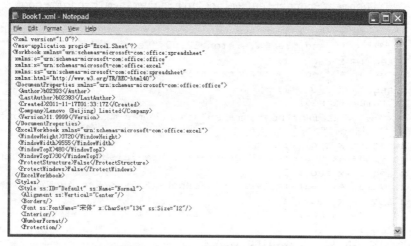

图 20.16　Excel 的 XML 文件内容

> 注意：开发人员没有必要去深研这些标签的意思，如果需要定制 Excel 发送邮件的格式，只需要在 Excel 中可视化地定义好格式，然后通过程序代码将标签写入到发送流中即可。

wb_header 主要用于写入工作簿的基本信息，其实现如代码 20.12 所示。

代码 20.12　写入 Excel 工作簿头信息

```
PROCEDURE wb_header *p_conn IN mail_connection)
IS
BEGIN
   IF xa_value IS NOT NULL
   THEN
      xa_value.DELETE;                --先清空索引表
   END IF;
   x_seq := 1;                        --初始化索引表的索引序列号
   xa_value *x_seq) :=
              '<?xml version="1.0" encoding="' || gp_encoding || '"?>';
   x_seq := x_seq + 1;                --依序写入工作簿表头信息
   xa_value *x_seq) := '<?mso-application progid="Excel.Sheet"?>';
   x_seq := x_seq + 1;
   xa_value *x_seq) :=
        '<Workbook xmlns="urn:schemas-microsoft-com:office:
         spreadsheet"';
   x_seq := x_seq + 1;
```

```
    xa_value *x_seq) := 'xmlns:o="urn:schemas-microsoft-com:office:
    office"';
    x_seq := x_seq + 1;
    xa_value *x_seq) := 'xmlns:x="urn:schemas-microsoft-com:
    office:Excel"';
    x_seq := x_seq + 1;
    xa_value *x_seq) :=
             'xmlns:ss="urn:schemas-microsoft-com:office:spreadsheet"';
    x_seq := x_seq + 1;
    xa_value *x_seq) := 'xmlns:html="http://www.w3.org/TR/REC-html40">';
    x_seq := x_seq + 1;
    xa_value *x_seq) :=
      '<DocumentProperties xmlns="urn:schemas-microsoft-com:
       office:office">';
    x_seq := x_seq + 1;
    xa_value *x_seq) := '<Version>12.00</Version>';
    x_seq := x_seq + 1;
    xa_value *x_seq) := '</DocumentProperties>';
    x_seq := x_seq + 1;
    xa_value *x_seq) :=
          '<ExcelWorkbook xmlns="urn:schemas-microsoft-com:office:
          Excel">';
    x_seq := x_seq + 1;
    xa_value *x_seq) := '<ProtectStructure>False</ProtectStructure>';
    x_seq := x_seq + 1;
    xa_value *x_seq) := '<ProtectWindows>False</ProtectWindows>';
    x_seq := x_seq + 1;
    xa_value *x_seq) := '</ExcelWorkbook>';
    x_seq := x_seq + 1;
    FOR xi IN 1 .. xa_value.LAST
    LOOP
      xm_data *p_conn, xa_value *xi));
                          --使用xm_data将索引表中的内容写入到附件流中
    END LOOP;
END wb_header;
```

在代码中使用了在包体中定义的索引表，首先对索引表进行了清空，然后依次加入 Excel 的工作簿的头文件，最后调用 xm_data 将数据写入到附件流中去。

> 注意：程序之所以要将工作簿头部分的写入与工作表部分的写入分开，是因为一个工作簿可以包含多个工作表，开发人员可以多次使用 xm_worksheet 向 Excel 文件中写入多个工作表的内容。

20.2.10 写入工作表 xm_worksheet

xm_worksheet 主要用于向工作表中写入工作表头信息，它完成了非常重要的一件事，使得这个过程成为发送 Excel 格式邮件的首要方法，因为它在过程内部调用 wb_header 向流中写入了工作簿头部信息。因此使得开发人员不再需要显式地调用 wb_header 过程，实现如代码 20.13 所示。

代码 20.13　写入 Excel 工作表信息

```
PROCEDURE xm_worksheet *
   p_conn      IN    mail_connection,
```

```
      p_ws_name    IN    VARCHAR2 DEFAULT NULL         --工作表名称
)
IS
   x_msg         VARCHAR2 *32000);                  --保存 XML 数据的变量
   x_ws_name     VARCHAR2 *240);                    --工作表名称
BEGIN
   IF x_worksheet_cnt = 0          --如果还不存在任何工作表，则写入工作簿信息
   THEN
      wb_header *p_conn);
   ELSE
      ws_footer *p_conn);          --如果已经存在了工作表，则写入工作表尾部信息
   END IF;
   x_worksheet_cnt := x_worksheet_cnt + 1;              --将工作表数量加 1
   x_ws_name := NVL *p_ws_name, 'Sheet' || x_worksheet_cnt);
                                                         --设置工作表名称
   x_msg := '<Worksheet ss:Name="' || x_ws_name || '">';
                                                         --写入工作表名称
   xm_data *p_conn, x_msg);                        --写入工作表到附件流中
   x_msg := '<Table>';                             --开始表格行内容的编写
   xm_data *p_conn, x_msg);                        --写入工作表起始标签
END xm_worksheet;
```

可以看到，xm_worksheet 除了接收 mail_connection 类型的参数外，还接收一个工作表名称的字符串。在过程执行部分，首先判断 x_worksheet_cnt 这个变量的值是否等于 0，如果之前没有进行过任何的工作表写入工作，那么 x_worksheet_cnt 计数器为 0，则需要先写入 wb_header 信息。因此，不需要显式地调用 wb_header，否则会引起重复的工作头信息的写入。代码将传入的工作表名称写入后，向邮件附件位置写入了一个<Table>标签，表示数据行的导入工作开始，接下来就可以写入行信息了。

20.2.11 写入表格行 xm_ws_row

xm_ws_row 过程用来向工作表中写入一行数据，它具有 100 个可选的参数，其中主要是向 Excel 工作表单元格中写入信息，因此这也就是说，这个通用的邮件发送程序在写入 Excel 数据时，只能写不超过 100 个列的 Excel 文件，这已经满足了大多数的需求，其实现如代码 20.14 所示。

代码 20.14　写入 Excel 工作表行数据

```
PROCEDURE xm_ws_row *
   p_conn      IN    mail_connection,           --连接对象
   p_str1            VARCHAR2 DEFAULT '',       --单元格数据
   ..省略 2~98 的参数定义代码
   p_str99           VARCHAR2 DEFAULT ''
)
IS
   x_cnt       NUMBER                  := 99;   --计数器
   x_type      VARCHAR2 *32);                   --单元格类型
   x_value     VARCHAR2 *2000);                 --单元格值
   x_sql       VARCHAR2 *32000);                --临时 SQL 变量
   x_ai        DBMS_SQL.varchar2_table;         --DBMS_SQL 中的索引表变量
BEGIN
   IF x_worksheet_cnt = 0
```

```
      THEN
         xm_worksheet *p_conn);              --如果不存在工作表,则写入工作表头信息
      END IF;
   x_ai *1) := p_str1;                       --将传入的参数写入索引表中
   ...省略 2~98 的赋值代码
   x_ai *99) := p_str99;
   xm_data *p_conn, '<Row>');                --首先写入行标识符
   FOR xi IN 1 .. x_cnt
   LOOP
      x_sql := 'select :xvx f1 from dual';   --将传入的参数转换为特定的格式
      EXECUTE IMMEDIATE x_sql
              INTO x_value
              USING x_ai *xi);               --执行动态 SQL 语句
      IF x_value IS NOT NULL                 --如果值不为空
      THEN
         x_type := check_type *x_value);--调用 check_type 过程获取数据的类型
         xm_data *p_conn,                    --写入单元格数据
            '<Cell ss:Index="'
            || xi
            || '"><Data ss:Type="'
            || x_type
            || '">'
            || htm_str *x_value)             --编码 HTML 字符串
            || '</Data></Cell>'
         );
      END IF;
   END LOOP;
   xm_data *p_conn, '</Row>');               --写入行结束符号
END xm_ws_row;
```

代码实现过程如下所示。

(1) xm_ws_row 过程接收 99 个字符串类型的参数,这些参数将依照顺序写入到工作表每一行的单元格中。判断 x_worksheet_cnt,如果为 0,则会调用 xm_worksheet 过程初始化工作表头信息,因此在使用 xm_ws_row 过程写入行数据时,也可以不用调用任何前面的几个过程。

(2) 代码首先将所有传入的参数保存到 DBMS_SQL 包中定义的 varchar2_table 索引表变量,使得每一个传入的字符串都具有了一个索引。

(3) 首先写入一个<Row>标签,表示一行数据的开始。

(4) 通过循环索引表中的字符串,依次写入<Cell>标签。由于需要根据传入的字符串参数得到相应的类型,因此使用了 SELECT 语句,将传入参数作为查询列查询 Oracle 的 dual 表,这将引起 Oracle 进行隐式的数据转换。

(5) 通过使用 check_type 来获取参数值的具体数据类型,作为<Cell>标签中<Data>子标签的数据类型,这样在导出的 Excel 工作表中,不同的类型就具有了不同的数据类型。

可以看到,对于传入的每一个有值的参数,都使用 xm_data 写入一次单元格的值,这样就将每一行的内容写入到了工作表中。

20.2.12 写入工作表尾信息

对于 XML 标签来说,有开始标签就要有匹配的结束标签,否则在打开 Excel 文件时,

将提示错误信息。ws_footer 除了包含结束标签外，还可以写入一些工作表的信息，比如页面设置信息、包含页面边距、水平与垂直分隔列的信息等，这些格式化的代码可以通过在 Excel 中设置好后，另存为 XML 格式来得到源代码，ws_footer 的实现如代码 20.15 所示。

代码 20.15　写入工作表结束信息的 ws_footer 的实现

```
PROCEDURE ws_footer *p_conn IN mail_connection)
IS
BEGIN
  IF xa_value IS NOT NULL
  THEN
     xa_value.DELETE;                          --清除索引表内容
  END IF;
  x_seq := 1;                                  --初始化索引序列号
  xa_value *x_seq) := '</Table>';              --写入表结束标签
  x_seq := x_seq + 1;
  xa_value *x_seq) :=                          --进行工作表选项设置
      '<WorksheetOptions xmlns="urn:schemas-microsoft-com:
      office:Excel">';
  x_seq := x_seq + 1;
  xa_value *x_seq) := '<PageSetup>';           --页面设置
  x_seq := x_seq + 1;
  xa_value *x_seq) := '<Header x:Margin="0.3"/>';
  x_seq := x_seq + 1;
  xa_value *x_seq) := '<Footer x:Margin="0.3"/>';
  x_seq := x_seq + 1;
  xa_value *x_seq) :=
    '<PageMargins x:Bottom="0.75" x:Left="0.7" x:Right="0.7" x:Top="0.75"/>';
  x_seq := x_seq + 1;
  xa_value *x_seq) := '</PageSetup>';
  x_seq := x_seq + 1;
  xa_value *x_seq) := '<Selected/>';
  x_seq := x_seq + 1;
  xa_value *x_seq) := '<FreezePanes/>';
  x_seq := x_seq + 1;
  xa_value *x_seq) := '<FrozenNoSplit/>';
  x_seq := x_seq + 1;
  xa_value *x_seq) :=                          --水平分隔设置
            '<SplitHorizontal>' || gp_skip_lines || '</SplitHorizontal>';
  x_seq := x_seq + 1;
  xa_value *x_seq) := '<TopRowBottomPane>1</TopRowBottomPane>';
  x_seq := x_seq + 1;
  xa_value *x_seq) := '<ActivePane>2</ActivePane>';
  x_seq := x_seq + 1;
  xa_value *x_seq) := '<ProtectObjects>False</ProtectObjects>';
  x_seq := x_seq + 1;
  xa_value *x_seq) := '<ProtectScenarios>False</ProtectScenarios>';
  x_seq := x_seq + 1;
  xa_value *x_seq) := '</WorksheetOptions>';   --结束标签
  x_seq := x_seq + 1;
  xa_value *x_seq) := '</Worksheet>';          --工作表结束标签
  FOR xi IN 1 .. xa_value.LAST
  LOOP
     xm_data *p_conn, xa_value *xi));          --写入邮件附件流中
  END LOOP;
END ws_footer;
```

可以看到，首先写入一个</Table>标签，用来结束对工作表数据的写入，接下来使用<WorksheetOptions>标签向工作表写入设置信息，最后写入</Worksheet>来结束对工作表的使用。在设置了索引表变量后，最后通过一个循环调用 xm_data 向邮件附件流中写入了工作表结束信息。

对于工作簿结束信息，只需要简单地写入一个</Workbook>即可，实现的过程非常简单，位于 wb_footer 过程中，请读者参考源代码。

20.2.13 执行 SQL 语句写入工作表

执行 SQL 语句是本程序的重点，也就是说本程序的主要目的就是要通过 SQL 语句查询出一些数据，然后将这些数据写入 Excel 工作表中。这个程序可以被单独直接调用，因为在内部调用了 xm_worksheet 来设置工作表名称，最后通过 xm_ws_row 将数据行写入 Excel 的工作表中。

在实现这个功能时，使用了 DBMS_SQL.describe_columns 获取查询的 SELECT 语句的字段，写入索引表变量中。通过这个表变量得到查询的字段的名称及字段的个数，这样就可以将这个字段名称作为 Excel 的标题头写入 Excel 工作表，实现如代码 20.16 所示。

代码 20.16　执行 SQL 语句并写入工作表

```
PROCEDURE xm_ws_sql *
  p_conn         IN    mail_connection,   --SMTP 连接对象
  p_ws_name      IN    VARCHAR2,          --要写入的工作表名称
  p_sql          IN    VARCHAR2,          --SQL 语句
  p_1                  VARCHAR2 DEFAULT '', --查询参数，可选
  ....省略 p2-p14 的参数定义
  p_15                 VARCHAR2 DEFAULT ''
)
IS
  x_cur          NUMBER;                  --游标变量
  x_tbl          DBMS_SQL.desc_tab;       --保存字段的索引表变量
  x_f_cnt        NUMBER;                  --计数器
  x_sql          VARCHAR2 *32000);        --临时保存 SQL 语句的变量
  x_sql_h        VARCHAR2 *32000);
  x_l            VARCHAR2 *32000);
  x_ws_name      VARCHAR2 *32);           --工作表名称
  x_num          NUMBER;
BEGIN
  x_cur := DBMS_SQL.open_cursor;          --打开并分析游标
  DBMS_SQL.parse *x_cur, p_sql, DBMS_SQL.native);
  DBMS_SQL.describe_columns *x_cur, x_f_cnt, x_tbl);
                                          --将所有字段保存到 x_tbl 索引表
  DBMS_SQL.close_cursor *x_cur);
  DELETE rpt_tmp WHERE batch = p_ws_name;    --删除索引表内容
  x_ws_name := NVL *p_ws_name, 'Sheet' || *x_worksheet_cnt + 1));
  --定义 SQL 语句，向 rtp_temp 表中插入表中包含的字段的记录作为 Excel 表头
  x_sql := 'INSERT INTO rpt_tmp*batch,seq_id';
  x_l := ') VALUES*''' || x_ws_name || ''','' 0''';
  --循环 x_tbl 表中的记录，写入列信息，合并为插入语句
  FOR xi IN 1 .. x_f_cnt
```

```
   LOOP
      x_sql := x_sql || ',str' || xi;
      x_l :=
            x_l
         || ','''
         || LTRIM *RTRIM *NVL *x_tbl *xi).col_name, 'COL_' || xi), ''''),
                 ''''
                )
         || '''';
   END LOOP;
   --合并 x_sql 和 x_l 两个字符串变量,形成一个完整的 INSERT 语句
   x_sql_h := x_sql || x_l || ')';
   DBMS_OUTPUT.put_line *x_sql_h);
   EXECUTE IMMEDIATE x_sql_h;      --插入 Excel 表头信息
   x_sql :=
         x_sql
      || ') select '''
      || x_ws_name
      || ''', rownum,xt.* from *'
      || p_sql
      || ') xt';
   x_num := split_cnt *p_sql, ':');            --获取:符号在 p_sql 中出现的次数
   --这一步主要是指定 SQL 语句的值的占位符,以便可以根据传入的多个参数作为查询条件
   IF x_num - 1 < 15
   THEN
      x_sql := x_sql || ' Where 1=1 ';

      FOR xi IN x_num .. 15
      LOOP
         x_sql := x_sql || ' and :pxxx___' || xi || ' is null';
      END LOOP;
   END IF;
   --查询并执行 SQL 语句,向 rtp_temp 表中插入数据
   EXECUTE IMMEDIATE x_sql
             USING p_1,
                  ....省略了 p2~p14 的参数传递
                  p_15;
   --写入工作表头信息
   xm_worksheet *p_conn, p_ws_name);
   --使用游标 FOR 循环查询 rtp_tmp 表,依次序将 rpt_tmp 表中的数据导入 Excel 工作表
   FOR xr IN *SELECT  *
                FROM rpt_tmp
               WHERE batch = p_ws_name
            ORDER BY seq_id)
   LOOP
      xm_ws_row *p_conn,
                xr.str1,
                ...省略了 2~98 的数据写入
                xr.str99
               );
   END LOOP;
END xm_ws_sql;
```

代码主要完成了以下 5 个步骤的工作。

（1）分析查询的 SQL 语句,使用 DBMS_SQL 的 deseribe_columns 获取到 SQL 语句的字段列表和字段数量。

（2）将字段信息和工作表名插入到 rpt_temp 表中。

（3）使用 EXECUTE IMMEDIATE 再次执行动态 SQL，将 SQL 语句查询的结果集写入 rpt_tmp 表中，这样 rpt_tmp 表中现在具有了一套可以用来导出的数据。

（4）如果在 xm_ws_sql 的传入参数中指定了以 p 开头的参数值，将根据传入的参数名作为条件进行插入。

（5）在 rpt_temp 表中有了查询出来的结果数据以后，通过使用游标 FOR 循环查询 rpt_tmp 表中的数据，使用 xm_ws_row 过程将查询出来的字段值写入附件流中。

至此，已经介绍了整个邮件发送程序的全部实现过程，对于一些公共函数及辅助函数的实现，限于篇幅，并没有详细的讨论，请读者认真参考本书的配套源代码。

20.3 编译和部署应用程序

由于在上一章的内容中已经详细地介绍了如何对一个 PL/SQL 应用程序进行编译和调试，因此在本章将简单地讨论一下编译与调试的过程，重点是通过一个测试来介绍如何发送测试的邮件，最后介绍如何部署到 Oracle 的服务器中使之作为一个任务运行。

20.3.1 编译与调试应用程序

当编写完包的代码之后，可以使用多种方法编译到 Oracle 中，比如通过 Toad 或 PL/SQL Developer 等工具。对于编译时出现的错误，这些工具提供了友好的提示，以便于开发人员发现错误并及时进行修正。

对整个包的调试与本书第 19 章介绍的调试过程基本相似，在包的实现中，最核心的过程 xm_ws_sql 包含了对其他的几个子程序的调用，本章将以对该过程的单步调试为例来介绍一些调试的流程，如以下步骤所示。

（1）使用 Pl/SQL Developer 打开编写好的包规范与包体的代码，按快捷键 F8 或工具栏的 ⚙ 图标对包规范与包体进行编译，编译时可以看到 PL/SQL Developer 提供了一些编译时的错误或警告信息，可以依据这些信息来对包进行进一步的修改，如图 20.17 所示。

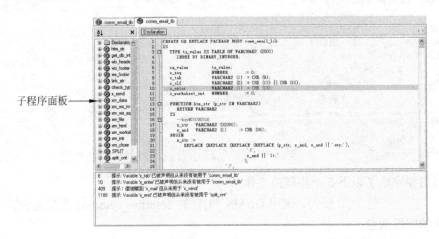

图 20.17　包编译信息

（2）在子程序列表中，找到 xm_ws_sql 过程，右击鼠标，从弹出的快捷菜单中选择"测试"菜单项，PL/SQL Developer 将进入测试窗口，并产生了基本的测试代码，但是这个测试代码仅包含了对于 xm_ws_sql 的调用，实际上在调用 xm_ws_sql 之前还必须调用 xm_init 进行 UTL_SMTP 的初始化，同时调用 xm_file 指定附件的名称，因此对调试代码进行修改，测试代码更改后如代码 20.17 所示。

代码 20.17 PL/SQL Developer 测试代码

```
declare
  -- Non-scalar parameters require additional processing
  p_conn comm_email_lib.mail_connection;
begin
  -- 调用存储过程，初始化 mail_connection 连接
  p_conn :=
      comm_email_lib.xm_init *NULL,
                             '来自 X 模块的邮件',
                             'Cat_379@21cn.com',
                             'Cat_379@21cn.com',
                             'Cat_379@21cn.com',
                             'Cat_379@21cn.com',
                             '中文测试');
  comm_email_lib.xm_file*p_conn ,'scott_emp.xls');  --指定传送附件模式
  comm_email_lib.xm_ws_sql*p_conn => p_conn,
                          p_ws_name => :p_ws_name,
                          p_sql => :p_sql,
                          …中间的代码省略了
                          p_15 => :p_15);
end;
```

在更改了测试代码后，在 PL/SQL Developer 的变量值指定窗口指定绑定变量的值，单击工具栏的 按钮或按 F9 快捷键打开调试器，然后通过调试工具栏开始一步一步的调试过程。

（3）当单步执行到 xm_ws_sql 过程时，进入该过程内部，添加断点来查看变量的值是否准确。特别是因为在 xm_ws_sql 中包含了动态 SQL 语句的拼接过程，需要仔细地观察拼接的 SQL 语句是否正确。

> 注意：在 PL/SQL Developer 中，只有当测试的包包含了调试信息时，才能进入代码内部进行断点设置，如果重新打开该程序进行测试，先重新编译一次程序以确保产生调试信息。

（4）为了查看 xm_ws_sql 的动态 SQL 语句是否正确，在调试状态下，将 x_sql 这个局部变量添加到变量监视窗口，在执行的过程中，可以通过查看变量监视窗口中变量的值来了解动态拼接的 SQL 是否成功执行，如图 20.18 所示。

当一切调试无误后，下一步就可以输入一些测试数据进行验证了。

20.3.2 验证测试结果

虽然在本章前面的内容中已经多次测试过邮件发送的功能，但是对于从 email_list 表中自动发送邮件还没有进行验证，而从 email_list 表中提取邮件信息又是本程序的重点，因此

本节将演示如何通过在 email_list 中加入的相关模块信息来发送电子邮件，测试过程如以下步骤所示。

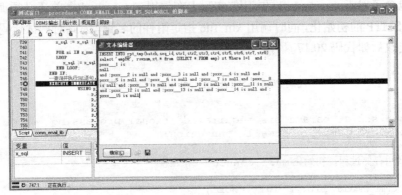

图 20.18　使用变量监视窗口查看正确性

（1）在本章 20.1.4 节的示例环境的搭建部分，已经介绍过如何将一个用于测试的 Excel 测试数据导入 email_list 中，读者可以用里面的数据进行邮件发送实验。为了更好地理解 email_list 的作用，笔者使用下面的 SQL 语句向 email_list 中插入了一条新的记录：

```
INSERT INTO email_list*group_name,description,subject,mto,mcc,mbcc,
        message,msender)
    VALUES*'人事模块','人事相关信息','人事模块---邮件通知','abc@21cn.com,
    ccc@163.com',
        '','','人事数据变量，请查看附件',' xxx@21cn.com');
Commit;
```

请将 VALUES 子句中的电子邮件地址替换为测试所需要用的电子邮件地址，现在在 email_list 中就具有了一条人事模块的相关信息。

（2）编写如下的测试语句来测试这个邮件是否发送成功，如代码 20.18 所示。

代码 20.18　测试邮件发送的测试代码

```
DECLARE
  conn   comm_email_lib.mail_connection;      --定义邮件连接返回值记录变量
BEGIN
  conn := comm_email_lib.xm_init *'人事模块');     --初始化连接
  comm_email_lib.xm_file*conn,'scott_emp.xls');    --使用 Excel 文件附件
  comm_email_lib.xm_ws_sql*conn,'员工信息','SELECT * FROM scott.emp');
  comm_email_lib.xm_close *conn);                  --发送电子邮件并关闭连接
END;
```

在代码中，xm_init 只传入了一个模块的名称，后面的代码与前面介绍过的示例代码基本相似，用来将 emp 表中的数据以附件的形式发送到人事模块中的电子邮件地址。

（3）执行该匿名块，成功执行完成后，笔者果然用 Foxmail 收到了一封邮件，这封邮件以在 email_list 中输入的邮件信息作为邮件内容，并在附件中包含了一个 scott_emp.xls 的附件，如图 20.19 所示。

可以看到，邮件发送程序已经正确地实现了想要的效果，整个邮件发送程序就可以交付使用了。

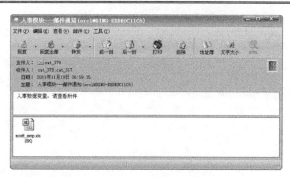

图 20.19　人事模块邮件通知

20.3.3　部署到生产服务器

在经过测试阶段的测试运行后，IT 部门觉得整个邮件发送程序已经实现了所有的需求，决定部署到正式的生产服务器。IT 部门开发人员将 comm_email_lib 包规范和包体这两个文件交给 DBA，DBA 简单地在服务器上创建了一下，并分配了相关的权限，使得公司所有的 Oracle 开发人员都可以调用 comm_email_lib 提供的子程序进行邮件的发送，圆满实现了公司邮件正规化、一致化的需求。

20.4　小　　结

本章通过一个通用的 PL/SQL 邮件发送程序，介绍了 UTL_SMTP 包的使用方法，同时介绍了使用 PL/SQL 开发服务器端应用程序的基本过程。通过需求描述、系统分析与总体设计及具体的编码实现过程，详细地介绍了 Oracle 服务器端应用程序开发人员的开发流程。

本章从需求开始，描述了存在于 Oracle 开发过程中的程序需求，然后对实现需求所涉及的技术要点进行了详细的举例介绍，接下来对总体的实现流程与示例数据的搭建进行了介绍。在系统编码部分，对于多段式的 MIME 邮件发送原理进行了图解，然后对包规范所要实现的功能进行了分解，最后通过对每一个子程序的实现，了解到整个实现过程中的考虑要点与技术细节。在程序编写完成后，详细介绍了编译与调试的过程，并通过一个简单的例子对整个程序进行了测试，最后简单地描述了部署的过程。

通过本章的学习，读者可以对 PL/SQL 在企业中的具体开发流程有个大概的了解，同时利用本章提供的通用邮件发送程序，可以解决目前进行 Oracle 开发时邮件发送方面的大多数问题。